中文版 SolidWorks 2012 标准教程

超值版
超值DVD视频教学

朱也莉　封超　编著

中国铁道出版社
CHINA RAILWAY PUBLISHING HOUSE

内 容 简 介

本书结合具体实例由浅入深、从易到难地讲述了 SolidWorks 2012 知识的精髓，抛砖引玉地讲解了 SolidWorks 2012 在工程设计中的应用。本书按知识结构分为 12 章，其中第 1~4 章介绍 SolidWorks 2012 界面环境、基础设置操作、常用基准、草图绘制、实体特征；第 5~7 章介绍各种基础特征与工程特征、现有特征上的编辑操作及曲线曲面特征创建；第 8~12 章介绍钣金零件创建、装配设计、工程视图创建、焊件设计及渲染输出等内容。

本书附赠光盘中提供书中实例的源文件，以及实例制作的语音视频教学文件。

本书叙述清晰、由浅入深、实例丰富，适合初学者学习 SolidWorks 软件，也可作为大中专院校机械设计及其相关专业的教材。

图书在版编目（CIP）数据

中文版 SolidWorks 2012 标准教程/朱也莉，封超编著. — 北京：中国铁道出版社，2012.7

ISBN 978-7-113-14639-9

Ⅰ. ①中… Ⅱ. ①朱… ②封… Ⅲ. ①计算机辅助设计—应用软件—教材 Ⅳ. ①TP391.72

中国版本图书馆 CIP 数据核字（2012）第 088001 号

书　　名：中文版 SolidWorks 2012 标准教程
作　　者：朱也莉　封　超　编著

策划编辑：于先军　　　　**读者热线电话：**010-63560056
责任编辑：于先军　　　　**特邀助理：**赵树刚
责任印制：赵星辰

出版发行：中国铁道出版社（北京市西城区右安门西街 8 号　　邮政编码：100054）
印　　刷：北京鑫正大印刷有限公司
版　　次：2012 年 7 月第 1 版　　2012 年 7 月第 1 次印刷
开　　本：787mm×1 092mm　1/16　**印张：**23.25　**字数：**546 千
书　　号：ISBN 978-7-113-14639-9
定　　价：49.80 元（附赠 1DVD）

前言

SolidWorks 2012 是 SolidWorks 公司开发的用于视窗平台上的机械工程实体模型设计系统。它易学易用，具有参数化和特征实体建模功能，可快速生成完整的工程图纸，还可以进行模具设计及计算机辅助分析，被广泛应用于玩具、钟表、相机、机械制造、五金制品等设计之中。

不断的创新与变革让 SolidWorks 与 Pro/ENGINEER、UG 并驾齐驱，成为当前最优秀的三维 CAD 软件之一。适中的价格加上对人性化的注重，使越来越多的高校、研究院所、工厂和企业采用 SolidWorks 进行产品的研发与设计。

本书内容

为了使读者迅速掌握使用 SolidWorks 进行机械设计建模和结构设计分析的方法，本书以机械设计过程为思路，由浅入深、图文并茂，全面剖析了机械设计中应用 SolidWorks 的全过程。本书共 12 章，各章的具体内容如下。

第 1 章介绍 SolidWorks 2012 最基本的界面环境和一些选项设置与操作；第 2 章介绍如何创建各种操作常用的基准；第 3 章介绍草图的创建过程；第 4 章介绍基础实体特征的创建；第 5 章介绍各种基础特征与工程特征的形变编辑，如拉伸、旋转、放样、扫描、抽壳、拔模、加强筋等，这一章是创建零件必须学会的内容；第 6 章介绍在现有特征基础上进行编辑操作，将现有的特征编辑至符合设计要求，如对特征进行变形、组合、阵列等操作；第 7 章介绍拉伸、旋转、放样、扫描、边界、直纹等曲面特征；第 8 章介绍在 SolidWorks 2012 中如何进行装配设计；第 9 章介绍如何应用 SolidWorks 2012 创建钣金零件；第 10 章介绍在 SolidWorks 2012 中如何创建各种工程视图；第 11 章讲解在 SolidWorks 2012 中如何进行焊件设计；第 12 章介绍渲染输出的相关内容。

本书特色

- 由浅入深，循序渐进，内容丰富，结构安排合理，配有丰富和详细的工程实例。
- 实战演练，逐步精通。重点章节提供实例操作，提高读者的实战经验。实例串起多处知识点，提高设计者的应用水平，使读者逐步迈向高手行列。
- 多媒体教学，身临其境。附赠光盘内容丰富，并附有所有实例的未完成及完成文件，让读者仿佛亲临课堂，学习之旅轻松而愉快。
- 以一抵三，物超所值。学习一门知识，通常需要购买一本教程来入门，掌握相关知识和应用技巧；需要一本实例应用书来提高，把所学的知识应用到实践当中；还要有多媒体光盘来辅助练习。现在，您只要购买一本书，就能得到所有这些工具书，绝对物超所值。

本书配套光盘

本书配套光盘中提供了实例的模型文件，以及实例制作的语音视频教学文件。

读者对象

本书叙述清晰，由浅入深，实例丰富，适合初学者学习 SolidWorks 软件，也可作为大中专院校机械设计及其相关专业的教材。

编　者

2012 年 5 月

目录

第 1 章　初识 SolidWorks 2012

本章主要介绍 SolidWorks 2012 的操作环境，包括 SolidWorks 2012 文件操作、基本操作界面、系统选项设置以及系统环境定制等内容。了解并掌握界面环境因素中一一对应的功能，可以帮助读者快速进入学习环境。

1.1　SolidWorks 2012 初始操作

SolidWorks 应用程序是一套自动化机械设计软件，它采用了用户所熟悉的 Microsoft Windows 图形用户界面。使用这套简单易学的工具，机械设计工程师能快速地按照其设计思想绘制出草图，尝试运用特征与尺寸，以及制作模型和详细的工程图。

在本节中，首先介绍 SolidWorks 2012 的启动和退出。

1.1.1　启动 SolidWorks 2012

无论是利用 SolidWorks 2012 绘制草图、创建三维模型、进行装配还是绘制工程图，首先都需要启动 SolidWorks 2012。启动 SolidWorks 2012 的具体操作步骤如下。

双击计算机桌面上的 SolidWorks 2012 快捷图标，启动 SolidWorks 2012 程序，经过少许时间后弹出 SolidWorks 2012 图片，如图 1-1 所示，表示已打开 SolidWorks 2012 程序。根据打开程序的次数，程序将显示不同的 SolidWorks 2012 图片，如图 1-2 所示。

图 1-1　SolidWorks 2012 的启动界面 1

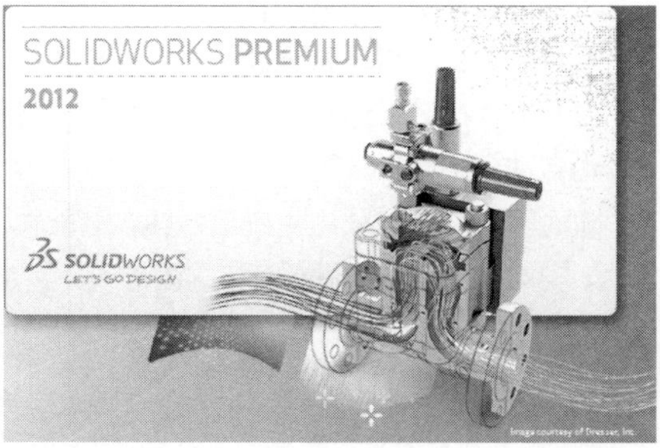

图 1-2　SolidWorks 2012 的启动界面 2

接着系统将会弹出图 1-3 所示的初始界面。

图 1-3　SolidWorks 2012 的启动界面

★ 操作技巧 1——启动 SolidWorks 2012 程序

也可以单击计算机桌面左下角的【开始】按钮 开始，然后依次选择【所有程序】→SolidWorks 2012→SolidWorks 2012 SPO.0，最后单击【SolidWorks 2012 SPO.0】 SolidWorks 2012，启动 SolidWorks 2012 程序，此时系统同样将会弹出图 1-1 所示的初始界面。

★ 知识链接 1——SolidWorks 的基本概念

- SolidWorks 模型由零件或装配体文档中的 3D 实体几何体组成。
- 工程图从模型或通过在工程图文档中绘图而创建。
- 通常，从绘制草图开始，然后生成一个基体特征，并在模型上添加更多的特征（还可以从输入的曲面或几何实体开始）。
- 可添加特征、编辑特征以及将特征重新排序而进一步完善设计。
- 由于零件、装配体及工程图的相关性，当其中一个文档或视图改变时，其他所有文档和视图也自动相应改变。
- 随时可在设计过程中生成工程图或装配体。
- 如安装有与 RealView 兼容的图形卡，可显示逼真的模型和环境。

1.1.2　退出 SolidWorks 2012

关闭程序的方式有两种：一种是选择【文件】→【退出】菜单命令，另一种是单击 SolidWorks 工作界面右上方的【关闭】按钮 。当新建或者单击 按钮时，程序自动弹出 SolidWorks 对话框，如图 1-4 所示，提示用户【是否将改动保存到零件?】，此时可根据需要确定是否保存零件。

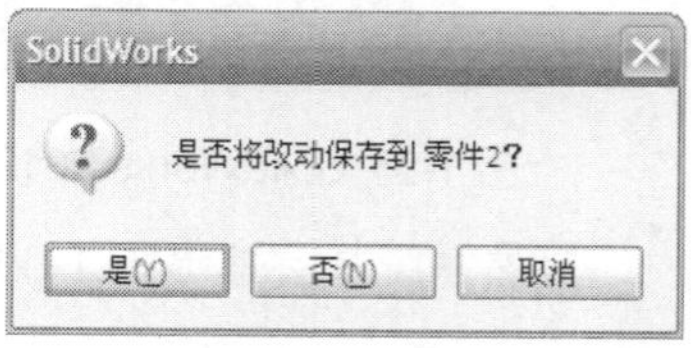

图 1-4　保存零件提示

1.1.3　新建文件

在 SolidWorks 2012 中，新建文件有 3 种方式：第一种是选择【文件】→【新建】菜单命令；第二种是单击菜单栏上的【新建】按钮；第三种是直接按【Ctrl+N】组合键。

01　单击工作窗口上方的【新建】按钮，弹出【新建 SolidWorks 文件】对话框，如图 1-5 所示。

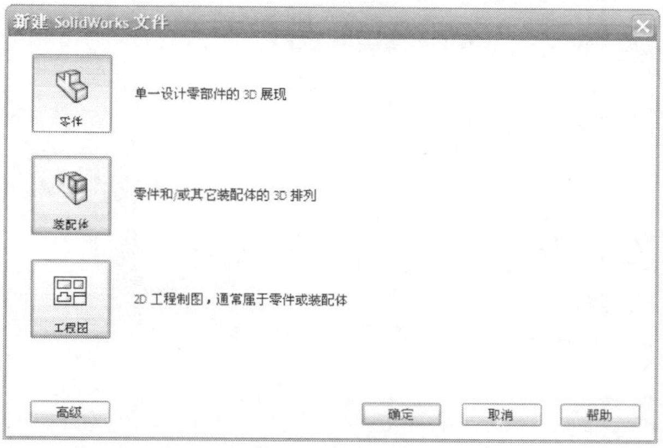

图 1-5 【新建 SolidWorks 文件】对话框

02　当单击【零件】按钮时，新建的 SolidWorks 文件为创建零件特征模式；当单击【装配体】按钮时，新建的 SolidWorks 文件为装配模式；当单击【工程图】按钮时，新建的 SolidWorks 文件为工程图模式。

03　单击【高级】按钮，切换至高级模式，如图 1-6 所示。在高级模式中可预览选择的模板，访问 Tutorial 标签上的指导教程模板和选择显示的类型（大按钮、类别、列出细节）。

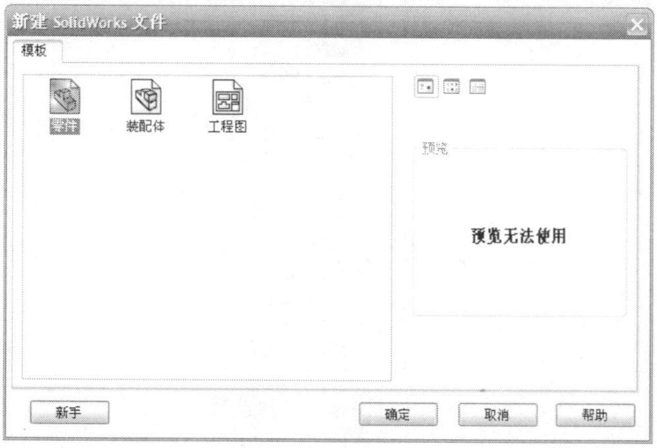

图 1-6　高级模式

04　完成后单击【确定】按钮，进入相应的模式中。

1.1.4　打开文件

创建完成的零件可以通过【打开】命令进行开启。打开文件有多种方式，如单击【打开】按钮，或者选择【文件】→【打开】命令，或者使用快捷键【Ctrl+O】。3 种方法的详细介绍如下：

01 如果想要打开一个现有文件，可以单击标准工具栏的【打开】按钮；或者单击标准工具栏【打开】按钮的下移方向键，然后单击【打开】按钮；还可以选择【文件】→【打开】命令，弹出【打开】对话框，如图 1-7 所示，勾选【缩略图】复选框可以预览该文件的缩略图。

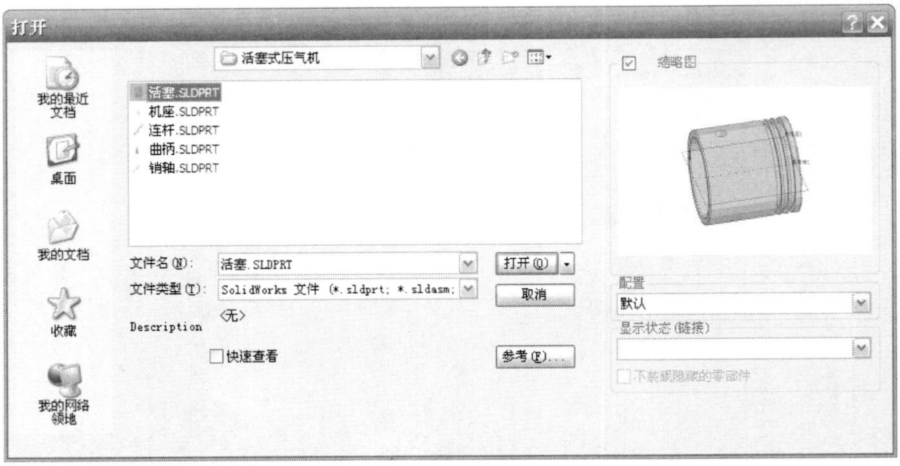

图 1-7 【打开】对话框

02 单击【打开】对话框上的【查找范围】栏，或者单击【查找范围】栏右侧的下移方向键，弹出下拉列表，在其中选择想要打开的文件夹，如图 1-8 所示。

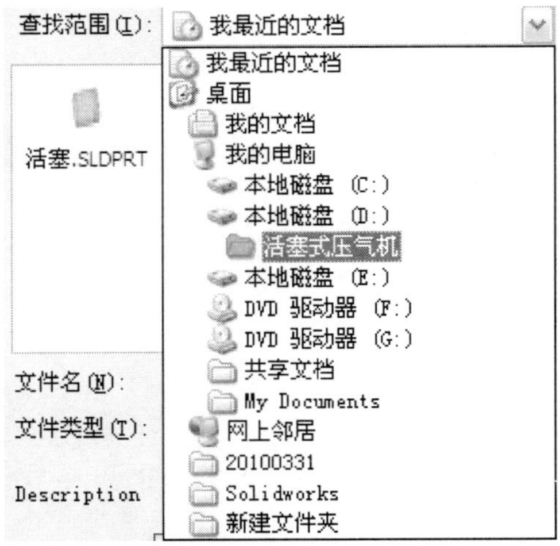

图 1-8 文件选择

03 如果打开 IGES 或者 STEP 文档时，可在【文件类型】下拉列表中选择相应的类型，然后单击【打开】按钮即可。

1.1.5 保存文件

零件创建完成后可以通过【保存】命令进行存储。保存文件的形式有多种，如单击【保存】按钮，或者选择【文件】→【保存】命令，或者使用快捷键【Ctrl+S】。

1. 保存文件

01　单击工作窗口上方的【保存】按钮，弹出【另存为】对话框，如图 1-9 所示。

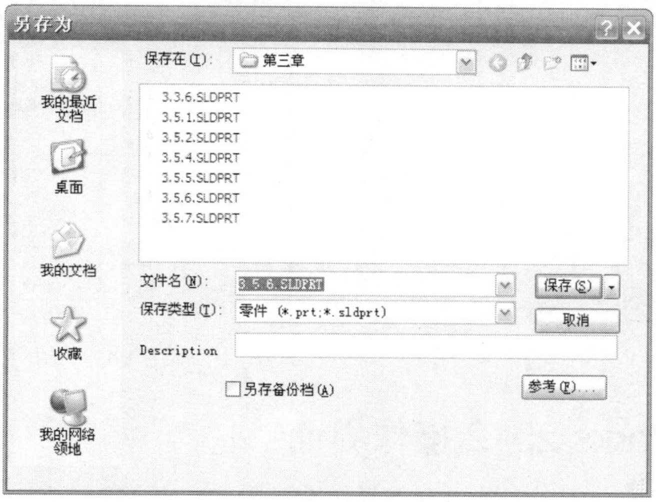

图 1-9 【另存为】对话框

提示： 当对新建的文件进行保存时，程序将弹出【另存为】对话框，提示用户将已打开的文件进行保存，程序将自动保存到所放置零件的文件夹内。

02　在【文件名】栏中输入文件名，可以是中文或者英文，在【保存类型】栏中选择要保存的类型。

03　在【说明（Description）】栏中可输入说明文字以便查看。

04　勾选【另存备份档】复选框，其作用与【另存为文件】差不多，备份另外一份文件。

05　完成后单击【保存】按钮进行保存。

提示： 当未将文件进行保存就关闭文件时，程序将自动弹出 SolidWorks 对话框，如图 1-10 所示，单击【是】按钮即可保存文件。

2. 另存为文件

01　选择【文件】→【另存为】命令，弹出【另存为】对话框，如图 1-11 所示。

02　在【保存在】栏中选择文件所要保存的文件夹，然后在【文件名】栏中输入相应的文件名，如图 1-12 所示。

03　可将文件保存为【保存类型】栏中任何一种类型，完成后单击【保存】按钮。

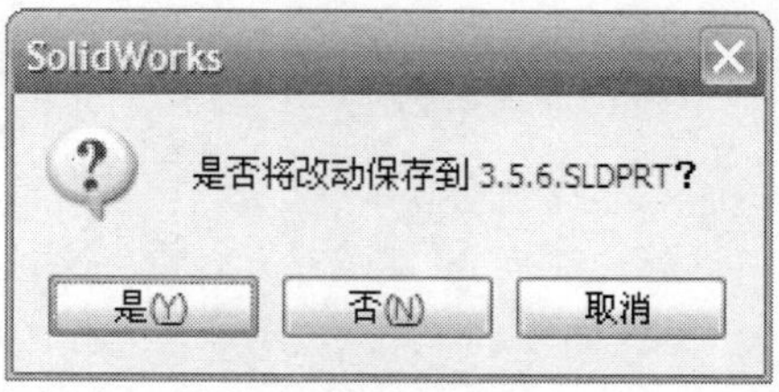

图 1-10　SolidWorks 对话框

3. 保存所有

当打开一个以上的零件且需全部保存时，可选择【文件】→【保存所有】命令，将所有零件进行保存。

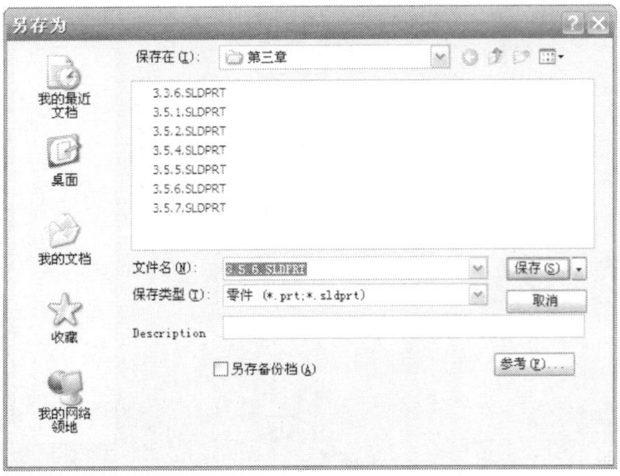

图 1-11 【另存为】对话框

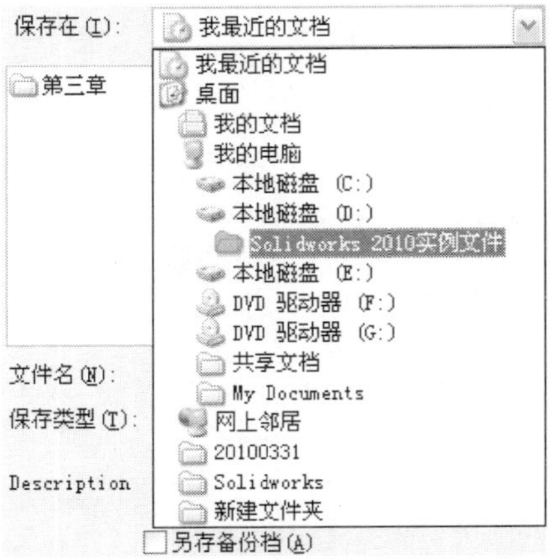

图 1-12 选择文件的保存位置

1.2 SolidWorks 2012 操作界面

SolidWorks 是专门针对 Windows 环境开发的应用程序，其用户界面与其他 Windows 应用软件非常相似。

本节主要介绍 SolidWorks 2012 的用户界面，包括菜单栏、工具栏、关联工具栏、状态栏、属性管理器、FeatureManager 设计树以及配置管理器等。通过本节的介绍，希望读者对 SolidWorks 2012 的用户界面有所了解，为后面利用 SolidWorks 2012 进行设计打下坚实的基础。

在 Windows 工具窗口中双击 SolidWorks 2012 的快捷启动按钮，开启程序的界面，如图 1-13 所示。

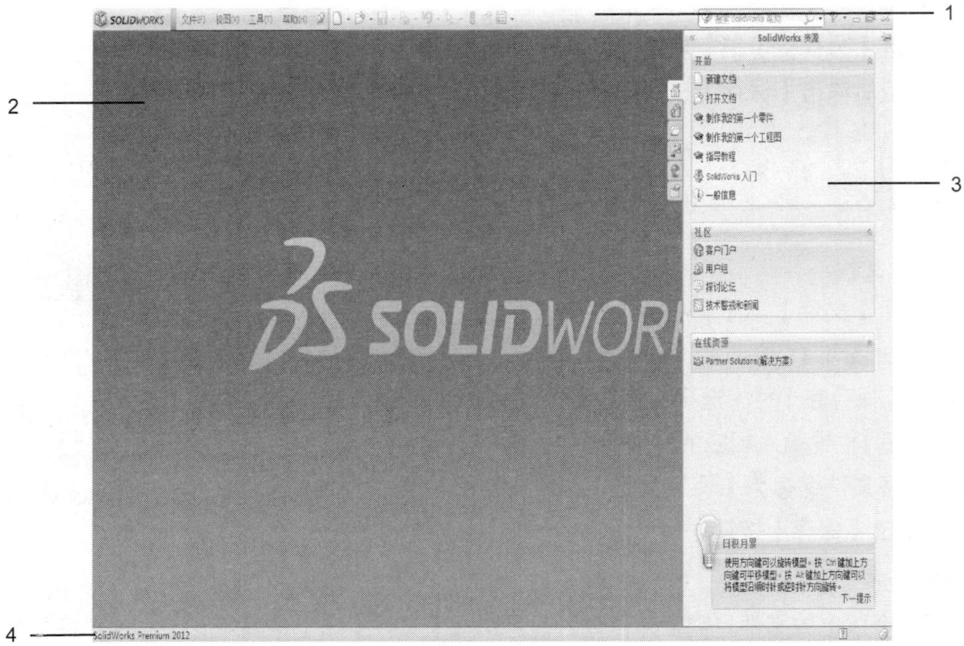

图 1-13 开启程序后的界面

新开启的界面包括：菜单栏；空白背景窗口；资源管理器；状态栏。

1. 菜单栏

菜单栏主要包括【伸缩】菜单栏、【常用】工具栏、【帮助】工具栏、【最小化】程序按钮、【隐藏】程序按钮、【关闭】程序按钮，如图 1-14 所示。

图 1-14　没有开启文件时的菜单栏

在操作文件时，整个【常用】工具栏呈激活状态，在菜单栏空白区域会显示出当前操作文件的名称，如图 1-15 所示。

图 1-15　开启文件时的菜单栏

将鼠标指针移至 SolidWorks 程序标识最右侧的三角按钮处，程序自动展开菜单栏，前后对比如图 1-16 所示。将鼠标指针移开后，菜单栏自动隐藏起来。

图 1-16　伸缩后的菜单栏

在菜单栏中集中了 SolidWorks 2012 的所有功能，当前没有操作文档时，菜单栏只显示出【文件】、【视图】、【帮助】3 栏；当操作文档时，菜单栏会有所不同。详细的差异可参考后面的相关章节。

提示：要想将菜单栏一直显示，可在显示的菜单栏最右侧单击【图钉】按钮，将菜单栏固定；要想解除固定，可以单击处于固定状态的【图钉】按钮。

（1）【常用】工具栏

在【常用】工具栏中集合了文档操作中最为常用的命令，包括【新建】、【打开】、【保存】、【打印】、【撤销操作】、【重新模型】、【选项】命令集。

通过单击命令按钮旁边的下移方向键，可以展开命令集中所有的菜单栏命令，这时用户可以访问工具栏中的大多数文件菜单命令。例如，【打开】命令集中包括【打开】命令，如图 1-17 所示。

图 1-17　【打开】命令集

（2）【帮助】工具栏

【帮助】命令集中包含【帮助】、【新增说明】、【跨越与更新】、【许可操作】、【关于】等内容。单击菜单栏中的【问号】按钮，弹出的【SolidWorks 指导教程】命令集如图 1-18 所示，用户可通过在线使用指南，掌握软件的一些基本操作。

图 1-18　SolidWorks 指导教程命令集

单击【问号】按钮右侧的三角按钮，展开的命令集如图 1-19 所示。

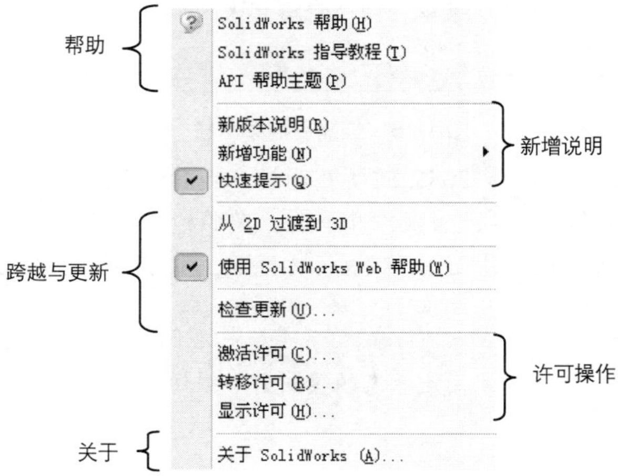

图 1-19 【帮助】命令集

① 帮助命令栏

- SolidWorks 帮助：SolidWorks 以.pdf 文档形式列举了一些常用命令的快捷方式供用户参考，阅读.pdf 文档用户需要安装.pdf 文档阅读软件。
- SolidWorks 指导教程：SolidWorks 指导教程以实例的形式介绍 SolidWorks 的相关功能，通过步骤式的介绍，让用户在亲身体验的过程中掌握相关命令功能。
- API 帮助主题：SolidWorks 作为开放式的软件，为用户提供了 API 接口，用户可以根据需求编写各种外挂程序。API 帮助文档可以为用户 API 编程提供参考帮助。

② 新增说明栏

- 新版本说明：新版本说明以网页的形式列举了新 SolidWorks 的变化。
- 新增功能：SolidWorks 以.pdf 文档形式列举了新版软件每一个模块中改进的命令，并对改进部分做了说明。

- 交换新增功能：？符号出现在新菜单项目旁边，还可以出现在新的、更改过的 PropertyMangager 标题中。单击符号按钮可显示说明新的及更改的帮助主题。

提示： 当有操作文件时，在新增说明栏中还会出现【快速提示】命令菜单，执行后，在操作不同命令时都会针对当前的命令出现【您想做什么？】面板，如图 1-20 所示。面板上智能地列出了当前操作的一些提示信息供用户参考，对初学者非常有用，建议在操作时开启。单击【状态】栏上的【快速提示】按钮？，可关闭面板。

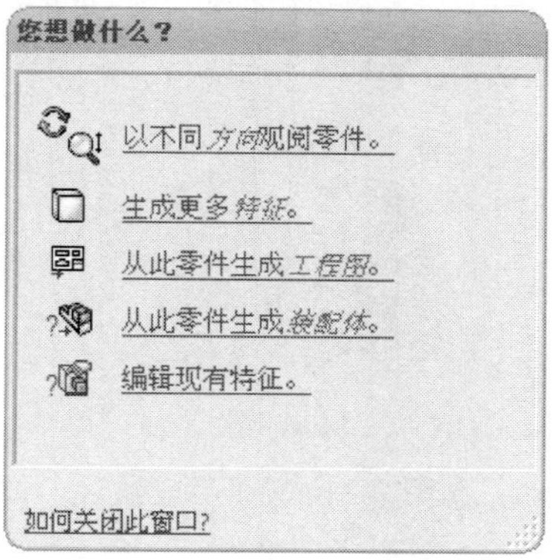

图 1-20 【您想做什么？】面板

③ 跨越与更新栏

- 从 2D 过渡到 3D：熟悉 AutoCAD 软件的用户，由于长期使用养成的设计思路与习惯，在学习三维软件时不易上手。从 2D 过渡到 3D 可帮助用户了解 SolidWorks 和 AutoCAD 之间的差异。此帮助中的一些链接将用户引导至 SolidWorks 帮助的相关主题、SolidWorks 指导教程或其他信息源。
- 检查更新：检查 SolidWorks 有无更新，如果有更新，会对软件进行更新。

④ 许可操作栏

- 激活许可：激活是 SolidWorks 单机版（非网络版）许可的颁发和注册过程。激活要求用户能上网或使用电子邮件。激活后，用户不上网也可使用 SolidWorks。
- 转移许可：用户还可以通过网络或使用电子邮件将软件许可转移至其他的计算机上。
- 显示许可：显示出所有已成功激活的 SolidWorks 产品。用户可使用已激活产品的所有功能。

⑤ 关于栏

关于 SolidWorks：可显示出当前产品的相关版本信息，包括序列号、版权和历史信息等内容。

2. 空白背景窗口

当没有操作文档时，此处的窗口是空白背景窗口；当有文档操作时，这块区域是模型的可视化操作，所有模型可视化的过程与结果都会显示在这上面。

3. 资源管理器

资源管理器中包含 SolidWorks 资源、设计库、文件探索器、视图调色板及外观、布景和贴图 5 个面板，如图 1-21 所示。

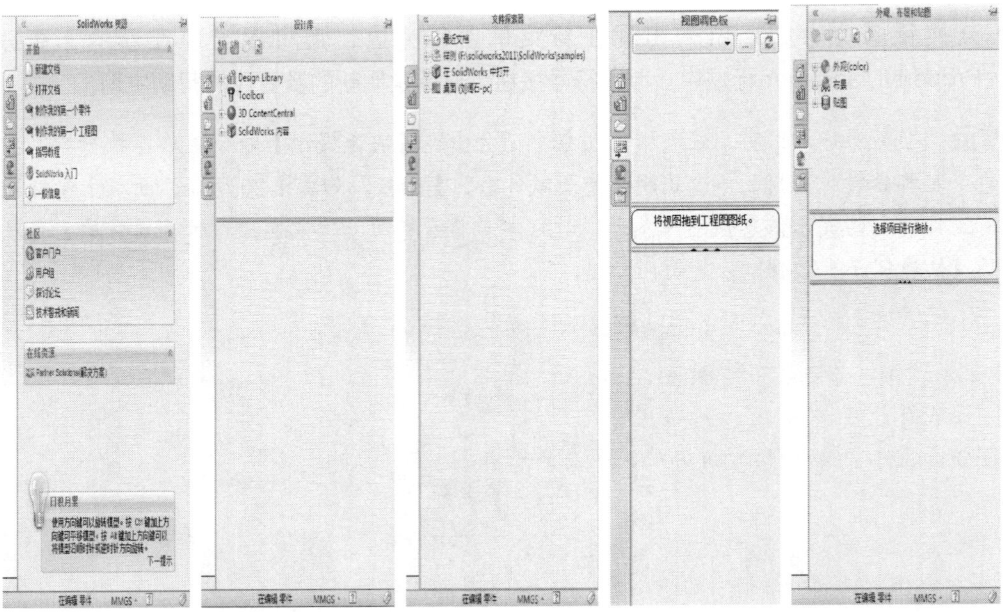

图 1-21　资源管理器

（1）【SolidWorks 资源】面板

【SolidWorks 资源】面板中包含【开始】、【社区】、【在线资源】、【日积月累】4 栏。

① 开始栏

【开始】栏中包含新建文档、打开文档、指导教程、SolidWorks 入门、一般信息，如图 1-22 所示。

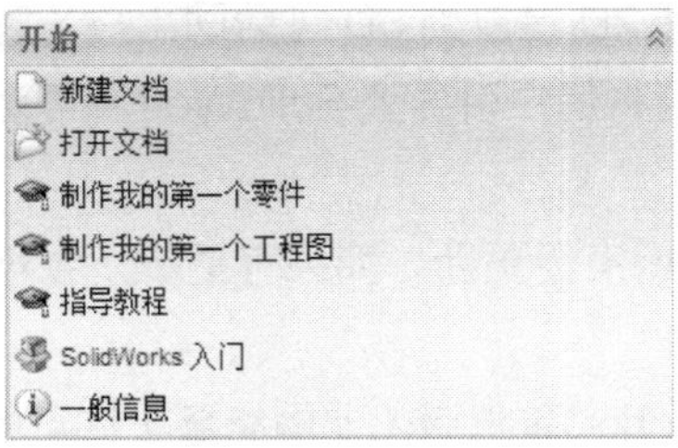

图 1-22　【开始】栏

- 新建文档：打开 SolidWorks 新建文档对话框，用于新建文档。等同于执行菜单栏中的【文件】→【新建】命令，以及单击【常用】工具栏中的【新建】按钮。
- 打开文档：单击该按钮后，会显示【打开】对话框，用于打开已存在的文档。
- 指导教程：执行命令后链接至 SolidWorks 指导教程主页。

提示： 当新用户操作软件时，程序还专门为新用户安排了第一个零件课程及第一个工程图课程，让用户轻松体验操作，面对全新软件不会有无从下手的感觉。

- SolidWorks 入门：等同于选择【帮助】命令栏中的【新增功能】命令，可打开 SolidWorks 软件新增功能手册，但要求安装软件时安装帮助文档。
- 一般信息：打开客户信息网页。

② 社区栏

社区栏包含客户门户、探讨论坛、用户组、最新消息 4 项，如图 1-23 所示。

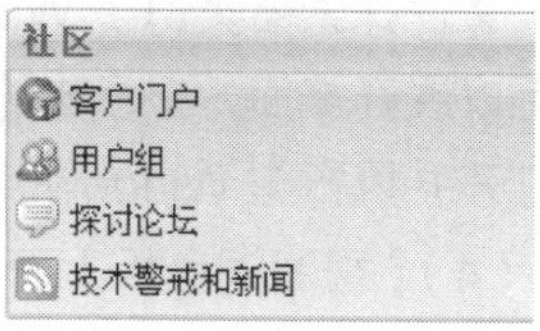

图 1-23　【社区】栏

- 客户门户：链接至在线 SolidWorks 客户门户（Customer Portal）。
- 探讨论坛：链接至在线 SolidWorks 探讨论坛（Discussion Forum）。
- 用户组：链接至在线 SolidWorks 用户组网络（User Group Network）。
- 最新消息：链接至在线 SolidWorks 新闻与事件（SolidWorks News and Events）主页。

③ 在线资源栏

【在线资源栏】只有 Partner Solutions（解决方案）1 项，如图 1-24 所示。

④ 日积月累栏

以标签的形式有针对性地显示出一个有益的提示，如图 1-25 所示。通过【日积月累】栏，用户可以掌握更多的操作小技巧，单击【下一提示】按钮显示出其他提示。

图 1-24　【在线资源】栏

图 1-25　【日积月累】栏

> **提示：**当用户自定义机械设计、模具设计、消费产品设计的用户界面时，这些领域的资源将出现在【SolidWorks 资源】面板中，在上面会多出【工作流程自定义】栏。

（2）【设计库】面板

设计库提供专门的工具对设计库进行编辑，下面列举了 4 种工具按钮分别代表的意义。

- ：将内容添加到设计库。
- ：添加现有文件夹到设计库。
- ：在磁盘和设计库中生成新文件夹。
- ：刷新设计库标签的视图。

【设计库】面板中包含 Design Library、Toolbox、3D ContntCentral、【SolidWorks 内容】4 栏。

- Design Library：由 SolidWorks 所繁衍的各种库文件供用户参考及调用，如注解、装配、特征、零件、管道等形式，用户还可以自行添加文件夹与内容。
- Toolbox：若想访问内容，用户需安装并插入 SolidWorks Toolbox 浏览器。
- 3D ContentCentral：所有主要 CAD 格式的零部件供应商和个人的 3D 模型。
- SolidWorks 内容：块、线路设计及焊件的其他 SolidWorks 内容。

（3）【文件探索器】面板

文件探索器类似于 Windows 资源管理器，它可以显示出当前 SolidWorks 打开的文件、桌面，并可以展开桌面，显示出【我的电脑】、【我的文档】及桌面上所有的文件夹。在文件探索器中可以打开并执行与 Windows 资源管理器相同的动作，如打开、复制、剪切文件。

（4）【视图调色板】面板

【视图调色板】面板中包含所选零件相关的视图，在其中可以将零件的视图插入工程图中，下面描述相关操作过程。

01 打开要创建工程图的零件。

02 选择【文件】→【从零件制作工程图】菜单命令。

03 确认创建工程图。

04 创建空白的工程图，并在【视图调色板】面板中显示出零件的视图，如图 1-26 所示。

05 可直接将【视图调色板】面板中零件上的视图拖至工作窗口的图框内，形成工程图视图，如图 1-27 所示。

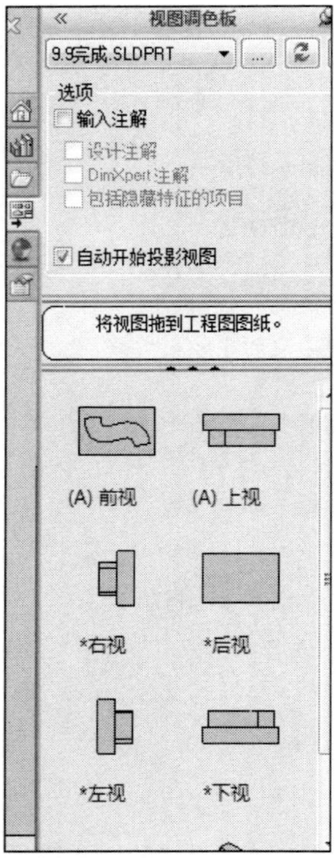

图 1-26 视图调色板

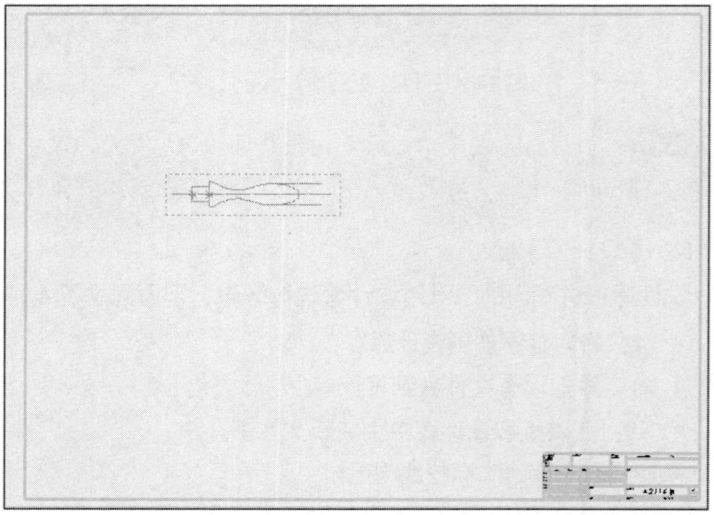

图 1-27 生成工程视图

（5）外观、布景和贴图面板

默认的外观、布景和贴图面板中提供了外观和布景两项，当调入 PhotoWorks 插件后，会多出【贴图】和【光源】两项。

外观中提供了塑料、金属、油漆、橡胶、玻璃等 10 种材质可供选择。打开要设置材质的零件后，双击【外观】栏中的材质，材质就会赋予打开的零件。还可以为工作窗口布置不同的景色。分为基本布置、工作间布景、演示布景三大类，和在工作窗口上选择【应用布景】命令相同。双击布景文件时，布景会附加到当前的工作窗口中。

在【外观、布景和贴图】面板中双击【贴图】栏下的贴按钮志后，会弹出【贴图】对话框。选择一个放置贴图的表面后，标志自动贴至选择表面上。还可以根据需要编辑贴图。

【外观、布景和贴图】面板中的【光源】栏下有点光源、多光源、环境光源等形式，展开这些形式，双击下面的光源后，灯光会自动加载至当前的工作窗口中。

4. 状态栏

状态栏位于 SolidWorks 窗口的底部，显示出与用户当前执行命令相关性的信息。下面列举了 3 种常见状态栏的形式。

- 当用户将鼠标指针移到某一按钮上时，会在状态栏显示出该按钮的定义。
- 当用户测量特征时，会反馈出测量的信息。
- 当用户绘制草图截面时，会显示草图的状态，绘制的图形如果出现过定义，在状态栏会出现黄色小三角提示。

单击【常用】工具栏中的【新建】按钮，弹出图 1-28 所示的【新建 SolidWorks 文件】对话框。用户可以选择新建一个【零件】、【装配体】或者【工程图】文件。下面分别介绍这 3 种情况下的用户界面。

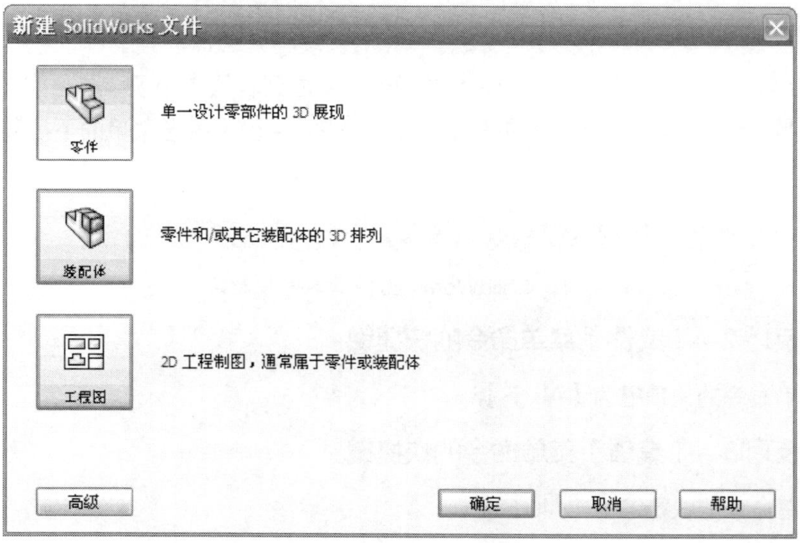

图 1-28 【新建 SolidWorks 文件】对话框

1.2.1　零件模块界面

单击【常用】工具栏中的【新建】按钮，选择【零件】选项后，整个程序的操作环境变成如图 1-29 所示。整个界面除了前面介绍的基础环境外，明显多了“菜单栏”、“工具栏”、“特征管理器”、“前导视图工具条”等零件建模环境的重要控制单元。

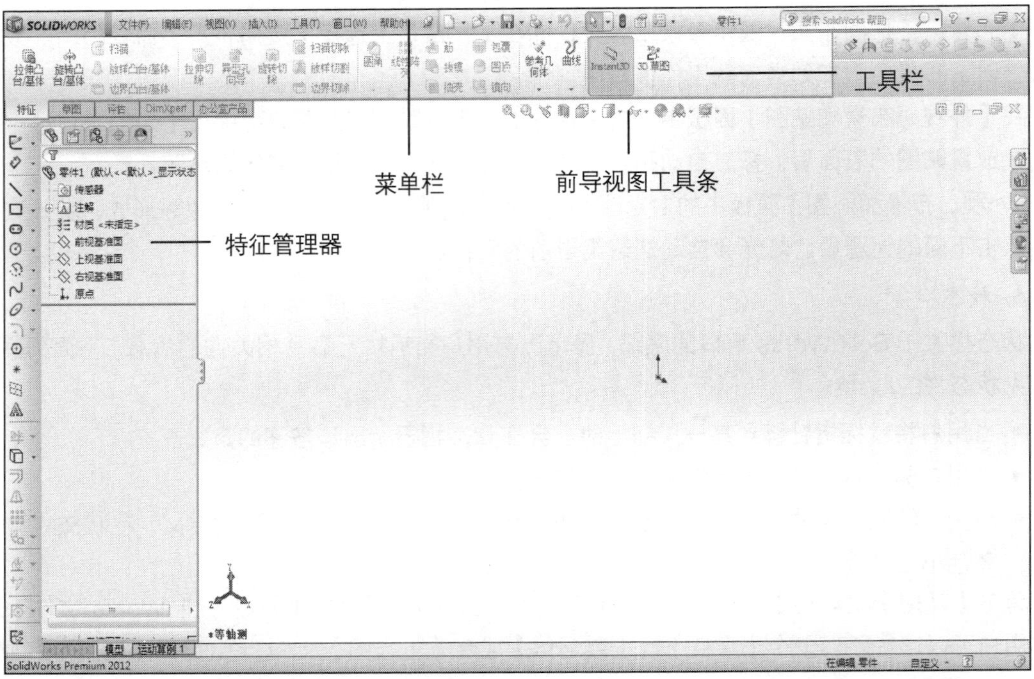

图 1-29　SolidWorks 2012 零件模块界面

1. 菜单栏

SolidWorks 2012 零件模块菜单栏如图 1-30 所示。从左到右的 7 个子菜单分别为：文件、编辑、视图、插入、工具、窗口和帮助。单击菜单栏上的相应命令，会弹出各子菜单的下拉菜单，如图 1-31 所示。

图 1-30　SolidWorks 2012 零件模块菜单栏

★ 操作技巧 2—【文件】菜单命令的快捷键

【文件】菜单命令的快捷键为【Alt+F】。

★ 操作技巧 3—【编辑】菜单命令的快捷键

【编辑】菜单命令的快捷键为【Alt+E】。

★ 操作技巧 4—【视图】菜单命令的快捷键

【视图】菜单命令的快捷键为【Alt+V】。

★ 操作技巧 5—【插入】菜单命令的快捷键

【插入】菜单命令的快捷键为【Alt+I】。

a 【文件】菜单　b 【编辑】菜单　c 【视图】菜单

d 【插入】菜单　e 【工具】菜单　f 【窗口】菜单　g 【帮助】菜单

图 1-31　SolidWorks 2012 菜单栏各子菜单内容

2. 工具栏

在默认状态下，SolidWorks 2012 的零件模块界面【草图】工具栏如图 1-32 所示。

图 1-32　【草图】工具栏

【草图】工具栏中各按钮的含义如下。

- 【草图绘制】按钮：用于绘制新草图或者编辑现有草图。
- 【智能尺寸】按钮：用于为所选实体生成尺寸。
- 【直线】按钮：包括【直线】和【中心线】按钮。
  - ➢【直线】按钮：用于绘制直线。
  - ➢【中心线】按钮：用于绘制中心线，使用中心线生成对称的草图单元和旋转特征，或者作为构造几何体。
- 【矩形】按钮：包括【边角矩形】、【中心矩形】、【3 点边角矩形】、【3 点中心矩形】和【平行四边形】按钮。
  - ➢【边角矩形】按钮：用于绘制标准矩形草图。
  - ➢【中心矩形】按钮：用于在中心点绘制矩形草图。
  - ➢【3 点边角矩形】按钮：用于以所选的角度绘制矩形草图。
  - ➢【3 点中心矩形】按钮：用于以所选的角度绘制带有中心点的矩形草图。
  - ➢【平行四边形】按钮：用于绘制标准平行四边形。
- 【多边形】按钮：用于绘制多边形，边数限制在 3～40 之间。
- 【圆】按钮：包括【圆】和【周边圆】按钮。
  - ➢【圆】按钮：用于绘制基于中心的圆。
  - ➢【周边圆】按钮：用于绘制基于周边的圆。
- 【圆弧】按钮：包括【圆点/起/终点画弧】、【切线弧】和【3 点圆弧】按钮。
  - ➢【圆点/起/终点画弧】按钮：用于由圆心、起点和终点绘制圆弧草图。
  - ➢【切线弧】按钮：用于绘制与草图实体相切的草图圆弧。
  - ➢【3 点圆弧】按钮：用于通过指定 3 个点（起点、终点和中点）绘制圆弧草图。
- 【圆角】按钮：包括【圆角】和【倒角】按钮。
  - ➢【圆角】按钮：用于在两个草图实体的交叉处剪裁掉角部，从而生成一个切线弧。
  - ➢【倒角】按钮：用于在 2D 和 3D 草图中将倒角应用到相邻的草图实体中。
- 【样条曲线】按钮：用于绘制样条曲线。
- 【椭圆】按钮：包括【椭圆】、【部分椭圆】和【抛物线】按钮。
  - ➢【椭圆】按钮：用于生成完整的椭圆。
  - ➢【部分椭圆】按钮：用于生成椭圆弧。
  - ➢【抛物线】按钮：用于生成抛物曲线。

- 【点】按钮：用于将点插入到草图和工程图中。
- 【基准面】按钮：用于向 3D 草图中添加基准面，以便于在草图实体之间绘制草图和添加几何关系。
- 【文字】按钮：用于在任何连续曲线或边线组中，包括零件面上由直线、圆弧或样条曲线组成的圆或轮廓之上绘制文字，并且拉伸或剪切文字。文字可以插入。
- 【剪裁实体】按钮：包括【剪裁实体】和【延伸实体】按钮。
  - 【剪裁实体】按钮：用于剪裁多余边线。
  - 【延伸实体】按钮：用于增加草图实体（直线、中心线或圆弧）的长度。
- 【转换实体引用】按钮：包括【转换实体引用】和【交叉曲线】按钮。
  - 【转换实体引用】按钮：用于通过将边线、环、面、曲线、外部草图轮廓线、一组边线或一组草图曲线投影到草图基准面上，在草图上生成一个或多个草图实体。
  - 【交叉曲线】按钮：用于打开一张草图并在交叉处生成草图曲线。
- 【等距实体】按钮：用于按特定的距离等距一个或多个草图实体、所选模型边线或模型面。
- 【镜像实体】按钮 镜向实体：用于生成对称实体。
- 【线性草图阵列】按钮 线性草图阵列：包括【线性草图阵列】和【圆周草图阵列】按钮。
  - 【线性草图阵列】按钮：用于生成线性草图阵列。
  - 【圆周草图阵列】按钮：用于生成圆周草图阵列。

★ 知识链接 2——SolidWorks 2012 的工具栏

工具栏对于大部分 SolidWorks 工具以及插件产品均可使用。命名的工具栏可进行特定的设计任务。SolidWorks 2012 中的工具栏包括：2D 到 3D、对齐、注解、装配体、块、曲线、尺寸/几何关系、DimXpert、工程图、爆炸草图、扣合特征、特征、格式化、布局工具、线型、宏、模具工具、快速捕捉、参考几何体、屏幕捕获、选择过滤器、钣金、草图、SolidWorks Office、样条曲线工具、标准、标准视图、曲面、表格、工具、视图、Web 以及焊件。

在默认状态下，SolidWorks 2012 零件模块的【特征】工具栏如图 1-33 所示。下面依次介绍一些重要按钮的含义。

图 1-33　【特征】工具栏

- 【拉伸凸台/基体】按钮：用于生成拉伸特征。
- 【旋转凸台/基体】按钮 旋转凸台/基体：用于通过绕中心线旋转轮廓来添加或移除材料。
- 【扫描】按钮 扫描：用于沿着一条路径移动轮廓（截面）来生成基体、凸台、切除或曲面。

- 【放样凸台/基体】按钮：用于在轮廓之间进行过渡生成特征。
- 【拉伸切除】按钮：用于从零件或装配体上移除材料。
- 【异型孔向导】按钮：用于生成不同类型的孔。
- 【旋转切除】按钮：用于绕中心线旋转一个或多个轮廓来移除材料。
- 【扫描切除】按钮：用于沿着一条路径移动轮廓（截面）来生成切除。
- 【放样切割】按钮：用于在轮廓之间进行过渡生成切除。
- 【圆角】按钮：包括【圆角】和【倒角】按钮。
  - ➢【圆角】按钮：用于在零件上生成一个内圆角或外圆角面。
  - ➢【倒角】按钮：用于在所选边线、面或顶点上生成一个倾斜特征。
- 【线性阵列】按钮：包括【线性阵列】、【圆周阵列】、【镜像】、【曲线驱动的阵列】、【草图驱动的阵列】、【表格驱动的阵列】和【填充阵列】按钮。
  - ➢【线性阵列】按钮：用于沿一个或两个线性路径阵列一个或多个特征。
  - ➢【圆周阵列】按钮：用于绕一个轴心阵列一个或多个特征。
  - ➢【镜像】按钮：用于沿面或基准面镜像，生成一个或多个特征的复制。
- 【筋】按钮：用于生成筋。
- 【拔模】按钮：用于生成拔模特征。
- 【抽壳】按钮：用于掏空零件，使所选的面敞开，在剩余的面上生成薄壁特征。

3. 管理集群

管理集群在界面的左侧，包括 FeatureManager、PropertyManager、ConfigurationManager 和 DimXpertManager 4 个管理器，每个管理器负责管理不同的内容，下面详细介绍各个管理器的作用。

（1）FeatureManager

FeatureManager 在管理集群的最左侧，如图 1-34 所示，提供零件、装配体或工程图的大纲视图，这将使观阅模型或装配体如何建造以及检查工程图中的各种图纸和视图更容易。

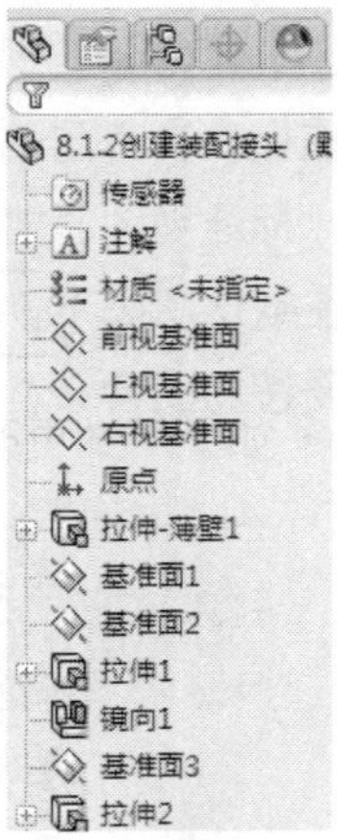

图 1-34　FeatureManager

FeatureManager 在下列操作中起到不同的作用。

- 以名称来选择模型中的项目。
- 过滤 FeatureManager 设计树。
- 确认和更改特征的生成顺序。用户可以在 FeatureManager 设计树中拖动项目来重新调整特征的生成顺序，这将更改重建模型时特征重建的顺序。
- 通过双击特征的名称以显示特征的尺寸。
- 如果更改项目的名称，请在名称上缓慢单击两次以选择该名称，然后输入新的名称。
- 压缩和解除压缩零件特征和装配体零部件。
- 右击特征，然后选择父子关系以查看父子关系。

- 显示以下项目：特征说明；零部件说明；零部件配置名称；零部件配置说明。
- 显示模型或特征是否在右击该工作特征后出现工具提示。
- FeatureManager 设计树提供下列文件夹和工具：使用退回控制棒暂时将模型退回到早期状态；通过右击方程式或文件夹Σ按钮并选择所需操作来添加新的方程式、编辑或删除方程式。

提示： 当用户将第一个方程式添加到零件或装配体时，方程式文件夹出现。

- 通过右击注解文件夹按钮来控制尺寸和注解显示。
- 记录设计日志并添加附件到设计活页夹文件夹。
- 通过右击材质按钮来添加或修改应用到零件的材质。
- 在光源与相机文件夹中添加或修改光源。
- 观阅文档在实体文件夹中所包含的所有实体。
- 观阅文档在曲面实体文件夹中所包含的所有曲面实体。
- 观阅基准面、基准轴以及插入的零件的草图。
- 添加用户的自定义文件夹，并将特征拖动到文件夹以减小 FeatureManager 设计树的长度。
- 在图形区域中从弹出的 FeatureManager 设计树观阅并进行操作，而左窗格中有 PropertyManager 出现。

FeatureManager 在操作过程中有相应的规则，下面列举了在绘制草图、特征创建、零件装配、工程制图等状态下的相应规则。

- 项目按钮左边的⊞符号表示该项目包含关联项，如草图。单击⊞按钮以展开该项目显示其内容。
- 草图前面有：
  - (+)——过定义。
  - (-)——欠定义。
  - (?)——无法解出的草图。
  - 无前缀——完全定义。
- 如果所做更改要求重建模型，则特征、零件及装配体之前有明显的重建模型符号。
- 错误和警告：错误（或警告）在零件特征（或草图按钮）旁边显示，并在工具中提示（当指针停留在项目上时）具体什么错（或警告）。
  - - 模型有错。
  - - 特征有错。
  - - 节点下有警告。
  - - 特征有警告。
- 在设计树顶部显示锁形的零件不能进行编辑。此零件通常是 Toolbox 或其他标准库零件。
- 装配体零部件定义由下列符号表示：

➢ (+) ——过定义。

➢ (-) ——欠定义。

➢ (?) ——无解。

➢ (f) ——固定 (锁定到位)。

- 在装配体中，每一个零部件实例后都有一个位于尖括号中的数<*n*>，此数随每个实例递增。
- 装配配合之间带有：

➢ (+) ——在装配体设计树中如果某个零件带了 (+)，则说明这个零件过定义了。

➢ (?) ——无解。

- 外部参考引用状态显示如下：

➢ 如果一个零件或特征具有外部参考引用，则其名称之后会跟有->。具有外部参考引用的任何特征名称后都跟有->。

➢ 如果外部参考引用不在当前的关联中，则特征名称和零件名称之后跟有->?。

➢ 后缀->*意味着该参考引用被锁定。

➢ 后缀->x 意味着该参考引用被中断。

- 当工程图视图更新时，其在 FeatureManager 设计树中的按钮更改。

(2) PropertyManager

PropertyManager 在 FeatureManager 的右侧，如图 1-35 所示。用户选择在 PropertyManager 中所定义的实体或命令时，该管理器会打开。用户可选择它是否在工具、选项、系统选项或其他情形中打开。

PropertyManager 由标题栏、确认栏、选项栏等项目组成，不同的特征相应的项目组成也不同。

提示： 切换至 PropertyManager 时，FeatureManager 设计树会自动出现在图形窗口的左侧，需展开它时，直接单击 FeatureManager 设计树左侧的加号即可。

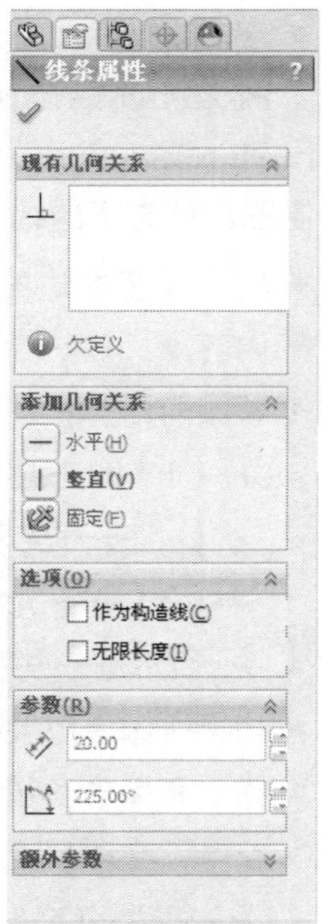

图 1-35 PropertyManager

(3) ConfigurationManager

ConfigurationManager 可在文档中生成、选择和查看零件及装配体的配置方式。

单击 ConfigurationManager 标签，可切换至 Configuration Manager 管理窗口，如图 1-36 所示。

(4) DimXpertManager

DimXpertManager 会按特征列出 DimXpert 定义的公差特征，并显示出 DimXpert 工具。单击 DimXpertManager 标签，可切换至 DimXpertManager 管理窗口，如图 1-37 所示。

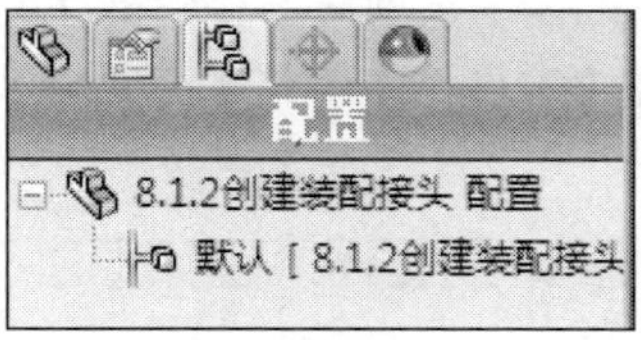

图 1-36　ConfigurationManager

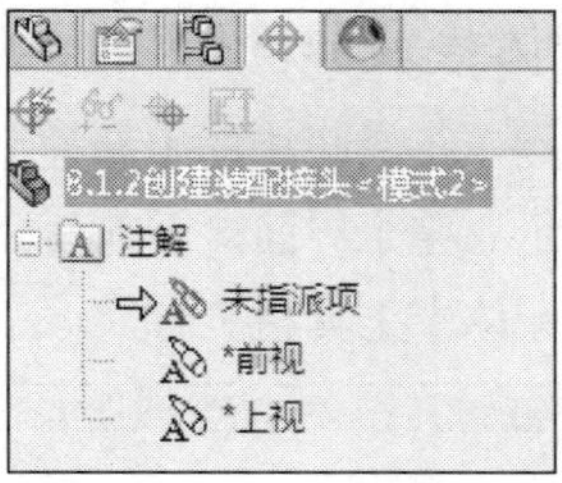

图 1-37　DimXpertManager

（5）DisplayManager

可以查看并编辑零件的外观，插入贴图，设置布景、光源和相机。单击 DisplayManger 标签，可切换至 DisplayManger 管理窗口。DisplayManger 管理窗口如图 1-38 所示。

图 1-38　DisplayManager

4. 前导视图工具栏

在默认状态下，SolidWorks 2012 的【前导视图】工具栏如图 1-39 所示。

图 1-39　【前导视图】工具栏

其中，各按钮的含义如下。

- 【整屏显示全图】按钮：缩放模型以符合窗口大小。
- 【局部放大】按钮：整屏显示边界框所选择的区域。
- 【上一视图】按钮：显示上一视图。
- 【剖面视图】按钮：使用一个或多个横断面基准面显示零件或装配体的剖切。
- 【视图定向】按钮：用于更改当前视图定向或视口数，包括【上视】、【等轴测】、【上下二等角轴测】、【左右二等角轴测】、【左视】、【前视】、【右视】、【后视】、【下视】、【正视于】、【单一视图】、【二视图-水平】、【二视图-竖直】以及【四视图】按钮。
- 【显示样式】按钮：为活动视图更改显示样式，包括【带边线上色】、【上色】、【消除隐藏线】、【隐藏线可见】和【线架图】按钮。
- 【隐藏/显示项目】按钮：在图形区域中更改项目的显示状态。
- 【应用布景】按钮：循环使用或应用特定的布景。
- 【视图设定】按钮：切换各种视图设定，如 RealView、阴影及透视图。

★ 知识链接 02——前导视图工具栏

前导视图工具栏，即每个视口中的透明工具栏，提供操作视图所需的所有普通工具。前导视图工具栏无法被隐藏或自定义。

1.2.2 装配体模块界面

单击【常用】工具栏中的【新建】按钮，选择【装配体】选项后，整个程序的操作环境变成如图 1-40 所示。整个界面除了前面介绍过的内容外，在【工具栏】中多了【装配体】一栏，下面着重介绍【装配体】工具栏。

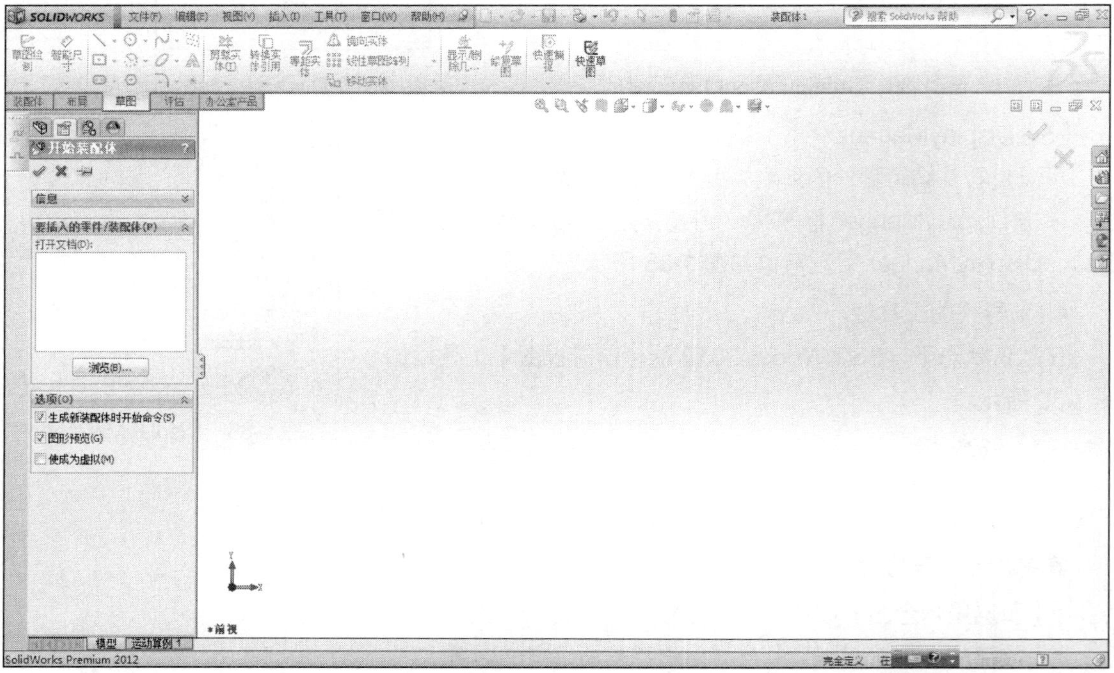

图 1-40 SolidWorks 2012 装配体模块界面

在默认状态下，SolidWorks 2012 的【装配体】工具栏如图 1-41 所示。

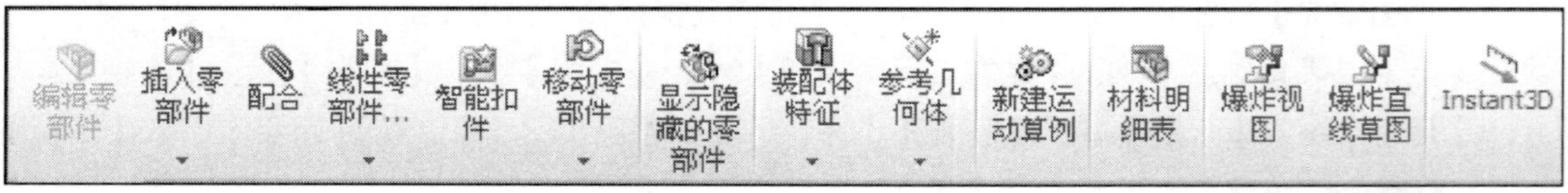

图 1-41 【装配体】工具栏

其中，各按钮的含义如下。

- 【编辑零部件】按钮：用于编辑零件或子装配体和主装配体之间的状态。
- 【插入零部件】按钮：包括【插入零部件】、【新零件】、【新装配体】和【随配合复制】按钮。
  - 【插入零部件】按钮：用于将零部件添加到新的或现有的装配体中。
  - 【新零件】按钮：用于在关联装配体中生成一个新零件。
  - 【新装配体】按钮：用于在任何一层装配体层次关系上插入新的空子装配体。
  - 【随配合复制】按钮：在复制零部件时，可以同时复制其关联的配合。
- 【配合】按钮：用于定位两个零部件使之相互相对。

- 【线性零部件】按钮，包括【线性零部件阵列】、【圆周零部件阵列】、【特征驱动零部件阵列】和【镜像零部件】按钮。
  - ➢【线性零部件阵列】按钮：在装配体中沿一条或两条直线方向生成零部件线性阵列。
  - ➢【圆周零部件阵列】按钮：在装配体中生成一个零部件的圆周阵列。
  - ➢【特征驱动零部件阵列】按钮：用于根据一个现有阵列来生成一个零部件阵列。
  - ➢【镜像零部件】按钮：通过镜像现有零件或子装配体零部件生成新的零部件。
- 【智能扣件】按钮：用于使用 SolidWorks Toolbox 标准硬件库将扣件添加到装配体。
- 【移动零部件】按钮：包括【移动零部件】和【旋转零部件】按钮。
  - ➢【移动零部件】按钮：在由其配合所定义的自由度内移动零部件。
  - ➢【旋转零部件】按钮：在由其配合所定义的自由度内旋转零部件。
- 【显示隐藏的零部件】按钮：用于切换零部件的隐藏和显示状态，并随后在图形区域中选择隐藏的零部件以使其显示。
- 【爆炸视图】按钮：用于将零部件分离成爆炸视图。
- 【爆炸直线草图】按钮：用于添加或编辑显示爆炸的零部件之间几何关系的 3D 草图。

1.2.3　工程图模块界面

单击【常用】工具栏中的【新建】按钮，选择【工程图】选项后，系统首先要求用户确定图纸的格式和大小，如图 1-42 所示。

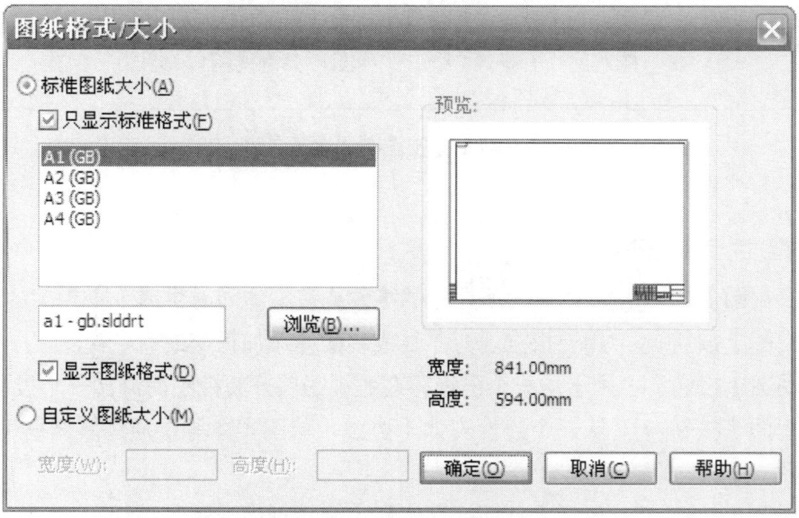

图 1-42　【图纸格式/大小】对话框

确定后，整个程序的操作环境变成如图 1-43 所示。整个界面除了前面介绍过的内容外，在【工具栏】中多了【视图布局】和【注解】两栏。

在默认状态下，SolidWorks 2012 的【视图布局】工具栏如图 1-44 所示。

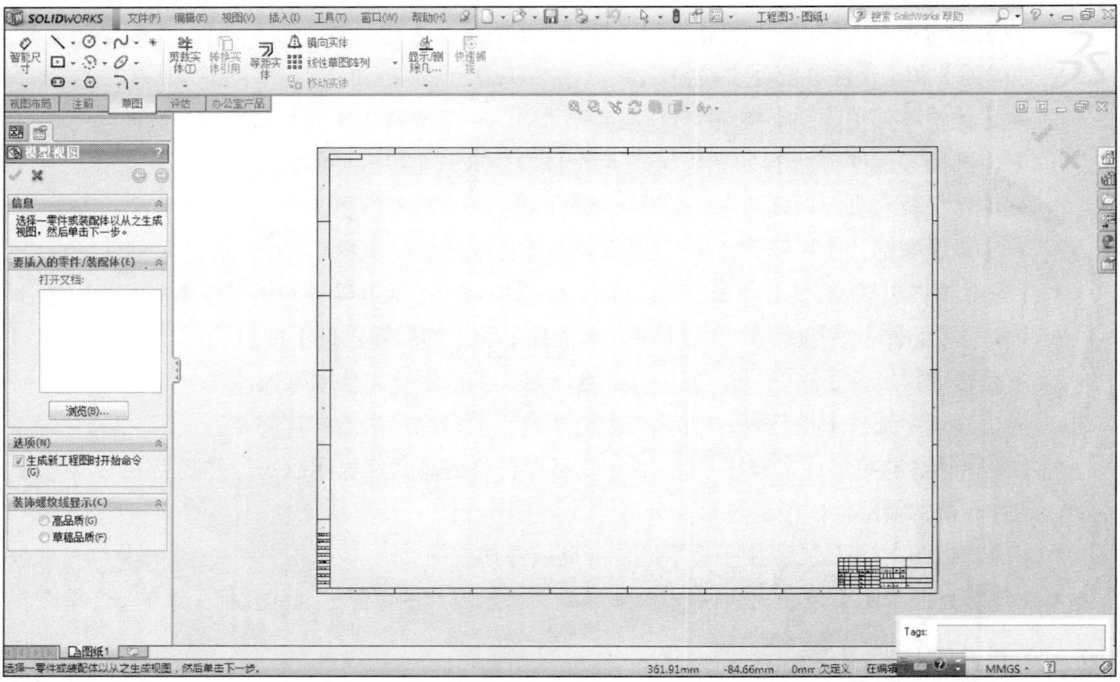

图 1-43　SolidWorks 2012 工程图模块界面

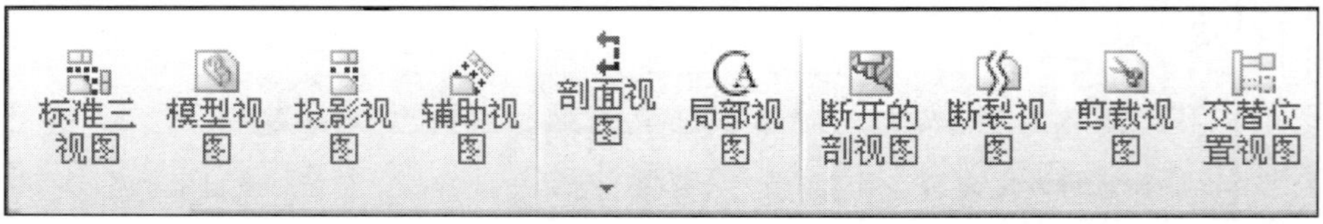

图 1-44　【视图布局】工具栏

其中，各按钮的含义如下。

- 【标准三视图】按钮：用于为所显示的零件或装配体同时生成 3 个相关的默认正交视图。
- 【模型视图】按钮：用于根据现有零件或装配体添加正交或命名视图。
- 【投影视图】按钮：用于从一个已经存在的视图展开新视图而添加一个投影视图。
- 【辅助视图】按钮：从一个线性实体（边线、草图实体等）通过展开一个新视图而添加一个视图。
- 【剖面视图】按钮：包括【剖面视图】和【旋转剖面视图】按钮。
  - ➢【剖面视图】按钮：用一条剖切线来分割父视图在工程图中生成一个剖面视图。
  - ➢【旋转剖面视图】按钮：在工程图中生成贯穿模型或者局部模型并与所选剖切线线段对齐的旋转剖视图。
- 【局部视图】按钮：用于在工程图中生成一个局部视图来显示一个视图的某个部分（通常是以放大比例显示）。
- 【断开的剖视图】按钮：将一个断开的剖视图添加到一个显露模型内部细节的视图。

- 【断裂视图】按钮：用于给所选视图添加折断线。
- 【剪裁视图】按钮：用于剪裁现有视图以只显示视图的一部分。
- 【交替位置视图】按钮：用于将一个工程视图精确叠加于另一个工程视图之上。

在默认状态下，SolidWorks 2012 的【注解】工具栏如图 1-45 所示。

图 1-45　【注解】工具栏

其中，各按钮的含义如下。

- 【智能尺寸】按钮：与草图绘制中的【智能尺寸】按钮含义相同。
- 【模型项目】按钮：用于从参考的模型中输入尺寸的注解。
- 【拼写检验程序】按钮：用于检查拼写。
- 【注释】按钮：用于插入注释。
- 【零件序号】按钮：用于为零件添加序号。
- 【自动零件序号】按钮：为所选视图的所有零部件添加零件序号。
- 【修订符号】按钮：插入最新修订符号。
- 【表面粗糙度符号】按钮：用于添加表面粗糙度符号。
- 【焊接符号】按钮：用于在所选实体中添加焊接符号。
- 【孔标注】按钮：用于添加孔标注。
- 【形位公差】按钮：用于添加形位公差符号。
- 【基准特征】按钮：用于添加基准特征符号。
- 【基准目标】按钮：用于添加基准目标和符号。
- 【区域剖面线/填充】按钮：用于对模型面、闭环草图轮廓或由模型边线和草图实体组合所邻接的区域应用剖面线样式或实体填充。
- 【中心符号线】按钮：用于将中心符号线放置在工程图中的圆或圆弧上。
- 【中心线】按钮：用于自动或手动将中心线插入到工程图视图中。

1.2.4　SolidWorks 2012 新增功能

1. PhotoView 360 和走查功能

PhotoView 360 现已完全集成到 SolidWorks 中，使生成照片级逼真的图像和动画对每个人而言都很简单，即使是偶尔使用的用户也不例外。借助走查功能，可以像视频游戏一样浏览产品（包括结构和大型机械）。

2. Defeature 工具

Defeature 工具可自动去除模型的重要细节，以控制向供应商、客户和合作伙伴透露的知识产权数量。它还可减小模型的文件大小，从而有助于最大限度地减小包含了消除特征模型的装配体的大小。

3. 绘制详图的速度更快

自动排列尺寸工具可为尺寸提供快捷方便的对齐、交错、居中和避免重叠功能。借助尺寸调色板中的新工具，可实现对多个尺寸的线性和径向间距、共线和交错对齐，以及上、下、左、右对正控制。

4. 平面简化和增强的横梁分析

通过使用平面简化模拟零件的几何体，而不是分析整个结构，可对包含均匀截面的零件进行更快的分析。通过沿横梁长度变化的载荷对其进行更彻底的分析，可对实际条件进行准确仿真。

5. HVAC 和冷却模块

新的 SolidWorks Flow Simulation 模块专为解决电子封装和 HVAC 设计人员的独特难题而量身定制，无须离开 SolidWorks CAD 环境即可对流过电子零部件和 HVAC 系统的空气和热量进行仿真。

6. 管路改进

通过参考现有几何体，可以更快捷地生成管道、管筒、电力电缆/缆束和导管线路。现在可以使用三重轴移动和旋转插入路径的零部件，生成管道设计焊接缝隙、装饰焊缝、坡口焊缝和圆角焊缝以及包括所有焊接数据的焊接摘要表。

7. 焊件结构改进

智能焊接选择工具可简化为完成焊件结构的文档和外观而添加焊缝的过程。它支持圆角和坡口焊缝类型，并且工程图中的焊接表可自动编译所有焊接和焊接属性，然后自动为其分配参考编号以便于管理。

8. 3DVIA Composer 交互式故事板

使用 3DVIA Composer 独特的拖放功能可以即时生成前后步骤的链接视图，以共享设计过程。同时可以简化 3DVIA Composer Player 中的信息提供方式和使用方式。

9. SolidWorks Enterprise PDM

集成的 SolidWorks Design Checker 可自动根据公司标准检查设计；此外，集成的 3DVIA Composer Player 可在 SolidWorks Enterprise PDM 中直观显示 3DVIA Composer 的数据；进一步增强了快速安装，改善了文件引用管理，并简化了数据输入。

10. 增强了内存管理

更高效的内存使用提高了性能，尤其是在处理大型零件和装配体时效果更为显著。此外，还提高了占用大量内存的任务的性能，如照片级逼真的渲染。

1.3 SolidWorks 2012 系统选项设置

系统选项设置是对某一个模块中的选项进行特定设置，主要包括两个方面，一是系统选项，另一个是文档属性。

1.3.1 系统选项

选择【工具】→【选项】命令，弹出【系统选项（S）-普通】对话框，如图 1-46 所示。单击【重设】按钮 重设(R)... ，可将所有系统选项返回到系统最初的默认状态。

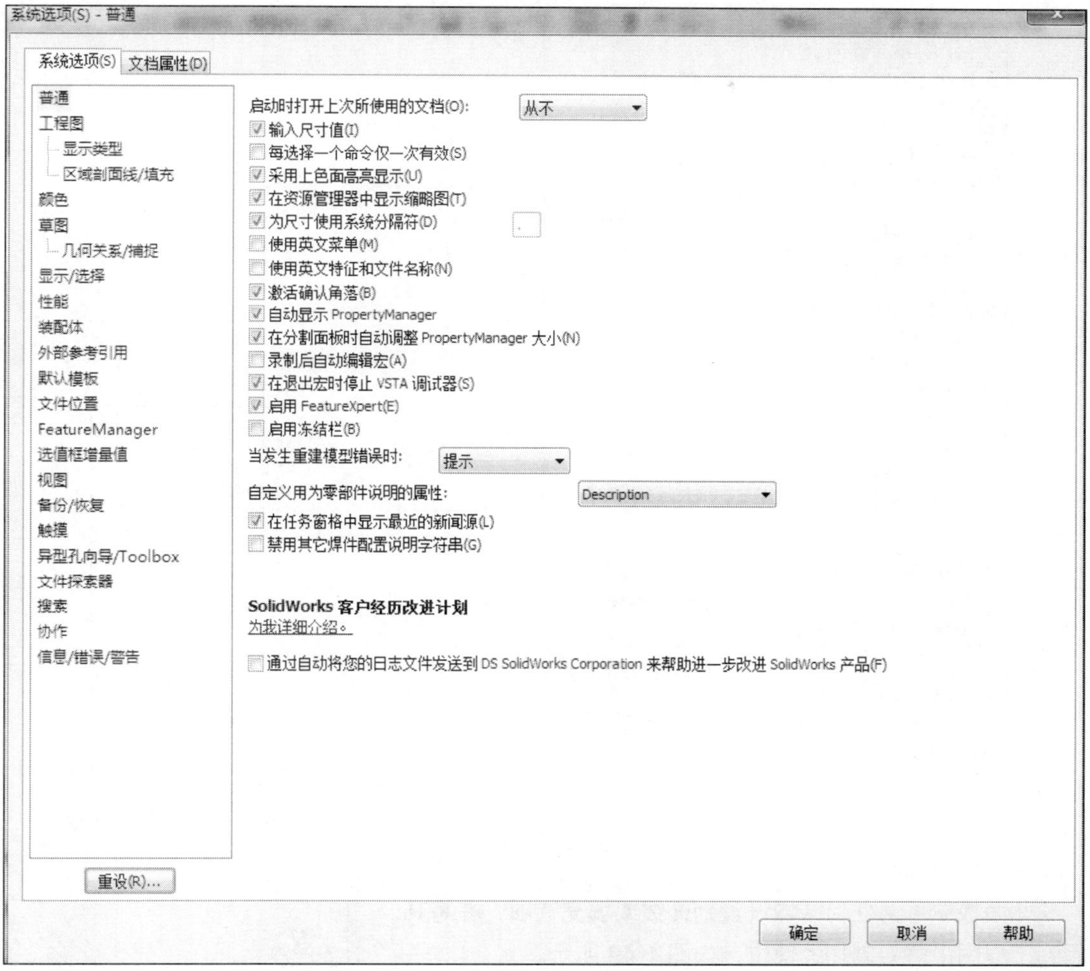

图 1-46 【系统选项（S）-普通】对话框

在【系统选项】选项卡中可设置【普通】、【工程图】、【颜色】、【草图】、【显示/选择】、【性能】、【装配体】、【外部参考引用】、【默认模板】和【文件位置】等。

1. 普通

在【普通】选项中可设置启动程序时打开上次所使用的文档、输入尺寸值、显示尺寸名称、每次重建模型时显示错误、保存文档前以更新错误警告、打开文件时窗口最大化等。

2. 工程图

设置创建工程图时所需的功能，如图 1-47 所示，如在插入时消除复制模型尺寸、默认标注所有零件/装配体尺寸可以输入到工程图中、自动缩放新工程视图比例等。

（1）显示类型

选择此项，展开图 1-48 所示的【显示类型】面板，通过设置【为新视图显示样式】、【在新视图中显示切边】、【新视图的显示品质】3 项可定义为边线、切线和品质类型的显示。

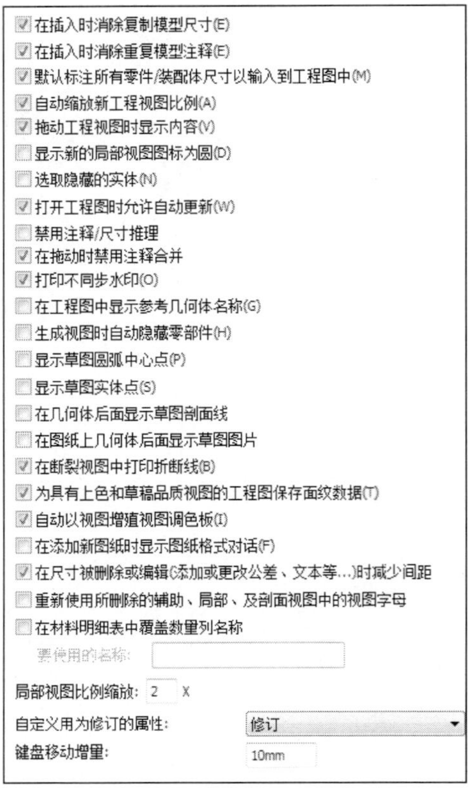

图 1-47 【工程图】选项

图 1-48 【显示类型】面板

（2）区域剖面线/填充

在此面板中可为任何区域设置剖面线或填充选项，并将其应用到工程图中需要割切的部位，如图 1-49 所示。

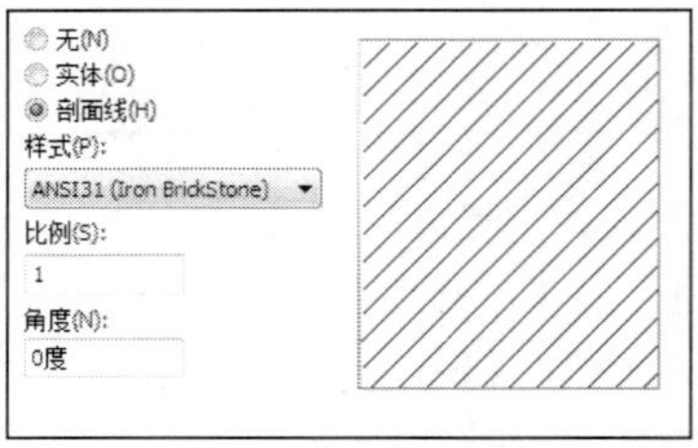

图 1-49 【区域剖面线/填充】面板

3. 颜色

在【颜色】面板中可设置工作窗口中视区背景或者顶部/底部渐变颜色、动态高亮显示、所选项目颜色、工程图背景颜色、装配体零件颜色等，如图 1-50 所示。

4. 草图

在【草图】面板中可设置在零件/装配体草图模式中显示圆弧中心点、显示实体点、显示虚拟交点等，如图 1-51 所示。

5. 几何关系/捕捉

【几何关系/捕捉】面板主要设置激活捕捉、捕捉到模型几何体、草图捕捉等，如图 1-52 所示。

6. 显示/选择

此面板可设置隐藏边线显示状态、隐藏边线选择、零件/装配体上切边显示等，如图 1-53 所示。

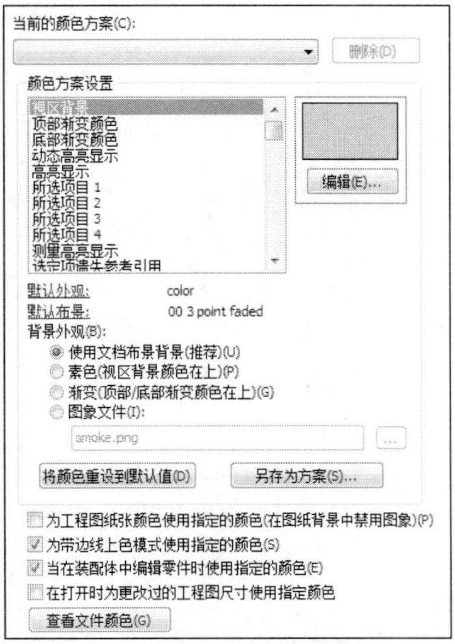

图 1-50 【颜色】面板

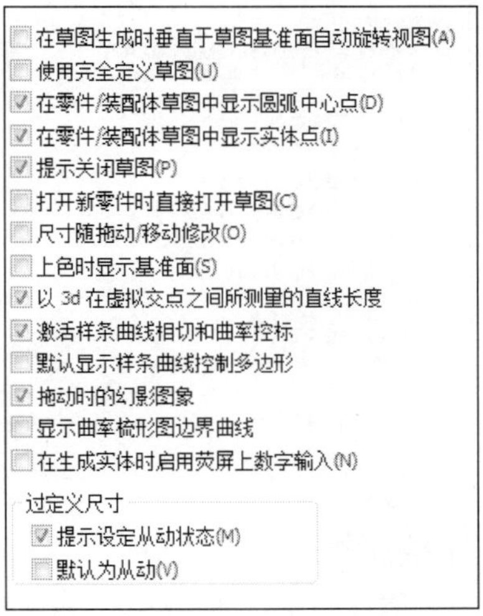

图 1-51 【草图】面板

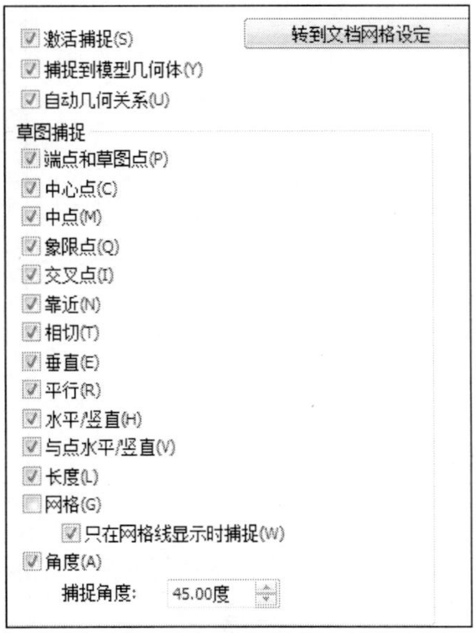

图 1-52 【几何关系/捕捉】面板

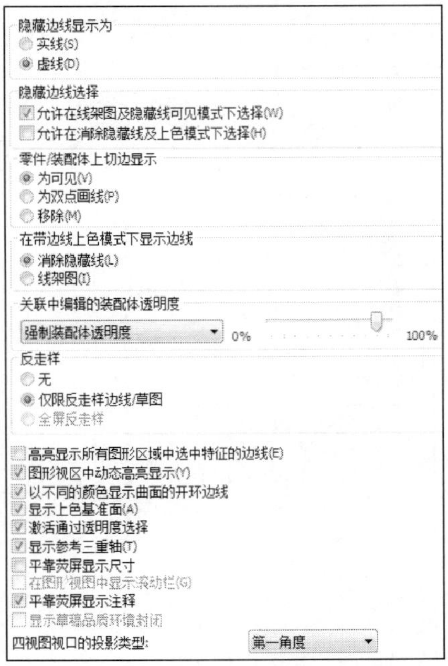

图 1-53 【显示/选择】面板

7. 装配体

在此面板中可设置通过拖动来移动零部件等，如图 1-54 所示。

8. 外部参考引用

指定如何打开与管理具有外部参考引用的装配体、零件以及工程图文件，如图 1-55 所示。

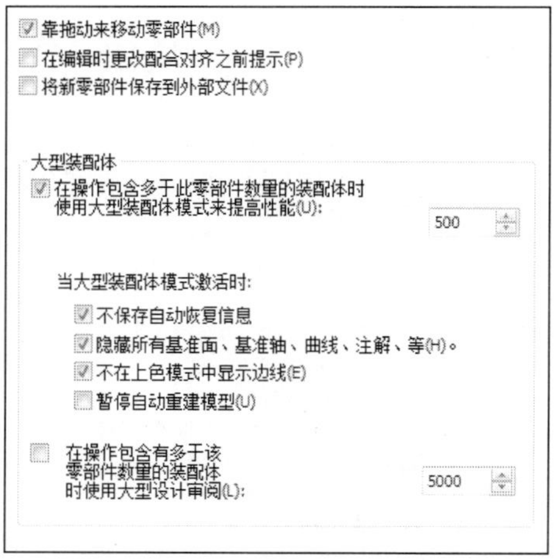

图 1-54 【装配体】面板

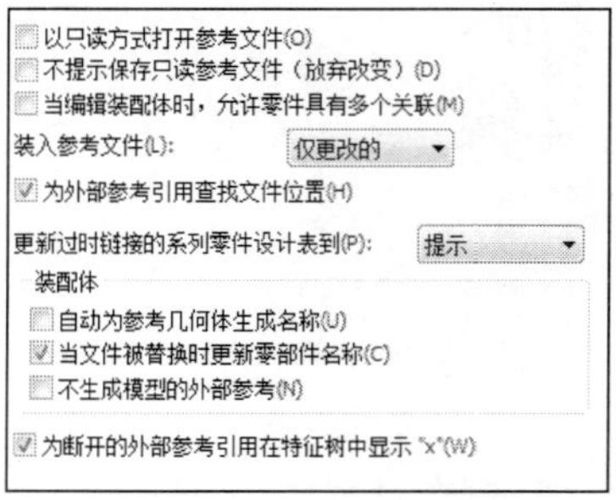

图 1-55 【外部参考引用】面板

1.3.2 文档属性

选择【工具】→【选项】命令，弹出【系统选项（S）-普通】对话框。单击【文档属性】选项卡，切换至【文档属性】对话框，如图 1-56 所示。

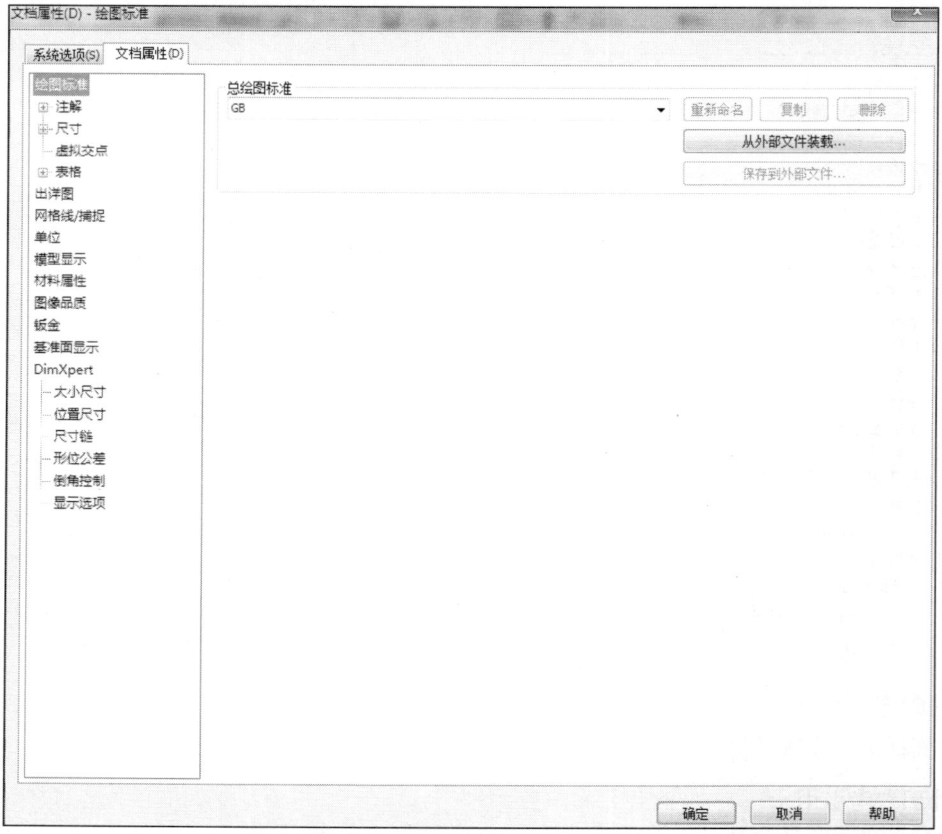

图 1-56 【文档属性】对话框

在该对话框中可设置【出详图】、【网格线/捕捉】、【单位】、【模型显示】、【图像品质】等。

1. 出详图

在此面板中可设置出详图尺寸标注标准、延伸线、基准特征、表面粗糙符号等。

（1）尺寸

通过【尺寸】面板可设置等距距离、箭头的选择、折断尺寸延伸线/引线间隙、折弯引线长度、径向引线捕捉角度、文字对齐方式、分数显示等。

（2）注释

定义在工程图中注释时文字的对齐方式、引线与注解的连接、引线的样式等，如图 1-57 所示。

（3）零件序号

【零件序号】面板为用户提供标注零件序号常见的模式，如图 1-58 所示。

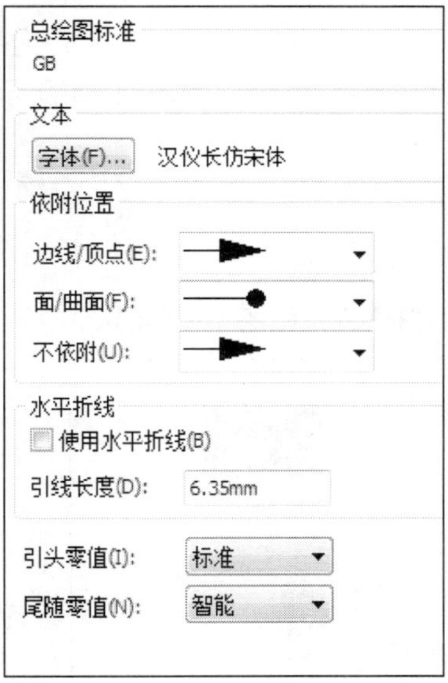

图 1-57 【注释】面板

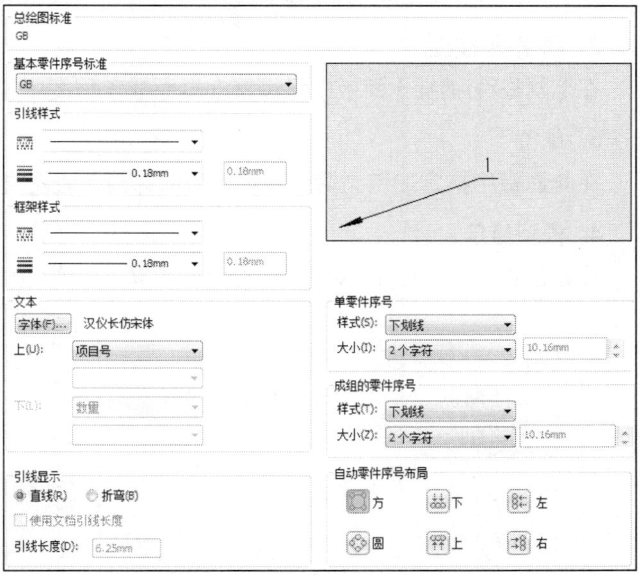

图 1-58 【零件序号】面板

（4）箭头

【箭头】面板主要用于设置箭头大小、依附位置、直径尺寸线打折的选择和剖面/视图大小。

（5）虚拟交点

虚拟交点是指在两个草图实体的虚拟交叉点处生成一个草图点。在【虚拟交点】面板中可选择相关的类型，如图 1-59 所示。

（6）注释显示

勾选此面板的【显示过滤器】栏中的选项，可在工作窗口显示相关的特征，如图 1-60 所示。

（7）注释字体

设置注释的字体，如字体、字体样式、字体高度等。

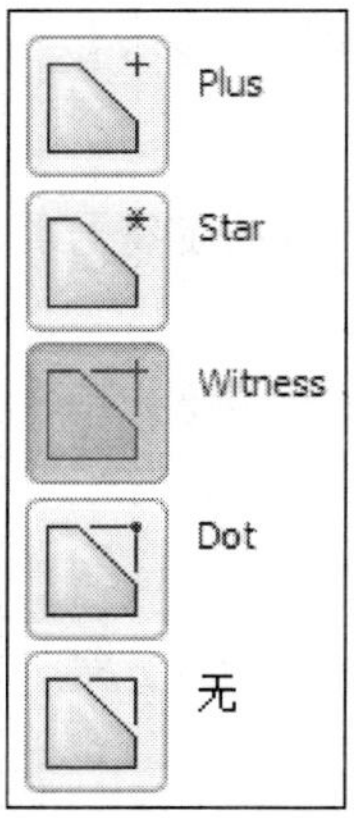

图 1-59 【虚拟交点】面板

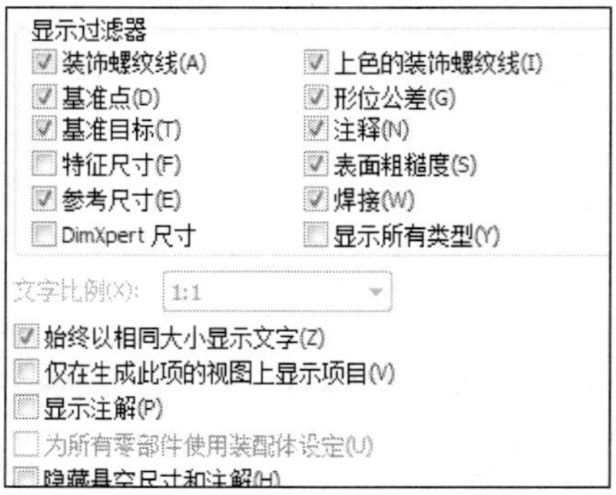

图 1-60 【显示过滤器】面板

2. 网格线/捕捉

在【网格线/捕捉】面板中可设置在草图或工程图中显示网格线、捕捉功能等，如图 1-61 所示。

3. 单位

在此面板中指定如何为活动零件、装配体或工程图文档显示单位。

4. 模型显示

设置创建的模型/特征颜色，如凸台、倒角、切除-放样、切除-扫描等，如图 1-62 所示。

图 1-61 【网格线/捕捉】面板

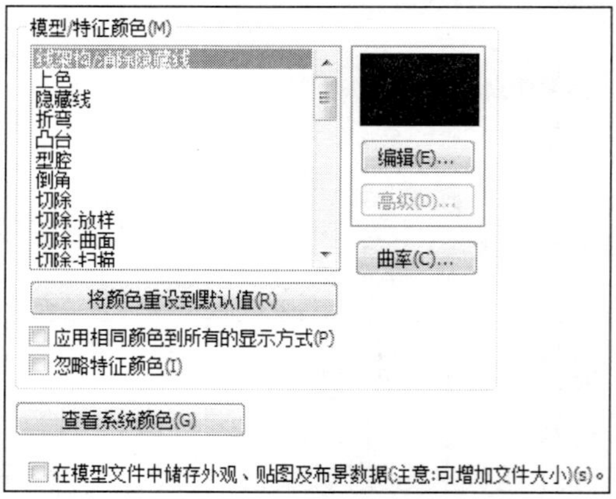

图 1-62 【模型显示】面板

5. 材料属性

对零件进行剖面线、材料密度设置。

6. 图像品质

在此面板中可设置上色和草稿品质、线架图和高品质 HLR/HLV 分辨率等，如图 1-63 所示。

7. 钣金

在此面板中可对钣金平板型式进行设置，如简化折弯、边角处理、平展时显示等，如图 1-64 所示。

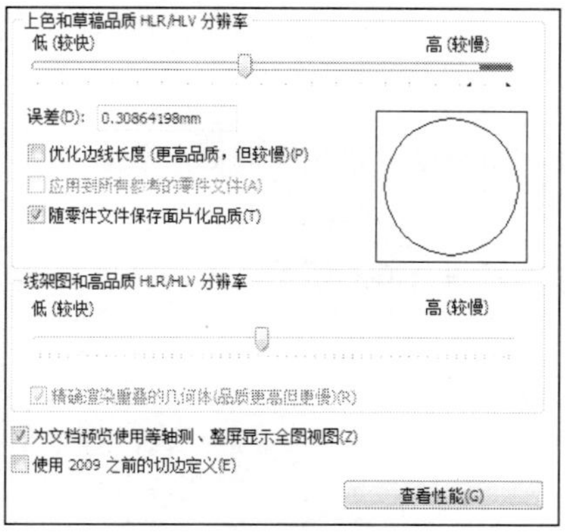

图 1-63 【图像品质】面板

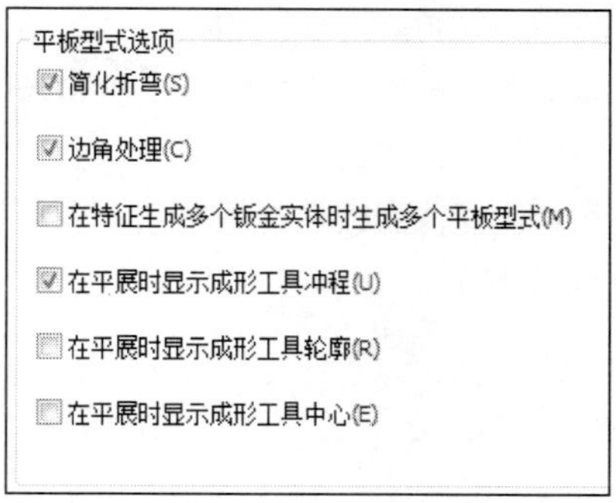

图 1-64 【钣金】面板

1.4　SolidWorks 2012 系统环境定制

在 SolidWorks 2012 中，可以根据用户习惯和设计需要来设置工作环境。本节主要介绍命令按钮的添加与删除、单位的设置、视区背景设置以及图像品质的设置方法，其他环境的设置方法类似。

1.4.1　工具栏的定制

选择【工具】→【自定义】命令，弹出【自定义】对话框，如图 1-65 所示。在【工具栏】选项卡中可以进行【工具栏】、【选项】、【关联工具栏设定】等选项设定。

图 1-65 【自定义】对话框

1. 【工具栏】选项

(1) 激活 CommandManager

勾选此复选框后可在工作窗口显示相关的特征面板，如特征、草图、曲面、钣金、模具等。

(2) 使用带有文本的大按钮

勾选此复选框，面板栏中的按钮下显示其按钮名称，如图 1-66 所示；未勾选此复选框时的状态则如图 1-67 所示。

图 1-66　勾选后的状态

图 1-67　未勾选状态

(3) 工具栏列表

勾选列表中的任何一项，都会在工作窗口显示相关的工具条。

2. 【选项】选项

(1) 大图标

当勾选此复选框时，工具条中的按钮显示大按钮，如图 1-68 所示；未勾选此复选框时的状态如图 1-69 所示。

图 1-68　勾选后的状态

图 1-69　未勾选状态

(2) 显示工具提示

勾选此复选框，将鼠标指针移动至按钮处将显示按钮名称。

(3) 使用大工具提示

勾选此复选框，把鼠标指针移动至按钮处将显示按钮名称以及简要说明。

3. 【关联工具栏设定】选项

(1) 在选取内容上显示

勾选此复选框，在设计树中单击特征时会显示关联工具栏，如图 1-70 所示。

(2) 在快捷键菜单中显示

勾选此复选框，关联工具栏在右击特征时出现，如图 1-71 所示。

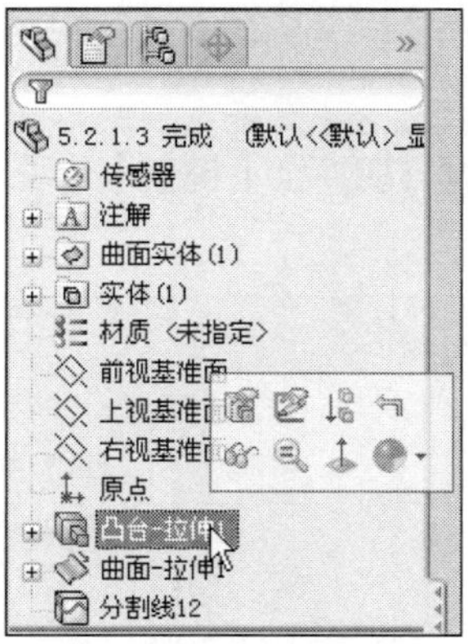

图 1-70　在选取内容上显示【关联】工具栏

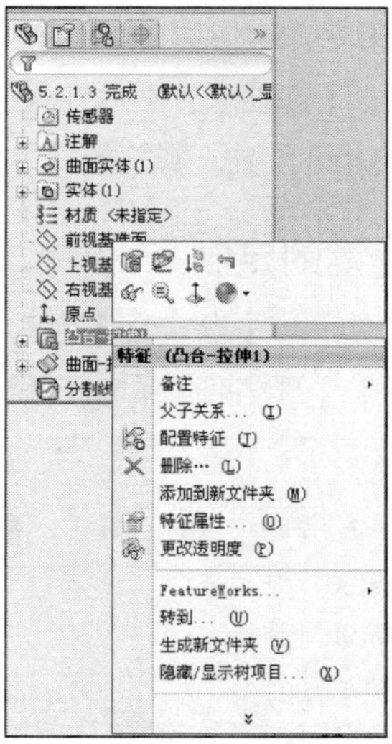

图 1-71　在右键快捷菜单中显示【关联】工具栏

1.4.2　工具栏命令按钮的定制

01 如果希望添加某些命令按钮，则选择【工具】→【自定义】命令，弹出【自定义】对话框。单击【命令】选项卡，如图 1-72 所示，在【类型】栏中选择要添加命令按钮的工具栏，本例中选择【草图】；然后在【按钮】栏中选中要添加的按钮，在按钮上单击并按住鼠标左键不放，拖动鼠标，将按钮移动到要放置的工具栏后释放鼠标左键，完成按钮的添加。

图 1-72　【自定义】对话框

02 如果希望删除某些命令按钮，则选择【工具】→【自定义】命令，弹出【自定义】对话框。单击【命令】选项卡，然后在绘图区工具栏的相应按钮上单击并按住鼠标左键不放，拖动鼠标，将按钮移动到绘图区域，释放鼠标左键，即可完成命令按钮的删除。

1.4.3 快捷键的定制

选择【工具】→【自定义】命令，弹出【自定义】对话框，切换至【键盘】选项卡，如图 1-73 所示。该选项卡主要方便用户进行快捷键设置。

图 1-73 【键盘】选项卡

1. 类别

在【类别】栏中列举出了所有的菜单，选择任意一项后，下侧的表格中将显示所有的菜单命令与快捷键。

2. 只显示指派了快捷键的命令

在【显示】栏中选择此项，在下侧的表格中将只显示带有快捷键的命令。

3. 搜索

在【搜索】栏中输入要搜索的菜单命令进行搜索。

1.4.4　背景颜色的定制

用户可以根据需要对视区的背景和颜色进行设置，具体操作步骤如下。

01　选择【工具】→【选项】命令，弹出【系统选项（S）-普通】对话框，单击【颜色】选项，变为【系统选项（S）-颜色】对话框，如图 1-74 所示。

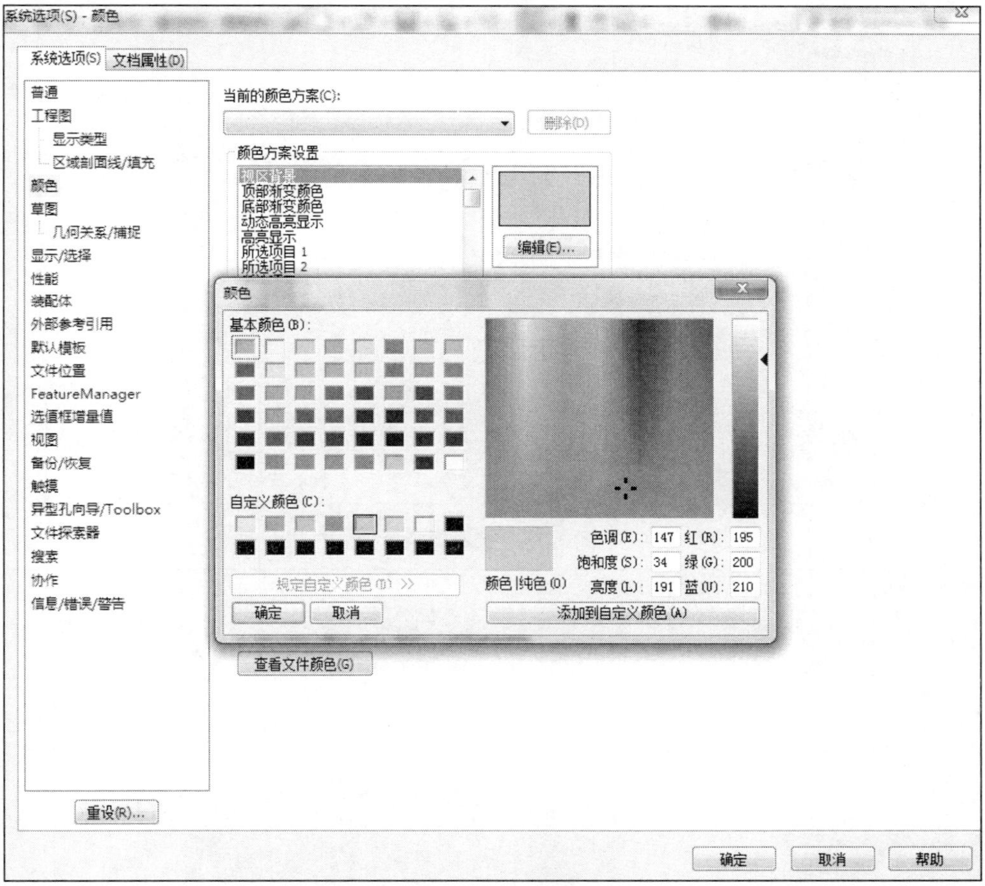

图 1-74　【系统选项（S）-颜色】对话框

02　在该对话框中右侧的【颜色方案设置】栏中选择【视区背景】选项，然后单击【编辑】按钮，弹出【颜色】对话框。选择需要的颜色，然后单击【确定】按钮，返回【系统选项（S）-颜色】对话框，此时，【颜色方案设置】栏右侧的预览框变为所选的颜色，如图 1-75 所示。

03　单击【确定】按钮，完成系统背景颜色的设置，结果如图 1-76 所示。

图 1-75　选择颜色后

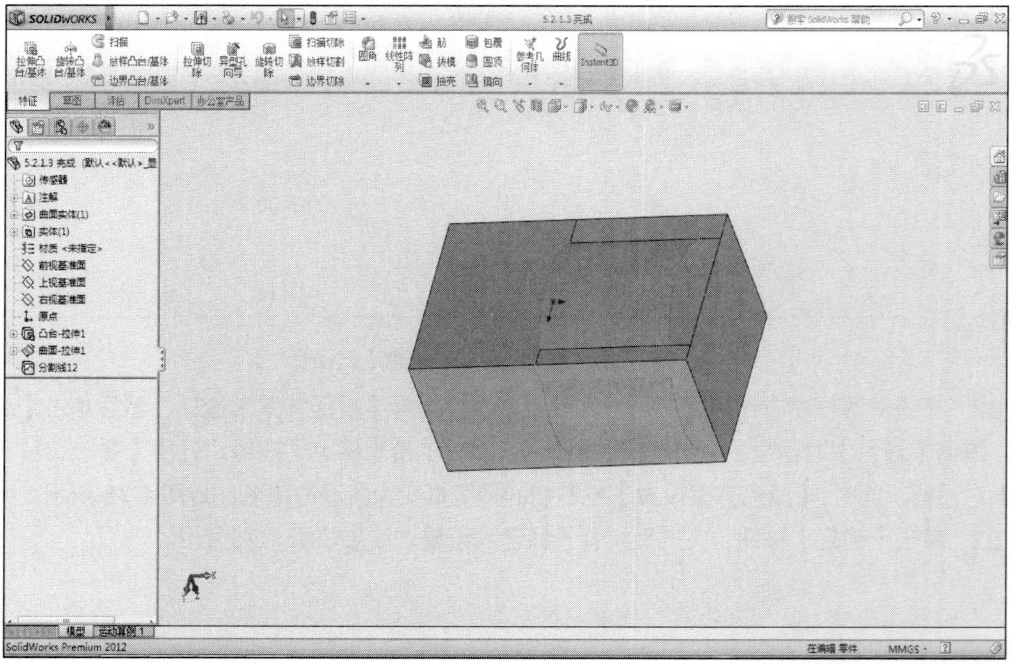

图 1-76　视区背景设置后

★ 课堂实训：设置 SolidWorks 2012 工作环境

本例主要介绍命令按钮添加与删除、单位的设置、视区背景设置以及图像品质的设置方法。

1. 设计分析

在 SolidWorks 2012 中，可以根据设计需要来设置工作环境。本节主要介绍命令按钮的添加与删除、单位的设置、视区背景设置以及图像品质的设置方法。其他环境的设置方法类似。

2. 操作步骤

（1）单位的设置

SolidWorks 2012 默认的单位是 MMGS，即毫米、克、秒。根据设计需要，设计者可以对单位系统进行设置，具体操作步骤如下。

选择【工具】→【选项】命令，弹出【系统选项（S）-普通】对话框，单击【文档属性】选项卡，然后单击【单位】选项，此时对话框变为【文档属性（D）-单位】对话框，如图 1-77 所示。在【单位系统】栏中选择要设置的单位系统，并设置小数点位数，最后单击【确定】按钮，完成单位设置。

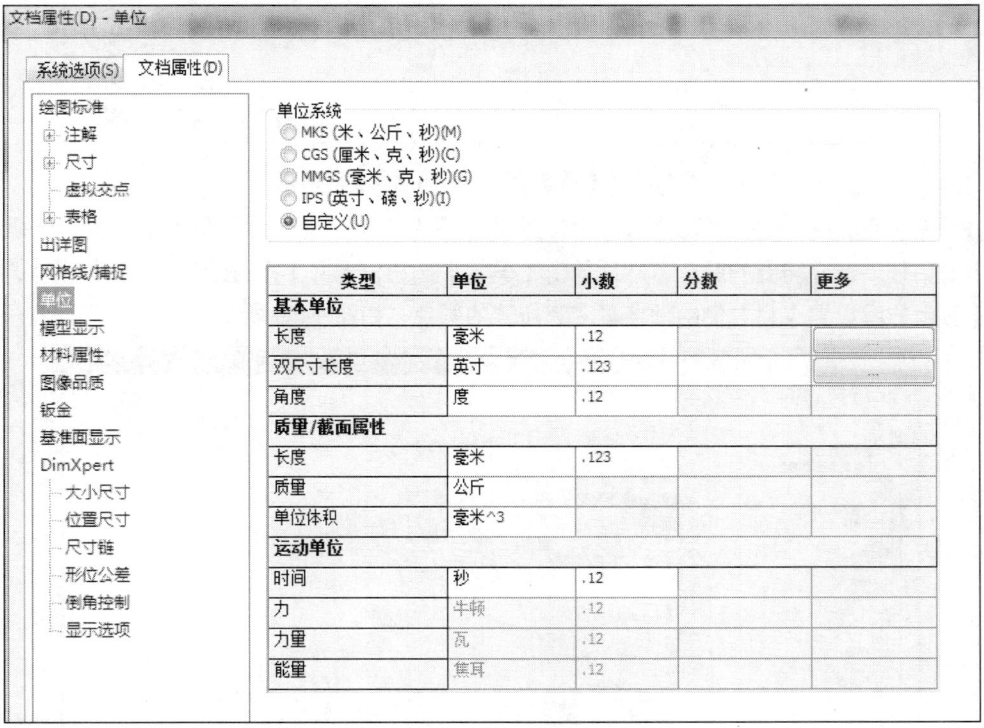

图 1-77　单位系统设置

（2）视区背景设置

设计者可以根据需要对视区的背景和颜色进行设置，具体操作步骤如下。

01 选择【工具】→【选项】命令，弹出【系统选项（S）-普通】对话框，单击【颜色】选项，变为【系统选项（S）-颜色】对话框，如图 1-78 所示。

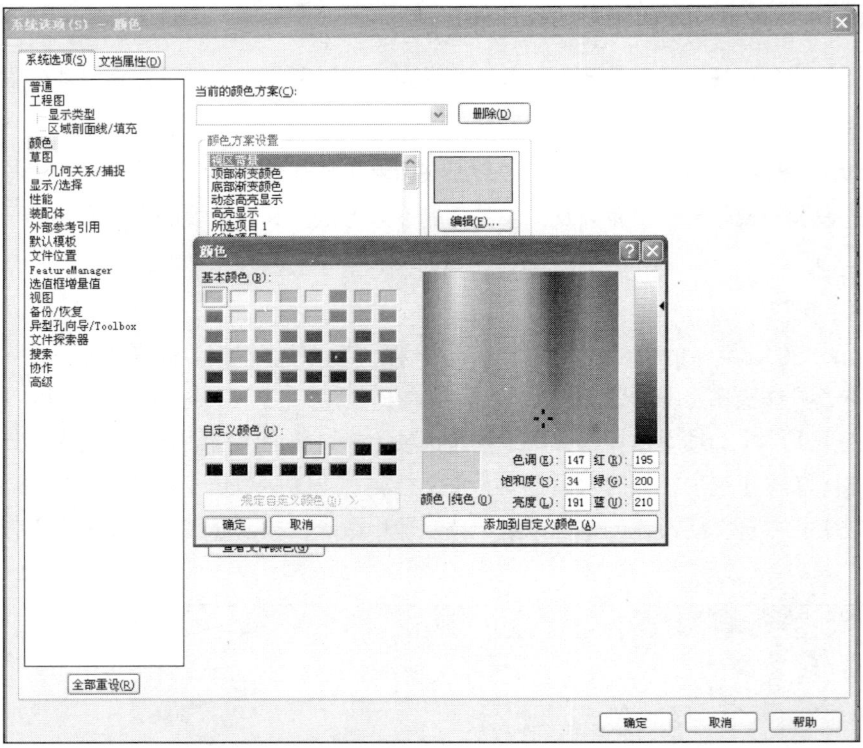

图 1-78 【系统选项（S）-颜色】对话框

02 在右侧的【颜色方案设置】栏中选择【视区背景】选项，然后单击【编辑】按钮，弹出【颜色】对话框。选择需要的颜色，然后单击【确定】按钮，返回【系统选项（s）-颜色】对话框，此时，【颜色方案设置】栏右侧的预览框变为所选的颜色，如图 1-79 所示。

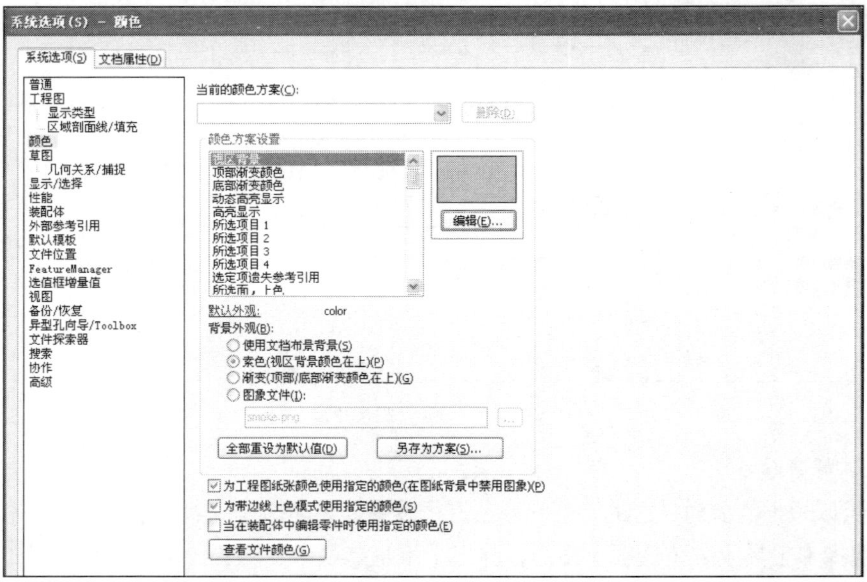

图 1-79 选择颜色后

03　单击【系统选项（S）-颜色】对话框中的【确定】按钮，完成系统背景颜色的设置，结果如图 1-80 所示。

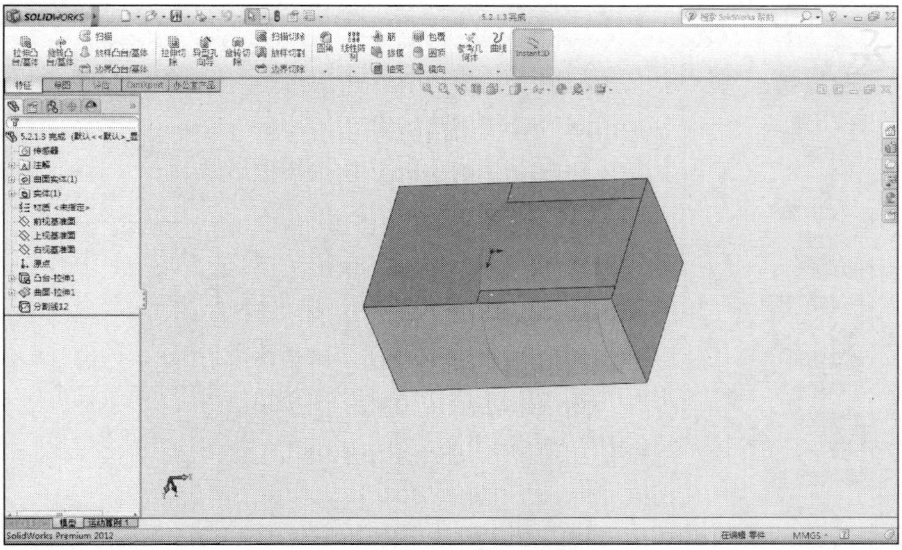

图 1-80　视区背景设置后

（3）图像品质设置

一般系统默认的图像品质较低，有时为了改善图像的显示效果，需要对图像品质进行设置，具体操作步骤如下。

01　选择【工具】→【选项】命令，弹出【系统选项（S）-普通】对话框，单击【文档属性】选项卡，单击【图像品质】选项，变为【文档属性（D）-图像品质】对话框，如图 1-81 所示。

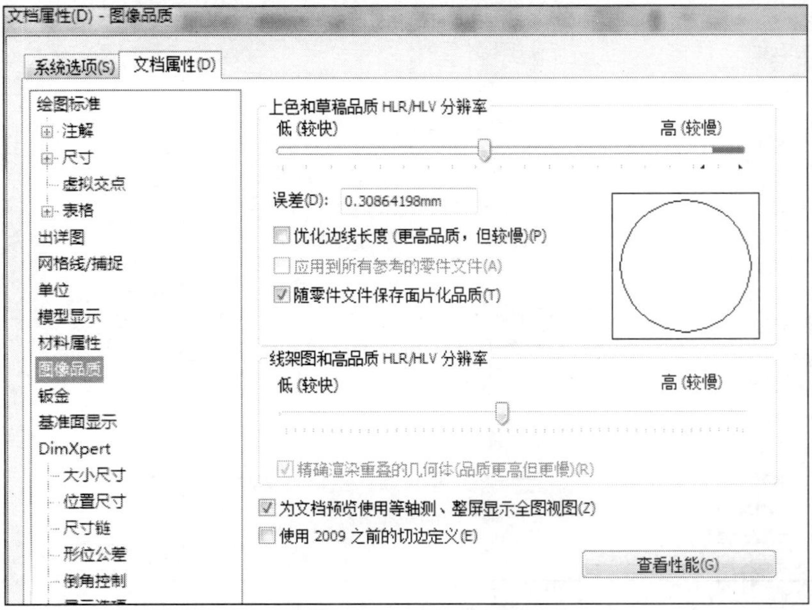

图 1-81　【文档属性（D）-图像品质】对话框

02 在该对话框中左右拖动图像品质设置滑块，可以对图像品质进行设置。向左拖动时，图像品质下降，如图 1-82 所示；向右拖动时，图像品质升高，如图 1-83 所示。

图 1-82　图像品质较低

图 1-83　图像品质较高

03 设置好图像品质后，单击【确定】按钮，完成图像品质的设置。

提示：三维实体建模时降低图像品质，可以减少占用的系统资源，加快运行速度；建模后提高图像品质，可以提高图像显示效果。

1.5　本章小结

本章主要介绍了 SolidWorks 2012 的基础知识，包括 SolidWorks 的启动与退出、用户界面、文件基本操作以及 SolidWorks 工作环境的设置，这些内容将会在后面的章节中通过实例加以介绍。希望读者熟练掌握以上基础知识，因为它们是熟练应用 SolidWorks 2012 的基础。

第 2 章　创建基准特征

基准特征在创建各种特征中起辅助、参照作用。基准特征主要包括基准面、基准轴、基准点、坐标系等。每一种基准特征类型都有不同形式的创建方法，在实际工作中应根据设计要求灵活选用。

2.1　建立参考坐标系

坐标系常用做装配时的默认约束参照，还可以作为零件的缩放参照、测量参照。坐标系与其他基准点、基准轴、基准面有相同的性质，所有的特征都必须选取其中的某一个或多个基准作为参照。

2.1.1　参考坐标系的属性设置

1. 创建坐标系的操作步骤

创建坐标系的操作步骤如下。

01　单击【参考几何体】工具栏中的【坐标系】按钮。

02　弹出【坐标系】属性管理器，选择一处原点来定义坐标系的位置，再定义 x、y、z 轴的方向。

03　完成后单击按钮，完成坐标系的创建。

2. 【坐标系】属性管理器参数定义

单击【参考几何体】工具栏中的【坐标系】按钮，弹出【坐标系】属性管理器。其中，【选择】栏中介绍了创建坐标系的各方向坐标轴的方向定位，如图 2-1 所示。

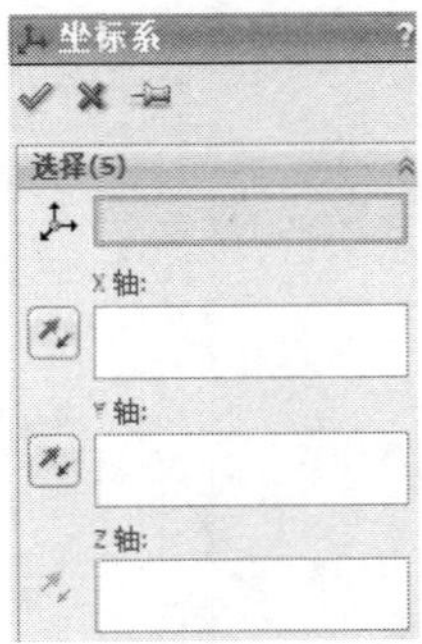

图 2-1 【坐标系】属性管理器

2.1.2　创建坐标系的方法

创建坐标系时，先选择一处原点作为参照，然后选择顶点、边线、面来定义 x、y、z 轴方向，具体操作步骤如下。

1. 选择原点定义坐标系位置

01　使用默认的原点创建坐标系。单击【参考几何体】工具栏中的【坐标系】按钮，进入创建坐标系模式时，程序自动选择一处原点来定义坐标系的位置，如图 2-2 所示。

02 指定原点创建坐标系。选择一处顶点、中点、基准点或零件上析点来创建坐标系。创建后的坐标系与选择的点重合，如图 2-3 所示。

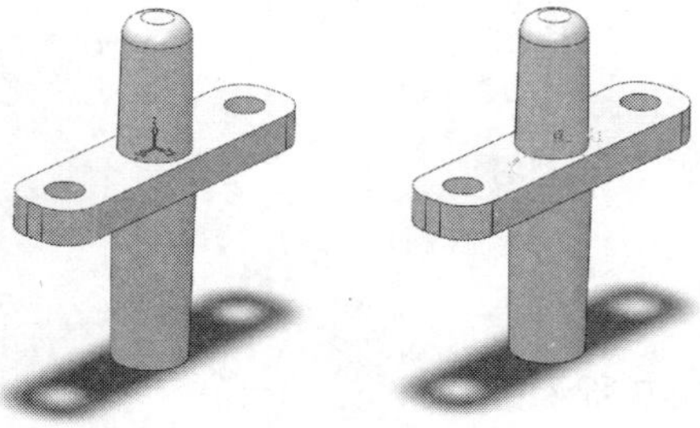

图 2-2 默认的原点创建坐标系

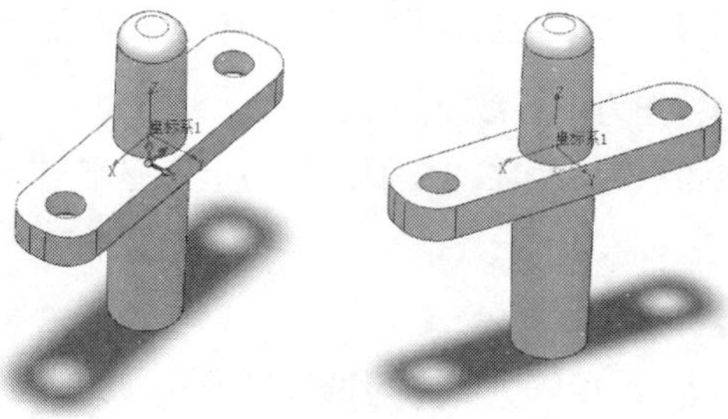

图 2-3 指定原点创建坐标系

2. 定义 x、y、z 轴方向

01 当选择顶点、中点、基准点来定义轴的方向时，则根据选择的点来定义轴的方向，并对齐约束，如图 2-4 所示。

02 当选择平面来定义轴的方向时，则与选择的平面垂直，如图 2-5 所示。

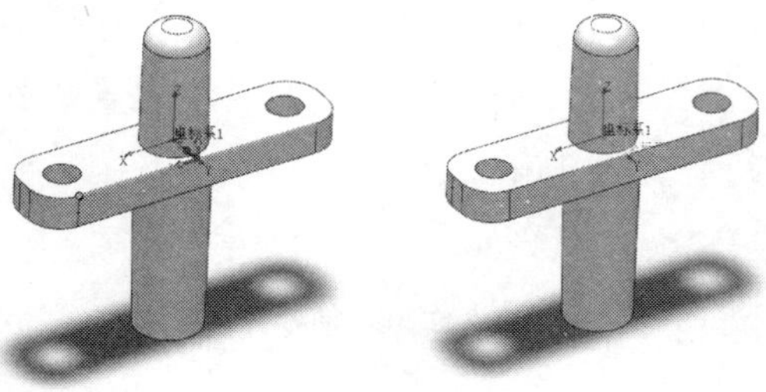

图 2-4 选择点定义轴方向（定义 x 轴）

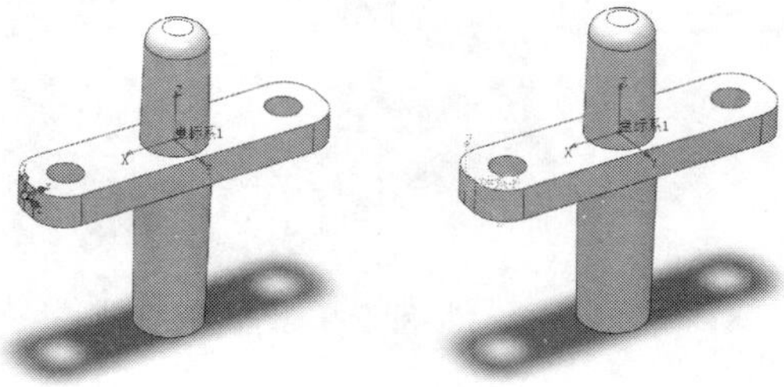

图 2-5 选择面定义轴方向（定义 x 轴）

2.1.3 显示坐标系

单击【前导视图】工具栏中的【隐藏/显示项目】按钮，如图 2-6 所示，在弹出的下拉列表中单击【观阅坐标系】按钮，即可控制坐标系的显示和隐藏，如图 2-7 所示。

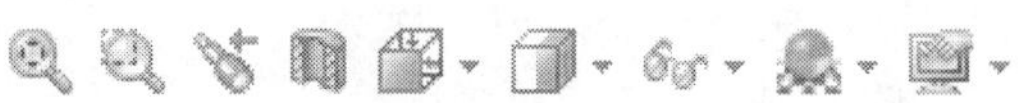

图 2-6 【前导视图】工具栏

图 2-7 观阅坐标系

2.2 参考基准轴

基准轴广泛应用于特征旋转参照、圆形阵列参照及装配体参照，详细讲述如下。

1. 作为中心线

创建旋转实体或曲面时，可选择基准轴作为中心线，如图 2-8 所示。

图 2-8 作为中心线

2. 作为阵列轴

创建圆周阵列时，可选择基准轴作为阵列轴，如图 2-9 所示。

3. 作为同轴零件的参照

创建同轴的两个零件时，可将两个零件的中心轴定位至同一条线，确保两个零件在同轴上，如图 2-10 所示。

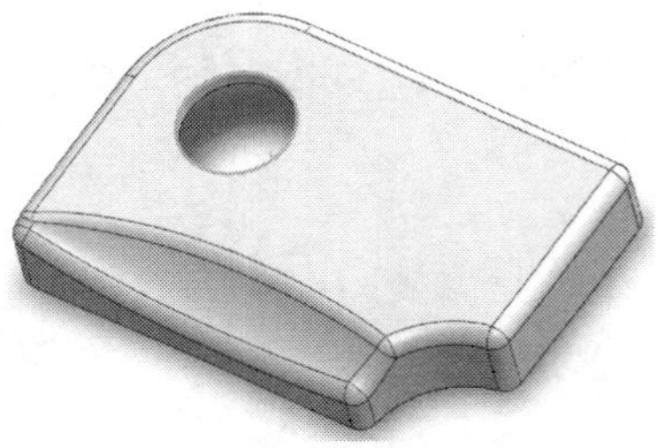

图 2-9 作为阵列轴

图 2-10 作为同轴零件的参照

2.2.1 基准轴的属性设置

1. 创建基准轴的操作步骤

创建基准轴的操作步骤如下。

01 单击【参考几何体】工具栏中的【基准轴】按钮。

02 弹出【基准轴】属性管理器，在【选择】栏中选择参考实体，并选择创建基准轴的方法。

03 完成后单击按钮，完成基准轴的创建。

2. 【基准轴】属性管理器参数定义

单击【参考几何体】工具栏中的【基准轴】按钮，弹出【基准轴】属性管理器。其中，【选择】栏列出了创建基准轴的各种方法，如图 2-11 所示。

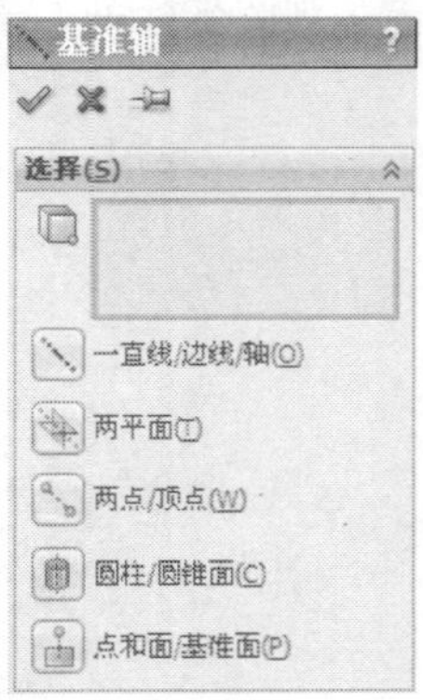

图 2-11 【基准轴】属性管理器

3. 临时轴

当创建圆柱或圆锥实体、曲面时，程序会自动产生一条临时轴。选择【视图】|【临时轴】命令，如图 2-12 所示，可将临时轴显示在工作窗口，如图 2-13 所示。

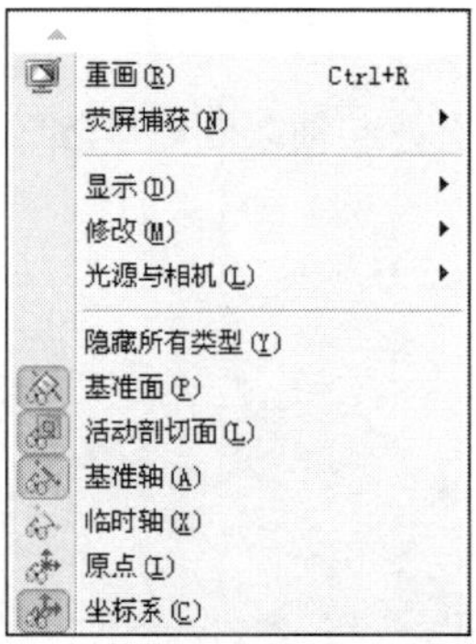

图 2-12 选择【临时轴】命令

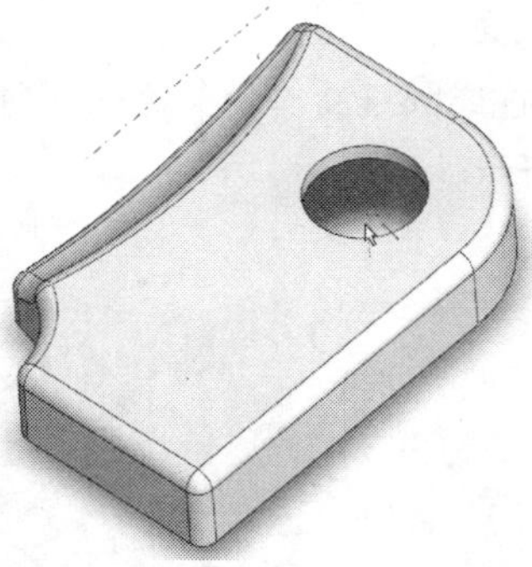

图 2-13 临时轴

2.2.2 创建基准轴的方法

根据【基准轴】属性管理器中列举的创建基准轴的方法来创建基准轴，具体创建步骤如下。

1. 直线/边线/轴

选择一特征线性边界、草图直线或者选择临时轴作为参照来创建基准轴，创建的基准轴通过选择的参照，如图 2-14 所示。

2. 两平面

选择两处平面、基准面作为参照来创建基准轴，创建的基准轴在两平面的交线处，如图 2-15 所示。

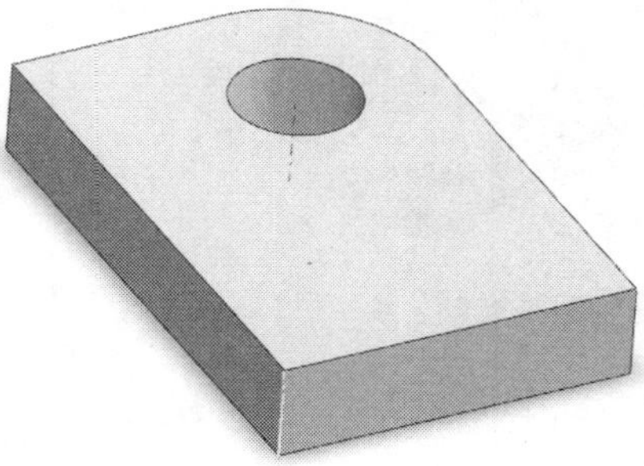

图 2-14 直线/边线/轴创建基准轴

图 2-15 两平面创建基准轴

3. 两点/顶点

选择两处顶点、中点作为参照来创建基准轴，创建的基准轴穿过选择的两点，如图 2-16 所示。

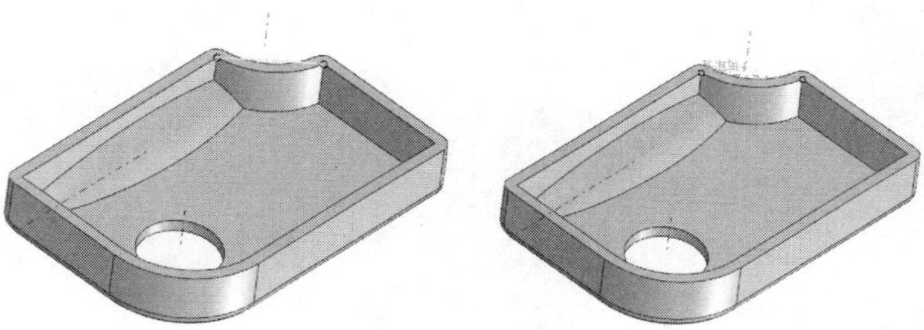

图 2-16 两点/顶点创建基准轴

4. 圆柱/圆锥面

选择一处圆柱或圆锥面作为参照来创建基准轴，创建的基准轴以圆柱/圆锥的中心线作为基准轴，如图 2-17 所示。

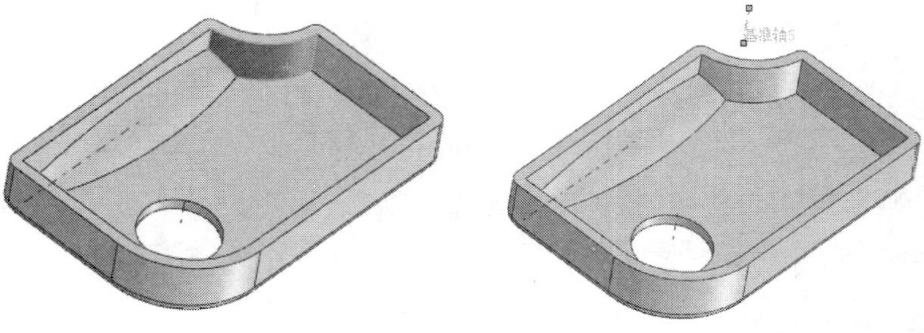

图 2-17　圆柱/圆锥面创建基准轴

5. 点和面/基准面

选择一处曲面或者基准面与一处顶点或中心点作为参照来创建基准轴，创建的基准轴通过点且垂直于所选面，如图 2-18 所示。

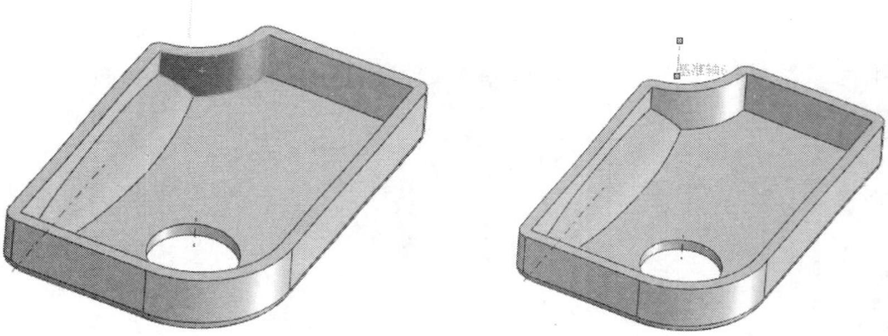

图 2-18　点和面/基准面创建基准轴

2.2.3　显示基准轴

单击【前导视图】工具栏中的【隐藏/显示项目】按钮，如图 2-19 所示，在弹出的下拉列表中单击【观阅基准轴】按钮，即可控制基准轴的显示和隐藏，如图 2-20 所示。

图 2-19　【前导视图】工具栏

图 2-20　观阅基准轴

2.3　参考基准面

基准面是一个假想的、没有厚度的平面，其作用是作为绘制模型或装配模型的参照。每次新建一个零件或组件，系统都将自动创建 3 个基准平面，分别是前视基准面、上视基准面和右视基准面。

基准面的应用场合非常广泛，如草绘截面的参照、零件的方向定位参照、尺寸的标注参照等。

1. 作为草图平面

创建一些拉伸、旋转实体或曲面时，必须绘制草图截面。当工作窗口中无任何特征或者没有平面作为草图平面时，可选择基准面作为草图平面，如图 2-21 所示。

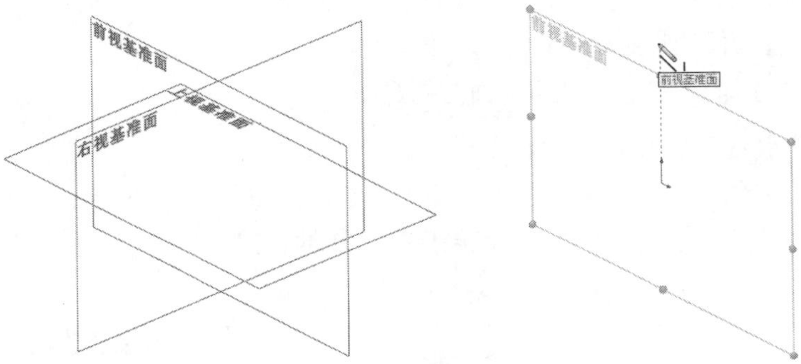

图 2-21　选择【前视基准面】作为草图平面

2. 定义基准面来定义零件方向

当要查看零件的前后、左右、上下特征时，除了单击【标准视图】工具栏中的【前视】按钮、【后视】按钮、【左视】按钮等原系统现有的视图方位视角外，还可单击【正视于】按钮来选择一处基准面来定义零件的方向，如图 2-22 和图 2-23 所示。

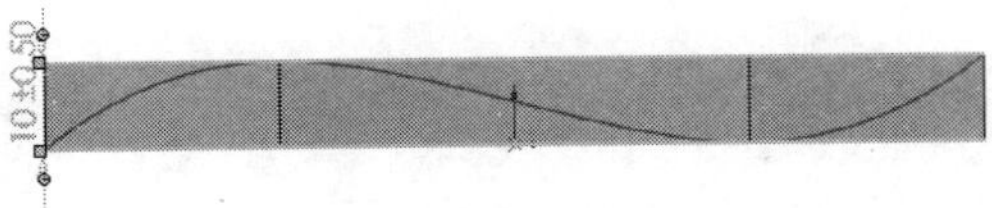

图 2-22　定义基准面 1

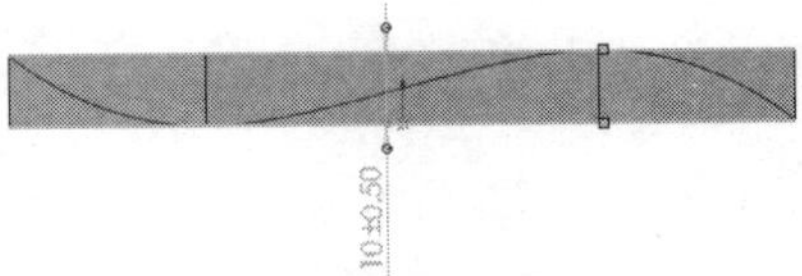

图 2-23　定义上视基准面

3. 作为标注尺寸的参照

在标注草图截面的尺寸时，除了选择原点作为参照进行标注外，还可选择基准面作为参照，如图 2-24 和图 2-25 所示。

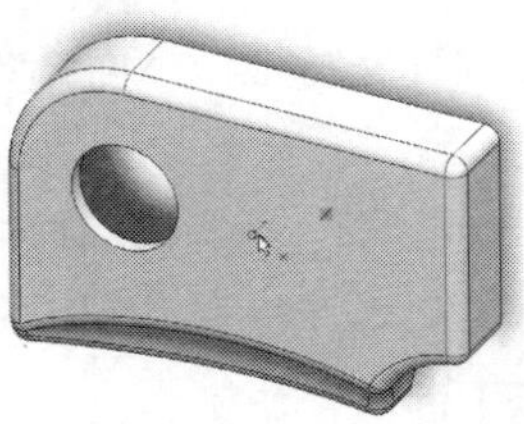

图 2-24　选择原点

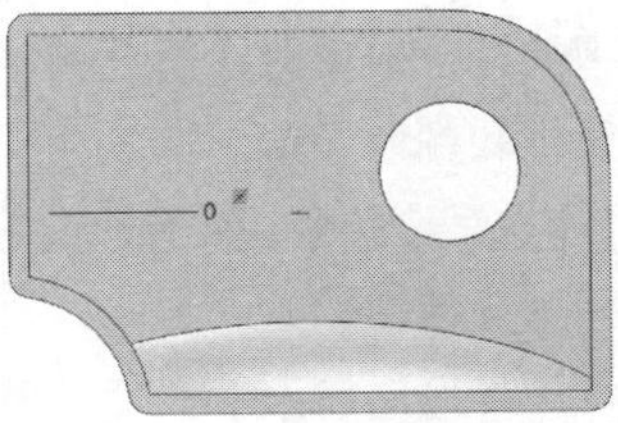

图 2-25　选择基准面

4. 作为剖切面参照

进行剖面视图创建时可使用基准面作为剖切参照，如图 2-26 所示。

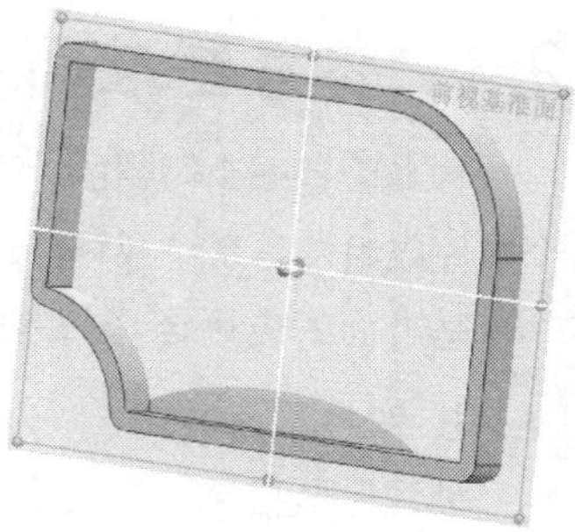

图 2-26 剖面视图

2.3.1 基准面的属性设置

1. 创建基准面的操作步骤

创建基准面的操作步骤如下。

01 单击【参考几何体】工具栏中的【基准面】按钮。

02 弹出【基准面】属性管理器，在【选择】栏中选择参考实体，并选择创建基准面的方法。

03 完成后单击按钮，完成基准面的创建。

2. 【基准面】属性管理器参数定义

单击【参考几何体】工具栏中的【基准面】按钮，如图 2-27 所示，弹出【基准面】属性管理器，如图 2-28 所示。其中，【参考】栏包括基准面的创建方法及相应的实体参照，如图 2-29 所示。

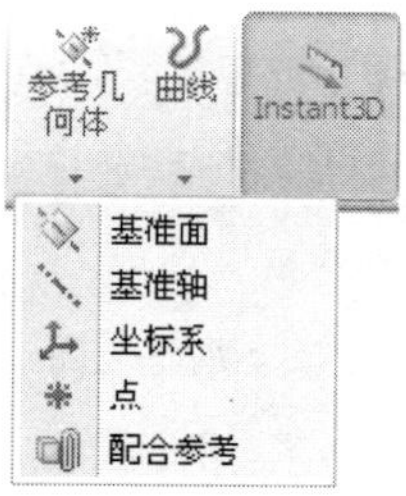

图 2-27 参考几何体

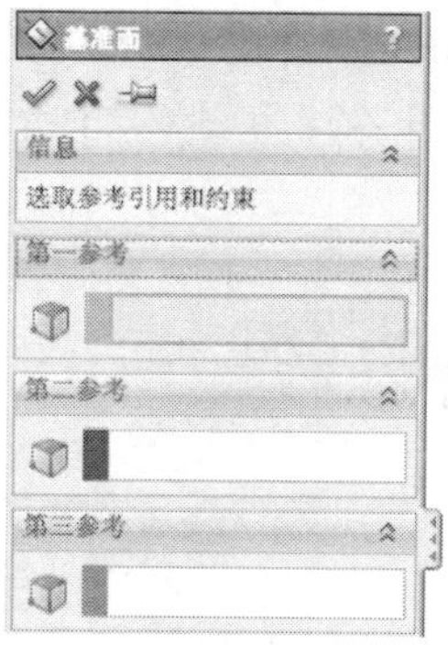

图 2-28 【基准面】属性管理器

图 2-29 【参考】栏

3. 基准面显示

当工作窗口中的特征较多时，特征颜色的区分能清楚地选择此特征，下面介绍基准面的颜色、透明度、交叉线显示和颜色设置。

选择【工具】|【选项】命令，弹出【系统选项(S)-普通】对话框，单击【文档属性】按钮文档属性(D)，切换至【文档属性】选项卡。

在列表中选择【基准面显示】选项，展开【基准面显示】面板，如图 2-30 所示。

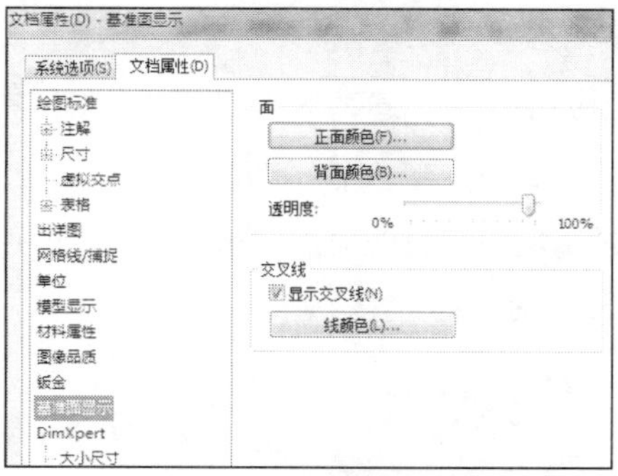

图 2-30 【基准面显示】面板

（1）面

在【面】栏中可设置基准面正面与背面颜色，单击【正面颜色】按钮，将弹出【颜色】对话框，如图 2-31 所示。在该对话框中可选择任意一种颜色来定义正面颜色，完成选择后单击【确定】按钮，程序将根据设置后的颜色在基准面上给予显示。

（2）透明度

拖动滑块来控制基准透明度，当拖动至 0%时，则显示实体面颜色；拖动至 100%时，则不显示基准面颜色，只显示基准面假想的边线，如图 2-32 所示。

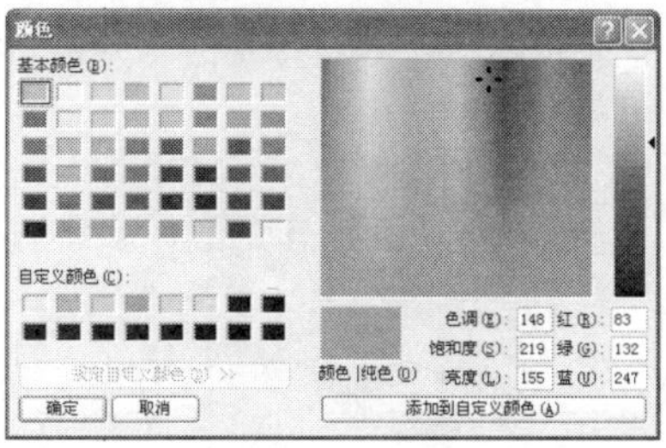

图 2-31 【颜色】对话框

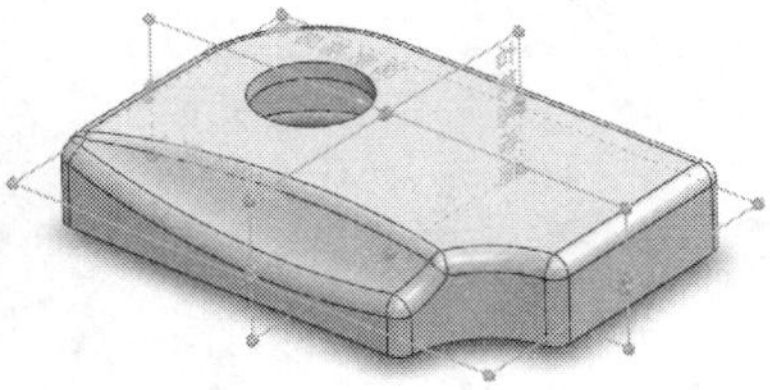

图 2-32　拖动至 100%

▶**提示**：基准面边线的颜色与正面和背面的颜色相同，但不透明且总是显示，视零件的大小而决定，并且可任意调整基准面的大小。

（3）交叉线

勾选【显示交叉线】复选框，显示基准面与基准面的交叉线，如图 2-33 和图 2-34 所示。单击【线颜色】按钮，弹出【颜色】对话框，选择任意一种颜色来设置交叉线的颜色。

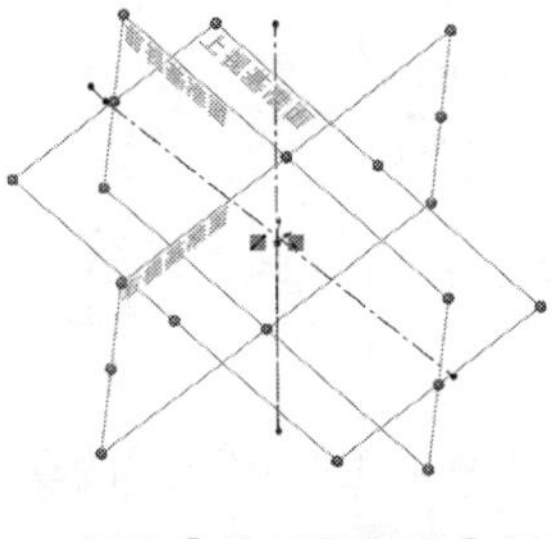

图 2-33　勾选【显示交叉线】复选框

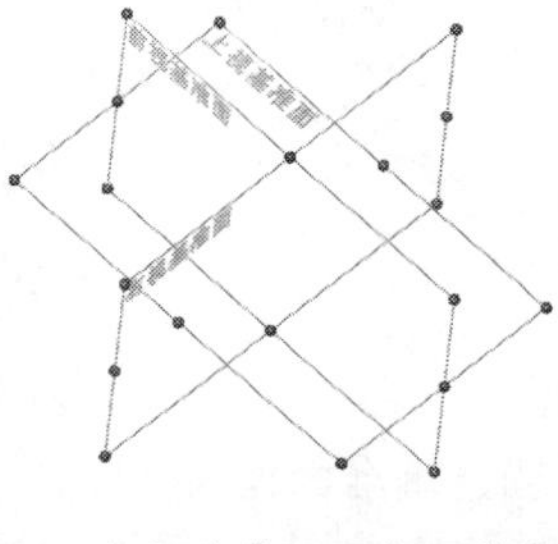

图 2-34　未勾选【显示交叉线】复选框

2.3.2 创建基准面的方法

在【基准面】属性管理器中列举出了创建基准面的各种方法，具体创建过程如下。

1. 通过直线/线

选择一处线性边界、直线、基准轴与一处顶点、基准点、草图点来创建基准面，创建的基准面穿过选择的直线与点，如图 2-35 所示。

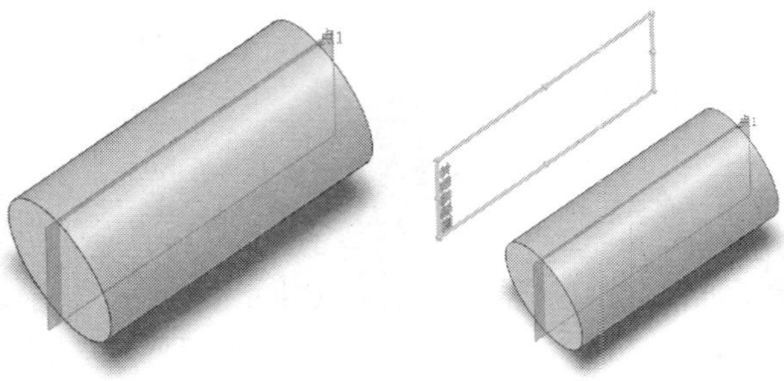

图 2-35 直线/点创建基准面

2. 点和平行面

选择一处顶点、基准点、草图点与一处平面、基准面来创建基准面，创建的基准面与选择的点重合并平行于选择的面，如图 2-36 所示。

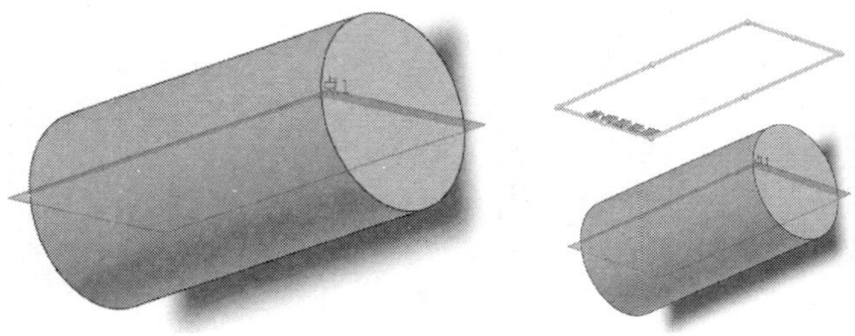

图 2-36 点和平行面创建基准面

3. 两面夹角

选择一处线性边界、直线、基准轴与一处平面、基准面作为参照，再输入角度值来创建基准面，创建后的基准面通过选择的边界与选择的平面呈一定角度，如图 2-37 所示。

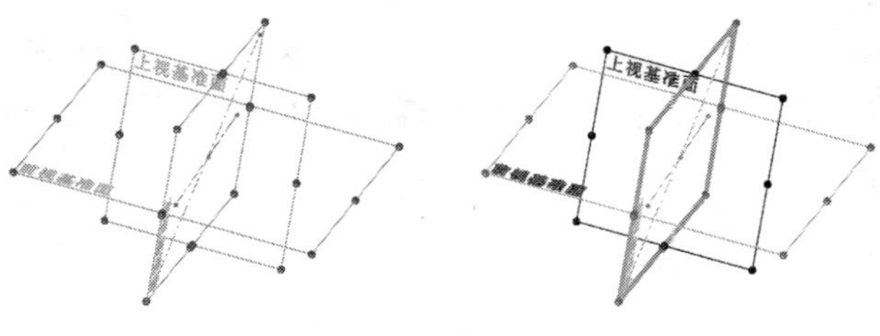

图 2-37 两面夹角创建基准面

4. 等距距离

选择一处平面、基准面作为参照，再输入距离值来创建基准面，创建后的基准面平行于选择的面，如图 2-38 所示。

勾选【反向】复选框可修改创建的基准面的方向，在【要生成的基准面数】栏中可设置创建的基准面的数量，创建后的基准面如图 2-39 所示。

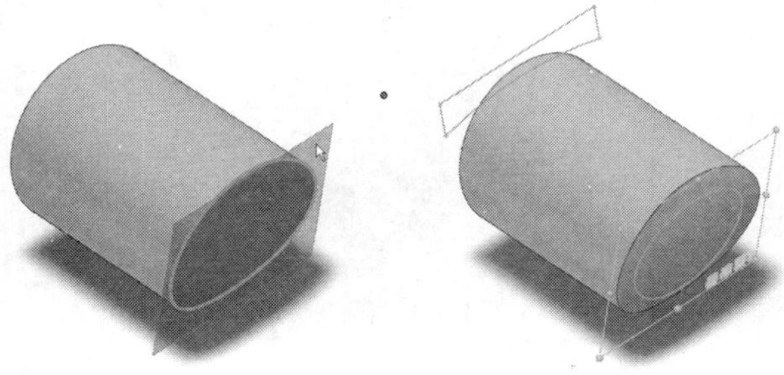

图 2-38　等距距离创建基准面 1

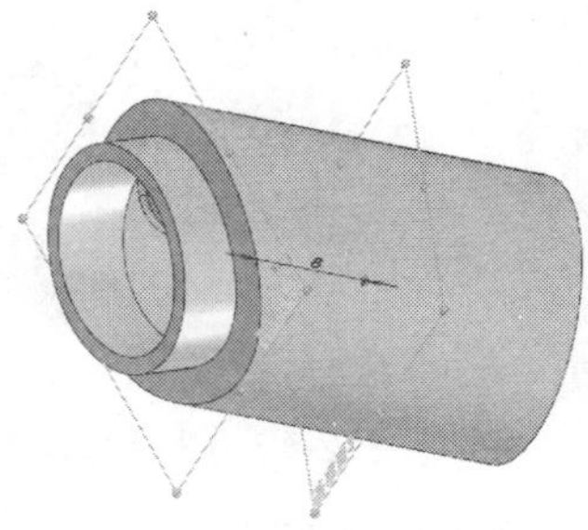

图 2-39　设置基准面的数量

▶**提示：**以等距距离创建基准面的另一种方法是：单击创建的基准面，此时基准面的四周显示控标，然后按住【Ctrl】键不放，单击基准面的控标，如图 2-40 所示，此时弹出【基准面】属性管理器，将【基准面】拖动至相应的位置后单击【确定】按钮✓。

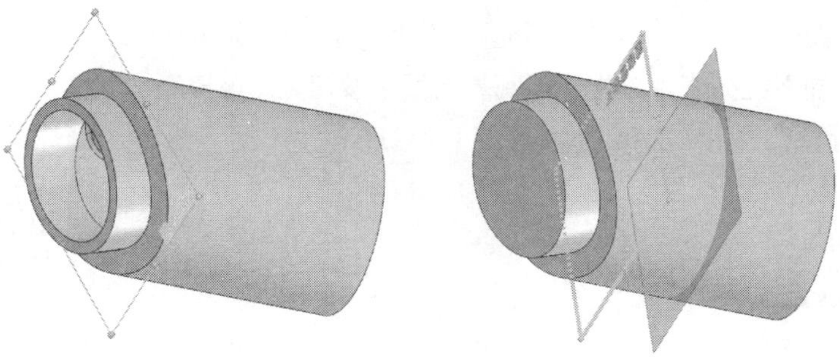

图 2-40　等距距离创建基准面 2

5. 垂直于曲线

选择一处顶点、基准点、草图点与一处线性边界、直线或曲线来创建基准面，创建的基准面与选择的点或边界重合并垂直于选择的边界，如图 2-41 所示。

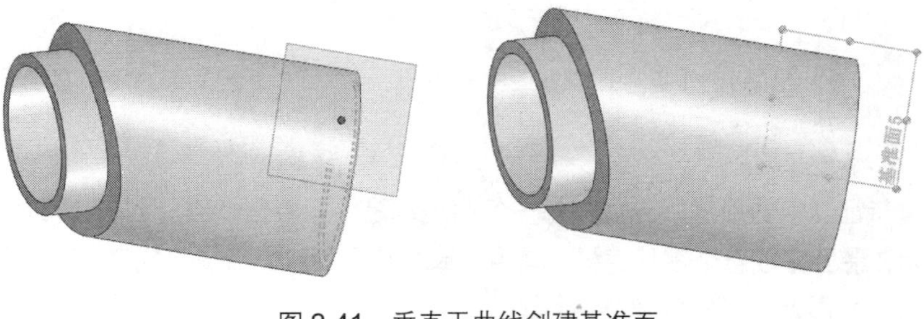

图 2-41　垂直于曲线创建基准面

▶**提示：**当勾选【将原点设置在曲线上】复选框时，创建后的基准面位于选择的曲线，如图 2-42 所示。从图中可以看出，创建后的基准面形状相对较小，此时可调整其大小。单击创建的基准面，此时基准面的四周显示控标，拖动边角或边线控标可调整基准面的大小，如图 2-43 所示。

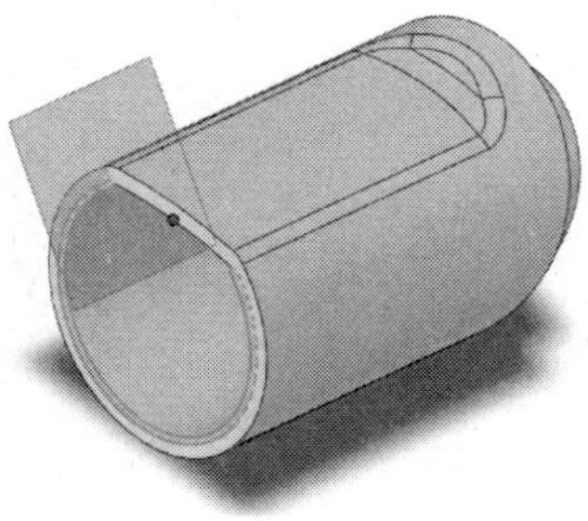

图 2-42　将原点设置在曲线上

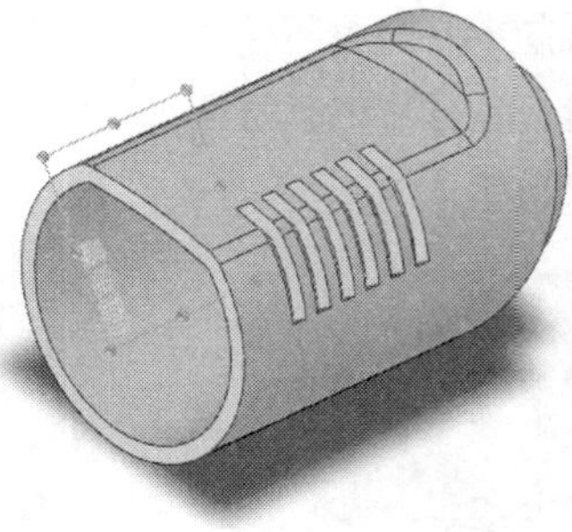

图 2-43　调整基准面的大小

6. 曲面切平面

选择一处顶点、基准点、草图点与一处平面或曲面来创建基准平面，创建的基准平面平行于选择的点并与选择的面相切，如图 2-44 所示。

图 2-44　曲面切平面创建基准面

2.3.3　显示基准面

单击【前导视图】工具栏中的【隐藏/显示项目】按钮，如图 2-45 所示，在弹出的下拉列表中单击【观阅基准面】按钮，即可控制基准面的显示和隐藏，如图 2-46 所示。

图 2-45 【前导视图】工具栏

图 2-46　观阅基准面

2.4　参考基准点

点作为创建特征几何的最基础元素，每一条曲线都是由无数个点组成的，一般的零件都是从点到线再到面开始，最后完成整个零件建模。其中，基准点可在任何情况下创建，可选择线条的中点、零件棱边的交点、投影点等形式创建。

基准点常作为基准轴与基准面的创建参照，其中部分零件特征也需参照基准点来创建，如孔特征。

1. 定义孔的拉伸方向

选择基准点作为创建孔的拉伸方向，图 2-47 所示为选择【点】以指定拉伸方向。

2. 定义基准轴

通过选择一个基准点或平面即可完成一条基准轴的创建，也可选择两个基准点来创建基准轴。

3. 定义坐标系的位置

选择一处基准点来定义坐标系的位置，如图 2-48 所示。

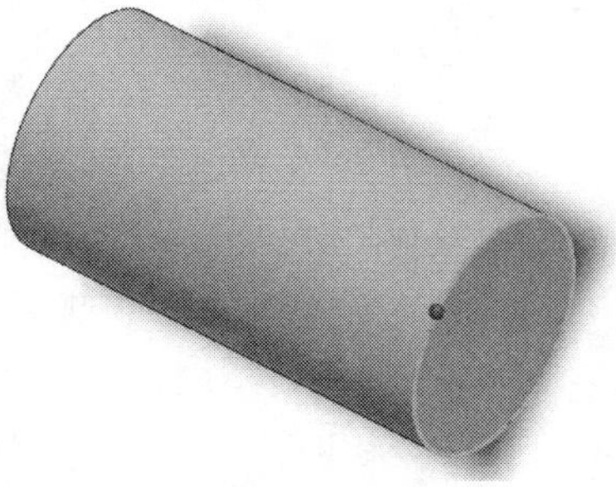

图 2-47　定义孔的拉伸方向

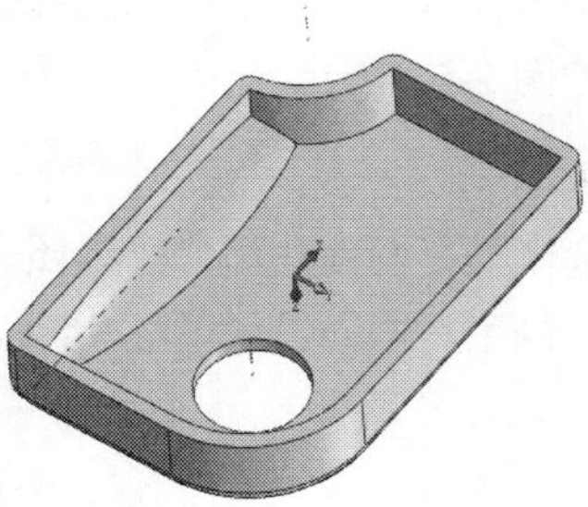

图 2-48　定义坐标系的位置

4. 选择【点】作为变形类型

选择基准点作为参照来控制零件变形的形状，如图 2-49 所示。

5. 作为创建变化圆角参照

创建变化圆角特征时，可选择基准点作为参照，如图 2-50 所示。

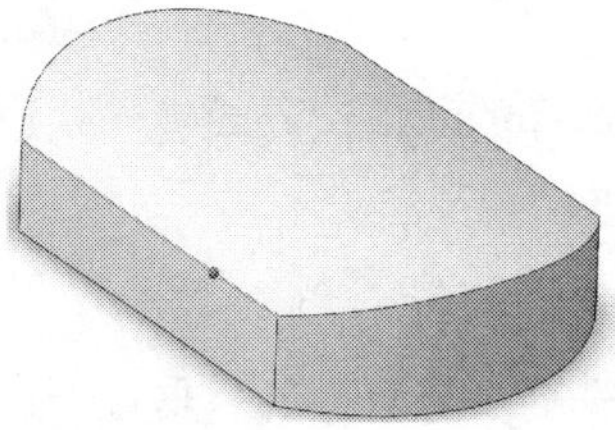

图 2-49　选择【点】作为变形类型

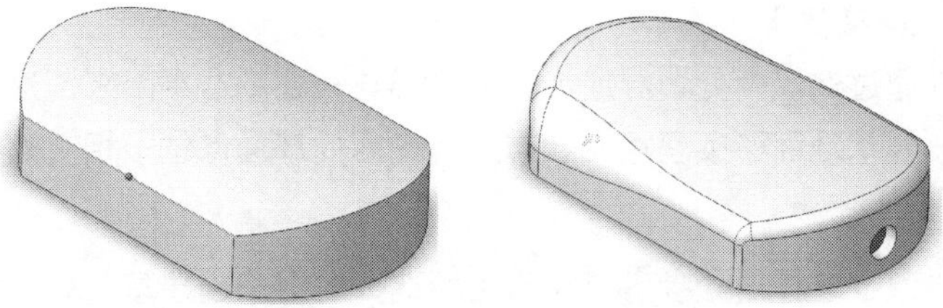

图 2-50　作为创建变化圆角参照

2.4.1　基准点的属性设置

1. 创建基准点的操作步骤

创建基准点的操作步骤如下。

01　单击【参考几何体】工具栏中的【基准点】按钮。

02　弹出【点】属性管理器，在【选择】栏中选择参考实体，并选择创建基准点的方法。

03　完成后单击按钮，完成基准点的创建。

2. 【基准点】属性管理器参数定义

单击【参考几何体】工具栏中的【基准点】按钮，弹出【点】属性管理器。其中，【选择】栏包括创建基准点的各种方法，如图 2-51 所示。

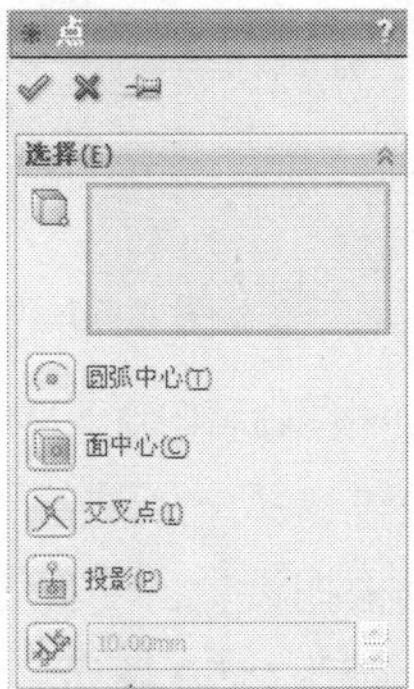

图 2-51 【点】属性管理器

2.4.2 创建基准点的方法

根据零件当前特征的不同，所采用的基准点的创建方法也不同，下面根据【点】属性管理器中列举的创建基准点的方法来进行详细介绍。

1. 圆弧中心

选择一处圆弧或圆作为参照来创建基准点，创建的基准点位于圆弧中心，如图 2-52 所示。

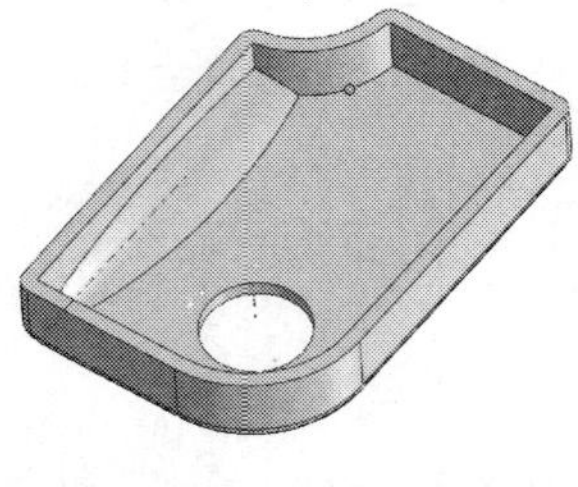

图 2-52 圆弧中心创建基准点

2. 面中心

通过选择一处平面或曲面作为参照来创建基准点，创建的基准点位于所选面的引力中心，如图 2-53 所示。

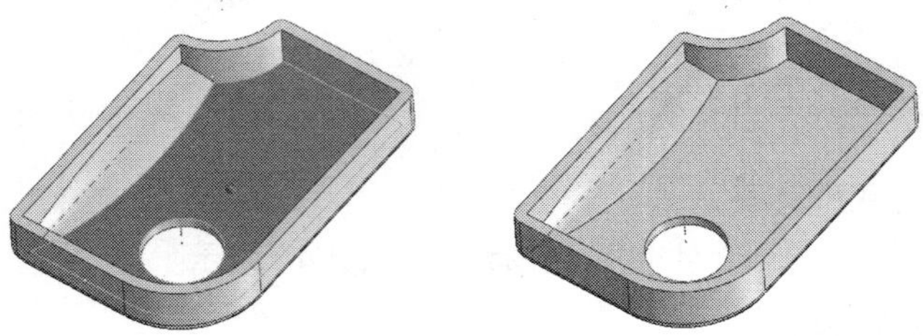

图 2-53 面中心创建基准点

3. 交叉点

通过选择两处边界或者一处边界与一处基准平面来创建基准点。选择的两处边界或者一处边界与一处基准面必须呈相交状态，创建后的基准点位于相交处，如图 2-54 所示。

4. 投影

通过选择一处参考点投影至所选择的面来创建基准点，创建后的基准点与选择的点垂直于选择的面，如图 2-55 所示。

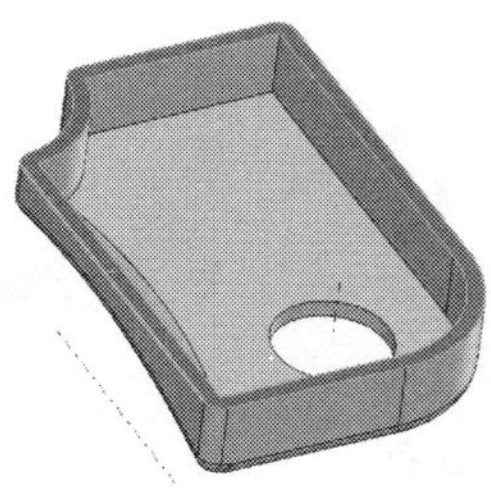

图 2-54 交叉点创建基准点

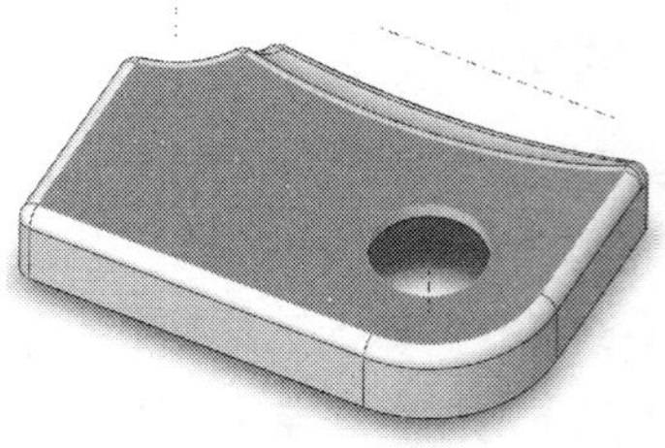

图 2-55 投影创建基准点

5. 根据距离输入距离/百分比数值

通过选择一条边线、曲线或者草图作为参照来创建基准点，创建后的基准点根据设置的【距离】、【百分比】、【均匀分布】来定义基准点的位置，如图 2-56 所示。

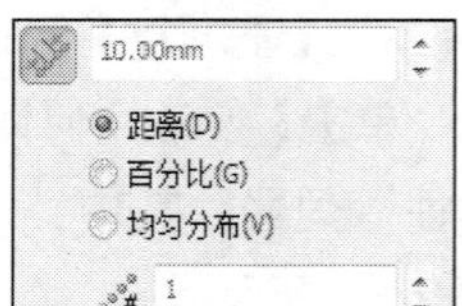

图 2-56 设置参数

（1）距离

选择一处边界作为参照，然后通过设置的距离值来定义基准点的位置，输入的值可以是负值也可以是正值，如图 2-57 和图 2-58 所示。

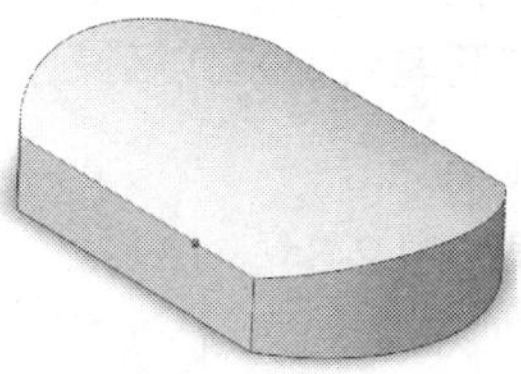

图 2-57　距离值为−5

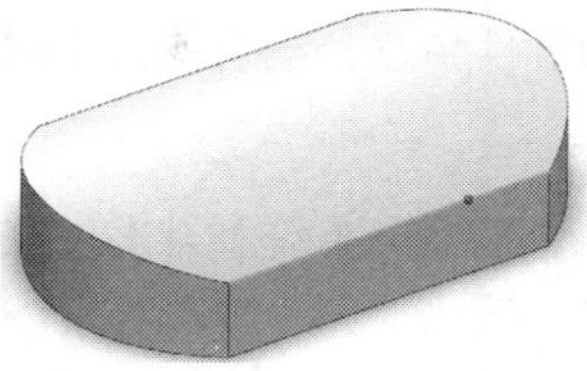

图 2-58　距离值为 5

（2）百分比

选择一处边界作为参照，然后通过设置的百分比来定义基准点的位置，程序自动将选择的边以百分比的形式来定义基准点，如图 2-59 和图 2-60 所示。

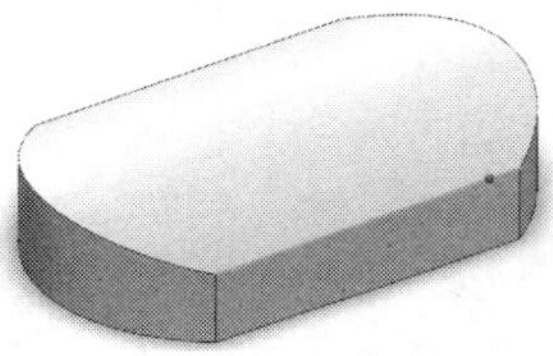

图 2-59　20%

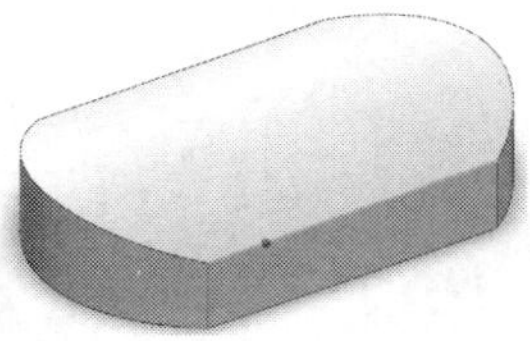

图 2-60　80%

（3）均匀分布

选择一处边界作为参照，然后通过设置的参考点数量来创建基准点，创建后的基准点均匀地分布在选择的边界处，如图 2-61 所示。

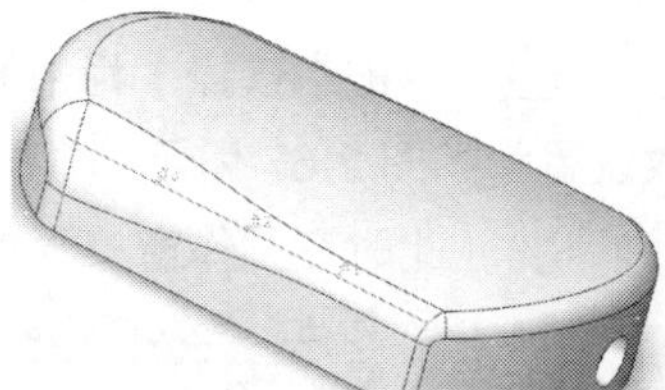

图 2-61　均匀分布创建基准点

2.4.3　显示基准点

单击【前导视图】工具栏中的【隐藏/显示项目】按钮，如图 2-62 所示，在弹出的下拉列表中单击【观阅点】按钮，即可控制观阅点的显示和隐藏，如图 2-63 所示。

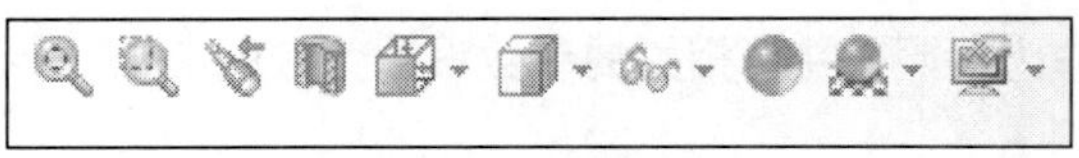

图 2-62 【前导视图】工具栏

图 2-63　观阅点

★ 课堂实训：绘制基准图

根据现有的零件特征，结合前面讲述的基准点创建方法创建基准点，详细操作步骤如下。

1. 设计分析

下面通过设置基准点来绘制基准图，最终得到的抽壳效果如图 2-64 所示。

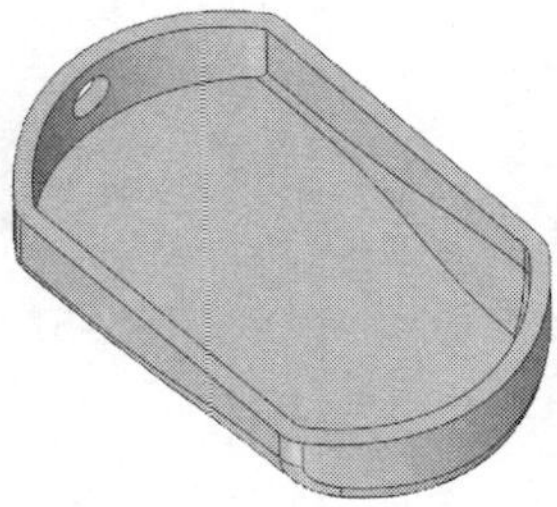

图 2-64　抽壳效果

2. 操作步骤

01　打开 2.4.3.sldprt 文件，如图 2-65 所示。单击【参考几何体】工具栏中的【基准点】按钮，弹出【点】属性管理器，选择图 2-66 所示的棱边作为参照。

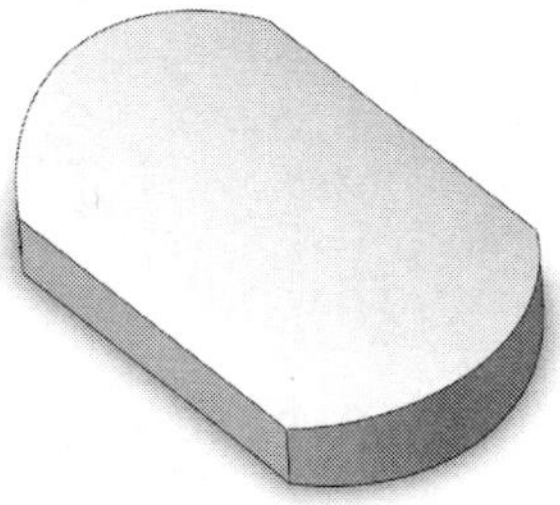

图 2-65　2.4.3.sldprt

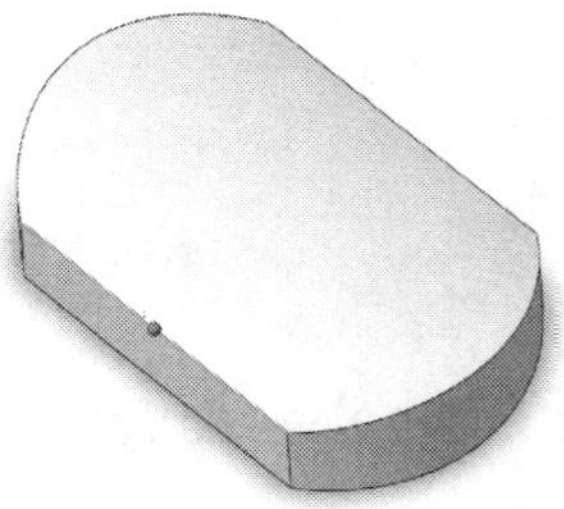

图 2-66　选择棱边

02　单击【选择】栏中的【沿曲线距离或多个参考点】按钮，在展开的面板中将相关的参数设置为如图 2-67 所示。

03　此时在工作窗口预览创建的基准点，如图 2-68 所示，完成后单击【确定】按钮。

图 2-67　设置参数

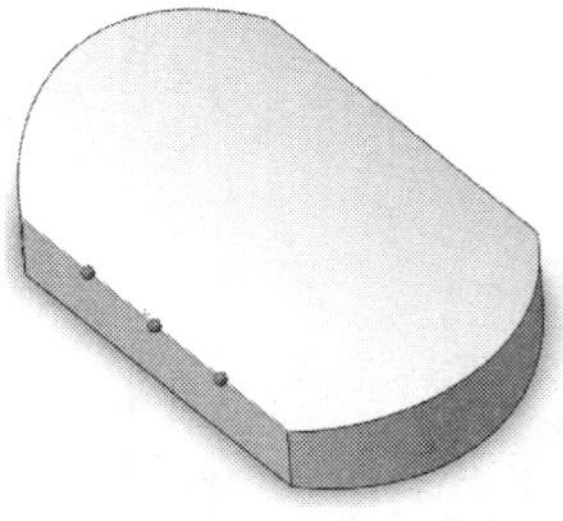

图 2-68　预览创建的基准点

04　以同样的方法选择另一侧的棱边作为参照，并将相关的参数设置为如图 2-67 所示，在工作窗口预览创建的基准点，如图 2-69 所示。

05　完成后单击【确定】按钮，创建的基准点如图 2-70 所示。

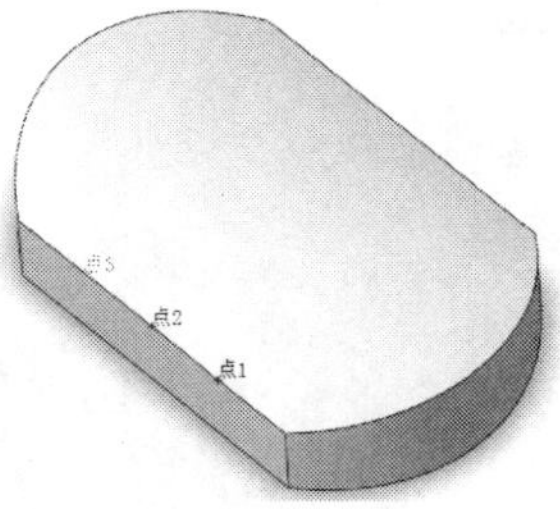

图 2-69　预览创建的基准点

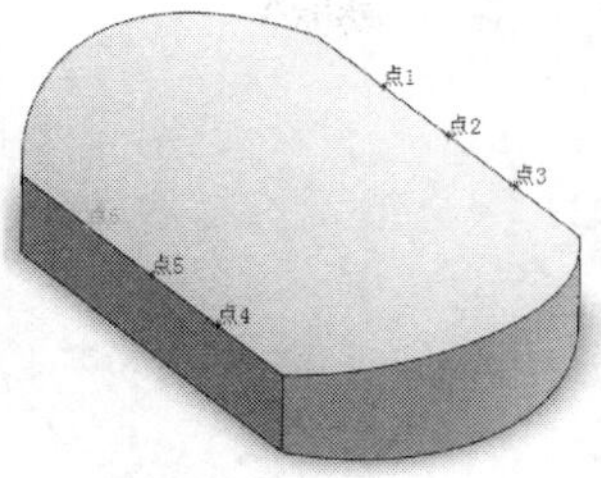

图 2-70　基准点

06 在【特征】工具栏中单击【圆角】按钮，弹出【圆角】属性管理器，在【圆角类型】栏中选择【变半径】项。

07 选择图 2-71 所示的棱边作为参照，此时在选择的棱边两侧显示【变半径】数值框。单击数值框中的【未指定】项，然后输入图 2-71 所示的圆角半径。

08 完成后单击【确定】按钮，创建的圆角特征如图 2-72 所示。

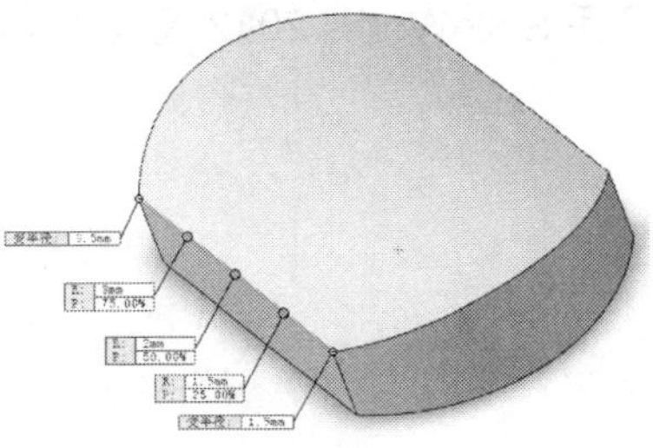

图 2-71　输入圆角半径

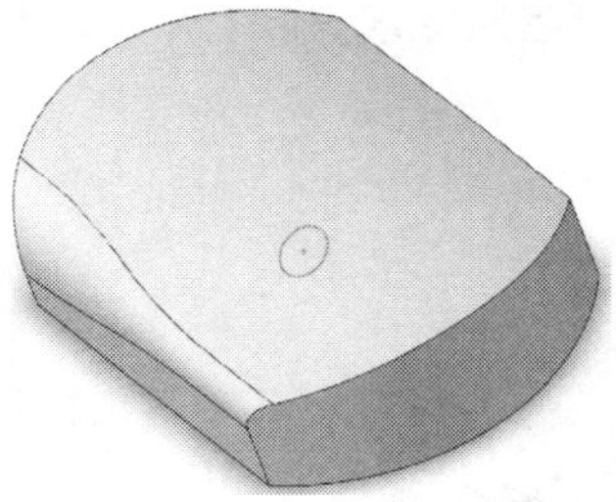

图 2-72　圆角特征 1

09 以同样的方式创建另一侧的圆角特征，完成后如图 2-73 所示。

10 将图 2-70 所示的全部基准点隐藏，然后单击【圆角】按钮，弹出【圆角】属性管理器，将圆半径设置为 2mm，再选择图 2-74 所示的棱边作为参照。

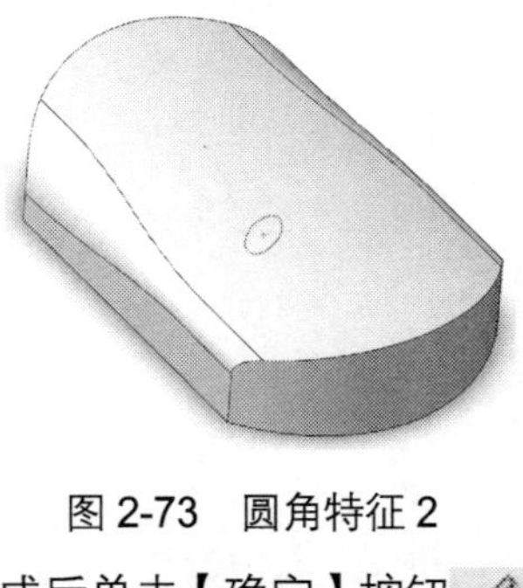

图 2-73　圆角特征 2

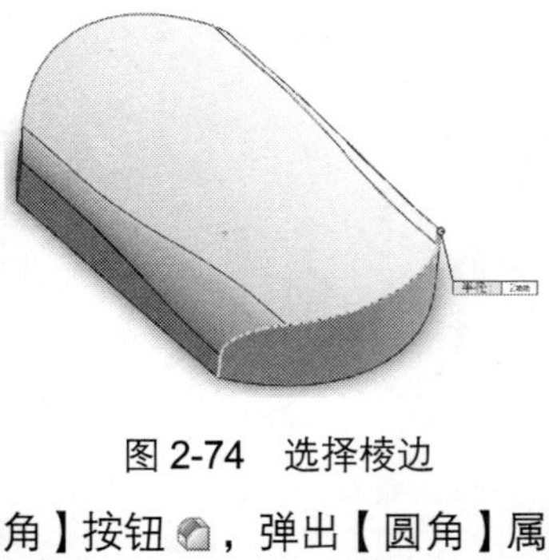

图 2-74　选择棱边

11 完成后单击【确定】按钮。再次单击【圆角】按钮，弹出【圆角】属性管理器，将圆角半径设置为 1mm，再选择图 2-75 所示的棱边作为参照，完成后单击【确定】按钮。

12 在【特征】工具栏中单击【抽壳】按钮，弹出【抽壳】属性管理器。选择底部平面作为参照，再将厚度值设置为 1mm，完成后单击【确定】按钮，创建的抽壳特征如图 2-76 所示。

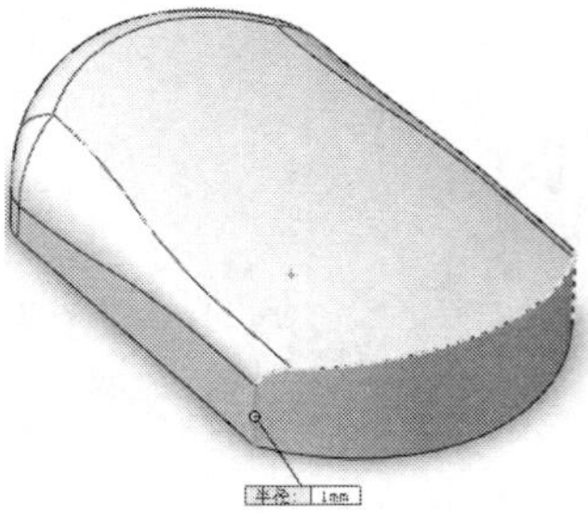

图 2-75　选择棱边

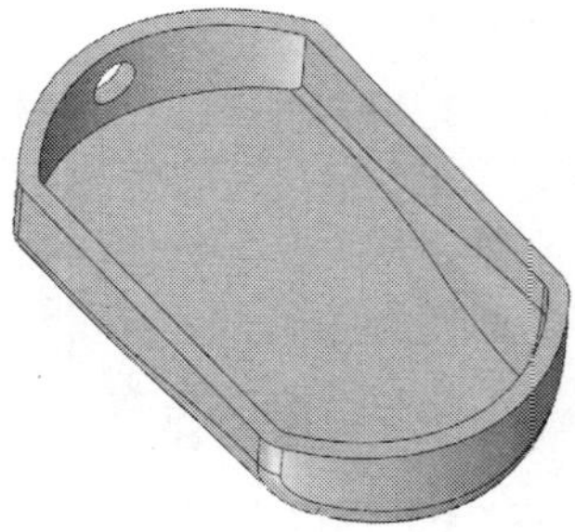

图 2-76　抽壳特征

2.5　本章小结

本章主要介绍了 SolidWorks 2012 创建基准特征的基础知识，包括坐标系、基准点、基准轴、基准面的创建。创建基准特征是辅助零件建模的基础，这些内容将会在后面的章节中通过实例加以介绍。希望读者熟练掌握以上知识，因为它们是熟练应用 SolidWorks 2012 建模的基础。

第 3 章 草图绘制

草图是创建特征的基础，大部分的实体及曲面特征是由一个或者多个草图截面构成的，草绘截面是特征骨架。本章将重点介绍基本几何的绘制、草图的编辑、草绘截面中的约束类型、尺寸的标注以及草绘截面中常见的问题。

3.1 草图绘制基本概念

对于 SolidWorks 初学者来说，掌握绘制草图时的一些基本操作、理清绘制的思路，可以避免大量的修改，绘制草图也会变得更加得心应手。绘制草图的基本概念即草图应尽可能地反映特征的形状尺寸大小。如有必要，尽可能避免在草图上绘制工程细节特征。先绘制大体形状草图，然后通过形状尺寸、位置尺寸等约束条件精确定义草图。

不管多么复杂的零件，所有的特征都是由特征聚合的结果，而且这些特征的形状都会通过草图来体现。有时为了加快工作的速度及效率，很多设计者会在一个草图上尽可能地表现特征细节草图。当然对一个特征较为简单且不会经常修改的零件来说这的确可以加快工作的速度及效率，但当面对一个较为复杂的零件时，给定义及修改都带来了不便之处。

图 3-1 所示的零件较为简单，且一个拉伸特征的垂直边线需进行圆角处理，用户可以绘制包含圆角特征的复杂草图。

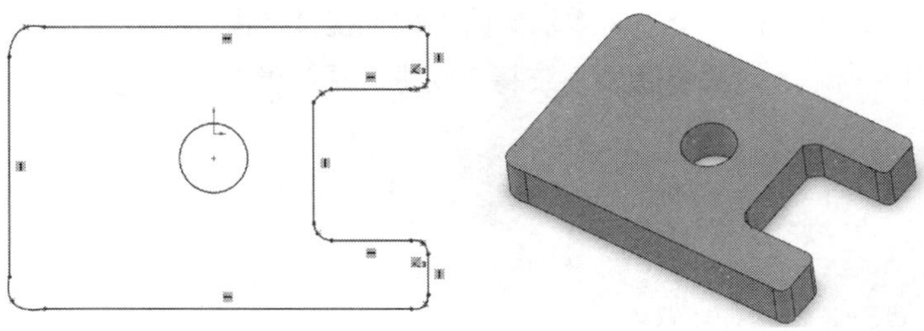

图 3-1 绘制复杂草图创建特征

如果上面的零件有许多不确定性，那么周边的圆角特征可能随时会修改成倒圆角，拉伸草图也可以能随时修改尺寸。对于类似这样的草图截面，应理清特征的草图截面，减少修改及不确定性给后面工作带来的影响。可以先绘制一个简单的草图创建出拉伸特征，再在特征上添加圆角特征，使其成为单独的特征，如图 3-2 所示，这样修改或删除都不会影响全局的更新。

图 3-2　先绘制简单草图创建特征再添加圆角特征

复杂草图与简单草图创建特征的优点与缺点如表 3-1 所示。

表 3-1　复杂草图与简单草图创建特征的优缺点

草图的状态	优　　点	缺　　点
复杂草图	可以一次性完成多组特征，加快特征创建的速度	在绘制草图与编辑草图时会比较麻烦，对于复制零件来说较为影响更新
简单草图	草图绘制比较简单，且特征容易进行修改和管理	会增加设计的步骤，工作的效率会稍有下降，修改后重新计算的时间会延长

另外，在创建零件特征时，草图的难易直接和建模的思路有关。通常先创建出零件的大致形状特征，在大体形状的基础上再进行细节刻画。每次绘制草图都和用户需要创建特征形状有关。

3.1.1　草图绘制基本环境

SolidWorks 2012 为用户提供了 3 种进入草图绘制环境的方法，下面分别介绍这 3 种方法的操作步骤。

1. 直接进入

01 打开或新建零件后，单击【草图】工具栏中的【草图绘制】按钮（或选择【插入】→【草图绘制】命令），弹出【编辑草图】提示框，如图 3-3 所示。

02 在工作窗口中选择一个平面或基准面（如上视基准面、前视基准面或右视基准面）作为草绘平面，如图 3-4 所示，选择参照后系统将自动进入草绘模式。

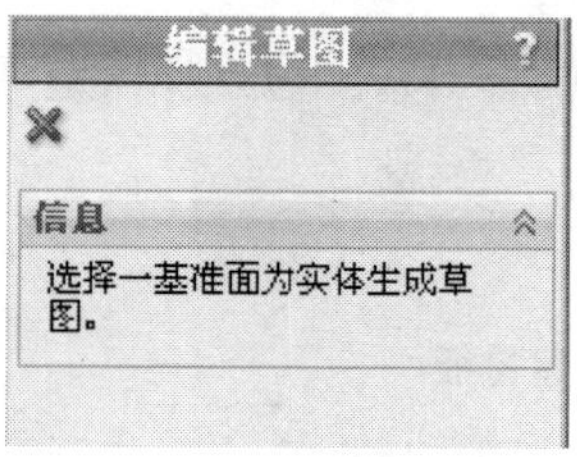

图 3-3 【编辑草图】提示框

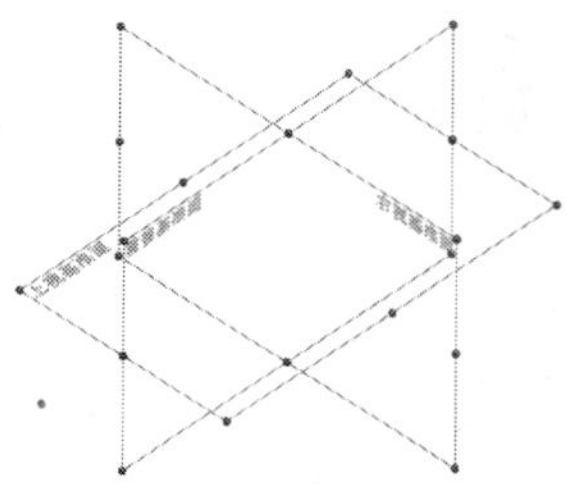

图 3-4　基准面状态

2. 间接进入

01 单击【特征】工具栏或【曲面】工具栏中的按钮，弹出相应的提示框。

02 在工作窗口中选择一个平面或基准面作为草绘平面，选择参照后系统将自动进入草绘模式。

3．编辑草图时进入

01　在窗口或设计树中右击要编辑的特征，同时弹出快捷按钮。

02　单击弹出按钮中的【编辑草图】按钮，系统将自动进入草绘模式。

进入草图绘制环境后，SolidWorks 2012 的界面如图 3-5 所示，常用的草绘命令都集中在该界面的工具栏上。

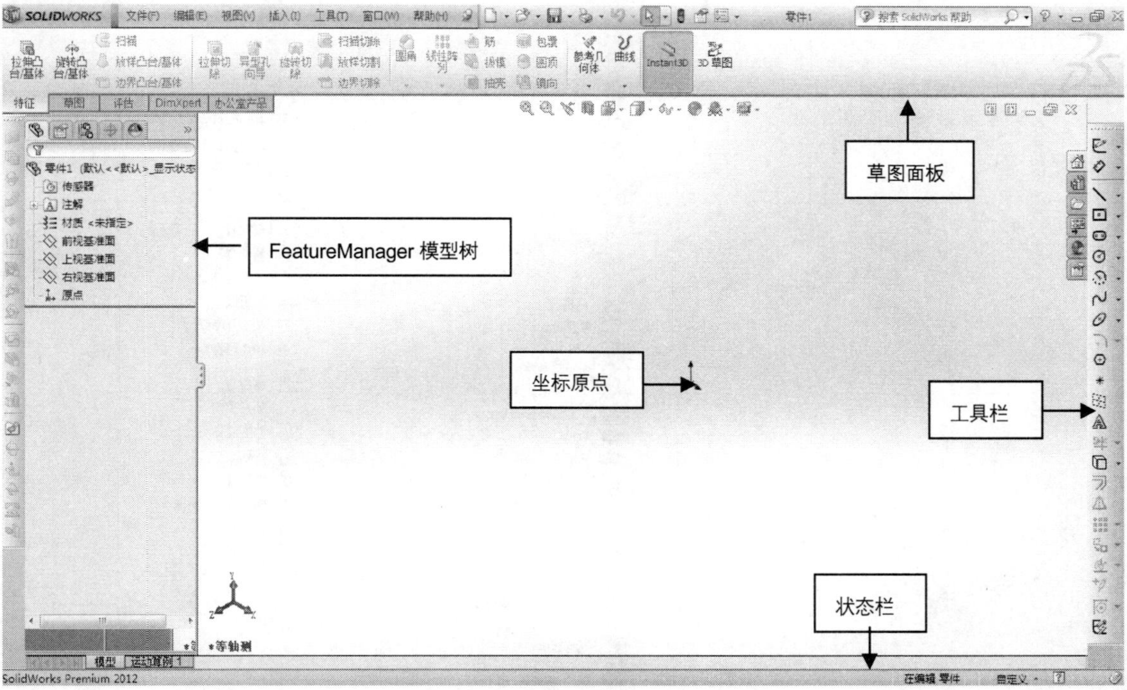

图 3-5　草图绘制环境的界面

（1）草图面板

草图面板集合了各种绘制草图命令的快捷按钮。通过单击面板上的按钮，可以执行相应的草图命令。

（2）坐标原点

坐标原点在窗口中以红色显示，用户不能对其进行隐藏操作。通过坐标原点可以定义草图的位置尺寸。

（3）状态栏

状态栏显示鼠标的坐标位置、草图的状态以及当前所编辑的草图名称。

（4）工具栏

工具栏中除了包含各种绘制草图命令的快捷按钮外，还集合了编辑草图的部分按钮。通过单击工具栏中的按钮，可以执行相应的草图命令。

3.1.2　草图绘制工具

【工具】菜单中包含了常用的绘制草图的相关命令，如图 3-6 所示。

1．草图绘制实体

图 3-7 所示的【草图绘制实体】菜单中主要包括一些草图绘制的常用命令，如绘制直线、矩形与圆等，利用该菜单中的命令可以完成所需草图的绘制。

2．草图工具

图 3-8 所示的【草图工具】菜单主要用于编辑草图，如剪裁、延伸、镜像、移动、复制、阵列草图等。

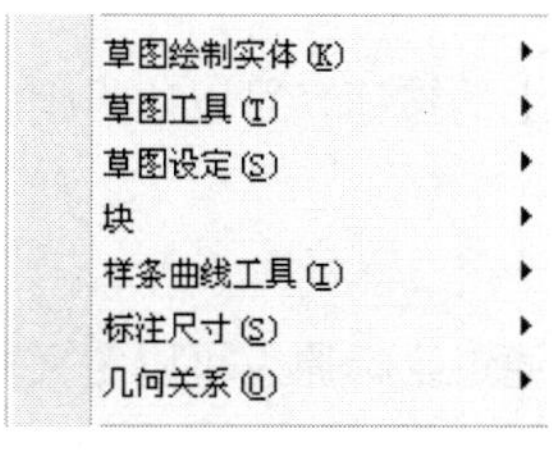

图 3-6　常用草图菜单

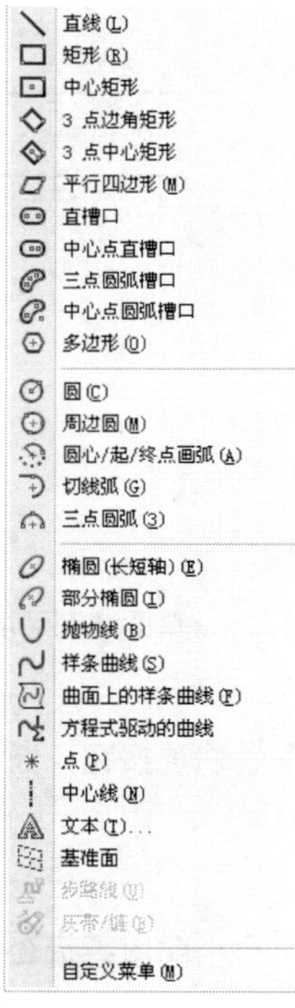

图 3-7　【草图绘制实体】菜单

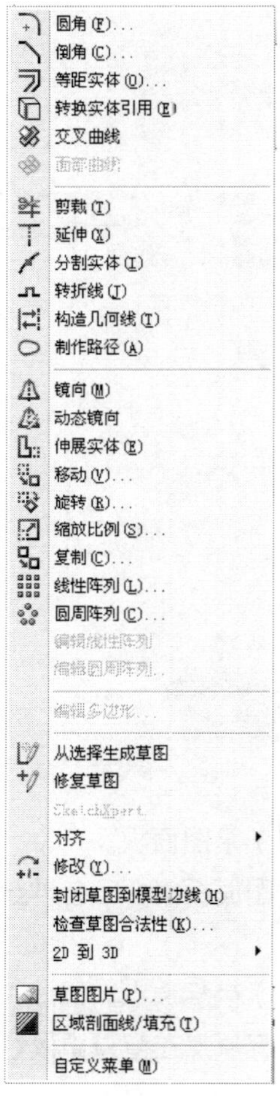

图 3-8　【草图工具】菜单

3．草图设定

图 3-9 所示的【草图设定】菜单用于对草图环境进行预设置，如选择【自动添加几何关系】命令后，可以开启自动添加几何约束功能（再次选择时会关闭）。在绘制草图时系统会自动添加相应的几何约束。

4．块

该菜单可以将草图制作成块，对创建好的草图还可以进行编辑、插入等操作，如图 3-10 所示。

5．样条曲线工具

该菜单中的命令可以对样条曲线进行编辑操作，如在样长曲线中插入曲线型值点与套合样条曲线等，如图 3-11 所示。

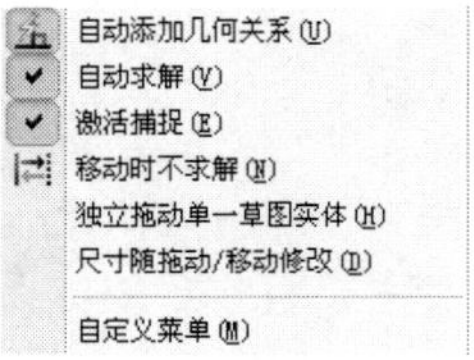

图 3-9 【草图设定】菜单

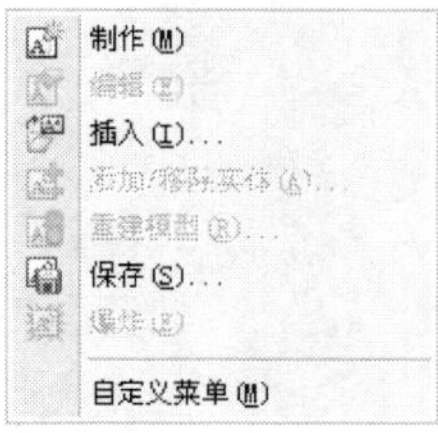

图 3-10 【块】菜单

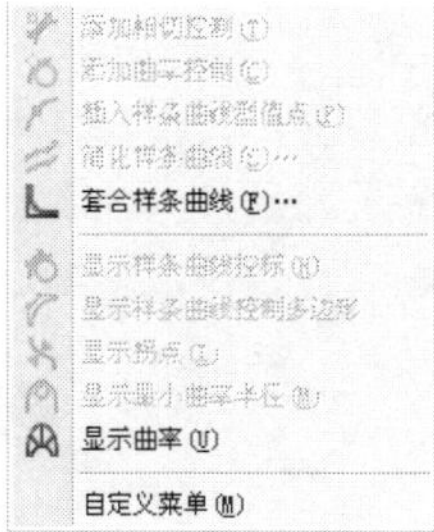

图 3-11 【样条曲线工具】菜单

6．标注尺寸

利用【标注尺寸】菜单中的命令可以为草图添加约束尺寸，如标注草图特征上的水平及竖直尺寸，如图 3-12 所示。

7．几何关系

可以对草图添加几何约束，也可以显示和删除几何关系，菜单如图 3-13 所示。若选择【快速捕捉】命令，会弹出【快速捕捉】菜单，如图 3-14 所示，在绘制草图时可以帮助用户快速捕捉各种目标位置。

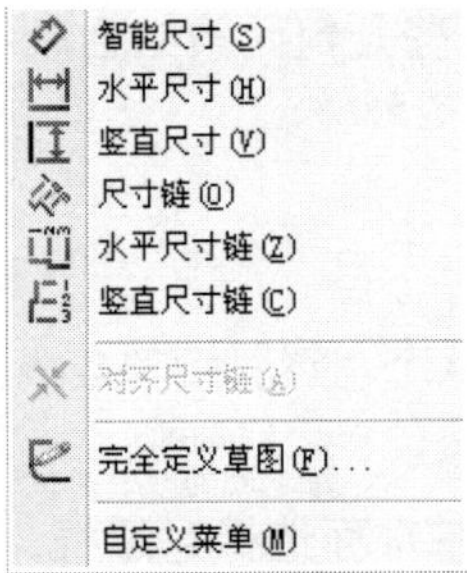

图 3-12 【标注尺寸】菜单

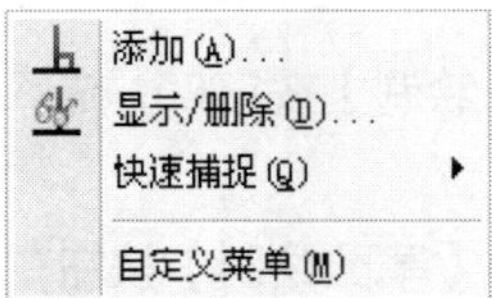

图 3-13 【几何关系】菜单

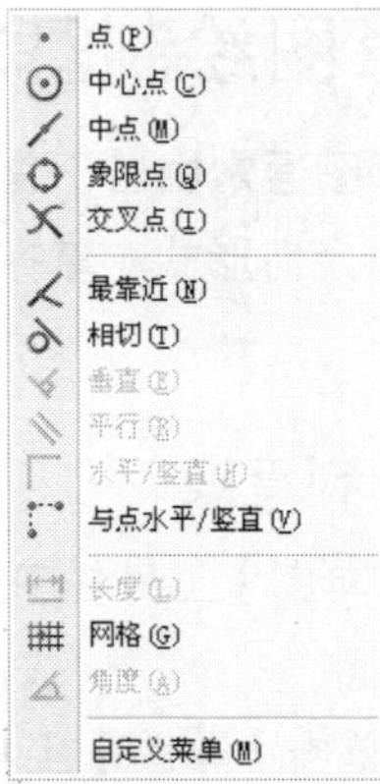

图 3-14 【快速捕捉】菜单

★ 知识链接 1——【自定义菜单】命令

若选择菜单中的【自定义菜单】命令，可以进入菜单定义模式，同时在菜单命令前会增加选项框，如图 3-15 所示。呈勾选状态的为菜单中已有的命令，或取消勾选，相应的菜单命令也会隐藏。

用户可以在【自定义】对话框中的【菜单】选项卡中进行菜单命令的添加或移除操作，如图 3-16 所示。

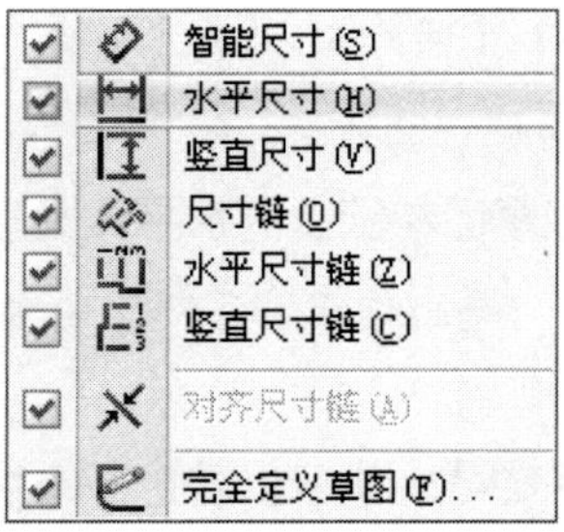

图 3-15　菜单定义模式

图 3-16　【自定义】对话框

3.2　草图绘制基本工具

基础草图通常由若干常用的几何组成，常见的有直线、矩形、圆、圆弧、椭圆、样条曲线、点、文字等几何形式。掌握好这些基础草图绘制工具，即可通过这些几何元素组合成任何形式的草图截面。

3.2.1　绘制直线

单击【草图】工具栏中的【草图绘制】按钮，进入草图绘制状态，然后绘制直线。具体的操作步骤如下。

01　单击【草图】工具栏中的【草图绘制】按钮，将弹出基准面选择对话框，如图 3-17 所示。共有 3 个基准面可供选择，分别是前视基准面、右视基准面和上视基准面。将鼠标指针放在相应坐标轴上片刻，坐标轴高亮显示，同时显示相应基准面的名称，单击选择即可。这里选择前视基准面。

02　单击【草图】工具栏中的【直线】按钮，此时左侧的 FeatureManager 设计树中弹出【插入线条】属性管理器（PropertyManager）。在绘图区单击确定直线起点，拖动鼠标画出一条直线，到合适位置后再次单击确定直线长度，再次单击下一点可以连续绘制，按下【Esc】键或者再次单击【直线】按钮，即可退出直线绘制，最终效果如图 3-18 所示。

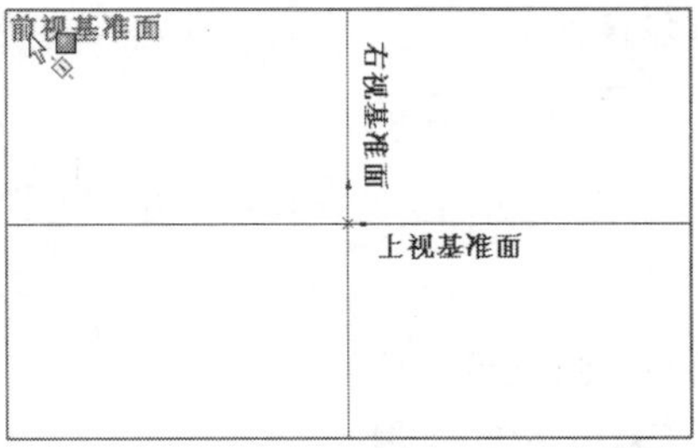

图 3-17　基准面选择对话框

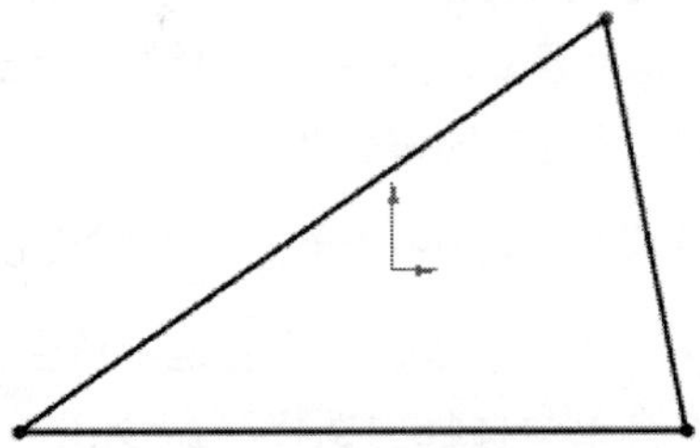

图 3-18　绘制的直线

3.2.2　绘制中心线

单击【草图】工具栏中的【草图绘制】按钮，进入草图绘制状态，然后绘制中心线。具体的操作步骤如下。

01　单击【草图】工具栏中的【草图绘制】按钮，将弹出基准面选择对话框，如图 3-19 所示。共有 3 个基准面可供选择，分别是前视基准面、右视基准面和上视基准面。将鼠标指针放在相应坐标轴上片刻，坐标轴高亮显示，同时显示相应基准面的名称，单击选择即可。这里选择前视基准面。

02　单击【草图】工具栏中的【中心线】按钮，此时左侧的 FeatureManager 设计树中弹出【线条属性】属性管理器（PropertyManager）。在绘图区单击确定中心线起点，拖动鼠标画出一条水平中心线，到合适位置后再次单击确定中心线长度，按下【Esc】键或者再次单击【中心线】按钮，即可退出中心线绘制，最终效果如图 3-20 所示。

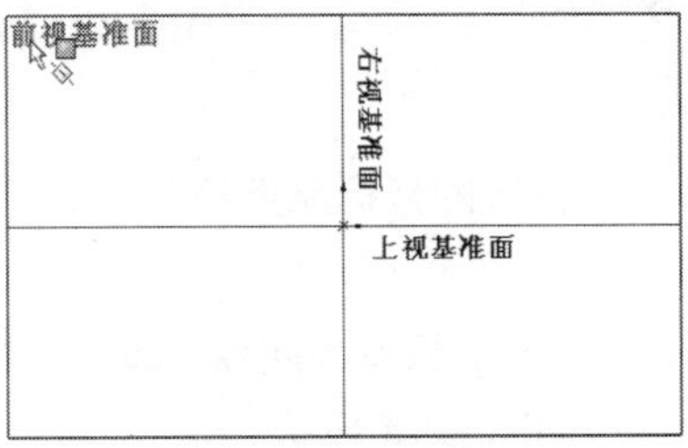

图 3-19　基准面选择对话框

图 3-20　绘制的水平中心线

★ 操作技巧 1——绘制中心线的方法

也可以先绘制直线，然后在属性管理器中将直线设置为构造几何线。

03　重复上述步骤，绘制与水平中心线相互垂直的竖直中心线，最终效果如图 3-21 所示。

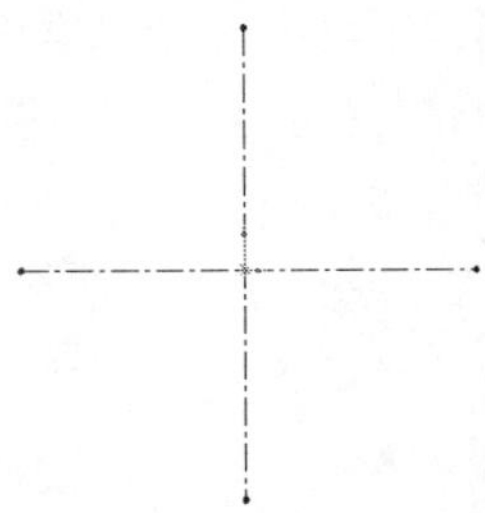

图 3-21　绘制的中心线

3.2.3　绘制圆

单击【草图】工具栏中的【草图绘制】按钮，进入草图绘制状态，然后绘制圆。具体的操作步骤如下。

01 单击【草图】工具栏中的【圆】按钮，在绘图区的坐标原点处单击确定为圆心，按住鼠标左键拖动绘制一个圆，然后再次单击确定圆的大小，最终效果如图 3-22 所示。

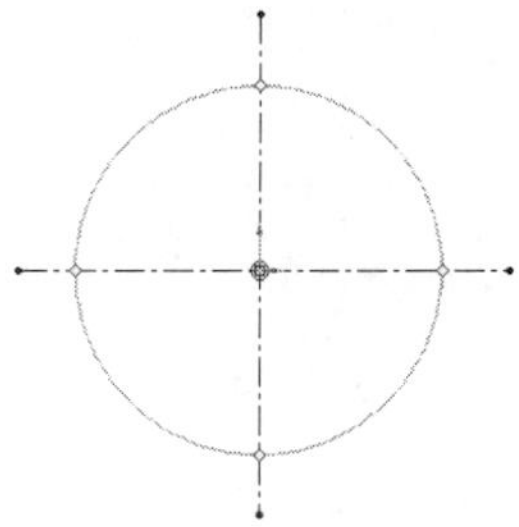

图 3-22 绘制圆

★ 操作技巧 2——退出草图绘制命令

如果想退出中心线或圆等的绘制命令，也可以在绘图区右击，在弹出的快捷菜单中选择“选择”命令，在这里它与【Esc】键的作用相同。

★ 知识链接 2——【圆】命令

圆的绘制是草图绘制的基础，它包括【圆】和【周边圆】两个绘制命令。

图 3-23 【圆】属性管理器

02 此时 FeatureManager 设计树中弹出【圆】属性管理器。在【参数】栏中输入圆的半径 60，圆心坐标 x、y 都为 0，如图 3-23 所示。单击【确定】按钮，即可得到所要的圆。按下【Esc】键或者再次单击【草图】工具栏中的【圆】按钮，即可退出圆的绘制状态。

★ 知识链接 3——圆及周边圆的绘制

【圆】绘制命令是通过确定圆心位置和半径值来确定圆的，而【周边圆】命令是通过依次确定圆周边上的 3 个点来确定圆的。

★ 课堂实训：利用直线和圆命令绘制五角星

01 单击【草图】工具栏中的【圆】按钮，在绘图区的坐标原点处单击确定为圆心，绘制半径为 60 的圆。

02 单击【草图】工具栏中的【中心线】按钮，以坐标原点为起点、圆周为终点绘制线段，在弹出的【线条属性】属性管理器中将角度值改为 0° ，如图 3-24 所示。

03 按上述步骤分别绘制以坐标原点为起点、圆周为终点，角度分别为 72° 、144° 、216° 、288° 的中心线，如图 3-25 所示。

图 3-24 【线条属性】属性管理器

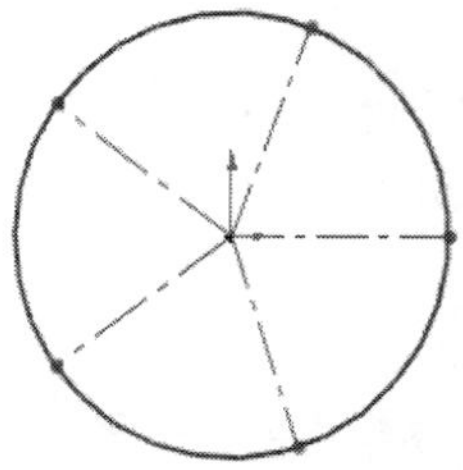

图 3-25 绘制的圆和中心线

04 单击【草图】工具栏中的【直线】按钮，连接上述步骤中中心线与圆周的交点，得到五角星，如图 3-26 所示。

05 单击【草图】工具栏中的【剪裁实体】按钮，将五角星中间的交叉线及外部的圆弧剪裁掉，最终效果如图 3-27 所示。

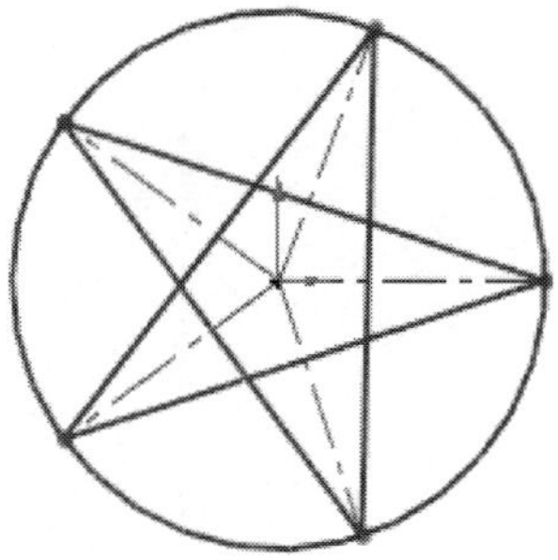

图 3-26　五角星

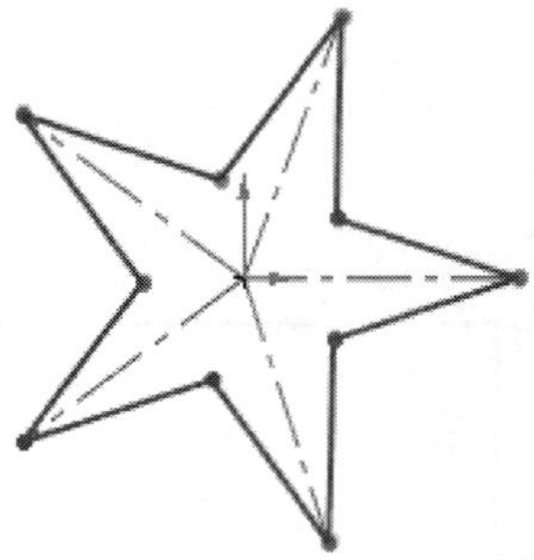

图 3-27　剪裁后的五角星

3.2.4　绘制圆弧

单击【草图】工具栏中的【草图绘制】按钮，进入草图绘制状态，然后绘制圆弧。具体的操作步骤如下。

01 单击【草图】工具栏中的【直线】按钮，绘制两条平行直线，并连接其中一端的端点，如图 3-28 所示。

02 单击【草图】工具栏中的【圆心/起/终点画弧】按钮，或者选择【工具】→【草图绘制实体】→【圆心/起/终点画弧】命令。捕捉左侧竖直线中点作为圆弧圆心，单击竖直线上端点作为圆弧起点，在另一端点单击确定圆弧终点，最终效果如图 3-29 所示。

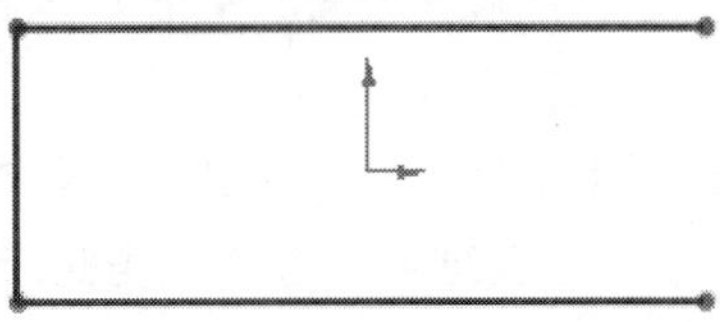

图 3-28　绘制直线

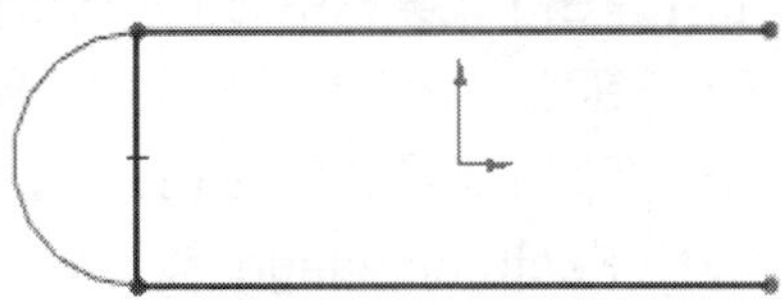

图 3-29　绘制圆弧

★ 知识链接 4——圆弧绘制方式分类

SolidWorks 2012 提供了 3 种绘制圆弧的方式，分别是“圆心/起/终点画弧”、“切线弧”和“3 点圆弧”。

03 单击【草图】工具栏中的【切线弧】按钮，或者选择【工具】→【草图绘制实体】→【切线弧】命令。捕捉上边直线右端点作为切线弧起点，单击下边直线右端点确定圆弧终点，最终效果如图 3-30 所示。

04 在圆弧绘制过程中，FeatureManager 设计树中将弹出【圆弧】属性管理器，用户可以设置圆弧圆心位置、半径和圆心角等几何参数，如图 3-31 所示。

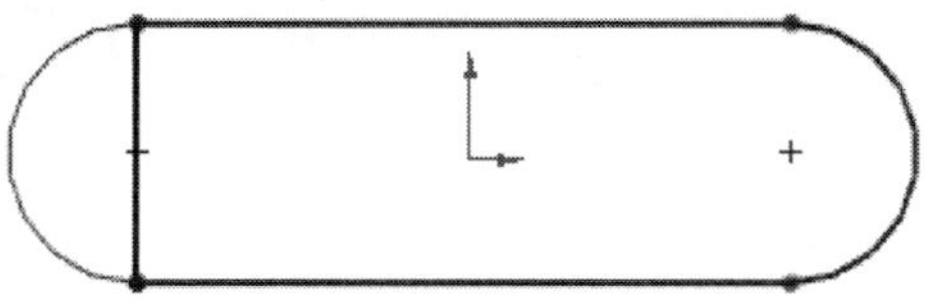

图 3-30　绘制圆弧

图 3-31 【圆弧】属性管理器

★ 知识链接 5——3 种圆弧绘制方法

- 【圆心/起/终点画弧】命令就是由圆弧圆心、圆弧起点和圆弧终点决定圆弧的方法。
- 【切线弧】命令则是绘制一条和其他草图实体（如直线、样条曲线、圆弧等）相切的圆弧。
- 【3 点圆弧】命令是通过确定起点、终点和中点这 3 个点来确定圆弧的。

3.2.5　绘制矩形

单击【草图】工具栏中的【草图绘制】按钮，进入草图绘制状态，然后绘制矩形。具体的操作步骤如下。

01 单击【草图】工具栏中的【草图绘制】按钮，选择前视基准面。单击【草图】工具栏中的【中心线】按钮，绘制相互垂直的两条中心线，如图 3-32 所示。

02 单击【草图】工具栏中的【矩形】按钮，或选择【工具】→【草图绘制实体】→【矩形】命令。此时，FeatureManager 设计树中弹出【矩形】属性管理器，选择边角矩形类型，如图 3-33 所示。

图 3-32　中心线的绘制

图 3-33 【矩形】属性管理器

03 在绘图区单击确定矩形的一个顶点，移动鼠标指针到合适位置，再次单击确定矩形的另一个顶点，矩形绘制完毕，如图 3-34 所示。

04 标注尺寸调整矩形形状。单击【草图】工具栏中的【智能尺寸】按钮，将鼠标指针移动到矩形的水平边上，此时，水平边呈红色高亮显示，单击弹出【修改】对话框，在其中输入 100，然后单击【确定】按钮，最终效果如图 3-35 所示。

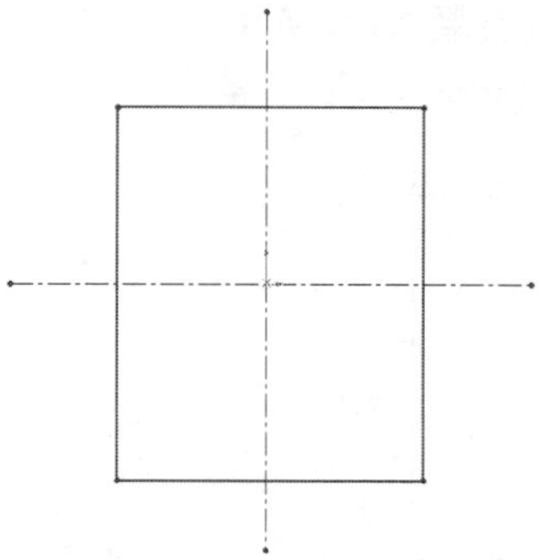

图 3-34　绘制的矩形草图

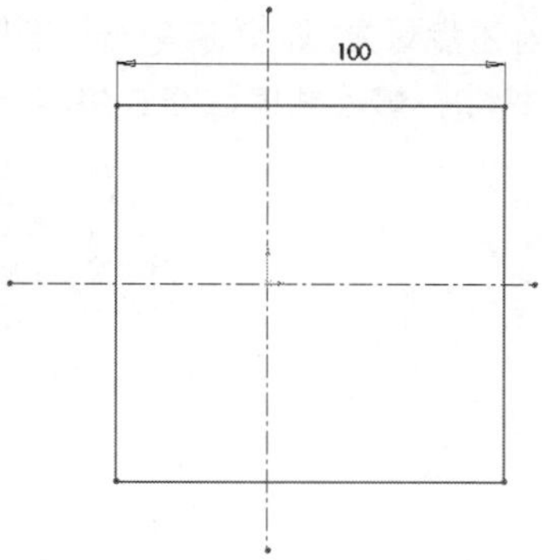

图 3-35　标注矩形水平边长度

★ 知识链接 6——SolidWorks 2012 中的矩形工具类型

SolidWorks 2012 中基于矩形的工具使用合并的新矩形属性管理器(PropertyManager)。在【矩形】属性管理器中，基于矩形的工具包括边角矩形、中心矩形、3 点边角矩形、3 点中心矩形和平行四边形5 种类型。与以前版本的 SolidWorks 相比，新加的矩形工具包括中心矩形、3 点边角矩形和 3 点中心矩形3 种类型。

05 按照前述步骤标注矩形竖直边长度，在【修改】对话框中输入 60，单击【确定】按钮，结果如图 3-36 所示。

06 确定矩形位置。依次单击绘图区坐标原点和矩形的水平边（上侧），在弹出的【修改】对话框中输入 30，单击【确定】按钮，结果如图 3-37 所示。

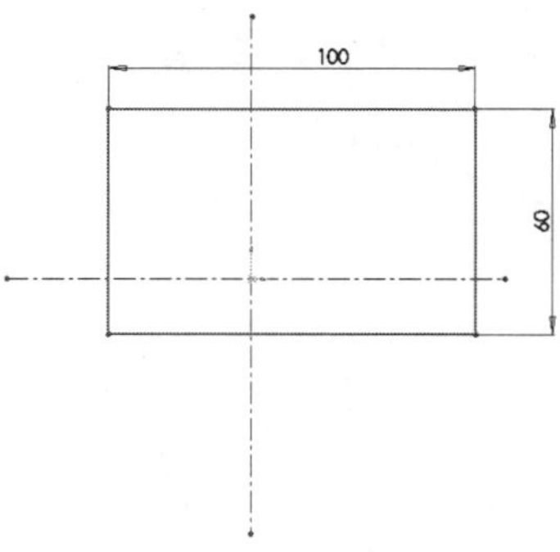

图 3-36　标注矩形竖直边长度

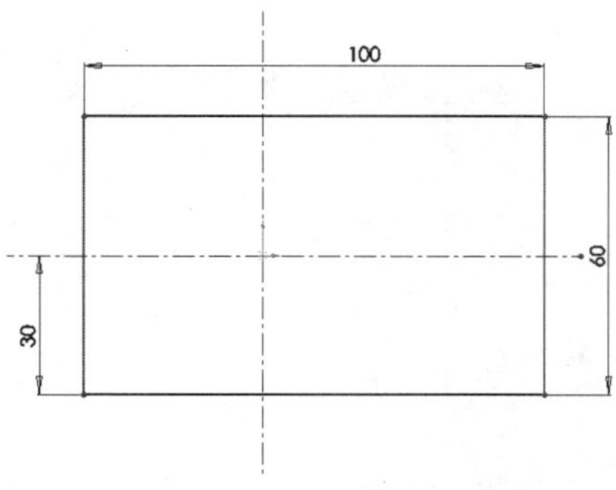

图 3-37　矩形竖直位置调整

★ 操作技巧 3——绘制矩形

在绘制矩形时，确定矩形第一个顶点后，可以按住鼠标左键并拖动到合适位置后释放，确定矩形另一个顶点；也可以释放鼠标左键，移动鼠标指针到合适位置再次单击，确定矩形另一个顶点。

★ 操作技巧 4——改变矩形尺寸

矩形绘制好以后，可以单击矩形一个顶点，按住鼠标左键并拖动该顶点到合适位置，以动态改变矩形尺寸。

07 与前述步骤类似，依次单击绘图区坐标原点与矩形竖直边，在【修改】对话框中输入 50，单击【确定】按钮，最终结果如图 3-38 所示，此时矩形被完全定义，呈黑色。

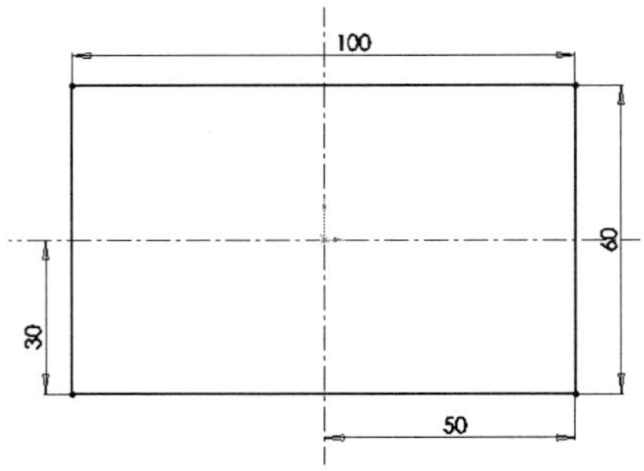

图 3-38 完全定义的矩形

3.2.6 绘制多边形

单击【草图】工具栏中的【草图绘制】按钮，进入草图绘制状态，然后绘制多边形。具体的操作步骤如下。

01 单击【草图】工具栏中的【多边形】按钮，或者选择【工具】→【草图绘制实体】→【多边形】命令。此时，弹出【多边形】属性管理器。在【参数】栏中，在【边数】栏输入 8，选择【内切圆】模式，其他设置如图 3-39 所示。

02 单击坐标原点作为多边形中心，移动鼠标指针到合适位置后单击，确定多边形大小；在【多边形】属性管理器中，将【圆直径】栏改为 80，【角度】栏改为 270°，单击【确定】按钮，结果如图 3-40 所示。

图 3-39 设置【多边形】属性管理器

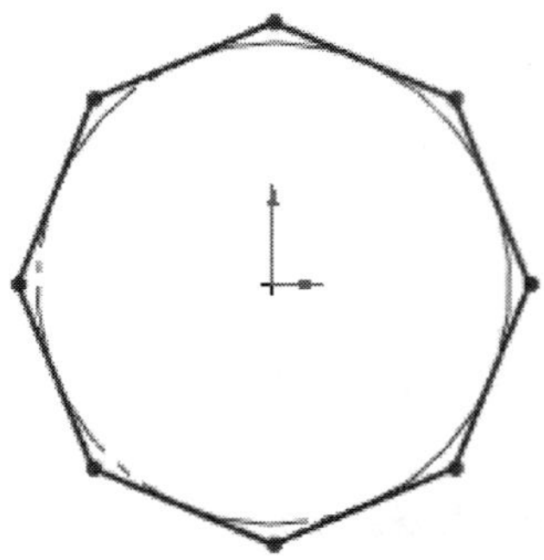

图 3-40 多边形绘制

★ 知识链接 7——多边形绘制

在 SolidWorks 2012 中，多边形是由长度相等的边组成的封闭图形。其绘制方式是：首先确定多边形的中心，然后确定多边形的内切圆或外接圆的直径。

★ 操作技巧 5——多边形边数限制

【多边形】命令只能用于绘制边数在 3～40 之间的等边多边形。

★ 课堂实训：利用圆弧和多边形命令绘制传动轮

01 单击【草图】工具栏中的【圆】按钮，在绘图区中分别绘制圆心为(0,0)、半径为 60 和圆心为(100,50)、半径为 30 的两个圆，如图 3-41 所示。

02 在弹出的【圆】属性管理器中，单击【添加几何关系】栏中的【固定】按钮，将两个圆的尺寸和位置固定，如图 3-42 所示。

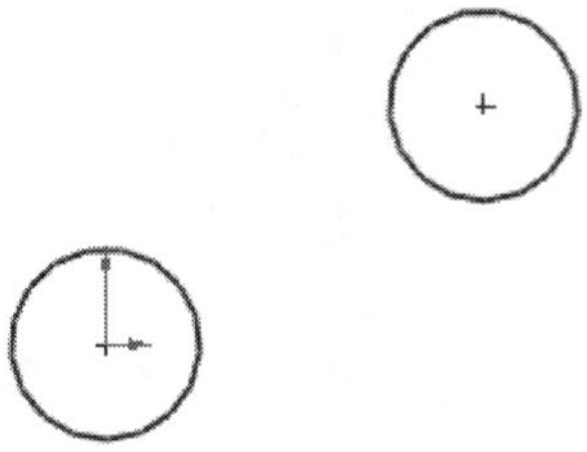

图 3-41　绘制的圆

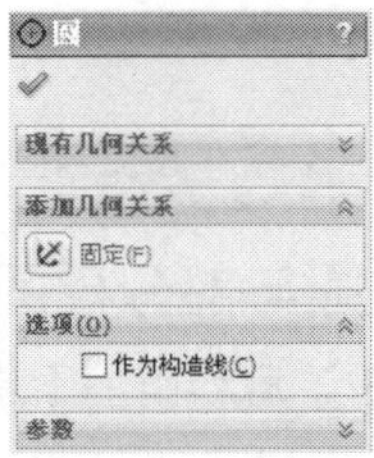

图 3-42　【圆】属性管理器

03 单击【草图】工具栏中的【圆心/起/终点画弧】按钮，在任意位置单击作为圆心绘制圆弧，结果如图 3-43 所示。

04 按住【Ctrl】键的同时分别单击上一步绘制的圆弧和左侧的圆，在 FeatureManager 设计树中选择【相切】，如图 3-44 所示。

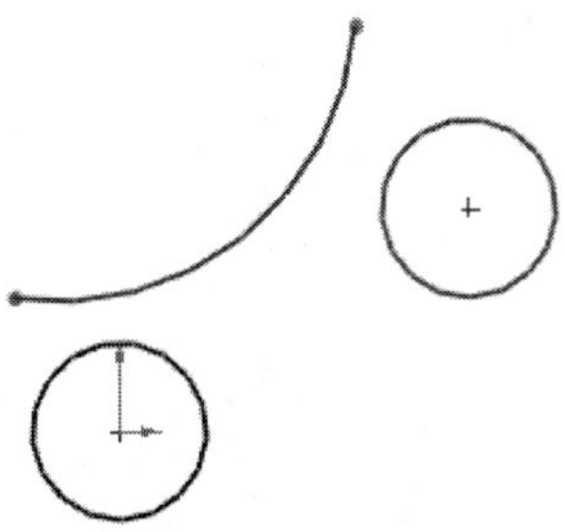

图 3-43　绘制的圆弧

图 3-44　FeatureManager 设计树

05 按照上一步的方法将圆弧与右侧圆设置为相切，结果如图 3-45 所示。

06 单击【草图】工具栏中的【剪裁实体】按钮，剪裁圆弧的多余部分，结果如图 3-46 所示。

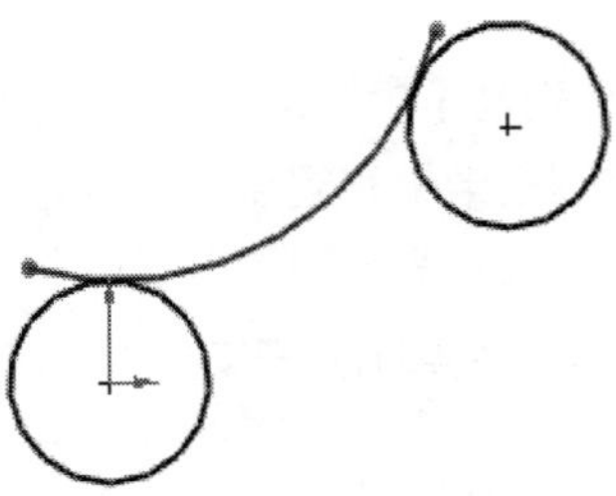

图 3-45　圆弧与圆相切 1

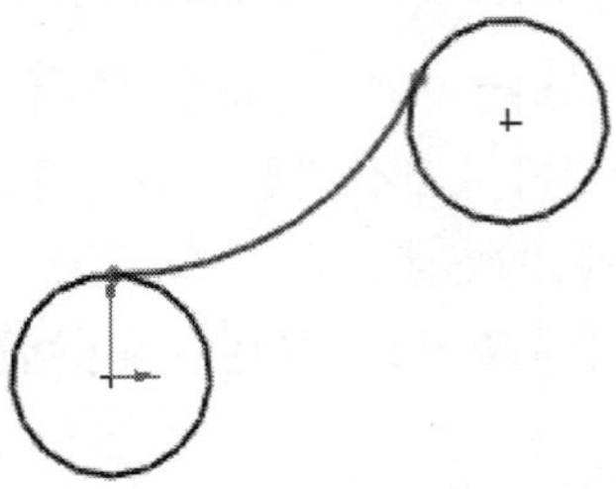

图 3-46　剪裁多余的圆弧

07 按照上述步骤绘制另一条与两个圆相切的圆弧，如图 3-47 所示。

08 单击【草图】工具栏中的【多边形】按钮，在【多边形】属性管理器中将边数设置为 6，以两个圆的圆心为中心分别绘制六边形，结果如图 3-48 所示。

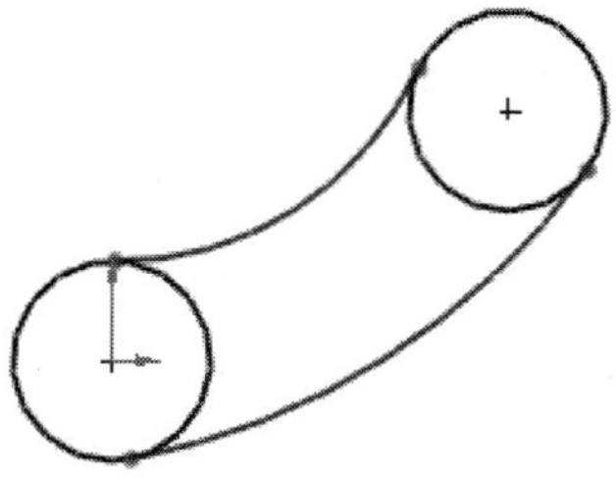

图 3-47　圆弧与圆相切 2

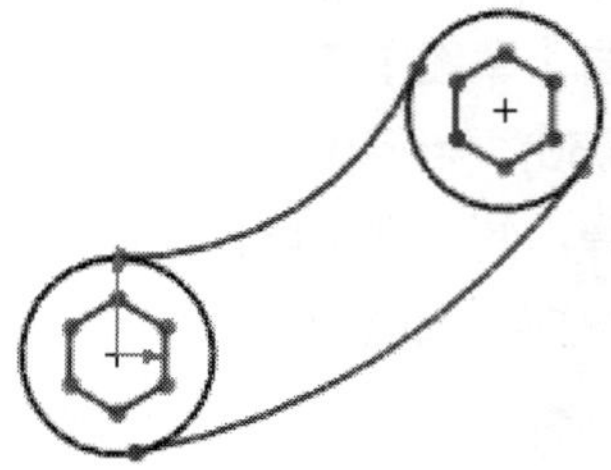

图 3-48　最终结果图

3.2.7　绘制椭圆与部分椭圆

单击【草图】工具栏中的【草图绘制】按钮，进入草图绘制状态，绘制椭圆。具体的操作步骤如下。

01 单击【草图】工具栏中的【椭圆】按钮，或者选择【工具】→【草图绘制实体】→【椭圆】(长短轴)命令。单击坐标原点作为椭圆圆心，移动鼠标指针到合适位置后，单击确定椭圆长半轴；再次移动鼠标指针到合适位置后，单击确定椭圆短半轴。

02 在弹出的【椭圆】属性管理器的【参数】栏中，设置长半轴为 34，短半轴为 20，其他设置如图 3-49 所示。

03 单击【确定】按钮，最终绘制的椭圆如图 3-50 所示。

图 3-49　【椭圆】属性管理器

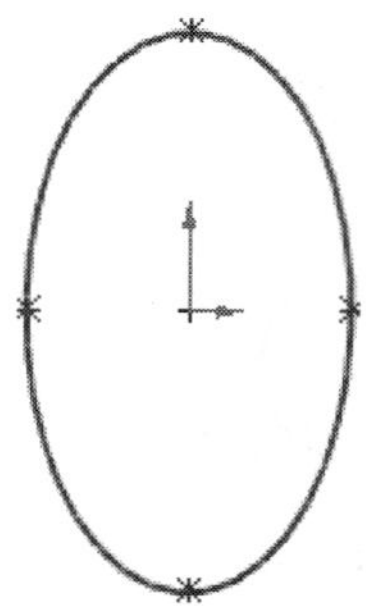

图 3-50　绘制的椭圆

★ 知识链接 8——椭圆绘制方式

在 SolidWorks 2012 中提供了两种绘制椭圆的方式，分别是【椭圆】和【部分椭圆】。两种方式的主要区别在于【部分椭圆】命令可以绘制部分椭圆，椭圆短半轴和起点同时确定，最后拖动鼠标确定部分椭圆的终点。

04 单击【草图】工具栏中的【椭圆】按钮右侧的箭头，在弹出的子菜单中单击【部分椭圆】按钮。

05 单击坐标原点作为椭圆圆心；移动鼠标指针到合适位置后，单击确定椭圆长半轴；再次移动鼠标指针到合适位置后，单击确定椭圆短半轴。

06　单击确定椭圆的一个端点，移动鼠标指针到合适位置，再次单击确定另一个端点，绘制的部分椭圆如图 3-51 所示。

07　在弹出的【椭圆】属性管理器的【参数】栏中，设置长半轴为 40，短半轴为 25，其他设置如图 3-52 所示。

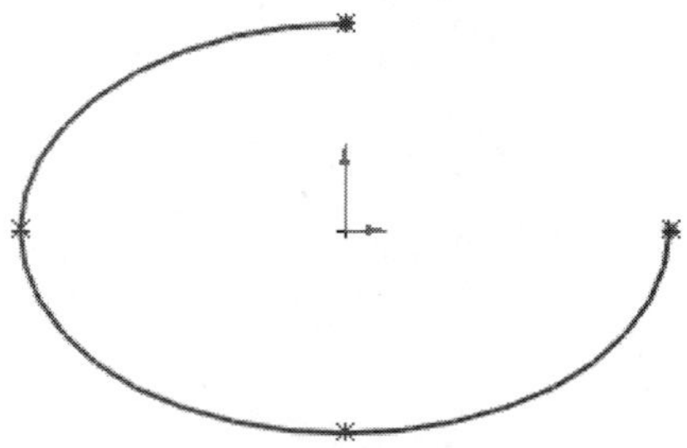

图 3-51　部分椭圆

图 3-52　【椭圆】属性管理器

3.2.8　绘制抛物线

单击【草图】工具栏中的【草图绘制】按钮，进入草图绘制状态，绘制抛物线。具体的操作步骤如下。

01　单击【草图】工具栏中的【抛物线】按钮。

02　单击坐标原点作为抛物线的焦点，单击分别确定抛物线的顶点以及起点与终点。

03　在弹出的【抛物线】属性管理器中修改参数，如焦点、极点、起点、终点坐标等，如图 3-53 所示。

04　最终绘制的抛物线如图 3-54 所示。

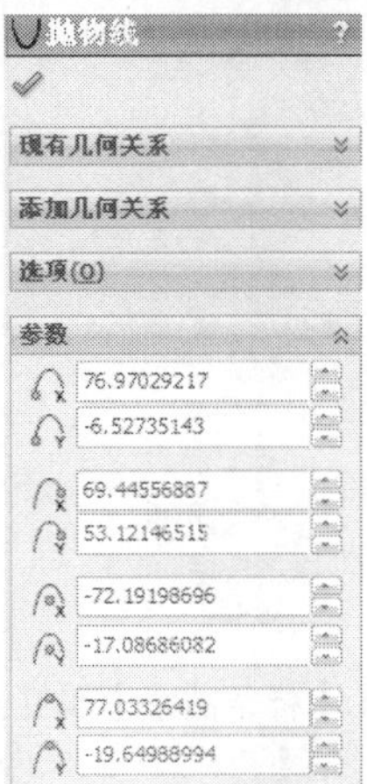

图 3-53　【抛物线】属性管理器

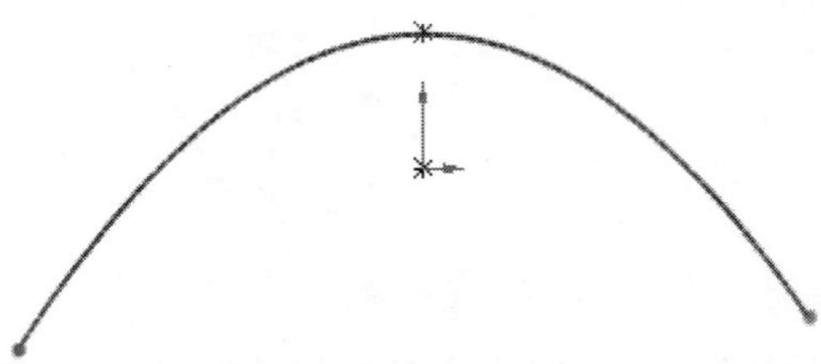

图 3-54　绘制的抛物线

3.2.9 绘制点和样条曲线

单击【草图】工具栏中的【草图绘制】按钮，进入草图绘制状态，绘制点和样条曲线。具体的操作步骤如下。

01 单击【草图】工具栏中的【点】按钮＊，或者选择【工具】→【草图绘制实体】→【点】命令。

02 在弹出的【点】属性管理器的【参数】栏中，设置点的坐标为(-32,0)，如图 3-55 所示。

03 按照上述步骤依次绘制坐标分别为(-16,16)、(0,0)、(16,-16)、(32,0)的点，如图 3-56 所示。

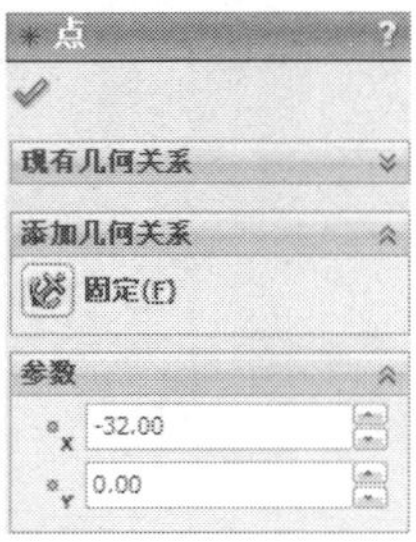

图 3-55 【点】属性管理器

图 3-56 绘制的点

04 单击【草图】工具栏中的【样条曲线】按钮，或者选择【工具】→【草图绘制实体】→【样条曲线】命令。

05 依次单击步骤 03 绘制的点作为控制点，得到的样条曲线如图 3-57 所示。

06 用户可以在弹出的【样条曲线】属性管理器的【参数】栏中，设置样条曲线的各项参数，如图 3-58 所示。

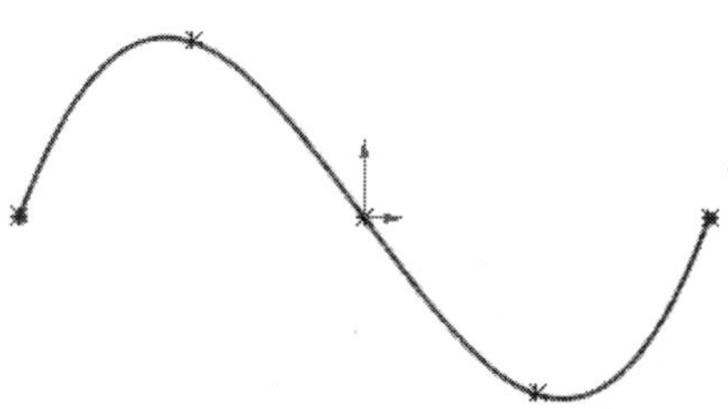

图 3-57 样条曲线

图 3-58 【样条曲线】属性管理器

★ 知识链接 9——修改样条曲线的方法

样条曲线是由一组点定义的光滑曲线，常用于精确地表示对象造型。一般地，如果想要修改绘制好的样条曲线，可以通过以下方式进行：

- 单击绘制的样条曲线，将弹出【样条曲线】属性管理器。根据需要，在【参数】栏中进行设置，可以实现对样条曲线的修改。
- 单击样条曲线上的点，此时，样条曲线上会出现绘制的点，用鼠标左键拖动选中的点到合适位置，也可以实现对样条曲线的修改。

3.2.10　绘制草图文字

单击【草图】工具栏中的【草图绘制】按钮，进入草图绘制状态，在草图中添加文字的具体操作步骤如下。

01　单击【草图】工具栏中的【文字】按钮，或者选择【工具】→【草图绘制实体】→【文本】命令。在【文字】栏中输入要绘制的文字，如 SolidWorks 2012，如图 3-59 所示。

02　设置字体。输入文字后，可以勾选【使用文档字体】复选框，也可以将其取消勾选，本例中取消了【使用文档字体】复选框的勾选。单击【字体】按钮，此时弹出【选择字体】对话框，将【字体】设置为 SWRomnt，【字体样式】选择为粗体，其他设置如图 3-60 所示。

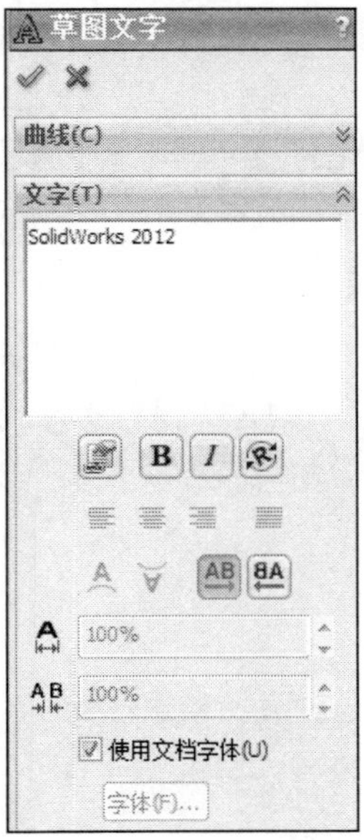

图 3-59【草图文字】属性管理器

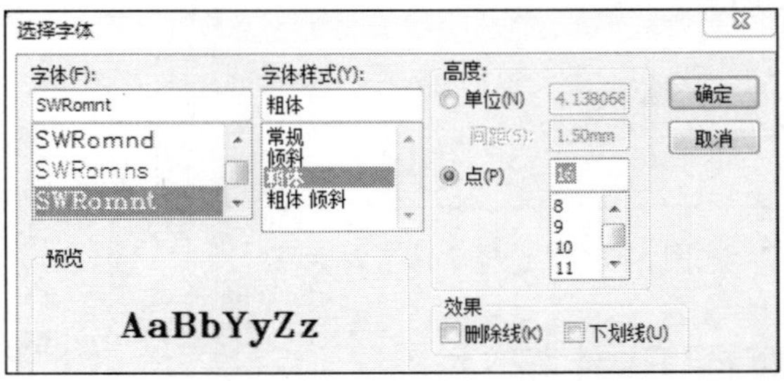

图 3-60【选择字体】对话框

03　单击【选择字体】对话框中的【确定】按钮后，单击【草图文字】属性管理器中的【确定】按钮，结果如图 3-61 所示。

图 3-61　输入文字结果

★ 知识链接 10——文本

【文本】命令可在任何连续曲线或边线组中，包括零件面上由直线、圆弧或样条曲线组成的圆或轮廓之上绘制文字，并且拉伸或剪切文字。文字也可以插入。如果曲线为草图实体或一组草图实体，而且草图文字与曲线位于同一草图，可将草图实体转换到构造几何线。

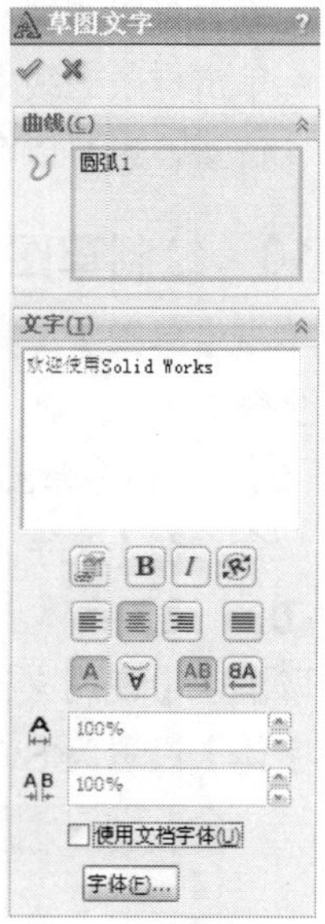

图 3-62 【草图文字】属性管理器

★ 课堂实训：绘制沿圆弧分布的草图文字

01 单击【草图】工具栏中的【圆心/起/终点画弧】按钮，以坐标原点为圆心，绘制半径为 20、圆心角为 90° 的圆弧。

02 单击【草图】工具栏中的【文字】按钮，FeatureManager 设计树中弹出【草图文字】属性管理器，在【曲线】栏中选择上一步绘制的圆弧，在文字栏中输入要绘制的文字，如“欢迎使用 SolidWorks”，如图 3-62 所示。

03 输入文字后，取消勾选【使用文档字体】复选框，单击【字体】按钮，此时弹出【选择字体】对话框，将【字体】设置为【华文楷体】，【字体样式】选择为【常规】，其他设置如图 3-63 所示。

04 单击【选择字体】对话框中的【确定】按钮后，单击【草图文字】属性管理器中的【确定】按钮，结果如图 3-64 所示。

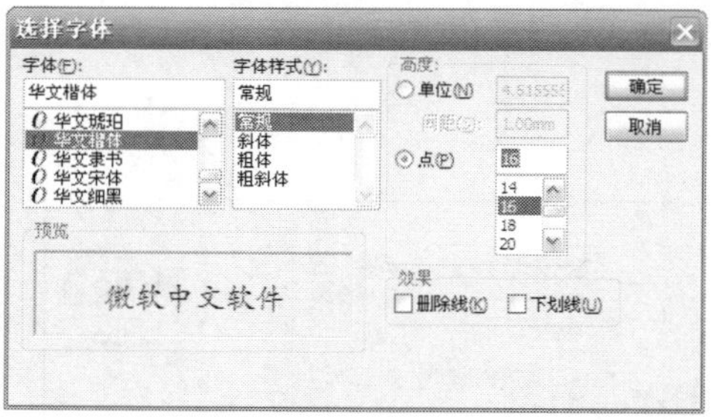

图 3-63 【选择字体】对话框

图 3-64 输入文字结果

3.3 草图尺寸标注

在 SolidWorks 2012 中，用户在绘制草图的过程中，为了加快设计速度，应先创建草图的大致几何形状，再通过尺寸标注的约束方式，将约束后的草图几何精确定义至设计尺寸。

3.3.1 智能尺寸标注

智能尺寸标注方式是多种标注方式的集合，可以根据选择标注对象的不同，自动针对不同的对象标注出相应的尺寸形式。

1. 操作步骤

标注智能尺寸的操作步骤如下。

01 单击【草图】工具栏中的【智能尺寸】按钮，鼠标指针呈形状。

02 在草图中选择要标注尺寸的草图几何，并在适当的位置单击放置尺寸，同时弹出【尺寸】属性管理器与【修改】对话框。

03 在对话框中修改或编辑尺寸，如添加尺寸公差或相关符号等。

04 单击按钮，完成智能尺寸的标注操作。

2. 【修改】对话框

图 3-65 所示为【修改】对话框。

(1)【数值】框

用于修改所标注的尺寸。

(2) 增大/减小尺寸

单击对话框中的或按钮，可以参照系统设置的默认值增大或减小尺寸。

(3) 滚轮

用鼠标左键按住滚轮并向左或向右拖动鼠标，可以增大或减小尺寸。

(4) 编辑区域

- 确定：保存当前尺寸并退出对话框。
- 关闭：恢复原始值并退出对话框。
- 重建模型：以当前的尺寸重建模型。
- 设置增量值±?：重新设置系统默认的增量值，单击该按钮后将弹出【增量】对话框，如图 3-66 所示。
- 尺寸样式：定义所标注的尺寸是否要输入到工程图中，若不需要可以单击该按钮。

图 3-65 【修改】对话框

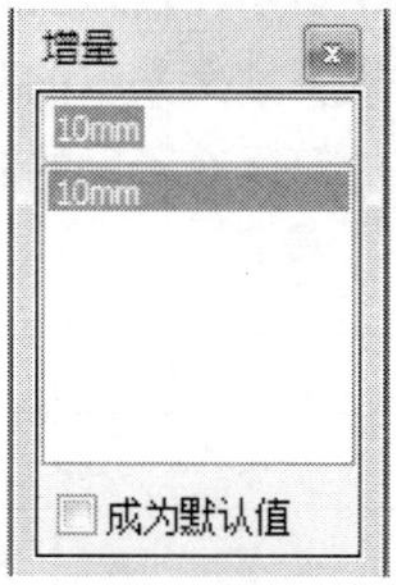

图 3-66 【增量】对话框

3. 【尺寸】属性管理器

图 3-67 所示为【尺寸】属性管理器。

(1)【公差/精度】栏

- 公差类型：用于指定公差的类型，所包括的类型如图 3-68 所示，不同的公差类型可以设置不同的参数。
- 主要单位精度：用于定义主要单位的精度，图 3-69 所示为可以指定的选项。

图 3-67 【尺寸】属性管理器

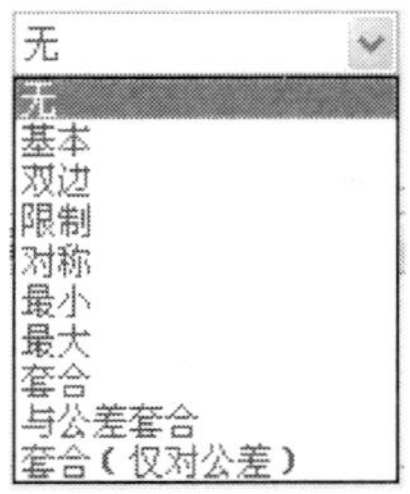

图 3-68 公差类型

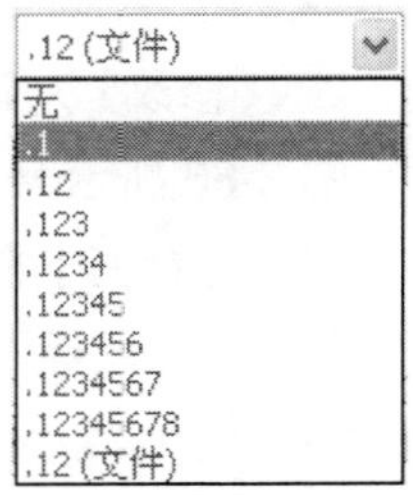

图 3-69 精度选项

（2）【主要值】栏

用于定义方程式以及可修改尺寸。

（3）【标注尺寸文字】栏

- 尺寸样式：不同的尺寸样式按钮名称与参数设定如下。
  - ➢添加括号：添加括号到尺寸上。
  - ➢居中：居中对齐尺寸数值。
  - ➢审查尺寸：添加矩形环到尺寸中。
  - ➢等距文字：将尺寸的样式变成等距文字。
- 文本框：用于显示与输入文本，如符号。
- 文本对齐方式：定义文本的对齐方式，包括左对齐、居中与右对齐3 种。
- 符号：不同的符号有不同的名称，如表 3-2 所示。

表 3-2 不同的符号与名称

序 号	符 号	名 称	序 号	符 号	名 称
1	Ø	直径	5	□	方形
2	°	度数	6	⌵	柱孔
3	±	加/减	7	⌴	锥孔（孔口）
4	℄	中心线	8	↧	深度/深

★ 知识链接 11——符号

若要选择其他的符号，可以单击该栏中的【更多】按钮 ，在弹出的【符号】对话框中进行选择。

4. 创建智能尺寸

智能尺寸可以创建的尺寸类型与操作步骤如下。

- 直线或边线的长度：在草图中单击一条直线或边线并在适当位置放置尺寸。
- 两直线之间的角度：单击两条直线或一条直线与模型上的一条边线。

- 两直线之间的距离：单击两条平行直线或一条直线与一条平行的模型边线。
- 点到直线的垂直距离：单击点以及直线或模型边线。
- 两点之间的距离：单击草图中的两个点，如单条直线中的两个端点。
- 圆弧半径：单击草图中的圆弧。
- 圆弧的周长：单击草图中圆弧与圆弧的两个端点。
- 圆的直径：单击需标注的圆。
- 一个或两个实体为圆弧或圆时的距离：单击圆心或圆弧/圆的轮廓以及其他实体（如直线、边线、点等）。
- 线性边线的中点：右击要标注中点尺寸的边线，在弹出的快捷菜单中选择【选择中点】命令，再选择第二个标注尺寸的实体。

★ 课堂实训：利用智能标注尺寸为矩形草图标注尺寸

01　单击【草图】工具栏中的【草图绘制】按钮，进入草图绘制环境。

02　单击【草图】工具栏中的【矩形】按钮，在绘图区坐标原点单击确定矩形的一个顶点，移动鼠标指针到合适位置，再次单击确定矩形的另一个顶点，结果如图 3-70 所示。

03　单击【草图】工具栏中的【圆】按钮，在绘图区单击确定圆形的圆心，再次单击确定圆的半径，如图 3-71 所示。

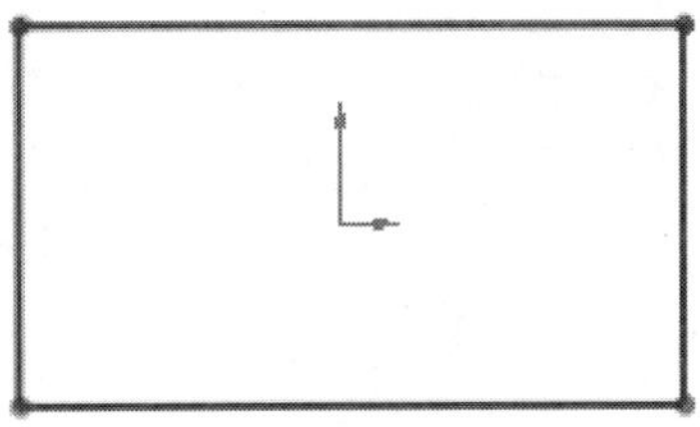

图 3-70　绘制的矩形草图

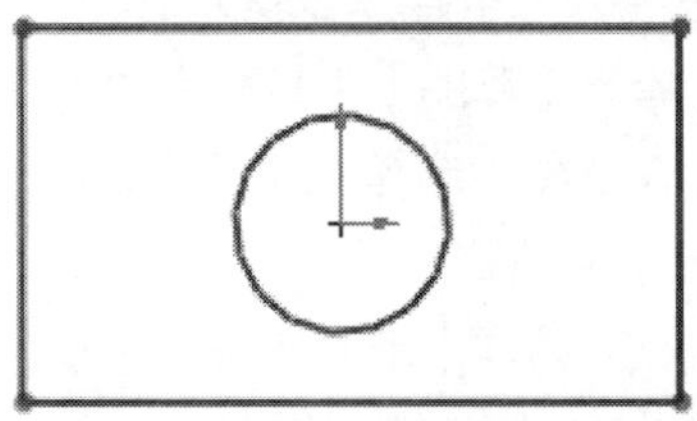

图 3-71　绘制的圆形草图

04　单击【草图】工具栏中的【智能尺寸】按钮，将鼠标指针移到矩形的水平边上，此时，水平边呈红色高亮显示，单击弹出【修改】对话框，在其中输入 100，单击【确定】按钮，如图 3-72 所示。

05　按照前述步骤标注矩形竖直边长度，在【修改】对话框中输入 60，单击【确定】按钮，结果如图 3-73 所示。

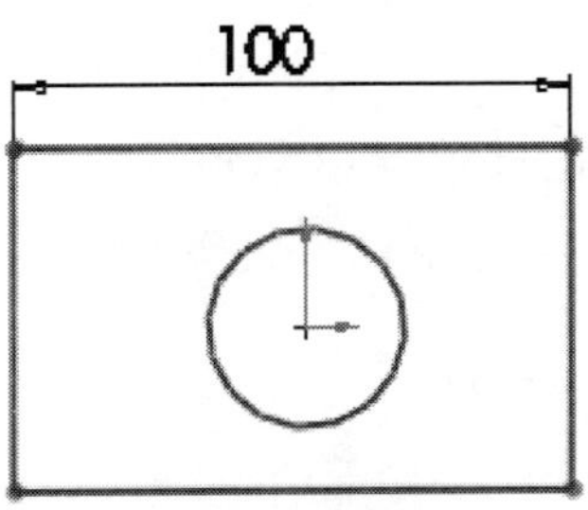

图 3-72　标注矩形水平尺寸

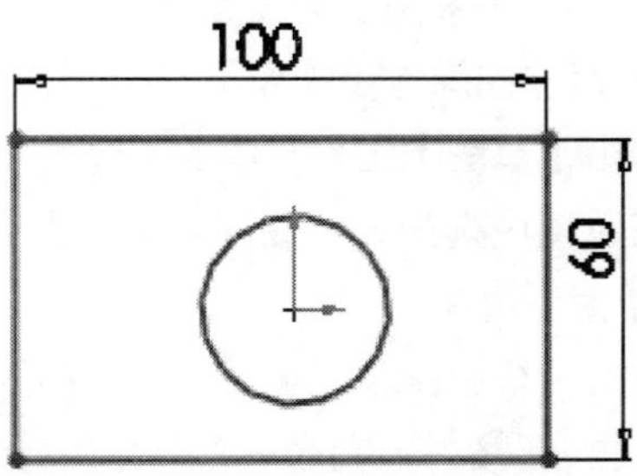

图 3-73　标注矩形竖直尺寸

06 单击【草图】工具栏中的【智能尺寸】按钮，单击圆心，再将鼠标指针移到矩形的竖直边上，竖直边呈红色高亮显示，单击弹出【修改】对话框，在其中输入50，单击【确定】按钮，如图3-74所示。

07 按照前述步骤标注圆心的竖直位置，在【修改】对话框中输入30，单击【确定】按钮，结果如图3-75所示。

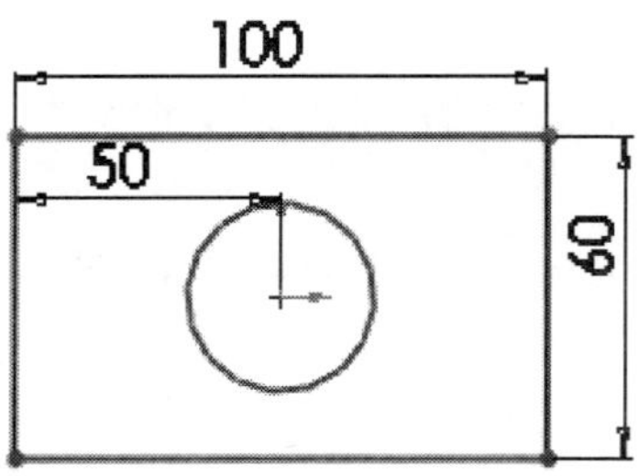

图3-74 标注圆心水平尺寸

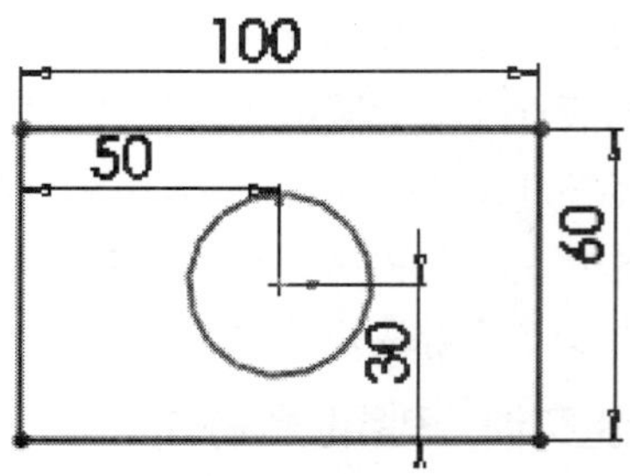

图3-75 标注圆心竖直尺寸

3.3.2 水平尺寸标注

水平尺寸标注主要用于标注直线水平方向的长度，也可以标注草图几何上两点之间的水平距离。

标注水平尺寸的操作步骤如下。

01 单击【草图】工具栏中的【水平尺寸】按钮，鼠标指针变成形状。

02 在草图中选择直线或两点，并在水平方向上单击放置尺寸，同时弹出【尺寸】属性管理器与【修改】对话框。

03 在对话框中修改或编辑尺寸，如添加尺寸公差或相关符号等。

04 单击按钮，完成水平尺寸的标注操作。

提示：选择【水平尺寸】命令的其他方法如下：
- 选择【工具】→【标注尺寸】→【水平尺寸】命令。
- 在窗口中右击，在弹出的快捷菜单中选择【更多尺寸】→【水平尺寸】命令。

3.3.3 垂直尺寸标注

垂直尺寸标注主要用于标注直线竖直方向的长度，也可以标注草图几何上两点间的竖直距离。

标注垂直尺寸的操作步骤如下。

01 单击【草图】工具栏中的【竖直尺寸】按钮，鼠标指针变成形状。

02 在草图中选择直线或两点，并在竖直方向上单击放置尺寸，同时弹出【尺寸】属性管理器与【修改】对话框。

03 在对话框中修改或编辑尺寸，如添加尺寸公差或相关符号等。

04 单击按钮，完成垂直尺寸的标注操作。

提示：选择【垂直尺寸】命令的其他方法如下：

- 选择【工具】→【标注尺寸】→【垂直尺寸】命令。
- 在窗口中右击，在弹出的快捷菜单中选择【更多尺寸】→【垂直尺寸】命令。

3.3.4　尺寸链标注

尺寸链标注用于标注同一方向上多个基准相同的尺寸组，第一个选择的几何对象为尺寸基准，后续每选择一点都会在相应的位置上标注尺寸。

尺寸链标注的操作步骤如下。

01　单击【尺寸链】按钮，鼠标指针变成形状。

02　选择草图几何定义基准尺寸，再选择草图几何标注尺寸，每标注完一个尺寸都可以在【尺寸】属性管理器修改其相关参数。

03　单击按钮，完成尺寸链的标注操作。

提示：选择【尺寸链】命令的其他方法如下：

- 选择【工具】→【标注尺寸】→【尺寸链】命令。
- 在窗口中右击，在弹出的快捷菜单中选择【更多尺寸】→【尺寸链】命令。

★　知识链接 12——尺寸链的基准尺寸

尺寸链中的其他尺寸会参照基准尺寸的位置自动对齐。改变基准尺寸的状态，其他尺寸也会相应发生改变。

3.3.5　水平尺寸链标注

水平尺寸链标注与尺寸链标注相关的操作类似，只是水平尺寸链只能用于水平方向尺寸链的标注。

水平尺寸链标注的操作步骤如下。

01　单击【水平尺寸链】按钮，鼠标指针变成形状。

02　选择草图几何定义基准尺寸，再依次单击需要标注水平尺寸链的草图几何，并定义其相关的参数。

03　单击按钮，完成水平尺寸链的标注操作。

提示：选择【水平尺寸链】命令的其他方法如下：

- 选择【工具】→【标注尺寸】→【水平尺寸链】命令。
- 在窗口中右击，在弹出的快捷菜单中选择【更多尺寸】→【水平尺寸链】命令。

3.3.6　垂直尺寸链标注

垂直尺寸链标注与尺寸链标注相关的操作类似，只是垂直尺寸链只能用于竖直方向尺寸链的标注。

垂直尺寸链标注的操作步骤如下。

01 单击【草图】工具栏中的【垂直尺寸链】按钮，鼠标指针变成形状。

02 选择草图几何定义基准尺寸，再依次单击需要标注垂直尺寸链的草图几何，并定义其相关的参数。

03 单击按钮，完成垂直尺寸链的标注操作。

提示：选择【垂直尺寸链】命令的其他方法如下：

- 选择【工具】→【标注尺寸】→【垂直尺寸链】命令。
- 在窗口中右击，在弹出的快捷菜单中选择【更多尺寸】→【垂直尺寸链】命令。

★ 课堂实训：利用水平尺寸链标注和垂直尺寸链标注为草绘标注尺寸

01 打开“光盘\源文件\第 3 章\3.3\3.3.6\3.3.6.sldprt”文件，如图 3-76 所示。

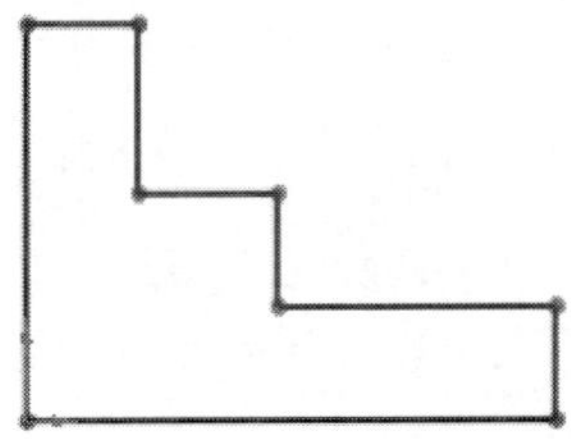

图 3-76　3.3.6.sldprt

02 单击【草图】工具栏中的【水平尺寸链】按钮，鼠标指针变成形状。

03 选择左侧的竖直线，单击，此时该直线上方显示“0”，表示其被定义为基准尺寸，如图 3-77 所示。

04 依次单击需要标注水平尺寸链的草图几何，标注尺寸如图 3-78 所示。

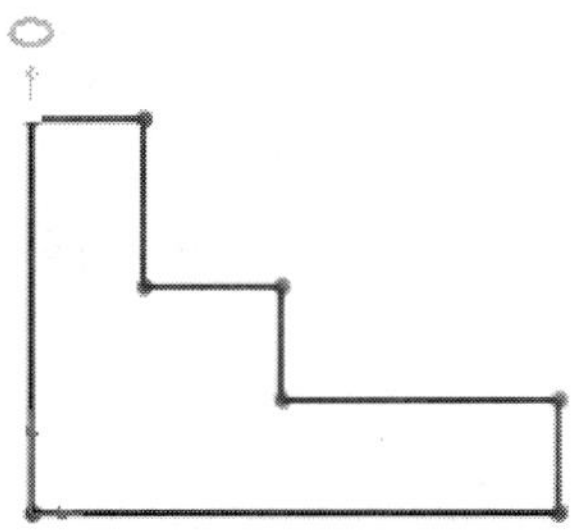

图 3-77　定义基准尺寸

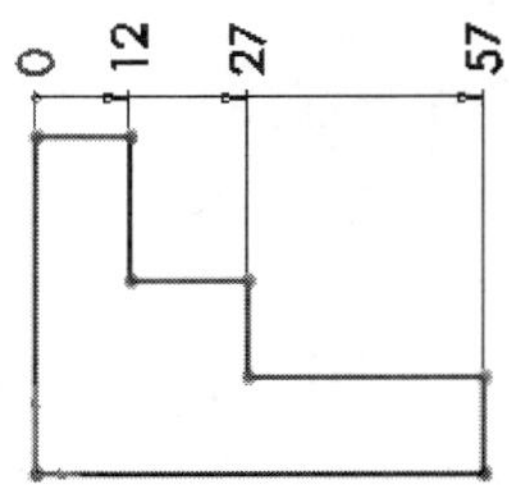

图 3-78　水平尺寸链标注

05 单击【草图】工具栏中的【垂直尺寸链】按钮，鼠标指针变成形状。

06 选择下侧的水平线，单击，此时该直线右侧显示“0”，表示其被定义为基准尺寸，如图 3-79 所示。

07 依次单击需要标注垂直尺寸链的草图几何，标注尺寸如图 3-80 所示。

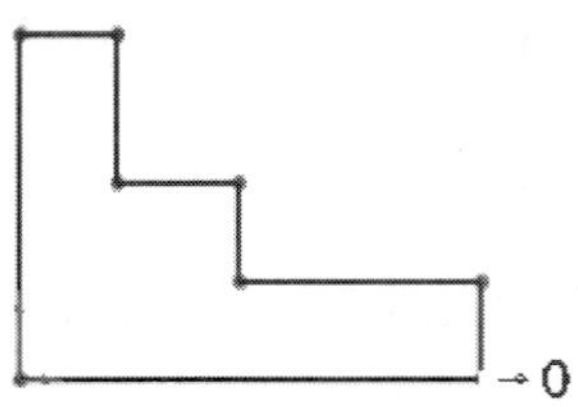

图 3-79　定义基准尺寸

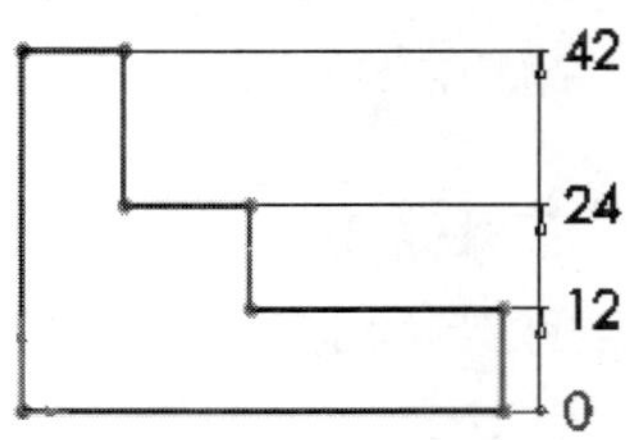

图 3-80　垂直尺寸链标注

3.4　添加草图几何约束

为了使绘制的草图几何满足设计意图，需通过形状约束关系将绘制的草图约束达到设计需要的状态。

3.4.1　水平约束

单击选中需要约束的草图几何，在添加水平约束后，所选草图几何呈水平约束状态。

1. 操作步骤

添加水平约束的操作步骤如下。

01　选择【工具】→【几何关系】→【添加】命令，弹出【添加几何关系】属性管理器。

02　在窗口中选择要添加几何关系的对象，再在【添加几何关系】栏中选择【水平】选项。

03　单击✔按钮，完成水平约束的添加。

2.【添加几何关系】属性管理器

图 3-81 所示为最初的【添加几何关系】属性管理器，在窗口中选取几何对象后将变成如图 3-82 所示。

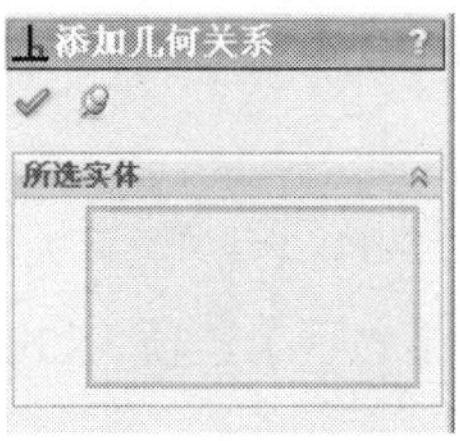

图 3-81 【添加几何关系】属性管理器

图 3-82　选取参照后的属性管理器

（1）【所选实体】栏

用于选择要添加几何关系的实体。

（2）【现有几何关系】栏

- 几何关系 ⊥：显示选取草图实体原有的几何关系。
- 信息 ℹ：显示所选草图实体的状态，如欠定义或完全定义等。

（3）【添加几何关系】栏

显示所选草图实体可使用的几何关系。

3.4.2　竖直约束

单击选中需要约束的草图几何，在添加竖直约束后，所选草图几何呈竖直约束状态。

添加竖直约束的操作步骤如下。

01　选择【工具】→【几何关系】→【添加】命令，弹出【添加几何关系】属性管理器。

02 在窗口中选择要添加几何关系的草图实体，再在【添加几何关系】栏中选择【竖直】选项。

03 单击✓按钮，完成竖直约束的添加。

▶**提示：**添加竖直约束的其他操作步骤如下：

01 在窗口中右击添加关系的草图实体，并在弹出的按钮中单击|按钮。

02 在窗口中单击要添加关系的草图实体，弹出【线条属性】属性管理器，在【添加几何关系】栏中选择【竖直】项，再单击✓按钮。

★ 课堂实训：为直线草绘添加水平约束和竖直约束

01 单击【草图】工具栏中的【直线】按钮╲，在绘图区中绘制图3-83所示的3条直线。

02 选择【工具】→【几何关系】→【添加】命令，弹出【添加几何关系】属性管理器，如图3-84所示。

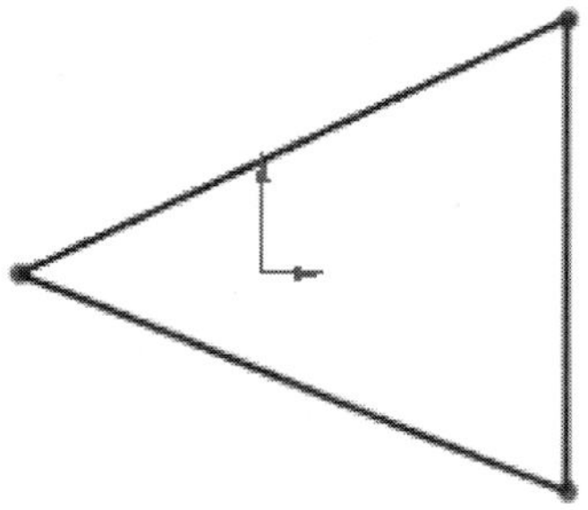

图3-83　3条直线

图3-84 【添加几何关系】属性管理器

03 单击下边的直线，再在【添加几何关系】栏中选择【水平】选项，如图3-85所示，此时直线旁边出现水平约束符号。

04 单击右侧的直线，再在【添加几何关系】栏中选择【竖直】选项，如图3-86所示，此时直线旁边出现竖直约束符号。

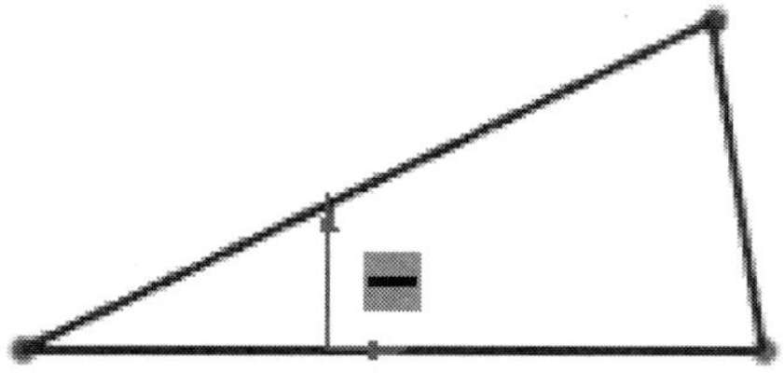

图3-85　添加水平约束

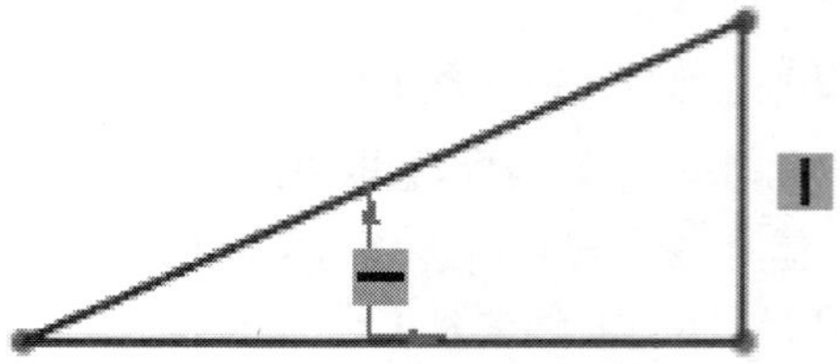

图3-86　添加竖直约束

05 单击✓按钮，完成水平约束和竖直约束的添加。

3.4.3 共线约束

单击选中需要约束的两处直线几何，在添加共线约束后，所选的两处直线几何约束在同一条线上。

添加共线约束的操作步骤如下：

01 选择【工具】→【几何关系】→【添加】命令，弹出【添加几何关系】属性管理器。

02 在窗口中选择两处直线，在【添加几何关系】栏中选择【共线】选项。

03 单击✔按钮，完成共线约束的添加。

> **提示：** 添加共线约束的其他操作步骤如下：
>
> 01 在窗口中单击选择两条需要添加关系的直线，弹出【线条属性】属性管理器。
>
> 02 在【添加几何关系】栏中选择【共线】选项。
>
> 03 单击✔按钮，完成共线约束的添加。

3.4.4 垂直约束

单击选择需要约束的两处直线几何，在添加垂直约束后，所选的两处直线几何呈相互垂直状态。

添加垂直约束的操作步骤如下：

01 选择【工具】→【几何关系】→【添加】菜单命令，弹出【添加几何关系】属性管理器。

02 在窗口中选择两处直线 ，然后在【添加几何关系】栏中选择【垂直】选项。

03 单击✔按钮，完成垂直约束的添加。

> **提示：** 添加垂直约束的其他操作步骤如下：
>
> 01 单击选择要添加约束的两处直线，弹出【线条属性】属性管理器。
>
> 02 在【添加几何关系】栏中选择【垂直】选项，两处直线呈垂直约束。
>
> 03 单击✔按钮，完成垂直约束的添加。

3.4.5 平行约束

单击选中需要约束的两处直线几何，在添加平行约束后，所选的两处直线几何呈平行状态。

添加平行约束的操作步骤如下：

01 选择【工具】→【几何关系】→【添加】命令，弹出【添加几何关系】属性管理器。

02 在窗口中选择两处直线，然后在【添加几何关系】栏中选择【平行】选项。

03 单击✔按钮，完成平行约束的添加。

> **提示：** 添加平行约束的其他操作步骤如下：
>
> 01 单击选中要添加关系的两处直线，弹出【线条属性】属性管理器。
>
> 02 在【添加几何关系】栏中选择【平行】选项。
>
> 03 单击✔按钮，完成平行约束的添加。

3.4.6 相等约束

单击选中需要添加约束的两处几何对象，在添加相等约束后，所选的两处几何对象呈相等状态。

添加相等约束的操作步骤如下：

01 选择【工具】→【几何关系】→【添加】命令，弹出【添加几何关系】属性管理器。

02 在窗口中选择两个草图几何，然后在【添加几何关系】栏中选择【相等】选项。

03 单击✓按钮，完成相等约束的添加。

提示：添加相等约束的其他操作步骤如下：

01 单击选中需要添加约束的两处几何对象，弹出【线条属性】属性管理器。

02 按住【Ctrl】键选择要定义等距的实体，在【添加几何关系】栏中选择【相等】选项。

03 单击✓按钮，完成相等约束的添加。

★ 课堂实训：为四边形草绘添加平行约束和相等约束

01 单击【草图】工具栏中的【直线】按钮╲，在绘图区中绘制图 3-87 所示的不规则四边形。

02 选择【工具】→【几何关系】→【添加】命令，弹出【添加几何关系】属性管理器，如图 3-88 所示。

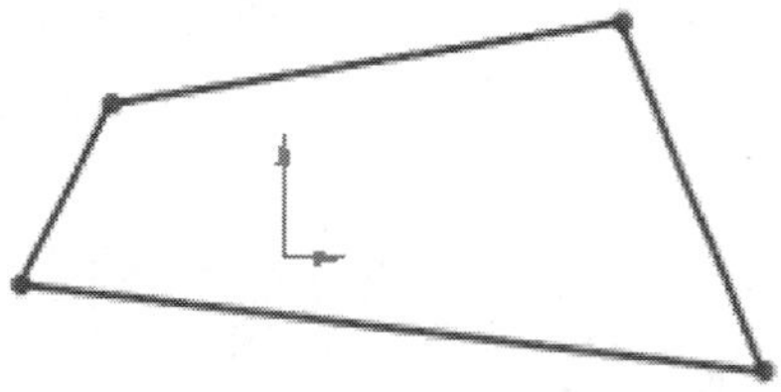

图 3-87 不规则四边形

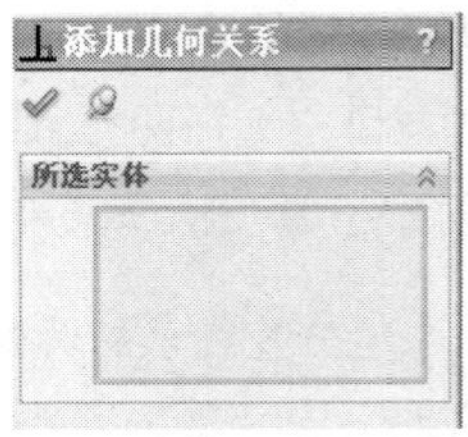

图 3-88 【添加几何关系】属性管理器

03 按住【Ctrl】键的同时单击上下两侧的直线，在【添加几何关系】栏中选择【平行】和【相等】选项，如图 3-89 所示，此时直线旁边出现平行和相等约束符号。

04 按住【Ctrl】键的同时单击左右两侧的直线，在【添加几何关系】栏中选择【平行】和【相等】选项，如图 3-90 所示，此时直线旁边出现平行和相等约束符号。

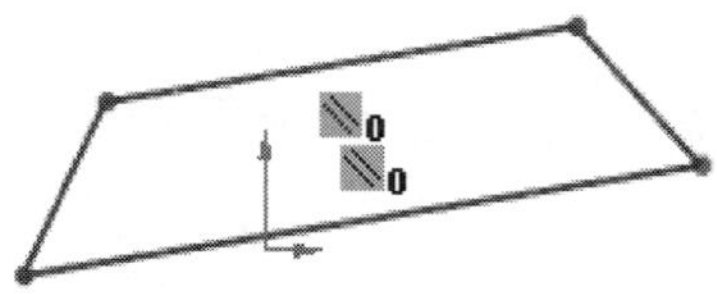

图 3-89 上下边设置约束

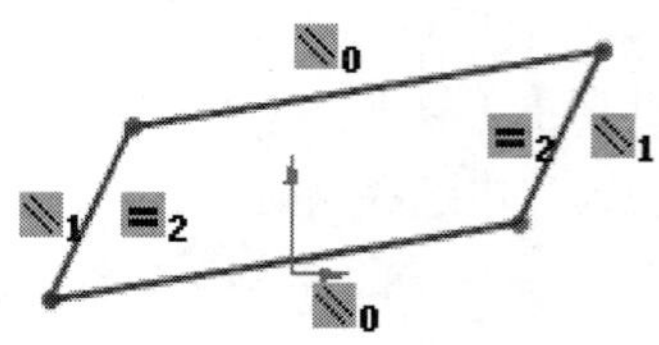

图 3-90 左右边设置约束

05 单击✓按钮，完成平行和相等约束的添加。

3.4.7 固定约束

单击选中需要要添加约束的几何对象，在添加固定约束后，所选几何对象的位置将固定。

添加固定约束的操作步骤如下：

01 选择【工具】→【几何关系】→【添加】命令，弹出【添加几何关系】属性管理器。

02 在窗口中选择几何对象，在【添加几何关系】栏中选择【固定】选项。

03 单击✓按钮，完成固定约束的添加。

提示：添加固定约束的其他操作步骤如下：

01 右击要添加固定约束的实体，并在弹出的按钮中单击按钮。

02 选择一个实体或按住【Ctrl】键选择两个实体，在【线条属性】属性管理器的【添加几何关系】栏中选择【固定】选项。

03 单击✓按钮，完成固定约束的添加。

3.4.8 相切约束

单击选中需要添加约束的两处几何对象，在添加相切约束后，所选的两处几何对象呈相切状态。

添加相切约束的操作步骤如下：

01 选择【工具】→【几何关系】→【添加】命令，弹出【添加几何关系】属性管理器。

02 选择一组草图几何，在【添加几何关系】栏中选择【相切】选项。

03 单击✓按钮，完成相切约束的添加。

提示：添加相切约束的其他操作步骤如下：

01 在窗口中单击一个圆弧状几何（如圆、椭圆、圆弧），弹出【线条属性】属性管理器。

02 按住【Ctrl】键选择一个草图实体，在【添加几何关系】栏中选择【相切】选项。

03 单击✓按钮，完成相切约束的添加。

★ 课堂实训：为多个圆形草绘添加相切约束

01 单击【草图】工具栏中的【圆】按钮，在绘图区中绘制图 3-91 所示的 3 个圆形。

02 选择【工具】→【几何关系】→【添加】命令，弹出【添加几何关系】属性管理器，如图 3-92 所示。

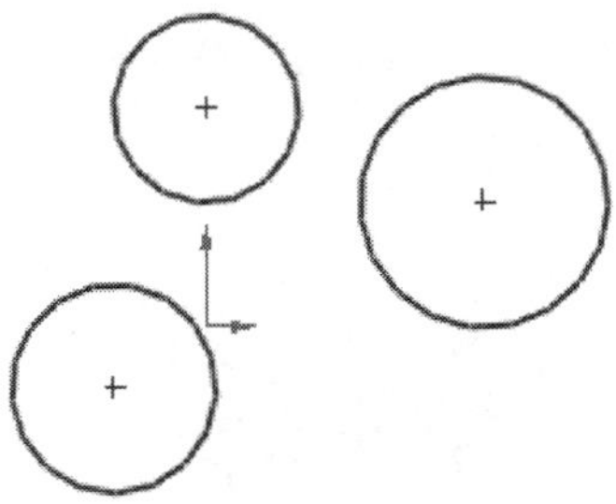

图 3-91　3 个圆形

图 3-92 【添加几何关系】属性管理器

03 按住【Ctrl】键的同时单击左侧的两个圆，在【添加几何关系】栏中选择【相切】选项，如图 3-93 所示，此时圆旁边出现相切约束符号。

04 按住【Ctrl】键的同时单击右侧的两个圆，在【添加几何关系】栏中选择【相切】选项，如图 3-94 所示，此时圆旁边出现相切约束符号。

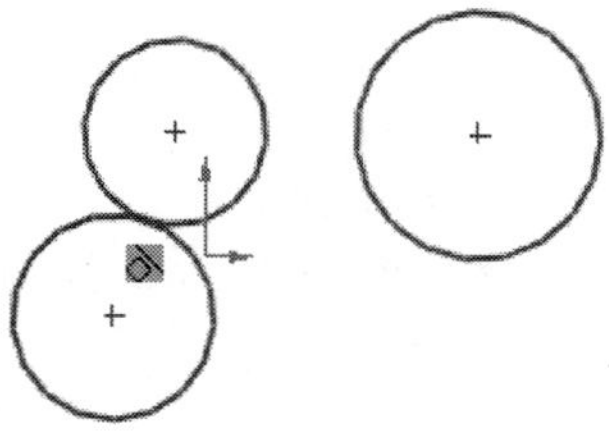

图 3-93　设置左侧两圆的相切约束

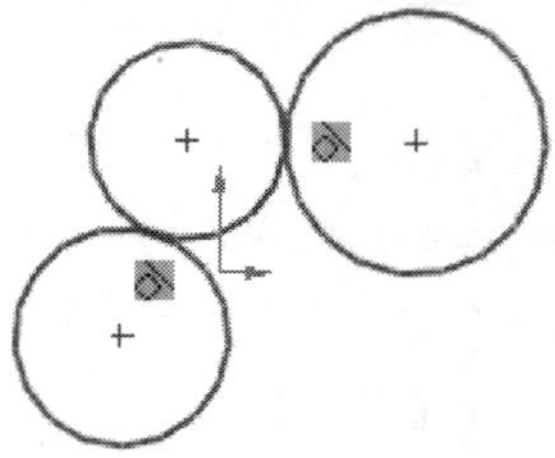

图 3-94　设置右侧两圆的相切约束

05　单击✔按钮，完成相切约束的添加。

3.5　草图绘制高级工具

在创建草图的过程中，为了达到设计意图，经常需要对创建的草图几何进行编辑，如对草图几何进行删除、修剪、延伸、镜像、阵列等操作。本节将详细介绍对草图进行编辑的草图绘制高级工具。

3.5.1　绘制圆角和倒角

特征的转角处都会做圆角或倒角特征，圆角与倒角是截面中各种几何的过渡元素。无论是圆角还是倒角几何，都必须建立在其他特征几何上，如在直线与直线、直线与椭圆、圆弧与圆弧等几何组合形式中绘制圆角或倒角。

1. 操作步骤

绘制圆角与倒角的操作步骤如下。

01　单击【草图】工具栏中的【绘制圆角】按钮或【绘制倒角】按钮。

02　在弹出的【绘制圆角】或【绘制倒角】属性管理器中定义圆角或倒角的参数。

03　选择窗口绘制圆角或倒角的两个实体参照绘制圆角或倒角。

04　单击✔按钮，完成圆角或倒角的绘制。

2. 【绘制圆角】和【绘制倒角】属性管理器

图 3-95 所示为单击按钮后弹出的【绘制圆角】属性管理器，系统默认的圆角半径为 10mm。图 3-96 所示为单击按钮后弹出的【绘制倒角】属性管理器。

图 3-95 【绘制圆角】属性管理器

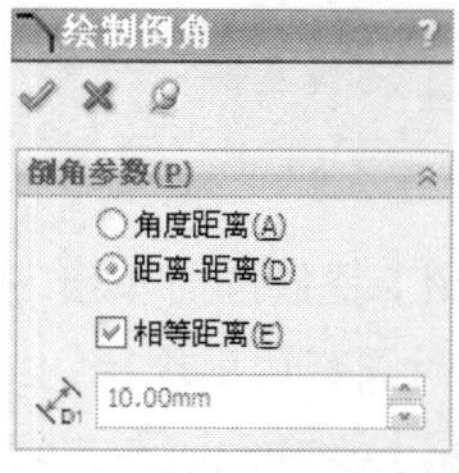

图 3-96 【绘制倒角】属性管理器

（1）确定

单击该按钮后确定圆角或倒角的绘制并退出属性管理器。

（2）关闭

退出【绘制圆角】或【绘制倒角】属性管理器。

（3）保持可见

在完成圆角或倒角的绘制后，属性管理器不会自动关闭。若单击该按钮将会改变形状，完成圆角或倒角的绘制后，属性管理器会自动关闭。

（4）【圆角参数】栏

- 半径：用于指定所需绘制圆角的半径大小。在绘制圆角后属性管理器中会添加【撤销】按钮，单击该按钮撤销所绘制的圆角。
- 保持拐角处约束条件：
  - ➢若顶点具有尺寸或几何关系，绘制圆角后将保留虚拟交点，如图 3-97 所示。
  - ➢若取消该项的勾选，并且顶点具有尺寸或几何关系时，绘制圆角后会弹出【删除关系】提示框，如图 3-98 所示，提示是否在生成圆角时删除几何关系。

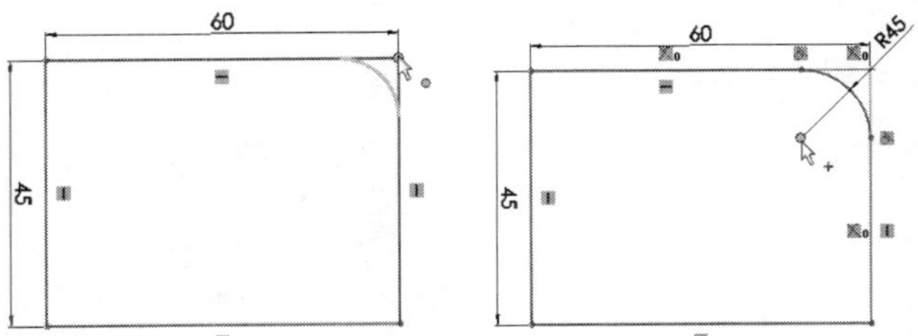

绘制前　　虚拟交点

图 3-97　保持拐角处约束条件

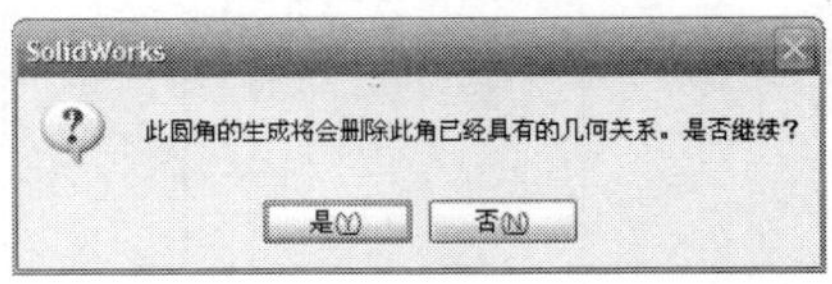

图 3-98　【删除关系】提示框

提示：

若单击提示框中的【否】按钮，将终止圆角的绘制。

若单击【是】按钮，将删除原有的几何关系尺寸，如图 3-99 所示。

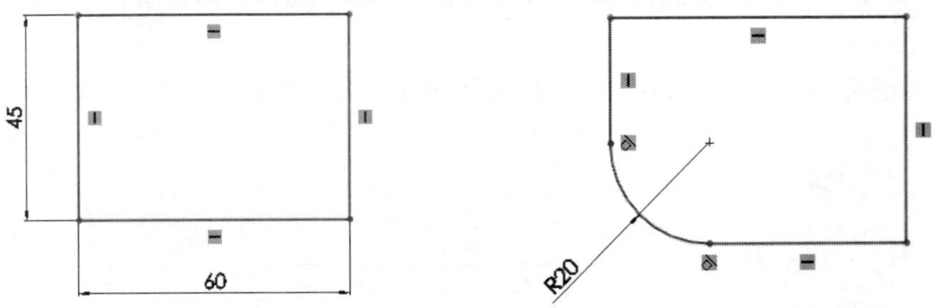

绘制前　　绘制后

图 3-99　不保持拐角处约束条件

（5）【倒角参数】栏

- 角度距离：参照定义后的角度与距离绘制直角时，选择该项后【倒角参数】栏会变成如图 3-100 所示。
  - ➢距离 1：定义所选第一倒角参照的倒角距离，如图 3-101 所示。
  - ➢角度：定义所选择的第一个倒角参照与直角斜边的夹角大小。

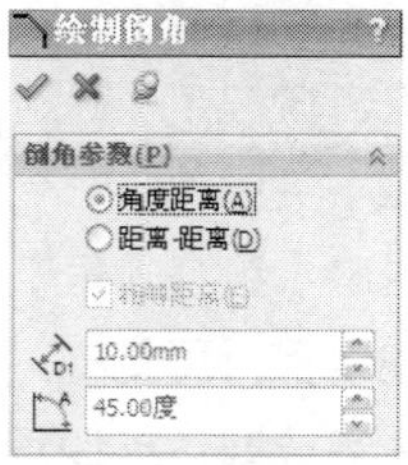

图 3-100　选择【角度距离】项

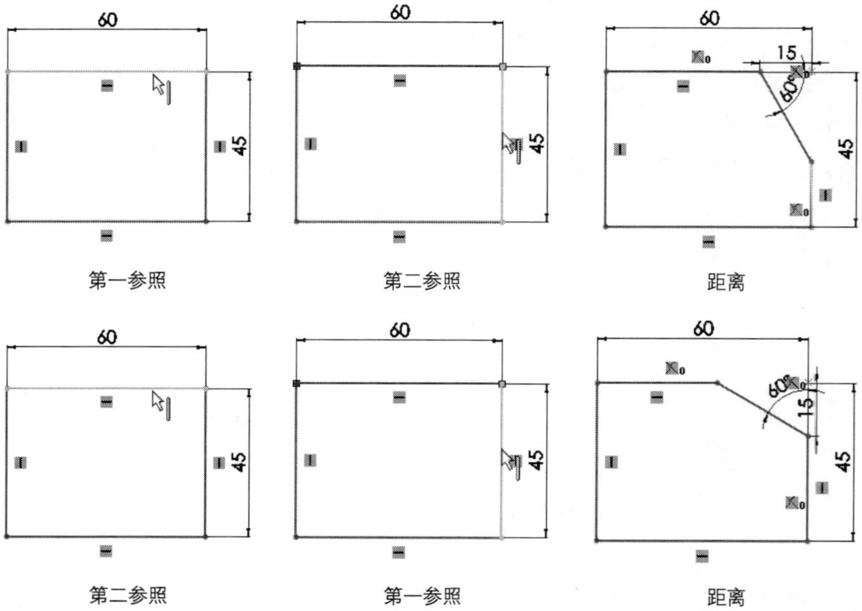

图 3-101　创建后的直角状态

- 距离-距离：通过指定所选第一和第二倒角参照的距离绘制直线。若取消勾选【相等距离】复选框，【倒角参数】将会添加【距离 2】项，如图 3-102 所示。
  - ➢相等距离：只通过定义【距离 1】项的参数绘制直角，即绘制等腰直角，如图 3-103 所示。
  - ➢距离-距离：通过定义【距离 1】与【距离 2】项的参数创建所需的直角，如图 3-104 所示。

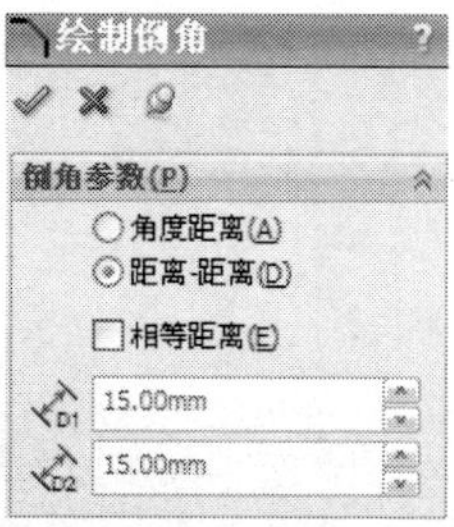

图 3-102　取消勾选【相等距离】复选框

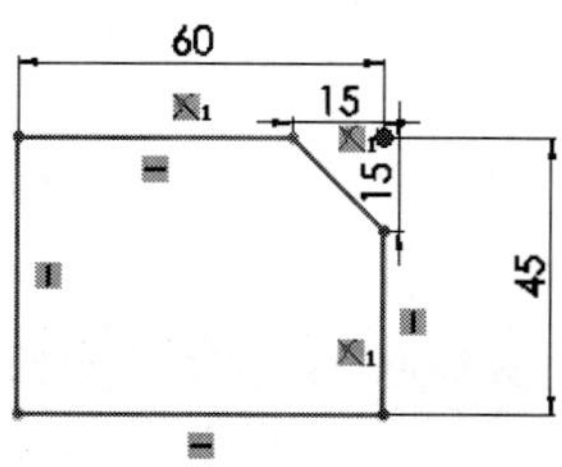

图 3-103　相等距离绘制直角

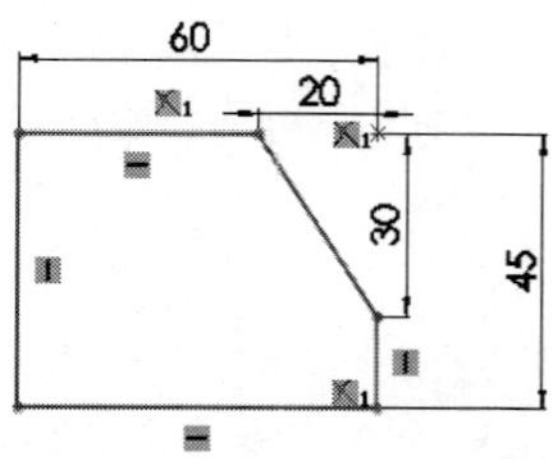

图 3-104　不相等距离绘制直角

★ 课堂实训：绘制圆角和倒角

01　打开“光盘\源文件\第 3 章\3.5\3.5.1\3.5.1.sldprt”文件，如图 3-105 所示。单击【圆角】按钮，弹出【绘制圆角】属性管理器，将半径值修改为 20mm。

02　在窗口中依次选择直线 1 与直线 2 绘制圆角，完成后的状态如图 3-106 所示。

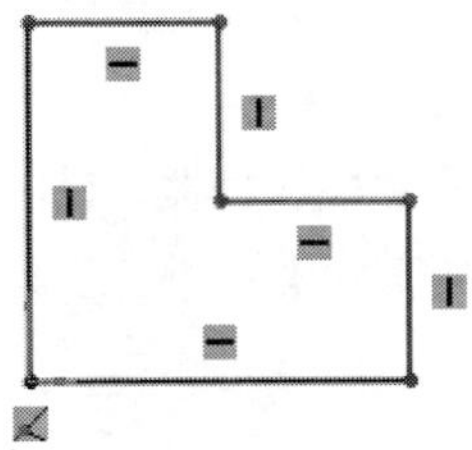

图 3-105　3.5.1.sldprt

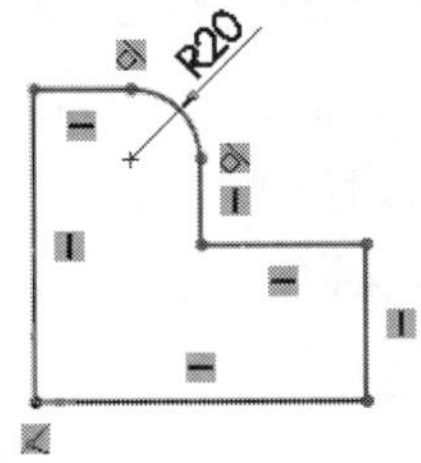

图 3-106　绘制圆角后的状态

03　以同样的方法和参数依次选择直线 2 与直线 3、直线 3 与直线 4 绘制圆角，然后单击属性管理器中的按钮，完成后的状态如图 3-107 所示。

04　选择【工具】→【草图工具】→【倒角】命令，弹出【绘制倒角】属性管理器，将【距离 1】项的值修改为 10mm。

05　在窗口中依次选择直线 4 与直线 5 绘制倒角，同时系统自动退出属性管理器，完成后的状态如图 3-108 所示。

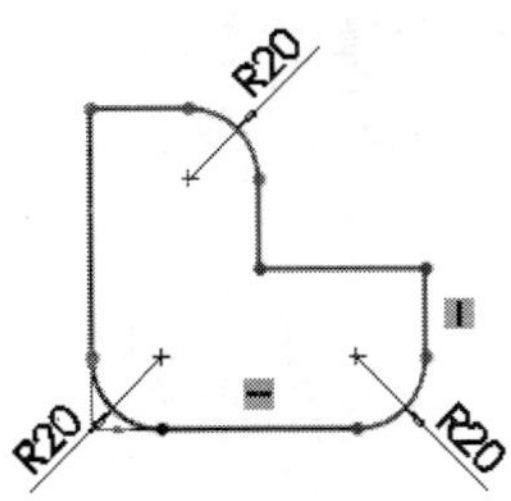

图 3-107　绘制圆角后的状态

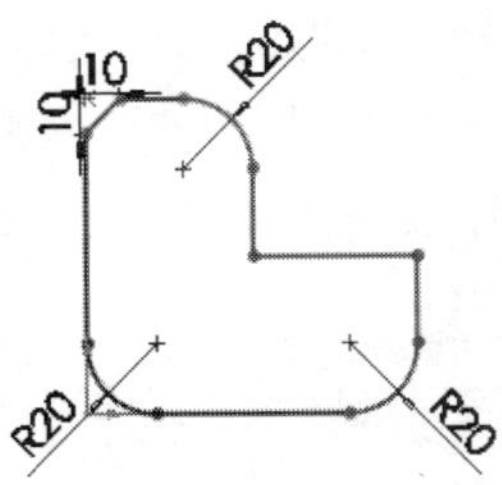

图 3-108　绘制直角后的状态

★ 知识链接 13——绘制圆角与绘制倒角

在 SolidWorks 2012 的【圆角】PropertyManager 中，包括【绘制圆角】和【绘制倒角】两个命令。

- 【绘制圆角】命令用于在两个草图实体的交叉部分生成一段切线弧，并将交叉处剪裁掉；也可以在两个非交叉的草图实体间生成圆角，此时草图实体将被拉伸。
- 【绘制倒角】命令用于在相邻的草图实体间生成倒角，其使用方法分为“角度-距离”和“距离-距离”两种方式。

3.5.2　剪裁草图实体

对于相交或存在相交趋势的草图几何来说，可以选择其中某些几何线段作为“剪刀”，剪除不需要的几何线段。

1. 操作步骤

修剪草图的操作步骤如下：

01 在草绘模式下，单击【草图】工具栏中的【剪裁实体】按钮，弹出【剪裁】属性管理器。

02 在属性管理器中选择剪裁实体的类型，如强劲修剪、边角或在内剪除等。

03 根据不同修剪类型的修剪方法完成草图的修剪操作，再单击按钮。

2. 【剪裁】属性管理器

图 3-109 所示为单击【剪裁】按钮后弹出的【剪裁】属性管理器，其由【信息】与【选项】栏组成，修剪的类型包括【强劲剪裁】、【边角】、【在内剪除】、【在外剪除】与【剪裁到最近端】5 种。

（1）【信息】栏

显示所选修剪类型的操作步骤。

（2）【选项】栏

不同修剪类型与参数定义如下。

- 强劲剪裁：拖动鼠标穿过所需修剪的实体，可以将经过的实体修剪。在需延伸的实体中按住鼠标左键，然后拖动鼠标至延伸距离再释放鼠标。
- 边角：延伸或剪裁两个草图实体，直到虚拟边角处相交。
- 在内剪除：在所选的两个实体或一个面内修剪独立的草图实体。
- 在外剪除：在所选的两个实体或一个面外修剪独立的草图实体。
- 剪裁到最近端：将所选的草图实体修剪至与其他草图的交叉点处。

★ 课堂实训：利用剪裁命令创建六芒星

01 打开“光盘\源文件\第 3 章\3.5\3.5.2\3.5.2.sldprt”文件，如图 3-110 所示。

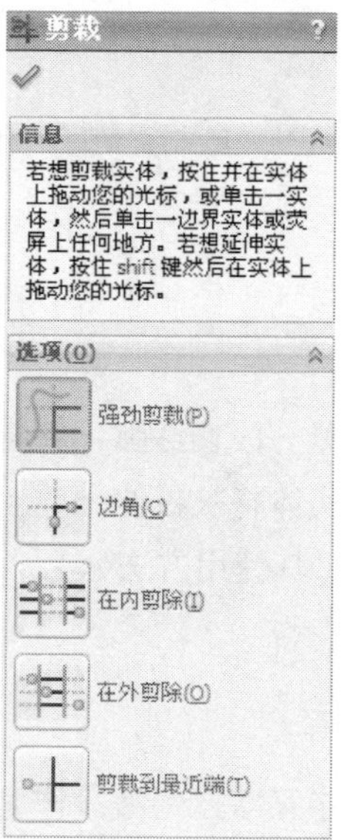

图 3-109 【剪裁】属性管理器

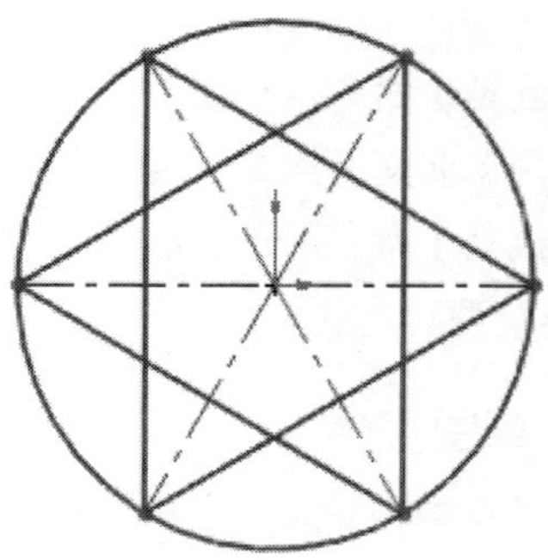

图 3-110 3.5.2.sldprt

02 单击【剪裁】按钮，弹出【剪裁】属性管理器，如图 3-111 所示，选择【在内剪除】，单击直线 1 和直线 2 作为边界，剪除其中的直线部分，如图 3-112 所示。

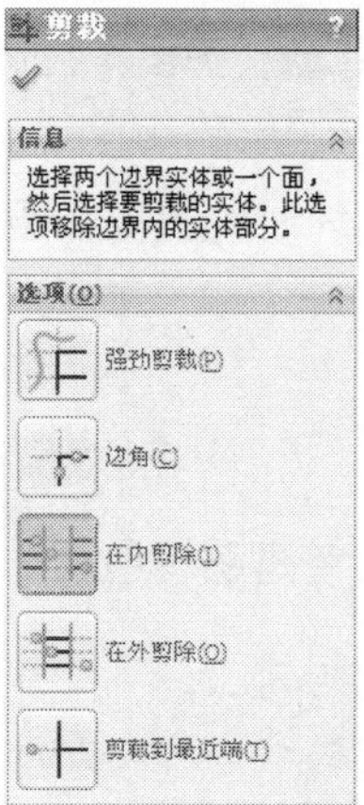

图 3-111 【剪裁】属性管理器

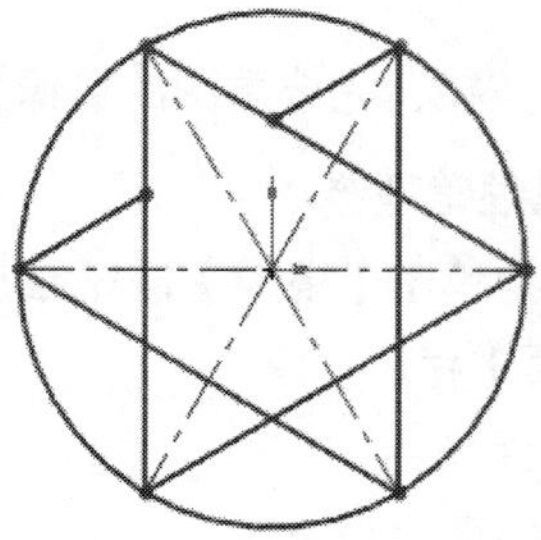

图 3-112　剪裁结果

03 以同样的方法和参数依次选择直线 2 与直线 3、直线 3 与直线 4……直线 11 与直线 12，剪裁其中的直线，完成后的状态如图 3-113 所示。

04 在【剪裁】属性管理器中选择【剪裁到最近端】，单击最外侧的圆周作为边界，分别单击内侧的 3 条中心线，最后删除外侧圆周，结果如图 3-114 所示。

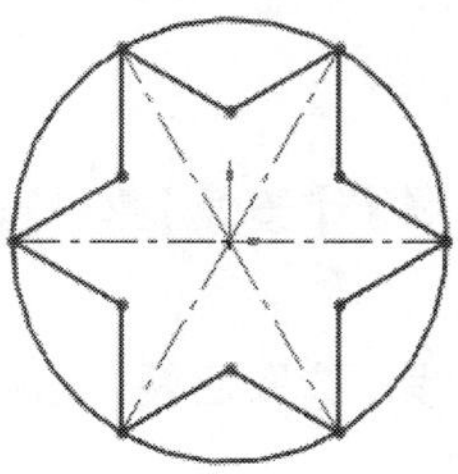

图 3-113　剪裁内部直线

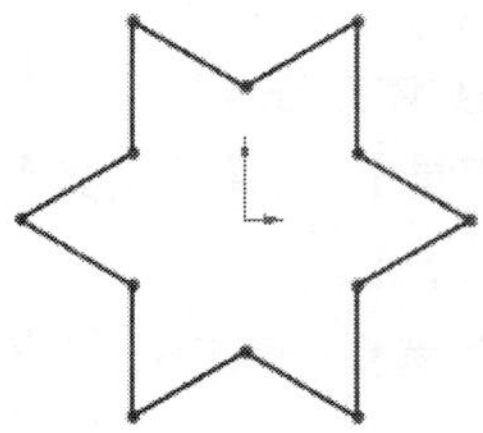

图 3-114　剪裁内部中心线

3.5.3　延伸草图实体

当草图几何长度不够时，应延伸草图几何。在延伸的过程中延伸几何以延伸端最靠近且具有相交趋势的几何元素作为延伸目标，没有延伸目标将无法延伸对象。

延伸草图的操作步骤如下：

01 在草绘模式下，单击【草图】工具栏中的【延伸实体】按钮，鼠标指针变成形状。

02 单击选中需延伸的几何线段后，所选延伸几何线段延伸至延伸目标处。

提示：选择【延伸】命令的另一种方法：选择【工具】→【草图工具】→【延伸】命令。

3.5.4　镜像草图实体

对称形式的草图可只创建草图的一半，另一半草图可通过镜像命令来创建，这样既提高了工作效率，也让复杂的操作变得简单。

1. 操作步骤

镜像草图的操作步骤如下：

01 在草绘模式下，单击【草图】工具栏中的【镜像】按钮，弹出【镜像】属性管理器。

02 在工作窗口中选择要镜像的实体参照。

03 在【镜像点】方框中单击，激活选取。再选择镜像实体时的镜像参照，可以是构造线或任何类型的直线。

04 单击按钮，完成草图的镜像操作。

2. 【镜像】属性管理器

图 3-115 所示为单击【镜像】按钮后弹出的【镜像】属性管理器，包括【信息】栏与【选项】栏。

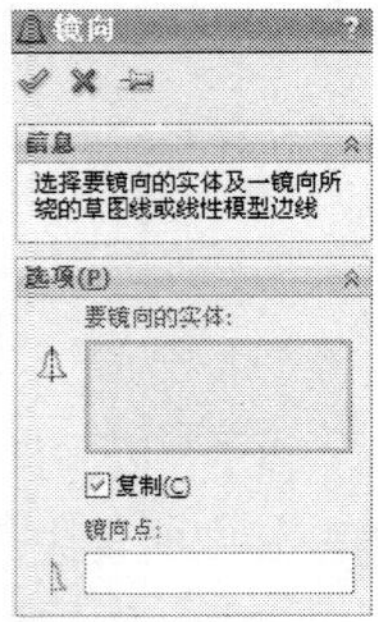

图 3-115 【镜像】属性管理器

（1）【信息】栏

显示镜像草图的操作步骤。

（2）【选项】栏

- 要镜像的实体：在草图中选择需镜像的草图几何。
- 复制：勾选该复选框后，系统将所选草图的副本镜像至另一侧。若取消勾选，系统将所选草图镜像至另一侧，即原草图被移除。
- 镜像点：选择镜像所绕的任意直线、模型直线性边线或工程图线性边线作为镜像点。

（3）动态镜像实体方法

01 选择【工具】→【草图工具】→【动态镜像】命令，弹出【镜像】属性管理器，如图 3-116 所示。

02 在窗口中选择一条中心线或现有的直线作为镜像线，选取后两端显示出对称符号，如图 3-117 所示。

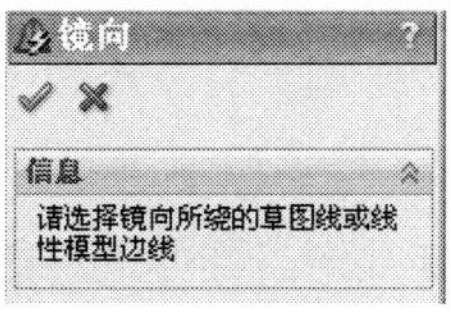

图 3-116 【镜像】属性管理器

图 3-117 显示出对称符号

03 在所选镜像线一侧绘制草图，如图 3-118 所示。完成后系统会自动参照镜像线将所绘制的草图镜像至另一侧，如图 3-119 所示。

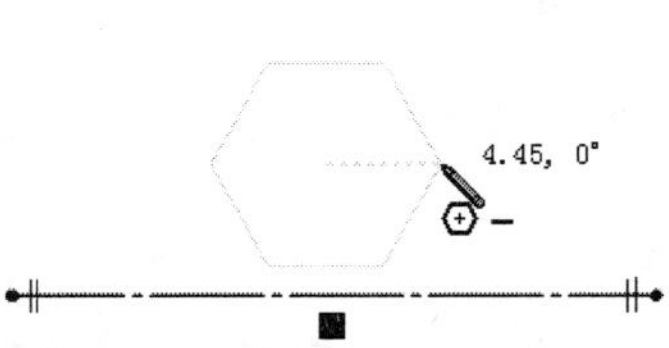

图 3-118 绘制草图

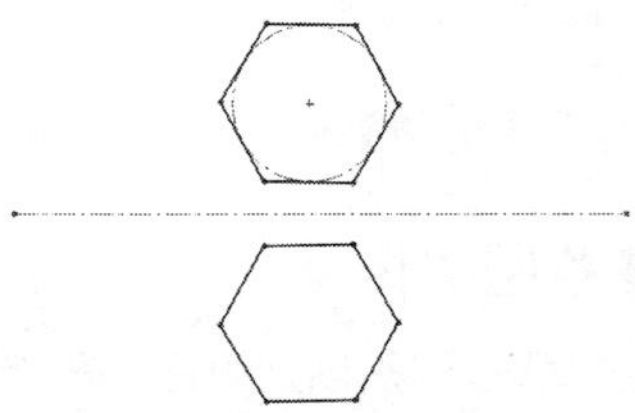

图 3-119 完成镜像后的状态

★ 知识链接 14——动态镜像实体

【动态镜像】命令也是用于沿中心线镜像草图中的图形。它和【镜像】命令的区别主要在于使用【动态镜像】命令绘制被镜像图形时，其镜像图形也出现在草图上。

★ 课堂实训：利用镜像命令创建轴对称图形

01　打开“光盘\源文件\第 3 章\3.5\3.5.4\3.5.4.sldprt”文件，如图 3-120 所示。

02　单击【草图】工具栏中的【镜像】按钮，弹出【镜像】属性管理器，选择中心线右侧实体，单击中心线作为镜像点，单击【确定】按钮，结果如图 3-121 所示。

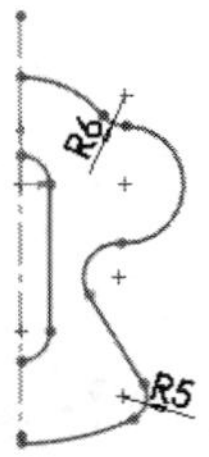

图 3-120　3.5.4.sldprt

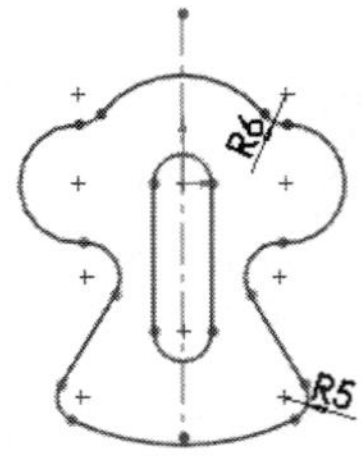

图 3-121　完成镜像后的状态

03　选择【工具】→【草图工具】→【动态镜像】命令，弹出【镜像】属性管理器，选择中心线作为镜像点。

04　以坐标(21.5,0)为圆心，绘制半径为 6 的圆，对称一侧的圆同时出现，如图 3-122 所示。

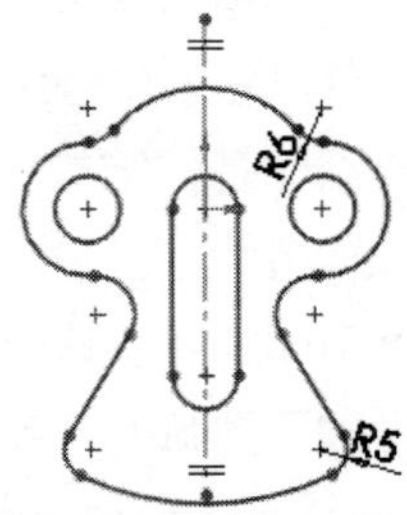

图 3-122　动态镜像绘制圆

★ 知识链接 15——动态镜像实体与镜像实体的区别

选择【动态镜像】命令时要先选择镜像所绕的实体，然后绘制要镜像的草图实体。如果要镜像预先存在的草图实体，则需要选择【镜像】命令。

3.5.5　等距实体

等距实体是指按特定的距离等距一个或多个草图实体、所选模型边线或模型面。例如，可以等距样条曲线或圆弧、模型边线组、环之类的草图实体。如果在重建模型时原始实体发生变化，则等距实体也会随之改变。

1. 操作步骤

等距实体的操作步骤如下：

01　在草绘模式下，单击【草图】工具栏中的【等距实体】按钮，弹出【等距实体】属性管理器。

02　在工作窗口中选择要等距的实体参照。

03　在属性管理器中设置等距实体的相关参数，如等距距离与方向的选择等。

04　单击按钮，完成等距实体操作。

2. 【等距实体】属性管理器

图 3-123 所示为【等距实体】属性管理器。

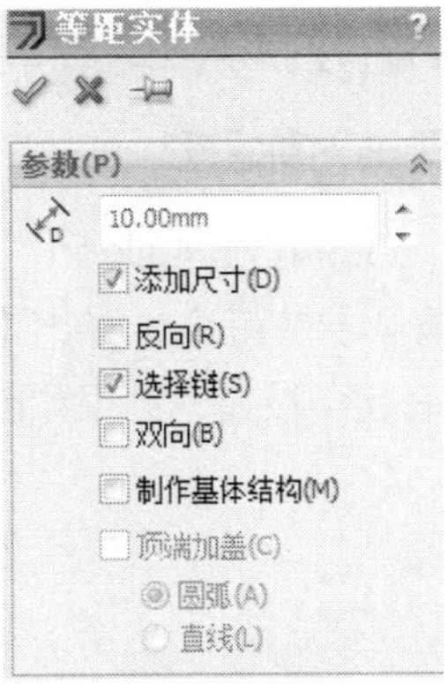

图 3-123

- 添加尺寸：勾选该复选框后绘制得到的等距图形将添加尺寸，不勾选该复选框将不添加，默认是勾选的。
- 反向：沿中心线向相反的方向生成。
- 选择链：默认是勾选的，选择一条线的时候会把和这条线首尾相连的线自动选择，如不勾选则会指选择单个线。
- 双向：向中心线两侧都生成草图。
- 制作基体结构：如果勾选该复选框，则生成等距草图后，原来作为中心线的线会自动变成构造线。
- 顶端加盖：这个选线必须在选择“双向”后才能使用，通过这个选项绘制得到的草图两端是加了圆弧的，效果和槽口命令绘制的效果相似。

★ 课堂实训：利用等距实体命令创建相似结构

01 打开“光盘\源文件\第 3 章\3.5\3.5.5\3.5.5.sldprt”文件，如图 3-124 所示。

02 单击【草图】工具栏中的【等距实体】按钮，弹出【等距实体】属性管理器，等距距离为 20，勾选【双向】复选框，如图 3-125 所示。

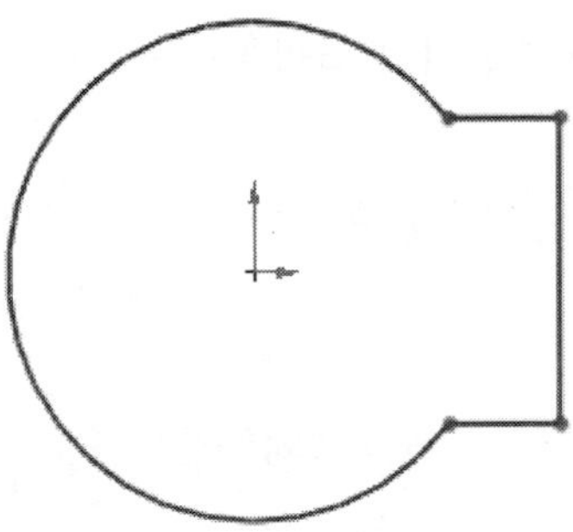

图 3-124　3.5.5.sldprt

图 3-125 【等距实体】属性管理器

03 选择绘图区中的整个草绘作为等距实体的参照，单击【确定】按钮，结果如图 3-126 所示。

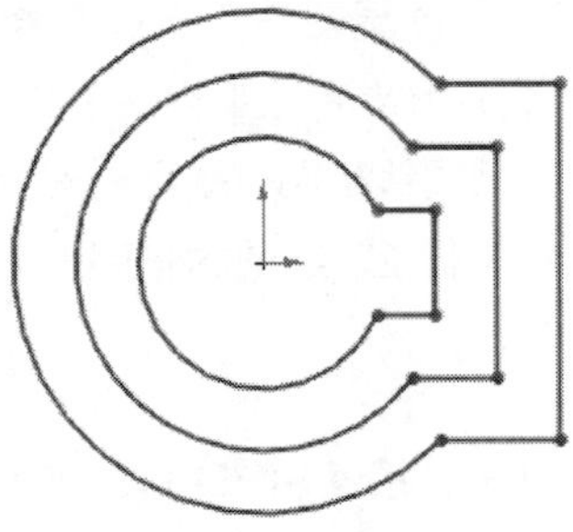

图 3-126　等距实体结果

3.5.6　转换实体引用

除了原始创建草图几何外，在 SolidWorks 中可借助已有的实体参照创建新的草图几何特征，如直接引用原来实体的棱边、在原来实体的棱边上进行编辑创建草图等。引用实体的步骤如下：

01 进入草绘模式，选择模型边线、环、面、曲线、外部草图轮廓线、一组边或一组曲线作为引用的参照。

02 单击【草图】工具栏中的【转换实体引用】按钮，弹出图 3-127 所示的【转换实体引用】属性管理器，完成实体的引用操作。

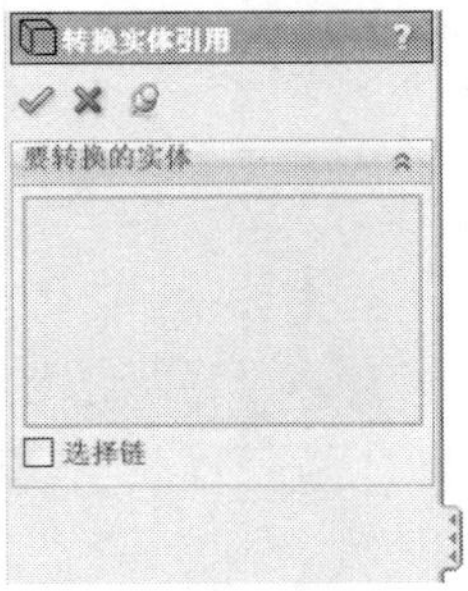

图 3-127 【转换实体引用】属性管理器

若没有选择引用的实体参照，单击按钮后将弹出【引用】提示框，提示需要选择作为等距的模型边线或作为等距的外部草图实体。

若选择封闭草图中的单一段路作为引用实体的参照，单击按钮后将弹出【解决模糊情形】对话框。单击【确定】按钮只引用单一段路；选择【闭环轮廓线】项后再单击【确定】按钮，可以引用整个草图。

使用该命令的另一种操作为：选择【工具】→【草图工具】→【转换实体引用】命令。

3.6　3D 草图

3D 草图由一系列直线、圆弧以及样条曲线构成。3D 草图既可以作为扫描路径，也可以用做放样和扫描的引导线、放样的中心线等。

3.6.1　3D 草图与 2D 草图的区别

3D 草图和 2D 草图最大的区别在于 2D 草图是在一个基准面上绘制，所以绘制前必须选定一个基准面，而 3D 草图可以在不同的基准面上或者三维空间中的任意位置绘制。在三维实体的建模过程中，如能合理使用 3D 草图来绘制轮廓或线架图，就可以有效地提高建模的效率。3D 草图绘制的基础是 2D 草图绘制，因此只有在熟练掌握 2D 绘图的基础上，才能更有效地使用 3D 草图绘制。

3.6.2　3D 草图工具

三维草图的绘制方法有两种，一种是直接使用 3D 草图进行绘制，另一种是使用基准面上的 3D 草图进行绘制。

1. 直接使用 3D 草图进行绘制

单击【草图】工具栏中的按钮，即可进入 3D 草图绘制界面，此时系统默认在前视基准面上开始绘制草图。如果要在前视基准面上绘制两条平行线，可以单击【草图】工具栏中的【直线】按钮，在前视基准面上依次单击确定直线的起点和终点，并且两条直线均为水平，即可完成绘制，如图 3-128 所示。

如果绘制跨坐标的直线或其他曲线，可以通过【Tab】键进行坐标替换，每按一次【Tab】键就会出现图 3-129 所示的坐标替换。

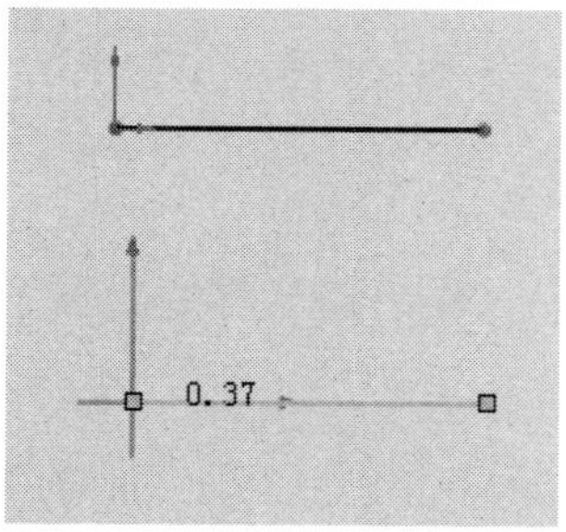

图 3-128　绘制平行直线图

图 3-129　坐标替换

2. 使用基准面上的 3D 草图进行绘制

使用基准面绘制 3D 草图时，除了坐标选择，其他绘图方法基本和二维的一致。要生成 3D 草图，可按如下步骤操作。

01　打开“光盘\源文件\第 3 章\3.6\3.6.2\3.6.2 未完成”文件，单击【草图】工具栏中的【基准面】按钮，系统弹出【草图绘制平面】属性管理器。

02　选择右视基准面上的点作为第一参考（参考可以是草图实体或基准面），系统自动为第一参考和要插入的基准面添加【重合】几何关系，完成图 3-130 所示的参数设置。

03　单击【确定】按钮，结果如图 3-131 所示。

提示： 生成基准面时也可以以线、面作为参考，然后加上相应的约束关系即可。

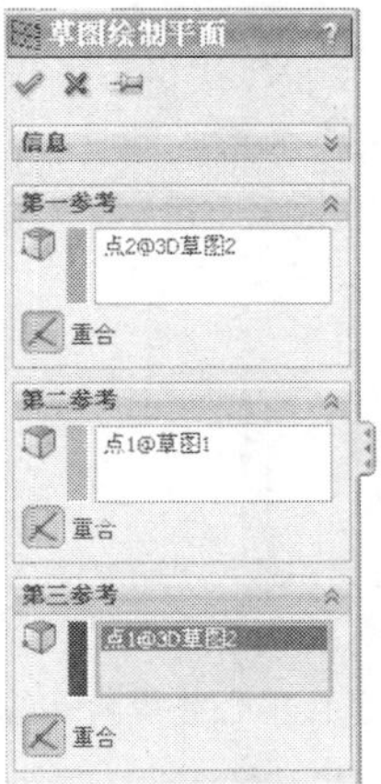

图 3-130　草图绘制平面设置

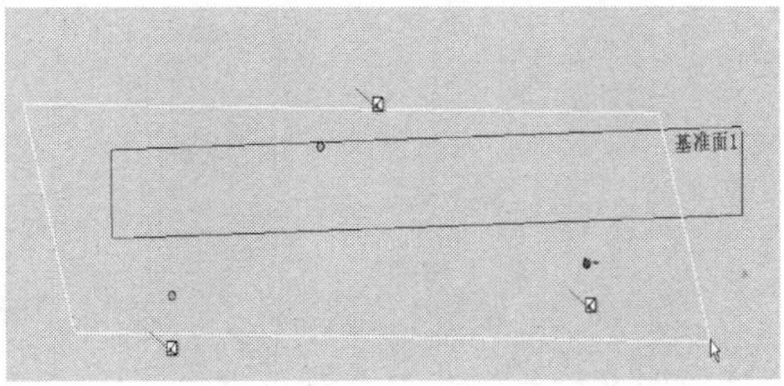

图 3-131　3D 草图绘制完成

★ 课堂实训：轴承压盖草图

轴承压盖一般用于固定轴承的轴向移动，调节轴承的轴向游隙，以及预留空间作为润滑油的运作空间。在应用轴承的场合，基本上都会用到轴承压盖。由于轴承的应用范围十分广泛，因此，用户应视具体情况合理设计轴承压盖。本实例将以轴承压盖的绘制为例，介绍 SolidWorks 2012 中相关的草图绘制命令。

1. 设计分析

轴承压盖草图如图 3-132 所示。分析轴承压盖的外形特征后发现，其主要由圆、切线、圆弧组成，且关于中心线对称。因此，在绘制过程中，需要调用【中心线】、【等距实体】、【构造几何线】命令绘制中心线；然后调用【圆】、【圆弧】、【直线】以及【手动添加几何关系】、【镜像】命令来绘制实体；最后通过尺寸标注确定其轮廓。

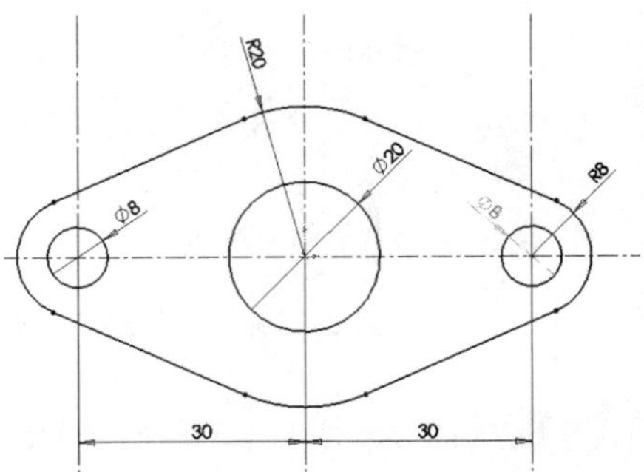

图 3-132　轴承压盖草图

2. 操作步骤

（1）绘制构造几何线

在绘制轴承压盖草图之前，首先创建一个新的零件文件，然后在绘图区绘制中心线，利用【等距实体】按钮绘制直线，并将其设置为构造几何线。具体的操作步骤如下。

01 单击【常用】工具栏中的【新建】按钮，弹出【新建 SolidWorks 文件】对话框，单击【零件】按钮，再单击【确定】按钮，新建一个零件文件，将其保存为【轴承压盖.sldprt】文件。单击【草图】工具栏中的【草图绘制】按钮，选择前视基准面，进入草图绘制状态。单击【草图】工具栏中的【中心线】按钮，绘制相互垂直的两条中心线，如图 3-133 所示。

02 单击【草图】工具栏中的【等距实体】按钮，弹出【等距实体】属性管理器。将【等距距离】栏改为 30，勾选【双向】复选框，单击竖直中心线，然后单击【确定】按钮，结果如图 3-134 所示。

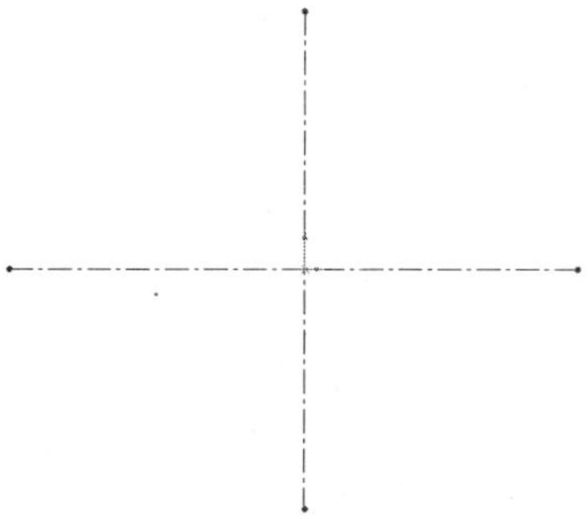

图 3-133　绘制中心线

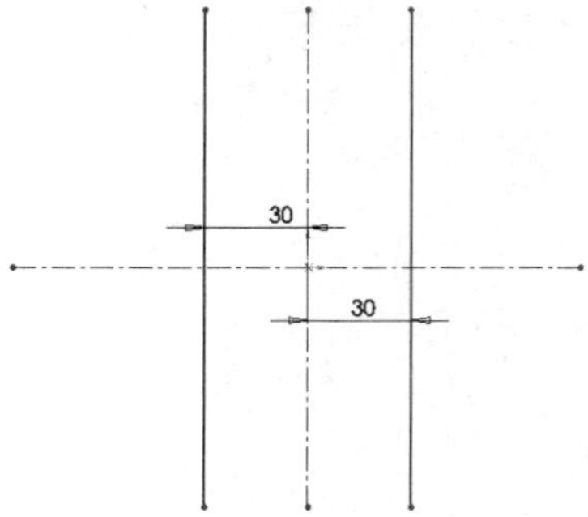

图 3-134　竖直中心线等距实体

03 单击等距实体后的一条直线，按住【Ctrl】键，同时单击另外一条直线，此时弹出两条直线的【属性】属性管理器。勾选【选项】栏中的【作为构造线】复选框，如图 3-135 所示。

04 单击【确定】按钮，结果如图 3-136 所示。

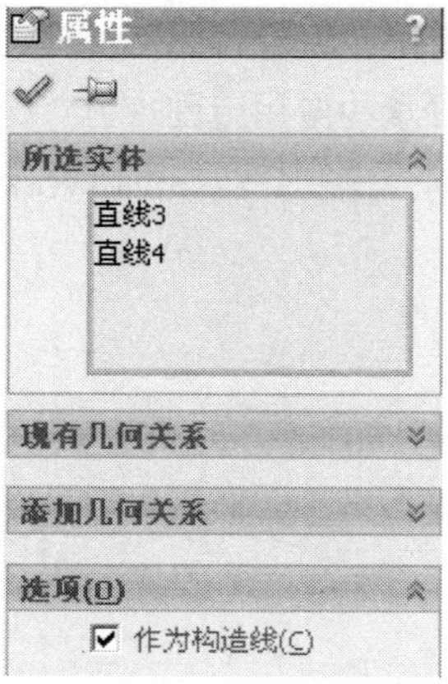

图 3-135　属性设置

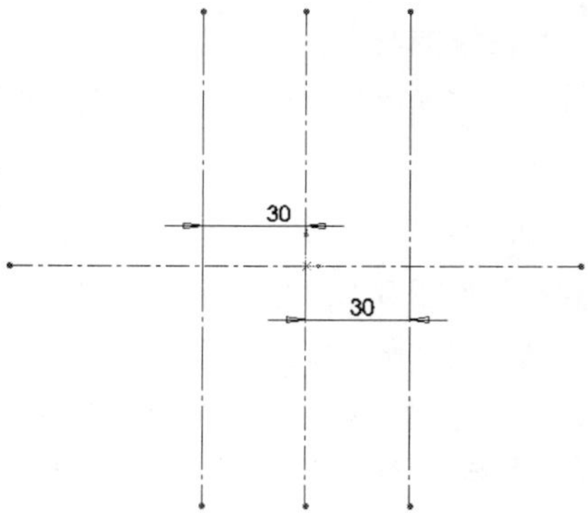

图 3-136　绘制的构造几何线

> **提示**：其他绘制中心线的方法：也可以直接利用【草图】工具栏中的【中心线】按钮，绘制左右两条中心线，这样可以省去下面步骤中构造几何线的设置。

（2）绘制圆弧

在绘图区绘制圆和圆弧，然后在两段圆弧之间绘制切线。具体的操作步骤如下。

01 绘制圆。单击【草图】工具栏中的【圆】按钮，以中间两条中心线的交点为圆心，绘制一个圆，将其半径设为 10。然后以左侧中心线交点为圆心，再绘制一个圆，将其半径设置为 4，如图 3-137 所示。

02 绘制圆弧。单击【草图】工具栏中的【圆心/起/终点画弧】按钮，或者选择【工具】→【草图绘制实体】→【圆心/起/终点画弧】命令。单击中间两条中心线交点，作为圆弧圆心；单击中间的竖直中心线上一点，作为圆弧起点；然后向左移动鼠标指针到合适位置，单击确定圆弧终点，结果如图 3-138 所示。

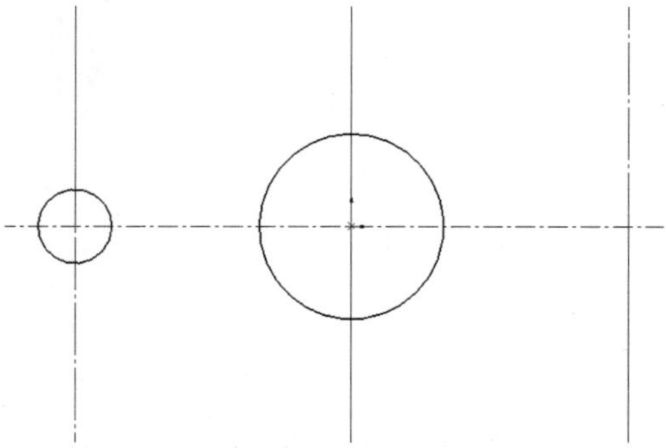

图 3-137　绘制圆

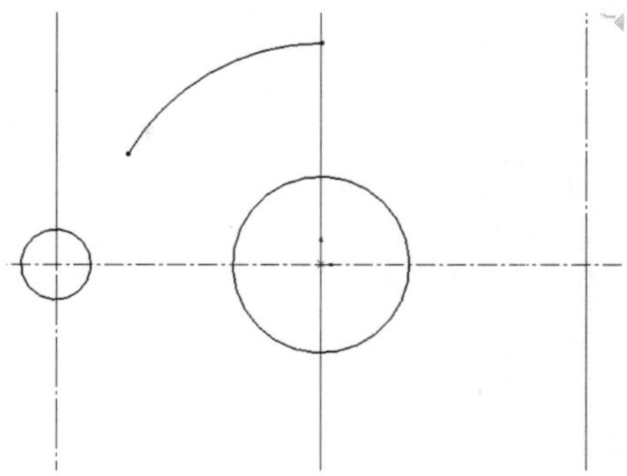

图 3-38　绘制圆弧

03　在圆弧绘制过程中，FeatureManager 设计树中将弹出【圆弧】属性管理器。将圆弧半径设置为 20，其他设置如图 3-139 所示。

04　单击【确定】按钮，得到的圆弧如图 3-140 所示。

图 3-139　【圆弧】属性管理器

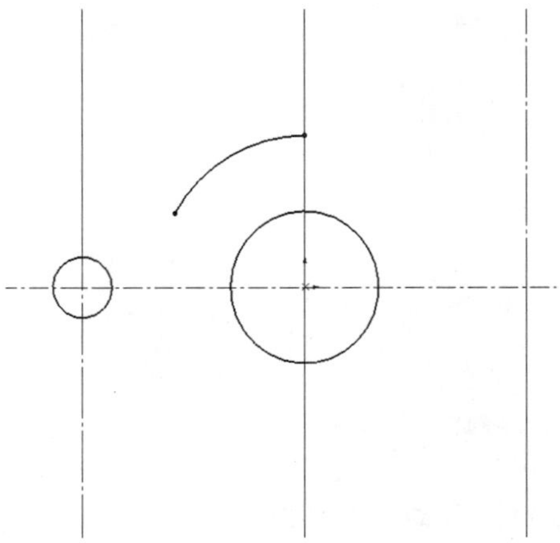

图 3-140　圆弧

05　单击【草图】工具栏中的【圆心/起/终点画弧】按钮，以左侧中心线交点为圆弧圆心，左侧竖直中心线上一点为圆弧起点；然后移动鼠标指针到合适位置，单击确定圆弧终点。将圆弧半径设置为 8，单击【圆弧】属性管理器中的【确定】按钮，结果如图 3-141 所示。

06　绘制圆弧切线。单击【草图】工具栏中的【直线】按钮，绘制一条直线，将半径分别为 8 和 20 的圆弧连接起来，结果如图 3-142 所示。

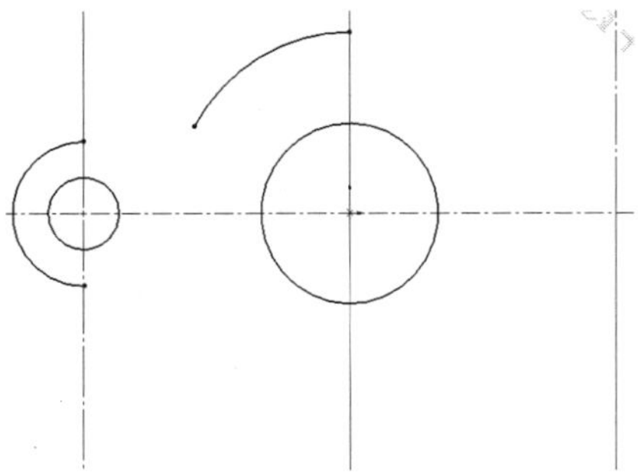

图 3-141　左侧圆弧

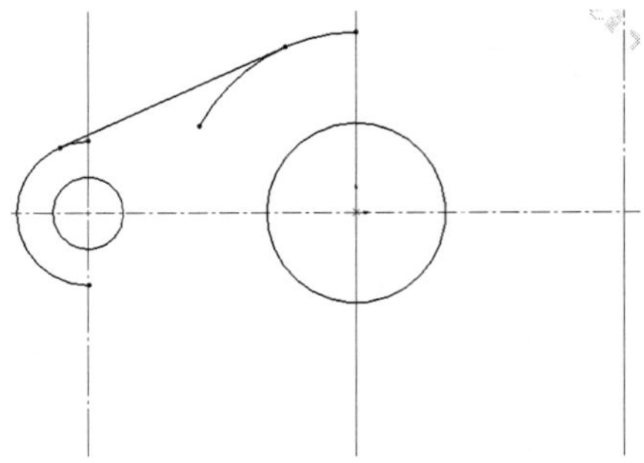

图 3-142　绘制直线

（3）手动添加几何关系

手动为绘制的直线和圆弧之间添加【相切】的几何关系。具体的操作步骤如下。

01　同时选择直线和半径为 20 的圆弧，弹出图 3-143 所示的【属性】属性管理器。单击【添加几何关系】栏中的【相切】按钮，在现有几何关系栏中出现相切关系，单击【确定】按钮，将直线和圆弧之间的几何关系添加为【相切】。

02　重复上述步骤，将直线与半径为 8 的圆弧之间的几何关系也添加为【相切】，然后剪裁多余边线，最终结果如图 3-144 所示。

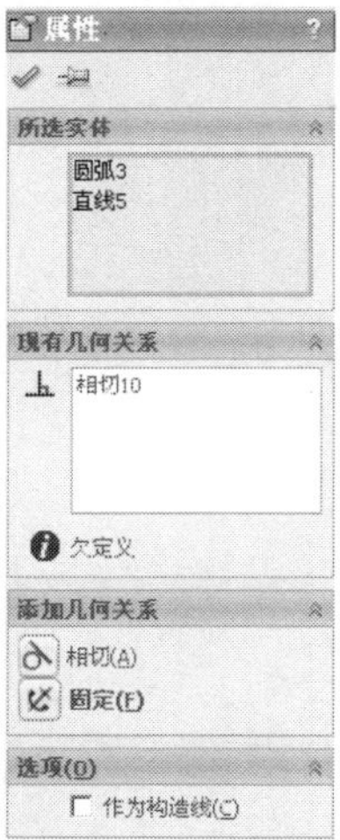

图 3-143　手动添加几何关系

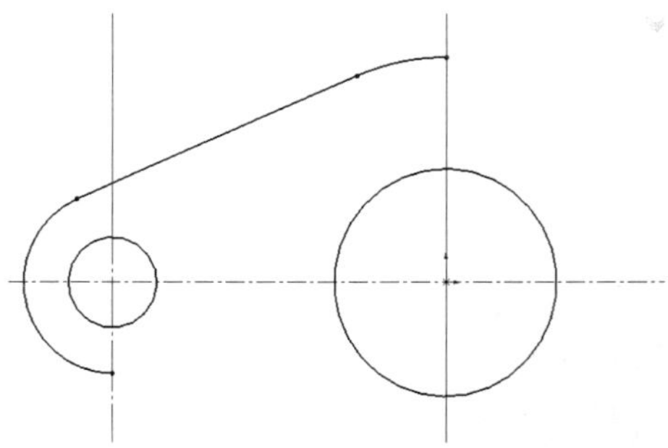

图 3-144　圆弧切线

（4）镜像实体绘制草图

单击【草图】工具栏中的【镜像】按钮，镜像绘制的草图。具体的操作步骤如下。

01　单击【草图】工具栏中的【镜像】按钮，或者选择【工具】→【草图工具】→【镜像】命令，弹出【镜像】属性管理器。将【要镜像的实体】栏激活，在绘图区依次选择半径为 20 的圆弧、圆弧切线和半径为 8 的圆弧；将【镜像点】栏激活，在绘图区选择水平中心线。单击【确定】按钮，完成镜像，得到的草图如图 3-145 所示。

02　重复上述步骤，以中间的竖直中心线为镜像点，在【要镜像的实体】栏中依次选择左侧的圆弧、切线以及圆。单击【确定】按钮，完成镜像，结果如图 3-146 所示。

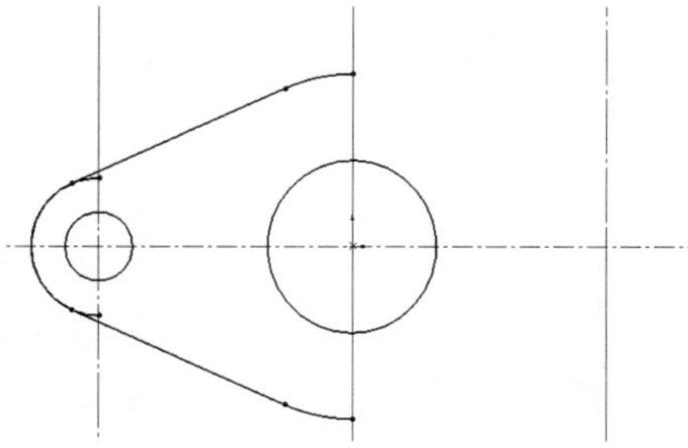

图 3-145　镜像实体

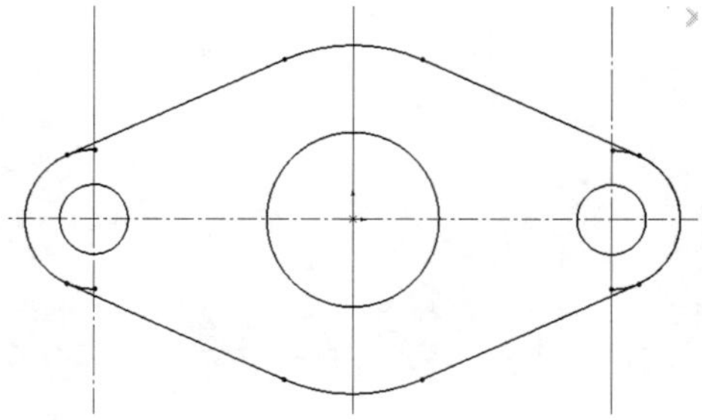

图 3-146　再次镜像实体

（5）剪裁草图

单击【草图】工具栏中的【剪裁】按钮，剪裁草图中的多余边线，并为之标注尺寸。具体的操作步骤如下。

01　剪裁实体。单击【草图】工具栏中的【剪裁】按钮，在弹出的【剪裁】属性管理器中选择【强劲剪裁】方式，将草图中多余的线条剪掉，结果如图 3-147 所示。

02　标注尺寸。单击【草图】工具栏中的【智能尺寸】按钮，依次标注圆的直径、圆弧半径、圆心距等尺寸，确定草图形状。单击【常用】工具栏中的【保存】按钮，将结果保存。最终结果如图 3-148 所示。

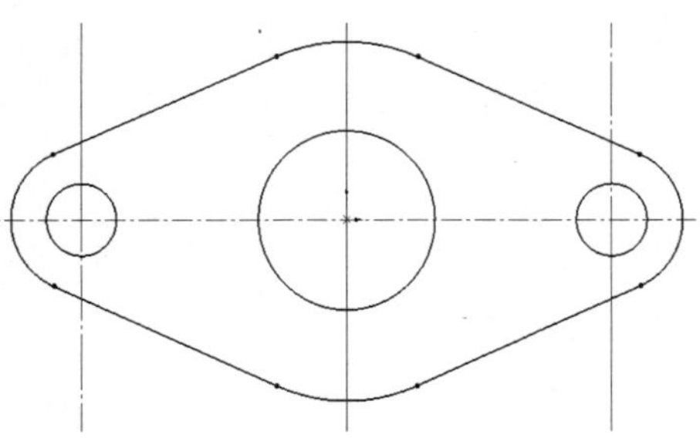

图 3-147　剪裁实体

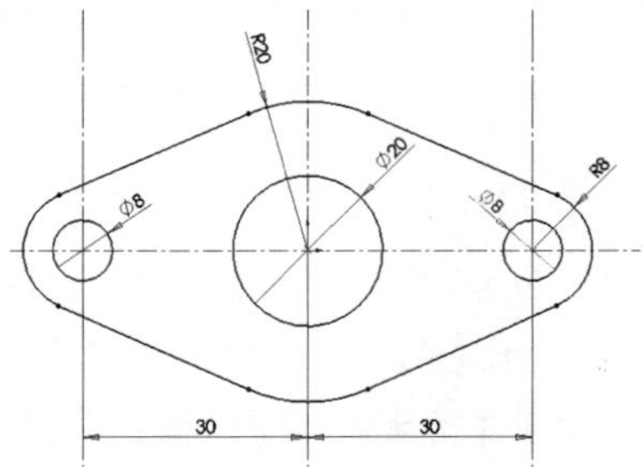

图 3-148　完成的轴承压盖草图

3.7　本章小结

本章通过生活中常用的零件或者家居用品草图的绘制，讲述了 SolidWorks 2012 中草图绘制命令的使用方法。其中读者要掌握直线、矩形、平行四边形、圆、圆弧、椭圆、样条曲线、圆角、倒角等基本草图绘制元素；熟练应用剪裁、镜像、动态镜像、旋转、阵列、等距实体等常用的草图工具；掌握常用的尺寸标注方法；此外，还应该学会抛物线的绘制方法，学会给草图添加图画和文字的方法；学会移动实体、旋转实体、缩放实体比例等草图实体操作命令，为后面学习 SolidWorks 2012 的三维特征建模、曲面造型等更为复杂的实体操作打下坚实的基础。

第 4 章　基础特征设计

在 SolidWorks 2012 中，特征是各种单独的加工形状，当将它们组合起来时就形成了各种零件。特征建模就是将一系列特征组合起来生成一个三维零件，它是 SolidWorks 2012 的主要建模技术。SolidWorks 2012 提供了大量的特征建模命令，本章将主要介绍这些特征命令的使用方法。

4.1　拉伸特征

基础特征是实体造型的基本方法，零件空间中的第一个实体必须采用基础特征造型方法生成。基础特征包括拉伸、旋转、扫描、放样和加厚 5 种特征造型工具。由于基础特征大部分是基于草图的，因此在某些教程中又将其称为基于草图的特征。SolidWorks 2012 的基础特征命令如图 4-1 所示。

图 4-1　基础特征命令

4.1.1　拉伸凸台/基体特征

要进入拉伸特征，单击【特征】工具栏中的【拉伸凸台/基体】按钮，弹出【凸台-拉伸】属性管理器，如图 4-2 所示。拉伸特征有 4 个基本元素：用于拉伸的草图实体、开始条件、拉伸方向和终止条件。

图 4-2　【凸台-拉伸】属性管理器

1. 用于拉伸的草图实体

任何二维草图轮廓都可以被拉伸，但不能同时拉伸开环草图轮廓和闭环草图轮廓。

2. 开始条件

拉伸的开始条件是指从哪里开始、从何种方式开始，共有以下 4 种开始条件。

- 草图基准面：从草图所在的基准面开始拉伸。
- 曲面/面/基准面：从一个曲面、面或基准面开始拉伸。
- 顶点：从选择的点开始拉伸，也就是从点所在的与基准面平行的平面开始拉伸。
- 等距：从与当前草图基准面等距的面上开始拉伸。

3. 拉伸方向

拉伸方向是通过选择图形区域的方向向量来定义，方向向量可以是模型的边线、直线段等。系统默认的拉伸方向为垂直于草图所在的基准面。

4. 终止条件

拉伸共有以下 6 种终止条件。

- 给定深度：拉伸到给定的深度。
- 成形到一顶点：拉伸到指定的顶点。
- 成形到一面：拉伸到指定的面。
- 到离指定面指定的距离：拉伸到离指定面指定的距离。
- 成形到实体：拉伸到指定的实体。
- 两侧对称：生成相对于草绘平面对称的拉伸实体。

4.1.2　拉伸切除特征

【拉伸凸台/基体】和【拉伸切除】一样，是 SolidWorks 2012 中最常用的特征工具。前者基于闭合草图或轮廓进行实体拉伸操作，是其他主要特征操作的基础；后者需要基于已有的实体，应用草图（可以是闭合或非闭合）进行实体切割操作。两者的特征属性基本相同，主要包括终止条件、拉伸方向、拔模角度、所选轮廓、薄壁特征和开始条件。两者都必须基于一个平面草图上才能进行绘制，可以将不同的实体组合叠加，也就是在实体基准面再塑造一个特征实体，所不同的是拉伸切除是在已有的实体特征上去除多余的部分。

下面通过实例来说明建立拉伸特征的操作过程。

01　单击【常用】工具栏中的【新建】按钮，新建一个零件文件。在特征管理设计树中选择【上视基准面】，单击【草图绘制】工具进行草图的绘制。单击【矩形】工具，以草图原点为起点绘制一个矩形。单击【智能尺寸】工具，进行一定的尺寸约束。单击【绘制圆角】工具，设置半径为 5mm，在图形区域一次选择矩形的 4 个顶点，单击【确定】按钮完成圆角的绘制。单击图形区域右上角的【确定】按钮结束草图绘制，结果如图 4-3 所示。

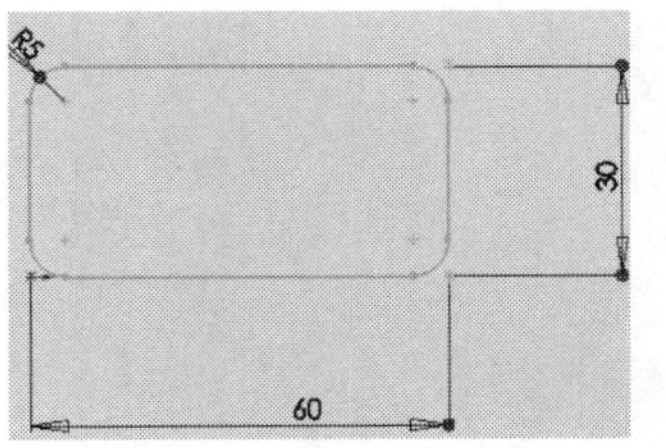

图 4-3　绘制矩形草图

02　单击【特征】工具栏中的【拉伸凸台/基体】按钮，弹出【凸台-拉伸】属性管理器，并在图形区域中显示预览，选择其中的【控标】进行拖动可以直接改变拉伸特征的深度，如图 4-4 所示。在【终止条件】栏中选择【给定深度】，设置深度为 20mm，单击【确定】按钮生成拉伸特征，如图 4-5 所示。

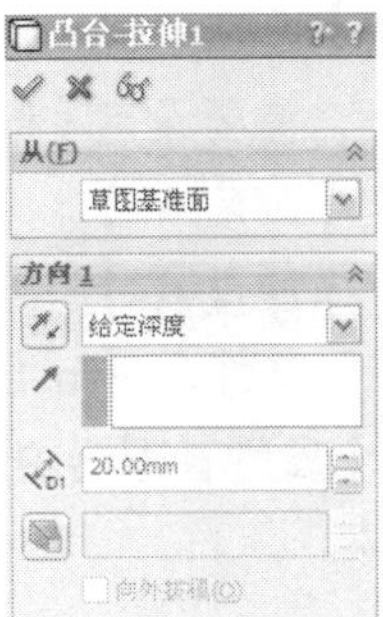

图 4-4　设置凸台拉伸

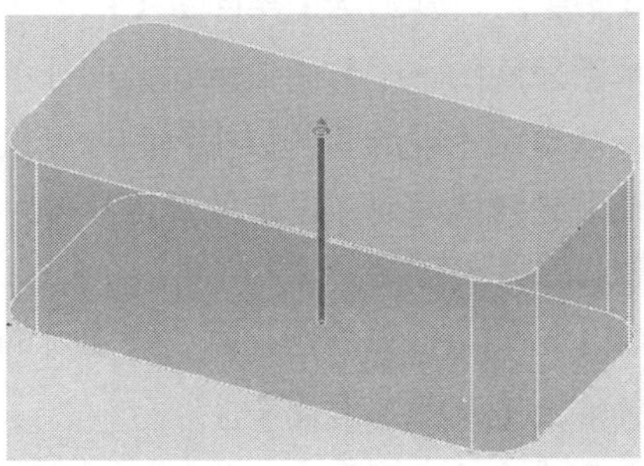

图 4-5　拉伸效果

通过上述的操作练习，接触了特征的终止条件，下面列出了所有的终止条件，如图 4-6 所示。

03 打开“光盘\源文件\第 4 章\4.1\4.1.1\4.1.1 未完成.sldprt”文件，如图 4-7 所示，单击【特征】工具栏中的【拉伸切除】按钮，然后选择其中任意一个小圆，在弹出的【切除-拉伸】属性管理器中设定如下参数：

选择开始条件为【草图基准面】，选择终止条件为【完全贯穿】，不勾选【反侧切除】复选框，将从默认的方向上进行切除。参数如图 4-8 所示。单击【确定】按钮即完成拉伸切除操作，结果如图 4-9 所示。

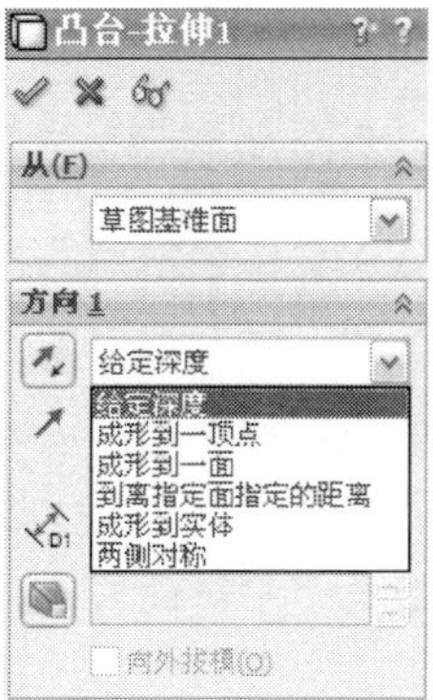

图 4-6　特征的终止条件

图 4-7　4.1.1 未完成.sldprt

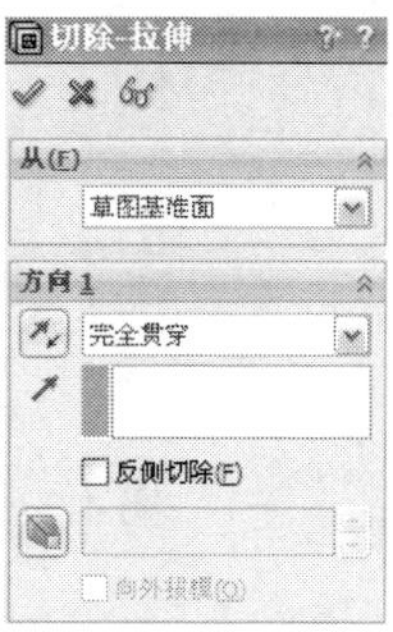

图 4-8 【切除-拉伸】属性管理器

图 4-9　拉伸切除效果

SolidWorks 2012 中没有专门的命令来生成拉伸薄壁特征，在【凸台-拉伸】属性管理器或【切除-拉伸】属性管理器中的【薄壁特征】参数设定区域设定相应的参数即可完成薄壁特征。

薄壁特征有 3 种类型，分别是【单向】、【两侧对称】和【双向】。

- 单向：从草图轮廓的一个方向（默认是向外）拉伸薄壁特征，需要设定【厚度】。
- 两侧对称：从草图轮廓的两侧以相等的厚度拉伸，需要设定【厚度】。
- 双向：从草图轮廓的两侧以设定的厚度拉伸，需要设定两个【厚度】。

04 打开“光盘\源文件\第 4 章\4.1\4.12.\4.1.2.sldprt 未完成”文件，单击【特征】工具栏中的【拉伸凸台/基体】按钮，然后选择圆，在显示的【凸台-拉伸】属性管理器中设定如下参数。

- 选择开始条件为【草图基准面】。
- 选择终止条件为【给定深度】。

- 深度：设定拉伸深度为 8mm。
- 【薄壁特征】：勾选该复选框，以激活【薄壁特征】参数设定区。
- 在【薄壁特征类型】下拉列表中选择【双向】。
- 厚度 2：设定为 3mm。
- 【顶端加盖】：如果勾选该复选框，则为薄壁特征的顶端加盖，生成一个中空的零件，在这里不勾选该复选框。

参数设定结果如图 4-10 所示，单击【确定】按钮，结果如图 4-11 所示。

图 4-10　参数设定结果

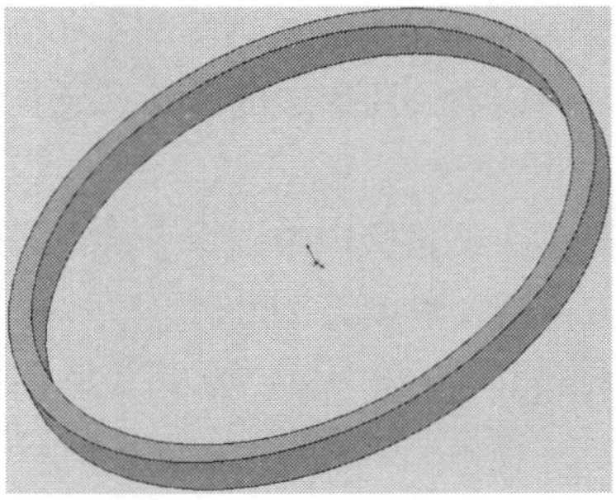

图 4-11　拉伸薄壁特征结果

4.2　旋转特征

旋转特征是将设定的草图轮廓绕旋转轴旋转以添加或移出材料，可以旋转任意角度。旋转特征可分为【旋转凸台/基体】、【旋转切除】以及【薄壁特征】。

4.2.1　旋转特征的创建规则

旋转特征有两个基本要素：轮廓和旋转轴。

旋转特征的旋转轴可以是中心线、线段或模型的边线。旋转轴可以通过以下几种方式来定义：

- 如果一个草图中只有一条中心线，则系统默认使用它作为旋转轴。
- 如果一个草图中有多条中心线，则需要选择其中的一条作为旋转轴。
- 如果一个草图中没有中心线，可选择线段或模型的边线作为旋转轴。

SolildWorks 2012 允许首先选择要作为旋转轴的中心线、线段或模型的边线，然后再激活命令，此时系统默认预选的中心线、线段或模型的边线为旋转轴。

★ 知识链接 1——旋转凸台/基体

【旋转凸台/基体】命令是通过绕中心线旋转一个或多个轮廓来添加或移除材料。旋转特征可以是实体、薄壁特征或曲面。

4.2.2 旋转特征的创建步骤

要进入旋转特征，单击【特征】工具栏中的【旋转凸台/基体】按钮，弹出【旋转】属性管理器，如图 4-12 所示。

图 4-12 【旋转】属性管理器

各项参数的意义如下。

- 旋转轴：选择一条中心线作为旋转轴。
- 旋转方向：可以选择单向旋转、双向旋转或者对称旋转。
- 旋转角度：旋转特征的旋转角度。

1. 旋转凸台/基台

01 打开“光盘\源文件\第 4 章\4.2\4.2.1\4.2.1 未完成.sldprt”文件。选择下方矩形右侧的竖直边，然后单击【特征】工具栏中的【旋转凸台/基体】按钮，在弹出的【旋转】属性管理器中设定如下参数。

- 所选轮廓：单击激活【所选轮廓】名称显示框，在图形中选择两个矩形作为旋转轮廓。
- 旋转轴：可以看到所选边的名称已经显示在【旋转轴】名称显示框中，说明这条边就是旋转轴。
- 在【旋转类型】下拉列表中选择【给定深度】，使得旋转特征在草图轮廓两侧对称旋转。
- 角度：设定旋转角度为 180° 。

02 参数设定如图 4-13 所示。单击【确定】按钮，完成图 4-14 所示的旋转凸台操作。

图 4-13 参数设定结果

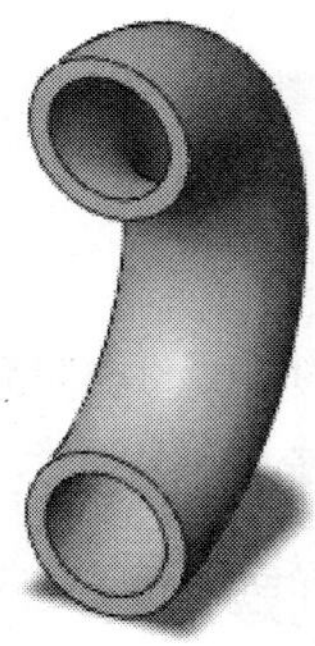

图 4-14 旋转凸台/基体结果

2. 旋转切除

01 打开“光盘\源文件\第 4 章\4.2\4.2.2\4.2.2 未完成.sldprt”文件，如图 4-15 所示。单击【特征】工具栏中的【旋转切除】按钮，然后选择图形中的中心线，在弹出的【切除-旋转】属性管理器中设定如下参数。

图 4-15 4.2.2 未完成

- 所选轮廓：单击激活【所选轮廓】名称显示框，在图形中选择两个矩形作为旋转轮廓。
- 旋转轴：可以看到所选中心线的名称已经显示在【旋转轴】名称显示框中，说明这条中心线就是旋转轴。

- 角度：设定旋转角度为 360°。

02　参数设置结果如图 4-16 所示。单击【确定】按钮，即完成零件的旋转切除，结果如图 4-17 所示。

图 4-16　参数设定结果

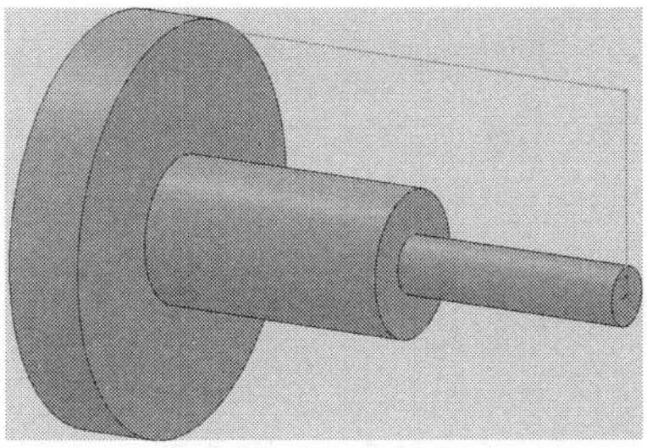

图 4-17　旋转切除结果

★ 知识链接 2——生成旋转特征的准则

在生成旋转特征时，需遵循如下准则：

- 实体旋转特征的草图可以包含多个相交轮廓。可使用所选轮廓指针（在属性管理器中单击所选轮廓时可使用）选择一个或多个交叉或非交叉草图来生成旋转。
- 薄壁或曲面旋转特征的草图可包含多个开环的或闭环的相交轮廓。
- 轮廓草图必须是 2D 草图；轮廓不支持 3D 草图。旋转轴可以是 3D 草图。
- 轮廓不能与中心线交叉。如果草图包含一条以上中心线，请选择要用做旋转轴的中心线。仅对于旋转曲面和旋转薄壁特征而言，草图不能位于中心线上。

★ 边学边练：利用拉伸和旋转特征建立带轮

分析带轮实体模型的外形特征，首先利用【旋转凸台/基体】命令创建一个圆柱体；然后利用【旋转切除】、【线性阵列】命令来创建带轮槽；利用【拉伸切除】命令创建圆孔和键槽；利用【圆周阵列】命令来阵列拉伸切除特征；最后创建【圆角】特征。

1. 使用【旋转凸台/基体】绘制带轮圆柱体轮廓

01　单击【常用】工具栏中的【新建】按钮，弹出【新建 SolidWorks 文件】对话框，单击【零件】按钮，再单击【确定】按钮，新建一个零件文件，将其保存为【带轮.sldprt】。

02　单击【草图】工具栏中的【草图绘制】按钮，选择前视基准面，进入草图绘制状态。单击【草图】工具栏中的【中心线】按钮，绘制一条经过坐标原点的中心线；然后单击【草图】工具栏中的【矩形】按钮，绘制一个矩形。将矩形的水平边长度标注为 150，竖直边长度标注为 120，如图 4-18 所示。

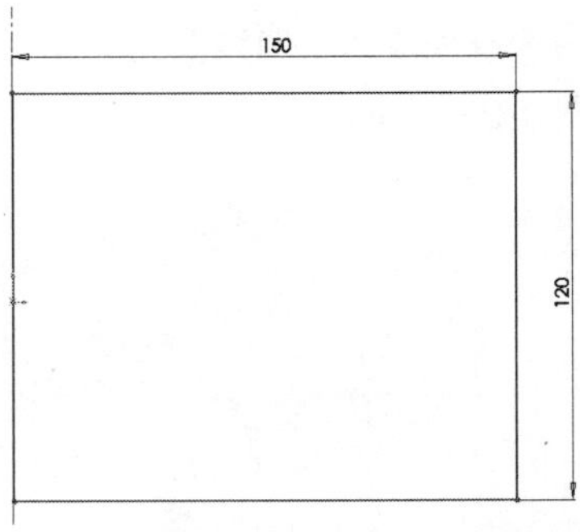

图 4-18　绘制中心线和矩形

03　单击【草图】工具栏中的【草图绘制】按钮，退出草图绘制状态。然后单击 CommandManager 左侧下方的【特征】选项卡，单击【特征】工具栏中的【旋转凸台/基体】按钮，弹出【旋转】属性管理器，在【旋转轴】栏中单击将其激活，在绘图区选择竖直中心线，【方向】栏内选择【单向】，【角度】栏中输入 360°，其他设置如图 4-19 所示。

04 此时绘图区出现旋转特征预览。单击【旋转】属性管理器中的【确定】按钮，完成旋转特征，结果如图 4-20 所示。

图 4-19 【旋转】属性管理器

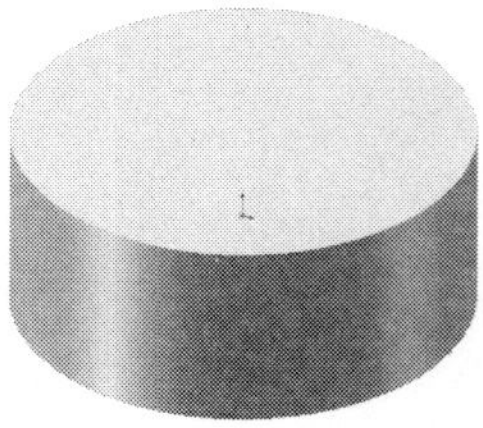

图 4-20 旋转特征

2. 使用【旋转切除】绘制轮槽

单击【特征】工具栏中的【旋转切除】按钮，为实体模型创建旋转切除特征。具体的操作步骤如下。

01 单击 FeatureManager 设计树中的右视基准面，然后依次单击【视图定向】→【正视于】按钮，使右视基准面处于正视状态。单击【草图】工具栏中的【草图绘制】按钮，进入草图绘制状态，如图 4-21 所示。

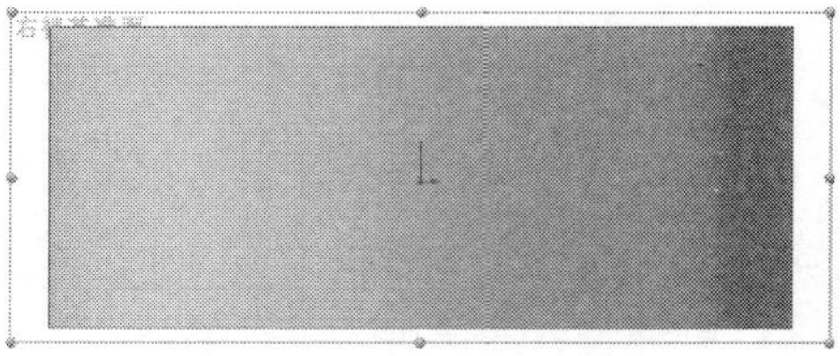

图 4-21 调整视图

★ 知识链接 3——旋转特征尺寸标注

当在中心线内为旋转特征标注尺寸时，将生成旋转特征的半径尺寸；当穿越中心线标注尺寸时，将生成旋转特征的直径尺寸。

02 单击【草图】工具栏中的【中心线】按钮，绘制两条相互垂直的中心线，使其交点位于矩形中心。然后单击【草图】工具栏中的【直线】按钮，绘制直线。单击【草图】工具栏中的【智能尺寸】按钮，标注尺寸，如图 4-22 所示。

03 单击【草图】工具栏中的【镜像】按钮，在弹出的【镜像】属性管理器中选择刚绘制的 3 条线段为【要镜像的实体】；选择水平中心线为【镜像点】。单击【确定】按钮，完成镜像，如图 4-23 所示。

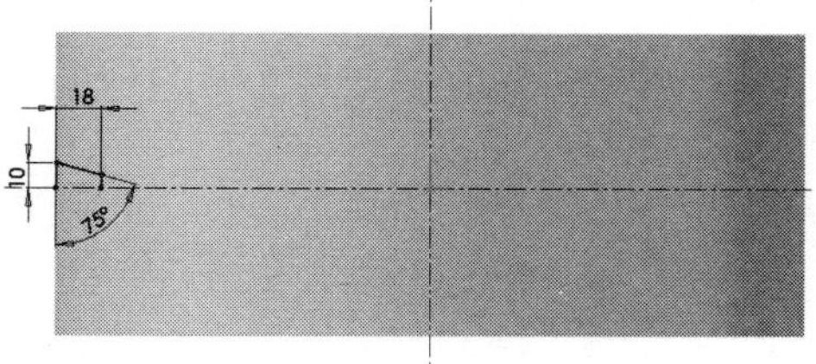

图 4-22 绘制旋转切除轮廓

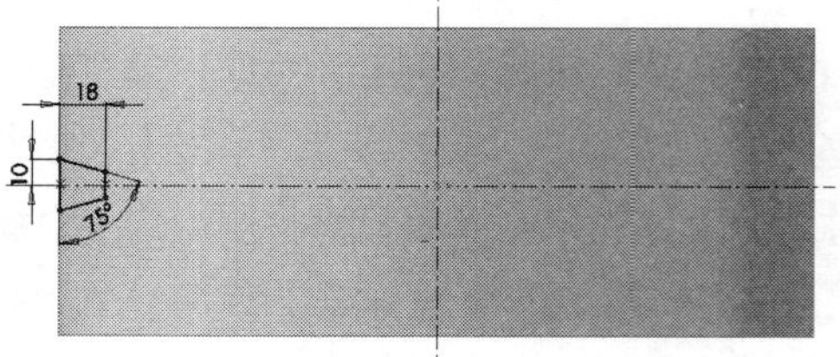

图 4-23 镜像实体

04 旋转切除。单击【特征】工具栏中的【旋转切除】按钮，或者选择【插入】→【切除】→【旋转】命令，在弹出的【切除-旋转】属性管理器中的【旋转轴】栏内单击，将其激活，在绘图区单击选择圆柱体的竖直中心线；在【方向】栏中选择【单向】；在【角度】栏中输入 360°；其他设置如图 4-24 所示。

05 设置好后，绘图区显示旋转切除的预览。单击【确定】按钮，完成旋转切除操作，结果如图 4-25 所示。

图 4-24　【切除－旋转】属性管理器

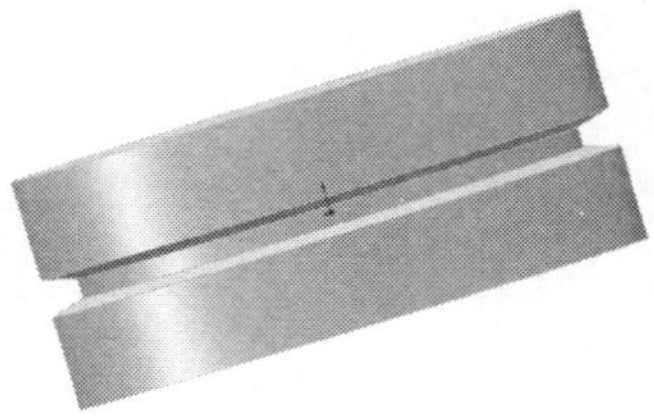
图 4-25　旋转切除

3. 使用【线性阵列】绘制轮槽阵列

很多时候，一个实体模型中有不少特征是完全一样，而且是线性排列的，在这种情况下，就要单击【特征】工具栏中的【线性阵列】按钮，进行线性阵列操作。具体的操作步骤如下。

01 显示临时轴。选择【视图】→【临时轴】命令，绘图区圆柱体的临时轴将会显示出来，如图 4-26 所示。

图 4-26　显示临时轴

02 线性阵列旋转切除特征。单击【特征】工具栏中的【线性阵列】按钮，或选择【插入】→【阵列/镜像】→【线性阵列】命令，弹出【线性阵列】属性管理器，在【方向 1】的【反向】栏内单击，将其激活；将鼠标指针移到绘图区的临时轴上，单击选中；在【间距】栏中输入 24.5；在【实例数】栏中输入 3。【方向 2】栏的设置类似，如图 4-27 所示。

03 在【阵列的特征】栏中单击，将其激活，选择绘图区的旋转切除特征，此时绘图区显示线性阵列的预览。单击【确定】按钮，完成线性阵列特征操作，结果如图 4-28 所示。

图 4-27　【线性阵列】属性管理器

图 4-28　线性阵列

4. 使用【拉伸切除】绘制孔

在绘制实体模型上的孔及凹陷处时，常要单击【特征】工具栏中的【拉伸切除】按钮。具体的操作步骤如下。

01 绘制圆。选中绘图区的圆柱顶面，依次单击【视图定向】→【正视于】按钮，然后单击【草图】工具栏中的【草图绘制】按钮，进入草图绘制状态。以圆柱顶面圆心为圆心，绘制一个直径为 50 的圆，如图 4-29 所示。

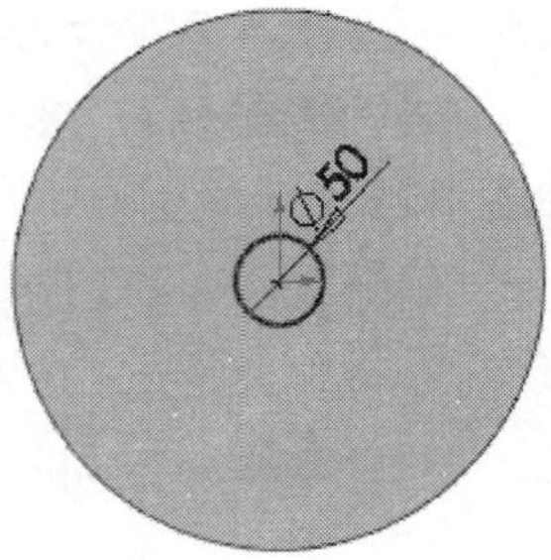

图 4-29　绘制圆

02 拉伸切除。单击【特征】工具栏中的【拉伸切除】按钮，或者选择【插入】→【切除】→【拉伸】命令，弹出【切除－拉伸】属性管理器。在【方向 1】中的【反向】栏中选择【完全贯穿】，其他设置如图 4-30 所示。

03 此时，绘图区出现拉伸切除的预览。单击【确定】按钮，完成拉伸切除操作，结果如图 4-31 所示。

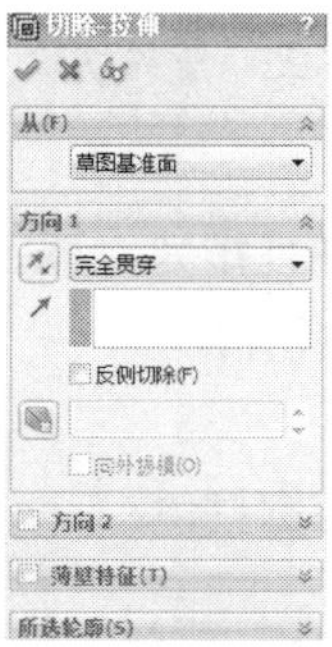

图 4-30　【切除－拉伸】属性管理器（完全贯穿）

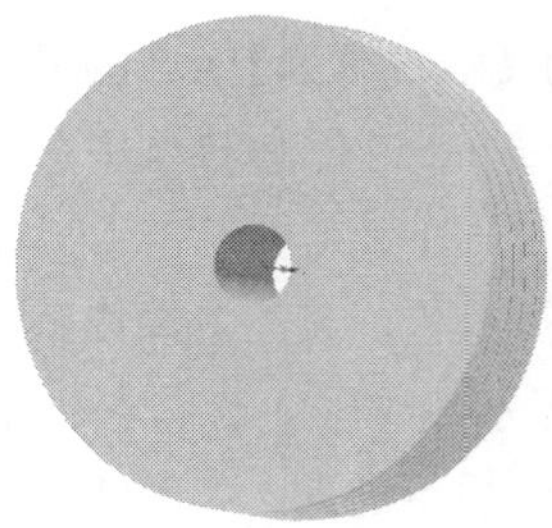

图 4-31　拉伸切除（完全贯穿 1）

04 重复上述操作，选取圆柱端面，进入草图绘制状态，在上面绘制两个同心圆，半径分别设为 50 和 100。退出草图绘制状态。选取刚绘制的两个圆，再次单击【特征】工具栏中的【拉伸切除】按钮，在【切除－拉伸】属性管理器的【方向 1】栏中选择【给定深度】，在下面的深度栏中输入 25，其他设置如图 4-32 所示。

05 此时，绘图区出现拉伸切除的预览。单击【确定】按钮，完成拉伸切除操作，结果如图 4-33 所示。

图 4-32　【切除－拉伸】属性管理器（给定深度）

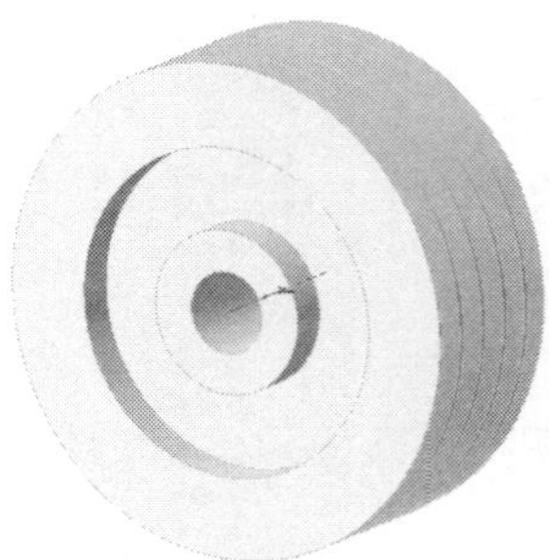

图 4-33　拉伸切除（给定深度）

06 选取刚绘制的带轮端面上的凹槽，进入草图绘制状态，依次单击【前导视图】工具栏中的【视图定向】→【正视于】按钮，然后绘制中心线和一个直径为 30 的圆，并标注相关尺寸，如图 4-34 所示。

07 重复步骤 4 和 5，在【切除－拉伸】属性管理器中选择【完全贯穿】，单击【确定】按钮，完成拉伸切除操作，结果如图 4-35 所示。

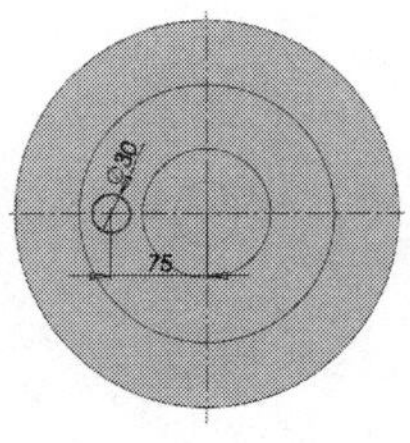

图 4-34　绘制圆

图 4-35　拉伸切除（完全贯穿 2）

★ 知识链接 4——【拉伸】属性管理器的【方向 2】栏

在【拉伸】属性管理器中，【方向 2】栏的含义如下。

方向 2：设定相关选项以同时从草图基准面向两个方向拉伸。这些选项和【方向 1】栏的设置方法相同。

5. 使用【圆周阵列】绘制孔阵列

有时实体模型中一些相同的特征呈圆周排列，这时单击【特征】工具栏中的【圆周阵列】按钮，进行圆周阵列操作，将会大大加快建模速度。具体的操作步骤如下所示。

01 圆周阵列拉伸切除特征。单击【特征】工具栏中的【线性阵列】按钮，然后单击【圆周阵列】按钮，或者选择【插入】→【阵列/镜像】→【圆周阵列】命令，弹出【圆周阵列】属性管理器。在其中的【参数】栏中的【反向】栏内单击，将其激活，将鼠标指针移到绘图区的临时轴上，单击选中；在【总角度】栏中输入 360°；在【实例数】栏中输入 6；勾选【等间距】复选框；在【要阵列的特征】栏中单击，将其激活，选择绘图区的拉伸切除特征；其他参数设置如图 4-36 所示。

02 此时，绘图区显示圆周阵列的预览。单击【确定】按钮，完成圆周阵列拉伸切除特征操作，结果如图 4-37 所示。

图 4-36　【圆周阵列】属性管理器

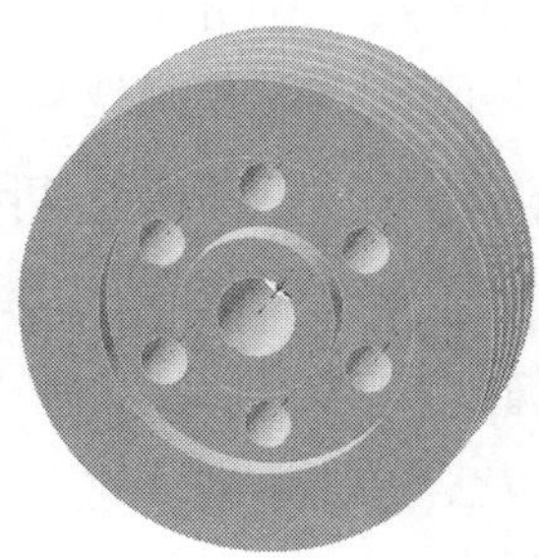

图 4-37　圆周阵列

6. 使用【拉伸切除】绘制键槽

单击【特征】工具栏中的【拉伸切除】按钮，创建拉伸切除特征。具体的操作步骤如下。

01 单击选中带轮端面，依次单击【前导视图】工具栏中的【视图定向】→【正视于】按钮，进入草图绘制状态，绘制矩形并标注尺寸，如图 4-38 所示。

02 单击【特征】工具栏中的【拉伸切除】按钮，设置【切除 – 拉伸】属性管理器，选择【完全贯穿】方式，此时绘图区显示拉伸切除预览，单击【确定】按钮，完成拉伸切除操作，如图 4-39 所示。

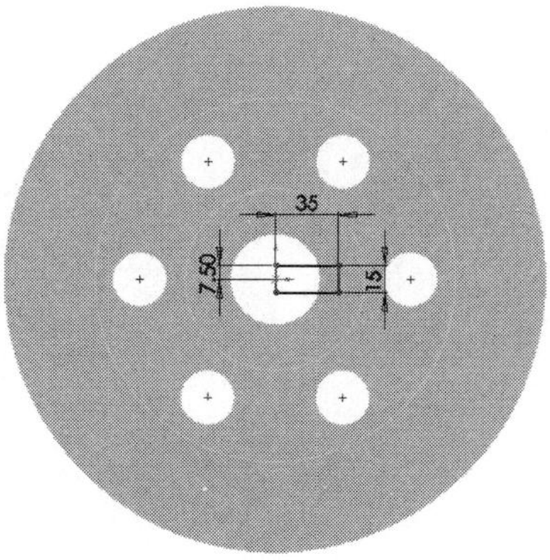

图 4-38　绘制矩形

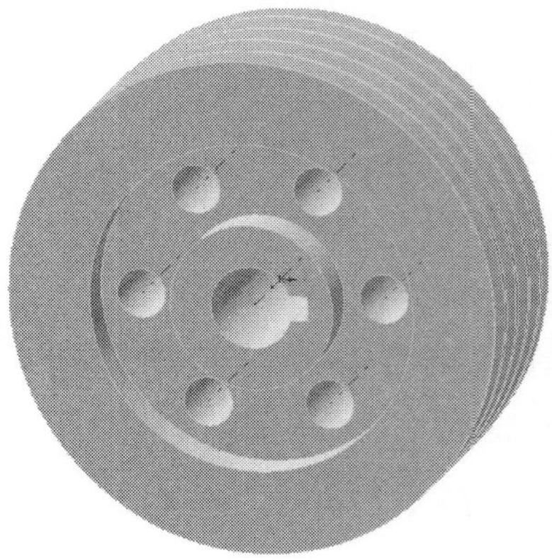

图 4-39　拉伸切除

4.3　扫描特征

【扫描特征】命令是指沿着一条路径移动草图截面来生成基体、凸台或切除特征。扫描最基本的两个要素是扫描路径和扫描轮廓，当需要实现变截面扫描时应绘制相应的引导线。

4.3.1　扫描特征的创建规则

SolidWorks 2012 的扫描特征要遵循以下规则：

- 扫描轮廓、路径和引导线必须属于不同的草图，而不能是同一张草图中的不同线条。
- 扫描路径的端点或者位于扫描轮廓所处的平面上，或者穿越扫描轮廓。
- 在引导线扫描中，不要设定扫描轮廓尺寸，其形态由引导线控制。
- 在引导线扫描中，扫描轮廓的节点数应该与引导线数目一致。
- 扫描过程中不允许有自交叉现象。

★　知识链接 6——扫描特征使用原则

【扫描】特征是指通过沿着一条路径移动轮廓（截面）来生成基体、凸台、切除或曲面。使用【扫描】命令时需遵循以下规则：

- 对于基体或凸台扫描特征，轮廓必须是闭环的；对于曲面扫描特征，轮廓可以是闭环的，也可以是开环的。
- 路径可以为开环或闭环。
- 路径可以是一张草图、一条曲线或一组模型边线中包含的一组草图曲线。
- 路径的起点必须位于轮廓的基准面上。

- 不论是截面、路径或所形成的实体，都不能出现自交叉的情况。
- 引导线必须与轮廓或轮廓草图中的点重合。

扫描特征的【扫描】属性管理器中选项比较多，情况也比较复杂，需要设计人员在实践中摸索，下面通过实例对一些主要的选项进行介绍。

4.3.2　扫描特征的创建步骤

要进入扫描特征，单击【特征】工具栏中的【扫描】按钮，弹出【扫描】属性管理器，如图 4-40 所示。

图 4-40　【扫描】属性管理器

- 轮廓：选择一个草绘作为扫描截面。
- 路径：选择一个草绘作为扫描路径。

1. 扫描凸台

扫描凸台特征属于叠加特征，要生成凸台扫描特征，操作如下。

01　打开“光盘\源文件\第 4 章\4.3\4.3.1\4.3.1 未完成.sldprt”文件。单击【特征】工具栏中的【扫描】按钮，或者选择【特征】→【凸台/基体】→【扫描】命令。

02　此时，弹出【扫描】属性管理器，单击【轮廓】按钮，在图形区域中选择轮廓草图；单击【路径】按钮，在图形区域中选择路径草图，则在右面的图形区域中将显示生成的扫描特征，如图 4-41 所示。

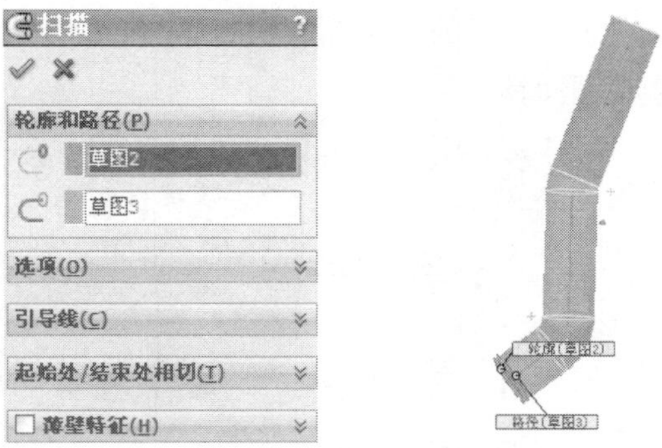

图 4-41　显示扫描特征

03 在【方向/扭转类型】下拉列表中，选择以下选项。

- 随路径变化：草图轮廓法线始终与路径相切，如图 4-42（a）所示。
- 保持法向不变：草图轮廓保持法向不变，如图 4-42（b）所示。

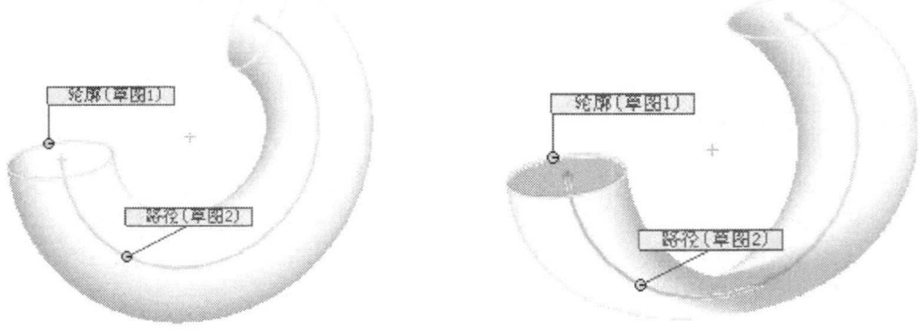

（a）随路径变化　　（b）保持法向不变

图 4-42　扫描凸台

04 如果扫描截面具有相切的线段，则勾选【保持相切】复选框，将使所生成的扫描中相应的曲面保持相切。保持相切的面可以是基准面、圆柱面或锥面。

05 如果勾选【高级选项】复选框，则扫描截面如果有圆形或椭圆形的圆弧，截面将被近似处理，生成更加平滑的曲面。

06 要生成薄壁扫描特征，则勾选【薄壁特征】复选框，从而激活薄壁选项：

- 选择薄壁类型（单一方向、中面或两个方向）。
- 设置薄壁厚度。

07 单击【确定】按钮，生成扫描凸台特征。

2. 扫描切除

扫描切除特征属于切割特征，要生成切除扫描特征，操作如下。

01 打开“光盘\源文件\第 4 章\4.3\4.3.2\4.3.2 未完成.sldprt”文件。单击【特征】工具栏中【扫描切除】按钮，或者选择【插入】→【切除】→【扫描】命令。

02 此时弹出【切除－扫描】属性管理器，单击【轮廓】按钮，在图形区域中选择轮廓草图；单击【路径】按钮，则在右侧的图形区域中显示生成的扫描切除特征，在图形区域中选择路径草图，则在右侧的图形区域中显示生成的扫描切除特征，如图 4-43 所示。

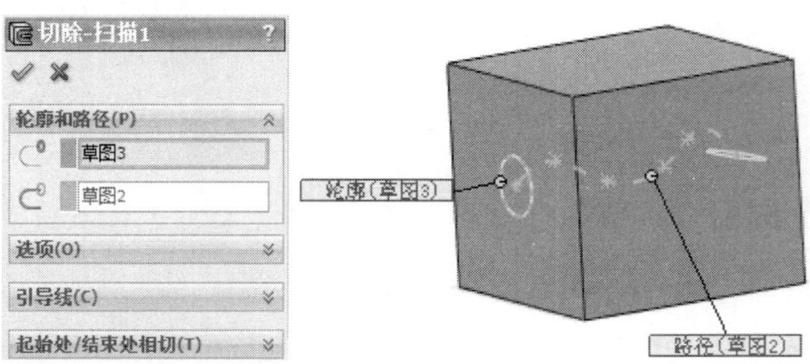

图 4-43　【切除－扫描】属性管理器

03 在【方向/扭转类型】下拉列表中选择扫描方式，其余选项同凸台/基体扫描。

04 单击【确定】按钮✓，生成扫描切除特征。

3. 引导线扫描

SolidWorks 2012 不仅可以生成等截面的扫描，还可以生成随路径变化截面也发生变化的扫描——引导线扫描。图 4-44 所示为引导线扫描效果。

在应用引导线扫描生成扫描特征之前，应该注意以下几点：

- 应该先生成扫描路径和引导线，再生成截面轮廓。
- 引导线必须和轮廓相交于一点，作为扫描曲面的顶点。
- 最好在截面草图上添加引导线上的点和截面相交处之间的穿透关系。
- 如果要利用引导线生成扫描特征，可做如下操作。

01 打开“光盘\源文件\第 4 章\4.3\4.3.3\4.3.3 未完成.sldprt”文件。单击【特征】工具栏中的【扫描】按钮，或者选择【插入】→【基体/凸台】→【扫描】命令。如果要扫描切除扫描特征，则选择【插入】→【切除】→【扫描】命令。

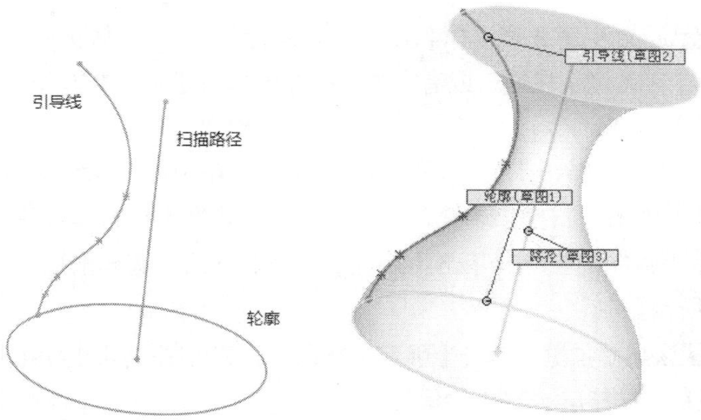

图 4-44　引导线扫描效果图

02 此时弹出【扫描】属性管理器，设置轮廓、路径和引导线，如图 4-45 所示。

03 如果存在多余引导线，可以单击【上移】按钮或【下移】按钮来改变使用引导线的顺序。

04 单击【显示界面】按钮，然后单击微调框箭头按钮来根据截面数量查看修正轮廓。

05 在【起始处/结束处相切】栏中设置起始或结束处的相切选项。

- 无：不应用相切。
- 路径相切：扫描在起始处和终止处与路径相切。
- 方向向量：扫描与所选的直线边线或轴线相切，或者与所选基准面的法线相切。
- 所有面：扫描在起始处和终止处与现有几何的相邻面相切。

06 单击【确定】按钮✓，完成引导线扫描。

扫描路径和引导线的长度可能不同，如果引导线比扫描路径长，扫描将使用扫描路径的长度；如果引导线比扫描路径短，扫描将使用最短的引导线的长度。

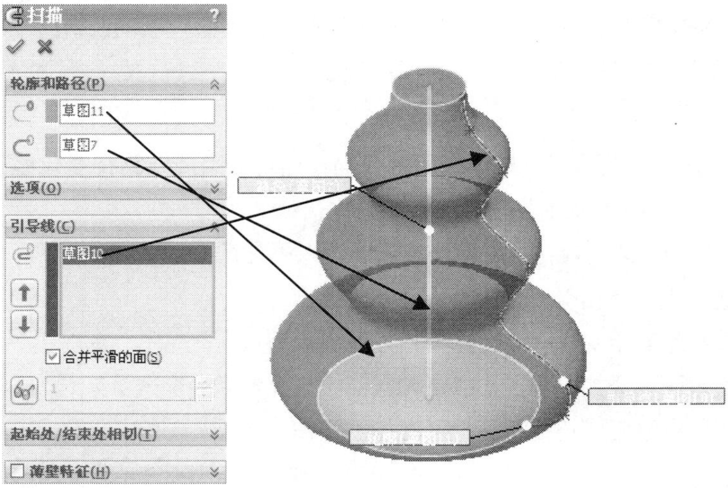

图 4-45　引导线扫描

★ 边学边练：利用扫描特征建立水管弯头

01　打开“光盘\源文件\第 4 章\4.3\4.3.4\4.3.4.sldprt” 文件，依次单击【前导视图】工具栏中的【视图定向】→【等轴测】按钮，或者右击，在弹出的快捷菜单中选择【视图定向】→【等轴测】命令，结果如图 4-46 所示。

02　扫描特征。单击【特征】工具栏中的【扫描】按钮，或者选择【插入】→【凸台/基体】→【扫描】命令，弹出【扫描】属性管理器，单击【轮廓】栏将其激活，将鼠标指针移到绘图区，选择基准面 1 上绘制的圆环；单击【路径】栏将其激活，选择前视基准面上绘制的曲线；其他设置如图 4-47 所示。

03　此时，绘图区显示预览。单击【确定】按钮，完成绘制，如图 4-48 所示。再次单击【常用】工具栏中的【保存】按钮，将结果保存。

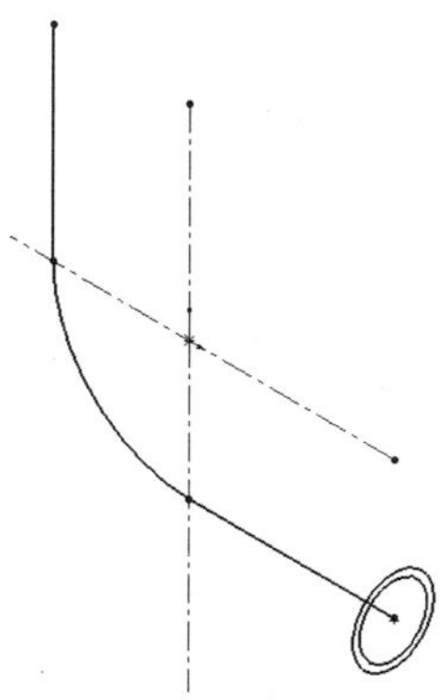

图 4-46　等轴测显示视图

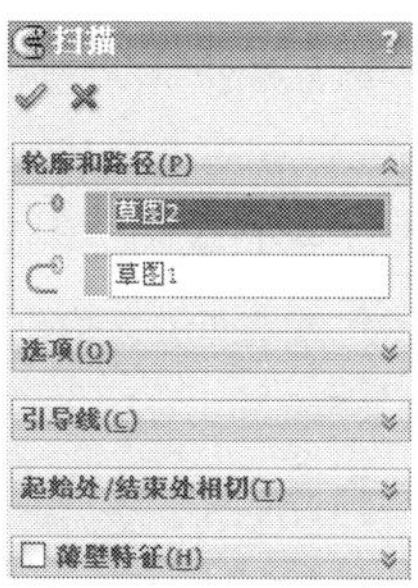

图 4-47　【扫描】属性管理器

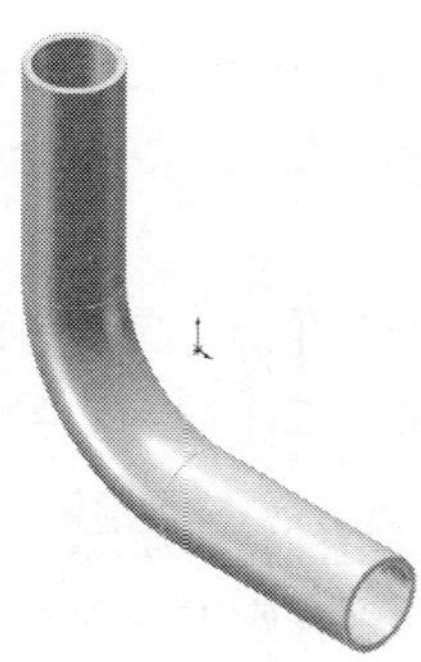

图 4-48　扫描特征

4.4　放样特征

所谓放样是指通过在轮廓之间进行过渡生成特征。放样可以是基体、凸台、切除或曲面，可以使用两个或多个轮廓生成放样。仅第一个或最后一个轮廓可以是点，也可以这两个轮廓均为点。单一 3D 草图中可以包含所有草图实体（包括引导线和轮廓）。对于实体放样，第一个和最后一个轮廓必须是由分割线生成的模型面或面，或是平面轮廓或曲面。图 4-49 所示为一个利用放样特征生成的零件实例。

图 4-49　放样特征实例

4.4.1　放样特征的属性设置

要进入放样特征，单击【特征】工具栏中的【放样】按钮，弹出【放样】属性管理器，如图 4-50 所示。

- 轮廓：决定用来生成放样的轮廓。选择要连接的草图轮廓、面或边线，放样根据轮廓选择的顺序而生成。
- 起始/结束约束：包括开始约束和结束约束，可以控制草图、面或曲面边线之间的相切量和放样方向。
- 引导线：通过使用两个或多个轮廓并使用一条或多条引导线来连接轮廓，可以生成引导线放样。轮廓可以是平面轮廓或空间轮廓。引导线可以帮助控制所生成的中间轮廓。
- 中心线参数：可以生成一个使用一条变化的引导线作为中心线的放样。所有中间截面的草图基准面都与此中心线垂直。中心线可以是绘制的曲线、模型边线或曲线。
- 薄壁特征：选择以生成薄壁放样。其类型包括：单向（使用厚度值以单一方向从轮廓生成薄壁特征，如有必要，单击反向）；两侧对称（以两个方向应用同一厚度值而从轮廓以双向生成薄壁特征）；双向（从轮廓以双向生成薄壁特征，为厚度 1 和厚度 2 设定单独数值）。

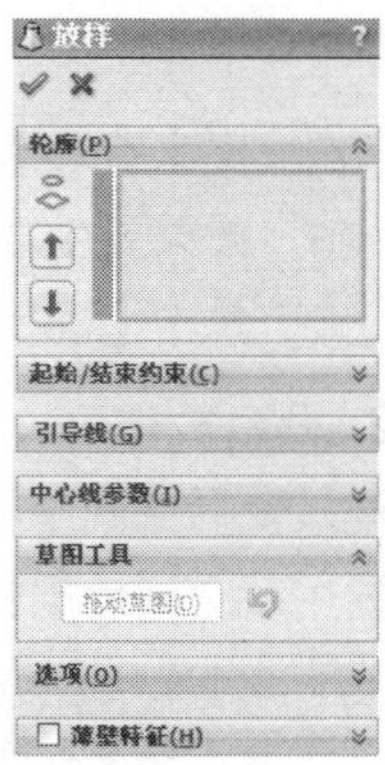

图 4-50 【放样】属性管理器

4.4.2　放样特征的操作步骤

1. 设置基准面

放样特征需要连接多个面上的轮廓，这些面既可以相互平行，也可以相交。要确定这些平面，就必须用到基准面。

基准面可以用在零件或装配体中，通过使用基准面可以绘制草图、生成模型的剖面图、生成扫描和放样中的轮廓面等。

要生成基准面，操作如下。

01　打开“光盘\源文件\第 4 章\4.4\4.4.1\4.4.1 未完成.sldprt”文件。单击【参考几何体】工具栏中的【基准面】按钮，或者选择【插入】→【参考几何体】→【基准面】命令，此时弹出【基准面】属性管理器，如图 4-51 所示。

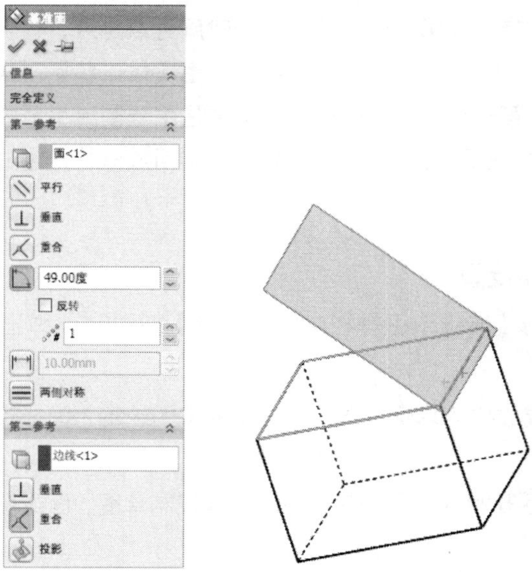

图 4-51 设置基准面

02 在【参考】栏中选择要生成的基准面类型与项目，以生成基准面。

03 如果要生成多个基准面，继续步骤 2，从而生成多个基准面。

04 单击【确定】按钮✓，生成基准面。

2. 凸台放样

通过使用空间中两个或两个以上的不同平面轮廓，可以生成最基本的放样特征。

要生成空间轮廓的放样特征，操作如下。

01 打开“光盘\源文件\第 4 章\4.4\4.4.2\4.4.2 未完成.sldprt”文件。单击【特征】工具栏中的【放样】按钮，或选择【插入】→【凸台】→【放样】命令。如果要生成切除放样特征，则选择【插入】→【切除】→【放样】命令。

02 此时弹出【放样】属性管理器，单击每个轮廓上相应的点，以按顺序选择空间轮廓和其他轮廓的面，如图 4-52 所示。

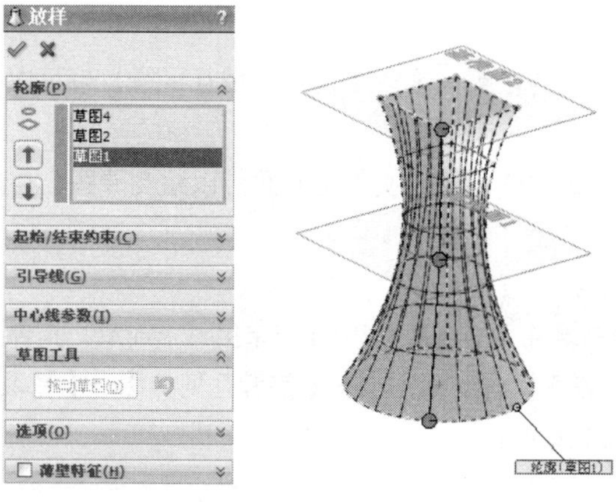

图 4-52 凸台放样

03　如果要在放样的开始或终止处控制相切，则设置【起始处/结束处相切】选项。

- 无：不应用相切。
- 垂直于轮廓：放样在起始和终止处与轮廓的草图基准面垂直。
- 方向向量：放样与所选的边线或轴相切，或与所选基准面的法线相切。
- 所有面：放样在起始处和终止处与现有几何的相邻面相切。

04　如果要生成薄壁放样特征，勾选【薄壁特征】复选框，从而激活薄壁选项，选择壁厚类型（单一方向、中面或两个方向）。

05　单击【确定】按钮✓，完成放样。

3. 引导线放样

同生成凸台放样特征一样，SolidWorks 2012 也可以生成引导线放样特征。通过使用两个或两个以上轮廓并使用一条或多条引导线来连接轮廓，可以生成引导线放样。通过引导线可以帮助控制所生成的中间轮廓。图 4-53 展示了引导线放样效果。

在利用引导线生成放样特征时，应该注意以下几点：

- 引导线必须与轮廓相交。
- 引导线的数量不受限制。
- 引导线之间可以相交。
- 引导线可以是任何草图曲线、模型边线或曲线。
- 引导线可以比生成的放样特征长，放样将终止于最短的引导线的末端。

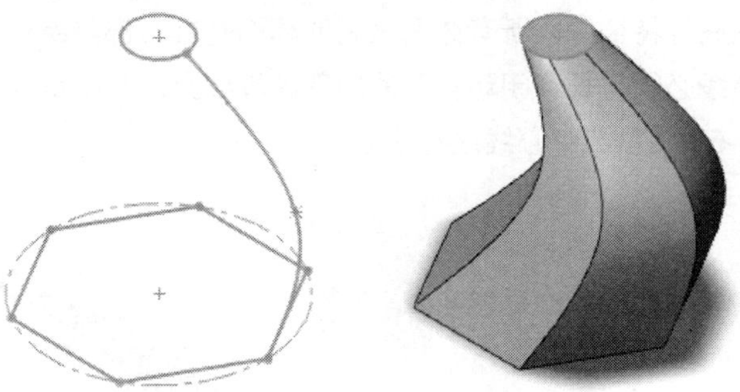

图 4-53　引导线放样效果

要生成引导线放样特征，操作如下。

01　打开"光盘\源文件\第 4 章\4.4\4.4.3\4.4.3 未完成.sldprt"文件。单击【特征】工具栏中的【放样】按钮，或选择【插入】→【凸台】→【放样】命令。如果要生成切除放样特征，则选择【插入】→【切除】→【放样】命令。

02　此时弹出【放样】属性管理器，单击每个轮廓上相应的点，以按顺序选择空间轮廓和其他轮廓的面。

03　在【引导线】栏中单击引导线框，然后在图形区域中选择引导线，此时在图形区域中将显示随着引导线变化的放样特征，如图 4-54 所示。

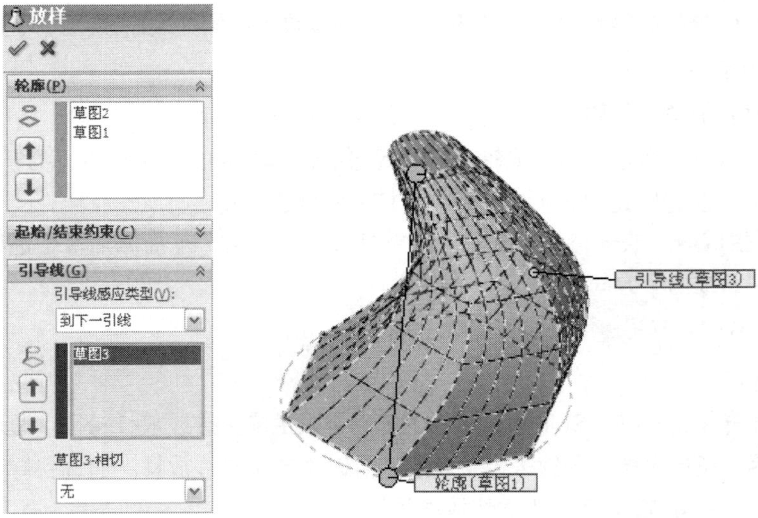

图 4-54 引导线放样

04 通过【起始处/结束处相切】选项可以控制草图、面或曲面边线之间的相切量和放样方向。

05 如果要生成薄壁特征，则勾选【薄壁特征】复选框，从而激活薄壁特征并进行设置。

06 单击【确定】按钮✔，完成放样。

4. 中心线放样

SolidWorks 2012 还可以生成中心线放样特征。中心线放样是指将一条变化的引导线作为中心线进行的放样。在中心线放样特征中，所有截面之间的草图基准面都与此中心线相交。

中心线放样中的中心线必须与每个闭环轮廓的内部区域相交，而不是像引导线放样那样，必须与每个轮廓线相交。图 4-55 展示了中心线放样效果。

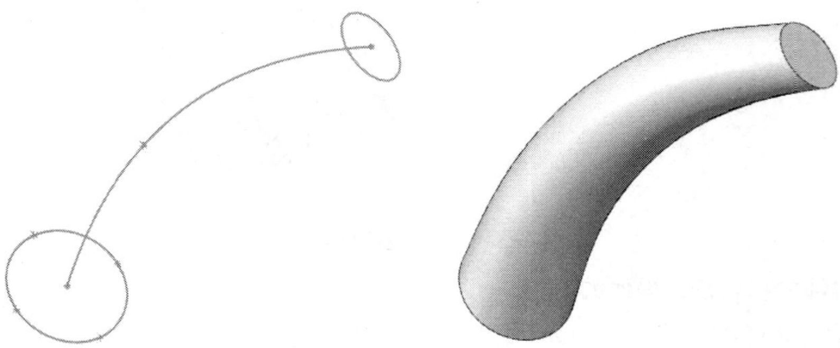

图 4-55 中心线放样效果

要生成中心线放样特征，操作如下。

01 打开“光盘\源文件\第 4 章\4.4\4.4.4\4.4.4 未完成.sldprt”文件。单击【特征】工具栏中的【放样】按钮，或选择【插入】→【凸台】→【放样】命令。如果要生成切除放样特征，则选择【插入】→【切除】→【放样】命令。

02 此时弹出【放样】属性管理器，单击每个轮廓上相应的点，以按顺序选择空间轮廓和其他轮廓的面。

03 在【中心线参数】栏中单击【中心线框】按钮，然后在图形区域中选择中心线，此时在图形区域中将显示随着中心线变化的放样特征，如图 4-56 所示。

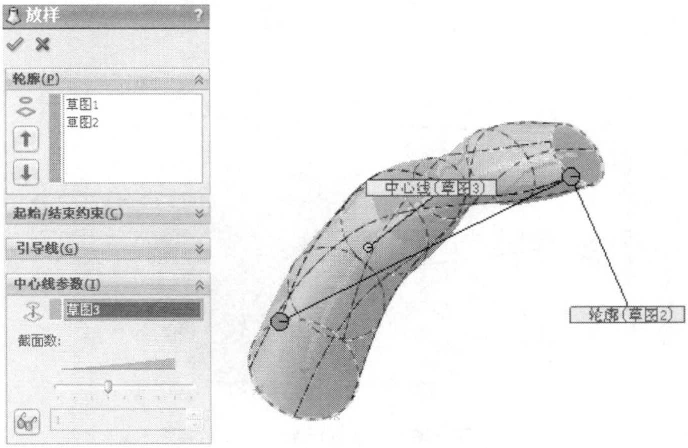

图 4-56　中心线放样

04 调整【截面数】滑杆来更改图形区域显示的预览数。

05 单击【显示界面】按钮，然后单击【微调箭头】按钮来根据截面数量查看并修正轮廓。

06 单击【确定】按钮，完成中心线放样。

5. 分割线放样

要生成一个与空间曲面无缝连接的放样特征，就必须用到分割线放样。分割线投影一个草图曲线到所选的模型面上，将面分割为多个面，这样即可以选择每一个面。分割线可用来生成拔模特征、混合面圆角，并可以延展曲面来切除模具。

利用【曲线】工具栏中的【分割线】按钮可以将草图投影到曲面或平面。它可以将所选的面分割成多个分离的面，从而可以选择每一个面。利用【分割线】按钮可以生成两种类型的分割线。

- 投影线：将一个草图轮廓投影到一个表面上。
- 侧影轮廓线：在一个曲面零件上生成一条分割线。

要生成一条投影线，操作如下。

01 打开“光盘\源文件\第 4 章\4.4\4.4.5\4.4.5 未完成.sldprt”文件。绘制一条要投影为分割线的草图轮廓。单击【曲线】工具栏中的【分割线】按钮，或选择【插入】→【曲线】→【分割线】命令，在弹出的【分割线】属性管理器中选择【分割类型】为【投影】。

02 单击要投影的草图框，然后在图形区域中选择绘制的草图轮廓。单击要分割的面框，然后选择零件周边所有希望分割线经过的面。如果勾选【单向】复选框，将只以一个方向投影分割线；如果勾选【反向】复选框，将以反方向投影分割线。单击【确定】按钮完成投影线的生成，如图 4-57 所示。

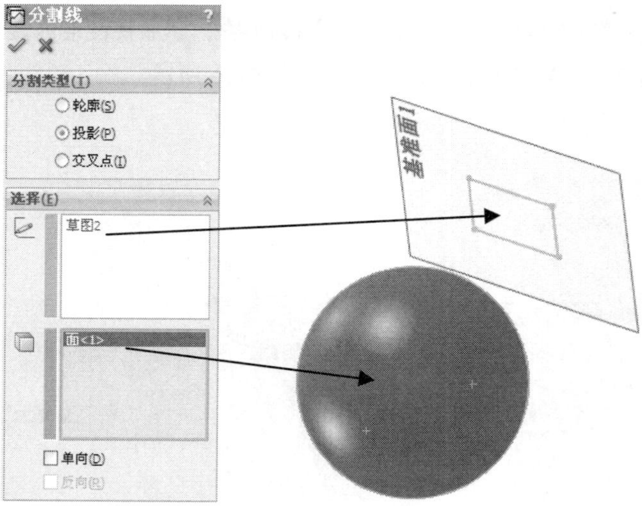

图 4-57　投影线的生成

03 建立绘制草图轮廓所需的基准面，或者使用现有的基准面（各个基准面不一定要平行），在基准面上绘制草图轮廓。

04 单击【特征】工具栏中的【放样】按钮，或选择【插入】→【凸台】→【放样】命令。如果要生成切除放样特征，则选择【插入】→【切除】→【放样】命令。

05 此时弹出【放样】属性管理器，单击每个轮廓上相应的点，以按顺序选择空间轮廓和其他轮廓的面，如图 4-58 所示。

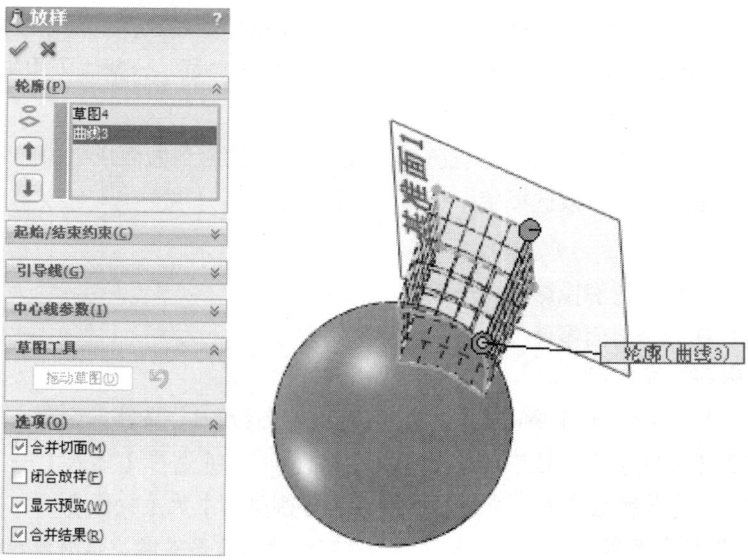

图 4-58　分割线放样

06 单击【确定】按钮，完成分割线放样。

利用分割线不仅可以生成普通的放样特征，还可以生成引导线和中心线放样特征，它们的操作步骤基本是一样的。

★ 边学边练：利用放样特征绘制花瓶

在绘制花瓶之前，首先要创建一个新的图形文件，然后设置一系列基准面，并在基准面上绘制草图。具体的操作步骤如下。

1. 设置基准面

01 单击【常用】工具栏中的【新建】按钮，弹出【新建 SolidWorks 文件】对话框，单击【零件】按钮，再单击【确定】按钮，新建一个零件文件，将其保存为【花瓶.sldprt】文件。

02 基准面设置。在 FeatureManager 设计树中选择前视基准面，使视图处于等轴测状态。选择【插入】→【参考几何体】→【基准面】命令，弹出【基准面】属性管理器。此时，【参考实体】栏中自动填入【前视基准面】；将【等距距离】栏激活，在【距离】栏中输入 50；勾选【反转】复选框，如图 4-59 所示。

图 4-59　【基准面】属性管理器

03 单击【确定】按钮，生成基准面 1，如图 4-60 所示。

04 设置其他基准面。在基准面 1 被选中时，选择【插入】→【参考几何体】→【基准面】命令，设置基准面 2。其中，基准面 1 与基准面 2 之间的距离设为 80，勾选【反转】复选框。重复上述操作，设置基准面 3，基准面 2、3 之间的距离设为 20，结果如图 4-61 所示。

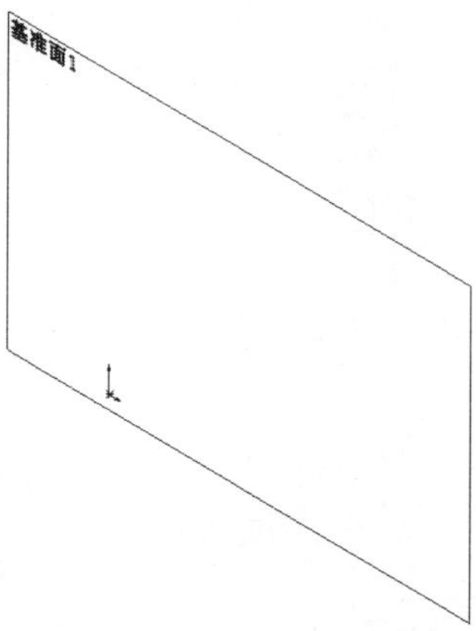

图 4-60　基准面 1

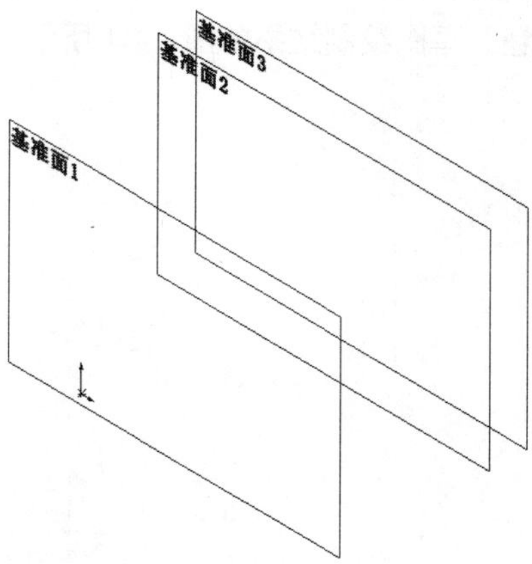

图 4-61　基准面设置

2. 使用【放样凸台/基体】绘制花瓶实体模型

单击【特征】工具栏中的【放样凸台/基体】按钮，将各基准面上绘制的草图进行放样。具体的操作步骤如下。

01 在前视基准面上绘制草图。单击 FeatureManager 设计树中的前视基准面，将其选中；依次单击【前导视图】工具栏中的【视图定向】→【正视于】按钮，然后单击【草图】工具栏中的【草图绘制】按钮，此时前视基准面进入草图绘制状态。在前视基准面中，以坐标原点为圆心，绘制一个半径为 20 的圆；再次单击【草图】工具栏中的【草图绘制】按钮，退出草图绘制。依次单击【前导视图】工具栏中的【视图定向】→【等轴测】按钮，结果如图 4-62 所示。

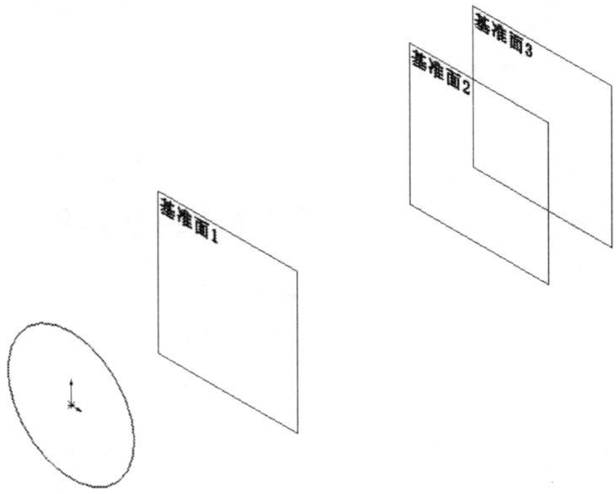

图 4-62 在前视基准面上绘制圆

02 在基准面 1 上绘制草图。在绘图区或 FeatureManager 设计树中单击选中基准面 1，依次单击【前导视图】工具栏中的【视图定向】→【正视于】按钮，进入草图绘制状态，绘制一个正六边形，将其内切圆直径设置为 150；再次单击【草图】工具栏中的【草图绘制】按钮，退出草图绘制状态。依次单击【前导视图】工具栏中的【视图定向】→【等轴测】按钮，结果如图 4-63 所示。

03 完成草图绘制。重复以上步骤，在基准面 2 上绘制一个半径为 15 的圆，在基准面 3 上绘制一个半径为 25 的圆。退出草图绘制状态后，依次单击【前导视图】工具栏中的【视图定向】→【等轴测】按钮，草图绘制结果如图 4-64 所示。

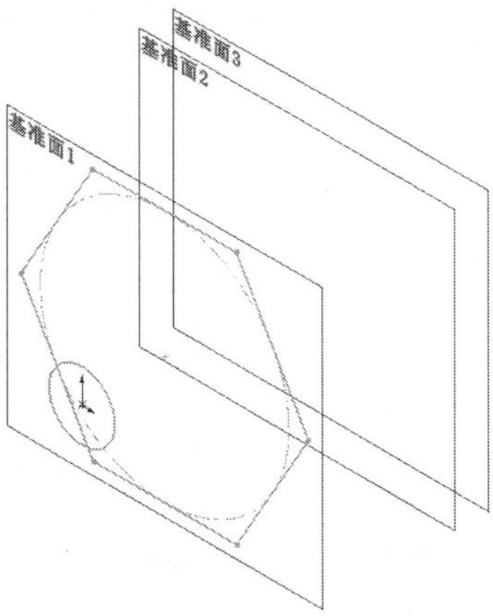

图 4-63 在基准面 1 上绘制草图

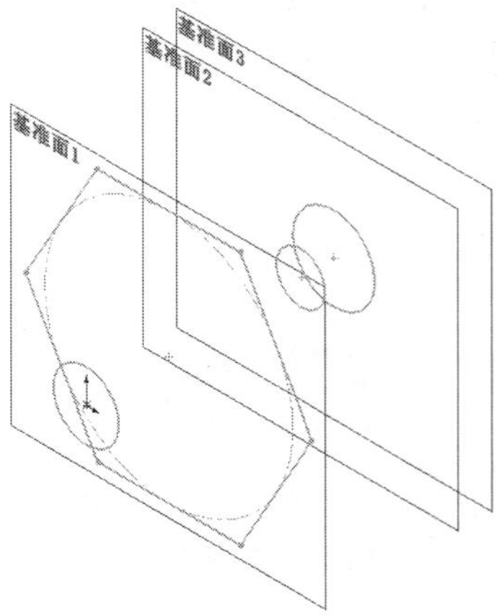

图 4-64 完成草图绘制

04 放样凸台/基体特征。单击 CommandManager 左侧下方的【特征】选项卡，单击【特征】工具栏中的【放样凸台/基体】按钮，或选择【插入】→【凸台/基体】→【放样】命令，弹出【放样】属性管理器。将【轮廓】栏激活，在绘图区依次选择前视基准面、基准面 1、基准面 2 和基准面 3 上绘制的草图轮廓；其他设置如图 4-65 所示。

05 此时，绘图区出现放样特征预览，单击【确定】按钮，完成放样特征操作。选择【视图】→【基准面】命令，将基准面隐藏；在绘图区右击，在弹出的快捷菜单中选择【旋转视图】命令，在绘图区按下鼠标左键并拖动，调整模型到合适位置，结果如图 4-66 所示。

图 4-65　【放样】属性管理器

图 4-66　放样特征

3. 使用【抽壳】将实体模型变为空心

花瓶模型是一个空心模型，为了使放样得到的实心模型成为厚度均匀的空心模型，需要单击【特征】工具栏中的【抽壳】按钮。具体的操作步骤如下。

01　单击【特征】工具栏中的【抽壳】按钮，或选择【插入】→【特征】→【抽壳】命令，在 FeatureManager 设计树中弹出【抽壳】属性管理器。将【参数】栏中的【厚度】值设为 2；在【移除的面】栏中单击将其激活，在绘图区选中花瓶顶面；其他设置如图 4-67 所示。

02　单击【确定】按钮，完成抽壳特征操作。在绘图区右击，在弹出的快捷菜单中选择【旋转视图】命令，在绘图区按下鼠标左键并拖动，调整实体到合适位置，结果如图 4-68 所示。

图 4-67　【抽壳】属性管理器

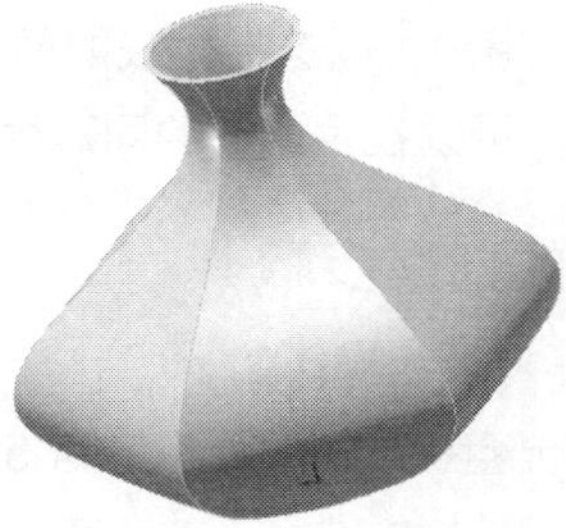

图 4-68　抽壳特征

4.5 筋特征

筋是零件上增加强度的部分，它是一种从开环或闭环草图轮廓生成的特殊拉伸实体，是在草图轮廓与现有零件之间添加指定方向和厚度的材料。

在 SolidWorks 2012 中，筋实际上是在开环的草图轮廓中生成的特殊的拉伸特征。图 4-69 展示了加强筋特征的几种效果。

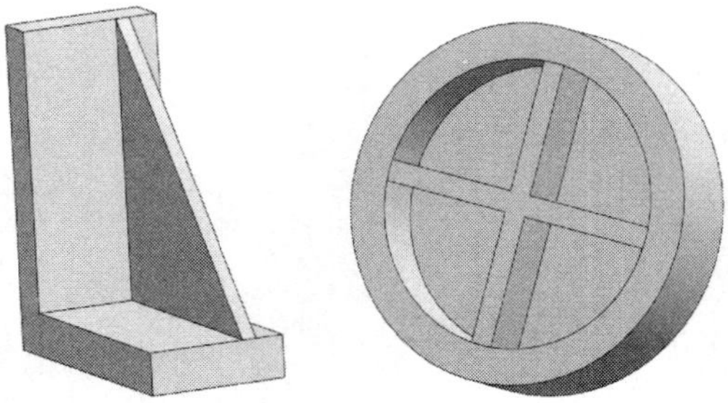

图 4-69　加强筋效果

4.5.1 筋特征的属性设置

要进入筋特征，单击【特征】工具栏中的【筋特征】按钮，弹【筋】属性管理器，如图 4-70 所示。

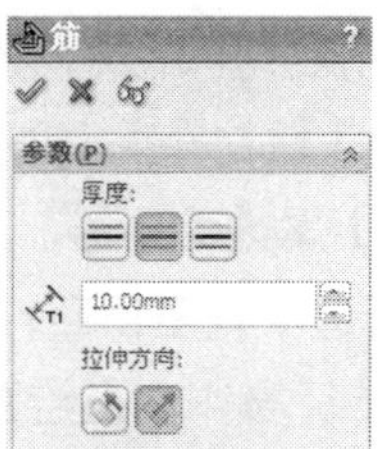

图 4-70　【筋】属性管理器

- 厚度：决定筋特征的厚度，用户可以选择生成筋的厚度分布在草绘平面的一侧或者两侧对称。
- 拉伸方向：用户可以选择生成的筋特征平行或者垂直于草绘平面。
- 拔模开/关：可以在生成筋的同时生成拔模特征。

4.5.2 筋特征的创建步骤

要生成加强筋特征，操作如下。

01 打开“光盘\源文件\第 4 章\4.5\4.5.1\4.5.1 未完成.sldprt”文件，添加基准面。在左侧的 FeatureManager 设计树中选择【前视基准面】，然后选择【插入】→【参考几何体】→【基准面】命令，此时系统弹出图 4-71 所示的【基准面】属性管理器，在【偏移距离】栏中输入 10，单击【确定】

按钮，添加一个新的基准面，结果如图 4-72 所示。

图 4-71　【基准面】属性管理器

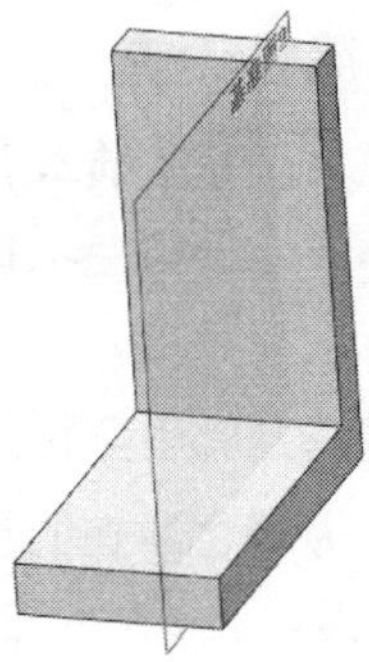

图 4-72　添加的基准面

02 绘制草图。单击上一步添加的基准面，然后单击【前导视图】工具栏中的【正视于】按钮，接着选择【工具】→【草图绘制实体】→【直线】命令或单击【直线】按钮，绘制图 4-73 所示的草图。

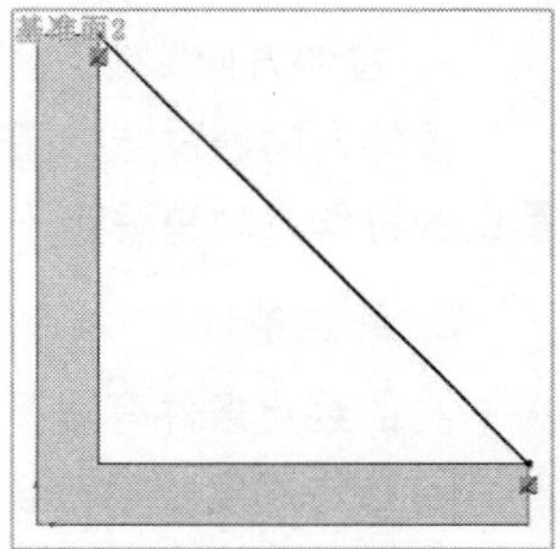

图 4-73　绘制草图

03 选择【筋】命令。单击【标准】工具栏中的【筋】按钮，或选择【插入】→【特征】→【筋】命令，此时系统弹出【筋】属性管理器，按照图 4-74 所示进行设置后，单击【确定】按钮。

04 设置视图向导。单击【前导视图】工具栏中的【等轴测】按钮，将视图以等轴测方向显示，结果如图 4-75 所示。

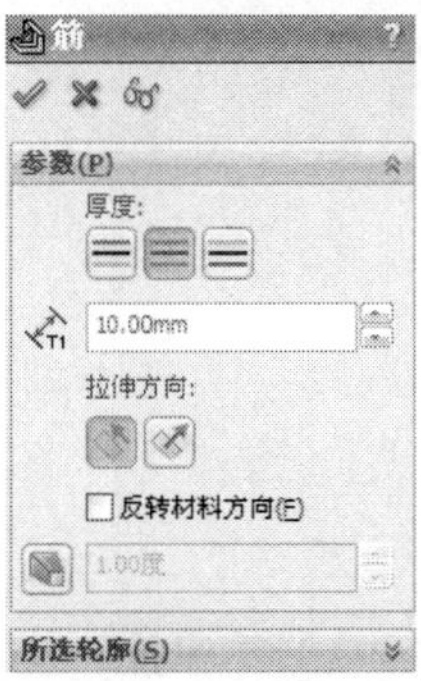

图 4-74　【筋】属性管理器

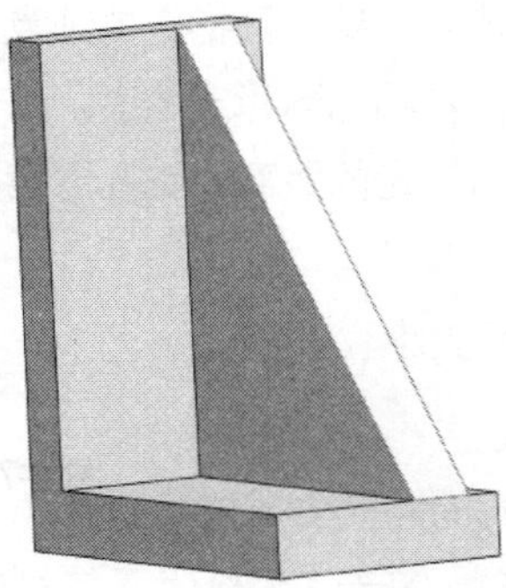

图 4-75　添加筋后的图形

4.6　孔特征

孔特征是指在已有的零件上生成各种类型的孔。SolidWorks 2012 提供了两种生成孔特征的方法，即简单直孔和异型孔向导。

简单直孔是指在确定的平面上设置孔的直径和深度。孔深度的【终止条件】类型与拉伸切除的【终止条件】类型基本相同。

异型孔向导用于生成具有复杂轮廓的孔，主要包括柱孔、锥孔、孔、螺纹孔、管螺纹孔和旧制孔 6 种类型的孔。异型孔的类型和位置都是在【孔】属性管理器中设置的。

4.6.1 孔特征的属性设置

要创建简单直孔，选择【插入】→【特征】→【孔】→【简单直孔】命令，或者单击【特征】工具栏中的【简单直孔】按钮，此时系统弹出图 4-76 所示的【孔】属性管理器。

1. 开始条件

孔的开始条件是指从哪里开始、以何种方式开始，共有以下 4 种开始条件。

- 草图基准面：从草图所在的基准面开始钻孔。
- 曲面/面/基准面：从一个曲面、面或基准面开始钻孔。
- 顶点：从选择的点开始拉伸，也就是从点所在的与基准面平行的平面开始钻孔。
- 等距：从与当前草图基准面等距的面上开始钻孔。

2. 拉伸方向

拉伸方向通过选择图形区域的方向向量来定义，方向向量可以是模型的边线、直线段等。系统默认的拉伸方向是垂直于草图所在的基准面。

3. 终止条件

孔的终止条件有以下几种。

- 给定深度：钻孔到给定的深度。
- 完全贯穿：完全贯穿实体。
- 成形到下一面：钻孔到孔延伸方向上遇到的下一个面。
- 成形到一顶点：钻孔到指定的顶点。
- 成形到一面：钻孔到指定的面。
- 到离指定面指定的距离：钻孔到离指定面指定的距离。

4. 孔的直径

设置孔的直径大小。

5. 拔模开/关

可以在生成孔的同时生成拔模特征。

要创建异型孔，单击【特征】工具栏中的【异型孔向导】按钮，此时系统弹出图 4-77 所示的【孔规格】属性管理器。

（1）孔类型

包括柱形沉头孔、锥形沉头孔、孔、直螺纹孔、锥形螺纹孔和旧制孔六大类。

（2）标准

提供 Ansi Inch、ISO 和 GB 等创建孔的标准。

图 4-76　【孔】属性管理器

图 4-77　【孔规格】属性管理器

（3）孔规格

用户可以设置孔的大小和配合情况。

（4）终止条件

- 给定深度：钻孔到给定的深度。
- 完全贯穿：完全贯穿实体。
- 成形到下一面：钻孔到孔延伸方向上遇到的下一个面。
- 成形到一顶点：钻孔到指定的顶点。
- 成形到一面：钻孔到指定的面。
- 到离指定面指定的距离：钻孔到离指定面指定的距离。

4.6.2　孔特征的创建步骤

生成简单直孔的操作步骤如下。

01 打开“光盘\源文件\第 4 章\4.6\4.6.1\4.6.1 未完成.sldprt”文件。

02 选择【孔】命令。选择圆柱的一个端面，选择【插入】→【特征】→【孔】→【简单直孔】命令，或者单击【特征】工具栏中的【简单直孔】按钮，弹出【孔】属性管理器。

03 设置属性管理器。在【终止条件】栏中选择【完全贯穿】选项，在【孔直径】栏中输入 30，如图 4-78 所示。

04 确认孔特征，如图 4-79 所示。

05 精确定位孔位置。右击 FeatureManager 设计树中上一步添加的孔特征选项，在弹出的快捷菜单中选择【编辑草图】命令，视图如图 4-80 所示。

06 添加几何关系。按住【Ctrl】键，单击图 4-80 所示的圆弧 1 和边线弧 2，弹出图 4-81 所示的【属性】属性管理器。单击【添加几何关系】栏中的【同心】按钮，此时【同心】几何关系出现在【现有几何关系】栏中。为圆弧 1 和边线弧 2 添加【同心】几何关系。

图 4-78 【孔】属性管理器

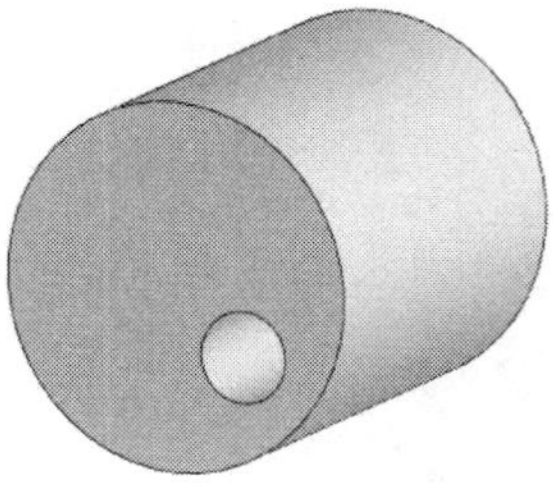

图 4-79 钻孔的图形

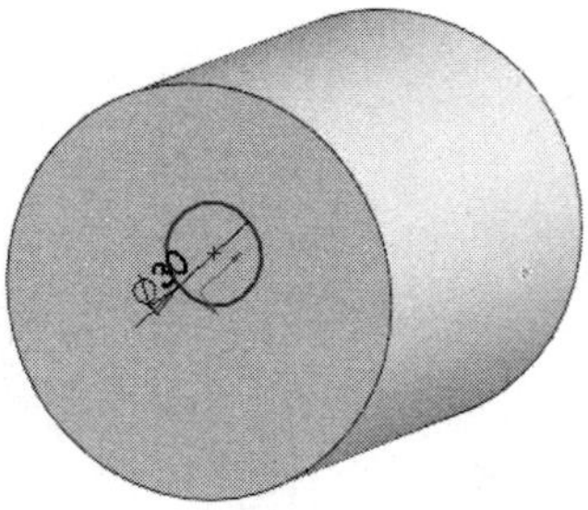

图 4-80 编辑草图

图 4-81 【属性】属性管理器

07 单击【确定】按钮✓，确认孔位置，结果如图 4-82 所示。

在确定简单孔的位置时，可以通过标注尺寸的方式来确定；对于特殊的图形，可以通过添加几何关系来确定。

生成异型孔的操作步骤如下。

01 打开“光盘\源文件\第 4 章\4.6\4.6.2\4.6.2 未完成.sldprt”文件。

02 选择【孔】命令。选择圆柱的一个端面，选择【插入】→【特征】→【孔】→【向导】命令，或单击【特征】工具栏中的【异型孔向导】按钮，此时系统弹出【孔规格】属性管理器，按照图 4-83 所示进行设置。单击【位置】标签，此时光标处于【绘制点】状态，在图的表面上添加 4 个点。

03 标注孔尺寸。选择【工具】→【标注尺寸】→【智能尺寸】命令，标注添加的 4 个点的定位尺寸，结果如图 4-84 所示。

04 单击【确定】按钮✓，确认孔特征，结果如图 4-85 所示。

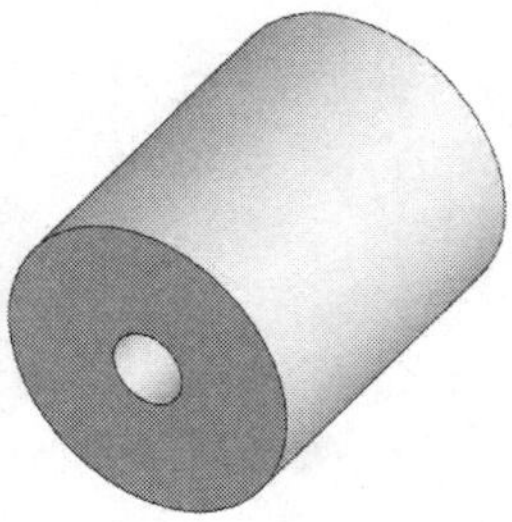

图 4-82　编辑的图形

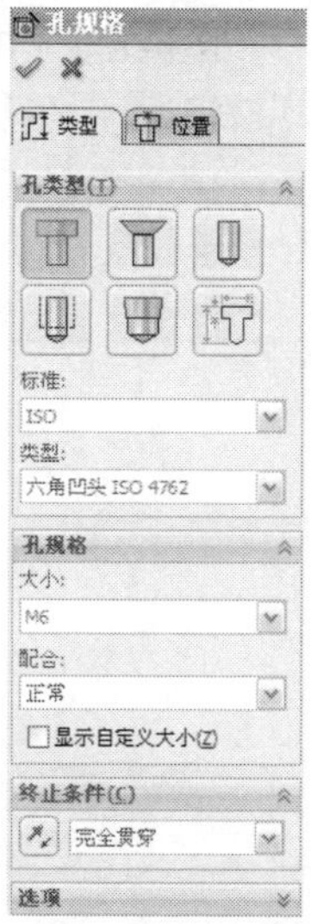

图 4-83　【孔规格】属性管理器

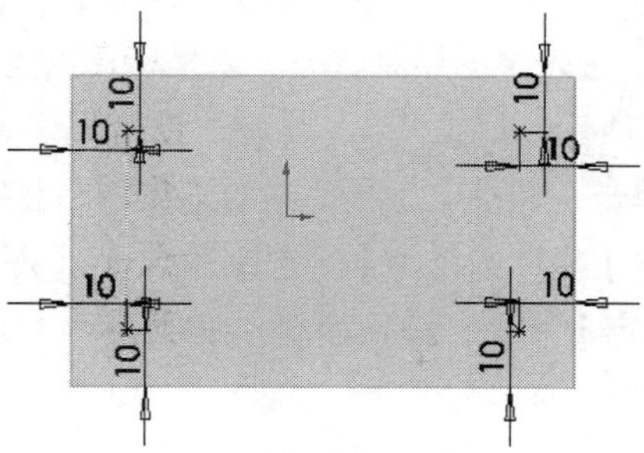

图 4-84　标注的孔位置

图 4-85　添加孔的图形

★ 边学边练：利用筋特征和孔特征建立装配板

1. 设计分析

装配板常见于各种机械装置，主要起到固定作用。本节将以造型简单的装配板为例，介绍相关的特征建模命令。

分析装配板的外形特征可知，其绘制步骤如下：在基准面上绘制草图，利用【拉伸凸台/基体】命令创建装配板轮廓；在绘制好的装配板轮廓上再次选择基准面，利用【筋】和【镜像】命令绘制筋特征；然后依次利用【简单直孔】、【异型孔向导】和【镜像】命令绘制孔；最后利用【倒角】命令绘制倒角，从而得到装配板实体模型。

2. 操作步骤

（1）使用【拉伸凸台/基体】和【筋】命令创建装配板模型基体

01　单击【常用】工具栏中的【新建】按钮，弹出【新建 SolidWorks 文件】对话框，单击【零件】按钮，再单击【确定】按钮，新建一个零件文件，将其保存为【装配板.sldprt】文件。单击【草图】工具栏中的【草图绘制】按钮，选择前视基准面，绘制矩形并标注尺寸，其边长分别设为 150 和 100，使矩形中心位于坐标原点，如图 4-86 所示。

02 拉伸特征。单击 CommandManager 左侧下方的【特征】选项卡，单击【特征】工具栏中的【拉伸凸台/基体】按钮，在【凸台-拉伸】属性管理器中将【终止条件】栏选为【给定深度】；在【深度】栏中输入 20；其他项的设置选择系统默认状态，单【确定】按钮，结果如图 4-87 所示。

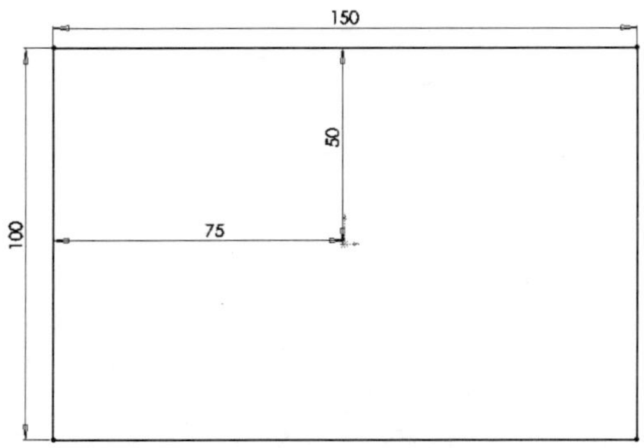

图 4-86 绘制矩形

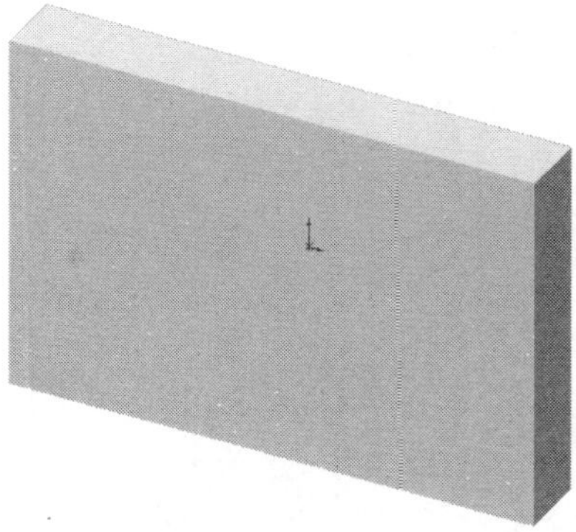

图 4-87 拉伸特征 1

03 单击选中绘制的实体表面，依次单击【前导视图】工具栏中的【视图定向】→【正视于】按钮，单击【草图】工具栏中的【草图绘制】按钮，进入草图绘制状态。以坐标原点为中心，绘制矩形，并标注边长尺寸和矩形位置，结果如图 4-88 所示。

04 拉伸特征。调整视图呈等轴测状态，再次单击【特征】工具栏中的【拉伸凸台/基体】按钮，在【凸台-拉伸】属性管理器中，将【终止条件】栏中选择为【给定深度】；在【深度】栏中输入 80；其他项的设置选择系统默认状态，单击【确定】按钮，结果如图 4-89 所示。

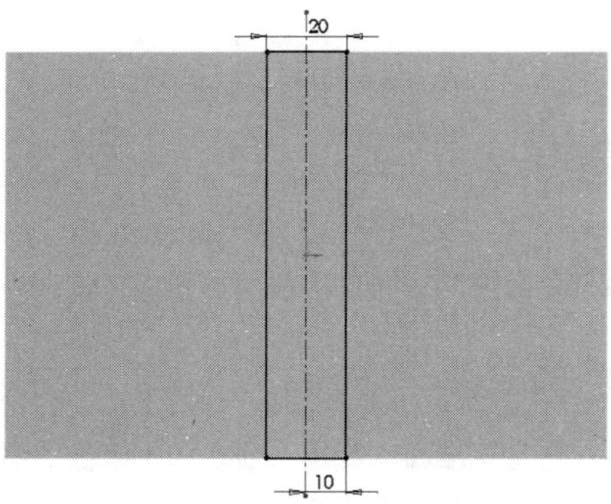

图 4-88 在实体表面绘制矩形

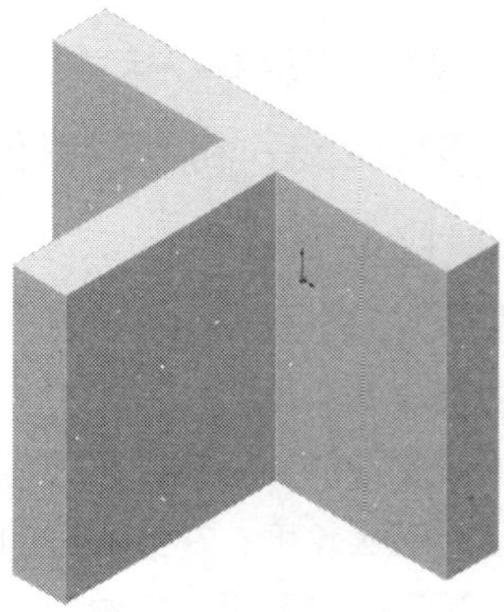

图 4-89 拉伸特征 2

05 绘制草图。单击 FeatureManager 设计树中的上视基准面，将其选中；依次单击【前导视图】工具栏中的【视图定向】→【正视于】按钮；然后单击【草图】工具栏中的【草图绘制】按钮，此时上视基准面进入草图绘制状态，绘制一条直线，结果如图 4-90 所示。

06 筋特征。调整视图呈等轴测状态，单击【特征】工具栏中的【筋】按钮，或者选择【插入】→【特征】→【筋】命令，弹出【筋】属性管理器。在【厚度】栏中选择【两侧】方式；在【筋厚度】栏中输入 10；【拉伸方向】选择【平行于草图】；其他设置如图 4-91 所示。

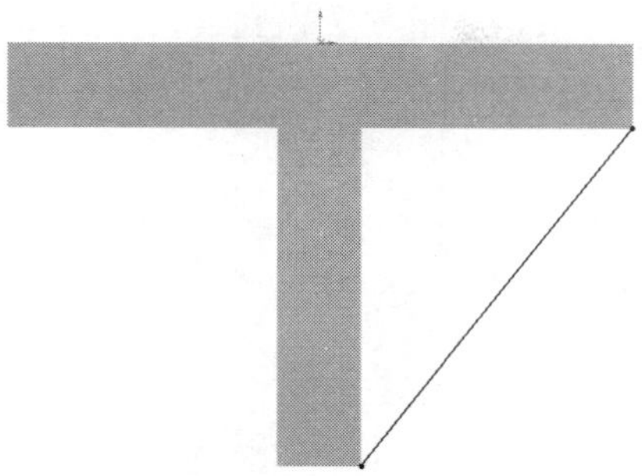

图 4-90　在上视基准面上绘制直线

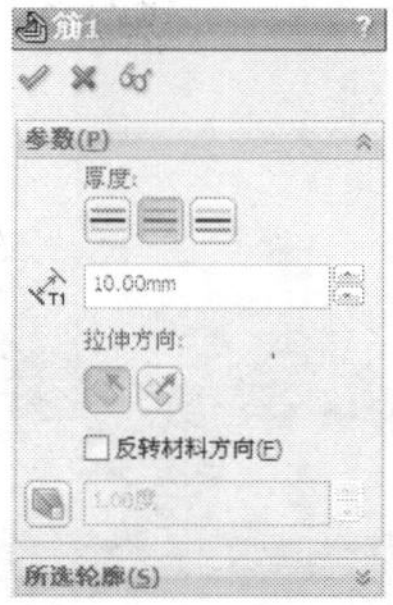

图 4-91　【筋】属性管理器

07　【筋】属性管理器设置好后，绘图区出现预览，单击【确定】按钮，完成筋的绘制。在绘图区右击，在弹出的快捷菜单中选择【旋转视图】命令，调整视图到合适位置，结果如图 4-92 所示。

（2）使用【镜像】命令对称绘制筋板

单击【特征】工具栏中的【镜像】按钮，可以对特征进行复制，使其与复制后的特征关于某一镜像点对称。具体的操作步骤如下。

01　镜像特征。单击 FeatureManager 设计树中的右视基准面，将其选中；单击【特征】工具栏中的【线性阵列】按钮，然后单击【镜像】按钮，或选择【插入】→【阵列/镜像】→【镜像】命令，弹出【镜像】属性管理器。此时【镜像面/基准面】栏中自动选中【右视基准面】；将【要镜像的特征】栏激活，在绘图区选中筋；其他选项设置如图 4-93 所示。

图 4-92　筋特征

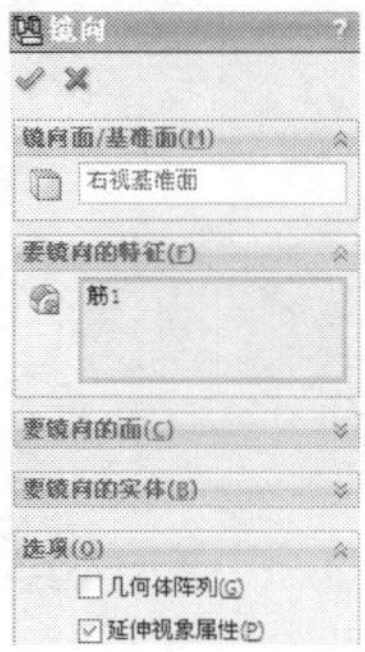

图 4-93　【镜像】属性管理器

02　此时，绘图区显示镜像特征预览，单击【确定】按钮，完成镜像特征操作。在绘图区右击，在弹出的快捷菜单中选择【旋转视图】命令，调整视图到合适位置，结果如图 4-94 所示。

（3）绘制简单直孔

许多机械零件和日常用品都带有直孔。简单直孔的绘制方法很多，这里介绍利用【简单直孔】命令绘制孔的方法。具体的操作步骤如下。

01　单击要创建孔特征的实体表面，选择【插入】→【特征】→【孔】→【简单直孔】命令，弹出【孔】属性管理器。在【从】的 【开始条件】栏中选择【草图基准面】；在【方向 1】的【终止条件】栏中选择【完全贯穿】；将孔直径设为 10；其他设置如图 4-95 所示。

图 4-94　镜像筋

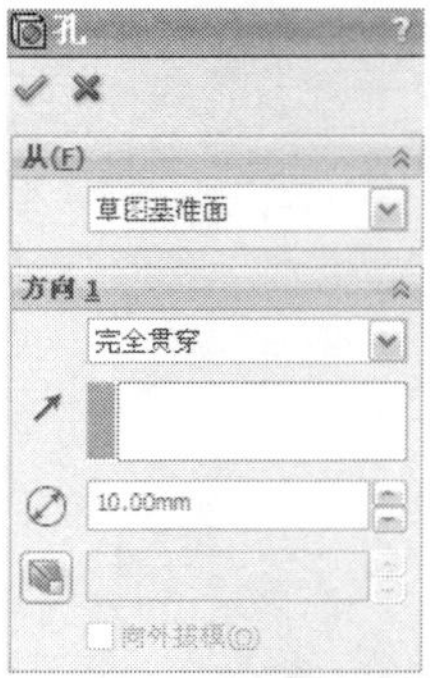

图 4-95　【孔】属性管理器

02 此时，绘图区显示预览，单击【确定】按钮，完成孔特征绘制。依次单击【前导视图】工具栏中的【视图定向】→【正视于】按钮，然后单击或右击 FeatureManager 设计树中的孔特征图标，在弹出的【关联】工具栏中单击【编辑草图】按钮，进入孔的草图编辑状态。单击【草图】工具栏中的【智能尺寸】按钮，标注孔的尺寸，结果如图 4-96 所示。

03 退出草图绘制状态后，即完成了简单直孔的绘制。对绘制的简单直孔进行镜像操作。单击选中右视基准面，单击【特征】工具栏中的【线性阵列】按钮，然后单击【镜像】按钮，弹出【镜像】属性管理器，在【要镜像的特征】栏中单击，使其激活，在绘图区选中孔；单击【确定】按钮，完成镜像孔特征操作。以上视基准面为镜像面，重复上述操作，结果如图 4-97 所示。

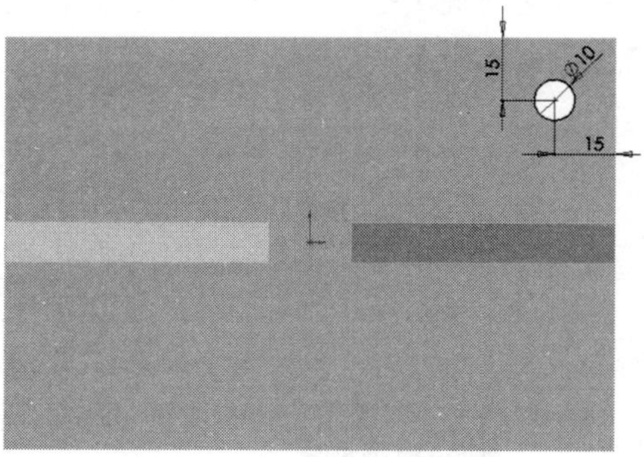

图 4-96　孔特征绘制

图 4-97　镜像孔特征

（4）使用【异型孔向导】绘制螺纹孔

异型孔在生活中十分常见，它又分为许多类型。单击【特征】工具栏中的【异型孔向导】按钮绘制异型孔，具体的操作步骤如下。

01 异型孔向导。选中绘图区要创建异型孔特征的实体表面，单击【特征】工具栏中的【异型孔向导】按钮，或选择【插入】→【特征】→【孔】→【向导】命令，在【孔规格】属性管理器的【孔类型】栏中选择【柱孔】；在【标准】栏中选择 Gb；在【孔规格】栏的【大小】栏中选择 M10；其他设置如图 4-98 所示。

02 按照图 4-98 所示设置好【孔规格】属性管理器的【类型】标签后，单击【位置】标签，进入点绘制状态。在创建异型孔特征的实体表面上绘制一点，并标注尺寸，以确定异型孔的最终位置，结果如图 4-99 所示。

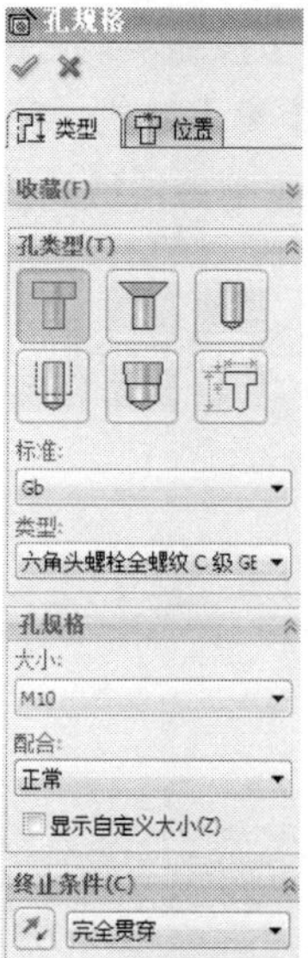

图 4-98　【孔规格】属性管理器

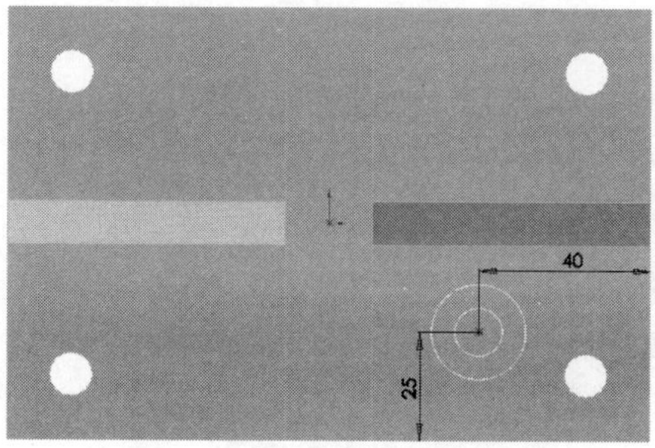

图 4-99　异型孔位置确定

03　尺寸标注完毕，单击【孔规格】属性管理器中的【确定】按钮，完成异型孔特征创建。依次选择右视基准面和上视基准面为镜像面，完成异型孔特征的镜像操作，结果如图 4-100 所示。

（5）绘制倒角特征

单击【特征】工具栏中的【倒角】按钮，为创建的筋板模型添加倒角特征。具体的操作步骤如下。

01　以角度距离方式创建倒角特征。创建好异型孔特征后，依次单击【特征】工具栏中的【圆角】按钮和【倒角】按钮，或选择【插入】→【特征】→【倒角】命令，弹出【倒角】属性管理器。选择【角度距离】方式，在【距离】栏中输入 5；在【角度】栏中输入 45°；将【边线和面或顶点】栏激活，在绘图区选择要创建倒角特征的边线；其他设置如图 4-101 所示。

图 4-100　镜像异型孔特征

图 4-101　【倒角】属性管理器（角度距离）

02　设置好后，单击【确定】按钮，完成倒角特征的创建。在绘图区右击，在弹出的快捷菜单中选择【旋转视图】命令，调整视图到合适位置，结果如图 4-102 所示。

03 依次单击【特征】工具栏中的【圆角】按钮和【倒角】按钮，或选择【插入】→【特征】→【倒角】命令，弹出【倒角】属性管理器。选择【距离-距离】方式，在【D1】和【D2】栏中均输入10；将【边线和面或顶点】栏激活，在绘图区选择要创建倒角特征的边线；其他设置如图4-103所示。

图4-102 以角度距离方式创建倒角特征

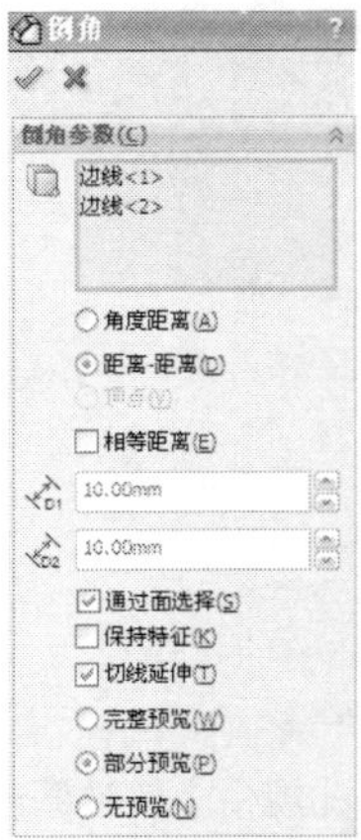

图4-103 【倒角】属性管理器

04 设置好后，单击【确定】按钮，完成倒角特征的创建。调整视图到合适位置后，单击【常用】工具栏中的【保存】按钮，保存绘制好的装配板实体模型。

4.7 圆角特征

使用圆角特征可以在一个零件上生成一个内圆角或外圆角，圆角特征在零件设计中起着重要作用。大多数情况下，如果能在零件特征上加入圆角，则有助于造型上的变化，或者产生平滑的效果。

4.7.1 圆角特征的属性设置

要进入圆角特征，单击【特征】工具栏中的【圆角】按钮，弹出【圆角】属性管理器，如图4-104所示。

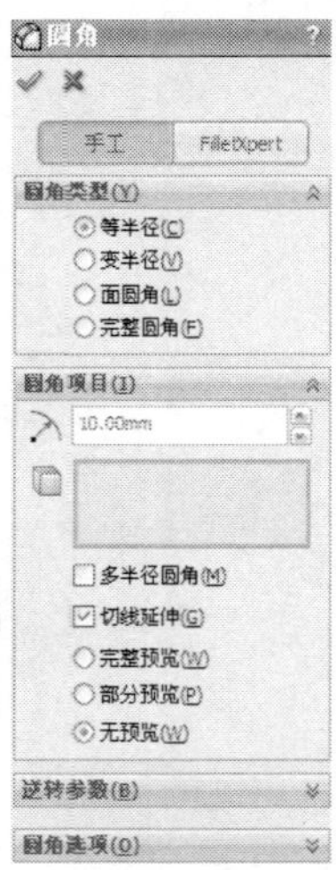

图4-104 【圆角】属性管理器

SolidWorks 2012 可以为一个面上的所有边线、多个面、多个边线或边线环生成圆角特征。SolidWorks 2012 有以下几种圆角特征。

- 等半径圆角：对所选边线以相同的圆角半径进行倒圆角操作。
- 多半径圆角：可以为每条边线选择不同的圆角半径值。
- 圆形角圆角：通过控制角部边线之间的过渡，消除或平滑两条线汇合处的尖锐结合点。
- 逆转圆角：可以在混合曲面之间沿着零件边线进入圆角，生成平滑过渡。
- 变半径圆角：可以为边线的每个顶点指定不同的圆角半径。
- 混合面圆角：通过它可以将不相邻的面混合起来。

图4-105所示为上述几种圆角特征的不同效果。

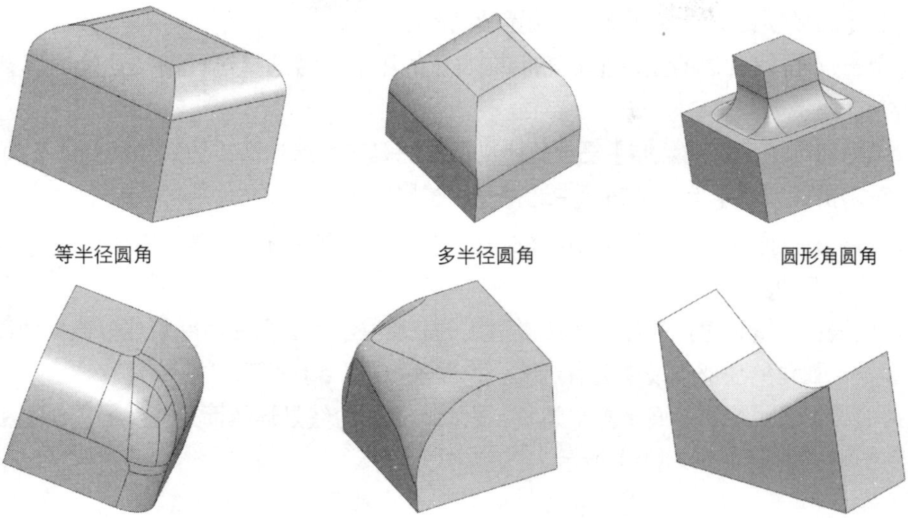

图 4-105　几种圆角特征的效果

4.7.2　圆角特征的操作步骤

本节将分别介绍创建几种不同圆角特征的操作步骤。

1. 等半径圆角特征

等半径圆角特征是指对所选边线以相同的圆角进行倒圆角的操作。要生成等半径圆角特征，操作步骤如下。

01　打开“光盘\源文件\第 4 章\4.7\4.7.1\4.7.1 未完成.sldprt”文件，单击【特征】工具栏中的【圆角】按钮，或选择【插入】→【特征】→【圆角】命令。

02　在弹出的【圆角】属性管理器中选择【圆角类型】为【等半径】，如图 4-106 所示。

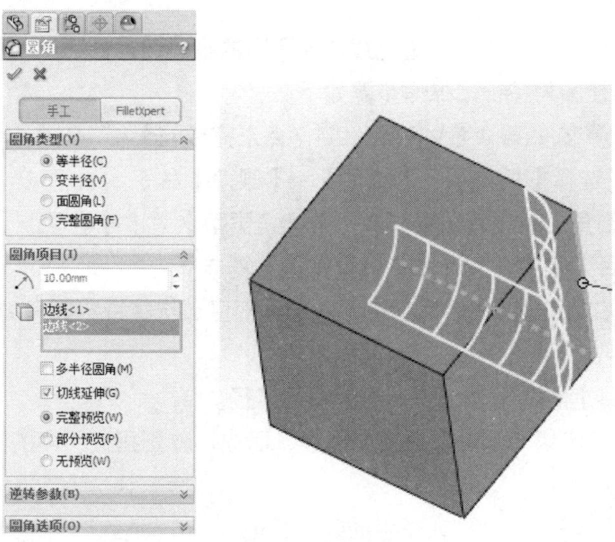

图 4-106　【圆角】属性管理器

03 在【圆角项目】的微调框中设置圆角的半径。

04 单击按钮右边的显示框，然后在右边的图形区域选择进行圆角处理的模型边线、面或环。

05 如果勾选了【切线延伸】复选框，则圆角将延伸到所选面或边线相切的所有面。

06 在【扩展方式】单选按钮组中选择一种扩展方式。

- 默认：系统根据几何条件（进行圆角处理的边线凸起和相邻边线等）选择【保持边线】或【保持曲面】选项。
- 保持边线：系统将保持邻近的直线形边线的完整性。但圆角曲面断裂成分离的曲面，在许多情况下，圆角的顶部边线中会有沉陷，如图 4-107（a）所示。
- 保持曲面：使用相邻曲面来剪裁圆角。因此，圆角边线是连续而且光滑的，但是相邻边线会受到影响，如图 4-107（b）所示。

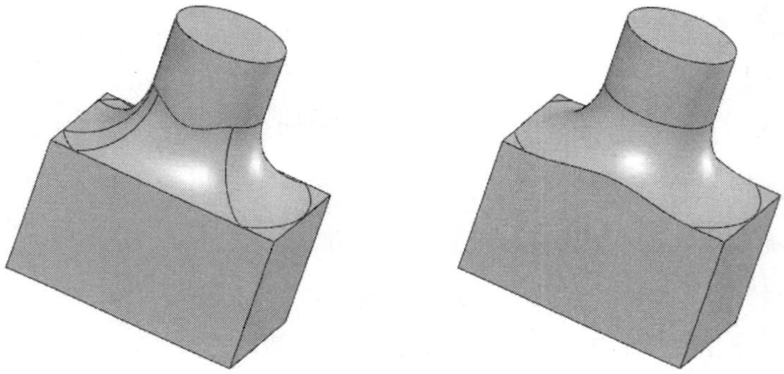

（a）保持边线　　（b）保持曲面

图 4-107　保持边线与曲面

07 单击【确定】按钮，生成圆角特征。

2. 多半径圆角特征

使用多半径圆角特征可以为每条所选边线选择不同的半径值，还可以为不具有公共边的面指定多个半径。要生成多半径圆角特征，操作步骤如下。

01 打开“光盘\源文件\第 4 章\4.7\4.7.2\4.7.2 未完成.sldprt”文件，单击【特征】工具栏中的【圆角】按钮，或选择【插入】→【特征】→【圆角】命令。

02 在弹出的【圆角】属性管理器中选择【圆角类型】为【等半径】。

03 在【圆角项目】栏中，勾选【多半径圆角】复选框。

04 单击按钮右边的显示框，然后在右边的图形区域选择进行圆角处理的第一条模型边线、面或环。

05 在【圆角项目】的微调框中设置圆角的半径。

06 重复步骤 4 和步骤 5，对多条模型边线、面或环分别指定不同的圆角半径，直到设置完所有要进行圆角处理的边线。

07 单击【确定】按钮，生成多半径圆角特征。

3. 圆形角圆角特征

使用圆形角圆角特征可以控制角部边线之间的过渡。圆形角圆角将混合邻接的边线，从而消除或平滑两条边线汇合处的尖锐接合点。图 4-108 展示了使用圆形角圆角前后的效果。

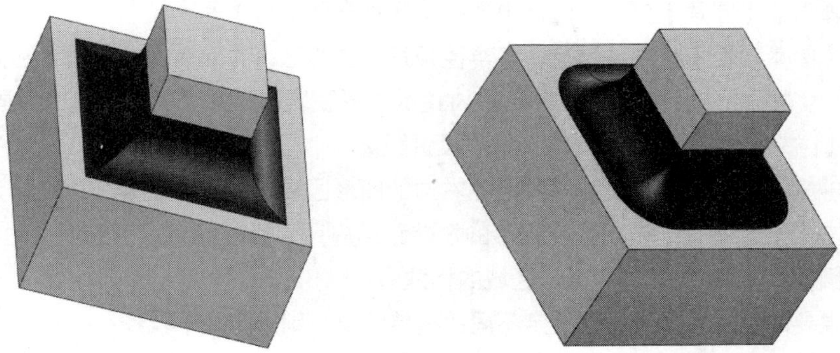

（a）未使用圆形角效果　　（b）使用圆形角效果

图 4-108　应用圆形角圆角前后的效果

要生成圆形角圆角特征，操作步骤如下。

01 打开“光盘\源文件\第 4 章\4.7\4.7.3\4.7.3 未完成.sldprt”文件。单击【特征】工具栏中的【圆角】按钮，或选择【插入】→【特征】→【圆角】命令。

02 在弹出的【圆角】属性管理器中选择【圆角类型】为【等半径】。

03 在【圆角项目】栏中，取消勾选【切线延伸】复选框。

04 在【圆角项目】的微调框中设置圆角的半径。

05 单击按钮右边的显示框，然后在右边的图形区域选择进行圆角处理的第一条模型边线、面或环。

06 勾选【圆角选项】栏中的【圆形角】复选框。

07 单击【确定】按钮，生成圆形角圆角特征。

4. 逆转圆角

使用逆转圆角特征可以在混合曲面之间沿着零件边线生成圆角，从而生成平滑过渡。图 4-109 说明了使用逆转圆角特征的效果。

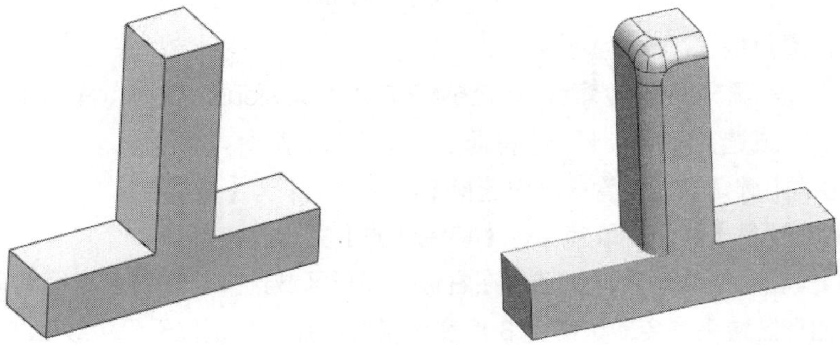

（a）未逆转圆角效果　　（b）逆转圆角效果

图 4-109　应用逆转圆角前后的效果

要生成逆转圆角特征，操作步骤如下。

01 打开“光盘\源文件\第 4 章\4.7\4.7.4\4.7.4 未完成.sldprt”文件。单击【特征】工具栏中的【圆角】按钮，或选择【插入】→【特征】→【圆角】命令。

02 在弹出的【圆角】属性管理器中选择【圆角类型】为【等半径】。

03 在【圆角项目】栏中，勾选【多半径圆角】复选框，并取消勾选【切线延伸】复选框。

04 单击按钮右边的显示框，然后在右边的图形区域选择 3 个或更多具有共同顶点的边线。

05 在【逆转参数】栏中的微调框中设置距离。

06 单击按钮右侧的显示框，然后在右边的图形区域选择一个或多个顶点作为逆转顶点。

07 单击【设定所有】按钮，将相等的扭转距离应用到通过每个顶点的所有边线，扭转距离将显示在扭转距离右面的微调和图形区域的标注中。

08 如果要对每一条边线分别设定不同的扭转距离，则进行如下操作：

- 单击按钮右边的显示框，在右边的图形区域选择多个顶点作为逆转点。
- 在微调框中为每一条边线设置逆转距离。
- 在微调框中会显示每条边线的扭矩距离。

09 单击【确定】按钮，生成逆转圆角特征。

5. 变半径圆角

变半径圆角特征通过对进行圆角处理的边线上的多个点（变半径控制点）指定不同的圆角半径来生成圆角，可以制作另类的效果，如图 4-110 所示。

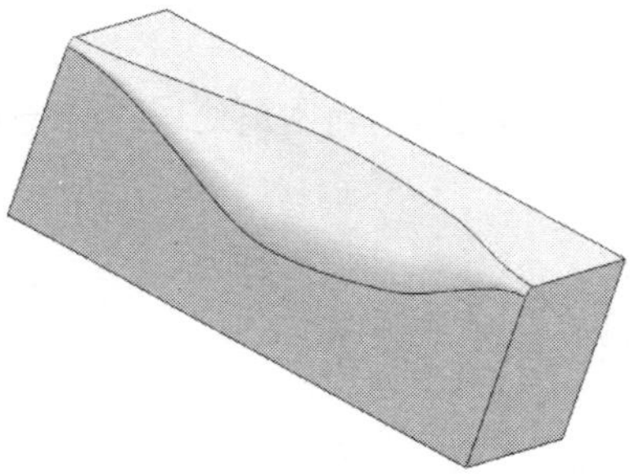
（a）有控制点效果

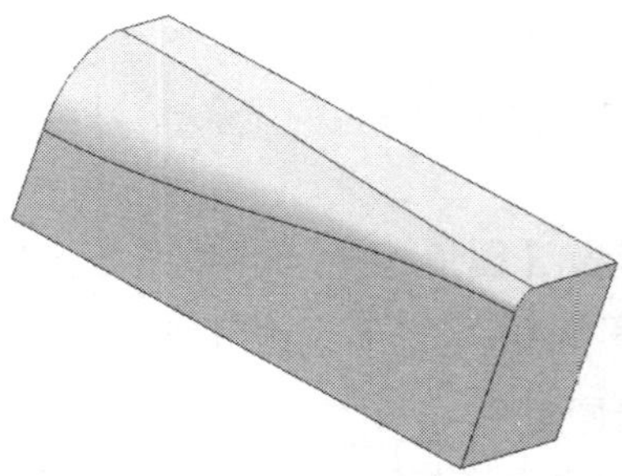
（b）无控制点效果

图 4-110　变半径圆角特征

要生成变半径圆角特征，操作步骤如下。

01 打开“光盘\源文件\第 4 章\4.7\4.7.5\4.7.5 未完成.sldprt”文件。单击【特征】工具栏中的【圆角】按钮，或选择【插入】→【特征】→【圆角】命令。

02 在弹出的【圆角】属性管理器中选择【圆角类型】为【变半径】。

03 在【圆角项目】栏中，取消勾选【切线延伸】复选框。

04 单击按钮右边的显示框，然后在右边的图形区域选择要进行变半径圆角处理的边线。此时，在右边的图形区域系统会默认使用 3 个变半径控制点，分别位于沿边线 25%、50%和 75%的等距离处，如图 4-111 所示。

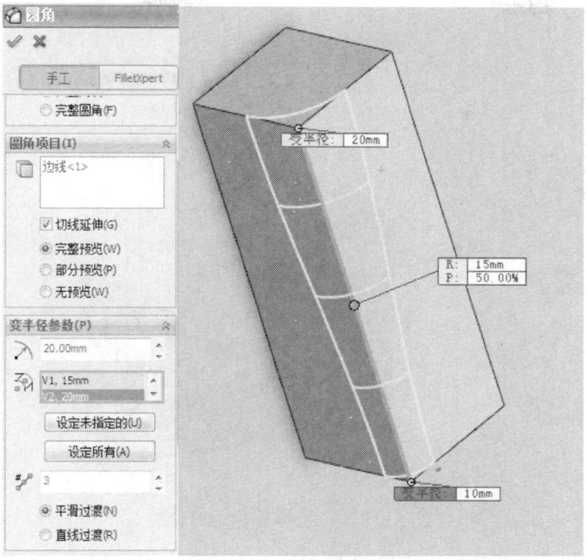

图 4-111　默认的变半径控制点

05　在【圆角项目】的微调框中设置圆角的半径。

06　在【变半径参数】栏下的按钮右边的显示框中选择变半径控制点，然后在上面的半径按钮右侧的微调框中输入圆角半径值。

如果要改变半径控制点的位置，可以通过鼠标拖动控制点到新的位置。

07　如果要改变控制点的数量，可以在按钮右侧的微调框中设置控制点的数量。

08　选择过渡类型。

- 平滑过渡：生成一个圆角，当一个圆角边线与一个邻边结合时，圆角半径从一个半径平滑地变化为另一个半径。
- 直线过渡：生成一个圆角，圆角半径从一个半径线性地变成另一个半径，但是不与邻近圆角的边线结合。

09　单击【确定】按钮，生成变半径圆角特征。

6. 混合面圆角

混合面圆角是将不相邻的面混合起来。要生成混合面圆角特征，可如下操作。

01　打开“光盘\源文件\第 4 章\4.7\4.7.6\4.7.6 未完成.sldprt”文件。单击【特征】工具栏中的【圆角】按钮，或选择【插入】→【特征】→【圆角】命令。

02　在【圆角】属性管理器中选择【圆角类型】为【面圆角】。

03　在微调框中设定圆面角半径。

04　选择图形区域中要混合的第一个面或第一组面，所选择的面将在第一个按钮右侧的显示框中显示。

05　选择图形区域中要混合的第二个面或第二组面，所选择的面将在第二个按钮右侧的显示框中显示，如图 4-112 所示。

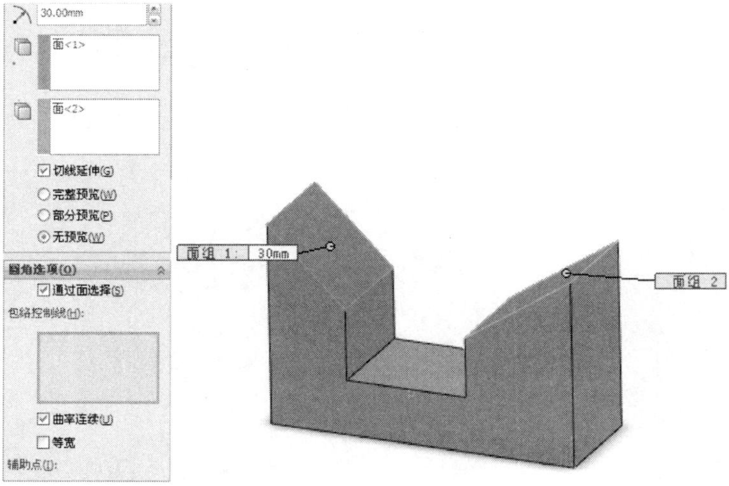

图 4-112　选择要混合的面

06 勾选【切线延伸】复选框，使圆角应用到相切面。

07 如果勾选了【圆角选项】栏中的【曲率连续】复选框，则系统会生成一个平滑曲率来解决相邻曲面之间不连续的问题。

08 如果单击【辅助点】框，则可以在图形区域通过在插入圆角的附近插入辅助点来定位插入混合面的位置。

09 单击【确定】按钮，生成混合面圆角特征。

在生成圆角时，要注意以下几点：

- 在添加小圆角之前先添加较大圆角。当有多个圆角汇聚于一个顶点时，先生成较大的圆角。
- 如果要生成具有多个圆角边线及拔模面的铸模零件，在大多数情况下，应在添加圆角之前添加拔模特征。
- 应该最后添加修饰用的圆角。在大多数其他几何体定位后再尝试添加修饰圆角。如果早早就添加了它们，则系统需要花费很长时间重建零件。
- 尽量使用一个圆角命令来处理需要相同半径圆角的多条边线，这样会加快零件相同大小圆角的绘制速度。但是请注意，当改变圆角的半径时，在同一操作中生成的所有圆角都会改变。

4.8　倒角特征

在零件设计过程中，通常在锐利的零件边角进行倒角处理，以防止伤人和便于运输、装配以及避免应力集中等。此外，有些倒角特征也是机械加工过程中不可缺少的工艺。与圆角特征类似，倒角特征是对边或角进行倒角。图 4-113 所示为倒角特征的零件实例。

4.8.1　倒角特征的属性设置

要进入倒角特征，单击【特征】工具栏中的【倒角】按钮，弹出【倒角】属性管理器，如图 4-114 所示。

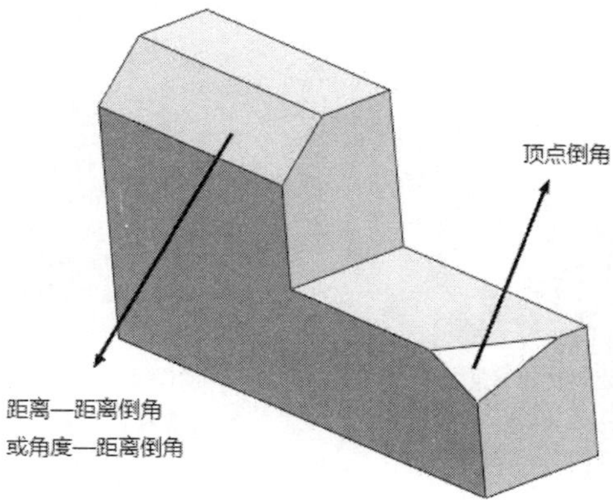

图 4-113　倒角特征实例

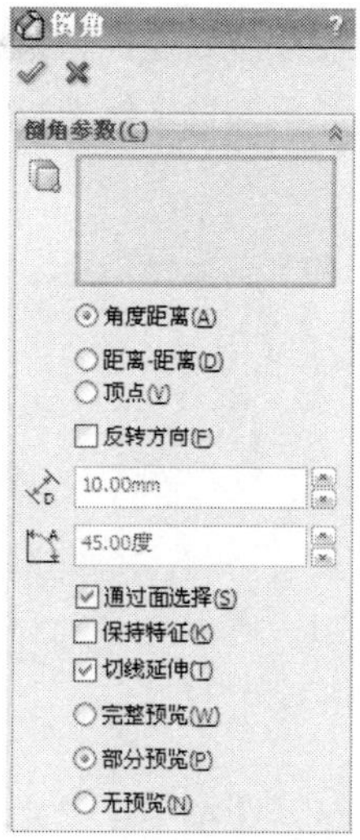

图 4-114　【倒角】属性管理器

- 角度距离：在所选边线上指定距离和倒角角度来生成倒角。
- 距离-距离：在所选边线的两侧分别指定两个距离值来生成倒角。
- 顶点：在与顶点相交的 3 条边线上分别指定距顶点的距离来生成倒角。

4.8.2　倒角特征的操作步骤

要在零件模型上生成倒角特征，操作步骤如下。

01　打开“光盘\源文件\第 4 章\4.8\4.8.1\4.8.1 未完成.sldprt”文件。单击【特征】工具栏中的【倒角】按钮，或选择【插入】→【特征】→【倒角】命令。

02　在【倒角】属性管理器中选择【倒角类型】。

03　单击按钮右侧的显示框，然后在图形区域选择一个实体（边线和面或顶点），如图 4-115 所示。

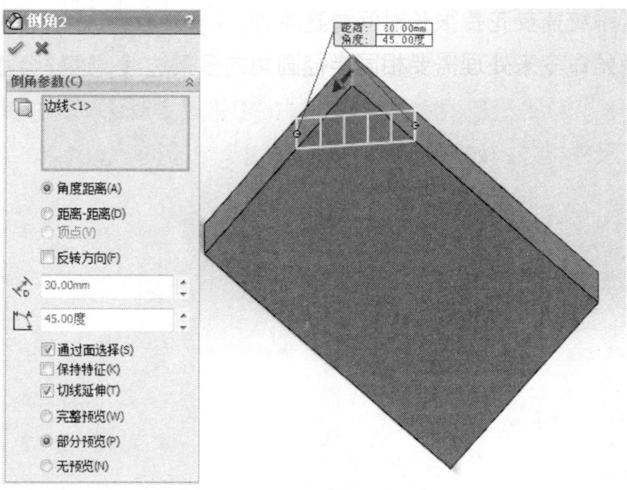

图 4-115　设置倒角

04 在下面对应的微调框中指定距离或角度值。

05 如果勾选【保持特征】复选框，则应用倒角特征时，会保持零件的其他特征，如图 4-116 所示。

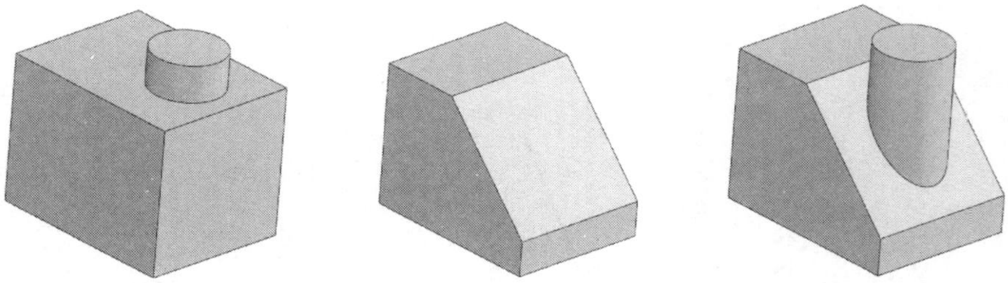

原始零件　　未选择保持特征　　选择保持特征

图 4-116　倒角特征

06 单击【确定】按钮，生成倒角特征。

★ 边学边练：利用圆角特征和倒角特征建立按钮

1. 设计分析

分析按钮的模型图可知，首先需要利用【矩形】、【智能尺寸】等草图绘制命令绘制草图，然后利用【拉伸】、【拔模】及【圆角】等特征操作命令绘制实体模型。为了便于操作，还会介绍相关的视图转换方法及坐标原点的显示/隐藏方法。

2. 操作步骤

（1）绘制矩形

01 单击【常用】工具栏中的【新建】按钮，弹出【新建 SolidWorks 文件】对话框，单击【零件】按钮，再单击【确定】按钮，新建一个零件文件，将其保存为【按钮.sldprt】。单击【草图】工具栏中的【草图绘制】按钮，选择前视基准面，进入草图绘制状态。单击【草图】工具栏中的【矩形】按钮，在【矩形】属性管理器中选择边角矩形类型。将鼠标指针移到绘图区，单击确定矩形起点，拖动鼠标指针到合适位置，再次单击绘制矩形，如图 4-117 所示。

02 智能尺寸。按下【Esc】键，退出矩形绘制状态。单击【草图】工具栏中的【智能尺寸】按钮，标注矩形的边长。单击矩形的水平边后，弹出【修改】对话框，在其中输入 20，单击【确定】按钮，完成该边的尺寸标注，如图 4-118 所示。

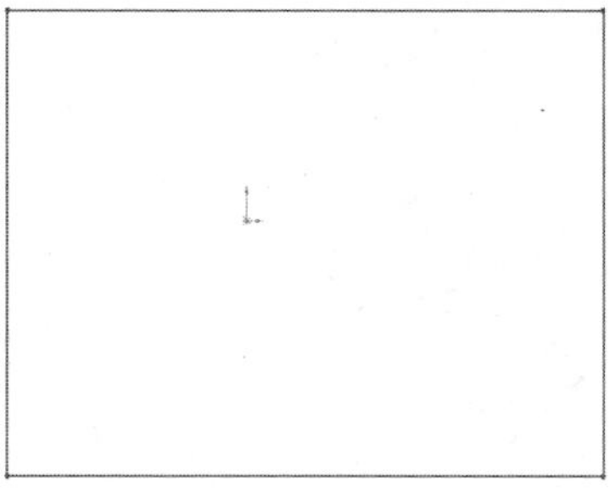

图 4-117　绘制矩形

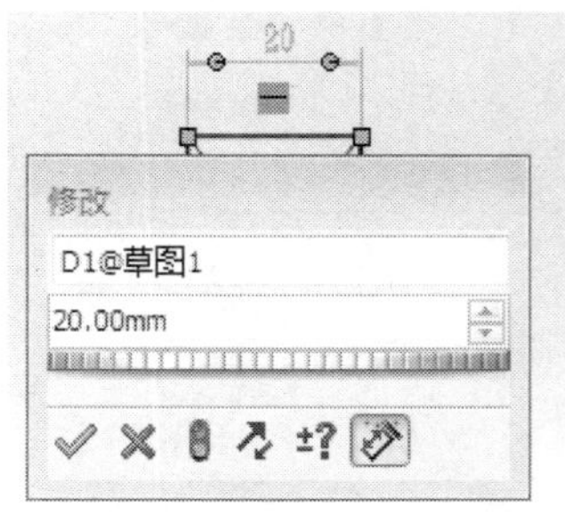

图 4-118　矩形边长标注

03 标注矩形位置。重复上述尺寸标注步骤，完成其他边的尺寸标注。然后标注矩形各边距坐标原点的距离，使坐标原点位于矩形中心位置，结果如图 4-119 所示。

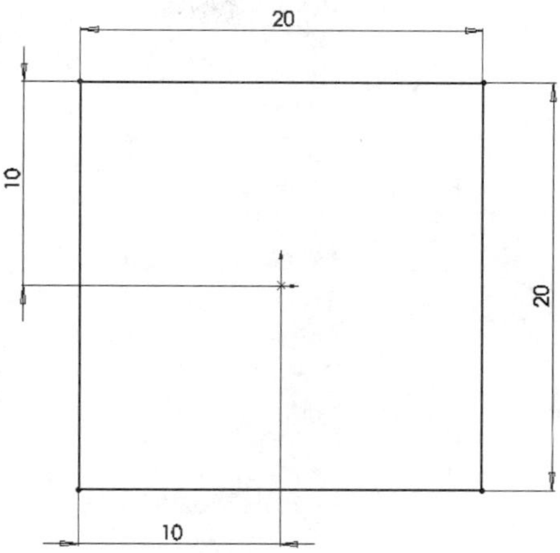

图 4-119　矩形位置标注

（2）使用【拉伸凸台/基体】命令创建长方体

01 单击【草图】工具栏中的【草图绘制】按钮，退出草图绘制状态。单击 CommandManager 左侧下方的【特征】选项卡，更改工具栏上显示的命令。

02 单击【特征】工具栏中的【拉伸凸台/基体】按钮，或者选择【插入】→【凸台/基体】→【拉伸】命令。在 FeatureManager 设计树中，弹出【凸台-拉伸】属性管理器，将【开始条件】栏选为【草图基准面】；【方向 1】栏中的终止条件选为【给定深度】；【拉伸深度】栏改为 12；其他各项设置如图 4-120 所示。

03 设置好后，绘图区出现拉伸特征的预览，单击【确定】按钮，得到拉伸特征，如图 4-121 所示。

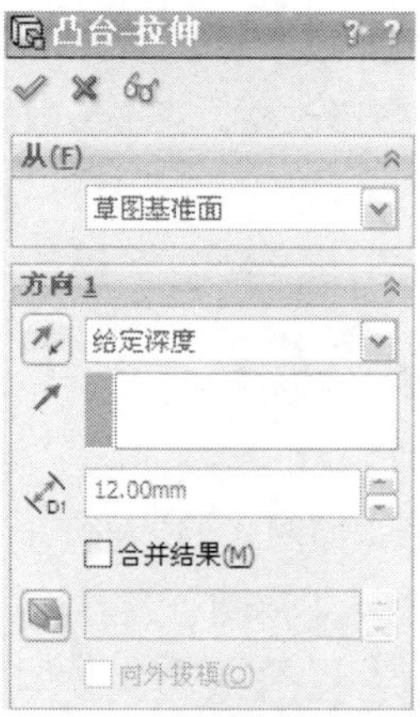

图 4-120　【凸台-拉伸】属性管理器

图 4-121　拉伸特征

（3）使用【拔模】命令创建按钮模型

01 单击【特征】工具栏中的【拔模】按钮，或者选择【插入】→【特征】→【拔模】命令，在 FeatureManager 设计树中弹出【拔模】属性管理器。在【拔模类型】栏中选择【中性面】；在【拔模角度】栏中输入 15°；单击【中性面】栏使之激活，在绘图区移动鼠标指针到实体上表面，单击选为中性面；单击【拔模面】栏使之激活，依次单击实体 4 个侧面，选为拔模面；其他设置如图 4-122 所示。

02 设置好后，绘图区出现拔模特征预览，单击【确定】按钮，得到拔模特征，如图 4-123 所示。

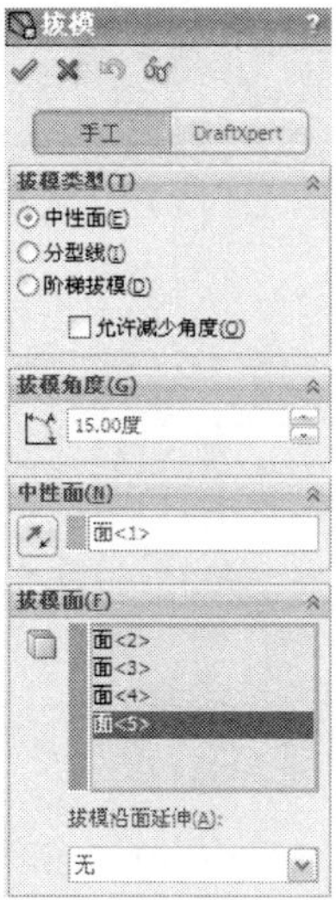

图 4-122 【拔模】属性管理器

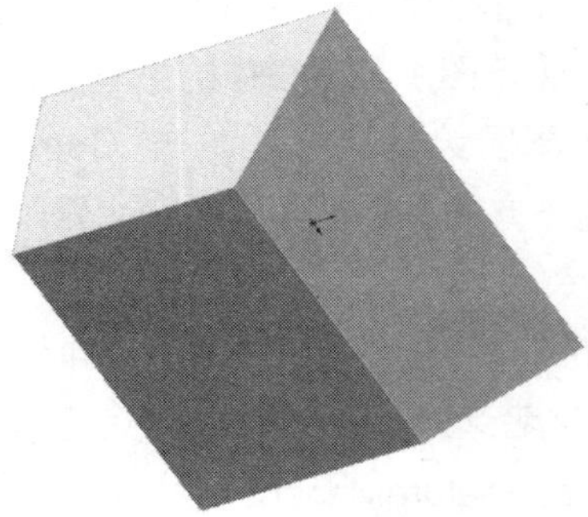

图 4-123 拔模特征

（4）使用【圆角】特征修饰按钮模型

01 变半径圆角特征。单击【特征】工具栏中的【圆角】按钮，然后单击【圆角】按钮，或者选择【插入】→【特征】→【圆角】命令，弹出【圆角】属性管理器。在【圆角类型】栏中选择【变半径】；在【变半径参数】栏的【半径】栏中输入 0.3；在【实例数】栏中输入 4；单击【圆角项目】栏使之激活，依次选取 4 条侧边；其他设置如图 4-124 所示。

02 修改参数。设置好后，在绘图区出现圆角变半径参数修改栏，双击参数修改栏将其激活，在其中输入 3，如图 4-125 所示。

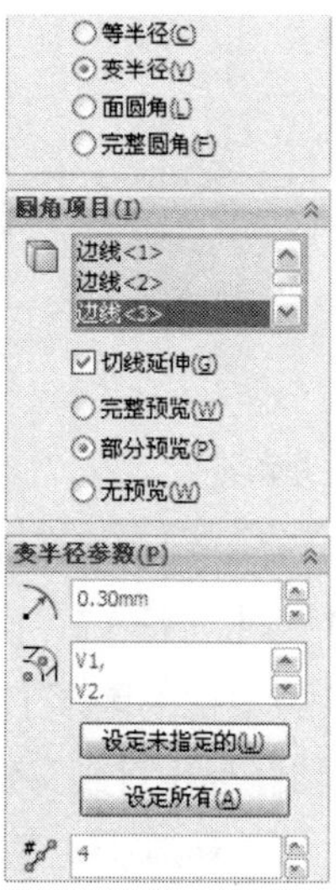

图 4-124 【圆角】属性管理器

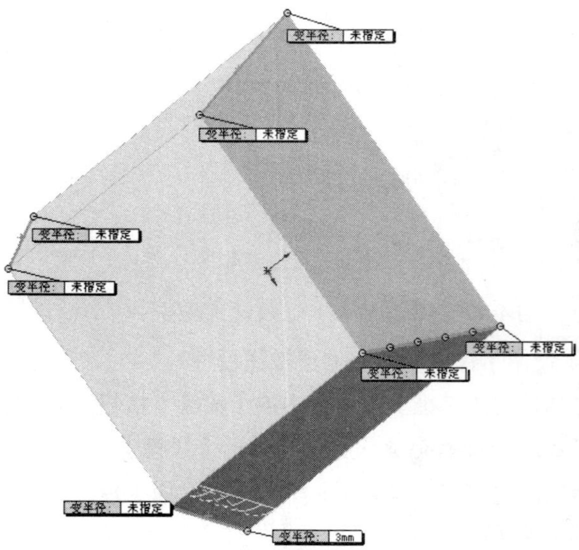

图 4-125 修改参数

03 重复以上操作，依次修改 4 个圆角变半径参数，均将其改为 3。修改完后，单击【圆角】属性管理器中的【确定】按钮，结果如图 4-126 所示。

04　等半径圆角特征。再次单击【特征】工具栏中的【圆角】按钮，然后单击【圆角】按钮，弹出【圆角】属性管理器。在【圆角类型】栏中选择【等半径】；在【圆角项目】栏的半径栏中输入 0.8；将【边线、面、特征和环】栏激活，选取实体上顶面；其他设置如图 4-127 所示。

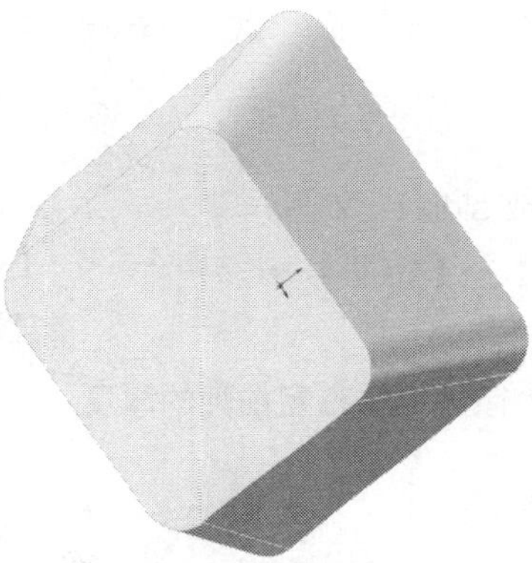

图 4-126　变半径圆角绘制

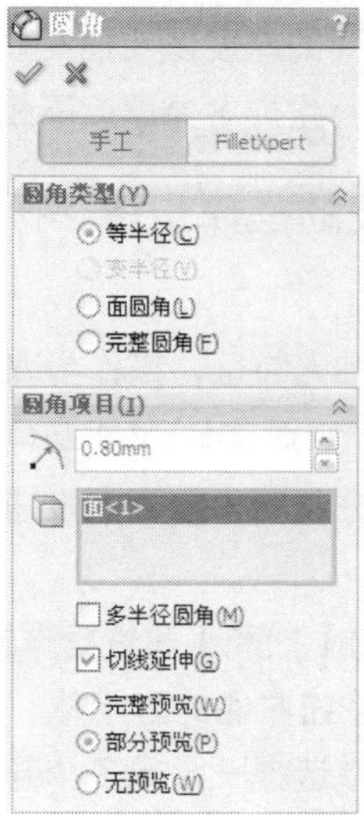

图 4-127　【圆角】属性管理器

05　设置好后，绘图区出现圆角特征预览，单击【确定】按钮，结果如图 4-128 所示。

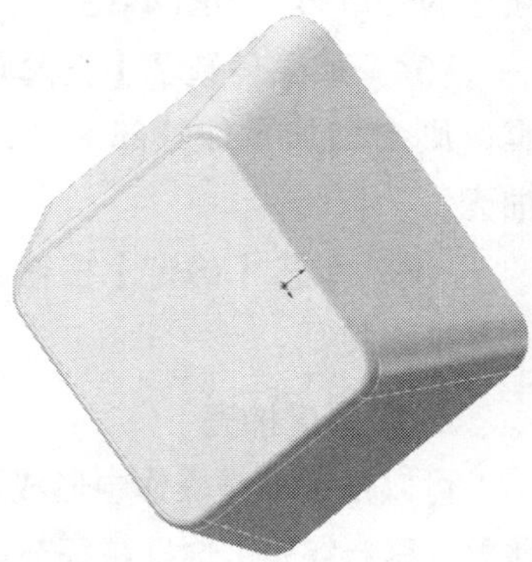

图 4-128　圆角绘制完成

4.9　抽壳特征

抽壳特征是零件建模中的重要特征，它能使一些复杂工作变得简单化。当在零件的一个面上应用抽壳工具时，系统会掏空零件的内部，使所选面敞开，在剩余的面上生成薄壁特征。如果没有选择模型上的任何面，而直接对实体零件进行抽壳操作，则会生成一个闭合、掏空的模型。通常各个表面的厚度相等，也可以对某些表面厚度单独进行指定，这样抽壳特征完成以后，各个零件表面厚度就不相等了。图 4-129 所示为使用抽壳特征进行零件建模的实例。

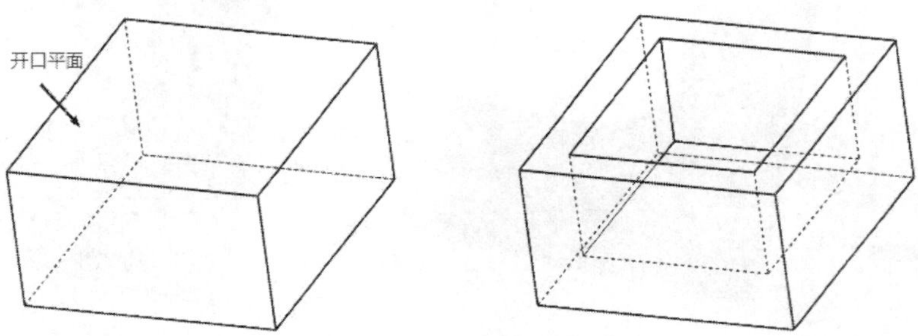

图 4-129　抽壳特征实例

4.9.1 抽壳特征的属性设置

要进入抽壳特征，单击【特征】工具栏中的【抽壳】按钮，弹出【抽壳】属性管理器，如图 4-130 所示。

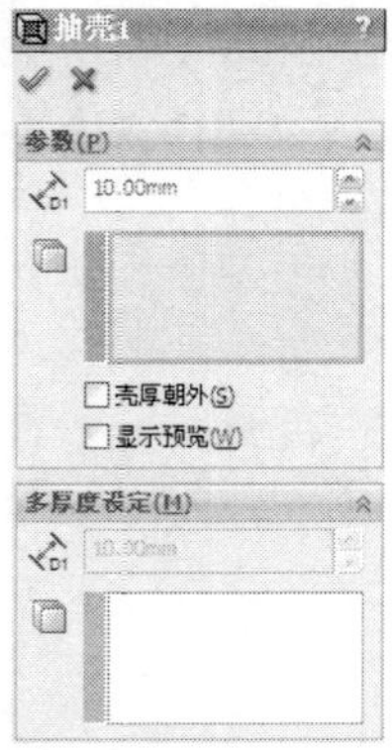

图 4-130 【抽壳】属性管理器

- 参数：设定壳的厚度以及抽壳厚度的方向。
- 多厚度设定：生成各处厚度不相等的抽壳特征。

4.9.2 抽壳特征的操作步骤

1. 等厚度抽壳

要生成等厚度抽壳特征，操作步骤如下。

01 打开“光盘\源文件\第 4 章\4.9\4.9.1\4.9.1 未完成.sldprt”文件。单击【特征】工具栏中的【抽壳】按钮，或选择【插入】→【特征】→【抽壳】命令。

02 在弹出的【抽壳】属性管理器的【参数】栏的微调框中指定抽壳的厚度。

03 单击按钮右侧的显示框，然后从右面的图形区域选择一个或多个开口面作为要移除的面，此时在显示框中显示所选的开口面，如图 4-131 所示。

04 如果勾选了【壳厚朝外】复选框，则会增加零件外部尺寸，从而生成抽壳。

05 单击【确定】按钮，生成等厚度抽壳特征。

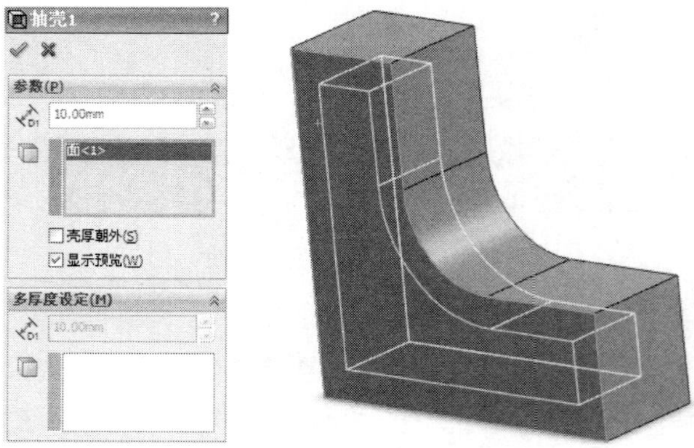

图 4-131 选择要移除的面

2. 多厚度抽壳

可以指定抽壳操作中形成不同厚度的薄壁。重新编辑（选择特征节点，右击，在弹出的快捷菜单栏中选择【编辑特征】命令），设置【抽壳】属性管理器如图 4-132 所示。

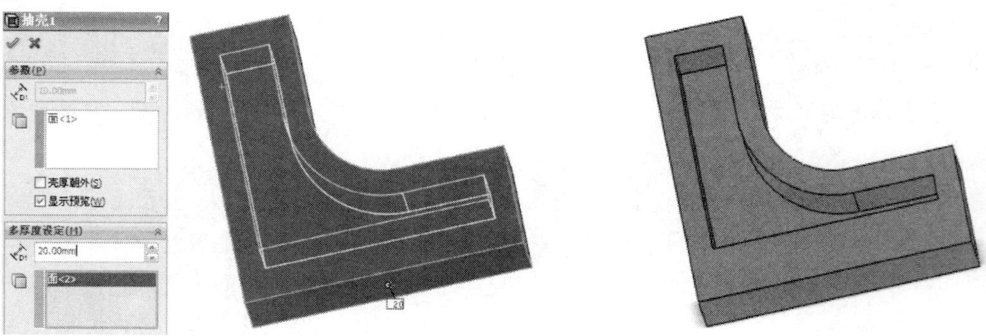

设置抽壳参数 抽壳效果

图 4-132 多厚度抽壳特征

★ 复杂基础特征实例：绘制水龙头模型

1. 设计分析

本节介绍的实例是日常生活中常见的水龙头。水龙头的结构相对复杂，绘制过程中主要运用了"放样"、"抽壳"、"拉伸"、"圆角"、"螺旋线"以及"扫描切除"等命令；此外，在模型创建过程中，还需要在不同基准面上进行草图绘制。以上用到的命令也是 SolidWorks 中较为常用的，因此希望通过本实例的创建过程，可以帮助读者熟练掌握以上命令的使用方法，并且体会创建过程中命令的使用顺序。

2. 操作步骤

（1）使用【放样】及【抽壳】命令创建水龙头基体

水龙头结构复杂，首先利用放样特征及抽壳特征创建水龙头基体模型，具体的操作步骤如下。

01 在 FeatureManager 设计树中选中上视基准面，单击【草图】工具栏中的【草图绘制】按钮，进入草图绘制状态。绘制一个直径为 40mm 的圆，如图 4-133 所示。

02 单击【草图】工具栏中的【草图绘制】按钮，退出草图绘制状态。在 FeatureManager 设计树中选中右视基准面，单击【草图】工具栏中的【草图绘制】按钮，进入草图绘制状态。绘制一个直径为 80mm 的圆，如图 4-134 所示。

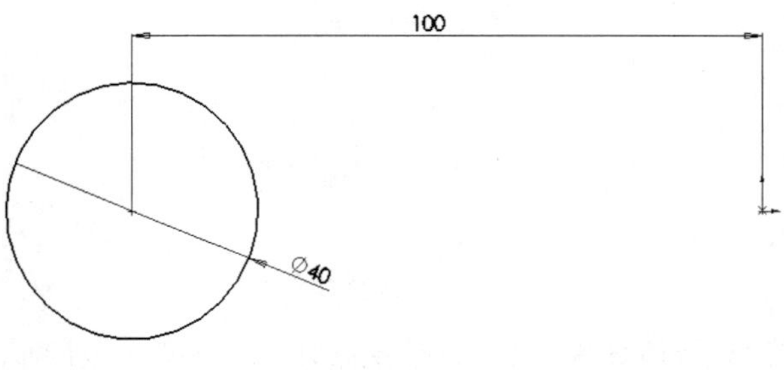

图 4-133　在上视基准面上绘制草图

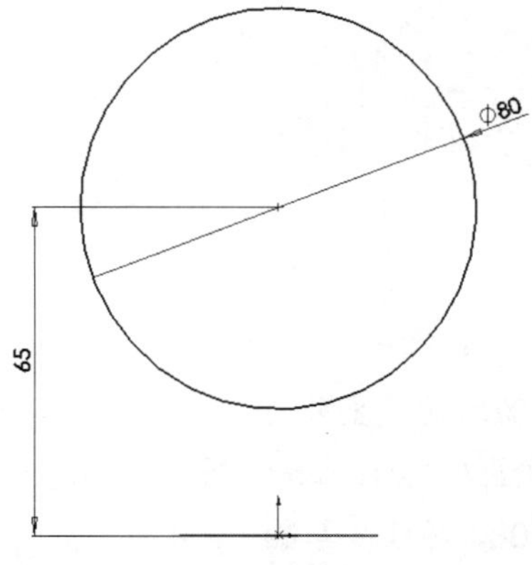

图 4-134　在右视基准面上绘制草图

03 设置基准轴。单击【草图】工具栏中的【草图绘制】按钮，退出草图绘制状态。选择【插入】→【参考几何体】→【基准轴】命令，弹出【基准轴】属性管理器，单击【两平面】按钮，然后将【参考实体】栏激活，在 FeatureManager 设计树中依次选中右视基准面和上视基准面，单击【确定】按钮，结果如图 4-135 所示。

04 设置基准面 1。选择【插入】→【参考几何体】→【基准面】命令，弹出【基准面】属性管理器，单击【两面夹角】按钮，将【角度】栏设为 45°；勾选【反向】复选框；将【参考实体】栏激活，选中基准轴和右视基准面，单击【确定】按钮，结果如图 4-136 所示。

05 选中基准面 1，单击【草图】工具栏中的【草图绘制】按钮，进入草图绘制状态。绘制一个直径为 40mm 的圆，位置如图 4-137 所示。

06 设置基准面 2。选中右视基准面，选择【插入】→【参考几何体】→【基准面】命令，弹出【基准面】属性管理器，将【等距距离】设为 100mm，单击【确定】按钮，结果如图 4-138 所示。

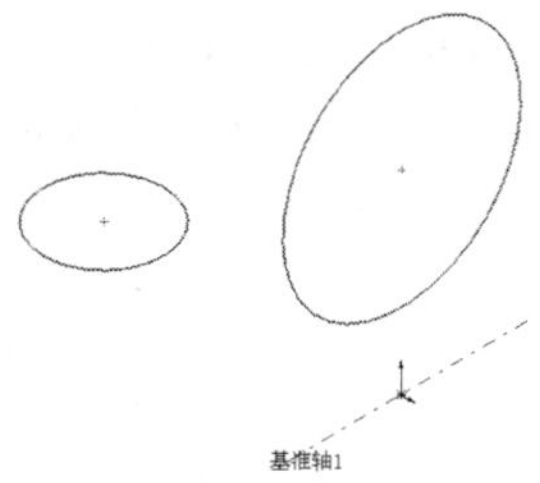

图 4-135　设置基准轴

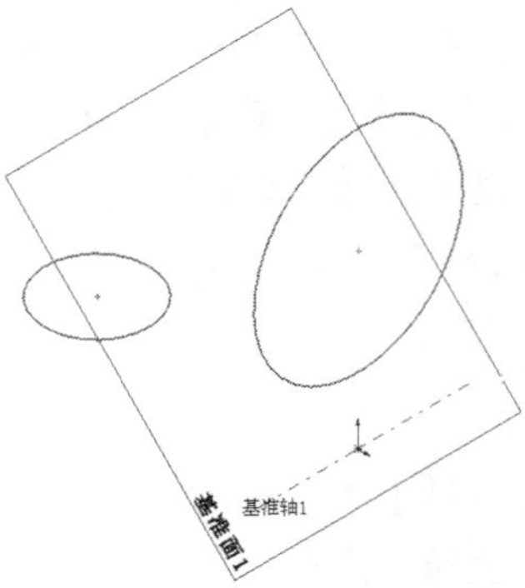

图 4-136　设置基准面 1

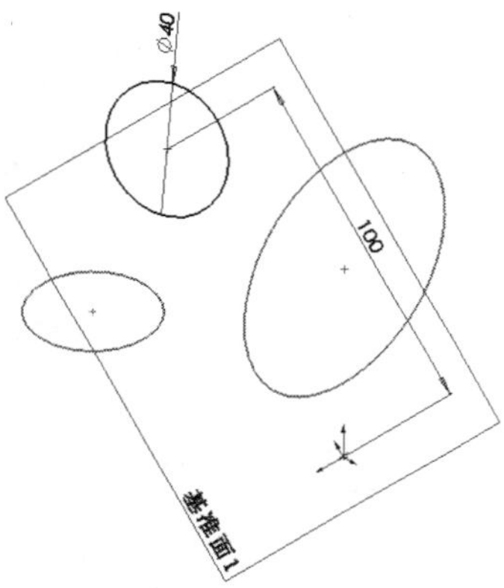

图 4-137　在基准面 1 上绘制草图

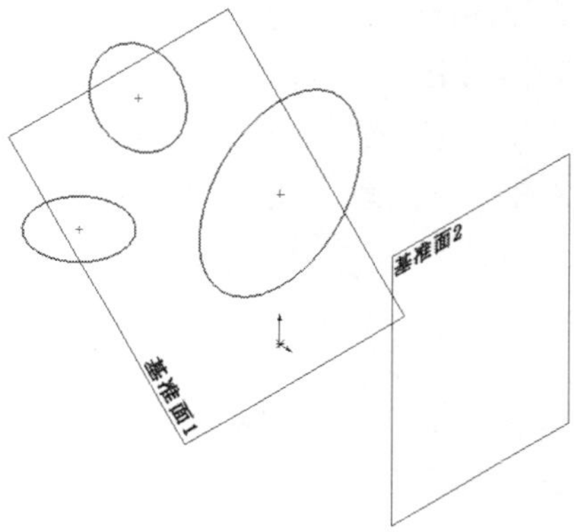

图 4-138　设置基准面 2

07 选中基准面 2，单击【草图】工具栏中的【草图绘制】按钮，进入草图绘制状态。绘制一个直径为 45mm 的圆，位置如图 4-139 所示。

08 单击【草图】工具栏中的【草图绘制】按钮，退出草图绘制状态。依次单击【前导视图】工具栏中的【视图定向】→【等轴测】按钮，将视图调整为等轴测状态。然后单击【特征】工具栏中的【放样凸台/基体】按钮 放样凸台/基体，弹出【放样】属性管理器，将【轮廓】栏激活，依次选中绘制的草图，单击【确定】按钮，并将基准面隐藏，结果如图 4-140 所示。

09 抽壳。单击【特征】工具栏中的【抽壳】按钮 抽壳，弹出【抽壳】属性管理器，将【厚度】栏改为 3mm；将【移除的面】栏激活，选中放样特征的右侧端面；其他设置选择系统默认状态，单击【确定】按钮，结果如图 4-141 所示。

（2）使用【拉伸凸台/基体】和【圆角】命令创建开关

在水龙头基体上通过创建拉伸特征及圆角特征，绘制水龙头开关，具体的操作步骤如下。

01 设置基准面 3。选中上视基准面，选择【插入】→【参考几何体】→【基准面】命令，弹出【基准面】属性管理器，将【等距距离】设为 125mm，单击【确定】按钮，结果如图 4-142 所示。

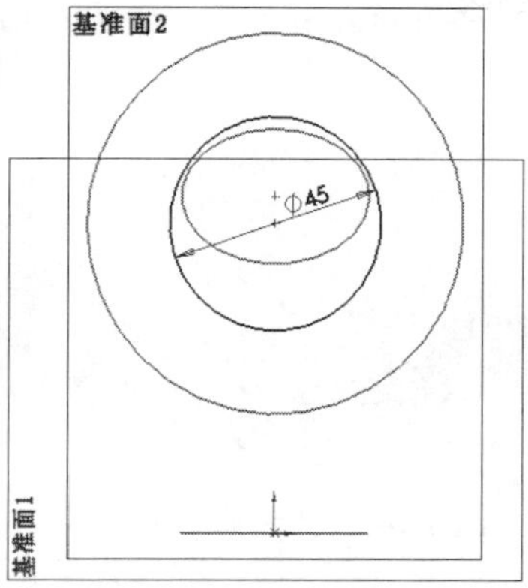

图 4-139　在基准面 2 上绘制草图

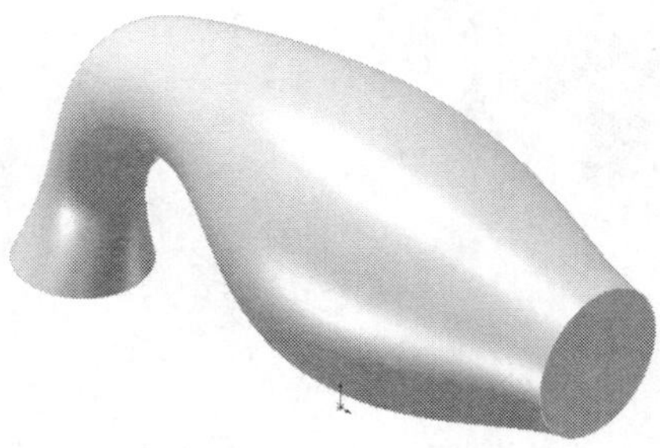

图 4-140　放样特征

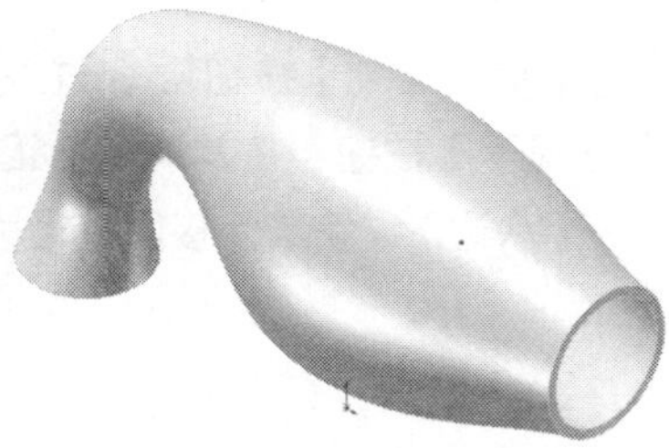

图 4-141　抽壳

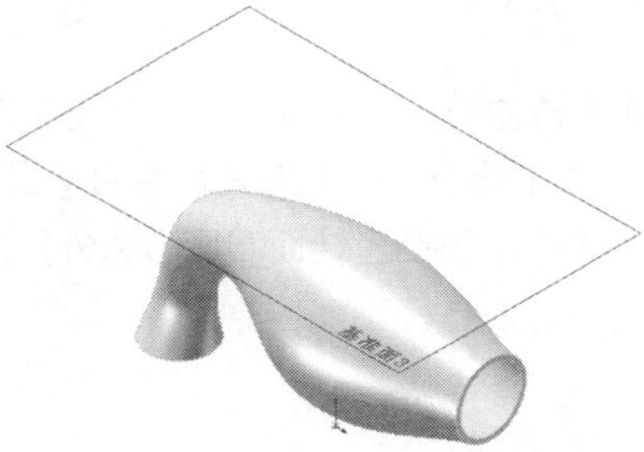

图 4-142　设置基准面 3

02　选中基准面 3，单击【草图】工具栏中的【草图绘制】按钮，进入草图绘制状态。依次单击【前导视图】工具栏中的【视图定向】→【正视于】按钮，将基准面 3 调整为正视状态，在基准面 3 上绘制草图，如图 4-143 所示。

03　拉伸凸台。单击【特征】工具栏中的【拉伸凸台/基体】按钮，弹出【凸台-拉伸】属性管理器，将【终止条件】选择为【成形到一面】；将【面/平面】栏激活，选择放样特征表面，单击【确定】按钮，结果如图 4-144 所示。

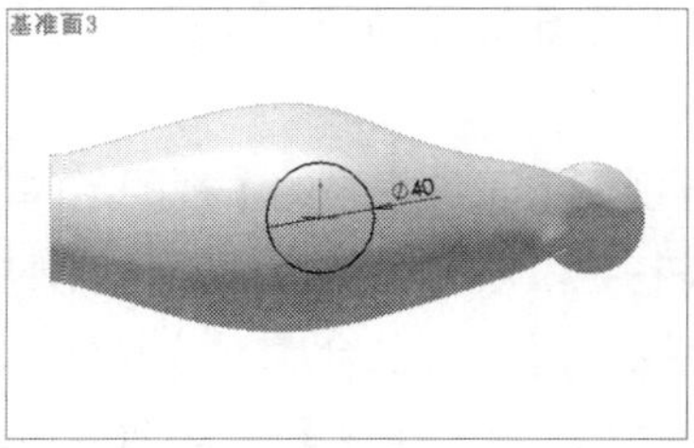

图 4-143　在基准面 3 上绘制草图

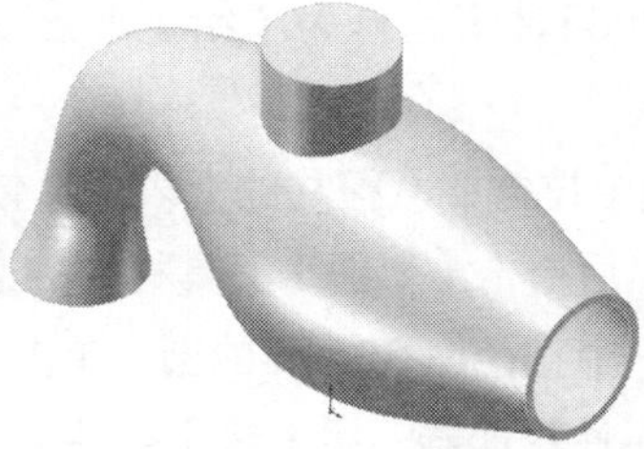

图 4-144　拉伸凸台

04　创建圆角特征。单击【特征】工具栏中的【圆角】按钮，弹出【圆角】属性管理器。将【圆角类型】选为【等半径】，在【半径】栏中输入 20mm，将【边线、特征和环】栏激活，选择拉伸凸台与放样特征曲面交线，单击【确定】按钮，结果如图 4-145 所示。

05　选中拉伸凸台的上表面，单击【草图】工具栏中的【草图绘制】按钮，进入草图绘制状态。依次单击【前导视图】工具栏中的【视图定向】→【正视于】按钮，将其调整为正视状态。

在拉伸凸台上表面，以凸台端面圆圆心为圆心，绘制一个直径为 50mm 的圆，如图 4-146 所示。

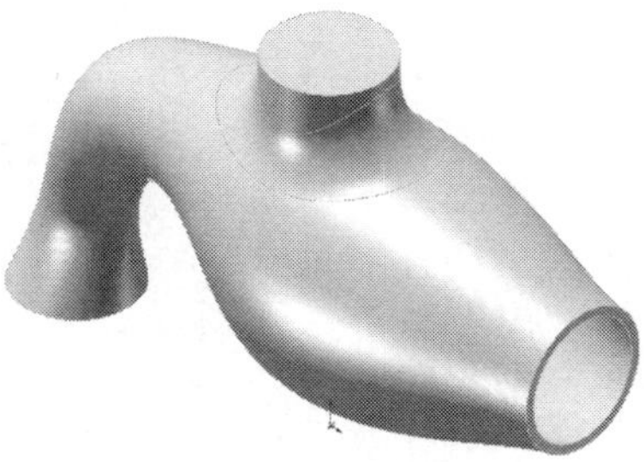

图 4-145　圆角特征

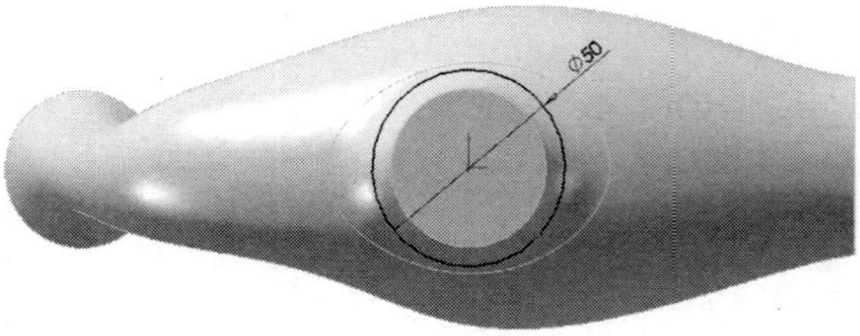

图 4-146　绘制草图

06 单击【特征】工具栏中的【拉伸凸台/基体】按钮，弹出【凸台-拉伸】属性管理器，将【终止条件】选为【给定深度】，将【深度】设为 5mm，单击【确定】按钮，结果如图 4-147 所示。

07 选中拉伸特征的上表面，单击【草图】工具栏中的【草图绘制】按钮，进入草图绘制状态。依次单击【前导视图】工具栏中的【视图定向】→【正视于】按钮，将其调整为正视状态。在拉伸凸台上表面，以凸台端面圆圆心为外接圆圆心，绘制一个八边形，使其外接圆直径为 50mm，如图 4-148 所示。

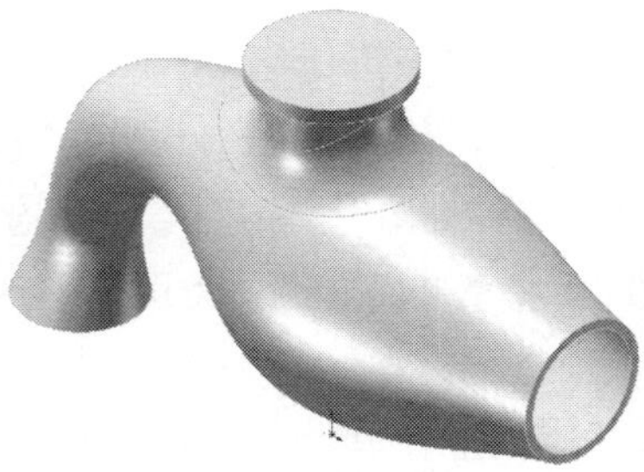

图 4-147　拉伸特征 1

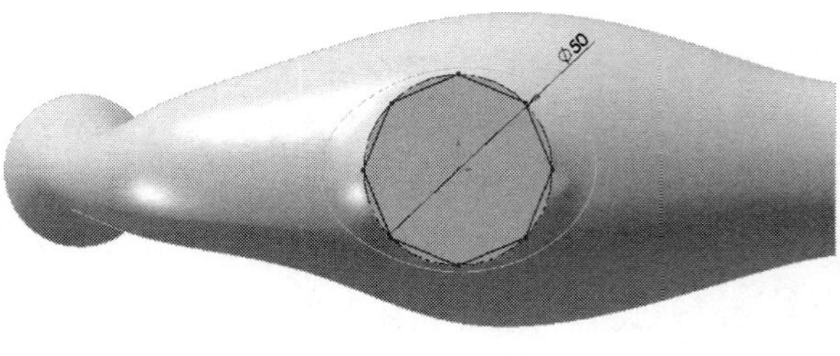

图 4-148　绘制草图

08 单击【特征】工具栏中的【拉伸凸台/基体】按钮，弹出【凸台－拉伸】属性管理器，将【终止条件】选择为【给定深度】，将【深度】设为 5mm，单击【确定】按钮，结果如图 4-149 所示。

09 选中拉伸的八棱柱的上表面，依次单击【前导视图】工具栏中的【视图定向】→【正视于】按钮，然后单击【草图】工具栏中的【草图绘制】按钮，在八棱柱上表面，以外接圆圆心为圆心，绘制一个直径为 35mm 的圆。单击【特征】工具栏中的【拉伸凸台/基体】按钮，弹出【凸台－拉伸】属性管理器，将【终止条件】选择为【给定深度】，将【深度】设为 30mm；单击【拔模开/关】按钮，将【拔模角度】设为 10°；其他设置保持系统默认状态，单击【确定】按钮，结果如图 4-150 所示。

10 重复以上步骤，选中拉伸后的凸台上表面，绘制一个直径为 15mm 的圆。单击【特征】工具栏中的【拉伸凸台/基体】按钮，弹出【凸台-拉伸】属性管理器，将【终止条件】选择为【给定深度】，将【深度】设为 30mm，其他设置保持系统默认状态，单击【确定】按钮，结果如图 4-151 所示。

11 选中前视基准面，将其调整为正视状态，绘制一个直径为 20mm 的圆。单击【特征】工具栏中的【拉伸凸台/基体】按钮，弹出【凸台-拉伸】属性管理器，在【方向 1】栏中将【终止条件】选择为【给定深度】，将【深度】设为 25mm，单击【拔模开/关】按钮，将【拔模角度】设为 5°；勾选【方向 2】栏前的复选框，其设置同【方向 1】栏。单击【确定】按钮，结果如图 4-152 所示。

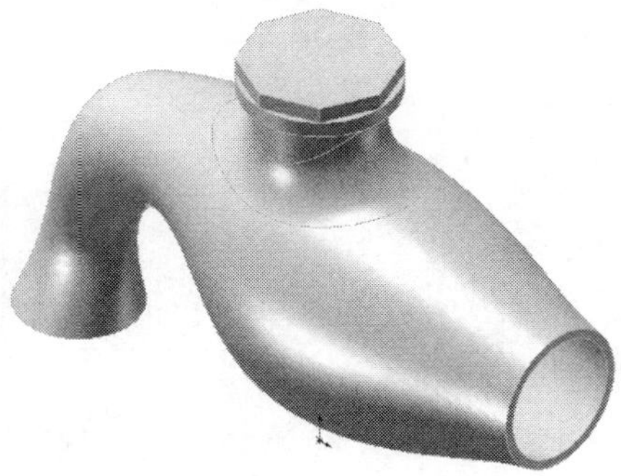
图 4-149　拉伸特征 2

图 4-150　带拔模角度的拉伸

图 4-151　拉伸特征 3

图 4-152　绘制水龙头开关

12 圆角特征。单击【特征】工具栏中的【圆角】按钮，弹出【圆角】属性管理器。将【圆角类型】选为【等半径】，在【半径】栏中输入 7.5，将【边线、特征和环】栏激活，选择水龙头开关两侧面，单击【确定】按钮，结果如图 4-153 所示。

（3）使用【拉伸】及【螺旋线/涡状线】命令绘制水龙头口

在水龙头基体上，利用拉伸特征及拉伸切除特征绘制水龙头口，最后为其添加螺纹线，具体的操作步骤如下。

01 选中水龙头右侧圆环端面，单击【草图】工具栏中的【草图绘制】按钮，在端面上以圆环圆心为圆心，绘制一个直径为 55mm 的圆；单击【特征】工具栏中的【拉伸凸台/基体】按钮，将其拉伸为一个深度为 5mm 的圆柱体，结果如图 4-154 所示。

02 选中刚创建的圆柱体的右端面，单击【草图】工具栏中的【草图绘制】按钮，绘制一个外接圆直径为 55mm 的八边形，外接圆圆心即为端面轮廓圆圆心；单击【特征】工具栏中的【拉伸凸台/基体】按钮，将其拉伸为一个深度为 5mm 的八棱柱，结果如图 4-155 所示。

03 选中八棱柱右端面，单击【草图】工具栏中的【草图绘制】按钮，在端面上以外接圆圆心为圆心，绘制一个直径为 35mm 的圆；单击【特征】工具栏中的【拉伸凸台/基体】按钮，将其拉伸为一个深度为 40mm 的圆柱体，结果如图 4-156 所示。

图 4-153　水龙头开关绘制完成

图 4-154　拉伸圆柱体 1

图 4-155　拉伸八棱柱

图 4-156　拉伸圆柱体 2

04 绘制螺纹。选中刚拉伸得到的圆柱体右端面，单击【草图】工具栏中的【草图绘制】按钮，进入草图绘制状态。选中圆柱体端面轮廓圆，单击【草图】工具栏中的【转换实体引用】按钮，此时得到端面圆轮廓。单击【曲线】工具栏中的【螺旋线/涡状线】按钮，弹出【螺旋线/涡状线】属性管理器，其设置如图 4-157 所示。单击【确定】按钮，结果如图 4-158 所示。

05 设置基准面。选择【插入】→【参考几何体】→【基准面】命令，在弹出的【基准面】属性管理器中，单击【垂直与曲线】按钮，将【参考实体】栏激活，选择螺旋线，单击【确定】按钮，结果如图 4-159 所示。

06 绘制扫描轮廓。选中刚创建的基准面，单击【草图】工具栏中的【草图绘制】按钮，在基准面上绘制三角形，并标注尺寸，作为扫描轮廓，如图 4-160 所示。

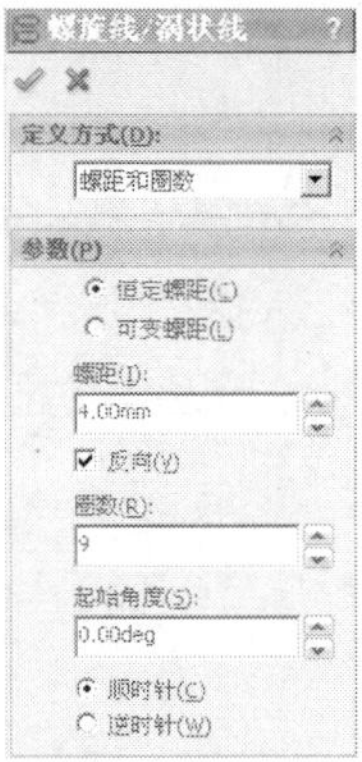

图 4-157　【螺旋线/涡状线】属性管理器

图 4-158　绘制螺旋线

图 4-159　设置基准面

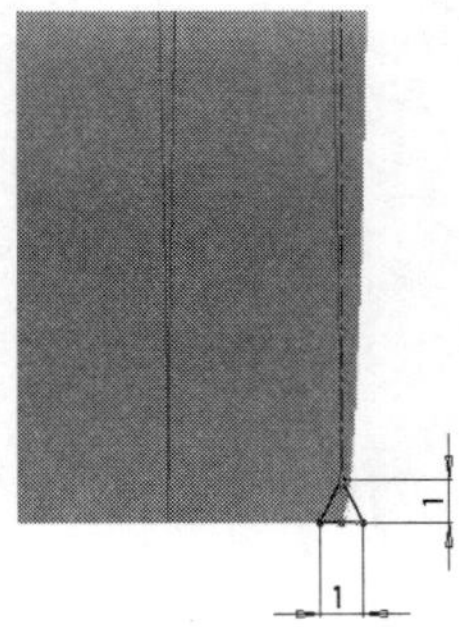

图 4-160　绘制扫描轮廓

07　再次单击【草图】工具栏中的【草图绘制】按钮，退出草图绘制状态。单击【特征】工具栏中的【扫描切除】按钮，在弹出的【切除-扫描】属性管理器中，将【轮廓】栏激活，选择绘制的三角形；将【路径】栏激活，选择螺旋线；单击【确定】按钮，结果如图 4-161 所示。

08　拉伸切除。选中水龙头右端圆柱端面，以端面圆圆心为圆心，绘制一个直径为 25mm 的圆。单击【特征】工具栏中的【拉伸切除】按钮，弹出【切除－拉伸】属性管理器。将【终止条件】选为【成形到下一面】，单击【确定】按钮，最终得到的水龙头模型如图 4-162 所示。

图 4-161　扫描切除

图 4-162　水龙头模型

4.9 本章小结

本章通过机械工业中各种常见零部件的绘制，主要讲述了 SolidWorks 2012 中特征建模命令的使用方法。其中读者要掌握拉伸凸台/基体特征、拉伸切除特征、旋转凸台/基体特征、旋转切除特征、扫描特征、放样凸台/基体特征等基本特征建模命令；熟练应用圆角特征、倒角特征、筋特征、抽壳特征、简单直孔、异型孔向导等精加工特征建模命令。

第 5 章　零件形变编辑

零件特征生成之后，用户可以对特征进行多种编辑操作，如弯曲、压凹、圆顶和变形等。在进行特征操作时，必须注意特征之间的上下级关系，即父子关系。通常创建一个新特征时，不可避免地要参考已有的特征，如选取已有的特征表面作为草图绘制的基准面、选取已有的特征边线作为标注层次参考等，此时便形成了特征之间的父子关系。

5.1　零件特征概述

新生成的特征称为子特征，被参考的已有特征称为父特征。SolidWorks 2012 中特征的父子关系具有以下特点：

- 只能查看父子关系而不能进行编辑。
- 不能将子特征重新排序在其父特征之前。

要查看特征之间的父子关系，可如下操作：

01　在特征管理器设计树或图形区域右击想要查看父子特征的关系。

02　在弹出的快捷菜单中选择【父子关系】命令，系统将弹出【父子关系】对话框，如图 5-1 所示。

图 5-1　【父子关系】对话框

特征之间的父子关系的形成是由于特征在创建过程中对已有特征的参考所致，因而打破父子关系也就打破了特征之间的参考关系。

5.2　弯曲特征

弯曲特征通过可以预测的、直观的工具修改父子的应用模型，这些应用包括概念、机械设计、工业设计、冲模以及铸模等。弯曲特征可修改单体或多体零件。

5.2.1　弯曲特征的属性设置

要创建弯曲特征，可以单击【特征】工具栏中的【弯曲】按钮，或选择【插入】→【特征】→【弯曲】命令，系统弹出【弯曲】属性管理器，如图 5-2 所示。

弯曲类型如下。

- 折弯：利用两个剪裁基准面的位置来决定弯曲区域，绕一条折弯线改变实体，此折弯线相当于三重轴的 X 轴，如图 5-3（a）所示。
- 扭曲：绕三重轴的 Z 轴扭曲几何体，如图 5-3（b）所示。
- 锥削：绕三重轴的 Z 轴锥削模型，如图 5-3（c）所示。
- 伸展：沿三重轴的 Z 轴伸展模型，如图 5-3（d）所示。

图 5-2 【弯曲】属性管理器

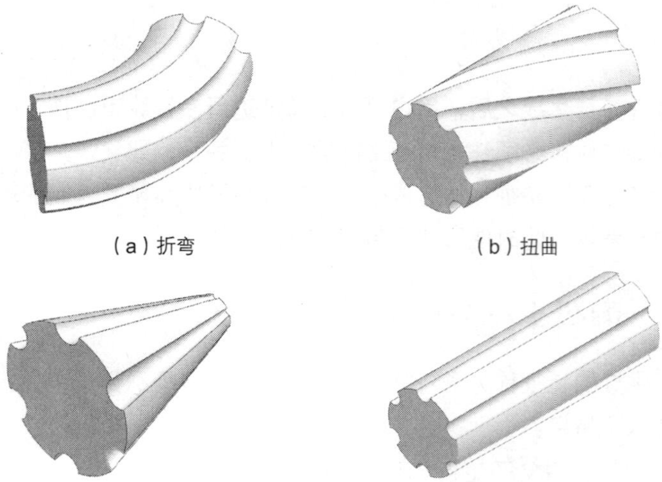

（a）折弯　（b）扭曲　（c）锥削　（d）伸展

图 5-3 弯曲类型

在弯曲选项下，移动弯曲角度滑杆来控制曲面品质，提高品质还将会提高弯曲特征的成功率。例如，如果获知一个错误信息，可将滑杆右移。注意，仅在需要时移动滑杆；提高曲面角度会降低其性能。

5.2.2 生成弯曲特征的操作步骤

01 打开“光盘\源文件\第 5 章\5.2\5.2.2\5.2.2 未完成.sldprt”文件，如图 5-4 所示。

02 单击【特征】工具栏中的【弯曲】按钮，或选择【插入】→【特征】→【弯曲】命令，在【弯曲】属性管理器中设置参数，如图 5-5 所示。

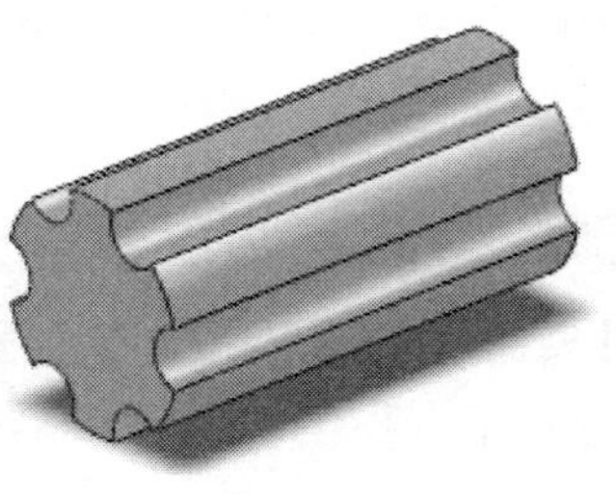

图 5-4 5.1.2 未完成

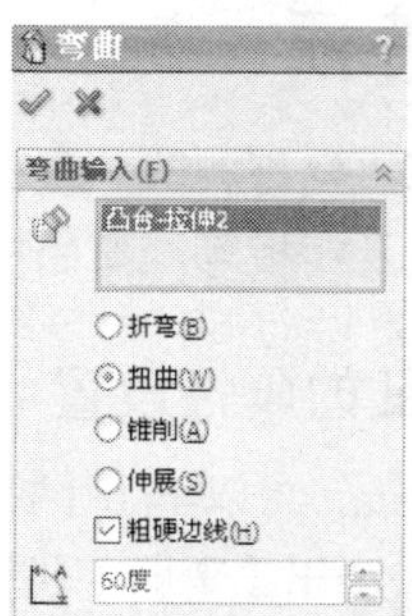

图 5-5 【弯曲】属性管理器

03　单击【确定】按钮，完成零件弯曲特征的创建，结果如图 5-6 所示。

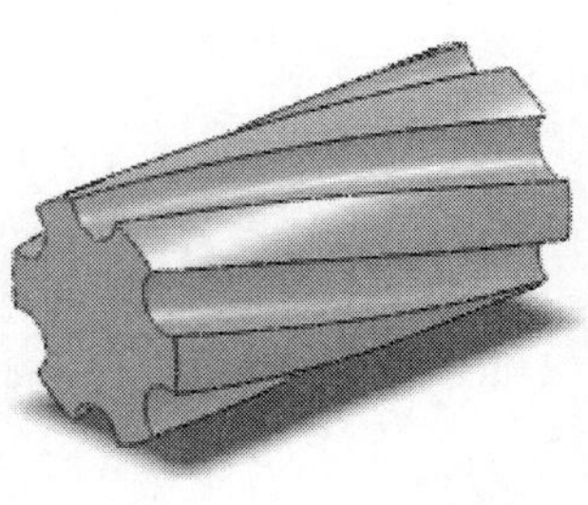

图 5-6　弯曲效果

5.3　圆顶特征

圆顶特征用于制作小凸台的效果，其特征参数较为简单，它的属性管理器如图 5-7 所示，在【距离】栏中设定圆顶扩展的距离。

椭圆圆顶的形状为一个半椭圆，效果如图 5-8 所示。

图 5-7　【圆顶】属性管理器

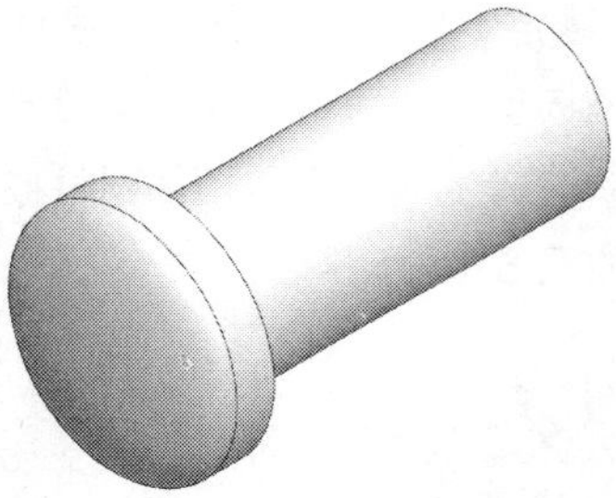

图 5-8　椭圆圆顶效果

5.3.1　圆顶特征的属性设置

要创建圆顶特征，可以单击【特征】工具栏中的【圆顶】按钮，或选择【插入】→【特征】→【圆顶】命令，系统弹出【圆顶】属性管理器，如图 5-9 所示。

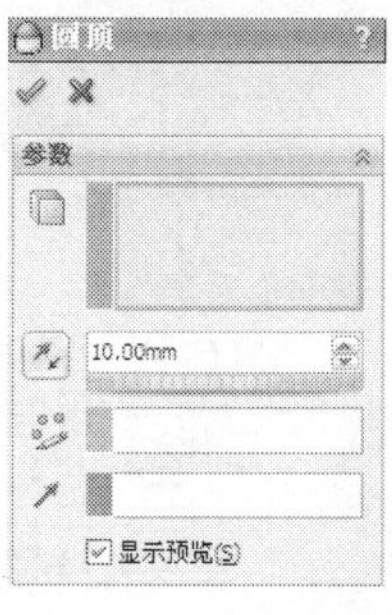

图 5-9　【圆顶】属性管理器

- 到圆顶的面：选择一个或多个平面或非平面。可将圆顶应用到重心位于面外的面。
- 距离：设定圆顶扩展的距离的值。
- 反向：单击以生成一个凹陷圆顶。
- 约束点或草图：通过选择一个包含点的草图来约束草图的形状以控制圆顶。当使用一个包含点的草图为约束时，距离被禁用。
- 方向：从图形区域选择一个方向向量以垂直于面以外的方向拉伸圆顶。可使用线性边线或由两个草图点所生成的向量作为方向向量。

5.3.2　生成圆顶特征的操作步骤

01　打开“光盘\源文件\第 5 章\ 5.3\5.3.2\5.3.2 未完成.sldprt”文件，如图 5-10 所示。

02　单击【特征】工具栏中的【圆顶】按钮，或选择【插入】→【特征】→【圆顶】命令，在【圆顶】属性管理器中设置参数，如图 5-11 所示。

图 5-10　5.2.2 未完成

图 5-11　【圆顶】属性管理器

03　单击【确定】按钮，即完成零件圆顶特征的创建，结果如图 5-12 所示。

在圆柱和圆锥模型上，可将圆顶距离设定为 0。SolidWorks 2012 会使用圆弧半径作为圆顶的基础来计算距离，这将生成一个与相邻圆柱或圆锥面相切的圆顶。通过圆顶特征，可以处理一些特殊的造型建模，如图 5-13 所示。

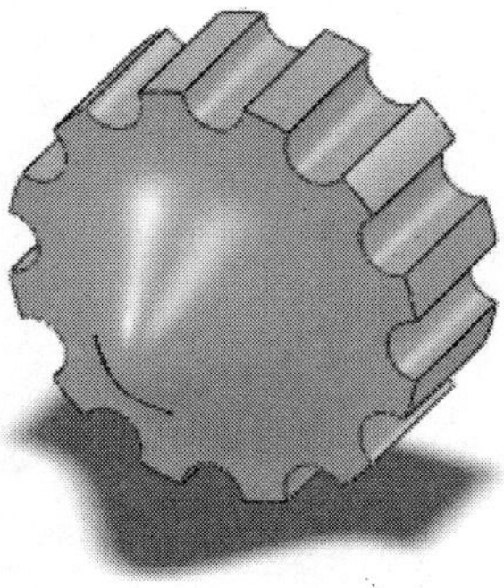

图 5-12　圆顶效果

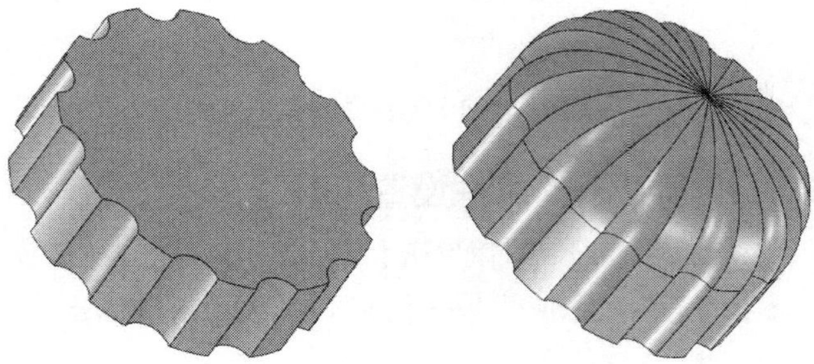

未圆顶效果　　圆顶效果

图 5-13　圆顶

★ 课堂实训：利用弯曲和圆顶特征建立桌子模型

在绘制桌子之前，首先要创建新的图形文件，然后绘制桌面及桌腿根部，下面介绍具体的操作步骤。

1. 绘制桌面

01　单击【常用】工具栏中的【新建】按钮，弹出【新建 SolidWorks 文件】对话框，单击【零件】按钮，再单击【确定】按钮，新建一个零件文件，将其保存为【桌面.sldprt】文件。绘制桌面。单击【草图】工具栏中的【草图绘制】按钮，选择前视基准面，以坐标原点为圆心绘制一个圆，将其半径设为 80；单击【特征】工具栏中的【拉伸凸台/基体】按钮，将圆拉伸为一个厚度为 10mm 的薄圆柱体，如图 5-14 所示。

02　绘制圆。在绘图区选中圆柱端面，依次单击【前导视图】工具栏中的【视图定向】→【正视于】按钮；单击【草图】工具栏中的【草图绘制】按钮，进入草图绘制状态。绘制中心线和圆，并标注尺寸，结果如图 5-15 所示。

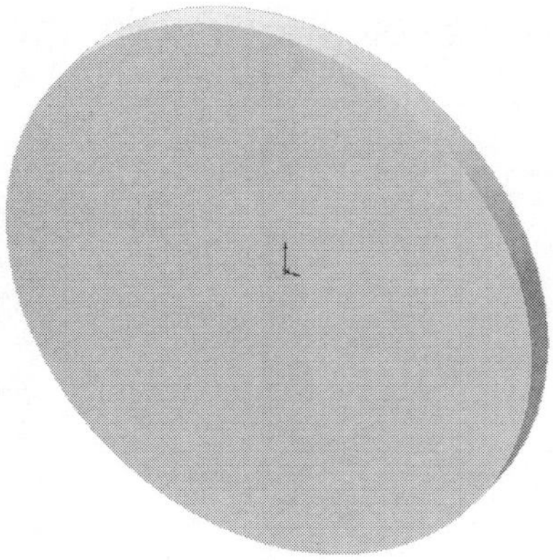

图 5-14　绘制桌面

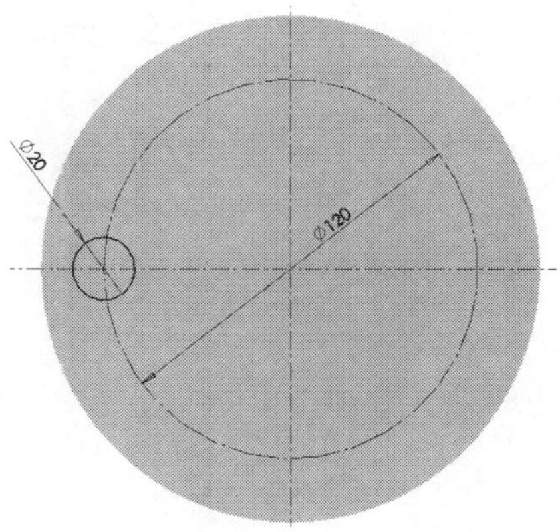

图 5-15　绘制中心线和圆

03 再次单击【草图】工具栏中的【草图绘制】按钮，退出草图绘制状态。在 FeatureManage 设计树中选择前视基准面，选择【插入】→【参考几何体】→【基准面】命令。设置基准面 1，将其与前视基准面的距离设为 20mm，结果如图 5-16 所示。

04 在基准面 1 上绘制草图。选中基准面 1，单击【草图】工具栏中的【草图绘制】按钮，进入草图绘制状态；依次单击【前导视图】工具栏的【视图定向】→【正视于】按钮；在基准面 1 上绘制矩形并标注尺寸，结果如图 5-17 所示。

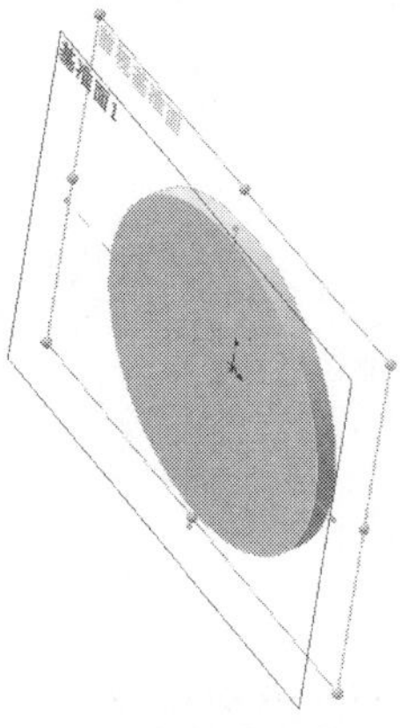

图 5-16　设置基准面 1

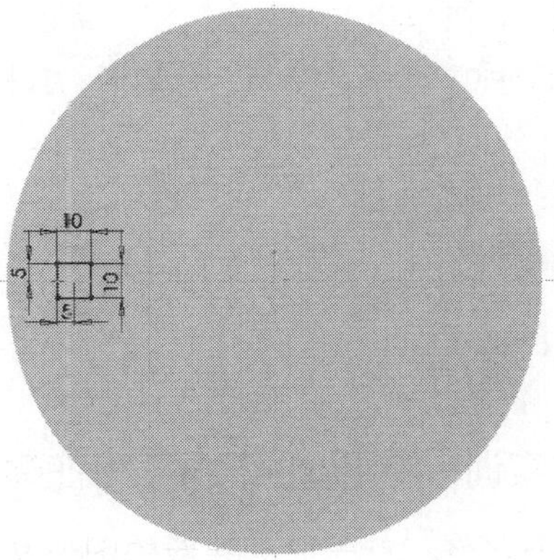

图 5-17　基准面 1 上的草图

05 单击【草图】工具栏中的【草图绘制】按钮，退出草图绘制状态；依次单击【前导视图】工具栏中的【视图定向】→【等轴测】按钮；单击【特征】工具栏中的【放样凸台/基体】按钮，将【放样】属性管理器的【轮廓】栏激活，依次选入绘制的圆和矩形，其他项的设置选择系统默认状态，单击【确定】按钮，结果如图 5-18 所示。

2. 使用【圆周阵列】命令绘制桌腿根部

利用【圆周阵列】命令，将绘制的桌腿根部进行圆周阵列操作，避免重复性操作，具体的操作步骤如下。

01 选择【视图】→【临时轴】命令，显示薄圆柱的临时轴；选择【插入】→【阵列/镜像】→【圆周阵列】命令，在弹出的【圆周阵列】属性管理器中，将【阵列轴】栏激活，在绘图区选中临时轴；

在【实例数】栏中输入 4；在【要阵列的特征】栏中选择刚刚绘制的放样特征；其他项的设置选择系统默认状态，如图 5-19 所示。

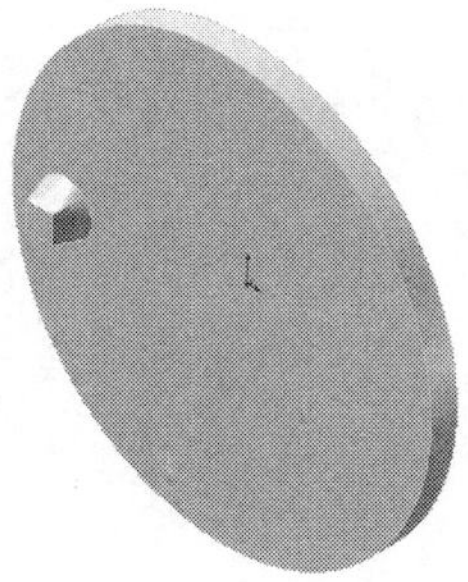

图 5-18　放样特征操作

图 5-19　【圆周阵列】属性管理器

02 单击【确定】按钮，完成圆周阵列操作。选择【视图】→【基准面】命令，隐藏基准面 1；重复上述步骤，隐藏临时轴和坐标原点；单击【常用】工具栏中的【保存】按钮，将结果保存，如图 5-20 所示。

3. 使用【弯曲】命令绘制桌腿

单击【特征】工具栏中的【弯曲】按钮，绘制本例中形状独特的桌腿，具体的操作步骤如下。

01 单击【常用】工具栏中的【新建】按钮，弹出【新建 SolidWorks 文件】对话框，单击【零件】按钮，再单击【确定】按钮，新建一个零件文件。单击【草图】工具栏中的【草图绘制】按钮，选择前视基准面，绘制一个矩形，如图 5-21 所示。

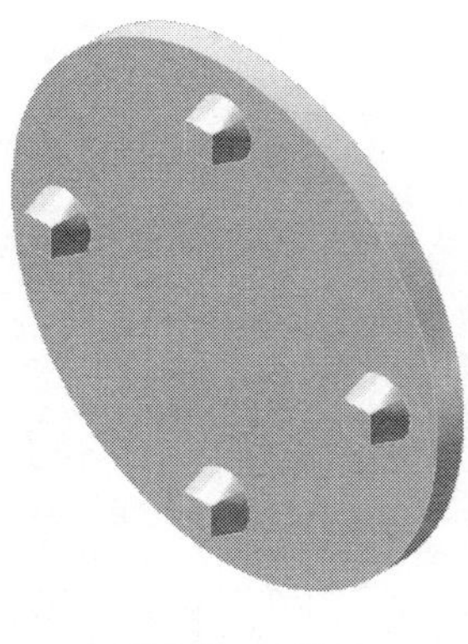

图 5-20　桌面

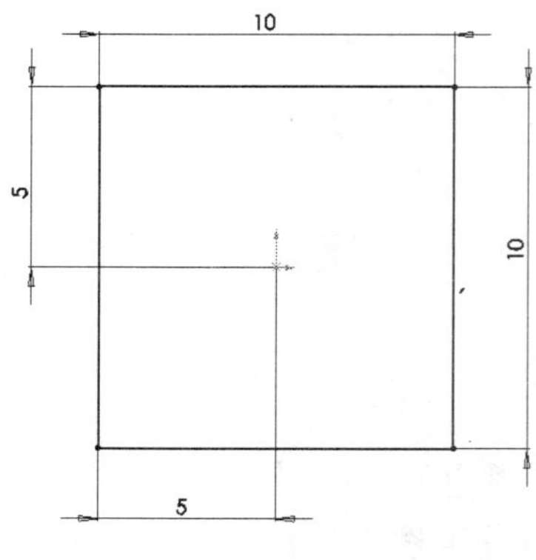

图 5-21　绘制矩形

02 拉伸特征。单击【特征】工具栏中的【拉伸凸台/基体】按钮，将【凸台-拉伸】属性管理器的【深度】栏改为 100，其他项的设置保持系统默认状态，单击【确定】按钮，结果如图 5-22 所示。

03 弯曲特征。单击【特征】工具栏中的【弯曲】按钮，或选择【插入】→【特征】→【弯曲】命令，在【弯曲】属性管理器中将【弯曲类型】选为【扭曲】；在【弯曲的实体】栏中单击将其激活，在绘图区选择长方体；在【角度】栏中输入 180°；其他项的设置选择系统默认状态，如图 5-23 所示。

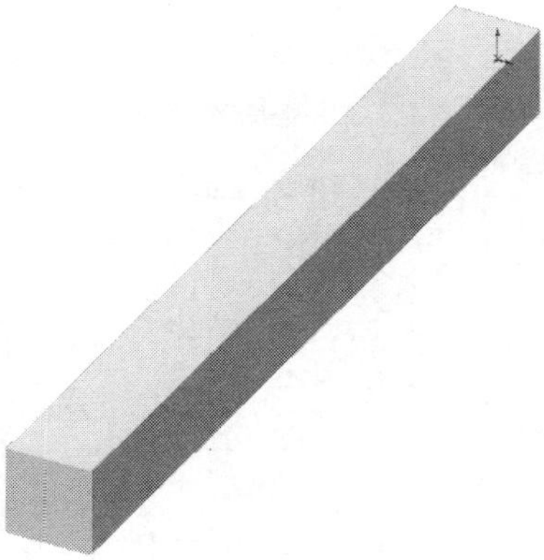

图 5-22　拉伸特征

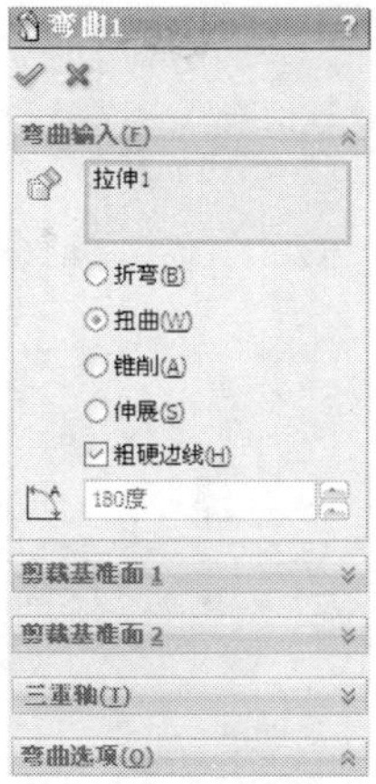

图 5-23　【弯曲】属性管理器

04 此时，绘图区出现弯曲特征预览。单击【确定】按钮，结果如图 5-24 所示。依次单击【前导视图】工具栏中的【视图定向】→【旋转视图】按钮，调整视图到合适位置；单击【常用】工具栏中的【保存】按钮，将结果保存。

4. 使用【插入零件】命令将桌腿插入

单击【特征】工具栏中的【插入零件】按钮，在桌腿的图形文件中插入桌面，并将它们拼为一个整体，具体的操作步骤如下。

01 插入零件。在图 5-24 的基础上选择【插入】→【零件】命令，或者单击【特征】工具栏中的【插入零件】按钮，弹出图 5-25 所示的【打开】对话框，选中其中的【桌面.sldprt】文件，单击【打开】按钮。

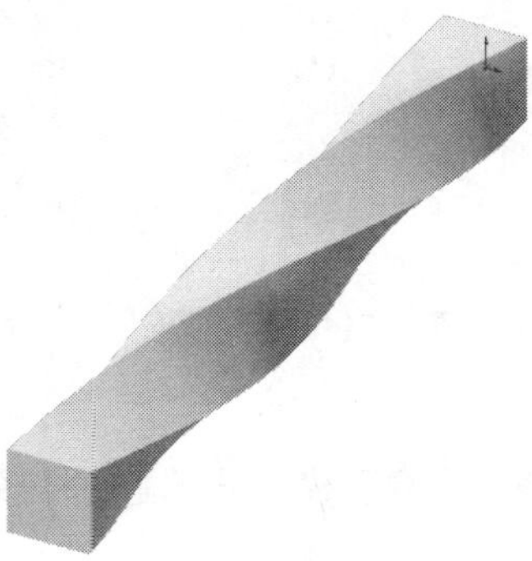

图 5-24　桌腿

图 5-25　【打开】对话框

02 此时，绘图区出现要插入的零件，并随鼠标指针一起移动，同时弹出【插入零件】属性管理器，各项设置如图 5-26 所示。单击【确定】按钮，或者在绘图区合适位置单击，零件即被插入。

03 插入零件后，弹出【找出零件】属性管理器。单击【约束】按钮，则【找出零件】属性管理器变为如图 5-27 所示。在【配合设定】栏中单击【重合】按钮；在【要配合的实体】栏中单击将其激活，在绘图区选择要进行重合配合的两条边线；其他设置如图 5-27 所示。

图 5-26 【插入零件】属性管理器

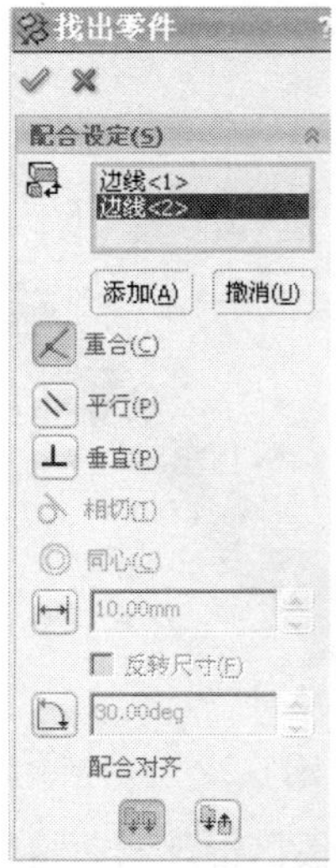

图 5-27 【找出零件】属性管理器（约束）

04 此时，被选择的两条边线呈高亮显示，如图 5-28 所示。单击【找出零件】属性管理器中的【添加】按钮，即可完成重合配合设置。

05 重复以上操作，将与刚添加完重合配合的两条边线分别垂直的另外两条边线（同侧）进行重合配合设置。最后单击【确定】按钮，完成桌腿的插入，结果如图 5-29 所示。

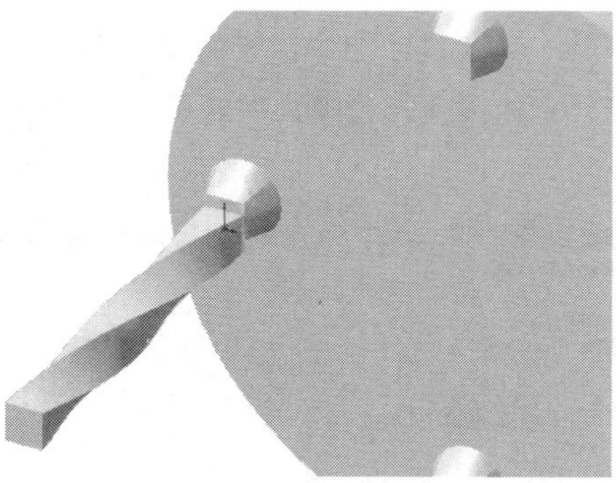

图 5-28 重合配合的两条边线

图 5-29 桌腿插入

5. 使用【移动/复制实体】命令复制桌腿

单击【特征】工具栏中的【移动/复制实体】按钮，将一个桌腿模型进行复制与移动，具体的操作步骤如下。

01 选择【插入】→【特征】→【移动/复制】命令，或者单击【特征】工具栏中的【移动/复制实体】按钮，弹出【实体-移动/复制】属性管理器。在【要移动/复制的实体和曲面或图形实体】栏中单击将其激活，在图形区选择弯曲特征；单击【平移/旋转】按钮，【实体-移动/复制】属性管理器变为如图 5-30 所示。勾选【复制】复选框，在【份数】栏中输入 1；【平移】栏中各项设置如图 5-30 所示。

02 此时，绘图区出现平移特征预览，单击【确定】按钮，结果如图 5-31 所示。

图 5-30　【实体-移动/复制】属性管理器（平移/旋转）

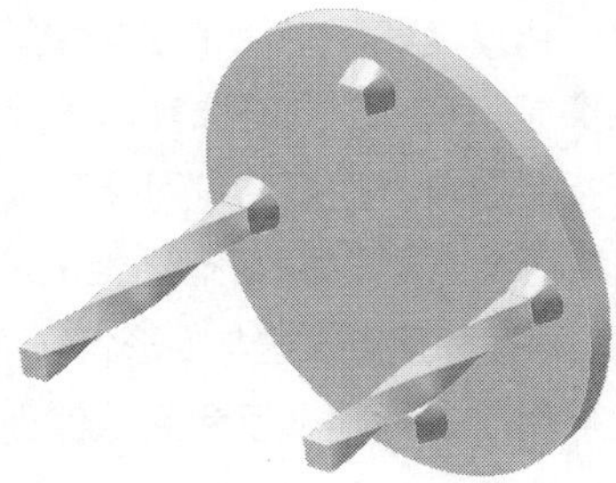

图 5-31　移动/复制实体特征

03 重复以上操作，在【平移】栏的 Delta X 栏中输入 60，Delta Y 栏中输入 60，Delta Z 栏中输入 0，单击【确定】按钮，结果如图 5-32 所示。

04 重复以上操作，在【平移】栏的 Delta X 栏中输入 60，Delta Y 栏中输入–60，Delta Z 栏中保持为 0，单击【确定】按钮，结果如图 5-33 所示。

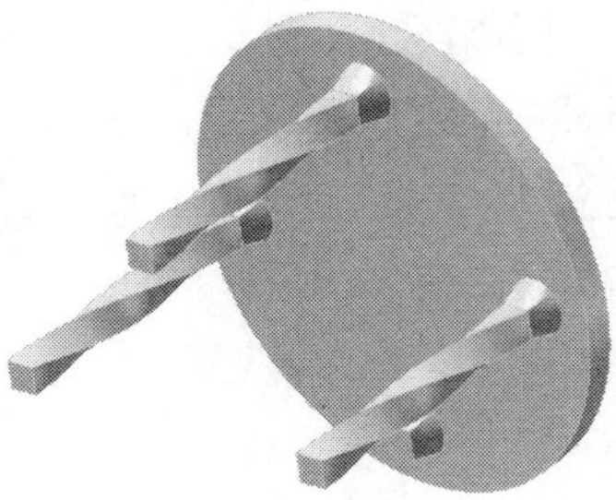

图 5-32　再次移动/复制实体特征

图 5-33　完成移动/复制实体特征

6. 使用【圆顶】命令创建桌腿底端特征

单击【特征】工具栏中的【圆顶】按钮，为桌腿创建圆顶特征，具体的操作步骤如下。

01 单击【特征】工具栏中的【圆顶】按钮，或选择【插入】→【特征】→【圆顶】命令，弹出【圆顶】属性管理器。在【到圆顶的面】栏中单击将其激活，在绘图区选择其中一条桌腿的底面；在【距离】栏中输入 5；其他设置如图 5-34 所示。

02 此时，绘图区显示圆顶特征预览。单击【确定】按钮，完成圆顶特征操作。重复以上步骤，依次对其他 3 条桌腿进行圆顶特征操作。最终得到的桌子模型如图 5-35 所示。

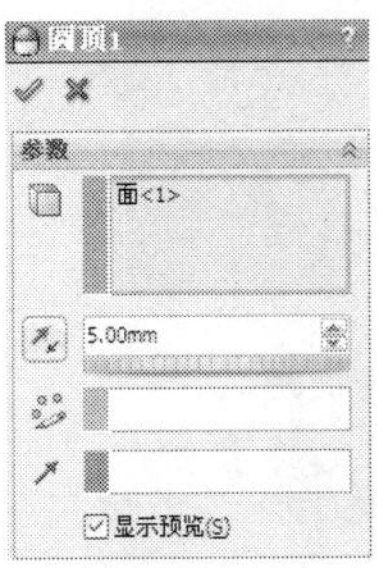

图 5-34　【圆顶】属性管理器

图 5-35　完成圆顶特征操作

5.4 压凹特征

通过使用厚度和间隙值来生成特征，压凹特征在目标实体上生成与目标实体的轮廓非常接近的等距离或突起特征。工具所选实体类型（实体或曲面），指定目标实体和工具实体之间的间隙，并为压凹特征指定厚度。压凹特征可变形或从目标实体中切除材料。

压凹特征以工具实体的形状在目标实体中生成袋套或突起，因此在最终实体中比在原始实体中显示更多的面、边线和顶点。这与变形特征不同，变形特征中的面、边线和顶点数在最终实体中保持不变。

压凹可用于以指定厚度和间隙值进行复杂等距的多种应用，其中包括封装、冲刷、铸模以及机器的压入配合等。

要求：目标实体和工具实体中必须有一个实体。如想压凹，目标实体必须与工具实体接触，或者间隙值必须允许穿越目标实体的突起。如想切除，目标实体和工具实体不必相互接触，但间隙值必须大到可足够生成与目标实体的交叉。如想以曲面工具实体压凹（切除）实体，曲面必须与实体完全相交。

5.4.1 压凹特征的属性设置

要创建压凹特征，可以单击【特征】工具栏中的【压凹】按钮，或选择【插入】→【特征】→【压凹】命令，弹出【压凹】属性管理器，如图 5-36 所示。

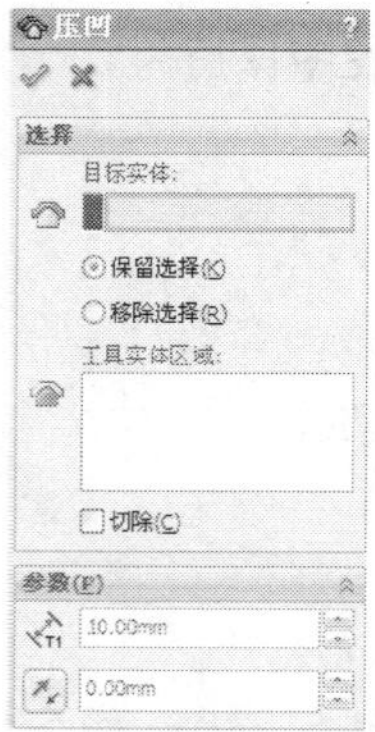

图 5-36 【压凹】属性管理器

- 在图形区域，为目标实体选择要压凹的实体或曲面实体。
- 在图形区域，为工具实体区域选择一个或多个实体或曲面实体。
- 通过选中【保留选择】或【移除选择】单选按钮来选择要保留的模型边侧。这些选项将翻转要压凹的目标实体的边侧。
- 勾选【切除】复选框来移除目标实体的交叉处。无论是实体还是曲面，在这种情况下都没有厚度，但仍然会有间隙。

5.4.2 生成压凹特征的操作步骤

要生成压凹特征，可如下操作。

01 打开“光盘\源文件\第 5 章\5.4\5.4.2\5.4.2 未完成.sldprt”文件，如图 5-37 所示，建立与上视基准面呈 135°夹角的基准面 1。

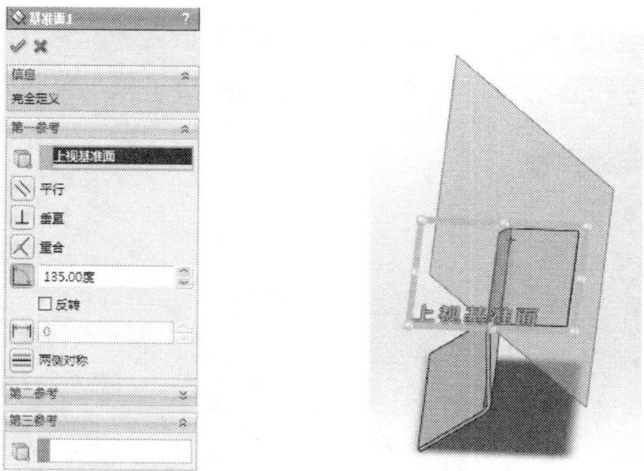

图 5-37 新建基准面

02 以基准面 1 为绘制草图的基准面，以原点为圆心，绘制图 5-38 所示的半径为 10mm 的半圆弧。

03 选择【插入】→【曲面】→【拉伸曲面】命令，建立一个拉伸曲面，如图 5-39 所示。

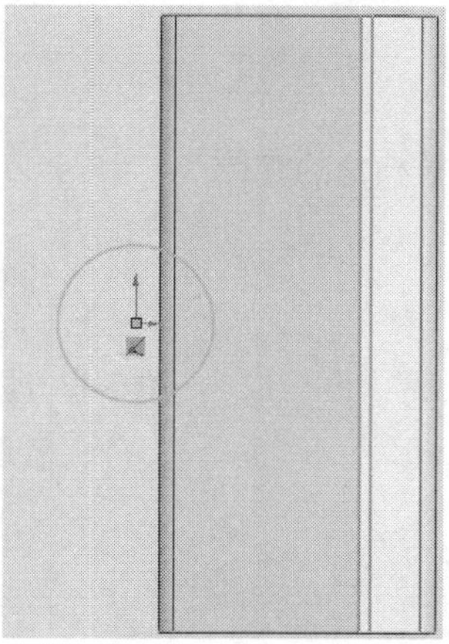

图 5-38　绘制圆弧

图 5-39　拉伸曲面

04 单击【特征】工具栏中的【压凹】按钮，或选择【插入】→【特征】→【压凹】命令，弹出【压凹】属性管理器，在【目标实体】中选择零件基体，在【工具实体区域】中选择拉伸曲面，出现预览，勾选【切除】复选框，如图 5-40 所示。

05 单击【确定】按钮，生成压凹特征，如图 5-41 所示。

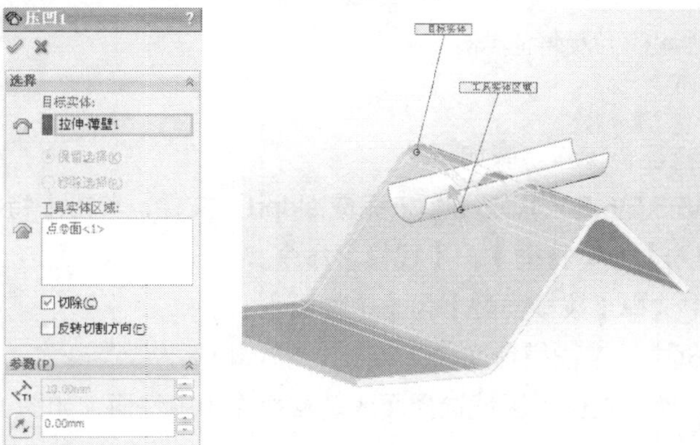

图 5-40　【压凹】属性管理器

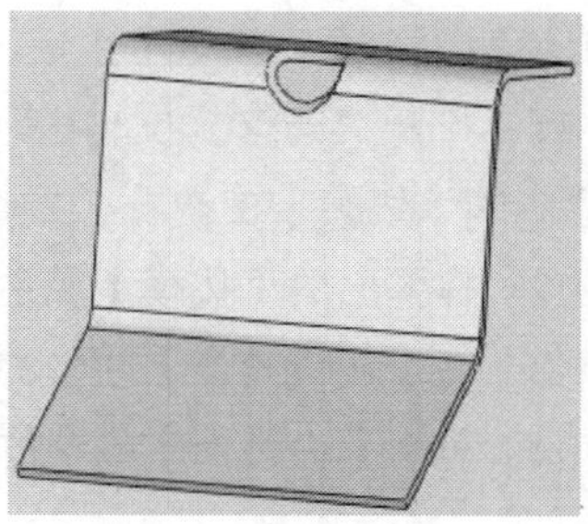

图 5-41　压凹效果

5.5　拔模特征

拔模是零件模型上常见的特征，是以指定的角度斜削模型所选的面，其经常用于铸造零件。由于拔模角度的存在，可以使型腔零件更容易脱出模型。SolidWorks 2012 提供了丰富的拔模功能。用户既可以在现有的零件上插入拔模特征，也可以在拉伸特征的同时进行拔模。本节主要介绍在现有的零件上插入拔模特征。

5.5.1 拔模特征的属性设置

要创建拔模特征，可以单击【特征】工具栏中的【拔模】按钮，或选择【插入】→【特征】→【拔模】命令，弹出【拔模】属性管理器，如图 5-42 所示。

- 拔模面：选取零件的表面，此面将生成拔模斜度。
- 中性面：在拔模的过程中大小不变的固定面，用于指定拔模角的旋转轴。如果中性面与拔模面相交，则相交处为旋转轴。
- 拔模方向：用于确定拔模角度的方向。

图 5-42 【拔模】属性管理器

5.5.2 生成拔模特征的操作步骤

图 5-43 所示为一个拔模特征的应用实例。

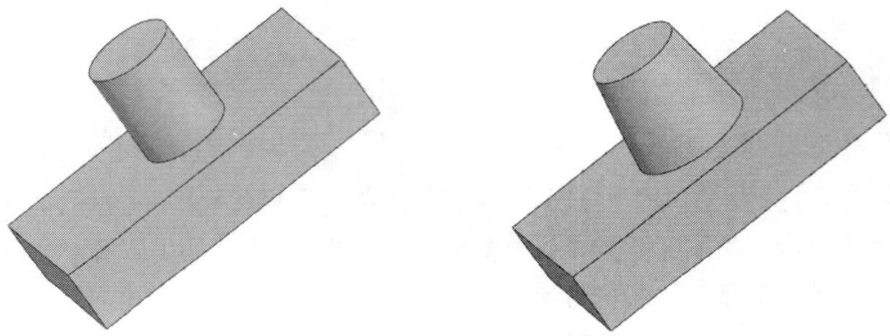

未拔模效果　　拔模效果

图 5-43 拔模特征实例

1. 中性面拔模

要使用中性面在模型上生成一个拔模特征，操作步骤如下。

01 打开“光盘\源文件\第 5 章\5.5\5.5.2\5.5.2.1\5.5.2.1 未完成.sldprt”文件，单击【特征】工具栏中的【拔模】按钮，或选择【插入】→【特征】→【拔模】命令。

02 在弹出的【拔模】属性管理器中选择【拔模类型】为【中性面】。

03 在【拔模角度】栏中的微调框中设定拔模角度。

04 单击【中性面】栏中的显示框，然后在图形区域选择面或基准面作为中性面，如图 5-44 所示。

05 图形区域的控标会显示拔模的方向。如果要向相反方向生成拔模，则单击【反向】按钮。

06 单击【拔模面】栏中按钮右侧的显示框，然后在图形区域选择拔模面。

07 如果要将拔模面延伸到额外的面，从【拔模沿面延伸】下拉列表中选择以下选项。

- 沿切面：将拔模延伸到所有与所选面相切的面。
- 所有面：所有从中性面拉伸的面都进行拔模。
- 内部的面：所有与中性面相邻的面都进行拔模。
- 外部的面：所有与中性面相邻的外部面都进行拔模。
- 无：拔模面不进行延伸。

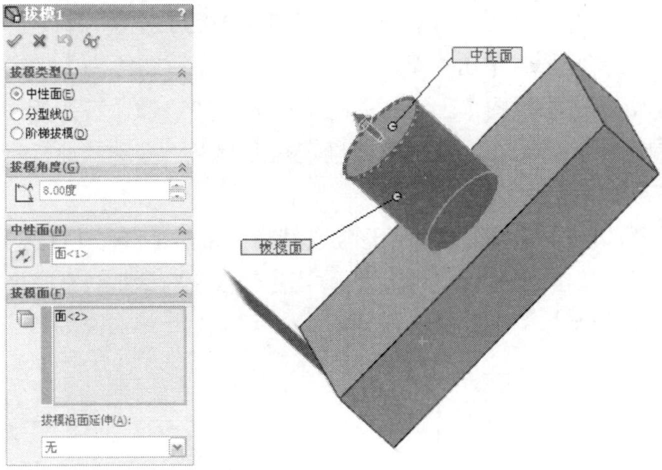

图 5-44　中性面拔模

08 单击【确定】按钮，生成中性面拔模特征。

2. 分型线拔模

要使用已有的分割线在模型面上生成拔模特征，操作步骤如下。

01 单击【特征】工具栏中的【拔模】按钮，或选择【插入】→【特征】→【拔模】命令。

02 在弹出的【拔模】属性管理器中选择【拔模类型】为【分型线】。

03 在【拔模角度】栏的微调框中设定拔模角度。

04 单击【拔模方向】栏中的显示框，然后在图形区域选择一条线或一个面来指示拔模的方向。

05 图形区域的控标会显示拔模的方向。如果要向相反方向生成拔模，则单击【反向】按钮。

06 单击【分割线】栏中的按钮右侧的显示框，在图形区域选择分型线。

07 如果要为分型线的每一段线段指定不同的拔模方向，单击【分型线】栏中按钮右侧的显示框中的边线名称，然后单击【其他面】按钮。

08 在【拔模沿面延伸】下拉列表中选择拔模沿面拉伸类型。

- 无：只在所选面上进行拔模。
- 沿相切面：将拔模延伸到所有与所选面相切的面。

09 单击【确定】按钮，生成分型线拔模特征。

★ 课堂实训：利用拔模特征建立按钮模型

按钮的模型如图 5-45 所示。分析按钮的模型图可知，首先需要利用【矩形】、【智能尺寸】等草图绘制命令绘制草图，然后利用【拉伸】、【拔模】及【圆角】等特征操作命令绘制实体模型。

图 5-45　按钮模型图

1. 绘制矩形

利用 SolidWorks 2012 绘制按钮之前，首先要创建一个新的图形文件，然后绘制草图，具体的操作步骤如下。

01 单击【常用】工具栏中的【新建】按钮，弹出【新建

SolidWorks 文件】对话框，单击【零件】按钮，再单击【确定】按钮，新建一个零件文件，将其保存为【按钮.sldprt】。绘制矩形。单击【草图】工具栏中的【草图绘制】按钮，选择前视基准面，进入草图绘制状态。单击【草图】工具栏中的【矩形】按钮，在【矩形】属性管理器中选择边角矩形类型。将鼠标指针移到绘图区，单击确定矩形起点，拖动鼠标指针到合适位置，再次单击绘制矩形，如图 5-46 所示。

02 智能尺寸。按下【Esc】键，退出矩形绘制状态。单击【草图】工具栏中的【智能尺寸】按钮，标注矩形的边长。单击矩形的水平边后，弹出【修改】对话框，在其中输入 20，单击【确定】按钮，完成该边的尺寸标注，如图 5-47 所示。

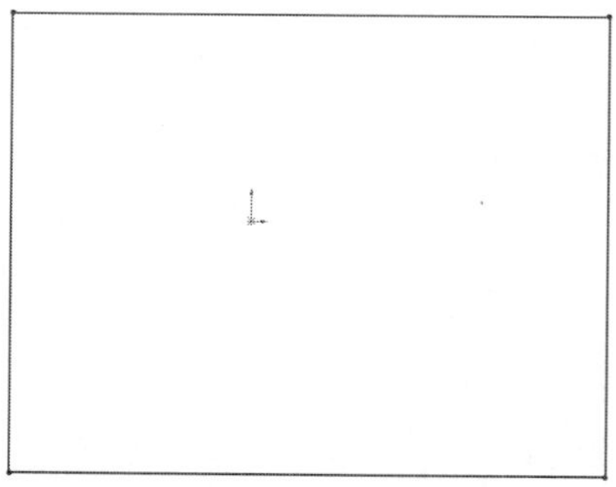

图 5-46 绘制矩形

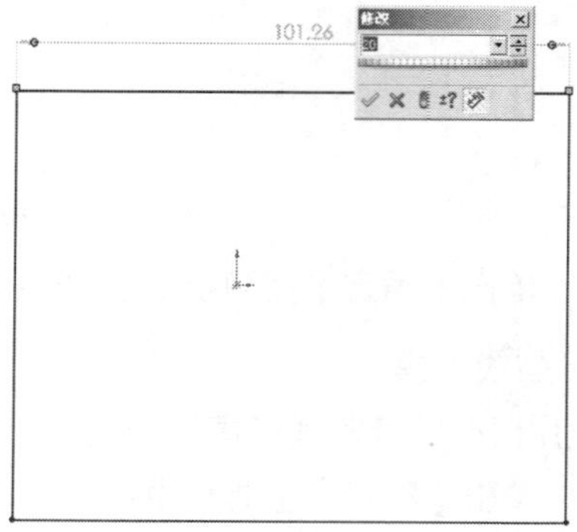

图 5-47 矩形边长标注

03 标注矩形位置。重复上述尺寸标注步骤，完成其他边的尺寸标注。然后标注矩形各边距坐标原点的距离，使坐标原点位于矩形中心位置，结果如图 5-48 所示。

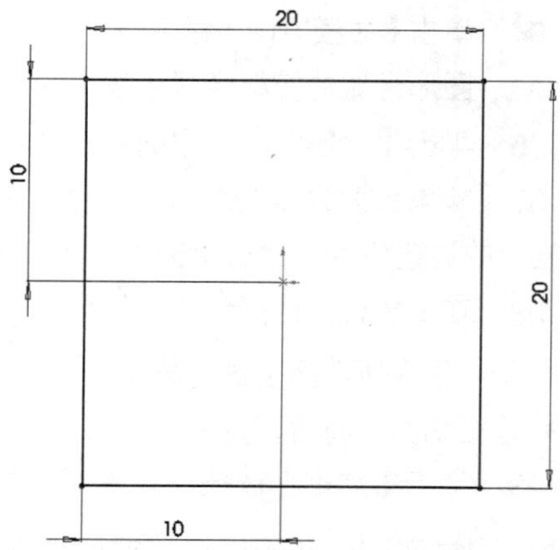

图 5-48 矩形位置标注

2. 使用【拉伸凸台/基体】命令创建长方体

单击【特征】工具栏中的【拉伸凸台/基体】按钮，对绘制的草图进行拉伸操作。具体的操作步骤如下。

01 单击【草图】工具栏中的【草图绘制】按钮，退出草图绘制状态。单击 CommandManager 左侧下方的【特征】选项卡，更改工具栏中所显示的命令，如图 5-49 所示。

图 5-49 【特征】工具栏

02 拉伸特征。单击【特征】工具栏中的【拉伸凸台/基体】按钮，或者选择【插入】→【凸台/基体】→【拉伸】命令，在 FeatureManager 设计树中弹出【凸台-拉伸】属性管理器。将【开始条件】栏选为【草图基准面】;【方向 1】栏中的【终止条件】选为【给定深度】;【拉伸深度】栏改为 12；其他各项设置如图 5-50 所示。

03 设置好后，绘图区出现拉伸特征的预览，单击【确定】按钮，得到拉伸特征，如图 5-51 所示。

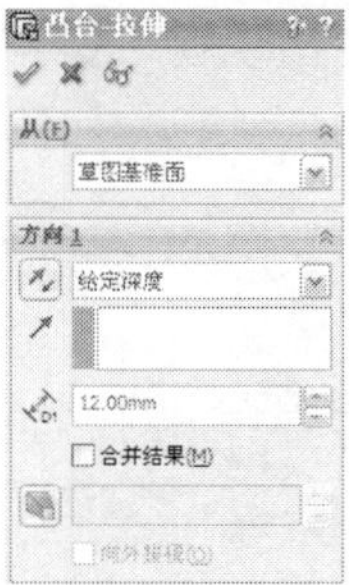

图 5-50　【凸台-拉伸】属性管理器

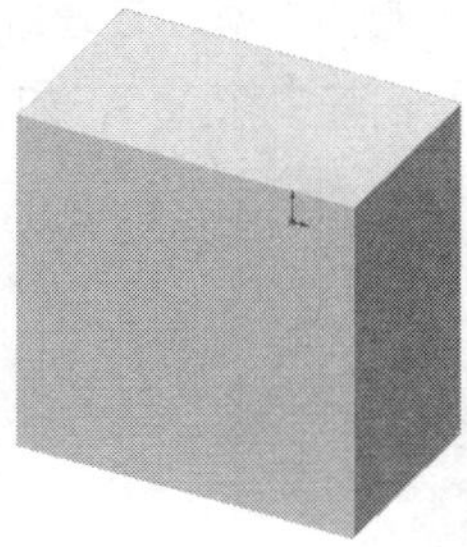

图 5-51　拉伸特征

3. 使用【拔模】命令创建按钮模型

单击【特征】工具栏中的【拔模】按钮，将拉伸后得到的实体模型进行拔模操作。具体的操作步骤如下。

01 单击【特征】工具栏中的【拔模】按钮，或者选择【插入】→【特征】→【拔模】命令，在 FeatureManager 设计树中弹出【拔模】属性管理器。在【拔模类型】栏中选择【中性面】;在【拔模角度】栏中输入 15°；单击【中性面】栏使之激活，在绘图区移动鼠标指针到实体上表面，单击选为中性面；单击【拔模面】栏使之激活，依次单击实体 4 个侧面，选为拔模面；其他各项设置如图 5-52 所示。

02 设置好后，绘图区出现拔模特征预览，单击【确定】按钮后，得到拔模特征，如图 5-53 所示。

图 5-52　【拔模】属性管理器

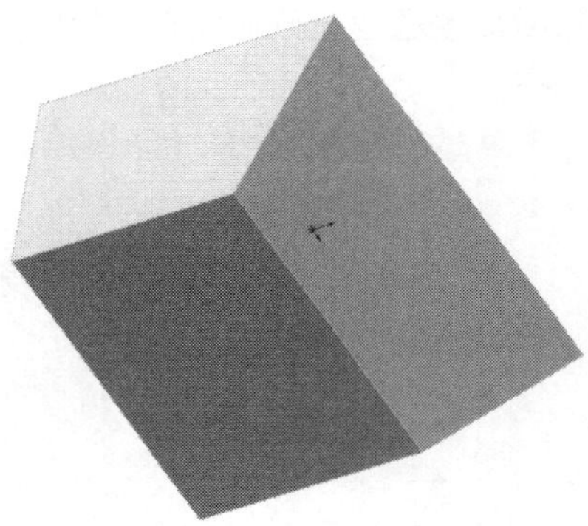

图 5-53　拔模特征

4. 使用【圆角】特征修饰按钮模型

单击【特征】工具栏中的【圆角】，为拔模后的模型创建圆角特征。具体的操作步骤如下。

01 变半径圆角特征。单击【特征】工具栏中的【圆角】按钮，然后单击【圆角】按钮，或者选择【插入】→【特征】→【圆角】命令，弹出【圆角】属性管理器。在【圆角类型】栏中选择【变半径】；在【变半径参数】栏的【半径】栏中输入 0.3；在【实例数】栏中输入 4；单击【圆角项目】栏使之激活，依次选取 4 条侧边；其他设置如图 5-54 所示。

02 修改参数。【圆角】属性管理器设置好后，在绘图区中出现圆角变半径参数修改栏，双击参数修改栏将其激活，在其中输入 3，如图 5-55 所示。

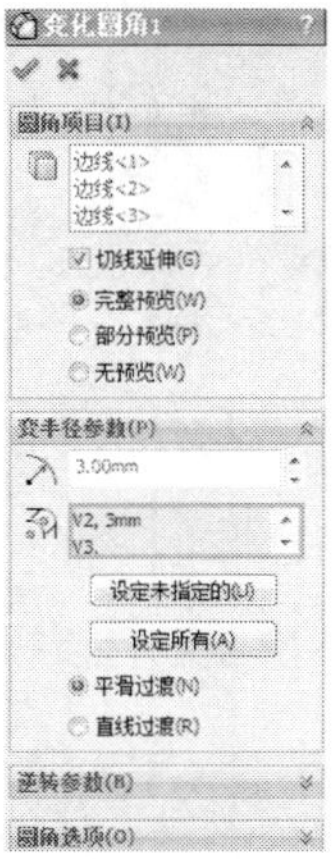

图 5-54 【圆角】属性管理器（变半径）

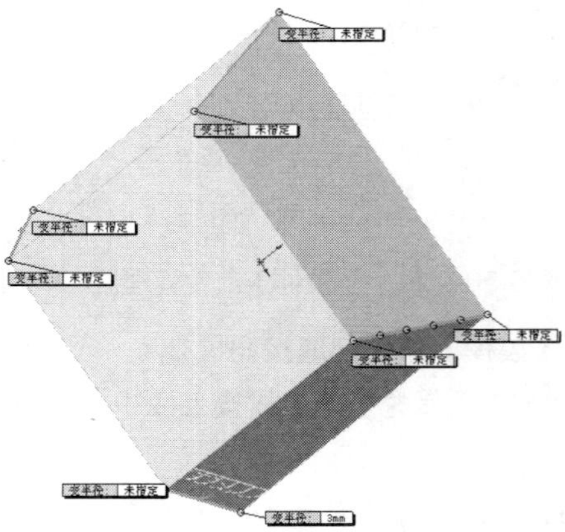

图 5-55 修改参数

03 重复以上操作，依次修改 4 个圆角变半径参数，均将其改为 3。修改完后，单击【确定】按钮，结果如图 5-56 所示。

04 等半径圆角特征。再次单击【特征】工具栏中的【圆角】按钮，然后单击【圆角】按钮，弹出【圆角】属性管理器。在【圆角类型】栏中选择【等半径】；在【圆角项目】栏的【半径】栏中输入 0.8；将【边线、面、特征和环】栏激活，选取实体上顶面；其他设置如图 5-57 所示。

05 设置好后，绘图区出现圆角特征预览，单击【确定】按钮，结果如图 5-58 所示。

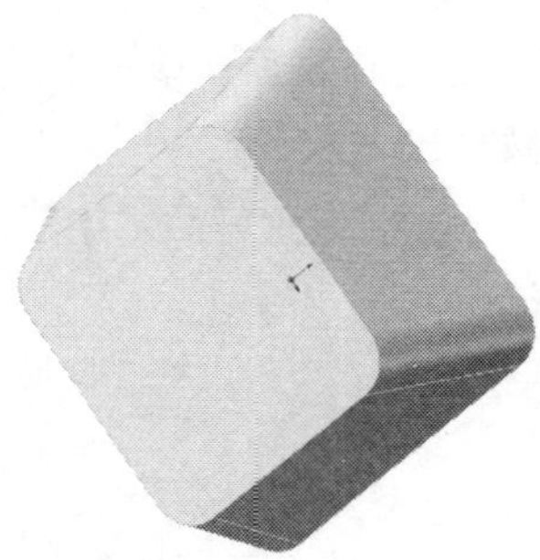

图 5-56 变半径圆角绘制

图 5-57 【圆角】属性管理器（等半径）

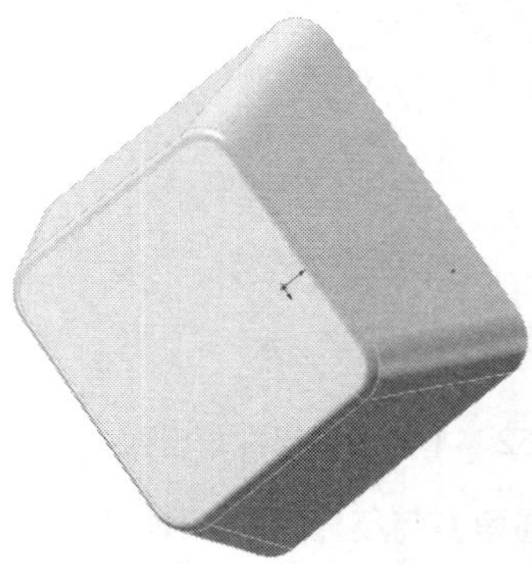

图 5-58 圆角绘制完成

5.6　变形特征

使用变形特征可以改变复杂曲面或实体模型的局部或整体形状，无须考虑用于生成模型的草图或特征约束。

变形提供了一种简单的方法虚拟改变模型，这在创建设计概念或对复杂模型进行几何修改时很有用，因为使用传统的草图、特征或历史记录编辑需要花费很长时间。

5.6.1　变形特征的属性设置

要创建变形特征，可以单击【特征】工具栏中的【变形】按钮，或选择【插入】→【特征】→【变形】命令，弹出【变形】属性管理器，如图 5-59 所示。

图 5-59　【变形】属性管理器

1. 变形曲线

- 初始曲线：选取要变形实体上的曲线作为初始曲线。
- 目标曲线：选取第二个实体上的曲线作为目标曲线。

2. 变形区域

- 固定的边线：防止所选的曲线、边线或面被移动。
- 固定的曲线/边线/面：选择不受变形影响的实体部分。
- 要变形的额外面：选择要变形的多个面。
- 要变形的实体：如果初始曲线不是实体面的一部分，或者要变形多个实体，则使用此选项。

3. 形状选项

- 刚度：有最小、中等和最大 3 个层次。
- 形状精度：控制曲面品质。
- 重量：如果取消勾选【统一】复选框，并选择固定的边线，则重量滑动钮出现，用于控制两个选项之间的影响度。

5.6.2　生成变形特征的操作步骤

变形特征有 3 种类型，下面分别加以介绍。

1. 点变形

点变形是改变零件形状的最简单的方法。首先选取形状模型面、曲面、边线或顶点上的一点，或形状空间中的一点，然后选择用于控制变形的距离和球形半径，如图 5-60 和图 5-61 所示。

由点变形生成的模型如图 5-62 所示。

2. 曲线到曲线变形

曲线到曲线变形是改变复杂形状的更为精确的方法，通过将几何体从初始曲线映射到目标曲线组完成，如图 5-63 所示。

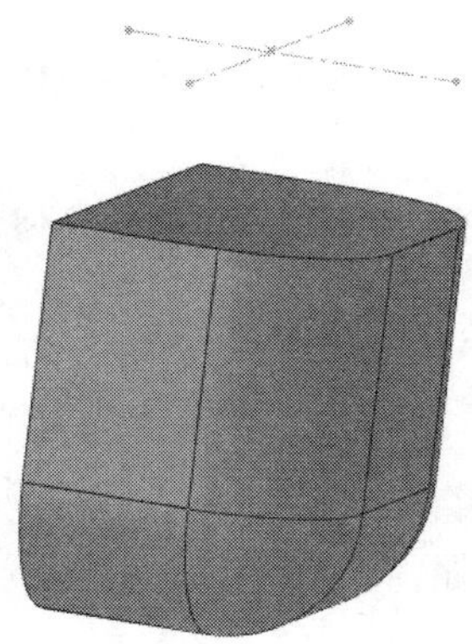

图 5-60 本体和点草图

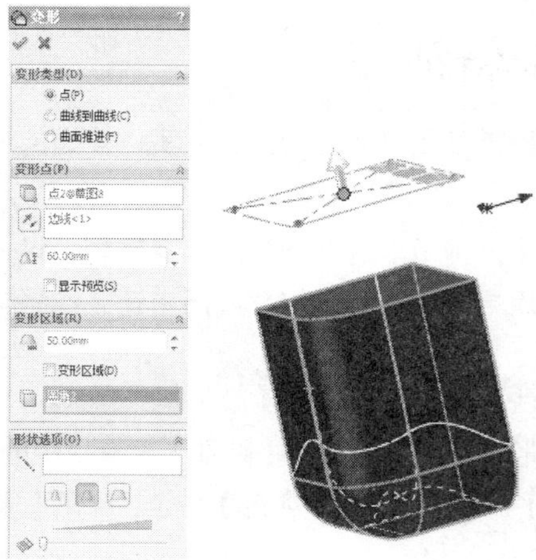

图 5-61 变形预览

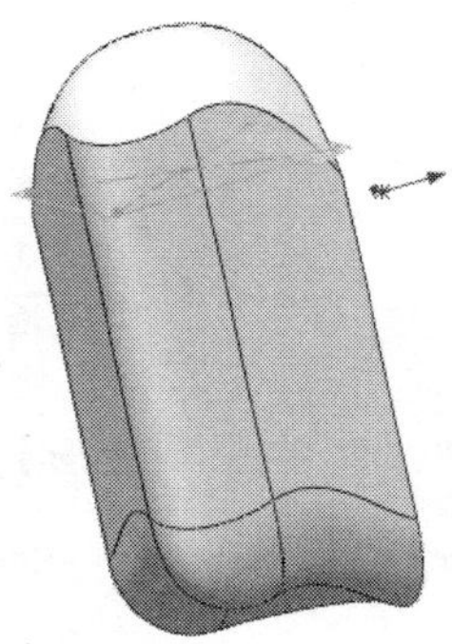

图 5-62 点变形后的零件

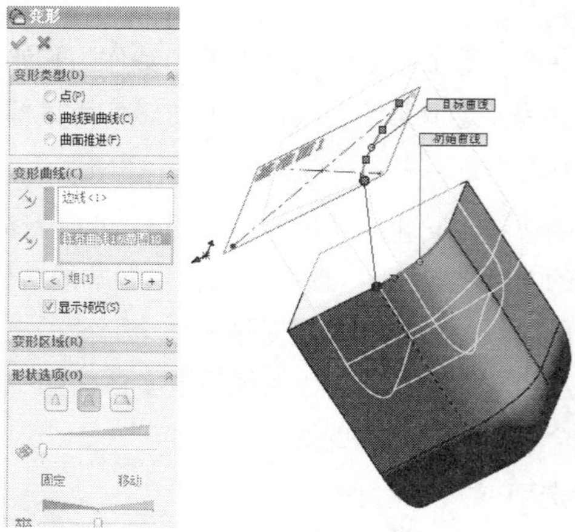

图 5-63 曲线到曲线的变形

3. 曲面推进

曲面推进变形通过使用工具实体曲面替换目标实体曲面来改变其形状，目标实体曲面近似于曲面，但在变形前后每个目标曲面之间保持一对一的对应关系，如图 5-64 所示。

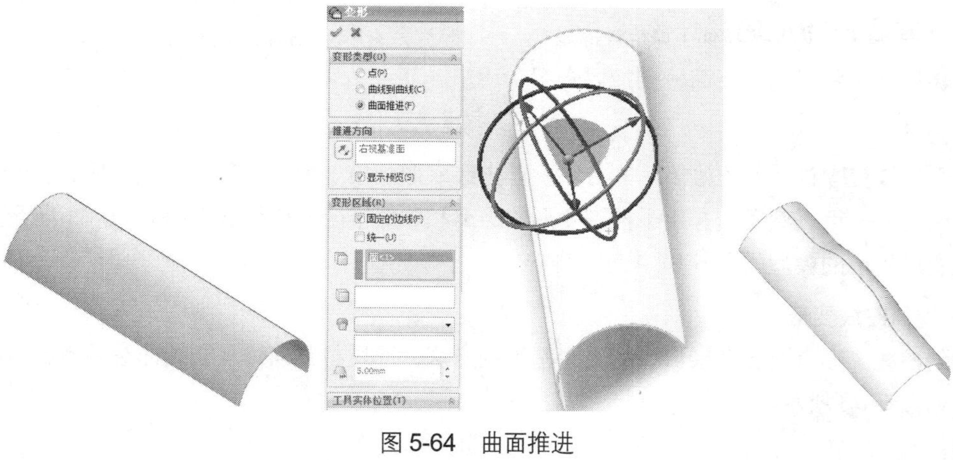

图 5-64 曲面推进

★ 课堂实训：创建滑动轴承座实体模型

本节将利用 SolidWorks 2012 中相关的零件变形编辑命令，设计一个滑动轴承座实体模型。

1. 设计分析

滑动轴承座的实体模型如图 5-65 所示，其设计主要运用了拉伸、孔、圆角和镜像等特征命令，需要注意在选取草图基准面、圆角顺序等过程中所用到的技巧。

2. 操作步骤

01 新建模型文件。选择【新建】命令，在系统弹出的【新建 SolidWorks 文件】对话框中选择【零件】模块，单击【确定】按钮✓，进入建模环境。

02 绘制草图 1。以上视基准面为草图绘制的基准面，绘制图 5-66 所示的草图。

图 5-65　基座模型图

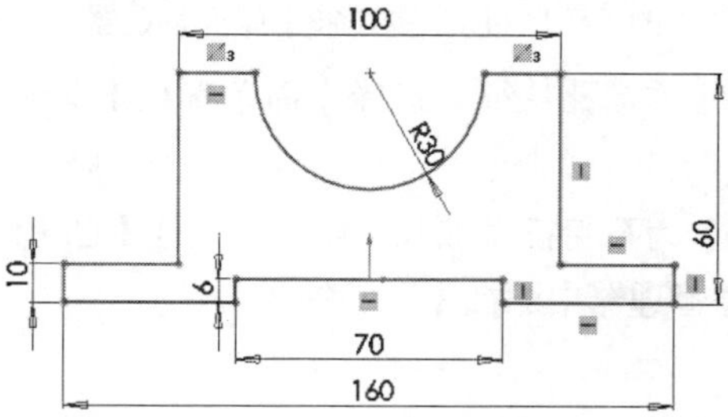

图 5-66　绘制草图 1

03 拉伸 1。选择【拉伸】命令，按照图 5-67 所示设置【凸台-拉伸】属性管理器，单击【确定】按钮✓，生成拉伸特征，如图 5-68 所示。

图 5-67　【凸台-拉伸】属性管理器

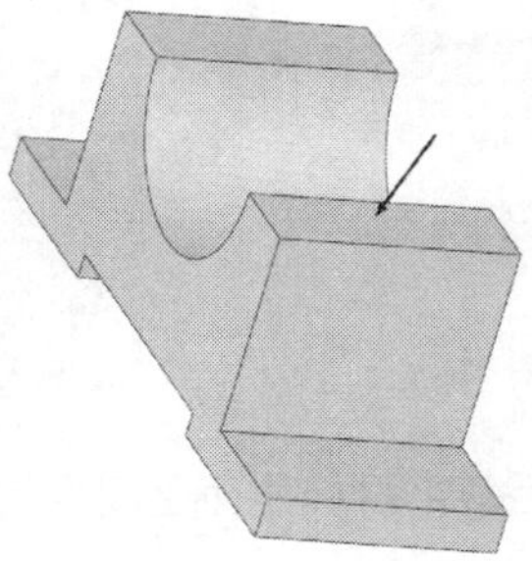

图 5-68　拉伸 1

04 绘制草图 2。以图中标注的面为基准面，绘制图 5-69 所示的草图。

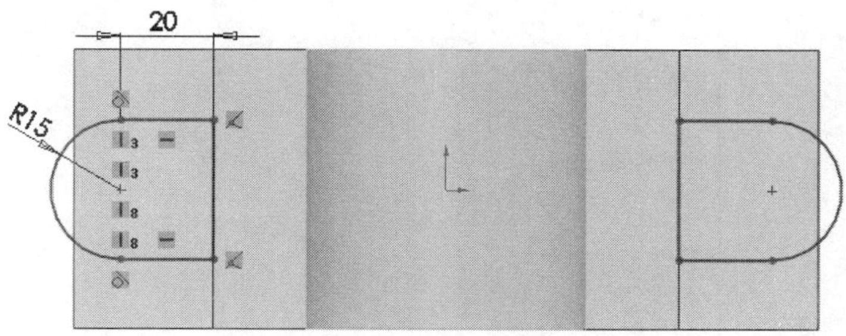

图 5-69　绘制草图 2

05 拉伸2。选择【拉伸】命令，按照图5-70所示设置【凸台-拉伸】属性管理器，单击【确定】按钮✓，生成拉伸特征，如图5-71所示。

图5-70 【凸台-拉伸】属性管理器

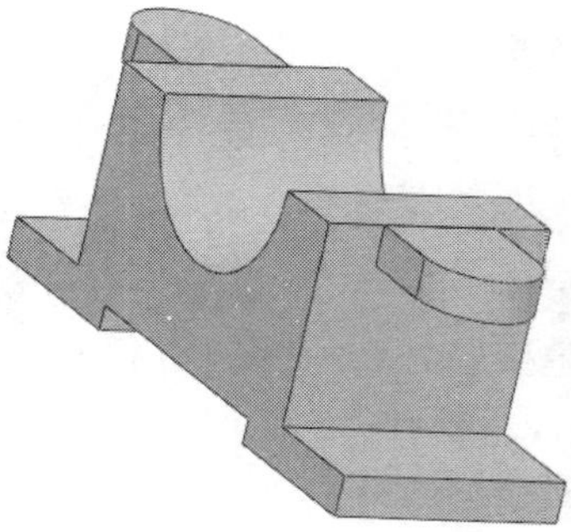

图5-71 拉伸2

06 添加孔特征。选择【简单直孔】命令，在图5-72所示的模型表面放置孔，并设置相关参数。

07 为孔特征添加几何约束。按住【Ctrl】键，选择孔和图5-73所示的圆弧，在弹出的【属性】属性管理器中添加【同心约束】。

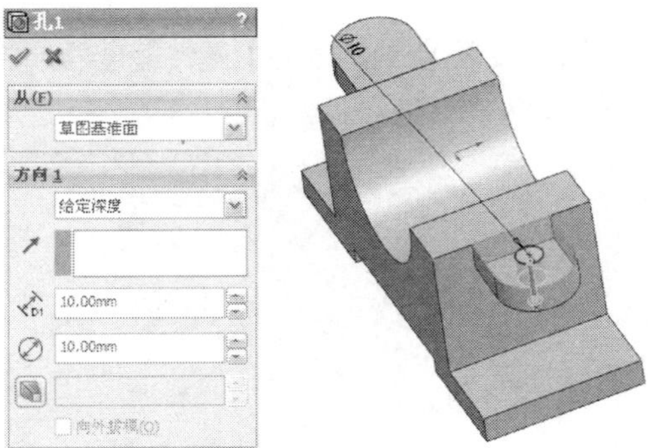

图5-72 【孔】特征

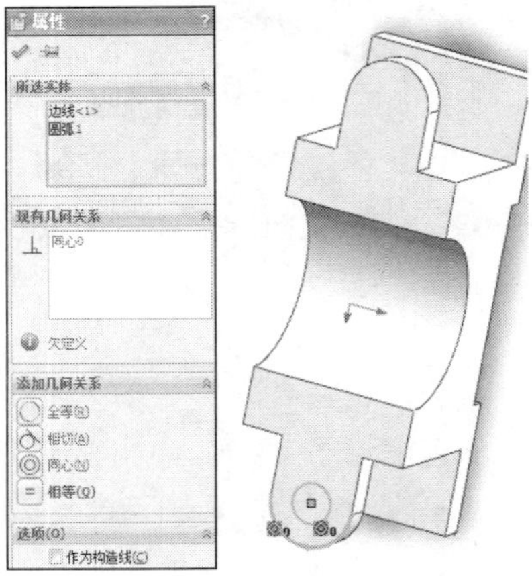

图5-73 添加几何约束

08 镜像1。以右视基准面为对称面镜像，按图5-74所示设置【镜像】属性管理器。

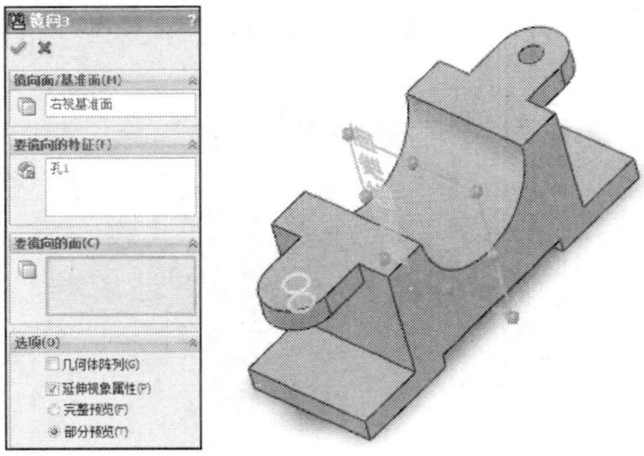

图5-74 镜像

09　添加沉头孔。选择【异型孔向导】命令，按照图 5-75 所示设置【孔规格】属性管理器，单击【确定】按钮✓。

10　镜像 2。分别以右视基准面和上视基准面为对称面，进行两次镜像，结果如图 5-76 所示。

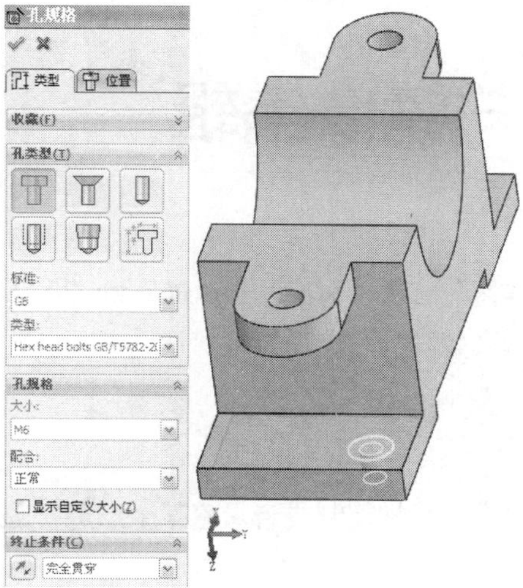

图 5-75　添加沉头孔

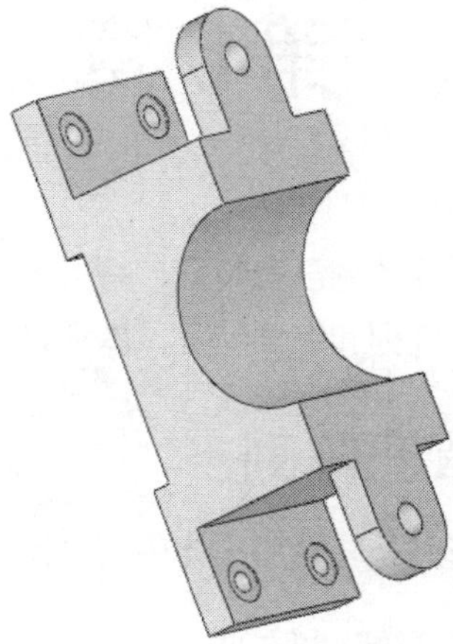

图 5-76　镜像 2

11　圆角。选择【圆角】命令，弹出【圆角】属性管理器，按照图 5-77 所示进行设置。

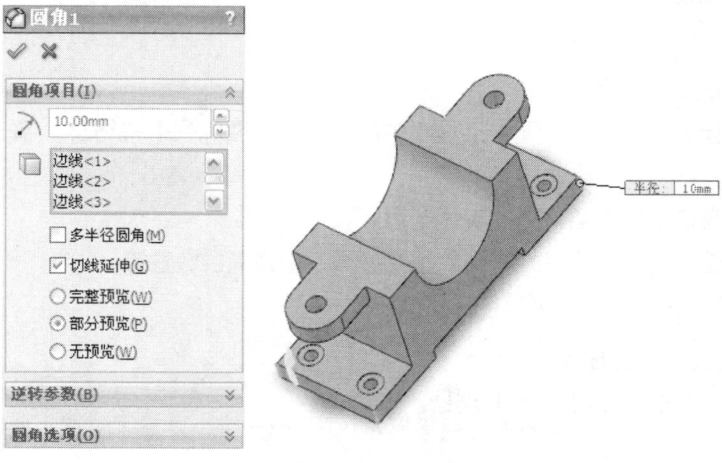

图 5-77　圆角

5.7　本章小结

零件形变编辑可以改变复杂曲面或实体模型的局部或整体形状，包括弯曲特征、圆顶特征、压凹特征、拔模特征和变形特征等。使用这些特征在创建设计概念或对复杂模型进行修改时非常有效，希望读者可以熟练掌握。

第 6 章　阵列与镜像编辑

根据需要复制已有特征，将大大简化建模工作，节省工作时间。SolidWorks 2012 提供了两大复制功能：阵列和镜像特征，本章将结合实例具体讲解阵列和镜像特征。

6.1　草图阵列

草图阵列是将草图实体中的单元沿着某一方向进行线性复制或者沿着某个点进行圆周复制。

6.1.1　草图线性阵列

在草图中若某个形状的几何按线性的形式反复出现时，可先创建其中的一个几何截面，再通过阵列命令一次完成创建多个相同的几何截面。

1. 操作步骤

线性阵列草图的操作步骤如下。

01　在草绘模式中单击【草图】工具栏中的【线性草图阵列】按钮，弹出【线性阵列】属性管理器。

02　在工作窗口中选择要阵列的实体参照。

03　在属性管理器中设置线性阵列的相关参数，如阵列的数量等。

04　单击按钮，完成阵列草图操作。

2.【线性阵列】属性管理器

图 6-1 所示为【线性阵列】属性管理器。

图 6-1 【线性阵列】属性管理器

（1）【方向 1】栏

- 方向：选取 X-轴、线性实体或模型边线来定义线性阵列的第一方向。系统会默认选择 X-轴作为定义方向的参照，选取后会显示出阵列方向，如图 6-2 所示。若要改变方向，可以单击按钮。
- 间距：定义相邻草图实体间的距离。
- 添加尺寸：在阵列后显示出所定义的阵列实例之间的尺寸。
- 数量：定义第一方向上的阵列实例数量。
- 角度：通过定义 X 轴与水平间的角度，使其成一定角度阵列实体，如图 6-3 所示。

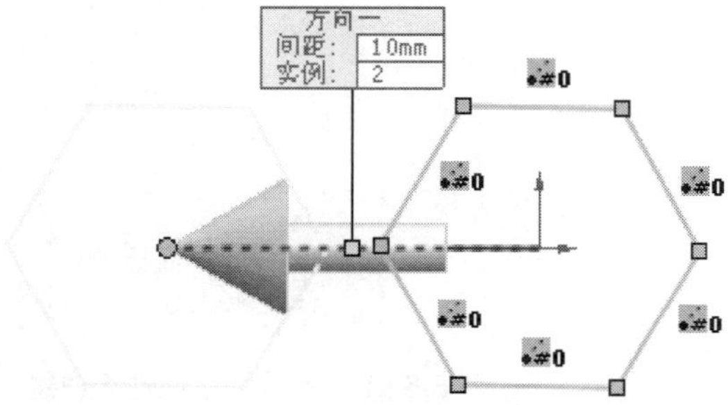

图 6-2　线性阵列预览

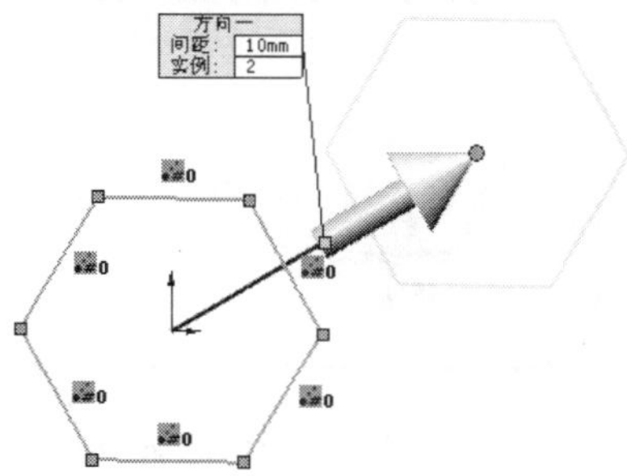

图 6-3　成角度阵列

（2）【方向 2】栏

【方向 2】栏中的参数与【方向 1】栏中的相同，主要用来指定第二方向的阵列参数，系统默认选取 Y 轴作为阵列方向参照。若勾选该栏中的【在轴之间添加角度尺寸】复选框，在完成阵列操作后会显示出方向 1 与方向 2 之间的夹角。

（3）【要阵列的实体】栏

选择用于阵列的实体参照，可以先在窗口中选择实体参照再进行阵列操作。

（4）【可跳过的实例】栏

在所定义的阵列实例中选取不包括的实体，如图 6-4 所示。

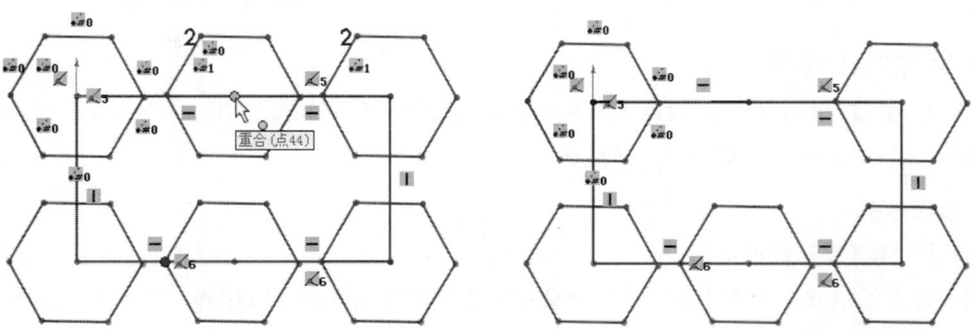

图 6-4　移除阵列实例

★ 课堂实训：利用线性阵列命令创建一组规则分布的图形

01　打开“光盘\源文件\第 6 章\6.1\6.1.1\6.1.1.sldprt”文件，如图 6-5 所示。

02 单击【草图】工具栏中的【线性草图阵列】按钮，弹出【线性阵列】属性管理器，X-轴方向阵列数目为 3，间距为 25；Y-轴方向阵列数目为 2，间距为 20，如图 6-6 所示。

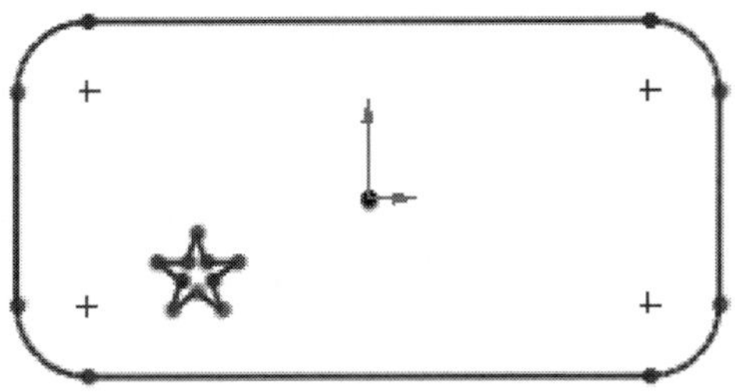

图 6-5　6.1.1.sldprt

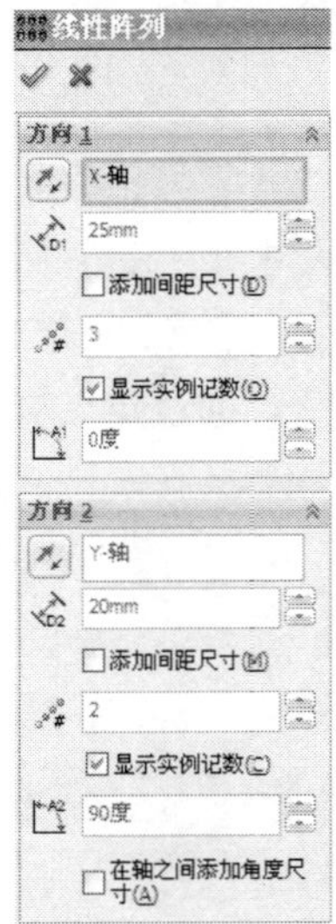

图 6-6　【线性阵列】属性管理器

03 选择左下角的五角星作为阵列对象，如图 6-7 所示。

04 在【可跳过的实例】栏中选择上下两行中间的五角星，单击【确定】按钮，结果如图 6-8 所示。

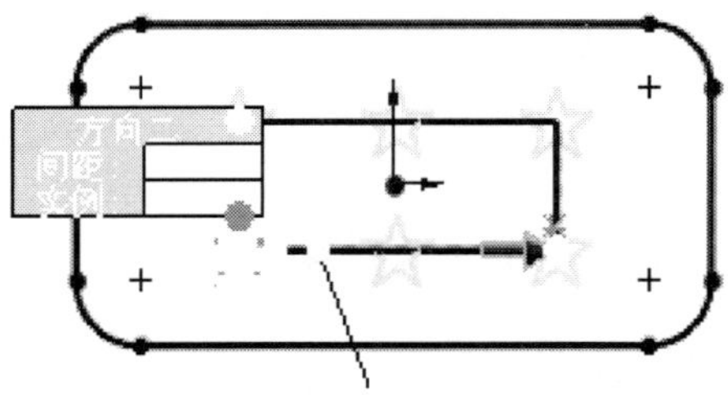

图 6-7　选择阵列对象

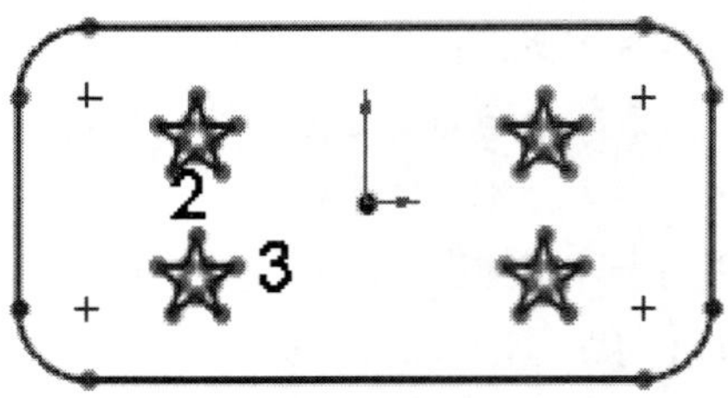

图 6-8　线性阵列结果

6.1.2　草图圆周阵列

在草图中若某个形状的几何按圆周的形式反复出现时，可先创建其中的一个几何截面，再通过阵列命令一次完成创建多个相同的几何截面。

1. 操作步骤

阵列草图的操作步骤如下。

01 在草绘模式中单击【草图】工具栏中的【圆周草图阵列】按钮，弹出【圆周阵列】或【线性阵列】属性管理器。

02 在工作窗口中选择要阵列的实体参照。

03 在属性管理器中设置圆周阵列的相关参数，如阵列的数量与圆周的半径等。

04 单击按钮，完成阵列草图操作。

2.【圆周阵列】属性管理器

（1）【参数】栏

- 阵列中心：用于指定进行圆周阵列的中心参照，系统默认选取的中心为草图原点。
- 中心 x：阵列中心点的 x 坐标。
- 中心 y：阵列中心点的 y 坐标。
- 数量：用于指定阵列时的实例数，系统默认为 4 个。
- 角度：设定圆周阵列的总角度，默认为 360°。
- 半径：定义阵列圆周的半径。
- 圆弧角度：显示所选实体的中心到阵列中心的夹角。
- 等间距：设定阵列实例之间的间距相等，此项默认为勾选。
- 添加间距尺寸：显示阵列实例之间的尺寸，包括半径与角度的大小。

（2）【要阵列的实体】栏

选择要阵列的草图实体。

（3）【可跳过的实例】栏

选取在阵列实例中不阵列的实体。

提示：要编辑线性或圆周阵列，可以在窗口中选取阵列的实体，再选择【工具】→【草图工具】→【编辑线性阵列/编辑圆周阵列】命令。

★ 课堂实训：利用圆周阵列命令创建一组中心对称的图形

01 打开“光盘\源文件\第 6 章\6.1\6.1.2\6.1.2.sldprt”文件，如图 6-9 所示。

02 单击【草图】工具栏中的【圆周草图阵列】按钮，弹出【圆周阵列】属性管理器，阵列中心为(0,0)，阵列数量为 4，阵列半径为 100，如图 6-10 所示。

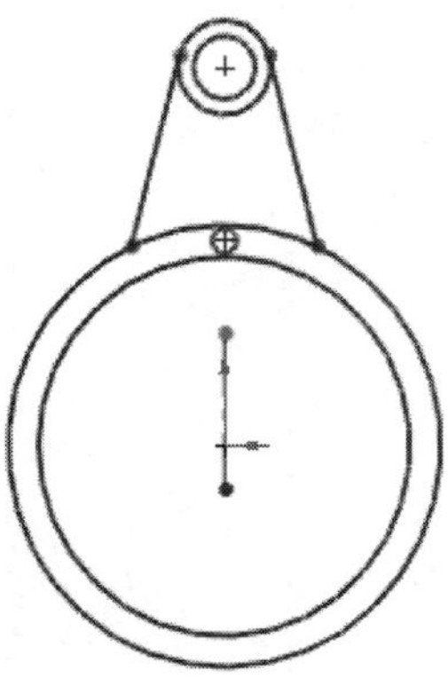

图 6-9　6.1.2.sldprt

图 6-10 【圆周阵列】属性管理器

03 选择上边的凸起部分作为阵列对象，单击【确定】按钮，结果如图 6-11 所示。

04 重复以上步骤，选择圆环中间的小圆作为阵列对象，阵列中心为(0,0)，阵列数量为 28，阵列半径为 65，结果如图 6-12 所示。

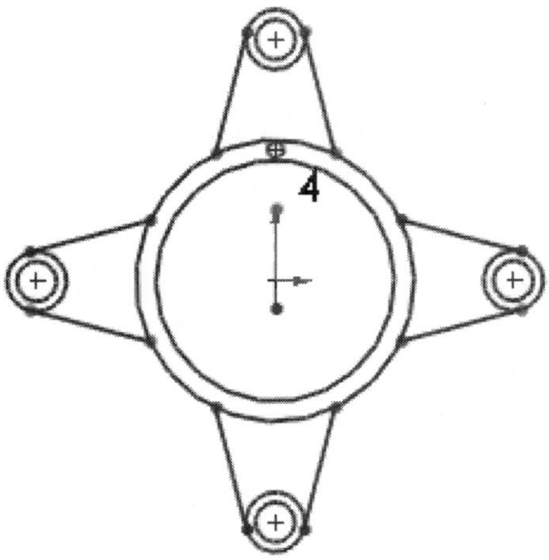

图 6-11　凸起阵列结果

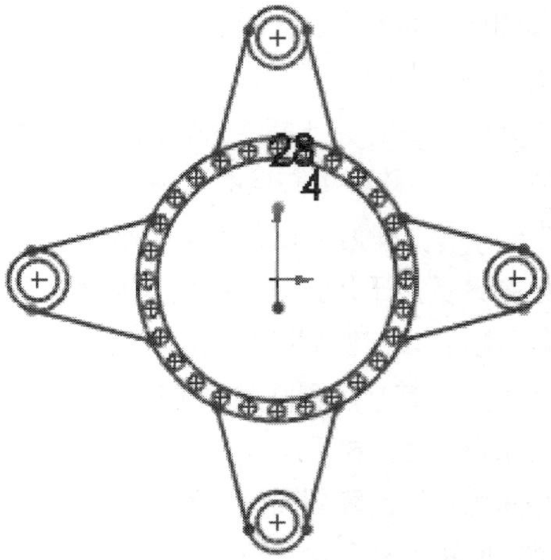

图 6-12　小圆阵列结果

6.2　特征阵列

特征阵列用于将任意特征作为原始样本特征，通过指定阵列尺寸产生多个类似的子样本特征。特征阵列完成后，与原始样本特征称为一个整体，用户可以将它们作为一个特征进行相关的操作，如删除、修改等。如果修改了原始样本特征，则阵列中的所有子样本特征也随之更新以反映更改。

SolidWorks 2012 提供了以下几种阵列方式。

- 线性阵列：在两个直线方向生成均匀分布的阵列。
- 圆周阵列：围绕轴线旋转生成圆周形态均匀分布的阵列。
- 曲线驱动的阵列：沿着曲线生成阵列。
- 草图驱动的阵列：由草图点驱动生成阵列。
- 表格驱动的阵列：通过表格设定阵列实例形成阵列。
- 填充阵列：把指定的特征在指定的区域内按指定的间距进行填充式的阵列。

6.2.1　特征线性阵列

如果需要生成多个结构相同且呈线性规则排列的模型时，不需要重建模型，只需要建立相同结构中的一个，然后利用线性阵列特征即可重建。

线性阵列是沿一条或两条直线路径生成多个子样本特征。图 6-13 所示为线性阵列的模型。

图 6-13　线性阵列模型

要生成线性阵列，可如下操作。

01　打开“光盘\源文件\第 6 章\6.2\6.2.1\6.2.1 未完成.sldprt”文件，单击【特征】工具栏中的【线性阵列】按钮，或选择【插入】→【阵列/镜像】→【线性阵列】命令，弹出【线性阵列】属性管理器。

02 按照图 6-14 所示设置线性阵列。

03 单击【确定】按钮，生成线性阵列，结果如图 6-15 所示。

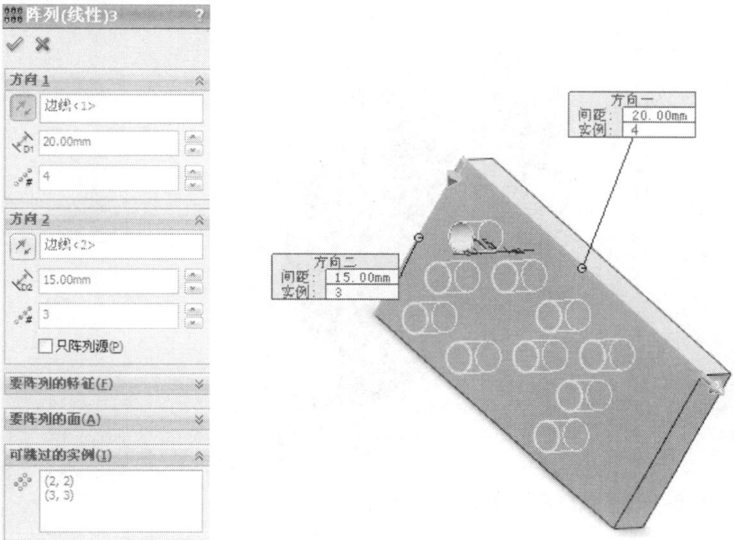

图 6-14 【线性阵列】属性管理器

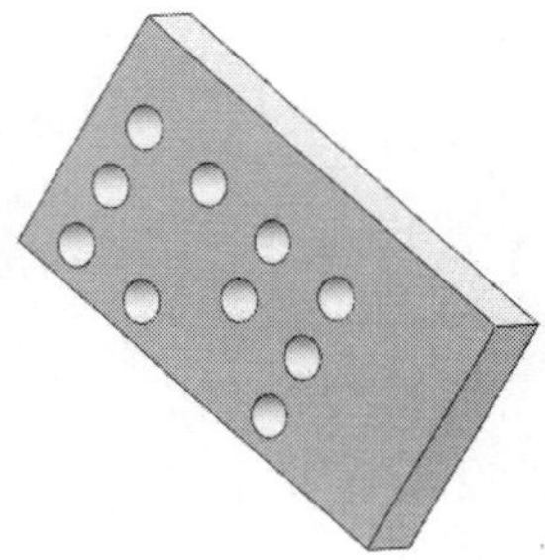

图 6-15　线性阵列结果

6.2.2　特征圆周阵列

圆周阵列是指绕一个轴心以圆周路径生成多个子样本特征。圆周阵列时必须有一个用来生成阵列的轴，该轴可以是实体边线、基准轴、临时轴等。

要生成图 6-16 所示的圆周阵列，可如下操作。

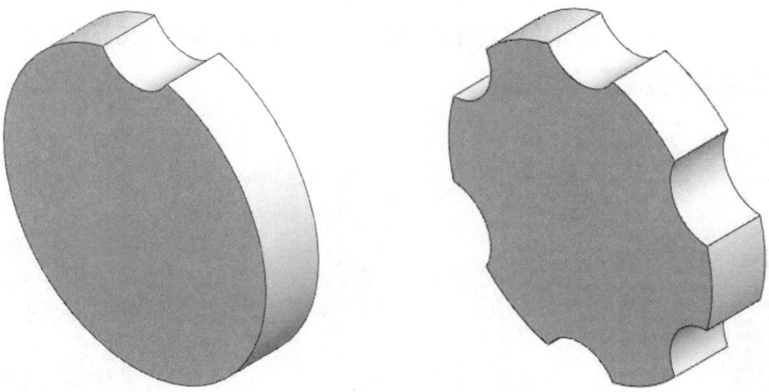

未阵列效果　　　　圆周阵列效果

图 6-16　圆周阵列

01 打开“光盘\源文件\第 6 章\6.2\6.2.2\6.2.2 未完成.sldprt”文件，单击【特征】工具栏中的【圆周阵列】按钮，或选择【插入】→【特征】→【圆周阵列】命令，弹出【圆周阵列】属性管理器。

02 按照图 6-17 所示设置圆周阵列。

03 单击【确定】按钮✓，完成圆周阵列。

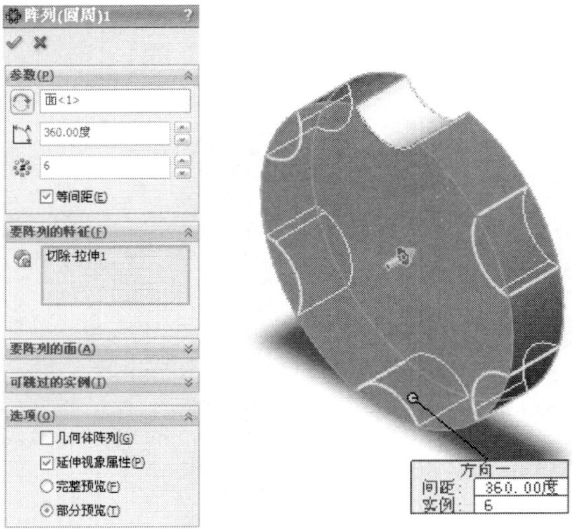

图 6-17 【圆周阵列】属性管理器

6.2.3 表格驱动的阵列

表格驱动的阵列是指通过表格输入相对坐标系的坐标尺寸来设定阵列实例。在执行表格驱动的阵列之前必须先生成一个坐标系，并且源特征相对于该坐标系的空间位置明确。

如图 6-18 所示，在其中先建立一个坐标系 1。拉伸 2 特征相对于该坐标系的 X 方向距离为 9，Y 方向距离为 9。选择【表格驱动的阵列】命令，弹出【由表格驱动的阵列】对话框，选择拉伸 2 作为阵列操作对象，选择坐标系 1 为参照坐标系。在表格中，第一行显示源实例相对坐标系的 X、Y 方向坐标，输入 3 行坐标，单击【确定】按钮后生成由坐标位置设定的阵列实例。

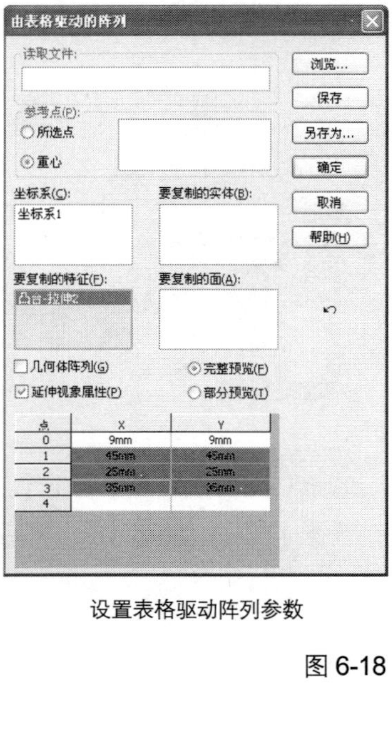

设置表格驱动阵列参数

选择阵列坐标系

图 6-18 【由表格驱动的阵列】对话框

6.2.4　草图驱动的阵列

SolidWorks 2012 还可以根据草图上的草图点来安排特征的阵列。用户只要控制草图上的草图点，就可以将整个阵列扩散到草图中的每个点。

要建立由草图驱动的阵列，可如下操作。

01　打开“光盘\源文件\第 6 章\6.2\6.2.4\6.2.4 未完成.sldprt”文件，单击【草图绘制】按钮，在零件的面上绘制一个草图。

02　单击【草图】工具栏中的【点】按钮，绘制驱动阵列的草图点，如图 6-19 所示，绘制完毕后单击【确定】按钮。

03　单击【特征】工具栏中的【草图驱动的阵列】按钮，或选择【插入】→【阵列/镜像】→【草图驱动的阵列】命令，弹出【草图阵列】属性管理器，并按图 6-20 所示进行设置。

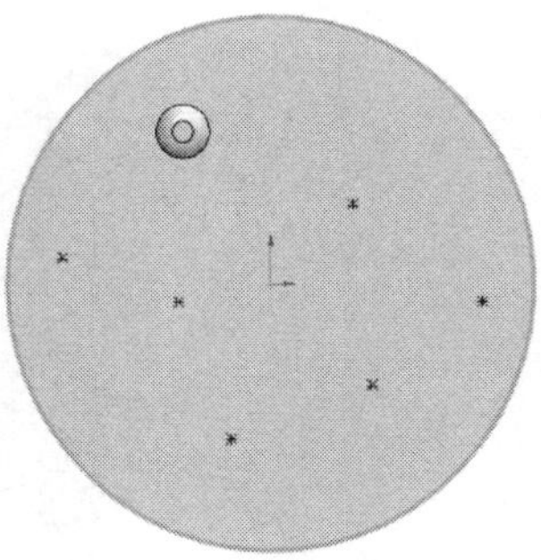

图 6-19　绘制草图点

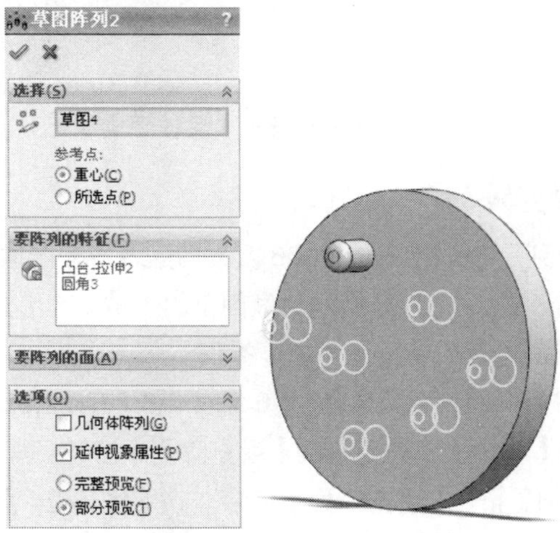

图 6-20 【草图阵列】属性管理器

04　单击【确定】按钮，生成阵列特征。

在阵列时，默认的参考点选项是重心，这样形成的复制特征以参考草图上的点为重心。也可以选择所选点为参考点，在源特征上选择一个顶点或者边的中点作为参考点，这样参考草图上的点就成为了复制特征上对应的点。

6.2.5　曲线驱动的阵列

SolidWorks 2012 可以沿平面曲线生成阵列，作为驱动阵列的曲线可以是任何草图线段，或者模型的轮廓线（必须在同一平面上）。

要生成曲线驱动的阵列，可如下操作。

01　打开“光盘\源文件\第 6 章\6.2\6.2.5\6.2.5 未完成.sldprt”文件，单击【特征】工具栏中的【曲线驱动的阵列】按钮，或选择【插入】→【阵列/镜像】→【曲线驱动的阵列】命令，弹出【曲线阵列】属性管理器。

02　按照图 6-21 所示设置属性管理器。

03　单击【确定】按钮，生成阵列特征，如图 6-22 所示。

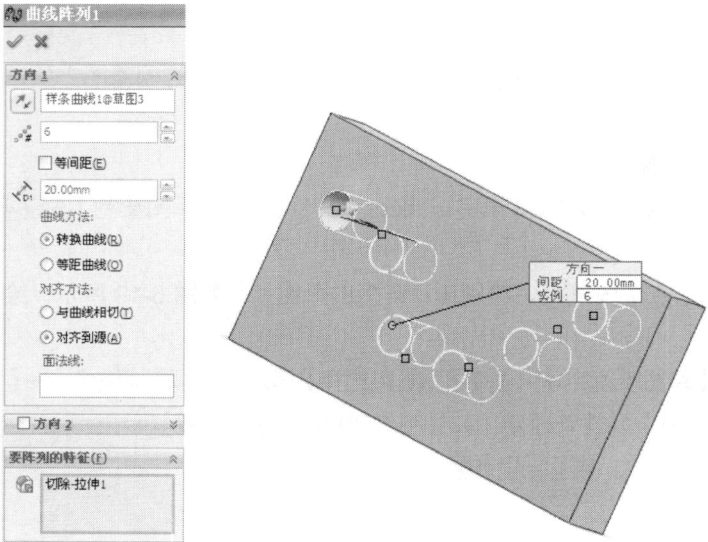

图 6-21 【曲线阵列】属性管理器

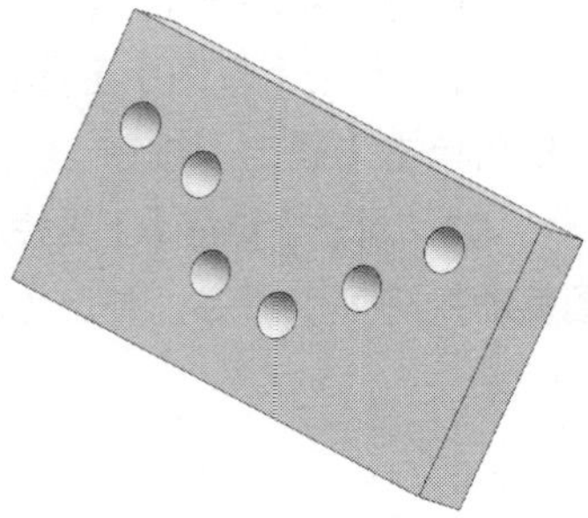

图 6-22 曲线驱动的阵列

6.2.6 填充阵列

填充阵列是 SolidWorks 2006 及以后版本中才增加的功能，提供了多种填充的形式。图 6-23 所示为最简单的一种填充形式。

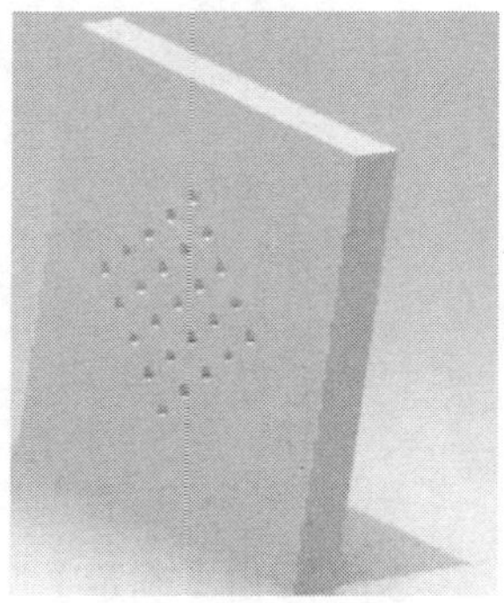

图 6-23 填充阵列模型

要生成填充阵列特征，可如下操作。

01 打开“光盘\源文件\第 6 章\6.2\6.2.6\6.2.6 未完成.sldprt”文件，单击【特征】工具栏中的【填充阵列】按钮，或选择【插入】→【阵列/镜像】→【填充阵列】命令。按照图 6-24 所示设置属性管理器，单击【确定】按钮，生成填充阵列。

02 此外，也可以通过【生成源切】选项来选择阵列的特征，如图 6-25 所示。

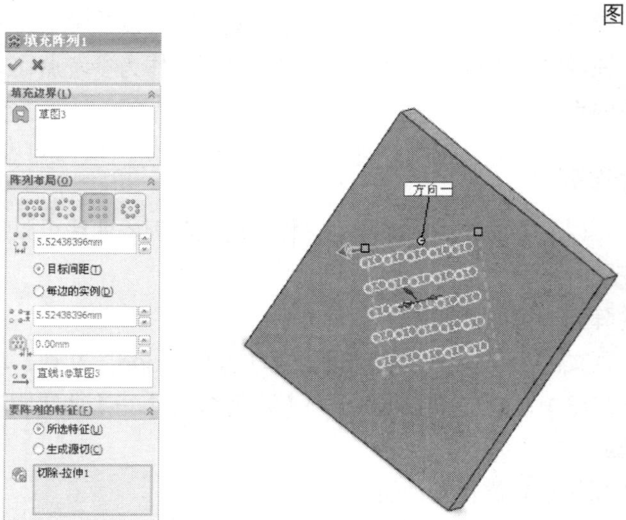

图 6-24 【填充阵列】属性管理器

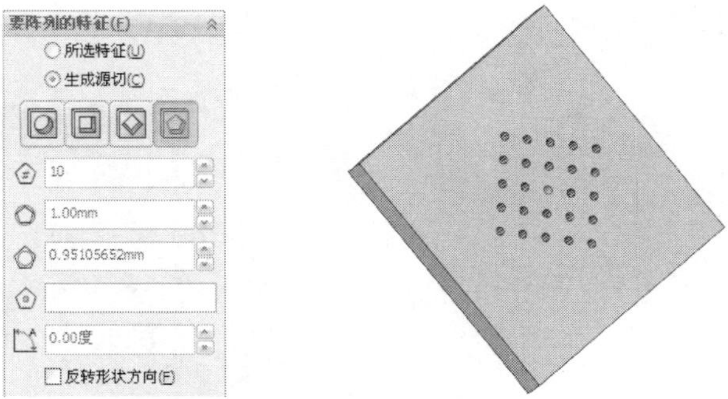

图 6-25 【生成源切】方式阵列

★ 课堂实训：利用特征阵列建立带轮模型

本节将以一些带轮为例，介绍相关的草图绘制命令及旋转、拉伸、圆周阵列特征命令。

1. 设计分析

带轮的实体模型如图 6-26 所示，其设计主要运用了拉伸、圆角、阵列等特征命令，需要注意在选取草图基准面、圆角顺序等过程中所用到的技巧。

2. 操作步骤

01 新建模型文件。选择【新建】命令，在系统弹出的【新建 SolidWorks 文件】对话框中选择【零件】模块，单击【确定】按钮，进入建模环境。

02 绘制草图 1。以前视基准面为草图绘制的基准面，绘制图 6-27 所示的草图。

图 6-26　基座模型图

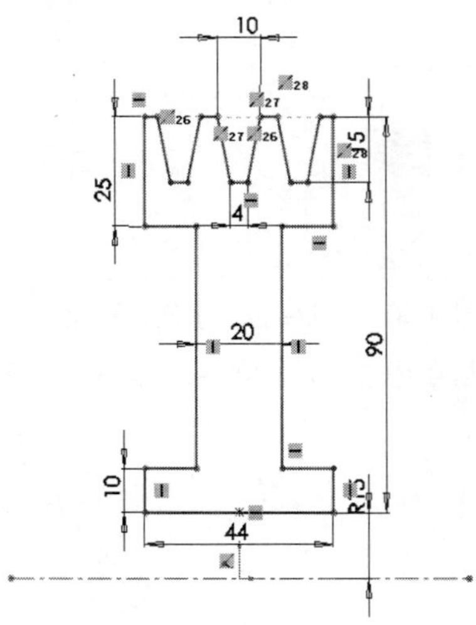

图 6-27　绘制草图 1

03 旋转。选择【旋转】命令，按照图 6-28 所示设置【旋转】属性管理器，单击【确定】按钮，生成旋转特征。

04 绘制草图 2。以右视基准面为基准面，绘制图 6-29 所示的草图。

05 拉伸切除 1。选择【拉伸切除】命令，按照图 6-30 所示设置属性管理器，单击【确定】按钮，生成拉伸切除特征，如图 6-31 所示。

图 6-28 【旋转】属性管理器

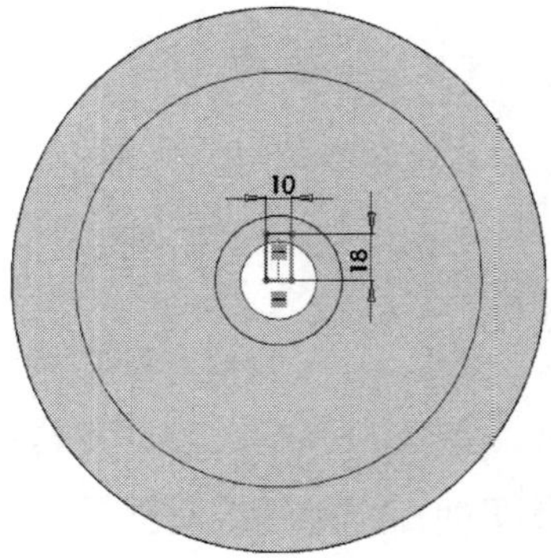

图 6-29 绘制草图 2

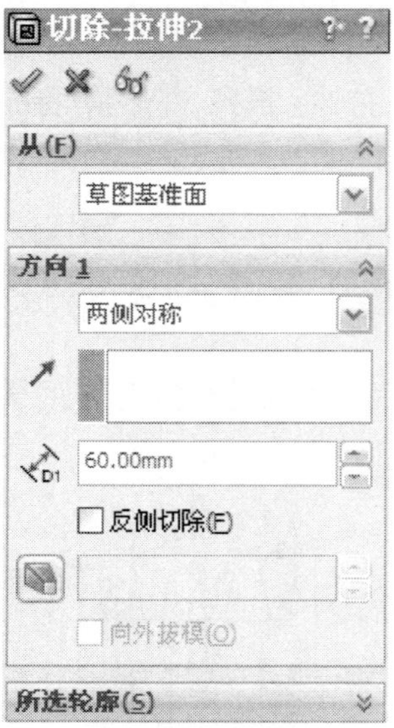

图 6-30 【切除-拉伸】属性管理器

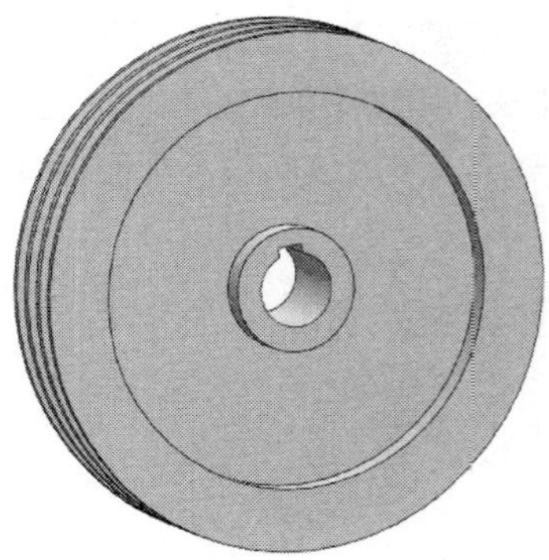

图 6-31 拉伸切除 1

06 绘制草图 3。以右视基准面为基准面，绘制图 6-32 所示的草图。

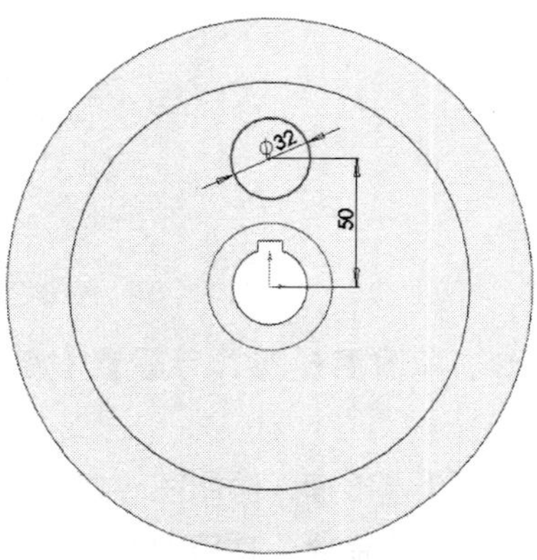

图 6-32 绘制草图 3

07　拉伸切除 2。选择【拉伸切除】命令，按照图 6-33 所示设置属性管理器，单击【确定】按钮✓，生成拉伸切除特征，如图 6-34 所示。

图 6-33 【切除-拉伸】属性管理器

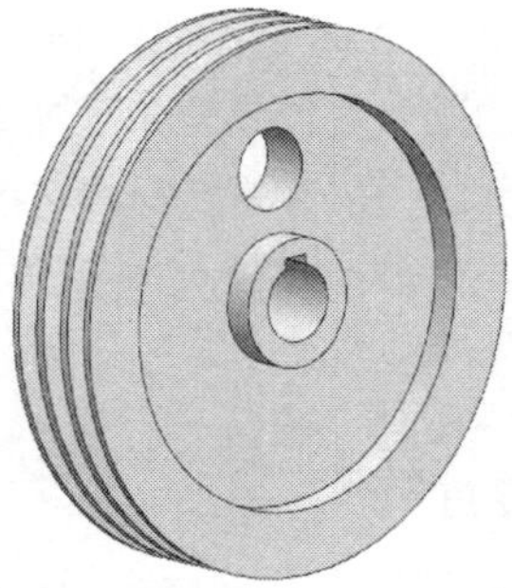

图 6-34　拉伸切除 2

08　圆周阵列。选择【圆周阵列】命令，按照图 6-35 所示设置属性管理器，单击【确定】按钮✓。

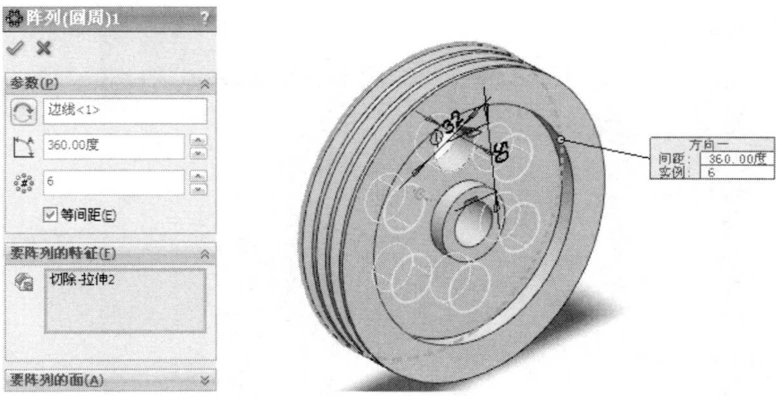

图 6-35　圆周阵列

09　圆角。选择【圆角】命令，按照图 6-36 所示设置属性管理器，单击【确定】按钮✓。

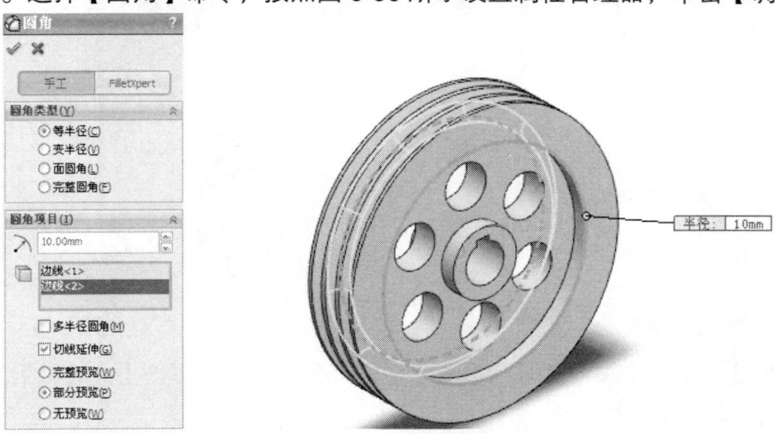

图 6-36　圆角特征

6.3 零部件阵列

在装配体模式下，零部件的阵列包含 3 种形式：线性阵列、圆周阵列和特征驱动。

零部件阵列是为了提高工作效率和零件的精准性而执行的操作。如果装配体中的某个零件具有【阵列】特征，可以利用这个阵列来建立零件的阵列。一般在螺钉与螺母的装配上应用较多。

选择【插入】→【零部件阵列/镜像零部件】命令，如图 6-37 所示。

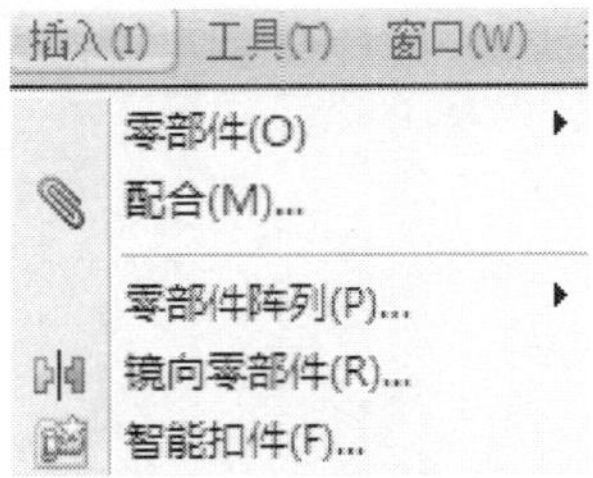

图 6-37　阵列和镜像

6.3.1　零部件线性阵列

零部件的线性阵列是在装配体上沿一个或两个方向复制源零部件。如果需要生成多个结构相同且呈线性规则排列的零部件，只需要建立相同结构中的一个，然后利用线性阵列特征即可重建。

选择【插入】→【零部件阵列】→【线性阵列】命令，弹出【线性阵列】属性管理器，如图 6-38 所示。

要生成零部件线性阵列，可如下操作。

01　打开“光盘\源文件\第 6 章\6.3\6.3.1\6.3.1 未完成.sldasm”文件，如图 6-39 所示。

图 6-38 【线性阵列】属性管理器

图 6-39　线性阵列模型

02　选择【插入】→【零部件阵列】→【线性阵列】命令，弹出【线性阵列】属性管理器，按照图 6-40 所示设置线性阵列。

03 单击【确定】按钮✓，生成线性阵列，结果如图 6-41 所示。

图 6-40 【线性阵列】属性管理器

图 6-41　线性阵列

6.3.2　零部件圆周阵列

零部件的圆周阵列是指在装配体中绕一个轴线以圆周路径生成多个零部件特征。要进行零部件的圆周阵列，可以选择【插入】→【零部件阵列】→【圆周阵列】命令，弹出【圆周阵列】属性管理器，如图 6-42 所示。

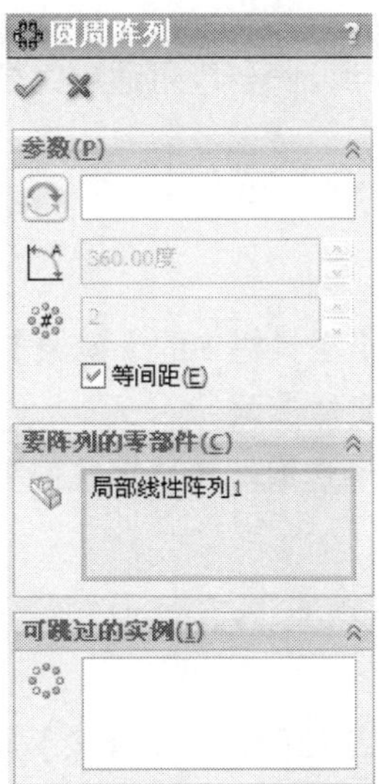

图 6-42 【圆周阵列】属性管理器

要生成零部件圆周阵列，可进行如下操作。

01 打开“光盘\源文件\第 6 章\6.3\6.3.2\6.3.2 未完成.sldasm”文件，如图 6-43 所示。

02 选择【插入】→【零部件特征】→【圆周阵列】命令，弹出【圆周阵列】属性管理器，按照图 6-44 所示设置圆周阵列。

03 单击【确定】按钮，完成圆周阵列，如图 6-45 所示。

图 6-43 圆周阵列模型

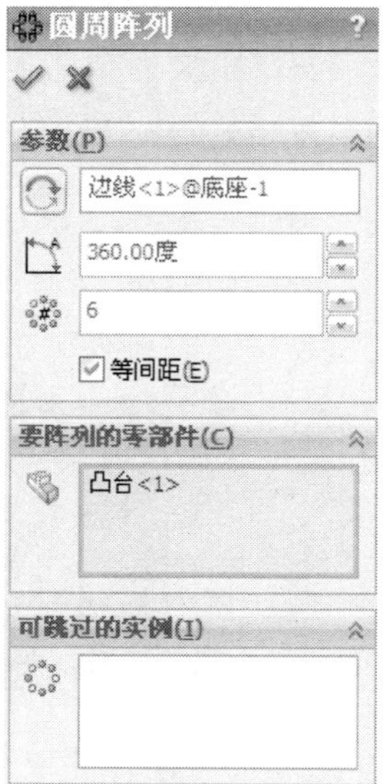

图 6-44 【圆周阵列】属性管理器

图 6-45 圆周阵列

6.4 镜像编辑

镜像编辑包括草图镜像编辑、特征镜像编辑和零部件镜像编辑。

6.4.1 镜像草图

对称形式的草图可只创建草图的一半，另一半可通过镜像命令来创建，这样既提高了工作效率，也让复杂的操作变得简单。

1. 操作步骤

镜像草图的操作步骤如下。

01 在草绘模式下，单击【草图】工具栏中的【镜像】按钮，弹出【镜像】属性管理器。

02 在工作窗口中选择要镜像的实体参照。

03 在【镜像点】栏中单击，激活选取。再选择镜像实体时的镜像参照，可以是构造线或任何类型的直线。

04 单击按钮，完成草图的镜像操作。

2.【镜像】属性管理器

图 6-46 所示为单击【镜像】按钮后弹出的【镜像】属性管理器，包括【信息】栏与【选项】栏。

（1）【信息】栏

显示镜像草图的操作步骤。

（2）【选项】栏

- 要镜像的实体：在草图中选择要镜像的草图几何。

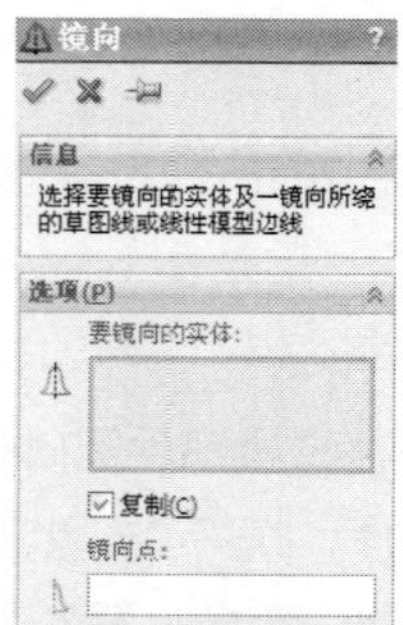

图 6-46 【镜像】属性管理器

- 复制：勾选该复选框后，系统将所选草图的副本镜像至另一侧。若取消勾选该复选框，系统将所选草图镜像至另一侧，即原草图被移除。
- 镜像点：选择镜像所绕的任意直线、模型直线性边线或工程图线性边线作为镜像点。

（3）动态镜像实体方法

01 选择【工具】→【草图工具】→【动态镜像】命令，弹出【镜像】属性管理器，如图 6-47 所示。

02 在窗口中选择一条中心线或现有的直线作为镜像线，选取后两端显示出对称符号，如图 6-48 所示。

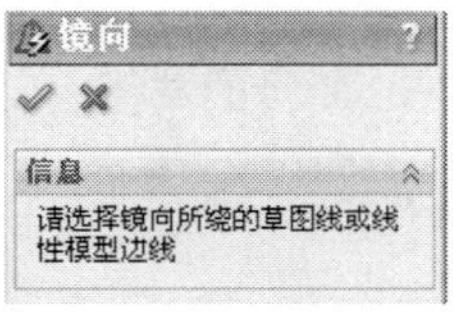

图 6-47 【镜像】属性管理

图 6-48　显示出对称符号

03 在所选镜像线一侧绘制草图，如图 6-49 所示。完成后系统会自动参照镜像线将绘制的草图镜像至另一侧，如图 6-50 所示。

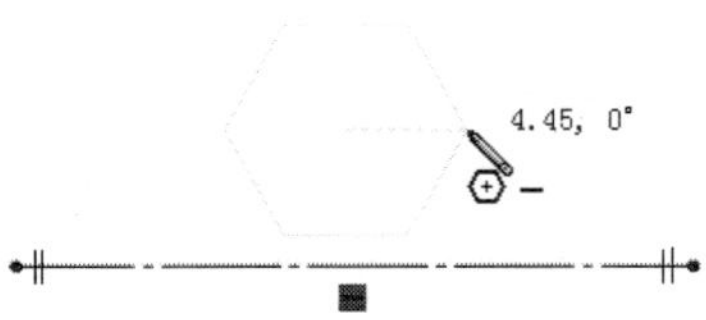

图 6-49　绘制草图

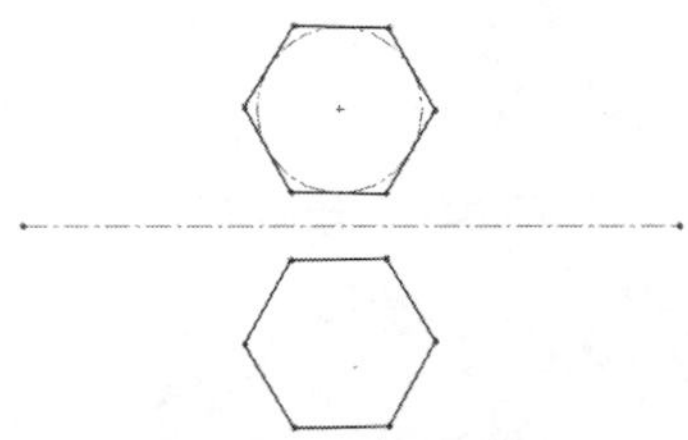
图 6-50　完成镜像后的状态

6.4.2　镜像特征

镜像特征是指沿面或基准面镜像，复制生成一个或者多个特征。

1. 属性设置

选择【插入】→【阵列/镜像】→【镜像】命令，弹出【镜像】属性管理器，如图 6-51 所示。

- 镜像面/基准面：在图形区域选择一个面或者基准面作为镜像面。
- 要镜像的特征：选择模型中的一个或多个特征作为要镜像的特征。
- 要镜像的面：在图形区域选择构成要镜像的特征的面。

图 6-51 【镜像】属性管理器

2. 操作步骤

镜像特征的操作步骤如下。

01 选择【插入】→【阵列/镜像】→【镜像】命令，弹出【镜像】属性管理器。

02 选择镜像面。

03 选择要镜像的特征。

04 单击✓按钮，生成镜像特征。

★ 课堂实训：利用镜像阵列建立电连接器模型

01 新建模型文件。选择【新建】命令，在系统弹出的【新建 SolidWorks 文件】对话框中选择【零件】模块，单击【确定】按钮，进入建模环境。

02 绘制草图 1。以前视基准面为草图绘制的基准面，绘制图 6-52 所示的正六边形草图。

03 拉伸 1。选择【拉伸】命令，按照图 6-53 所示设置【凸台-拉伸】属性管理器，单击【确定】按钮✓，生成拉伸特征，如图 6-54 所示。

04 绘制草图 2。以拉伸凸台的前表面为绘图平面，绘制图 6-55 所示的草图。

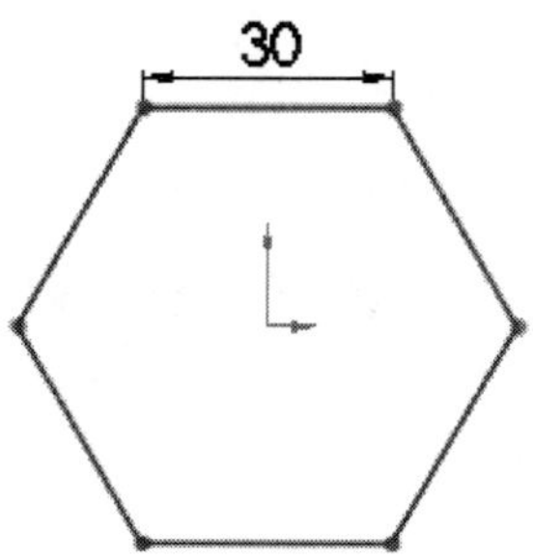

图 6-52 绘制草图 1

图 6-53 【凸台-拉伸】属性管理器

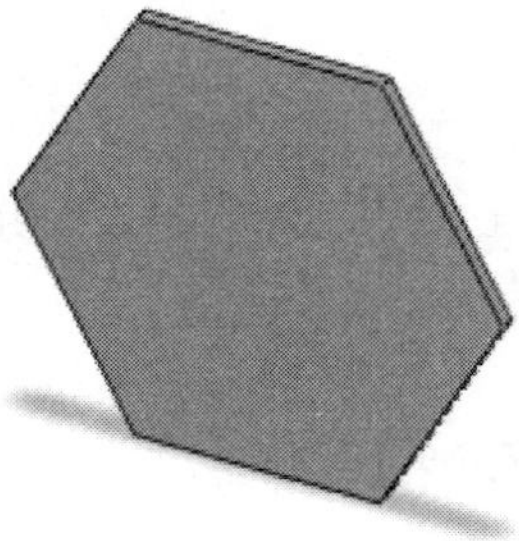

图 6-54 拉伸特征 1

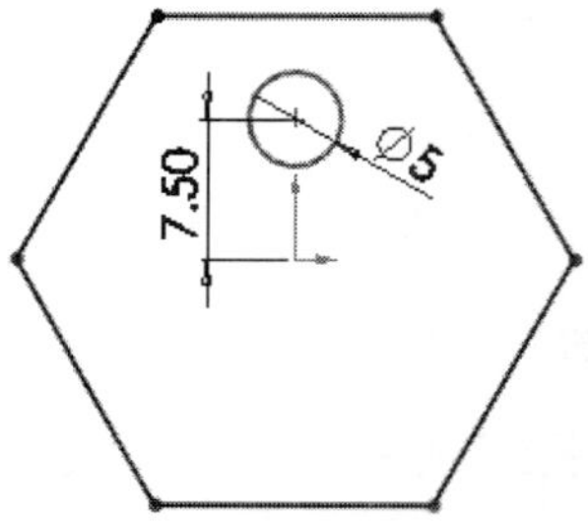

图 6-55 绘制草图 2

05 拉伸 2。选择【拉伸】命令，按照图 6-56 所示设置【凸台-拉伸】属性管理器，单击【确定】按钮✓，生成拉伸特征，如图 6-57 所示。

图 6-56 【凸台-拉伸】属性管理器

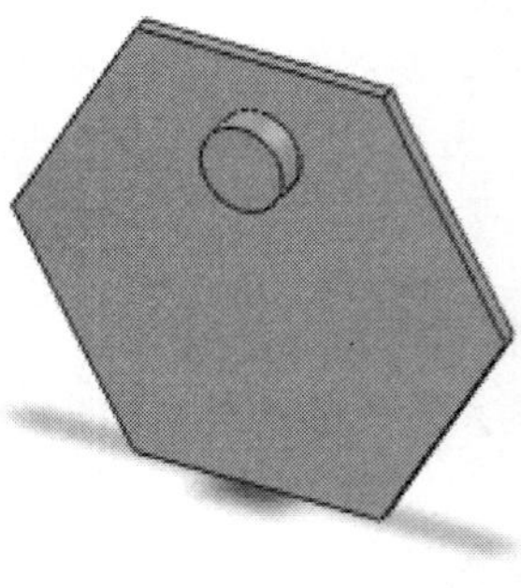

图 6-57 拉伸特征 2

06 创建孔特征。以拉伸凸台的前表面为绘图平面，单击【简单直孔】工具，在零件表面创建图 6-58 所示的 3 个通孔。

07 创建镜像。选择【插入】→【阵列/镜像】→【镜像】命令，弹出【镜像】属性管理器，选择右视基准面作为镜像面，上一步建立的孔特征作为要镜像的特征，如图 6-59 所示，生成镜像特征，如图 6-60 所示。

图 6-58　创建通孔

图 6-59 【镜像】属性管理器

图 6-60　镜像特征

08 创建基准轴。选择【参考几何体】→【基准轴】命令，选择【两平面】创建基准轴的方式，按照图 6-61 所示设置属性管理器，单击【确定】按钮，创建基准轴。

09 创建圆周阵列。选择【插入】→【阵列/镜像】→【圆周阵列】命令，选择上一步建立的基准轴作为旋转轴，步骤 5 建立的凸台作为要阵列的特征，参数设置如图 6-62 所示，圆周阵列结果如图 6-63 所示。

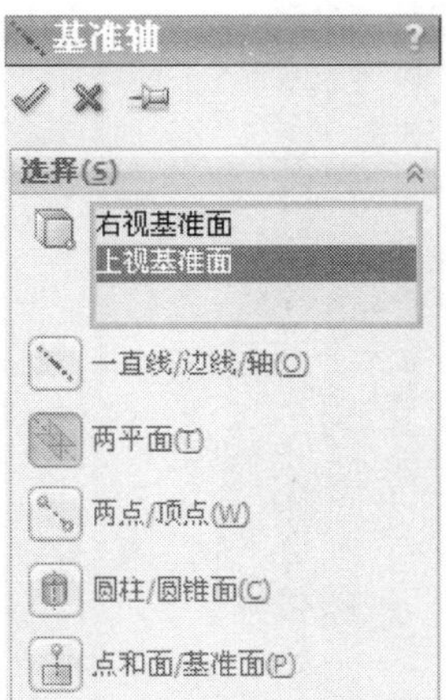

图 6-61　创建基准轴

图 6-62 【圆周阵列】属性管理器

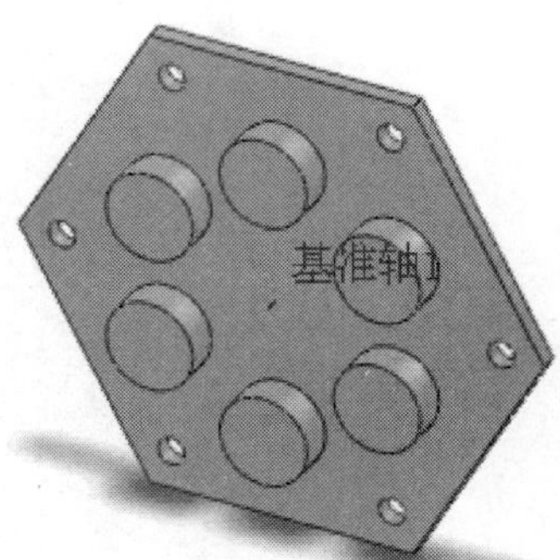

图 6-63　圆周阵列结果

★ 课堂实训：创建箱体实体模型

本节将利用 SolidWorks 2012 中相关的草图绘制命令、拉伸特征命令，设计一个箱体零件。

1．设计分析

箱体模型如图 6-64 所示，其设计主要应用了拉伸、切除拉伸、抽壳以及圆角等特征，但要注意其中基准面 1 的创建和圆角特征的顺序。

2．操作步骤

01 新建模型文件。选择【新建】命令，在系统弹出的【新建 SolidWorks 文件】对话框中选择【零件】模块，单击【确定】按钮，进入建模环境。

02 绘制草图 1。选取前视基准面为草图基准面，绘制图 6-65 所示的草图。

图 6-64 箱体模型

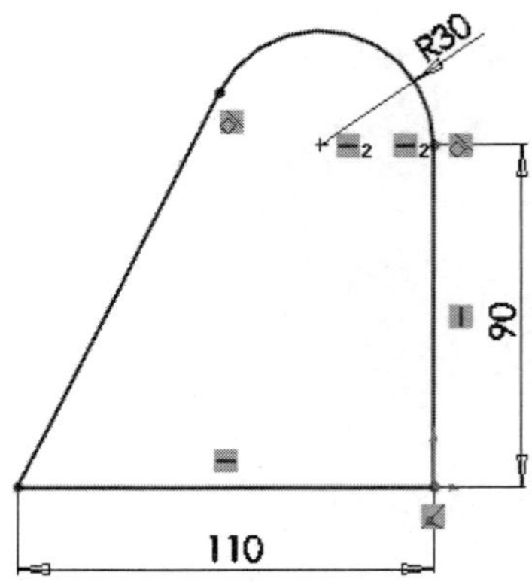

图 6-65 绘制草图 1

03 拉伸 1。选择【拉伸】命令，按照图 6-66 所示设置属性管理器，单击【确定】按钮✓，结果如图 6-67 所示。

图 6-66 【凸台-拉伸】属性管理器

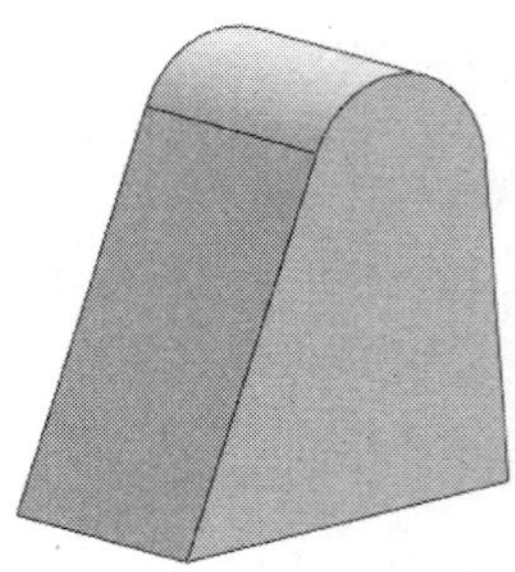

图 6-67 拉伸特征 1

04 抽壳。选择【抽壳】命令，属性管理器设置如图 6-68 所示，单击【确定】按钮✓，结果如图 6-69 所示。

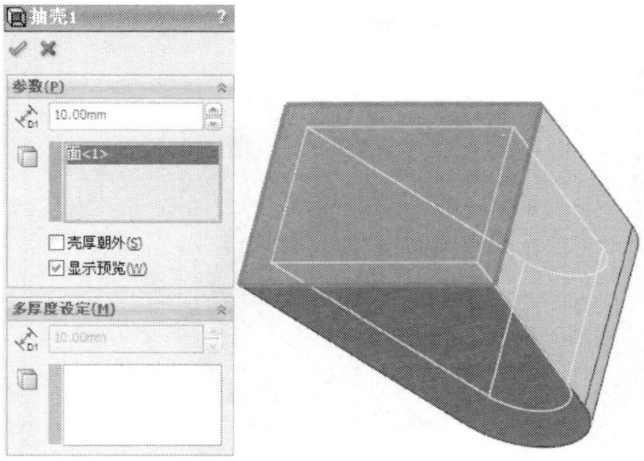

图 6-68 【抽壳】属性管理器

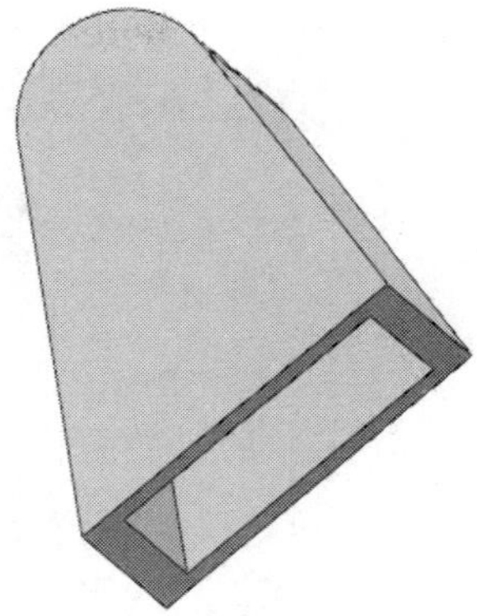

图 6-69　抽壳结果

05 拉伸 2。以图中标注的面为基准面，绘制图 6-70 所示的草图 2。拉伸时采用默认的深度方向，输入深度值为 8，拉伸结果如图 6-71 所示。

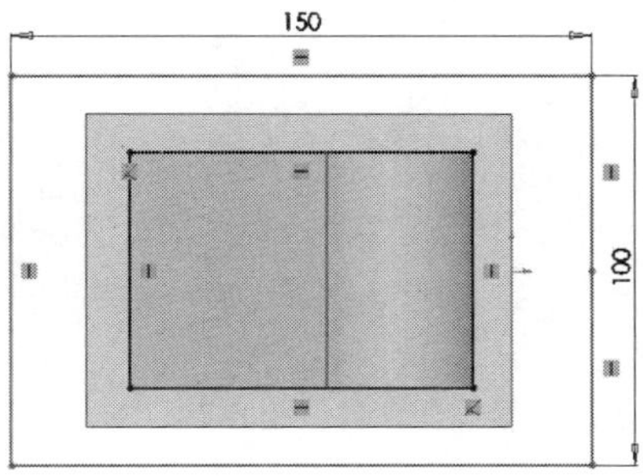

图 6-70　绘制草图 2

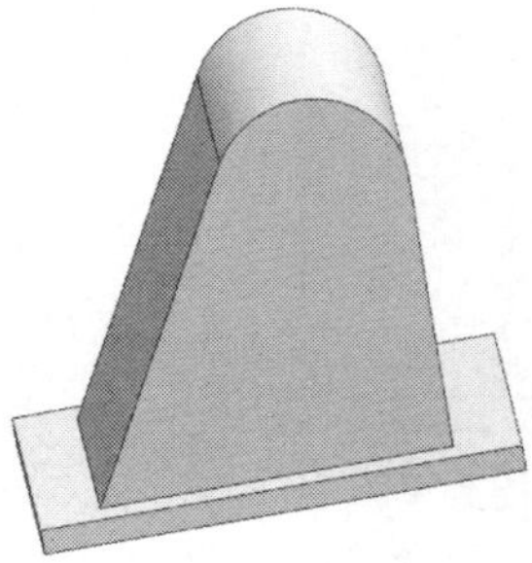

图 6-71　拉伸特征 2

06 拉伸 3。以图中标注的面为基准面，绘制图 6-72 所示的草图 3。拉伸时采用默认的深度方向，输入深度值为 7，拉伸结果如图 6-73 所示。

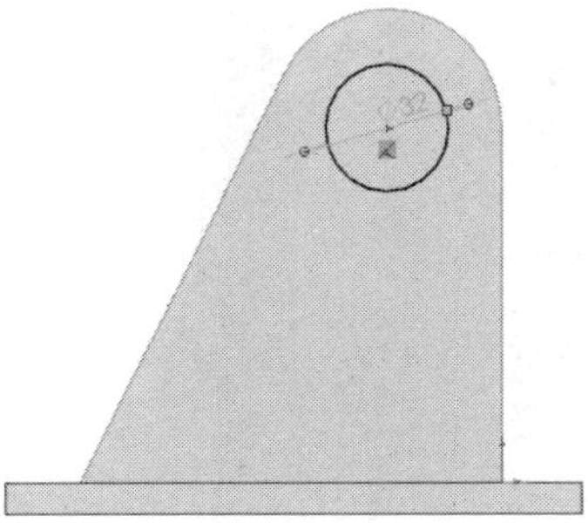

图 6-72　绘制草图 3

图 6-73　拉伸特征 3

07 镜像。以前视基准面为对称面镜像，如图 6-74 所示。

08 拉伸切除。绘制图 6-75 所示的草图，选择【拉伸切除】命令，按照图 6-76 所示设置属性管理器，单击【确定】按钮✓，结果如图 6-77 所示。

09 圆角。选择【圆角】命令，按照图 6-78 所示设置属性管理器，单击【确定】按钮✓，生成圆角特征。

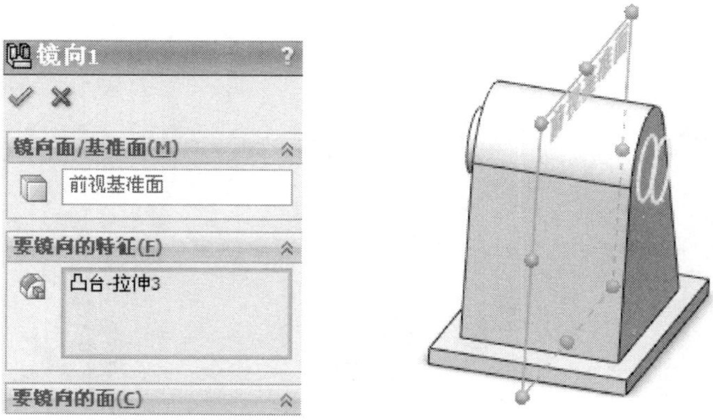

图 6-74　镜像

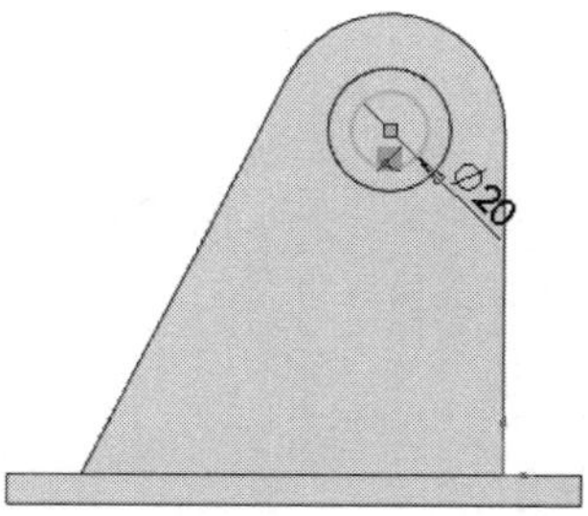

图 6-75　绘制草图 4

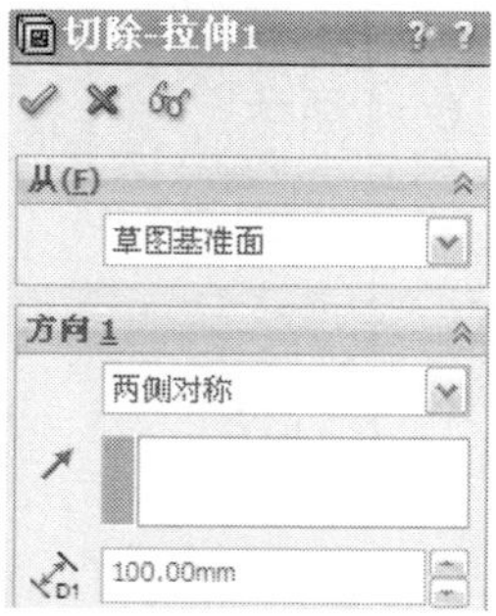

图 6-76 【切除-拉伸】属性管理器

图 6-77　拉伸切除

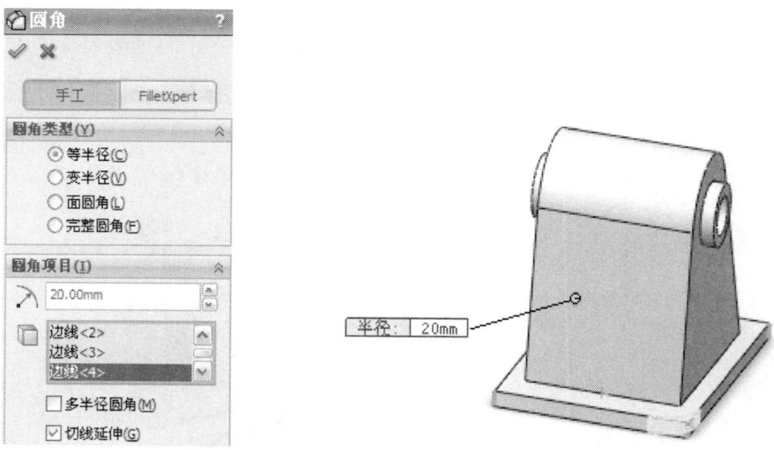

图 6-78 【圆角】属性管理器

6.5　本章小结

阵列操作是按照一定规则进行复制的过程。阵列特征的操作对象可以是草图、特征和零部件。对于特征，阵列可以进行线性阵列、圆周阵列、曲线驱动的阵列、填充阵列、草图驱动的阵列和表格驱动的阵列。镜像特征是沿面或者基准面镜像复制生成一个特征。这两种复制特征操作，希望读者认真掌握。

第7章 曲线和曲面设计

在 SolidWorks 2012 中，最基本的模式是用实体命令来造型。对于一般几何体形状规则的结构零件而言，采用拉伸、旋转实体特征就能完成大部分的基体建模，但是如果将 SolidWorks 应用到工业设计领域，仅仅使用实体建模的命令很难满足设计意图。在实际造型过程中，经常会遇到一些特殊的复杂曲线和曲面，这就需要采用曲线和曲面命令来辅助造型。

曲面描述了物体表面的几何形状，它没有质量、没有体积、没有厚度，以此和基体实体相区别。曲面建模时往往从点线开始，通过扫描曲面、放样曲面构建基体的曲面体，然后通过裁剪、缝合或者填充等命令完成产品的整体造型。在实际造型过程中，基体实体和曲面造型是相辅相成、同时进行的，两种方法混合使用，既能大大地提高造型效率，又能成功地建立复杂的造型。

7.1 曲线设计

SolidWorks 2012 提供了多种方法来生成多种类型的三维曲线，分别是投影曲线、组合曲线、螺旋线、涡状线、分割线、通过参考点的样条曲线和通过 XYZ 点的曲线，可以使用曲线来生成实体模型特征。如可将三维平面的样条曲线用做扫描特征的路径或引导线，或用做放样特征的引导曲线，或用做拔模特征的分割线等。图 7-1 所示为【曲线】工具栏中。

图 7-1 【曲线】工具栏

7.1.1 投影曲线

投影曲线可以通过将绘制的曲线投影到模型面上来生成一条三维曲线，即【面上草图】投影类型；也可以使用【草图上草图】投影类型，首先在两个相交的基准面上分别绘制草图，此时系统会将每个草图沿其所在平面的垂直方向投影以得到相应的曲面，最后这两个曲面在空间中相交而生成一条三维曲线。

1. 面上草图

面上草图投影可将草图投影到面上来生成一条三维曲线，其操作如下。

01 打开“光盘\源文件\第 7 章\7.1\7.1.1\7.1.1.1 未完成.sldprt”文件，如图 7-2 所示。单击【曲线】工具栏中的【投影曲线】按钮，在弹出的【投影曲线】属性管理器中完成图 7-3 所示的参数设置。

- 投影类型：面上草图。
- 要投影的草图：选择基准面 1 上的草图作为要投影的草图，草图的名称将显示在【要投影的草图】名称显示框中。

- 投影面：选择曲面作为投影面，曲面的名称将显示在【投影面】名称显示框中。
- 反转投影：用于调整投影方向，勾选该复选框。

02 单击【确定】按钮✔，完成面上草图投影的绘制，如图 7-4 所示。

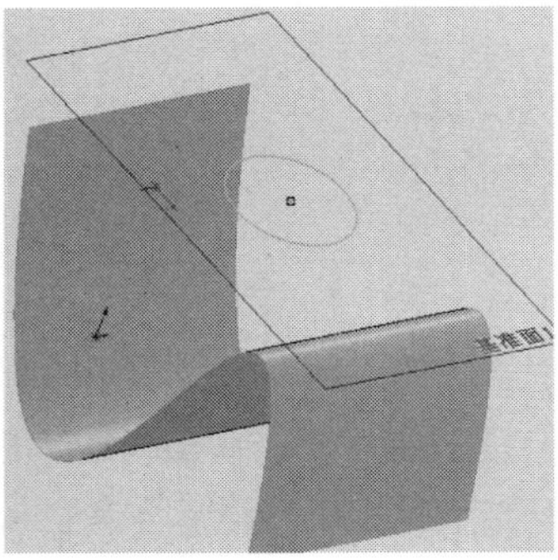

图 7-2　面上草图选取图形

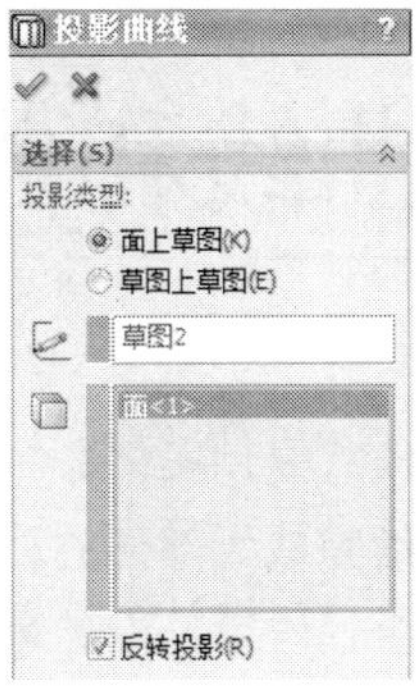

图 7-3　面上草图设置面板

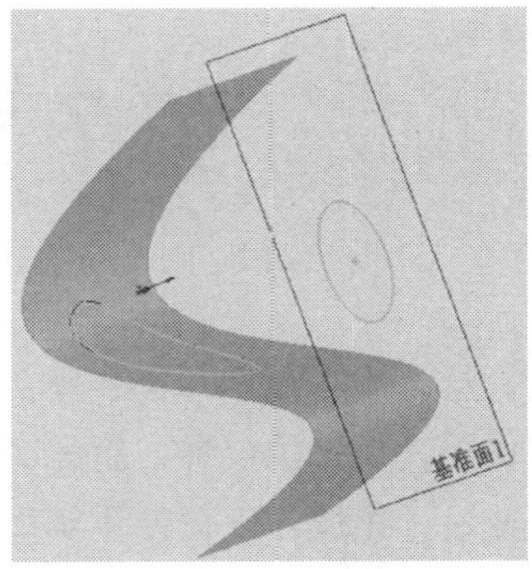

图 7-4　面上草图绘制完成

2．草图上草图

草图上草图投影需要首先在两个相交的基准面上分别绘制草图，此时系统会将每一个草图沿所在基准面的垂直方向投影得到一个隐含曲面，这两个隐含曲面在空间相交而生成一条三维曲线。其操作步骤如下。

01 打开"光盘\源文件\第 7 章\7.1\7.1.1\7.1.2\7.1.1.2 未完成.sldprt"文件，如图 7-5 所示。单击【曲线】工具栏中的【投影曲线】按钮，在弹出的【投影曲线】属性管理器中完成图 7-6 所示的参数设置。

- 投影类型：草图上草图。
- 要投影的草图：选择两个基准面上的两个草图作为要投影的草图，草图的名称将显示在【要投影的草图】名称显示框中。

02 单击【确定】按钮✔，即完成图 7-7 所示的草图上草图投影。

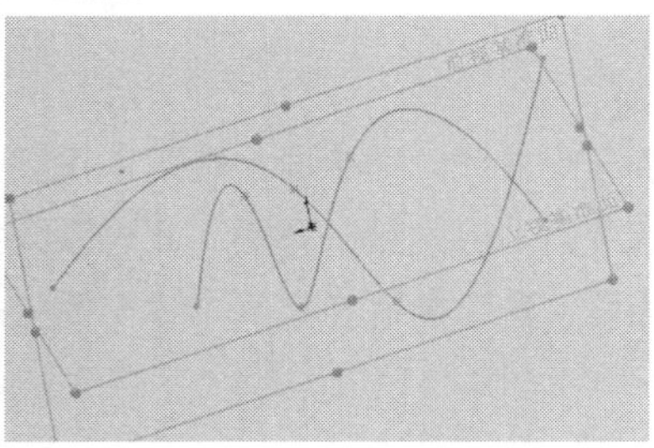

图 7-5　草图上草图选取图形

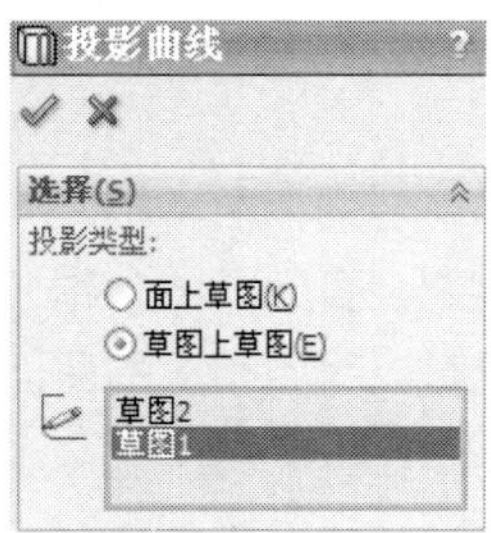

图 7-6　草图上草图设置面板

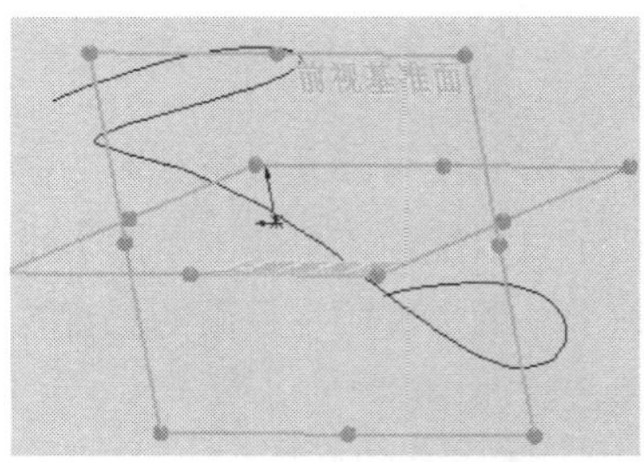

图 7-7　草图上草图绘制完成

注意

在使用【草图上草图】类型生成投影曲线时，草图所在的两个基准面必须相交，否则不能生成投影曲线。在执行【投影曲线】命令之前如果选择了生成投影曲线的对象，则其属性设置会自动选择合适的投影类型，系统默认的投影类型是【草图上草图】。

7.1.2　组合曲线

【组合曲线】命令可将连续的曲线、草图实体和模型边线组合成一条单一曲线，使用该曲线可作为生成放样或扫描的引导曲线。

要生成组合曲线，可如下操作。

01 打开“光盘\源文件\第 7 章\7.1\7.1.2\7.1.2 未完成.sldprt”文件，如图 7-8 所示。单击【曲线】工具栏中的【组合曲线】按钮，弹出【组合曲线】属性管理器。依次选择边线 1、边线 2、边线 3、边线 4，名称将显示在【要连接实体】名称显示框中，如图 7-9 所示。

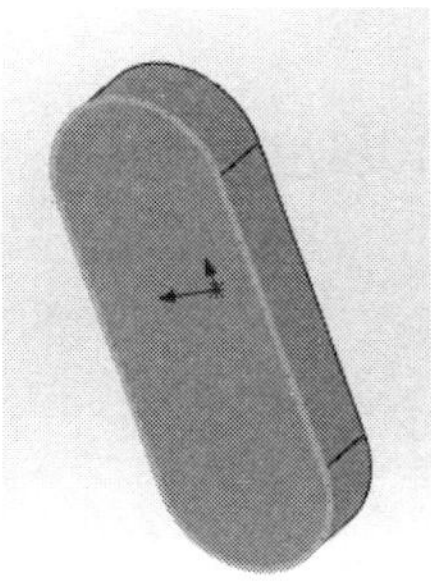

图 7-8　组合曲线选取图形

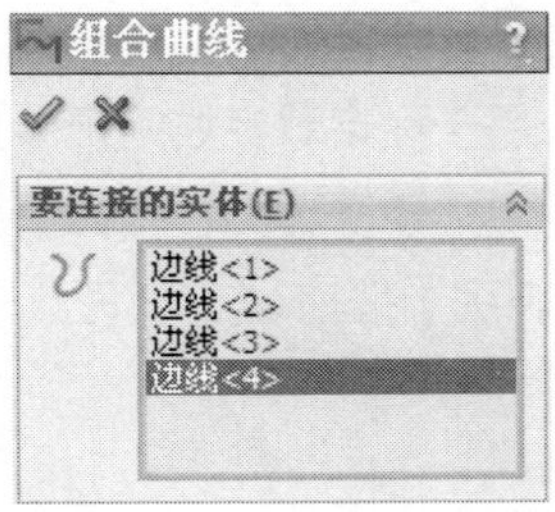

图 7-9　组合曲线设置面板

02 单击【确定】按钮，完成组合曲线操作，即将图 7-8 中的绿色曲线组合成一条曲线。

7.1.3　螺旋线和涡状线

在零件中生成的螺旋线和涡状线可以作为一个路径或者引导线应用在扫描特征中，或作为放样特征的引导曲线。

1. 相关参数设置

- 螺距和圈数：通过定义螺距和圈数生成螺旋线。
- 高度和圈数：通过定义高度和圈数生成螺旋线。
- 高度和螺距：通过定义高度和螺距生成螺旋线。
- 涡状线：通过定义螺距和圈数生成涡状线。

2. 生成螺旋线的操作步骤

（1）螺距和圈数

通过螺距和圈数生成螺旋线的操作如下。

01 打开“光盘\源文件\第 7 章\7.1\7.1.3\7.1.3.1 未完成.sldprt”文件，如图 7-10 所示。单击【曲线】工具栏中的【螺旋线/涡状线】按钮，然后选择图形中的圆，在【定义方式】框中选择生成方式为【螺距和圈数】，如图 7-11 所示，在弹出的【螺旋线/涡状线】属性管理器中完成图 7-12 所示的参数设置。

- 选择相关定义方式：此处选择螺距和圈数。
- 恒定螺距：选中该单选按钮，将会以恒定的螺距生成螺旋线。
- 螺距：设定为 10。

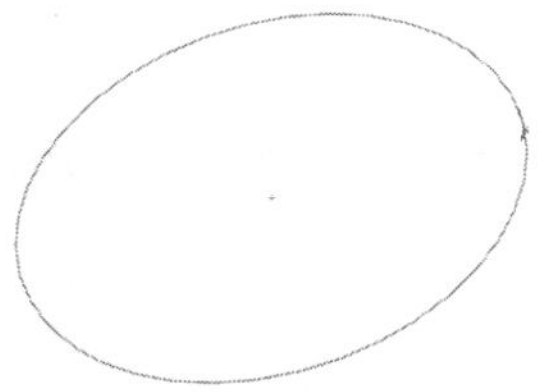

图 7-10　螺旋线原始图形

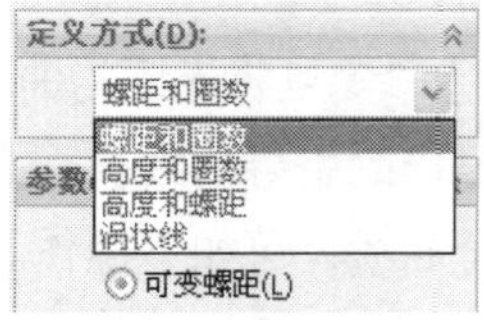

图 7-11　螺旋线定义方式

- 反向：勾选该复选框可改变螺旋线生成方向。
- 圈数：用于设定螺旋线的圈数，设定为 5。
- 起始角度：用于设定在圆上什么地方开始螺旋线。
- 锥形螺纹线：勾选该复选框，将会激活此参数区域，可以做进一步修改。
- 起始角度：用于设定螺旋线的锥形角度，设定为 3°。
- 锥度外张：勾选该复选框，将会使得螺旋线的锥形外张。

02　单击【确定】按钮✓，即完成图 7-13 所示的螺旋线的绘制。

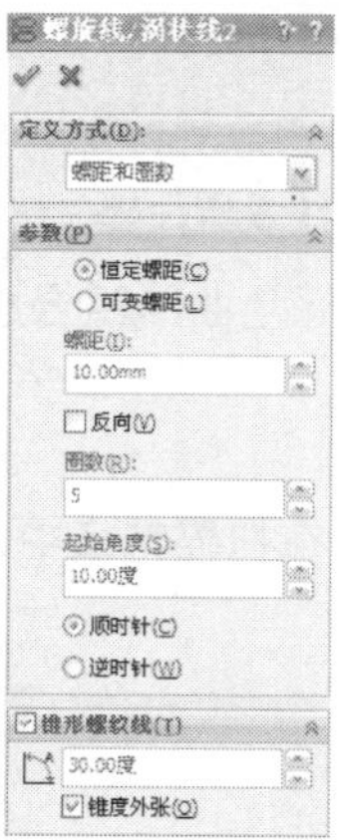

图 7-12　螺旋线设置面板

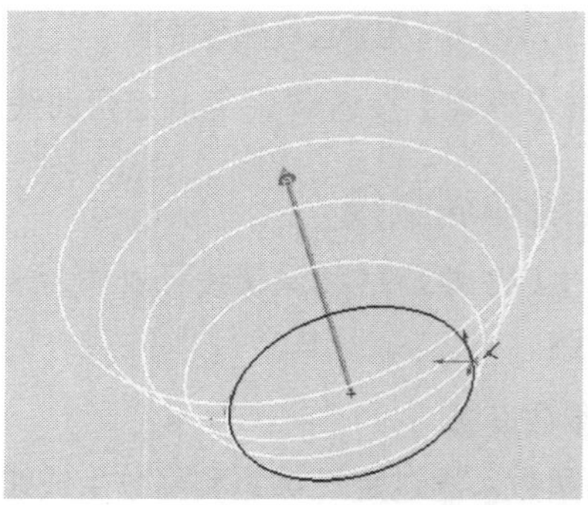

图 7-13　螺旋线绘制完成（螺距和圈数）

（2）高度和圈数

通过高度和圈数生成螺旋线的操作如下。

01　打开“光盘\源文件\第 7 章\7.1\7.1.3\7.1.3.2\7.1.3.2 未完成.sldprt”文件。单击【曲线】工具栏中的（螺旋线/涡状线）按钮，然后选择图形中的圆，在弹出的【螺旋线/涡状线】属性管理器中完成图 7-14 所示的参数设置。

- 定义方式：高度和圈数。
- 高度：用于设定螺旋线的高度，设定为 60mm。
- 反向：不勾选该复选框。
- 圈数：设定为 6。
- 起始角度：设定为 90°。
- 逆时针：选中该单选按钮，将会生成逆时针的螺旋线。

02　单击【确定】按钮✓，即完成图 7-15 所示的螺旋线的绘制。

图 7-14　螺旋线设置面板

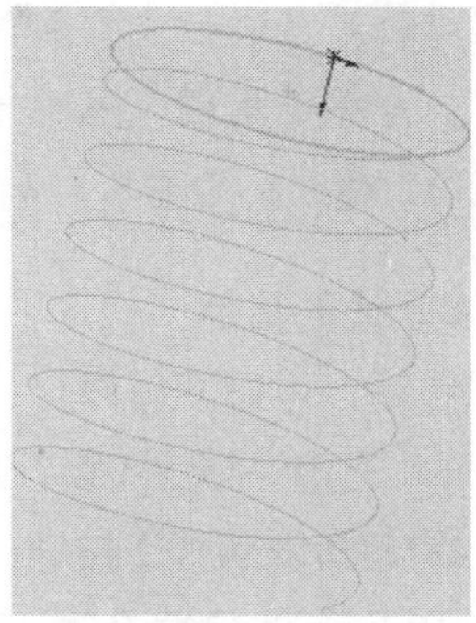

图 7-15　螺旋线绘制完成（高度和圈数）

（3）高度和螺距

通过高度和螺距生成螺旋线的操作如下。

01　打开“光盘\源文件\第 7 章\7.1\7.1.3\7.1.3.3\7.1.3.3 未完成.sldprt”文件。单击【曲线】工具栏中的【螺旋线/涡状线】按钮，然后选择图形中的圆，在弹出的【螺旋线/涡状线】属性管理器中完成图 7-16 所示的参数设置。

- 定义方式：高度和螺距。
- 可变螺距：选中该单选按钮，将会生成螺距可变的螺旋线。
- 区域参数：设定图 7-16 所示的区域参数。操作方法是单击 H（高度）、Dia（直径）和 P（螺距）对应列下的单元格并输入相应的值。
- 反向：不勾选该复选框。
- 起始角度：设定为 90°。
- 逆时针：选中该单选按钮，将会生成逆时针的螺旋线。

02　单击【确定】按钮，即完成图 7-17 所示的螺旋线的绘制。

图 7-16　螺旋线设置面板

图 7-17　螺旋线绘制完成（高度和螺距）

注 意

螺旋扫描特征对系统性能要求很高，如果螺旋线很长，特征会很复杂。可以利用阵列方法建立：首先定义一圈的螺旋扫描，然后利用线性阵列将其阵列成所需的螺旋圈数，这样会大大降低SolidWorks 2012 对系统的要求，加快处理速度。

3．生成涡状线的步骤

要生成涡状线，可如下操作。

01 打开“光盘\源文件\第 7 章\7.1\7.1.3\7.1.3.4\7.1.3.4 未完成.sldprt”文件，单击【曲线】工具栏中的【螺旋线/涡状线】按钮，然后选择图形中的圆，在弹出的【螺旋线/涡状线】属性管理器中完成图 7-18 所示的参数设置。

- 定义方式：涡状线。
- 螺距：设定为 15mm。
- 反向：勾选该复选框可改变涡状线生成方向。
- 圈数：用于设定涡状线的圈数，设定为 8。
- 起始角度：用于设定在圆上什么地方开始涡状线，设定为 180° 。
- 顺时针：旋转展开方式为顺时针。

02 单击【确定】按钮，即完成图 7-19 所示的涡状线的绘制。

图 7-18 涡状线设置面板

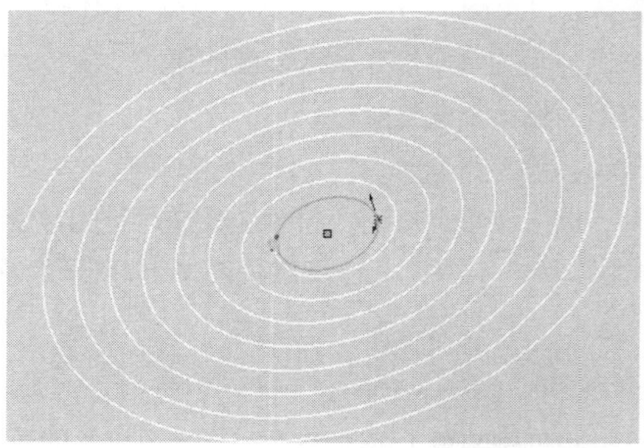

图 7-19 涡状线绘制完成

7.1.4 通过 XYZ 点的曲线

用户可以通过点生成样条曲线，以这种方法生成的曲线称为“通过 XYZ 点的曲线”。在 SolidWorks 2012 中，用户既可以自定义样条曲线通过的点，也可以利用点坐标文件来生成样条曲线。其操作步骤如下。

01 单击【曲线】工具栏中的【通过 XYZ 点的曲线】按钮，即弹出【曲线文件】对话框，如图 7-20 所示。

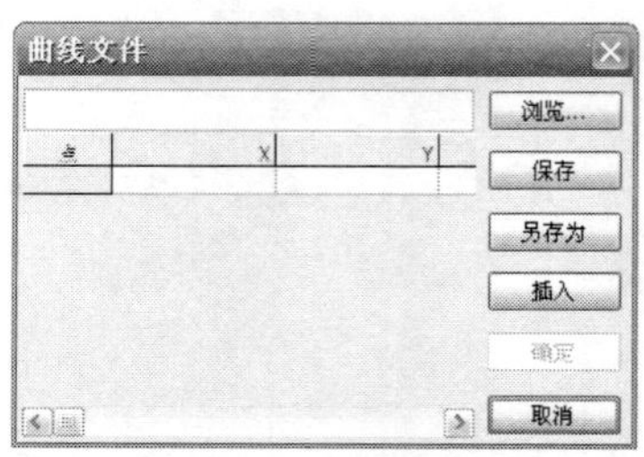

图 7-20 曲线文件选取设置面板

02 双击 X、Y、Z 坐标列中的单元格并在每个单元格中输入点的坐标值，生成一系列点的坐标，然后确定。同样也可以通过【浏览】按钮导入已经编辑好的点坐标文件，直接生成曲线。曲线文件可以是.sldcrv 或者.txt 格式的文件。

7.1.5　通过参考点的曲线

通过此命令可以生成一条通过位于一个或多个基准面或面上点的直线。其操作步骤如下。

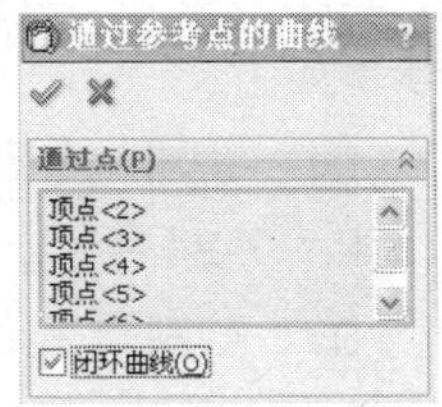

图 7-21 【通过参考点的曲线】属性管理器

01 打开“光盘\源文件\第 7 章\7.1\7.1.5\7.1.5 未完成.sldprt”文件，单击【曲线】工具栏中的【通过参考点的曲线】按钮，按照生成曲线的方向依次选择六面体各个相对顶点，点的名称将显示在【通过点】名称显示框中，勾选【闭环曲线】复选框，如图 7-21 所示。

02 单击【确定】按钮，即可完成曲线的绘制，其生成过程如图 7-22 所示。

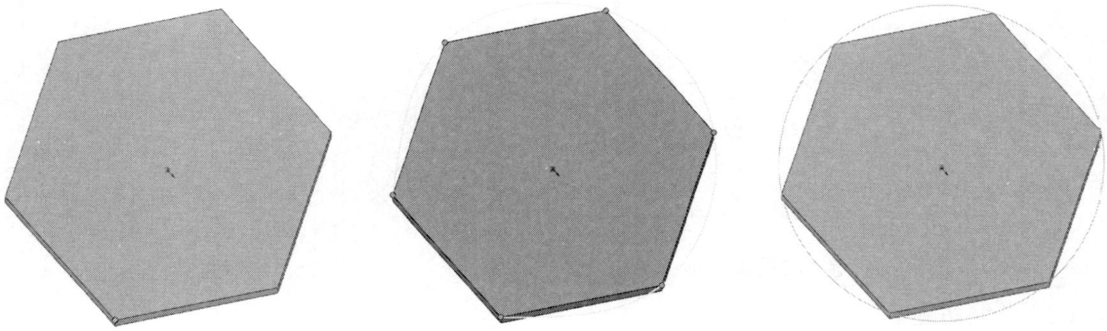

图 7-22　通过参考点的曲线设置过程

在生成通过参考点的曲线时，选择的参考点既可以是草图中的点，也可以是模型实体中的点。

注意

选择参考点时一定要按照先后顺序，否则生成的曲线将会出错。

★ 课堂实训：利用曲线工具绘制端盖草图

本节将以一些机械装置上的端盖为例，介绍相关的草图绘制命令。

1. 设计分析

端盖常见于各种机械装置中，其作用与端盖的应用场合有关。一般而言，作用不同的端盖外观轮廓也有很大差异。

端盖的草图如图 7-23 所示。分析端盖的轮廓特征，我们发现，端盖主要由圆、切线弧、直线组成，其整体对称于一条竖直中心线。在绘制草图时，首先需要调用【中心线】、【圆】及【切线弧】命令，绘制出端盖的大体轮廓；然后调用【圆周草图阵列】命令

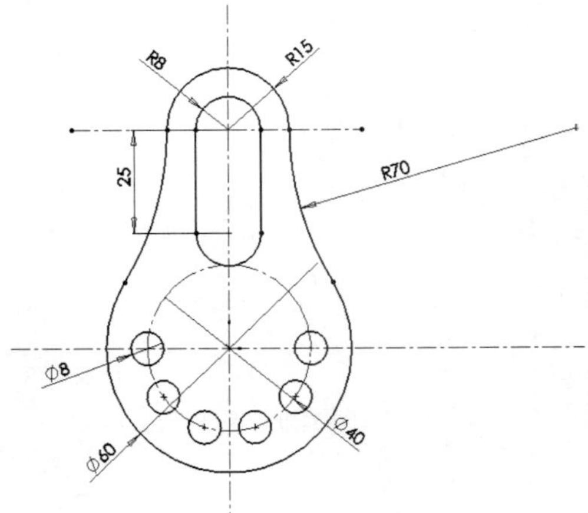

图 7-23　端盖草图

绘制端盖草图的内部特征；最后通过标注相关尺寸确定其轮廓。

2. 操作步骤

（1）绘制圆

在绘制端盖草图之前，首先要创建一个新的零件文件，然后选择右视基准面绘制圆。具体的操作步骤如下。

01 新建一个零件文件，将其保存为【端盖.sldprt】文件，进入草图绘制状态，选择右视基准面，如图 7-24 所示。

02 绘制圆 1。绘制相交于坐标原点的两条中心线，以坐标原点为圆心，绘制两个同心圆，将直径较小的圆设置为构造几何线。然后在该圆左侧单击，确定为圆心，绘制一个直径较小的圆，结果如图 7-25 所示。

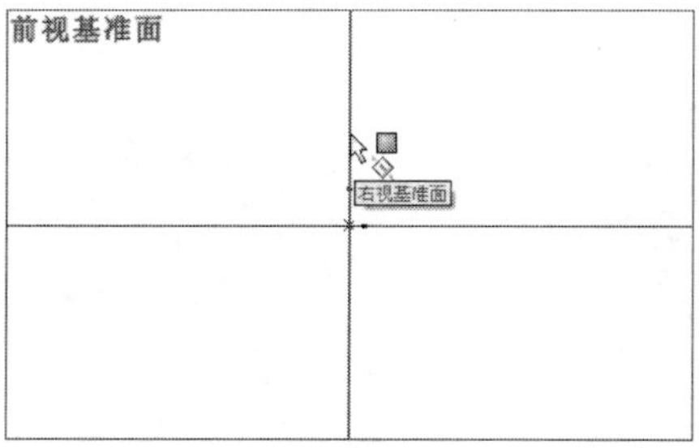

图 7-24 选择右视基准面

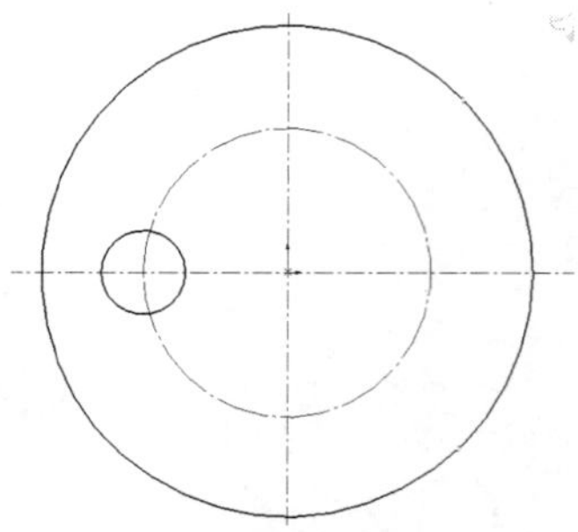
图 7-25 绘制圆 1

（2）绘制切线弧

绘制圆并剪裁草图，然后多次单击【草图】工具栏中的【切线弧】按钮，绘制切线弧，并为其手动添加几何关系。具体的操作步骤如下。

01 绘制圆 2。在竖直中心线上方一点处，再绘制一条水平中心线。以两条中心线的交点为圆心，绘制圆，如图 7-26 所示。

02 单击【草图】工具栏中的【剪裁实体】按钮，将刚绘制的圆的下半部分剪裁掉，结果如图 7-27 所示。

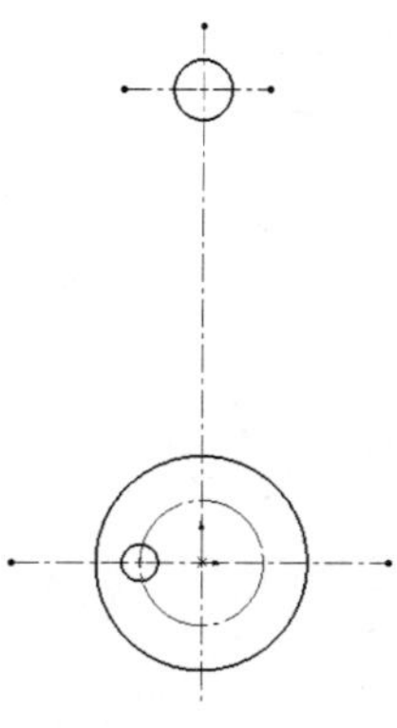
图 7-26 绘制圆 2

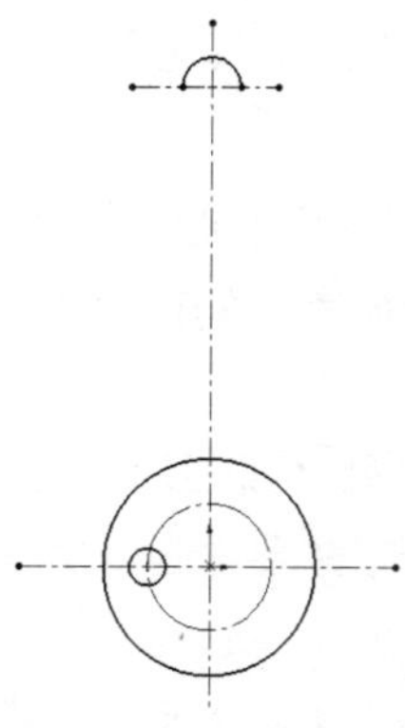
图 7-27 剪裁实体

03 选择【工具】→【草图工具】→【动态镜像】命令，选择竖直中心线为所绕实体；然后单击【草图】工具栏中的【切线弧】按钮，以上端半圆的左侧端点为切线弧的一个切点，拖动鼠标到下端大圆上，单击确定切线弧的另一切点，完成切线弧的绘制。再次选择【工具】→【草图工具】→【动态镜像】命令，退出动态镜像实体状态，结果如图 7-28 所示。

04 为绘制的切线弧与上侧半圆、切线弧与下端大圆之间添加【相切】几何关系，结果如图 7-29 所示。

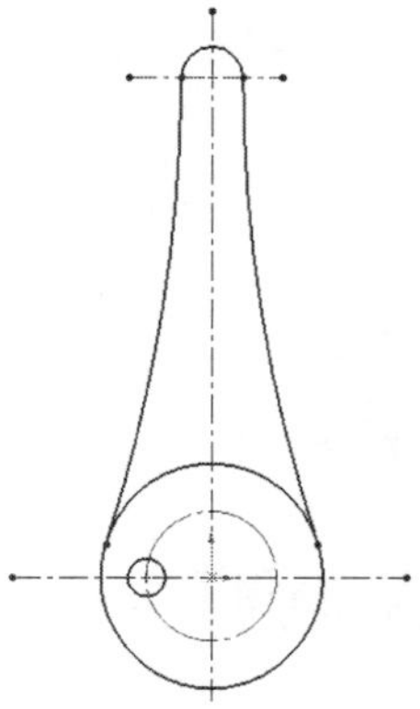

图 7-28　绘制切线弧 1

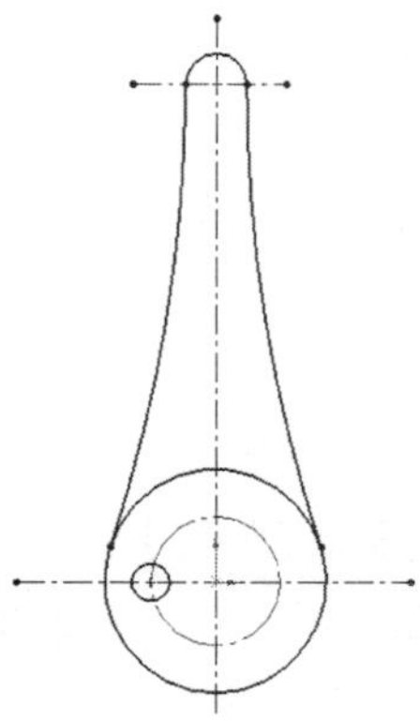

图 7-29　添加几何关系

05 为绘制好的部分草图标注尺寸，结果如图 7-30 所示。

06 选择【工具】→【草图工具】→【动态镜像】命令，选择竖直中心线为所绕实体，绘制直线，如图 7-31 所示。

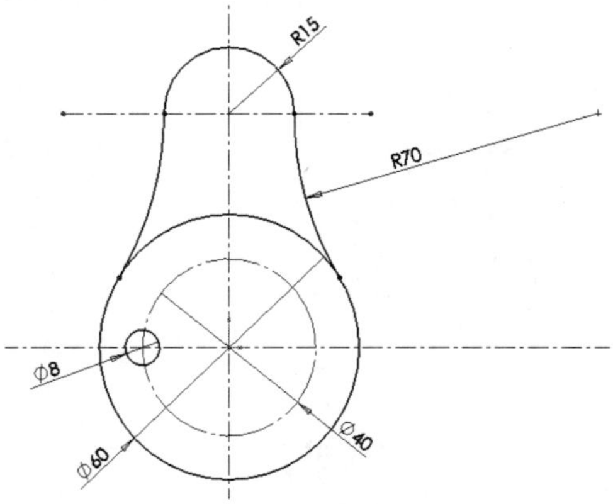

图 7-30　标注尺寸

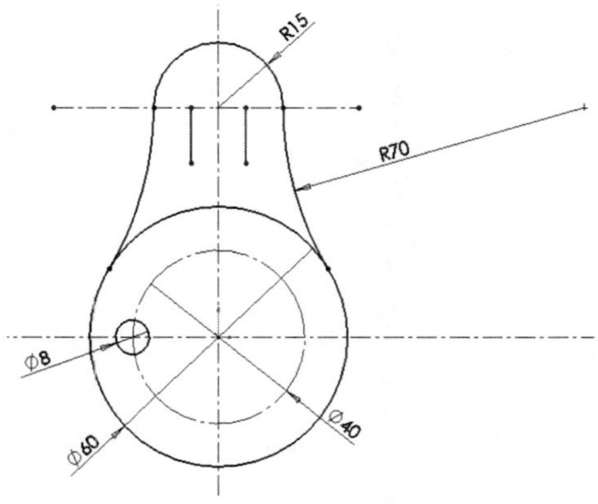

图 7-31　动态镜像绘制直线

07 绘制切线弧。单击【草图】工具栏中的【切线弧】按钮，以左侧直线的上端点为切线弧的一个切点，以右侧直线的上端点为切线弧的另一切点，绘制切线弧。重复上述步骤，绘制上、下两段切线弧，如图 7-32 所示。

提示： 绘制另一边的切线弧时也可以用镜像实体。一般对称的草图都可以先绘制一侧的草图，再利用镜像，这样可以提高绘图的效率，如轴的创建。

08 剪裁实体与尺寸标注。剪裁掉草图上的多余边线，然后为绘制好的草图标注尺寸，结果如图 7-33 所示。

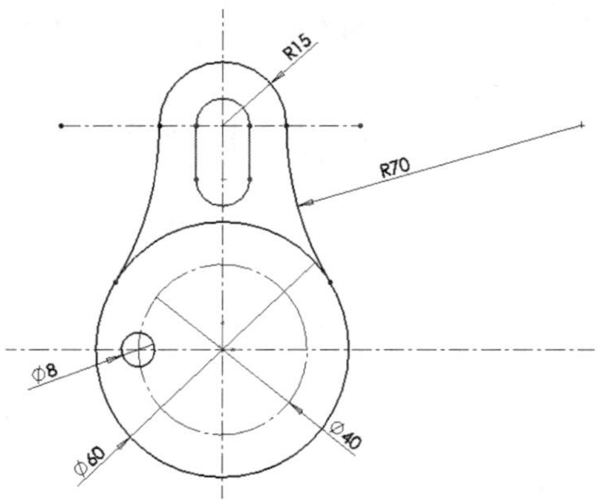

图 7-32　绘制切线弧 2

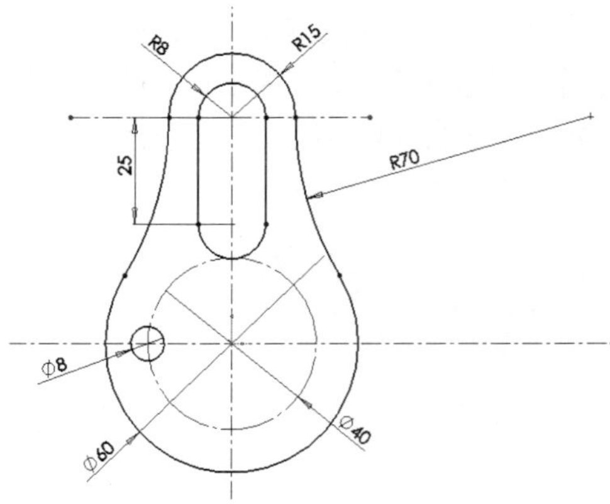

图 7-33　剪裁实体与尺寸标注

（3）使用【圆周草图阵列】命令绘制圆

单击【草图】工具栏中的【圆周草图阵列】按钮，对绘制的圆进行圆周阵列操作。具体的操作步骤如下。

01 圆周草图阵列。单击【草图】工具栏中的【圆周草图阵列】按钮，在弹出的【圆周阵列】属性管理器中，将【要阵列的实体】栏激活，选取直径为 8 的圆；在【数量】栏中输入 6；阵列角度为-180°；其他参数设置如图 7-34 所示。

02 单击【确定】按钮，最终的端盖草图如图 7-35 所示。单击【常用】工具栏中的【保存】按钮，将结果保存。

图 7-34 【圆周阵列】属性管理器

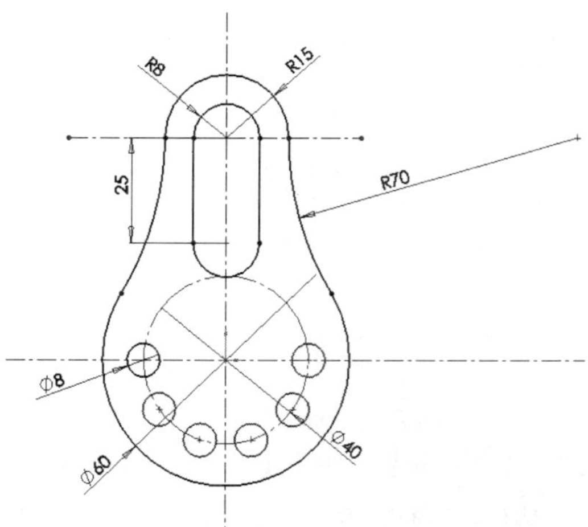

图 7-35　端盖草图

7.2　曲面设计

SolidWorks 2012 提供了专门的曲面造型工具，如图 7-36 所示，利用该工具栏中的工具既可以生成曲面，也可以进行曲面编辑。

图 7-36　曲面造型工具

SolidWorks 2012 提供了多种方式生成曲面，主要有以下几种：

- 由草图或基准面上的一组闭环边线插入一个曲面。
- 由草图拉伸、旋转、扫描和放样生成曲面。
- 由现有面和曲面生成等距曲面。
- 由其他程序输入曲面文件，如 Catia、Acis、SolidEdge、Autodesk、Inverntor 等。
- 由多个曲面组合成新的曲面。

7.2.1　拉伸曲面

拉伸曲面是指将一条曲线拉伸为曲面。拉伸曲面可以从以下几种情况开始拉伸：从存在的基准面拉伸；从指定的曲面/面/基准面开始拉伸；从草图的顶点开始拉伸；从与当前草图基准面等距的基准面上开始拉伸。

要拉伸曲面，可如下操作。

01　单击【草图绘制】按钮，打开一个草图并绘制曲面轮廓，如图 7-37 所示。

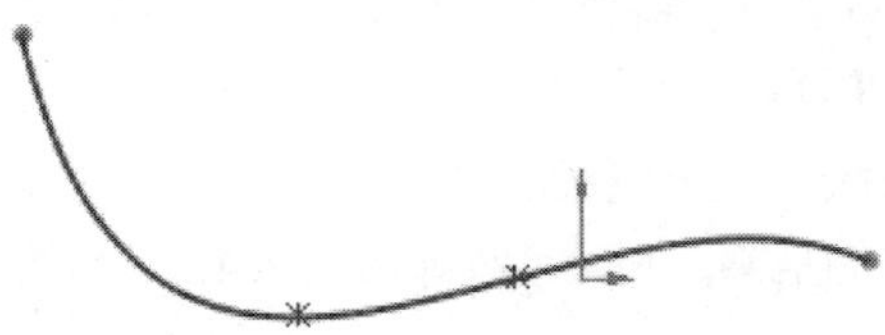

图 7-37　绘制曲面轮廓

02　单击【曲面】工具栏中的【拉伸曲面】按钮，或者选择【插入】→【曲面】→【拉伸曲面】命令，此时弹出【曲面–拉伸】属性管理器，如图 7-38 所示。

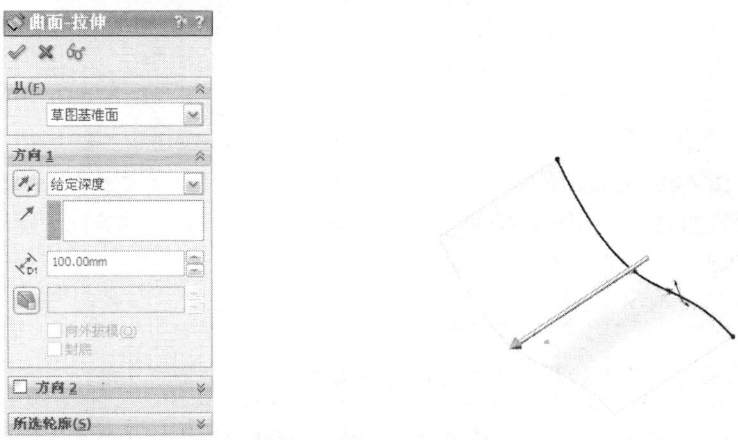

图 7-38　【曲面-拉伸】属性管理器

03　在【方向 1】栏的【终止条件】下拉列表中选择拉伸的终止条件。

- 给定深度：从草图的基准面拉伸特征到指定的距离平移处以生成特征。

- 成形到一顶点：从草图基准面拉伸特征到模型的一个顶点所在的平面以生成特征，这个平面平行于草图基准面且穿越指定的顶点。
- 成形到一面：从草图的基准面拉伸特征到所选的曲面以生成特征。
- 到离指定面指定的距离：从草图的基准面拉伸特征到距某面或曲面特定距离处以生成特征。
- 两侧对称：从草图基准面向两个方向对称拉伸特征。

04 在右面的图形区域中检查预览。单击【反向】按钮，可向另一个方向拉伸。

05 在微调框中设置拉伸的深度。

06 如果有必要，勾选【方向 2】复选框，将拉伸应用到第二个方向。

07 单击【确定】按钮，即可完成拉伸曲面操作。

7.2.2 旋转曲面

旋转曲面是指将交叉或者不交叉的轮廓线用中心线生成旋转的曲面。旋转曲面主要由 3 部分组成：旋转轴、旋转类型和旋转角度。

要旋转曲面，可如下操作。

01 设置基准面。选择【前视基准面】为绘制草图的基准面。

02 绘制草图。选择【工具】→【草图绘制实体】→【中心线】命令，绘制一条通过原点的竖直中心线；单击【草图】工具栏中的【样条曲线】按钮，在中心线右侧绘制一条样条曲线，如图 7-39 所示。

03 选择【旋转曲面】命令。选择【插入】→【曲面】→【旋转曲面】命令，或者单击【曲面】工具栏中的【旋转曲面】按钮，此时系统弹出图 7-40 所示的【曲面-旋转】属性管理器。

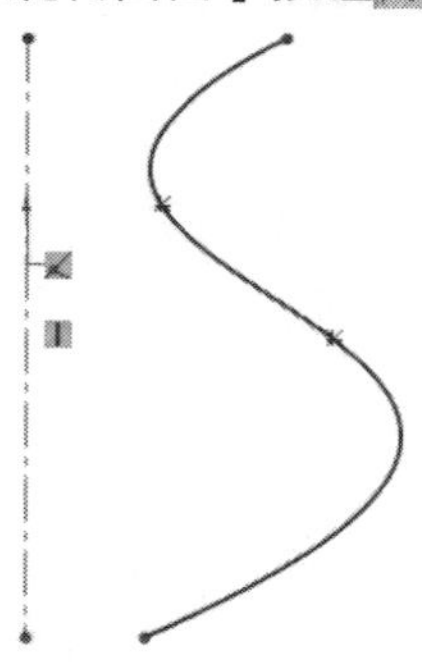

图 7-39 绘制的草图

图 7-40 【曲面-旋转】属性管理器

04 确认旋转曲面。按照图 7-40 所示进行设置，注意曲面拉伸的方向。然后单击【确定】按钮，完成曲面旋转。

注 意

在生成旋转曲面时，绘制的样条曲线可以与中心线相交，但不能穿越。

在【曲面-旋转】属性管理器的【旋转参数】栏的【旋转类型】栏中有如下选项，用来设置旋转的终止条件。

- 单向：草图沿一个方向旋转生成旋转曲面。如果要改变旋转的方向，单击【旋转类型】栏前面的【反向】按钮即可。

- 两侧对称：草图以所在平面为中心面分别向两个方向旋转，并且关系到中面对称。
- 双向：草图以所在平面为中心面分别向两个方向旋转指定角度，这两个角度可以分别指定。

★ 课堂实训：利用拉伸和旋转曲面工具创建瓶子模型

瓶子是日常生活中常见的用品，可以用来存储物品，也可用来作为装饰，不同用途的瓶子外形也有很大的差别，这里以简单瓶子为例介绍曲面建模的命令。

1．设计分析

本节要引用的实例是一个造型简单的瓶子，瓶子的模型如图 7-41 所示。分析瓶子模型可知，需要先利用【直线】、【中心线】、【智能尺寸】等草图绘制命令绘制草图；然后利用【旋转曲面】、【平面区域】等基本曲面建模命令绘制实体模型；最后还要利用【加厚】、【圆角】和【包覆】等特征建模命令对模型进行修饰。

图 7-41　瓶子模型图

2．操作步骤

（1）使用【旋转曲面】命令创建瓶身

利用 SolidWorks 2012 绘制瓶子之前，首先要创建一个新的零件文件，然后进行草图绘制。最后单击【曲面】工具栏中的【旋转曲面】按钮，将绘制好的草图进行旋转操作，形成瓶身。具体的操作步骤如下。

01 单击【常用】工具栏中的【新建】按钮，或选择【文件】→【新建】命令，弹出【新建 SolidWorks 文件】对话框，单击【零件】按钮，然后单击【确定】按钮，新建一个零件文件，将其保存为【瓶子.sldprt】。绘制草图。单击 CommandManager 左侧下方的【草图】选项卡，更改工具栏上所显示的命令。单击【草图】工具栏中的【草图绘制】按钮，选择前视基准面，进入草图绘制状态，绘制图 7-42 所示的草图，最后标注尺寸。

02 草图绘制好后，选择【插入】→【曲面】→【旋转曲面】命令，或者单击【曲面】工具栏中的【旋转曲面】按钮，弹出【曲面-旋转】属性管理器。将【旋转轴】栏激活，在绘图区选中绘制好的中心线；【旋转类型】栏中选择【单向】；【角度】栏中输入 360°，如图 7-43 所示。

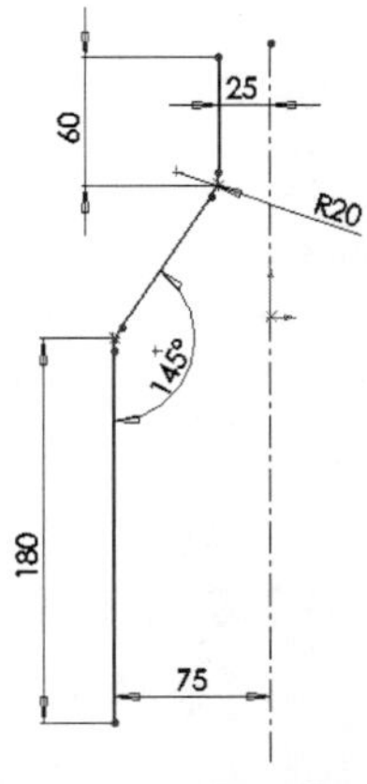

图 7-42　绘制草图并标注尺寸

图 7-43 【曲面-旋转】属性管理器

提示：也可以将【旋转类型】选为【两侧对称】或者【双向】，在【角度】栏中输入 360°。

03 单击【确定】按钮，结果如图 7-44 所示。

（2）使用【平面区域】命令创建瓶底

单击【曲面】工具栏中的【平面区域】按钮，为旋转曲面生成的瓶身添加瓶底。具体的操作步骤如下。

01 选择【插入】→【曲面】→【平面区域】命令，或者单击【曲面】工具栏中的【平面区域】按钮，弹出【平面】属性管理器。将【边界实体】栏激活，在绘图区选择瓶底轮廓圆，如图 7-45 所示。

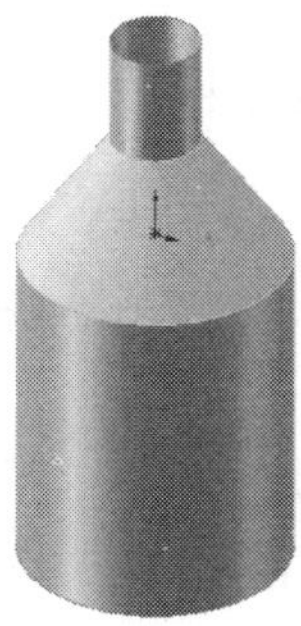

图 7-44 曲面旋转

图 7-45 【平面】属性管理器

02 单击【确定】按钮。绘图区右击，在弹出的快捷菜单中选择【旋转视图】命令，调整视图方向，结果如图 7-46 所示。

（3）使用【加厚】命令加厚瓶底

利用菜单栏中的【加厚】命令，依次将形成的瓶底和瓶身加厚。具体操作步骤如下。

01 选择【插入】→【凸台/基体】→【加厚】命令，或者单击【曲面】工具栏中的【加厚】按钮，弹出【加厚】属性管理器。将【要加厚的曲面】栏激活，在绘图区选择瓶底平面区域；单击【加厚侧边 1】按钮；将【厚度】栏改为 5，如图 7-47 所示。

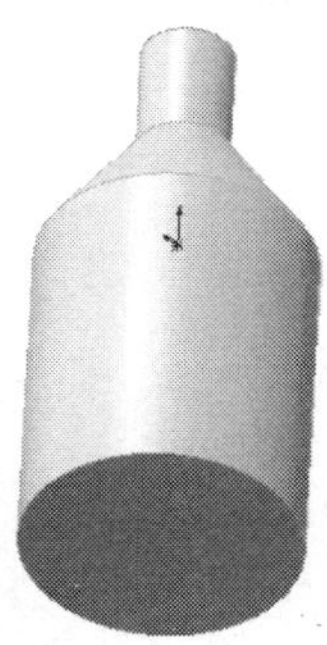

图 7-46 添加平面区域

图 7-47 【加厚】属性管理器

02 单击【确定】按钮。在绘图区右击，在弹出的快捷菜单中选择【旋转视图】命令，调整视图方向，结果如图 7-48 所示。

03 加厚瓶身。重复以上操作。选择【插入】→【凸台/基体】→【加厚】命令，或者单击【曲面】工具栏中的【加厚】按钮，弹出【加厚】属性管理器。将【要加厚的曲面】栏激活，在绘图区选择瓶身；单击【加厚侧边 1】按钮；将【厚度】栏改为 5；单击【确定】按钮，结果如图 7-49 所示。

图 7-48　加厚瓶底

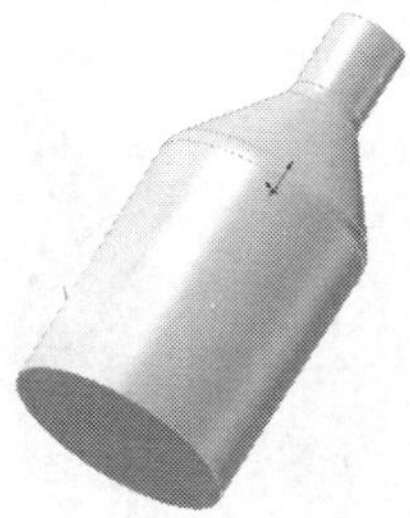

图 7-49　加厚瓶身

（4）创建圆角特征

单击【特征】工具栏中的【圆角】按钮，在瓶底及瓶口创建圆角特征。具体的操作步骤如下。

01　加厚瓶身后，单击 CommandManager 左侧下方的【特征】选项卡，在【特征】工具栏中单击【圆角】按钮，或选择【插入】→【特征】→【圆角】命令，弹出【圆角】属性管理器。将【圆角类型】选为【等半径】；将【边线、面、特征和环】栏激活，在绘图区选择要绘制圆角特征的边线及瓶底轮廓圆；将【半径】栏改为 10；其他设置如图 7-50 所示。

02　设置好后，单击【确定】按钮，结果如图 7-51 所示。

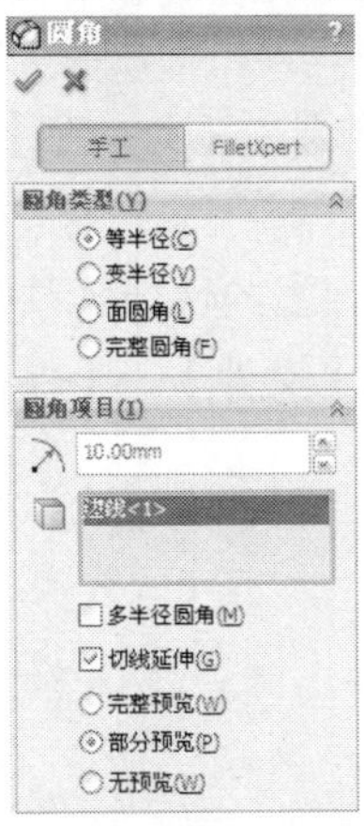

图 7-50　【圆角】属性管理器

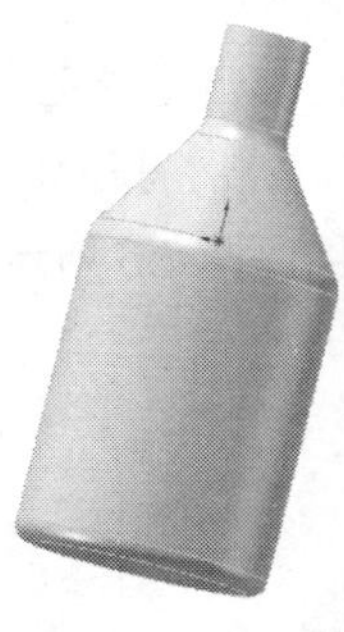

图 7-51　添加圆角特征

提示： 在创建圆角特征时，既可以使用【特征】工具栏中的【圆角】按钮，也可以使用【曲面】工具栏中的【圆角】按钮。

03　重复以上操作，在瓶口添加圆角特征，将【圆角类型】选为【等半径】，半径设为 1，结果如图 7-52 所示。

（5）使用【包覆】命令修饰瓶身

利用菜单栏中的【包覆】命令，对瓶身进行修饰。具体的操作步骤如下。

01 创建基准面。在 FeatureManager 设计树中选中前视基准面，将视图选择为右视。选择【插入】→【参考几何体】→【基准面】命令，设置基准面 1，将其与前视基准面之间的距离设为 75，取消勾选【反向】复选框，结果如图 7-53 所示。

图 7-52 在瓶口添加圆角特征

图 7-53 设置基准面 1

02 在基准面 1 上绘制草图。将基准面 1 调整为正视状态，单击【草图】工具栏中的【草图绘制】按钮，绘制草图；单击【草图】工具栏中的【中心线】按钮，绘制中心线；然后单击【草图】工具栏中的【矩形】按钮，绘制矩形；最后，单击【草图】工具栏中的【智能尺寸】按钮，标注草图尺寸，结果如图 7-54 所示。

03 创建包覆特征。调整视图为等轴测状态，选中刚绘制的草图。选择【插入】→【特征】→【包覆】命令，或单击【特征】工具栏中的【包覆】按钮，弹出【包覆】属性管理器。将【包覆类型】选为【浮雕】；将【包覆草图的面】栏激活，在绘图区选中瓶身；在【厚度】栏中输入 3；其他设置如图 7-55 所示。

04 设置好后，单击【确定】按钮；在绘图区右击，在弹出的快捷菜单中选择【视图定向】命令，调整视图方向；然后将基准面 1 和坐标原点隐藏；选择【文件】→【保存】命令，将绘制的瓶子再次保存，结果如图 7-56 所示。

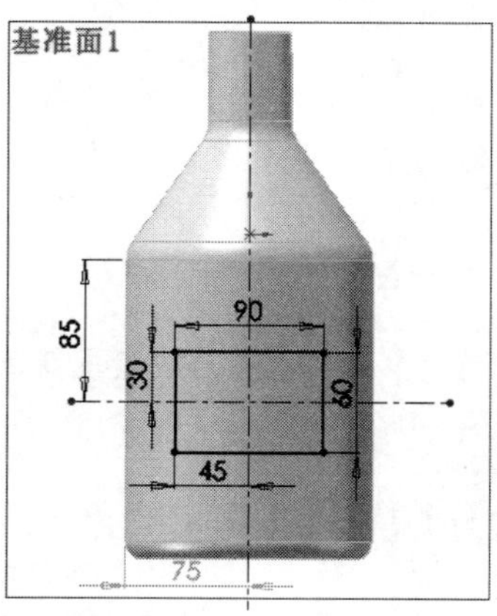

图 7-54 在基准面 1 上绘制草图

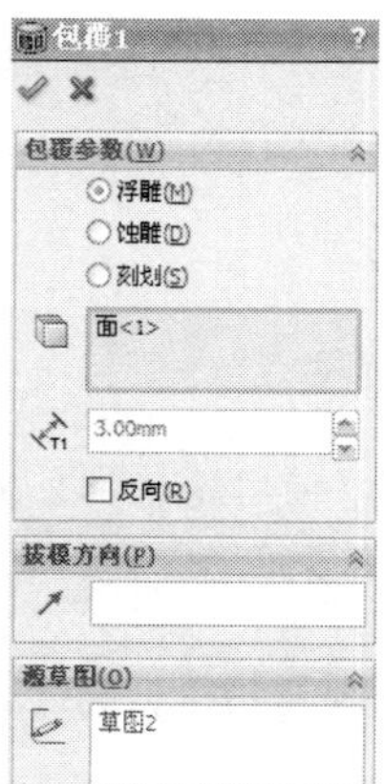

图 7-55 【包覆】属性管理器

图 7-56 瓶子模型

7.2.3　扫描曲面

扫描曲面的方法同扫描特征的生成方法类似，也可以通过引导线扫描，只不过它的轮廓草图可以是开环的。在扫描曲面中最重要的一点就是引导线的端点必须贯穿轮廓图元。通常必须产生一个几何关系，强迫引导线贯穿轮廓曲线。

建立扫描曲面的步骤如下。

01　为绘制扫描轮廓、扫描路径和引导线（如果需要）生成基准面。

02　在建立的基准面上绘制轮廓和路径。

03　如果使用引导线，在引导线与轮廓之间建立重合或穿透的几何关系。

04　单击【曲面】工具栏中的【扫描曲面】按钮，设定属性管理器选项，单击【确定】按钮。

一般应该在生成路径和引导线之后生成截面。带引导线的扫描不要求穿透几何关系。扫描的中间轮廓由路径及引导线所决定。路径必须为单一实体（直线、圆弧等），路径线段必须相切（不成一定角度）。

路径与引导线的长度可能不同。如果引导线比路径长，扫描将使用路径的长度；如果引导线比路径短，扫描将使用最短的引导线的长度。

引导线必须相交于一个点，该点即为扫描曲面的顶点。可以使用绘制的曲线、模型边线或曲线为引导线。

引导线的作用是约束模型形状，这也对扫描曲面的轮廓草图提出了要求，即轮廓草图在整条路径上能够发生形状的变化。一般轮廓草图都优先采用样条曲线。

如果采用其他的草图元素，如椭圆、圆，由于它们本身具有一定的几何属性，有时候会发生不能扫描的情况。

要扫描生成曲面，可如下操作。

01　根据需要建立基准面，并绘制扫描轮廓和扫描路径。如果需要沿引导线扫描曲面，还可以绘制引导线。

02　如果需要沿引导线扫描曲面，需要在引导线与轮廓之间建立重合或者穿透几何关系。

03　单击【曲面】工具栏中的【扫描曲面】按钮，或选择【插入】→【曲面】→【扫描】命令。

04　在弹出的【曲面-扫描】属性管理器中，单击按钮右侧的显示框，然后在图形区域选择轮廓草图，则所选草图出现在该框中。

05　单击按钮右侧的显示框，然后在图形区域选择路径草图，则所选路径草图出现在该框中。此时，在图形区域中可以预览扫描曲面的效果，如图 7-57 所示。

06　在【方向/扭转类型】下拉列表中，可选择以下选项。

- 随路径变化：草图轮廓随着路径的变化而变换方向，其法线与路径相切。
- 保持法向不变：草图轮廓保持法线方向不变。
- 随路径和第一条引导线变化：如果引导线不只一条，选择该项将使扫描随第一条和第二条引导线同时变化。
- 随第一条和第二条引导线变化：如果引导线不只一条，选择该项将使扫描随第一条和第二条引导线同时变化。

07 如果需要沿引导线扫描曲面，则激活【引导线】栏，然后在图形区域选择引导线。

08 单击【确定】按钮✓，生成扫描曲面。

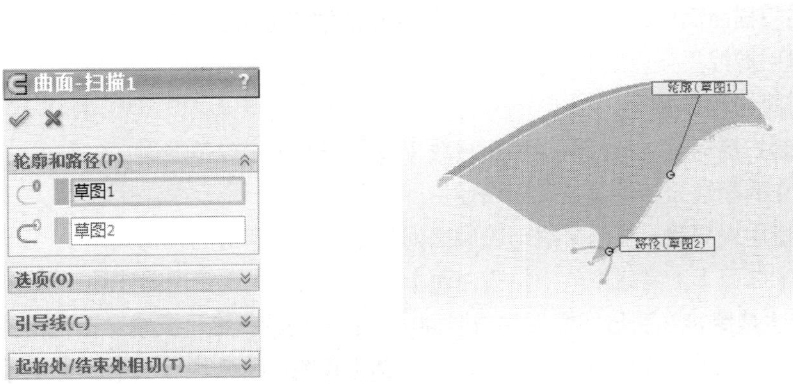

图 7-57 预览扫描曲面效果

★ 课堂实训：利用扫描曲面工具创建盆模型

盆在日常生活中可用来洗菜、洗脸、洗衣服、做饭等。因其用途不同，盆的形状和材质也各不相同。本节将以盆为例，介绍相关的曲面建模命令。

1. 设计分析

盆的模型如图 7-58 所示。分析盆的实体特征，需要对绘制好的草图采用【旋转曲面】操作，以创建盆壁；为了创建盆底，需要采用【平面区域】命令，然后利用【延展曲面】命令创建盆沿；接着利用【缝合曲面】命令，将各曲面缝合成一个整体；最后应用【拉伸】和【圆角】特征对其进行修饰。

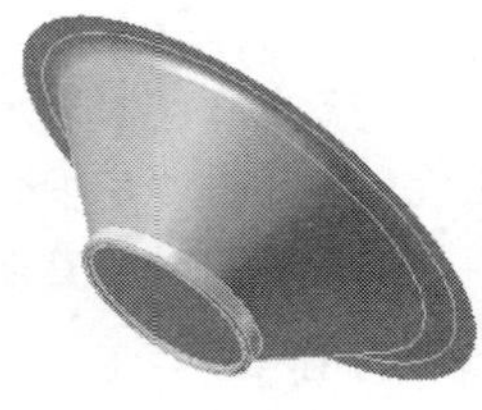

图 7-58 盆实体模型

2. 操作步骤

（1）使用【旋转曲面】命令创建盆实体模型

利用 SolidWorks 2012 绘制盆，首先要创建一个新的零件文件，然后进行草图绘制，最后利用【旋转曲面】命令对绘制好的草图进行旋转操作，得到盆身。具体的操作步骤如下。

01 单击【常用】工具栏中的【新建】按钮，弹出【新建 SolidWorks 文件】对话框，单击【零件】按钮，再单击【确定】按钮，新建一个零件文件，将其保存为【盆.sldprt】。单击【草图】工具栏中的【草图绘制】按钮，选择前视基准面，进入草图绘制状态。依次单击【中心线】按钮和【直线】按钮，绘制图 7-59 所示的草图，并标注尺寸。

02 旋转曲面。选择【插入】→【曲面】→【旋转曲面】命令，或者单击【曲面】工具栏中的【旋转曲面】按钮，弹出【曲面-旋转】属性管理器。将【旋转轴】栏激活，在绘图区选中绘制好的中心线；【旋转类型】栏中选择【单向】；【角度】栏中输入 360°；单击【确定】按钮✓，结果如图 7-60 所示。

提示：【曲面-旋转】属性管理器中各项的含义与旋转凸台/基体属性管理器中相同。

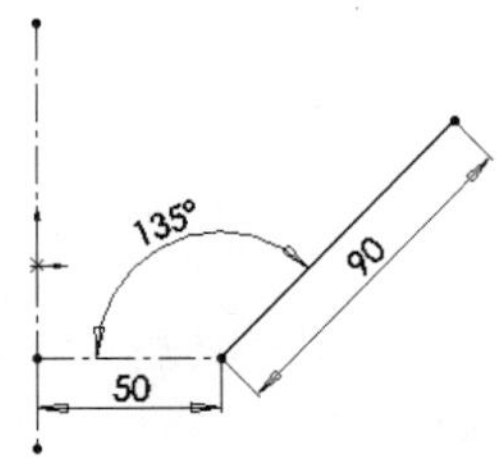

图 7-59　绘制草图

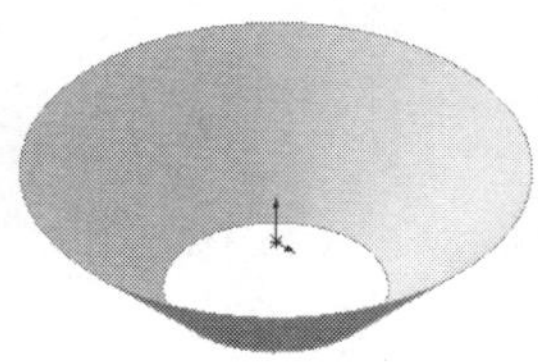

图 7-60　旋转曲面

（2）使用【平面区域】命令创建盆底与使用【延展曲面】命令创建盆沿

利用菜单栏中的【平面区域】命令，为盆身添加盆底；利用菜单栏中的【延展曲面】命令，绘制盆沿。具体的操作步骤如下。

01 选择【插入】→【曲面】→【平面区域】命令，弹出【平面】属性管理器。将【边界实体】栏激活，选择旋转曲面下端的小圆边线；单击【确定】按钮，结果如图 7-61 所示。

02 选择【插入】→【曲面】→【延展曲面】命令，或者单击【曲面】工具栏中的【延展曲面】按钮，弹出【曲面–延展】属性管理器。将【要延展的边线】栏激活，选择旋转曲面上端的大圆边线；将【延展方向参考】栏激活，单击 FeatureManager 设计树中的按钮，选择上视基准面；勾选【沿切面延伸】复选框；将【延伸距离】设为 20，如图 7-62 所示。

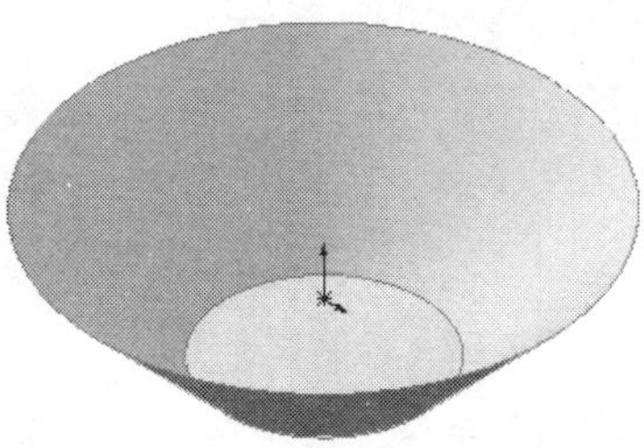

图 7-61　平面区域

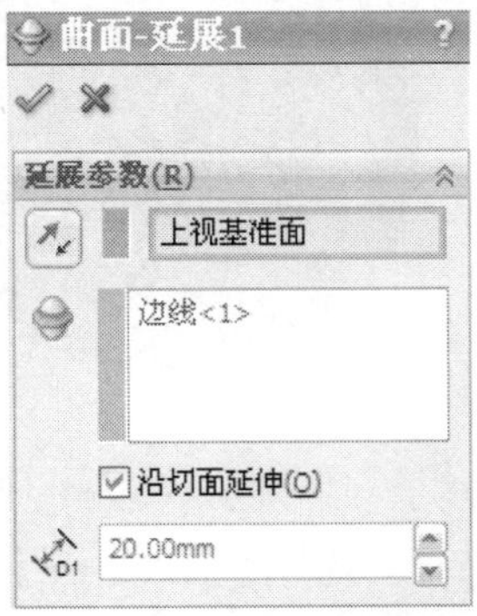

图 7-62 【曲面-延展】属性管理器

03 此时，绘图区出现延展曲面预览，单击【确定】按钮；在绘图区右击，在弹出的快捷菜单中选择【旋转视图】命令，将视图调整到合适方向，结果如图 7-63 所示。

（3）使用【缝合曲面】命令将各曲面组合为一个整体

利用菜单栏中的【缝合曲面】命令，将盆底、盆身及盆沿缝合，使之成为一个整体。具体的操作步骤如下。

01 选择【插入】→【曲面】→【缝合曲面】命令，或者单击【曲面】工具栏中的【缝合曲面】按钮，弹出【曲面–缝合】属性管理器。将【要缝合的曲面和面】栏激活，选择创建的延展曲面、旋转曲面和平面区域，其他设置如图 7-64 所示。

02 此时，绘图区出现缝合曲面预览，单击【确定】按钮，结果如图 7-65 所示。可以看出，进行缝合曲面操作后，曲面的外观并没有发生任何变化。

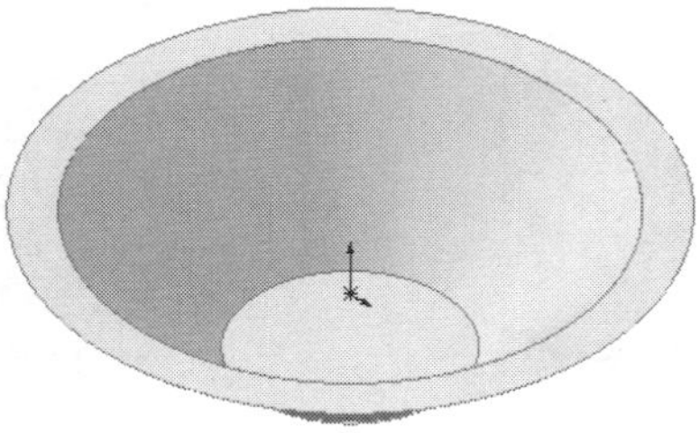

图 7-63　延展曲面

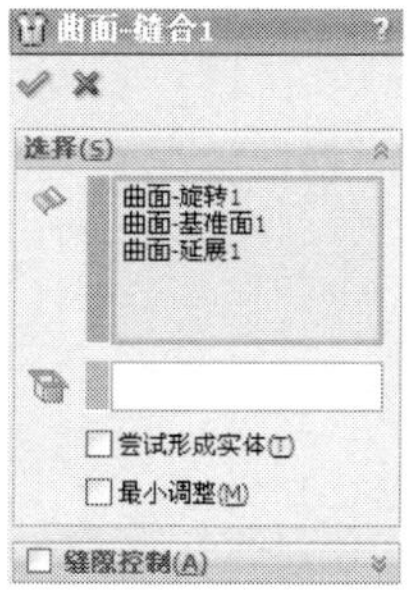

图 7-64 【曲面-缝合】属性管理器

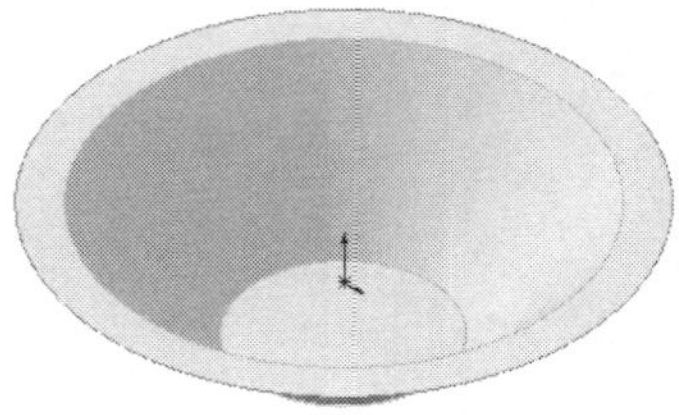

图 7-65　缝合曲面后

（4）使用【拉伸】命令修饰盆底

单击【特征】工具栏中的【拉伸凸台/基体】按钮，对盆底进行加厚；然后利用菜单栏中的【切除】→【拉伸】命令，去除盆底部分区域。具体的操作步骤如下。

01 设置基准面 1。选择【插入】→【参考几何体】→【基准面】命令，将【基准面】属性管理器中的【参考实体】栏激活，选择盆底平面区域，将【距离】设为 0，结果如图 7-66 所示。

02 绘制草图 1。选中刚创建的基准面，单击【草图】工具栏中的【草图绘制】按钮，进入草图绘制状态。绘制一个和盆底小圆边线等半径的圆，如图 7-67 所示。

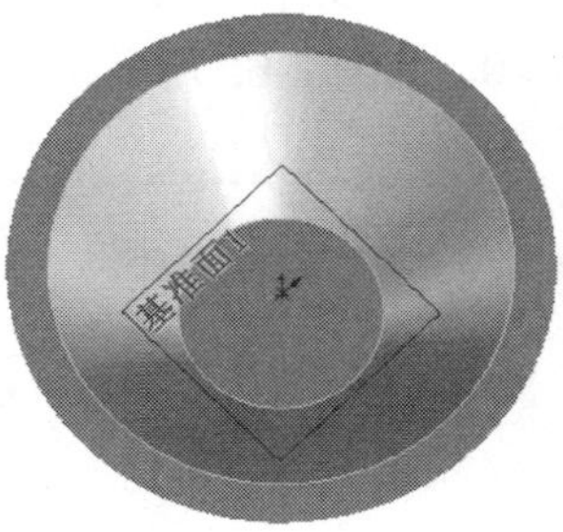

图 7-66　设置基准面 1

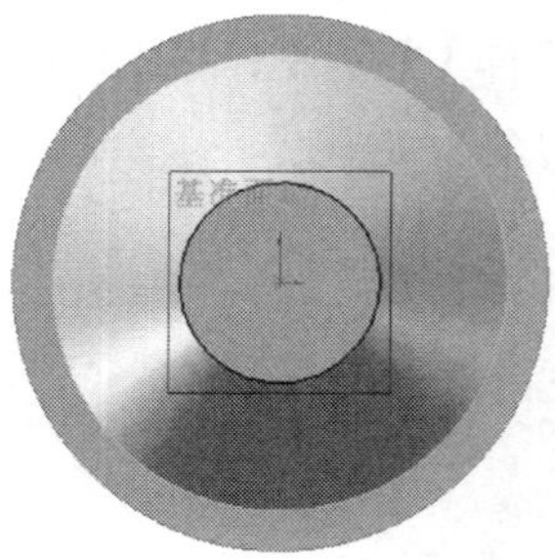

图 7-67　绘制草图 1

03 拉伸特征。选择【插入】→【凸台/基体】→【拉伸】命令，或者单击【特征】工具栏中的【拉伸凸台/基体】按钮，将刚绘制的圆拉伸为一个圆柱体，将【拉伸深度】设为 10，结果如图 7-68 所示。

04 设置基准面 2。选择【插入】→【参考几何体】→【基准面】命令，将【基准面】属性管理器中的【参考实体】栏激活，选择上视基准面，勾选【反向】复选框，将【距离】设为 32，结果如图 7-69 所示。

05 绘制草图 2。选中基准面 2，单击【草图】工具栏中的【草图绘制】按钮，进入草图绘制状态。在基准面 2 上绘制一个直径为 90 的圆，如图 7-70 所示。

06 拉伸切除。选择【插入】→【切除】→【拉伸】命令，将【切除－拉伸】属性管理器中的【深度】栏设为 10，其他设置选择系统默认状态。单击【确定】按钮，结果如图 7-71 所示。

图 7-68　拉伸特征

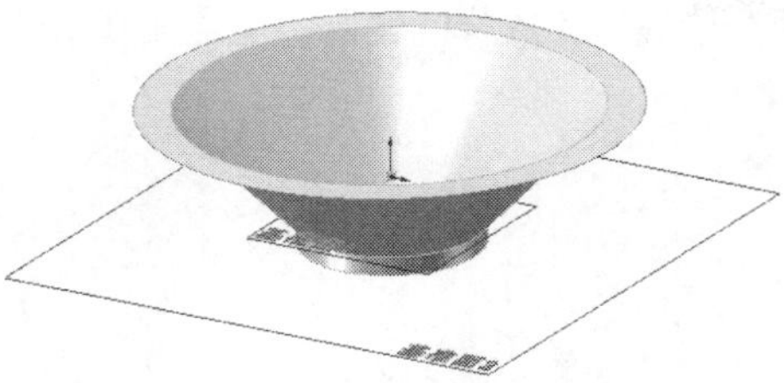

图 7-69　设置基准面 2

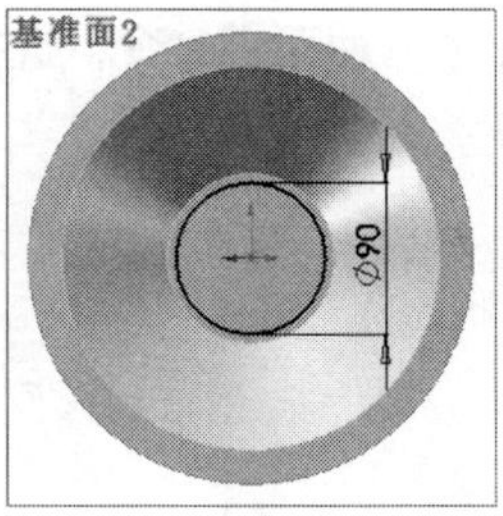

图 7-70　绘制草图 2

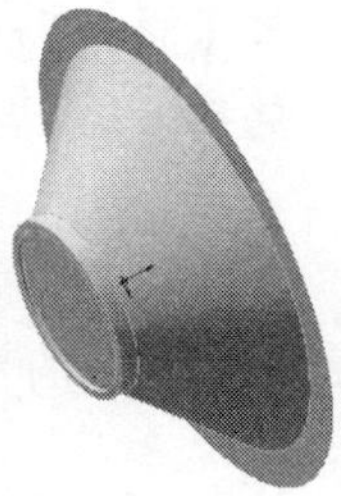

图 7-71　拉伸切除

（5）创建圆角特征

单击【曲面】工具栏或【特征】工具栏中的【圆角】按钮，创建圆角特征。具体的操作步骤如下。

01　圆角特征。选择【插入】→【曲面】→【圆角】命令，弹出【圆角】属性管理器。选择【等半径】类型；将【边线、面、特征和环】栏激活，选择延展曲面与旋转曲面交线；将【半径】栏改为 20；其他设置选择系统默认状态，单击【确定】按钮，结果如图 7-72 所示。

02　选择【插入】→【曲面】→【圆角】命令，弹出【圆角】属性管理器。选择【等半径】类型；将【边线、面、特征和环】栏激活，选择拉伸圆柱体及拉伸切除圆柱体边线；将【半径】栏改为 1.5；其他设置选择系统默认状态，单击【确定】按钮，结果如图 7-73 所示。单击【常用】工具栏中的【保存】按钮，保存结果。

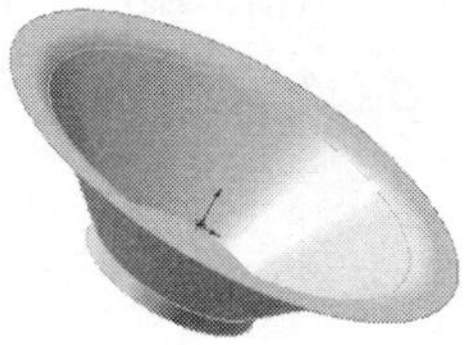

图 7-72　圆角特征

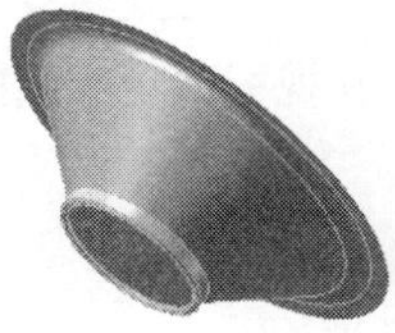

图 7-73　盆模型

注 意

创建圆角特征时，既可以使用【特征】工具栏中的【圆角】按钮，也可以使用【插入】→【曲面】→【圆角】命令。

7.2.4　放样曲面

放样曲面在造型中使用非常广泛，其强大而灵活的建模方式提供了多种获得曲面基体或者进行曲面处理的方式，其应用一般有如下几种类型。

1. 进行曲面间的融接

在造型过程中经常会遇到将两个面体融接的情况。融接，也就是使面体之间顺滑过渡，并且保持一定的曲面造型。

主体造型由两个面组成：一个旋转曲面和一个扫描曲面，如图 7-74 所示。

选择【插入】→【曲面】→【放样曲面】命令，选择两个边线作为放样的轮廓，注意在开始处和结束处都设置【与面相切】，如图 7-75 所示。

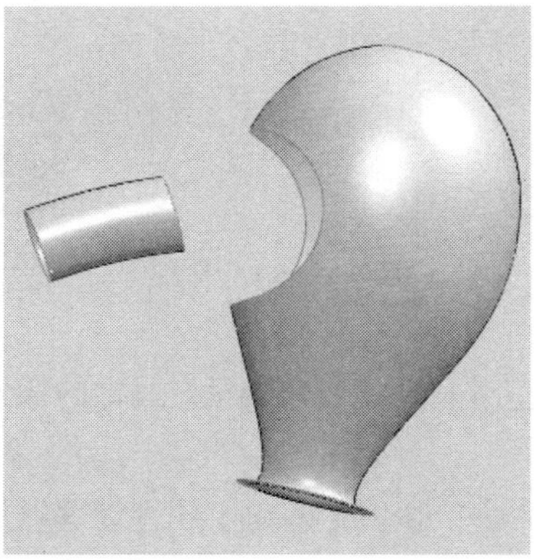

图 7-74　待放样的实体

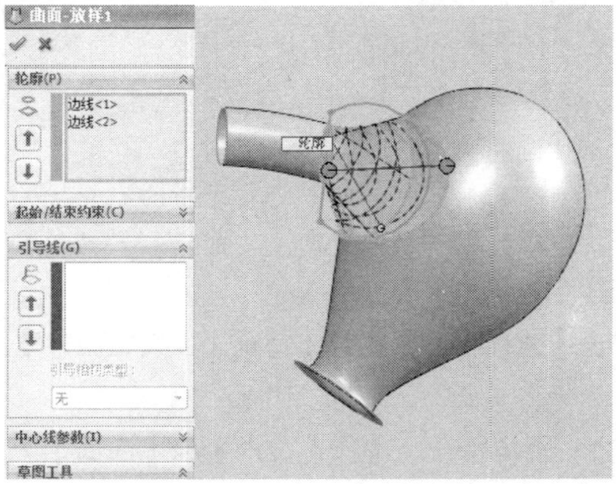

图 7-75　建立放样曲面

放样曲面的这种用法要求原始的曲面实体有较好的融接特性，即曲面实体的边界线位置处理得当，这样才能生成顺滑的过渡效果。

2. 得到曲面基体

放样曲面是得到曲面基体的一种重要手段，它能够连接不同形状的截面草图，得到一整块曲面实体。图 7-76 所示的轿车座椅的后靠部分，主要是依靠放样曲面的特征得到的。

首先通过投影曲线的方式建立引导线，如图 7-77 和图 7-78 所示做出两个草图，这两个草图分别是采用前视图和右视图时观察到的轮廓线。

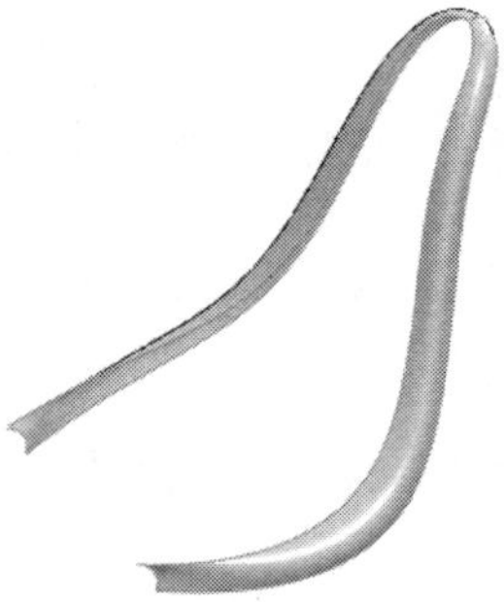

图 7-76　轿车座椅后靠部分

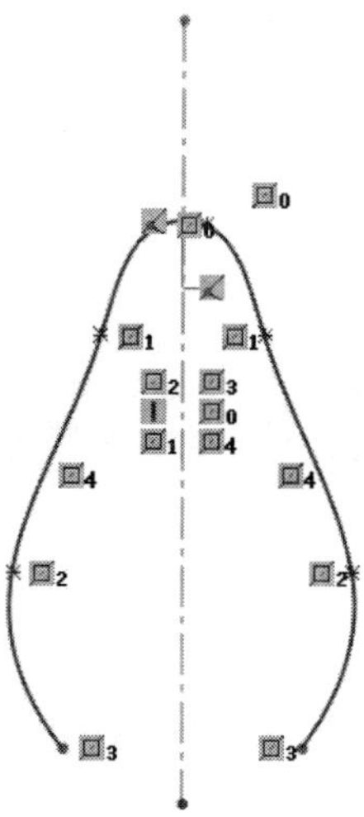

图 7-77　草图 1

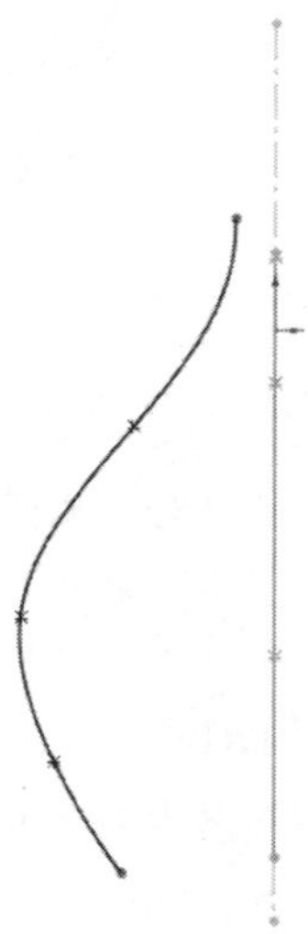

图 7-78　草图 2

通过草图上草图的投影方式，得到一条空间的曲线，将这条曲线作为放样的引导线，如图 7-79 所示。按照同样的方法，再建立一条投影曲线作为放样的引导线。

放样曲面的轮廓是由一系列草图构成的，这些草图反映了在不同位置的截面形状。如图 7-80 所示，建立这些草图之前，需要建立不同位置的基准面，这些草图都是依附于基准面上的。

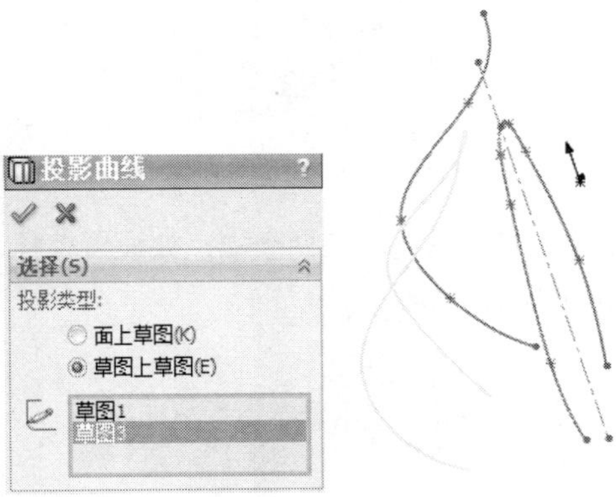

图 7-79　得到投影曲线

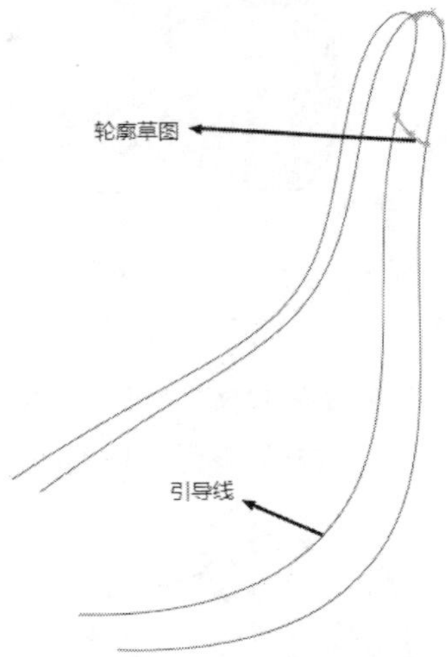

图 7-80　放样轮廓草图和引导线

接下来利用放样曲面得到整个造型的曲面基体。如图 7-81 所示，在放样轮廓中依次选择各个轮廓草图，选择投影曲线作为引导线，这样得到半边曲面基体，然后通过镜像特征得到整个造型的曲面，如图 7-82 所示。

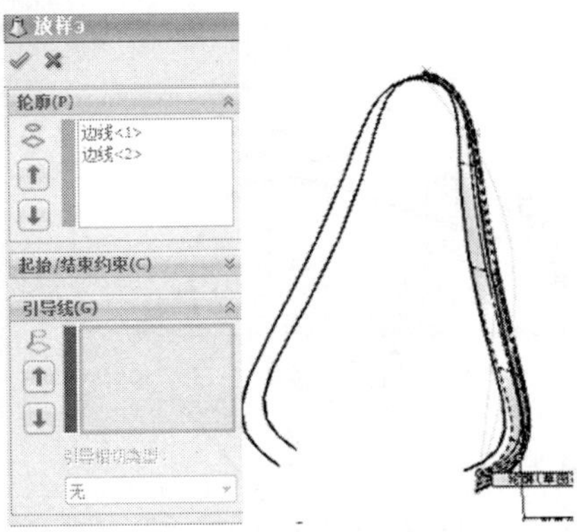

图 7-81　放样曲面

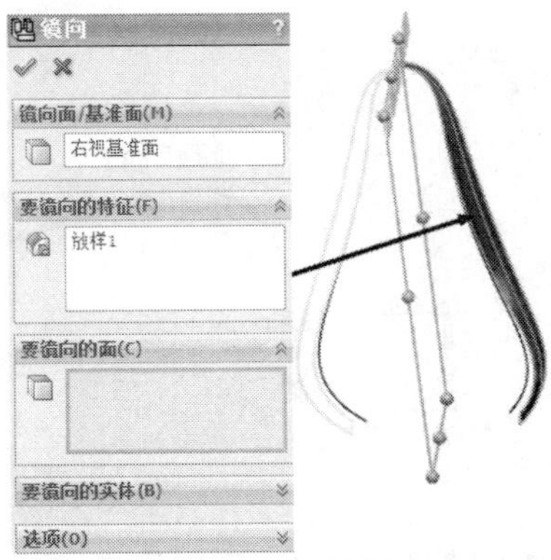

图 7-82　镜像曲面

由上例可知，放样曲面能够灵活地处理复杂的曲面形状，关键是曲面各个位置的轮廓草图要适当，要符合造型的要求。一般而言，放样轮廓的草图均采用单一的样条曲线，而不要直线、圆弧的组合，因为样条具有单一性，能够得到单一的曲面实体，有利于后期编辑。

3. 得到封闭的曲面实体

利用放样曲面，还能得到封闭的曲面实体。对于不规则外形的产品设计，放样曲面是一种很好的工具。

例如，有图 7-83 所示形状的造型，由于外形不规则，很难拉伸曲面、旋转曲面或者扫描曲面。但由于各个视图轮廓面是确定的，所以考虑采用放样曲面。

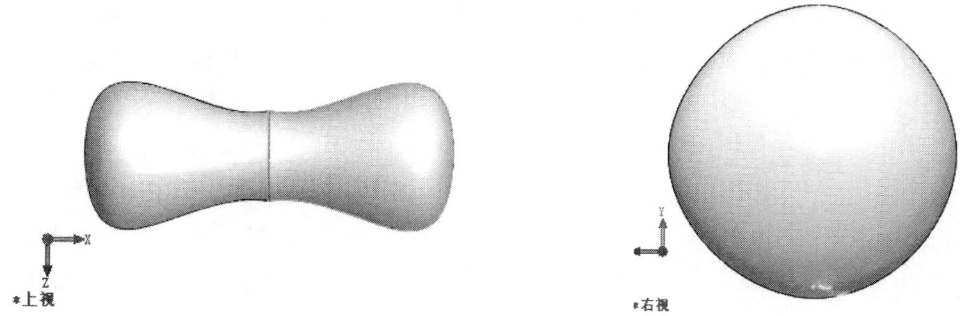

图 7-83　放样曲面

首先绘制草图轮廓，如图 7-84 所示。注意使用单一样条曲线，在两个端点处设置控标，分别使控标竖直，这样能够保证得到的形状是对称的，如图 7-85 所示。

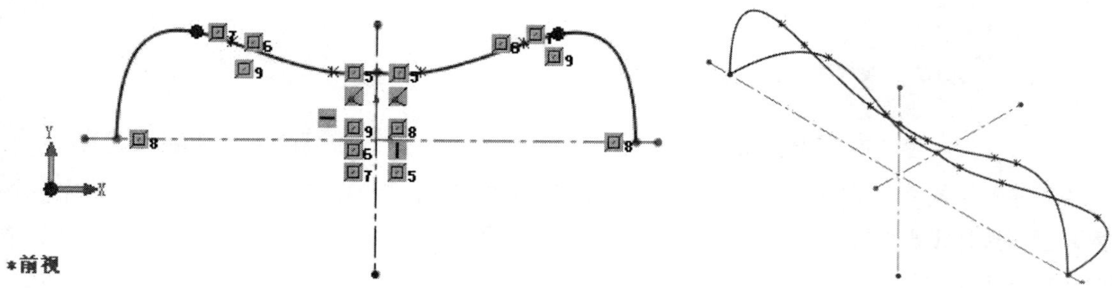

图 7-84　绘制草图 1

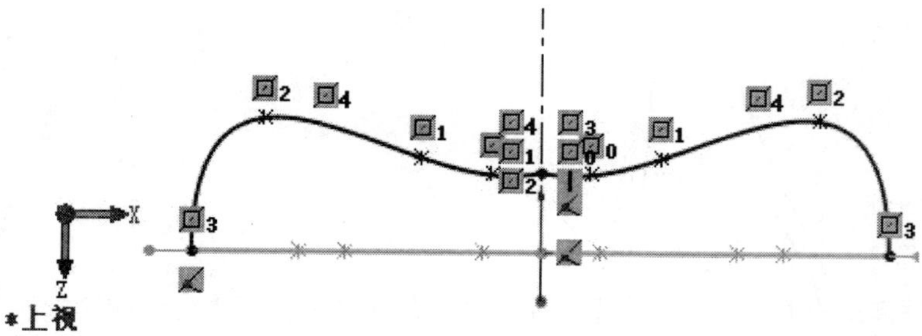

图 7-85　绘制草图 2

这个造型的形状是对称的，可以用 SolidWorks 中派生草图的方式来实现对应草图轮廓的一致性。

按住【Ctrl】键，同时选择草图 1 和某一个基准面，然后选择【插入】→【派生草图】命令，即可生成一个新草图，草图的位置和方向可以通过【草图绘制】工具栏中的【修改草图】来调整。将派生草图的位置按原来的草图翻转 180°，调整后的 4 个草图如图 7-86 所示。

下面建立放样曲面。在草图轮廓中依次选择 4 个草图，在工作区域出现预览。注意，在【选项】栏中选择【闭合放样】，这样可以得到一个封闭的实体。单击【确定】按钮，结果如图 7-87 所示。

放样曲面在不同的模型中其应用是各不相同的，这也是 SolidWorks 曲面造型中应用最为灵活的一个工具。

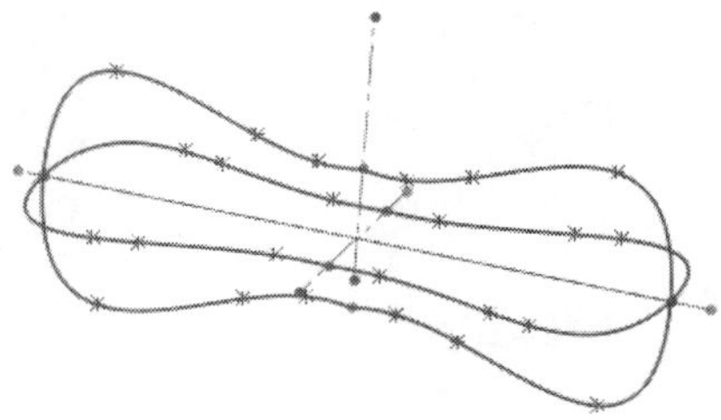

图 7-86　4 个轮廓草图

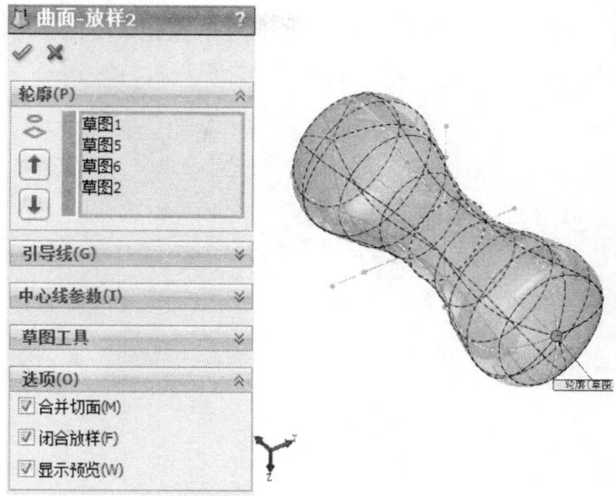

图 7-87　建立放样曲面

★ 课堂实训：利用放样曲面工具创建花瓶模型

在前面讲述实体特征建模命令中的【放样凸台/基体】命令时，曾引用了花瓶的实例，本节将再次以花瓶为例，介绍相关的曲面建模命令。

1. 设计分析

花瓶的模型如图 7-88 所示。分析花瓶的实体特征后发现，首先需要设置一系列基准面，在基准面上绘制草图；然后通过【放样曲面】、【填充曲面】等曲面建模命令生成花瓶的基本轮廓；最后通过【加厚】、【圆角】命令对花瓶实体模型进行修饰。

图 7-88　花瓶模型

2. 操作步骤

（1）使用【放样曲面】命令创建瓶身

在绘制花瓶之前，首先要创建一个新的零件文件，然后依次创建一系列基准面；设置好基准面后，依次在各基准面上绘制草图；最后选择菜单栏中的【放样曲面】命令使绘制的一系列草图形成一个放样曲面。具体的操作步骤如下。

01　单击【常用】工具栏中的【新建】按钮，弹出【新建 SolidWorks 文件】对话框，单击【零件】按钮，再单击【确定】按钮，新建一个零件文件，将其保存为【花瓶.sldprt】。单击 FeatureManager 设计树中的上视基准面，选择【插入】→【参考几何体】→【基准面】命令，依次设置基准面 1、2、3、4，它们与上视基准面的距离分别为 80、200、280、300，如图 7-89 所示。

02　依次选择上视基准面及基准面 1、2、3、4；单击【草图】工具栏中的【草图绘制】按钮，依次单击【前导视图】工具栏中的【视图定向】→【正视于】按钮。在各基准面上依次绘制圆，半径分别设为 20、60、15、25、30；将视图调整为等轴测状态，如图 7-90 所示。

03　放样曲面。在各基准面绘制好草图后，退出草图绘制状态。选择【插入】→【曲面】→【放样曲面】命令，将弹出的【曲面-放样】属性管理器中的【轮廓】栏激活，从基准面 4 的草图开始，依次选取绘制的圆；其他选项的设置如图 7-91 所示。

04 设置好后，单击【确定】按钮；选择【视图】→【基准面】命令，隐藏基准面；调整视图到合适方向，结果如图 7-92 所示。

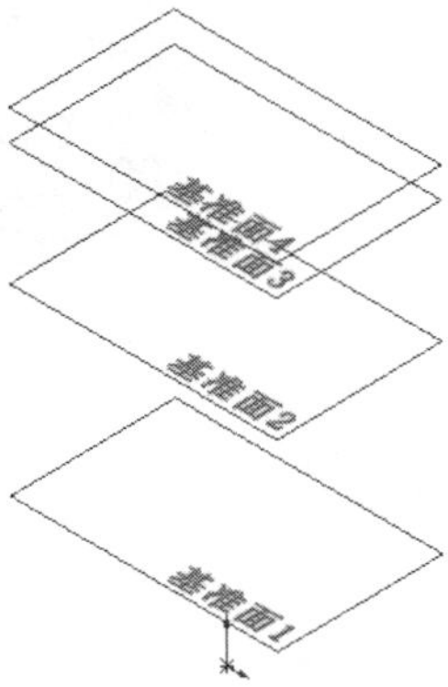

图 7-89　设置基准面

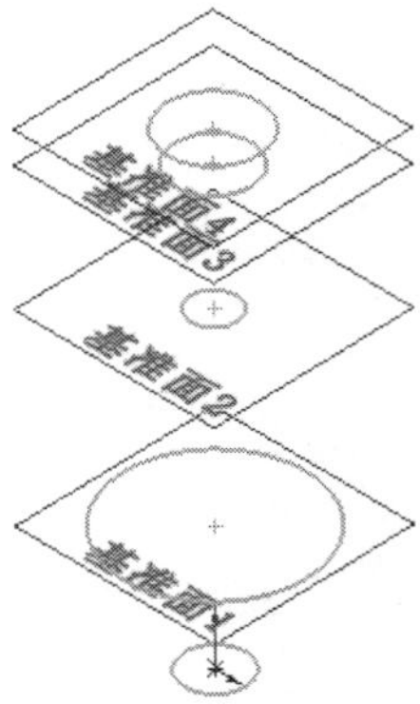

图 7-90　在基准面上绘制草图

图 7-91　【曲面-放样】属性管理器

图 7-92　放样曲面

提示： 在进行放样曲面操作时，草图的选择顺序一定不能颠倒。草图顺序选取不同，生成的放样曲面也不同。

（2）使用【填充曲面】与【加厚】命令创建瓶底

单击【曲面】工具栏中的【填充曲面】按钮，为旋转曲面生成的瓶身添加瓶底；然后选择菜单栏中的【加厚】命令，将瓶底加厚。具体的操作步骤如下。

01 填充曲面。选择【插入】→【曲面】→【填充】命令，或者单击【曲面】工具栏中的【填充曲面】按钮，弹出【曲面填充】属性管理器。将【修补边界】栏激活，在绘图区选择花瓶底端圆形边线；在【曲率控制】栏中选择【相触】；勾选【修复边界】复选框；其他设置如图 7-93 所示。

02 设置好后，单击【确定】按钮；调整视图到合适方向，结果如图 7-94 所示。

03 加厚瓶底。选择【插入】→【凸台/基体】→【加厚】命令，或者单击【特征】工具栏中的【加厚】按钮，弹出【加厚】属性管理器。将【要加厚的曲面】栏激活，在绘图区选择刚刚创建的瓶底平面区域；单击【加厚侧边 2】按钮；将【厚度】栏设为 10；单击【确定】按钮，结果如图 7-95 所示。

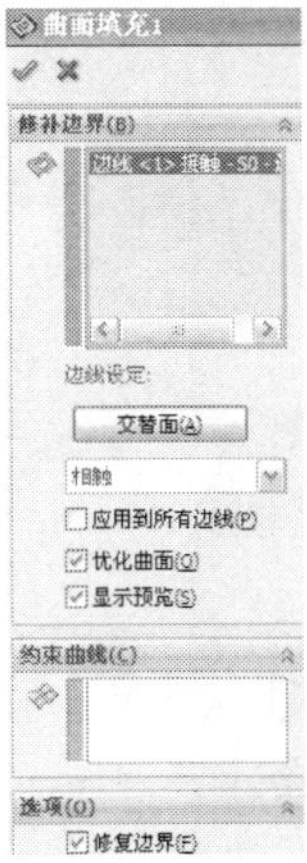

图 7-93　【曲面填充】属性管理器

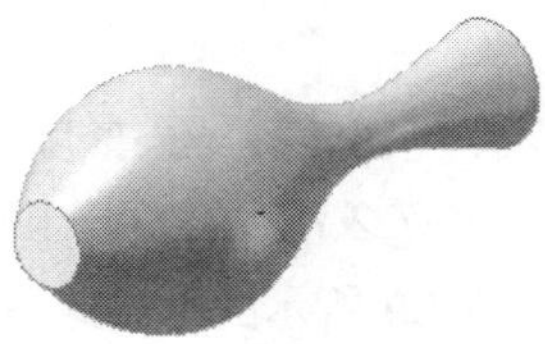

图 7-94　填充曲面后

图 7-95　加厚瓶底

（3）使用【加厚】与【圆角】命令修饰花瓶

选择菜单栏中的【加厚】命令，将瓶身加厚；然后单击【特征】工具栏中的【圆角】按钮，为花瓶瓶口创建圆角特征。具体的操作步骤如下。

01　加厚瓶身。选择【插入】→【凸台/基体】→【加厚】命令，或单击【特征】工具栏中的【加厚】按钮，弹出【加厚】属性管理器。将【要加厚的曲面】栏激活，在绘图区选择花瓶瓶身；单击【加厚侧边 2】按钮；将【厚度】栏设为 3；勾选【合并结果】复选框；单击【确定】按钮，结果如图 7-96 所示。

提示： 也可以利用【平面区域】命令为花瓶添加底面。在这里，两种操作方式效果是一样的。

02　圆角特征。单击【特征】工具栏中的【圆角】按钮，或选择【插入】→【特征】→【圆角】命令，弹出【圆角】属性管理器。将【圆角类型】选为【等半径】；将【边线、面、特征和环】栏激活，在绘图区选择花瓶口内外侧轮廓圆；将【半径】栏改为 1；单击【确定】按钮；将【显示样式】选择为【上色】，结果如图 7-97 所示。单击【常用】工具栏中的【保存】按钮，将绘制的花瓶保存。

图 7-96　加厚瓶身

图 7-97　花瓶模型

7.2.5 等距曲面

利用等距曲面，将生成与已有曲面相距指定偏移距离的新曲面。下面介绍图 7-98 所示的等距曲面的创建过程。

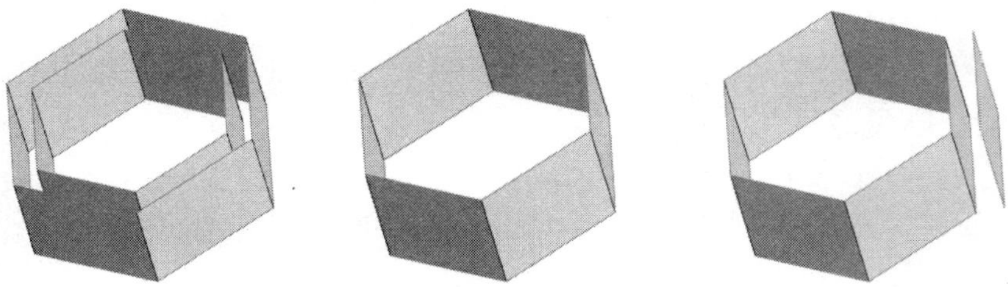

图 7-98 创建等距曲面

01 打开“光盘\源文件\第 7 章\7.2\7.2.5\7.2.5 未完成.sldprt”文件，选择【插入】→【曲面】→【等距曲面】命令，系统弹出图 7-99 所示的【等距曲面】属性管理器。

02 定义等距曲面。选择图 7-100 所示的曲面为等距曲面。

03 定义等距面组。在【等距曲面】属性管理器的【等距参数】区域后的文本框中输入 10，等距曲面预览如图 7-101 所示。

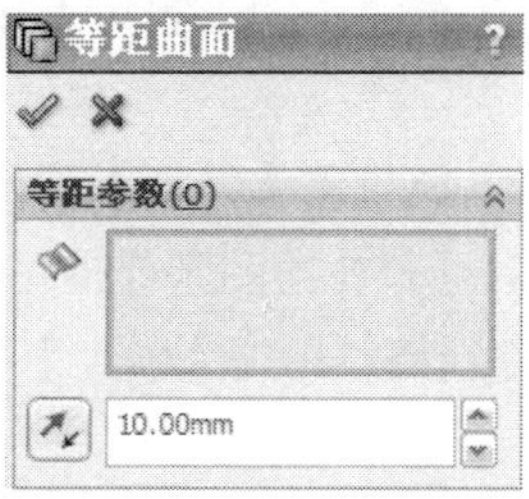

图 7-99 【等距曲面】属性管理器

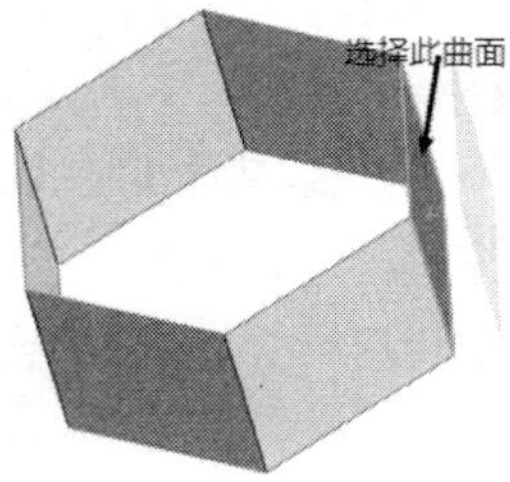

图 7-100 定义等距曲面

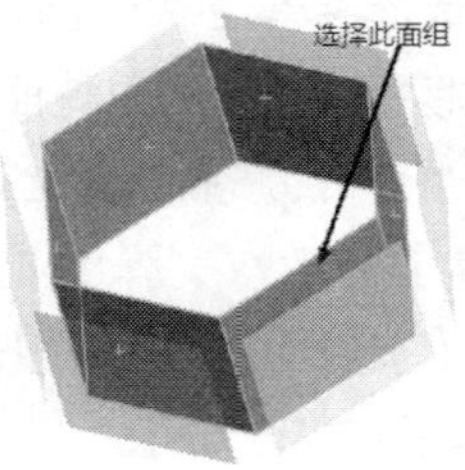

图 7-101 定义等距面组

04 单击【确定】按钮，完成等距曲面的创建过程。

7.2.6 延展曲面

用户可以延展分割线、边线，并平行于所选边线生成曲面。延展曲面在拆模时最常用。当零件进行模塑，产生母模之前，必须先删除模块与分模面，延展曲面就用来产生分型面。

生成延展曲面的步骤如下。

01 在零件的某一表面绘制曲线，如图 7-102 所示。

02 将曲线投影为分割线，如图 7-103 所示。

图 7-102 绘制曲线

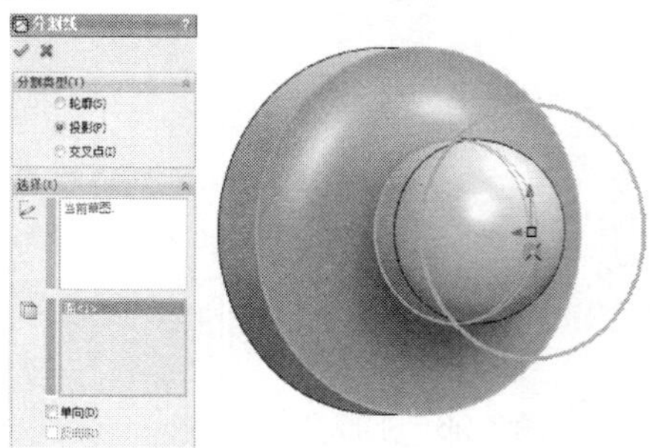

图 7-103 分割线

03　单击【曲面】工具栏中的【延展曲面】按钮，或选择【插入】→【曲面】→【延展曲面】命令，弹出【曲面-延展】属性管理器，设置【延展参数】。

- 选择与曲面延展方向相平行的面作为参考面，基准面名称将出现在【延展方向参考】栏中。
- 在绘图区选择分割线，其名称将出现在【延展边线】栏中。
- 观察预览效果，如有必要，单击【反向】按钮。
- 在【延展距离】栏中指定曲面的宽度。
- 如果希望曲面沿零件的切面延伸，可勾选【沿切面延伸】复选框。

设置结果如图 7-104 所示。

04　单击【确定】按钮，完成延展曲面操作。

图 7-104 所示的生成分割线的实体，选择其上的分割线为延展边线，选择【上视基准面】为延展方向参考，延展距离设置为 10mm，单击【确定】按钮后将生成图 7-105 所示的延展曲面。

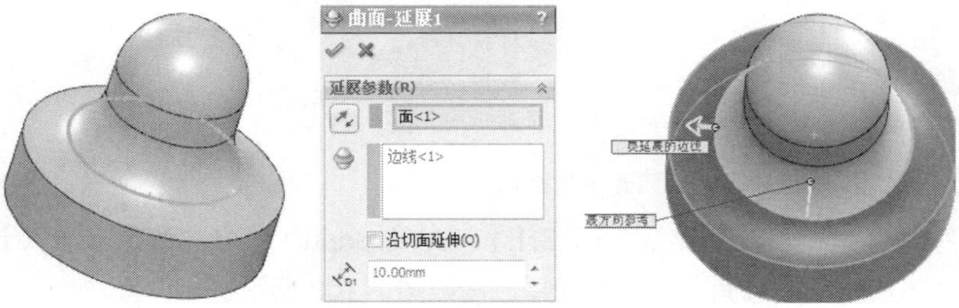

图 7-104 【曲面-延展】属性管理器

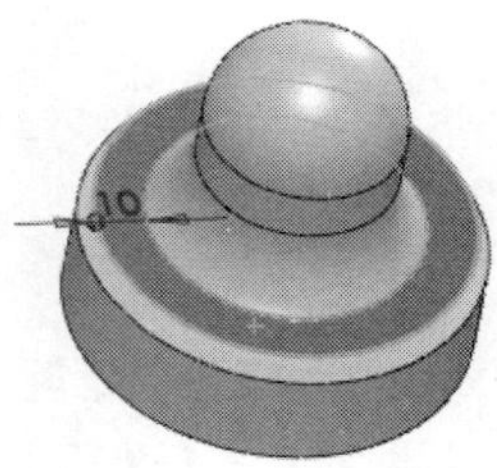

图 7-105　延展曲面

7.3　曲面编辑

生成的曲面可以进行编辑。在 SolidWorks 2012 中，如果修改相关曲面中的一个曲面，则另一个曲面也将进行相应的修改。SolidWorks 2012 为用户提供了缝合曲面、延伸曲面、裁剪曲面、填充曲面、中面、替换面、删除面、移动/复制/旋转等多种曲面编辑方式，相应的曲面编辑按钮在【曲面】工具栏中，如图 7-106 所示。

图 7-106　曲面编辑工具

在 SolidWorks 2012 中，通常将一个曲面或几个曲面的组合称为面组。

用曲面创建形状复杂的零件的主要过程如下。

01　创建数个单独的曲面。

02　对曲面进行裁剪、填充和等距等操作。

03　将各个单独的曲面缝合为一个整体的面组。

04　将曲面（面组）转换成实体零件。

7.3.1 圆角曲面

曲面的圆角可以在两组曲面之间建立光滑连接的过渡曲面，生成的过渡曲面的剖面线可以是圆弧、二次曲线、等参数曲线或其他类型的曲线。

SolidWorks 2012 为用户提供了 4 种圆角类型。

- 等半径圆角：生成整个圆角的半径相同。
- 变半径圆角：生成带有可变半径值的圆角。
- 面圆角：用圆角将两个没有接触的面连接起来。
- 完整圆角：生成相切于 3 个相邻面的圆角。

1. 等半径圆角

以图 7-107 所示的模型为例，介绍创建等半径圆角的一般过程。

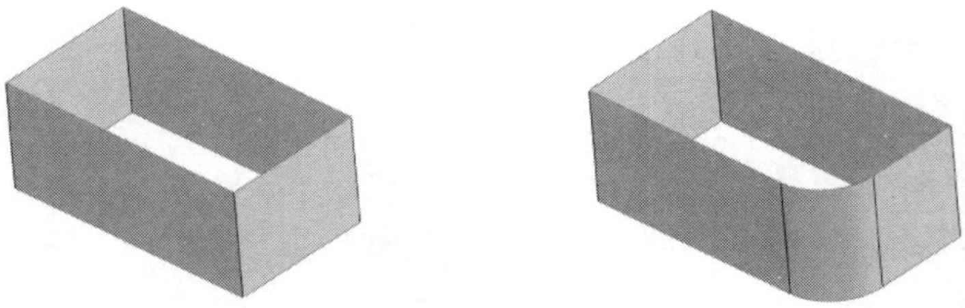

图 7-107　创建等半径圆角

01 打开“光盘\源文件\第 7 章\7.3\7.3.1\7.3.1.1\7.3.1.1 未完成.sldprt”文件，选择【插入】→【曲面】→【圆角】命令，系统弹出【圆角】属性管理器，按照图 7-108 所示进行设置。

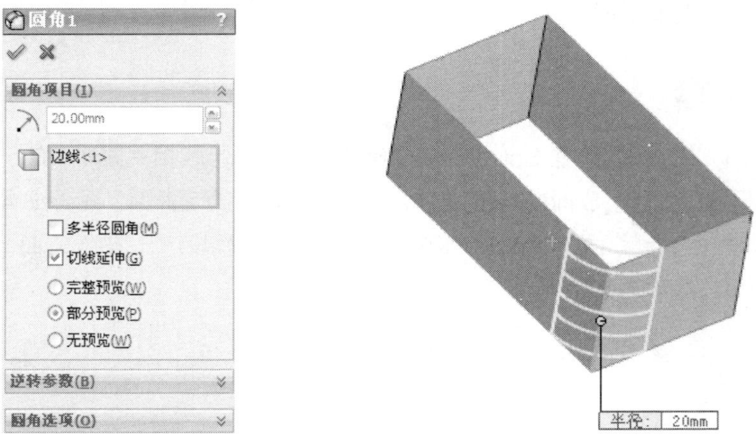

图 7-108 【圆角】属性管理器

【圆角项目】栏中是用来设置圆角的参数，说明如下。

- 半径：用于输入圆角半径。
- 边线、面、特征和环列表框：用于选择需要进行圆角的边线、面、特征和环。
- 勾选【多半径圆角】复选框后，可以生成不同半径值的圆角。
- 勾选【切线延伸】复选框后，将圆角延伸到所有与所选面相切的面。

02 单击【确定】按钮，即可完成等半径圆角的创建。

2．变半径圆角

变半径圆角可以生成带有可变半径值的圆角。创建图 7-109 所示的变半径圆角的一般过程如下所示。

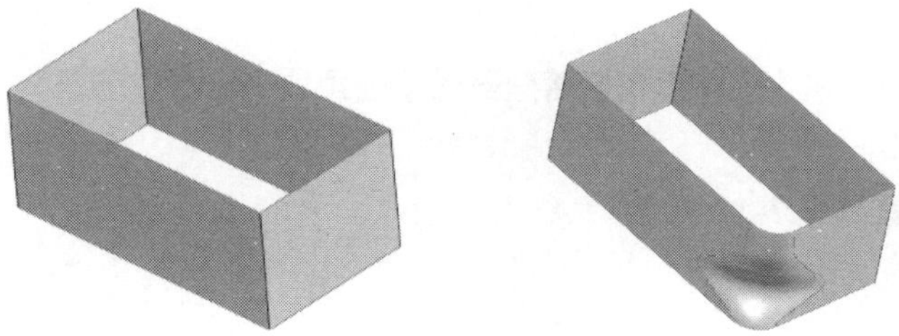

图 7-109　创建变半径圆角

01　打开“光盘\源文件\第 7 章\7.3\7.3.1\7.3.1.2\7.3.1.2 未完成.sldprt”文件，选择【插入】→【曲面】→【圆角】命令，系统弹出【圆角】属性管理器，在【圆角类型】栏中选择【变半径】，【圆角】属性管理器按照图 7-110 所示进行设置。

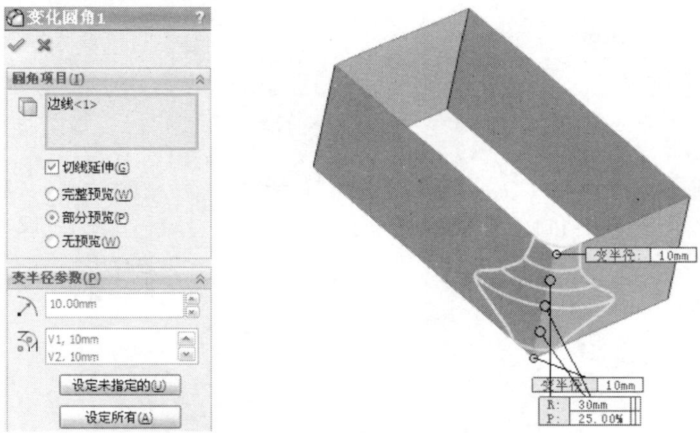

图 7-110 【变化圆角】属性管理器

02　单击【确定】按钮✓，即可完成变半径圆角的创建。

3．面圆角

面圆角是把两个没有接触的面用圆角连接并剪切掉多余的部分。要完成图 7-111 所示的面圆角，可按照图 7-112 所示来设置【圆角】属性管理器。

4．完整圆角

完整圆角是相切于 3 个相邻面的圆角。下面以图 7-113 所示的模型为例，介绍创建完整圆角的一般过程。

01　打开“光盘\源文件\第 7 章\7.3\7.3.1\7.3.1.3\7.3.1.3 未完成”文件，选择【插入】→【曲面】→【圆角】命令，系统弹出【圆角】属性管理器。

02　定义圆角类型。在【圆角类型】栏中选择【完整圆角】。

03　定义圆角面。

- 定义边侧面组 1。在【圆角】属性管理器的【圆角项目】栏中选取图 7-113 所示的曲面 1 为边侧面组 1。
- 定义中央面组。在【圆角】属性管理器的【圆角项目】栏中选取图 7-113 所示的曲面 2 为中央面组。
- 定义边侧面组 2。在【圆角】属性管理器的【圆角项目】栏中选取图 7-113 所示的曲面 3 为边侧面组 2。

属性管理器的设置如图 7-114 所示。

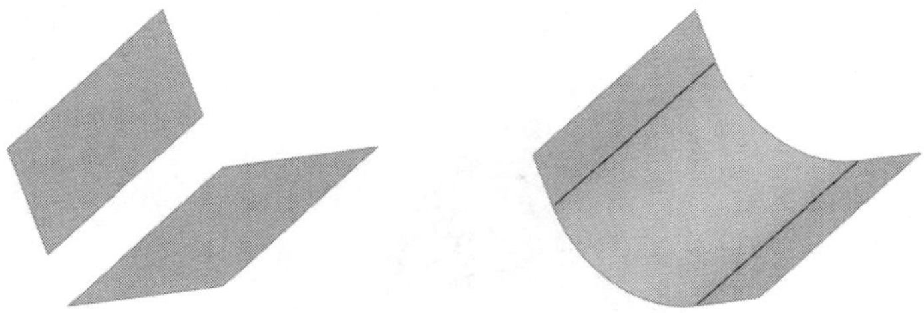

（a）圆角前　　（b）圆角后

图 7-111　创建面圆角

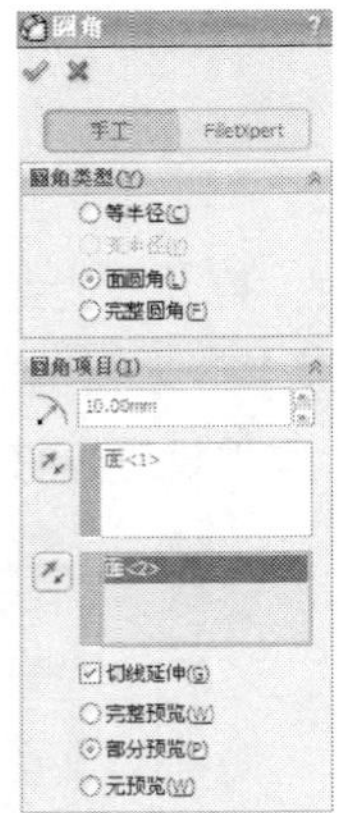

图 7-112 【圆角】属性管理器

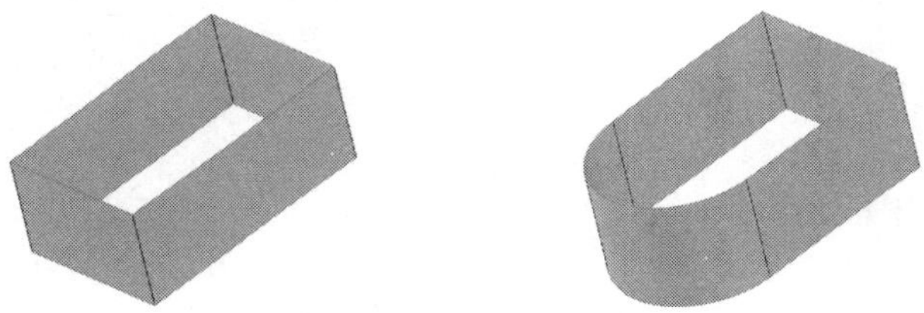

图 7-113　创建完整圆角

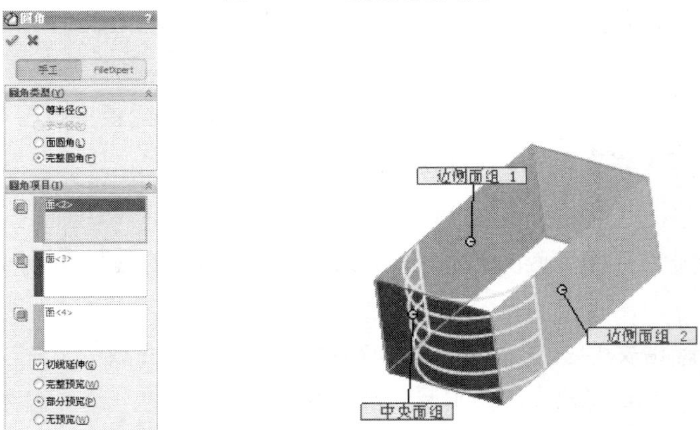

图 7-114 【圆角】属性管理器

04　单击【确定】按钮✔，即可完成完整圆角的创建。

7.3.2　填充曲面

填充曲面是指在现有模型边线、草图或者曲线定义的边界内，对构成带任何边数曲面的修补。填充曲面通常用于以下几种情况：

- 纠正没有正确输入到 SolidWorks 中的零件，如该零件有丢失的面。
- 填充用于型心和型腔造型的零件中的孔。
- 构建用于工业设计应用的曲面。
- 生成实体模型。
- 用于包括作为独立实体的特征或合并这些特征。

建立填充曲面特征的操作步骤如下。

01　单击【曲面】工具栏中的【曲面填充】按钮，或者选择【插入】→【曲面】→【填充】命令，将弹出【填充曲面】属性管理器，如图 7-115 所示。

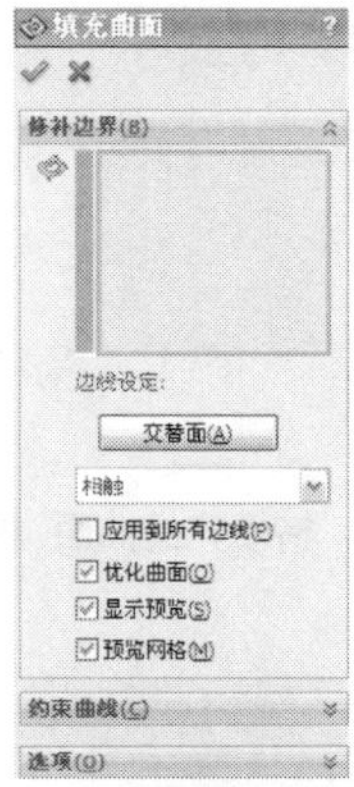

图 7-115 【填充曲面】属性管理器

02　该属性管理器由【修补边界】和【约束曲线】等栏组成。【修补边界】栏控制边界的组成和姿态；【约束曲线】栏给修补添加斜面控制，主要用于工业设计。

- 修补边界：单击属性管理器中的该框，使其为编辑状态，然后在绘图区单击需要修补的边线。可选择曲面或实体边线，也可使用二维或三维草图作为修补的边界。
- 曲率控制：将控制生成修补的类型，修补时曲率控制类型包括相触和相切两种。
  - ➢ 相触：在所选边界内生成曲面。
  - ➢ 相切：在所选边界内生产曲面，但保持修补边线的相切。
- 应用到所有边线：勾选该复选框时，能将相同的曲率控制应用到所有边线。
- 交替面：使用交替面时，可为修补的曲率控制反转边界面。交替面只能在实体模型上生成修补时使用。
- 如果有必要，可选择约束曲线，其名称将出现在【约束曲线】栏中。

注 意

使用边线进行曲面填充时，所选择的边线必须是封闭的曲线。如果勾选属性管理器中的【合并结果】复选框，则填充的曲面将和边线的曲面组成一个实体，否则填充的曲面为一个独立的曲面。

现在来填充图 7-116 所示的圆锥曲面。选择【填充曲面】命令后，单击圆锥面的上边线作为修补边界，如图 7-117 所示，各项设置如图 7-118 所示，【曲率控制】为相切，并将曲率【应用到所有边线】，确定后，将生成图 7-119 所示的填充效果。

现在来比较一下相触方式填充曲面和相切方式填充曲面的区别。图 7-120 所示的曲面，如果采用相触的方式填充，选择修补边界后，可以得到图 7-121 所示的预览效果，填充后如图 7-122 所示；而采用相切方式填充则会得到图 7-123 所示的效果。

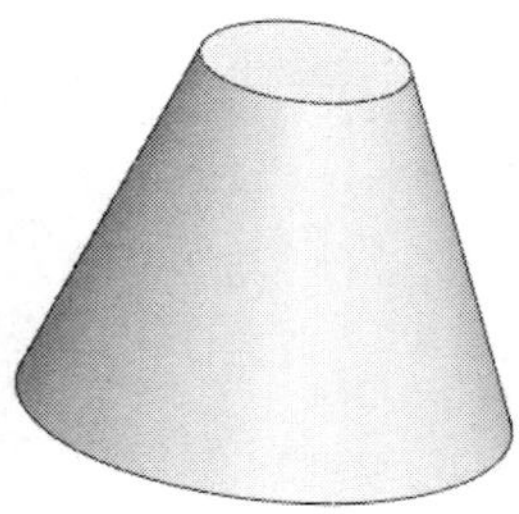

图 7-116　待填充的曲面

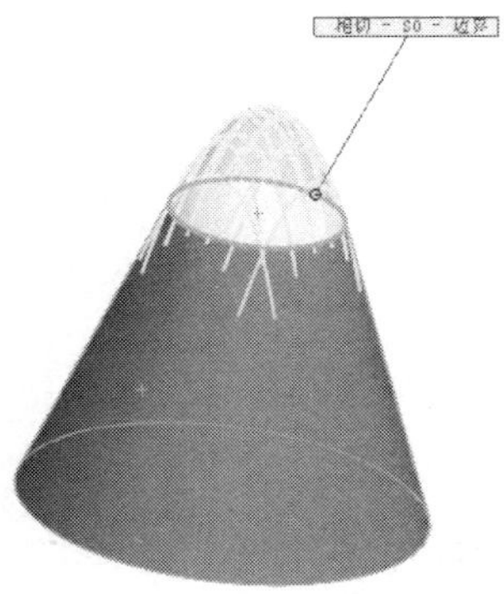

图 7-117　填充曲面的预览效果

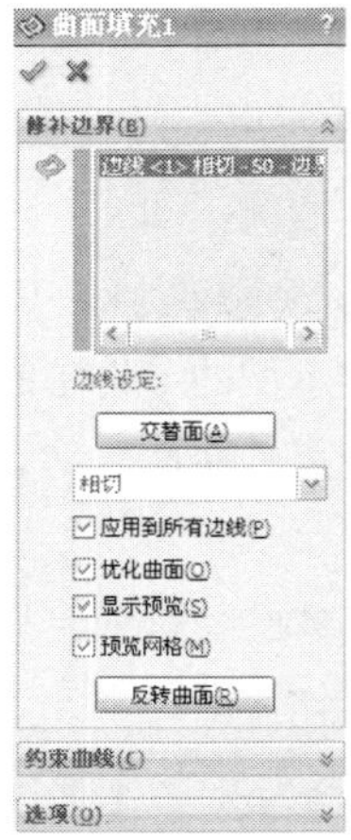

图 7-118 【曲面填充】属性管理器

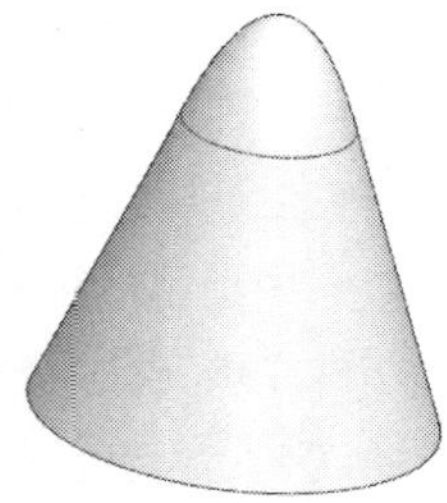

图 7-119　填充曲面后

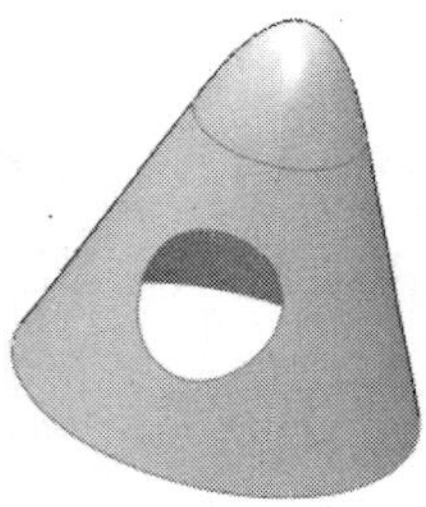

图 7-120　需填充的曲面

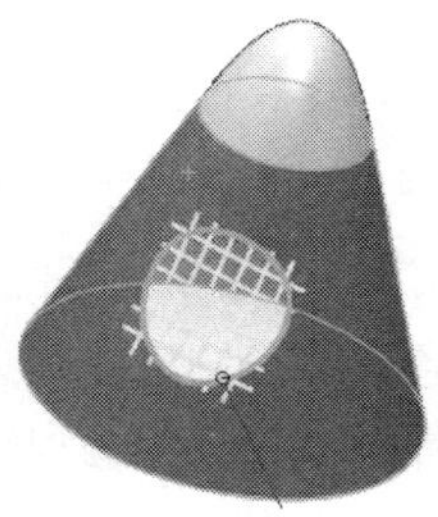

图 7-121　选择修补边界后的预览

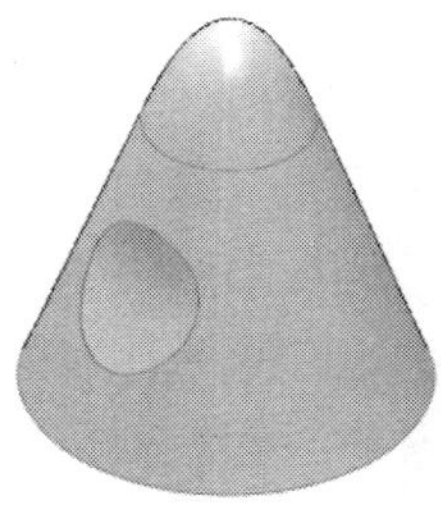

图 7-122　相触方式填充曲面的效果

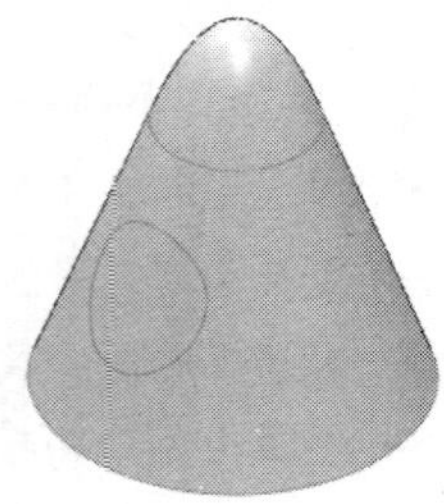

图 7-123　相切方式填充曲面的效果

7.3.3　中面

中面工具可让在实体上合适的所选双对面之间生成中面。合适的双对面应该处处等距，并且必须属于同一实体。

与任何 SolidWorks 中生成的曲面相同，中面包括所有曲面的属性。中面几个选项的意义如下。

- 单个：从视图区域中选择单个等距面生成中面。
- 多个：从视图区域中选择多个等距面生成中面。
- 所有：单击【中面】属性管理器中的【查找双对面】按钮，系统将选择模型上所有合适的等距面，用于生成所有等距面的中面。

选择【中面】命令，分别选择图 7-124 中所示的两个模型表面，在【双对面】栏中列出选择结果，输入 30%作为中面的位置，生成中面。

【中面】命令可自行查找当前模型中的平行面对生成中面。接着上面的实例操作，再次选择【中面】命令，在属性管理器中单击【查找双对面】按钮，SolidWorks 将在模型中查找可能的平行平面对，并将其罗列在【双对面】栏中。执行命令，将生成多个中面，如图 7-125 所示。

注意

生成中面的定位置是从面 1 的位置开始，位于面 1 和面 2 之间。

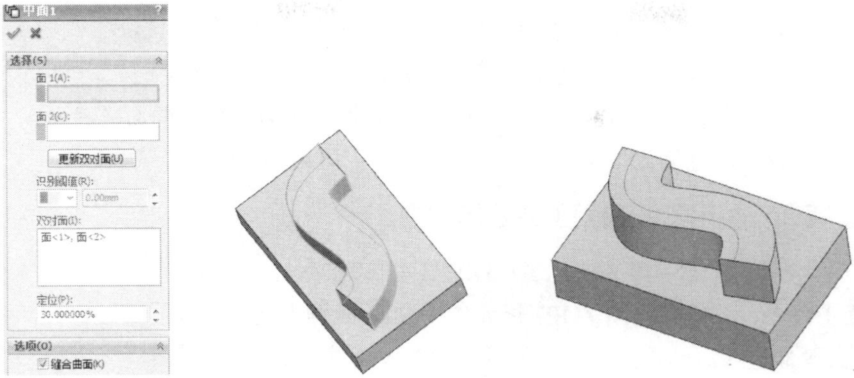

图 7-124　中面

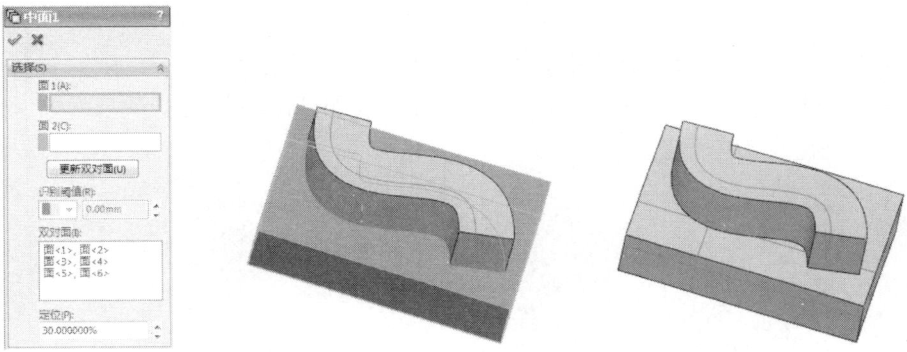

图 7-125　自动操作平行面以生成中面

7.3.4　延伸曲面

延伸曲面是指将现有曲面的边缘沿着切线方向，以直线或者随曲面的弧度方向产生附加的延伸曲面。

延伸曲面的延伸类型有两种方式。

- 同一曲面类型：沿着曲面的几何体延伸曲面，如图 7-126（a）所示。
- 线性类型：沿着边线相切于原有曲面来延伸曲面，如图 7-126（b）所示。

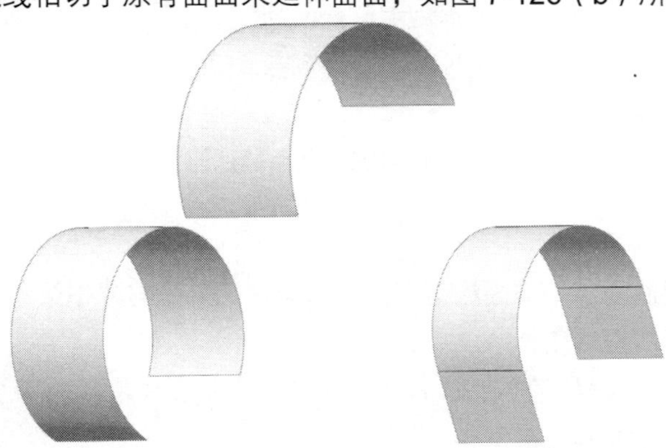

（a）同一曲面类型生成的延伸曲面　　（b）线性类型生成的延伸曲面

图 7-126　延伸类型

在【曲面-延伸】属性管理器中的【终止条件】栏中各选项的意义如下。

- 距离：按照在【距离】栏中指定的数值延伸曲面。
- 成形到某一面：将曲面延伸到【曲面/面】栏中在图形区域选择的曲面或者面。
- 成形到某一点：将曲面延伸到【顶点】栏中在图形区域选择的顶点或者点。

★ 课堂实训：利用延伸曲面工具延伸曲面

01 打开“光盘\源文件\第 7 章\7.3\7.3.4\7.3.4 未完成.sldprt”文件，选择【插入】→【曲面】→【延伸曲面】命令，系统弹出图 7-127 所示的【曲面-延伸】属性管理器。

02 定义延伸边线。选择图 7-128 所示的边线为延伸边线。

03 定义终止条件类型。在【曲面-延伸】属性管理器的【终止条件】栏中选中【成形到某一面】单选按钮。

04 定义延伸类型。在【延伸类型】栏中选择【线性】单选按钮。

05 定义延伸终止面。选择图 7-128 所示的基准面 1 为延伸终止面。

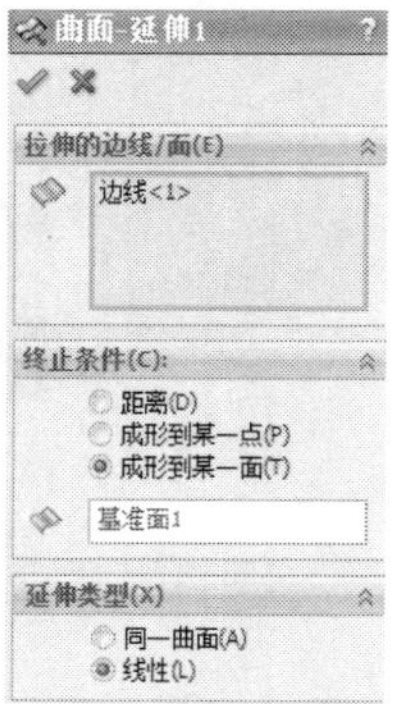

图 7-127 【曲面-延伸】属性管理器

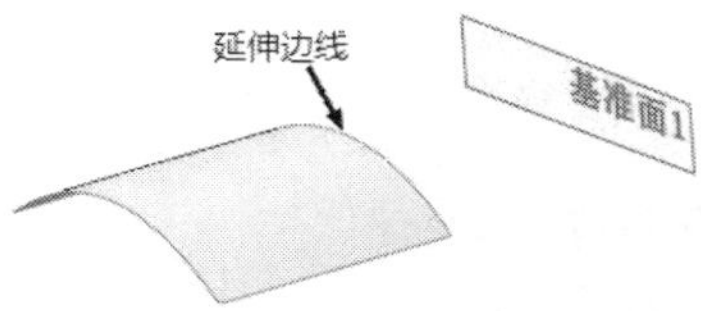

图 7-128 定义延伸边线和延伸终止面

06 单击【确定】按钮✔，完成延伸曲面的创建，效果如图 7-129 所示。

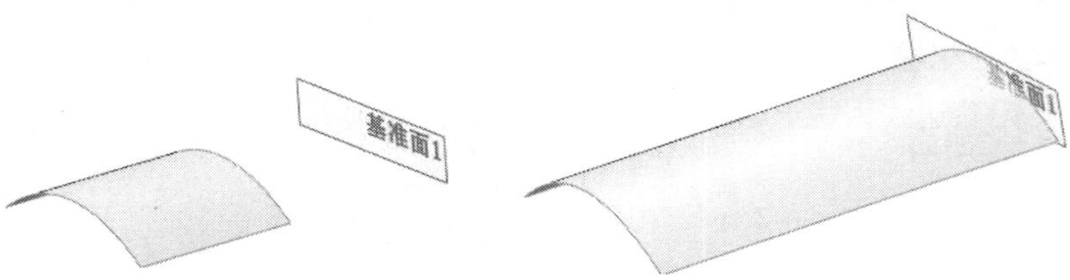

图 7-129 曲面的延伸

7.3.5 剪裁曲面

剪裁曲面是指使用曲面、基准面或者草图作为剪裁工具来剪裁相交曲面，也可以将曲面和其他曲面联合使用作为相互的剪裁工具。

【剪裁曲面】属性管理器如图 7-130 所示，其各个选项说明如下。

- 剪裁类型：提供了两种剪裁类型。
  - ➢标准：使用曲面、草图实体、曲线或基准面等来裁剪。
  - ➢相互：使用曲面本身来裁剪多个曲面。

- 选择：包括选择剪裁工具及选择保留面或移除的面。
  - 剪裁工具：单击该文本框，可以在图形区域选择曲面、草图、曲线或基准面作为剪裁其他曲面的工具。
  - 保留选择：保留在要保留的部分下所列举的曲面，未在要保留的部分下列举的交叉曲面将被丢弃。
  - 移除选择：丢弃在要移除的部分下所列举的曲面，未在要移除的部分下所列举的交叉曲面将被保留。
- 曲面分割选项：包括分割所有、自然和线性 3 个选项。
  - 分割所有：显示曲面中的所有分割。
  - 自然：使边界边线随曲面形状变化。
  - 线性：使边界边线随剪裁点的线性方向变化。

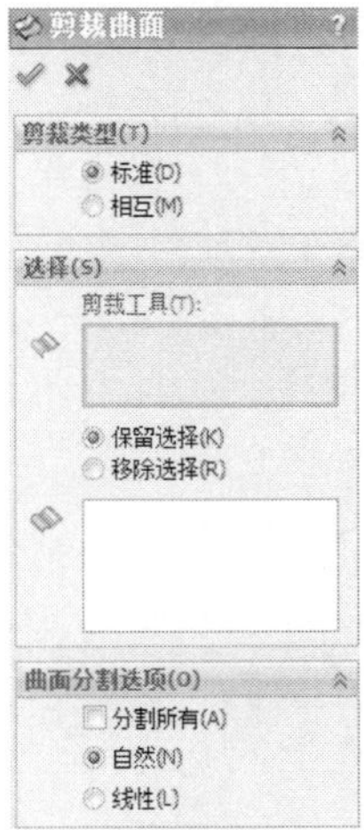

图 7-130　【剪裁曲面】属性管理器

★ 课堂实训：利用剪裁曲面工具裁剪曲面

1. 标准类型剪裁曲面

01 打开“光盘\源文件\第 7 章\7.3\7.3.5\7.3.5.1\7.3.5.1 未完成.sldprt”文件，如图 7-131 所示。

02 选择【插入】→【曲面】→【剪裁曲面】命令，系统弹出【剪裁曲面】属性管理器，按照图 7-132 所示进行设置。

图 7-131　待剪裁零件

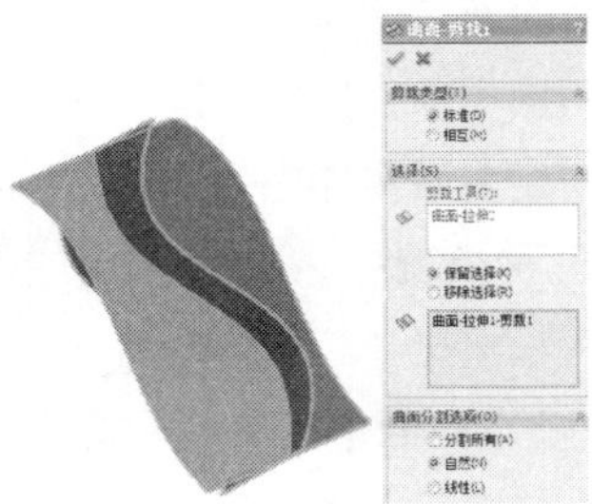

图 7-132　剪裁后的零件

03 单击【确定】按钮✔，即可完成剪裁曲面操作。

2. 相互类型剪裁曲面

01 打开“光盘\源文件\第 7 章\7.3\7.3.5\7.3.5.2\7.3.5.2 未完成.sldprt”文件，如图 7-133 所示。

02 选择【插入】→【曲面】→【剪裁曲面】命令，系统弹出【剪裁曲面】属性管理器，按照图 7-134 所示进行设置。

03 单击【确定】按钮✔，即可完成剪裁曲面操作，结果如图 7-135 所示。

图 7-133　待剪裁零件

注意

剪裁曲面只能对曲面实体发生作用，对基体实体不能使用剪裁。如果要使用剪裁命令，需要将实体转换为曲面。

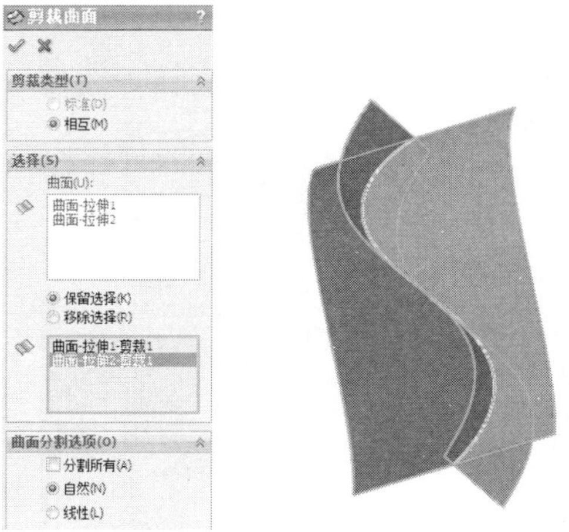

图 7-134 【剪裁曲面】属性管理器

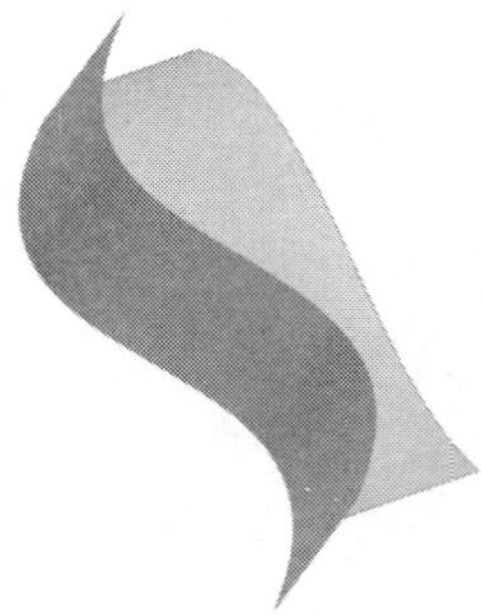

图 7-135 剪裁后的零件

7.3.6 替换面

替换面是指以新曲面实体来替换曲面或者实体中的面。替换曲面实体不必与旧的面具有相同的边界。在替换面时，原来实体中的相邻面自动延伸并剪裁到替换曲面实体中。

替换面通常有以下几种情况：

- 以一个曲面实体替换为另一个或者一组相连的面。
- 在单一操作中，用一相同的曲面实体数替换一组以上相连的面。
- 在实体或曲面实体中替换面。

在上述几种情况中，比较常用的是用一曲面实体替换另一曲面实体中的一个面，其操作步骤如下。

01 单击【曲面】工具栏中的【替换面】按钮，或选择【插入】→【曲面】→【替换面】命令，弹出【替换面】属性管理器，如图 7-136 所示。

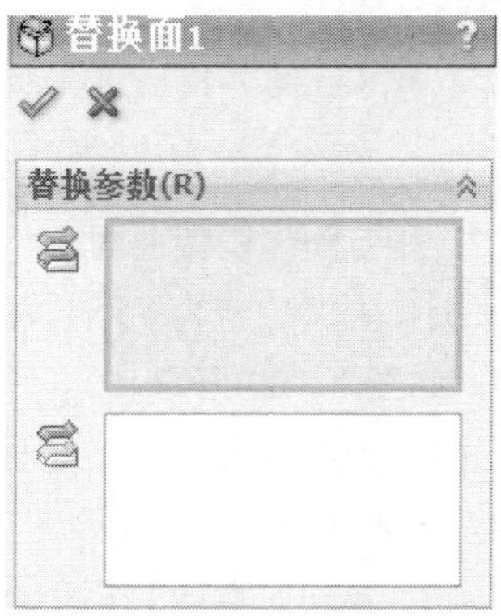

图 7-136 【替换面】属性管理器

02 在【替换参数】栏中，进行以下操作：

- 在绘图区单击想要被替换的面，其名称将出现在【要替换的目标面】栏中。
- 在【替换参数】栏的【替换曲面】栏中单击，在绘图区单击想要替换的新面，其名称将出现在【替换曲面】栏中。

03 单击【确定】按钮，完成替换操作。

这样面被替换，原来实体的相邻面被剪裁并延伸以套合，新的面被剪裁以套合原来实体的相邻面。

如图 7-137 所示，选择六棱柱的上表面作为被替换的目标面，然后单击【替换曲面】栏，再选择图中所示的拉伸曲面作为替换曲面，替换后的效果如图 7-138 所示。显然，替换后原来的替换曲面像块补丁一样影响了立体的表面形象，此时，可利用该特征的右键快捷菜单将其隐藏，其效果如图 7-139 所示。

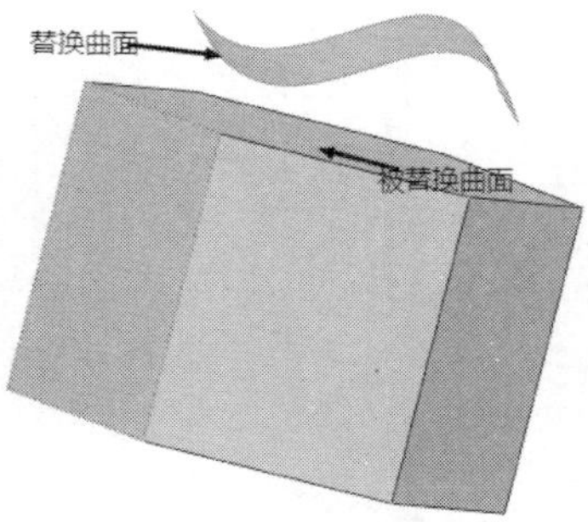

图 7-137　选择替换曲面

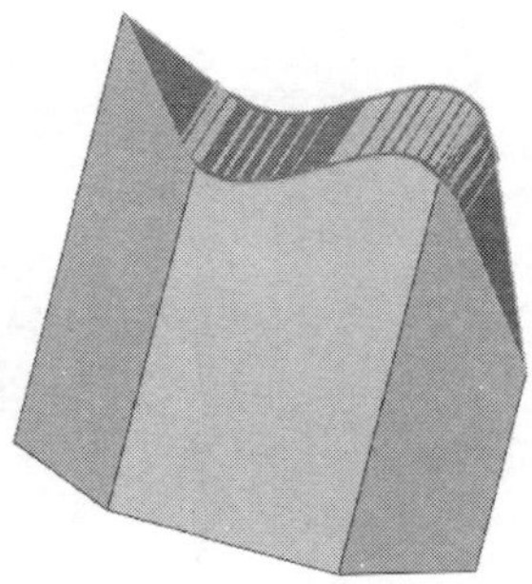

图 7-138　替换后

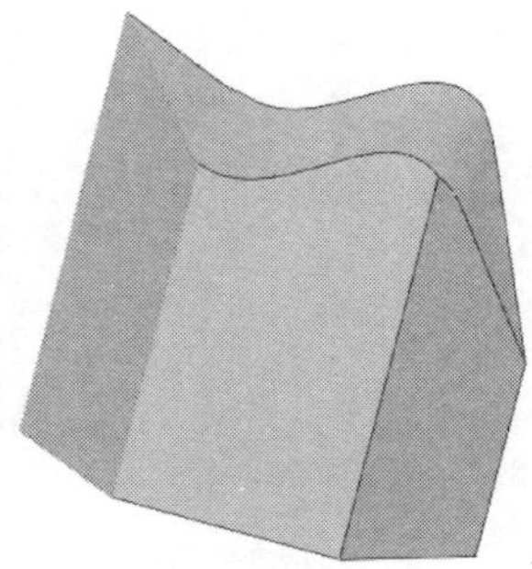

图 7-139　隐藏替换面后

在替换面中，替换的面有两个特点：一是必须替换、必须相连；二是不必相切。替换曲面实体可以是以下几种类型之一：

- 可以是任何类型的曲目特征，如拉伸、放样等。
- 可以是缝合曲面实体或者复杂的输入曲面实体。
- 通常比要替换的面要宽和长。然而，在某些情况下，当替换曲面比要替换的面小的时候，替换曲面实体会自动延伸以与相邻的面相遇。

7.3.7　删除面

删除面通常有以下几个选项，其意义如下。

- 删除：从曲面实体删除面，或者从实体中删除一个或多个面来生成曲面。
- 删除并修补：从曲面实体或者实体中删除一个面，并自动对实体进行修补和裁剪。
- 删除并填充：删除面并生成单一面，将任何缝隙填补起来。

1．删除

如图 7-140 所示，这是一个实体模型；应用【删除面】命令，选择【删除】操作，选取模型的一个面，将其删除；实体转换为曲面，而且该曲面实体中包括多个曲面。

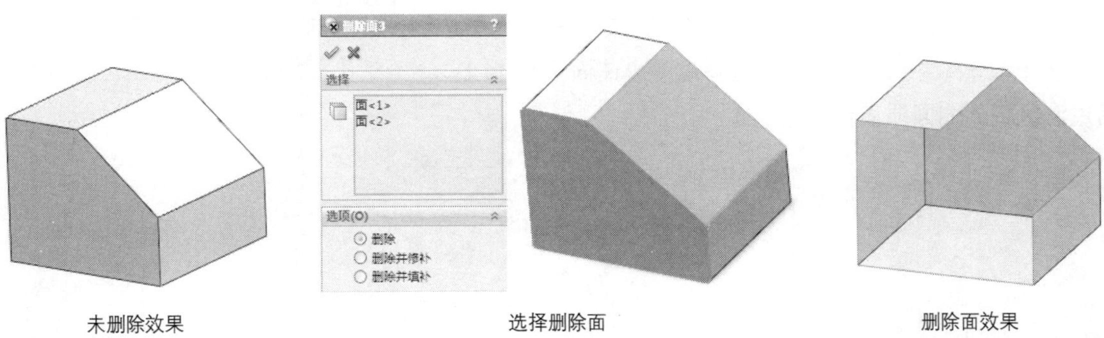

图 7-140　删除面

值得注意的是，独立的曲面实体是无法使用【删除面】命令的。如图 7-141 所示，对独立的面执行【删除面】操作，SolidWorks 将会报错。

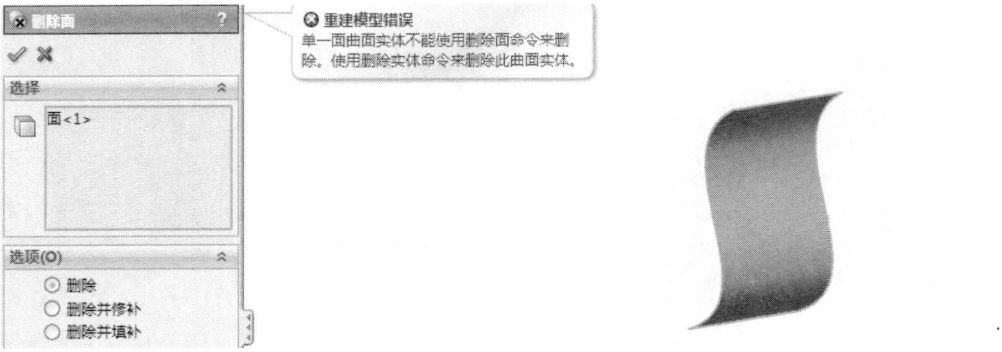

图 7-141　删除独立面

2．删除并修补

修补时按照删除面周围曲面的形态填补删除面区域。如图 7-142 所示，选择圆角面，进行删除和修补操作，可以看到圆角面被删除，而替换为原有的模型表面。其效果与删除圆角特征一样。

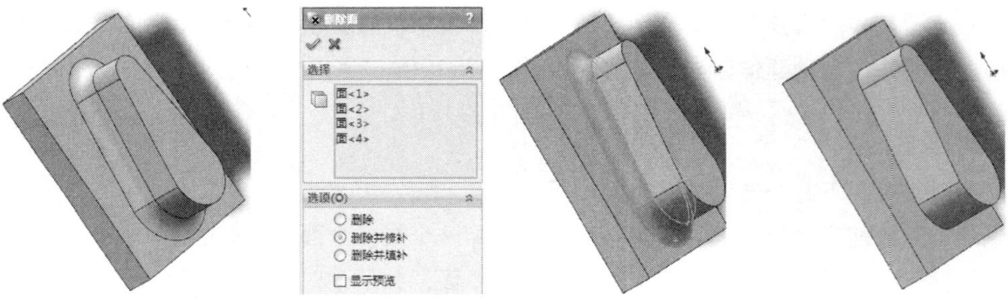

删除效果　　选择删除面　　修补效果

图 7-142　删除和修补

3．删除并填补

填充时采用填充曲面的方法将删除面区域重新填补。删除并填补是一种常用的曲面修整方法和曲面过渡方法。图 7-143 所示的模型在执行圆角操作后形成很多破碎的小曲面，运用【删除面】命令，选择【删除并填补】操作，选择这些小曲面（共 14 块），勾选【相切填补】复选框。执行命令后过渡区域的曲面质量得到了改善。

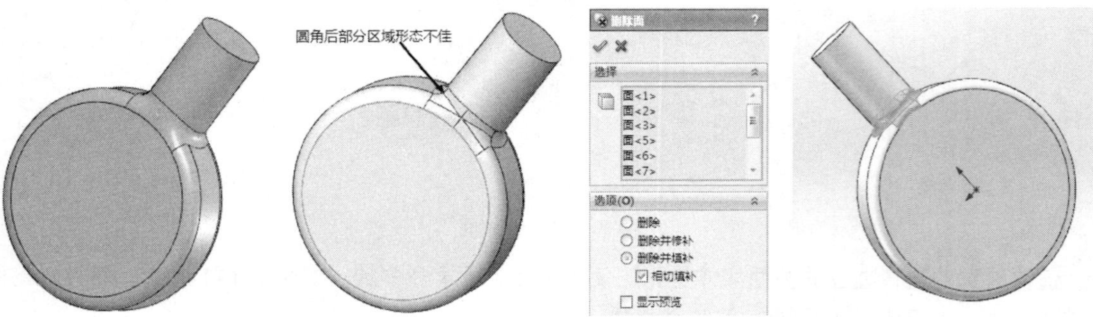

图 7-143　删除和填充

修补和填补是两种不同的曲面填补方法，下面通过一个例子帮助读者明确其区别。如图 7-144 所示，选择【删除面】命令，删除并修补将用删除区域周围的曲面形态填补，而删除并填补则在删除区域删除填充曲面。

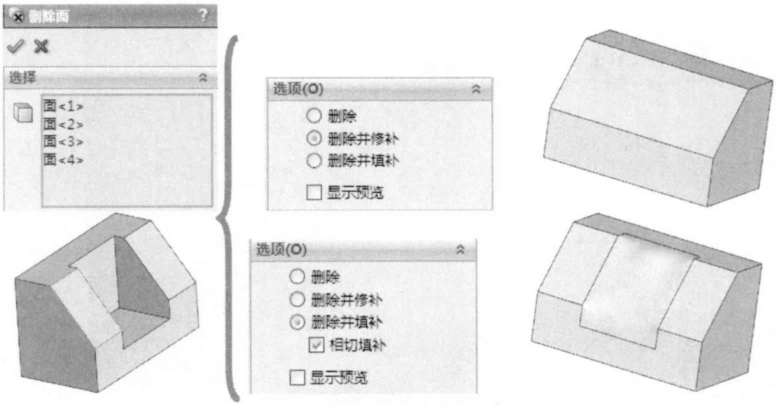

图 7-144　修补和填补

★ 课堂实训：建立肥皂盒模型

通过该例子，读者可以掌握一般曲面创建的思路：先建立一系列的草绘曲线，再利用草绘曲线构建多个曲面，然后利用缝合等工具将曲面合成一个整体曲面，最后将整个曲面转换为实体。

1. 设计分析

肥皂盒的零件模型如图 7-145 所示。在设计过程中，主要运用了拉伸曲面、平面区域、曲面圆角、曲面剪裁以及曲面缝合等命令。

2. 操作步骤

01　新建模型文件。新建一个【零件】模块的模型文件，进入建模环境。

02　创建图 7-146 所示的曲面拉伸。以上视基准面为绘制草图的基准面，绘制图 7-147 所示的草图 1，然后选择【拉伸曲面】命令，按照图 7-148 所示定义属性管理器，单击【确定】按钮✓。

03　创建图 7-149 所示的平面区域。选择【平面区域】命令，系统弹出【平面】属性管理器，按照图 7-149 所示进行设置，单击【确定】按钮✓。

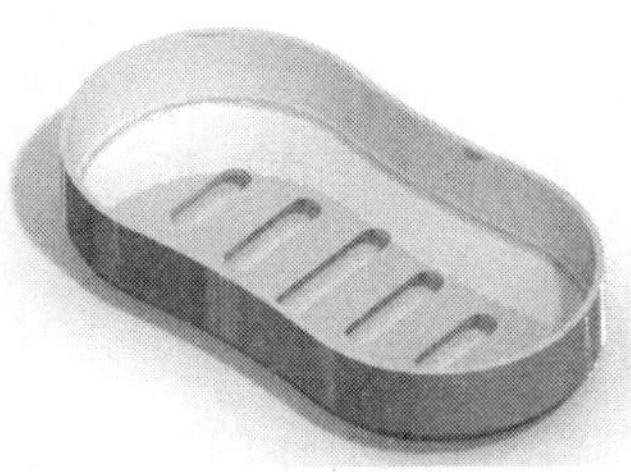

图 7-145　肥皂盒零件模型

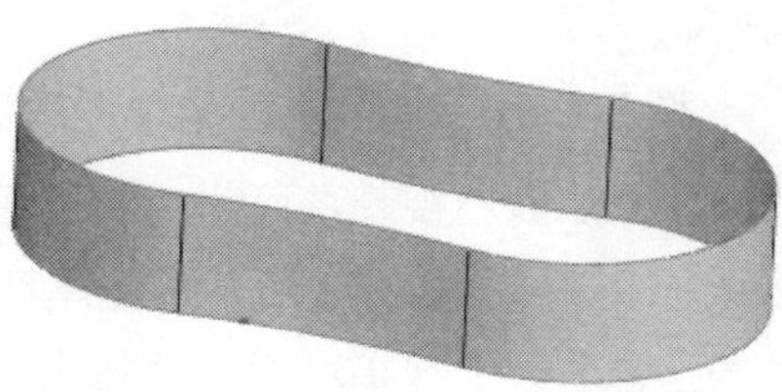

图 7-146　曲面拉伸

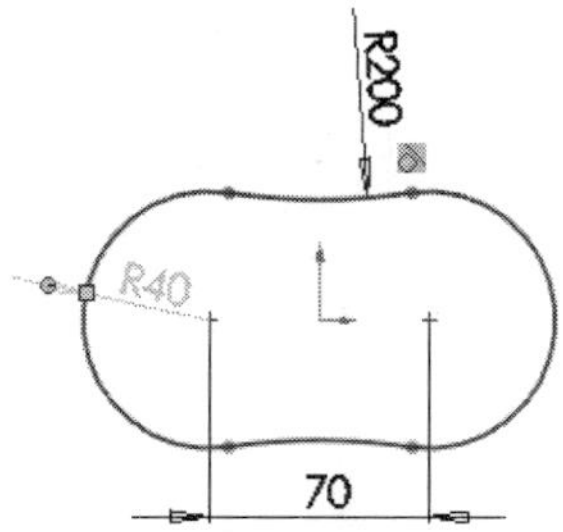

图 7-147　草图 1

图 7-148　【曲面-拉伸】属性管理器

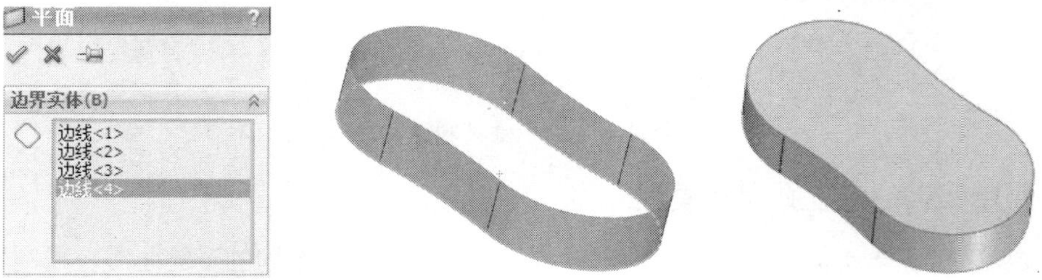

图 7-149　平面区域

04　缝合曲面。选择【缝合曲面】命令，弹出【曲面-缝合】属性管理器，按照图 7-150 所示进行设置。

05　面圆角。选择【插入】→【曲面】→【圆角】命令，按照图 7-151 所示设置属性管理器，并单击【确定】按钮✔。

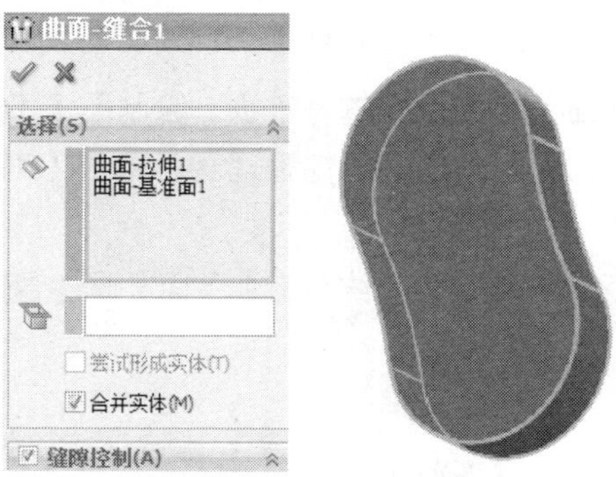

图 7-150　缝合曲面

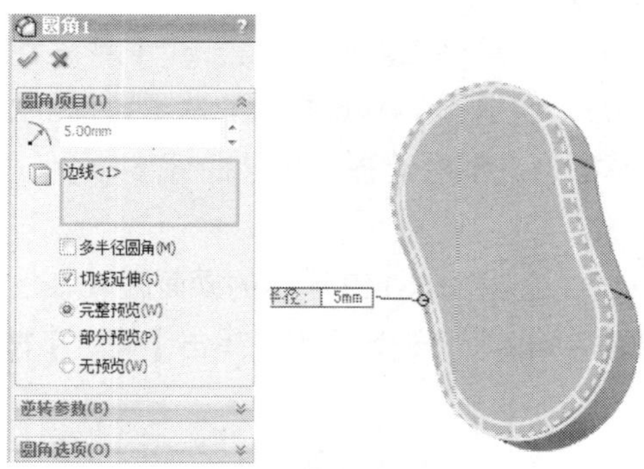

图 7-151　面圆角

06　剪裁曲面。以上视基准面为绘制草图的基准面，绘制图 7-152 所示的草图 2，然后选择【剪裁曲面】命令，按照图 7-153 所示设置属性管理器，单击【确定】按钮✔。

07　拉伸凸台。以上视基准面为绘制草图的基准面，绘制图 7-154 所示的草图 3，然后选择【拉伸】命令，按照图 7-155 所示进行设置，并单击【确定】按钮✔。

08　加厚。选择【加厚】命令，弹出【加厚】属性管理器，设置厚度为 2mm，其他属性按照图 7-156 所示进行设置，单击【确定】按钮✔。

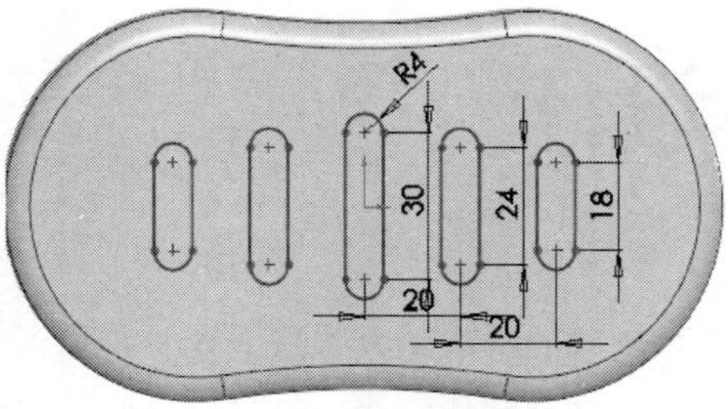

图 7-152　草图 2

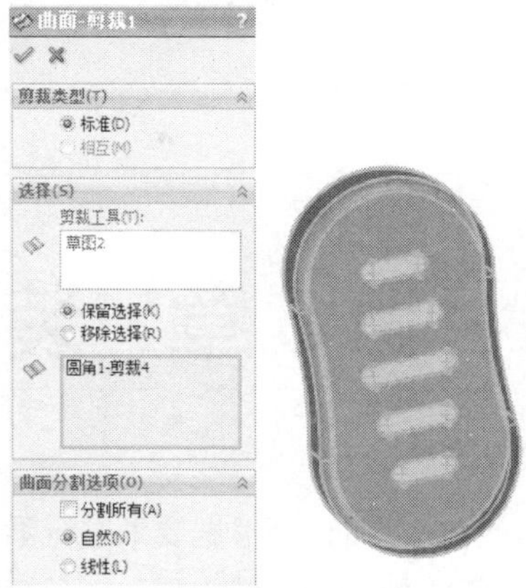

图 7-153 【曲面-剪裁】属性管理器

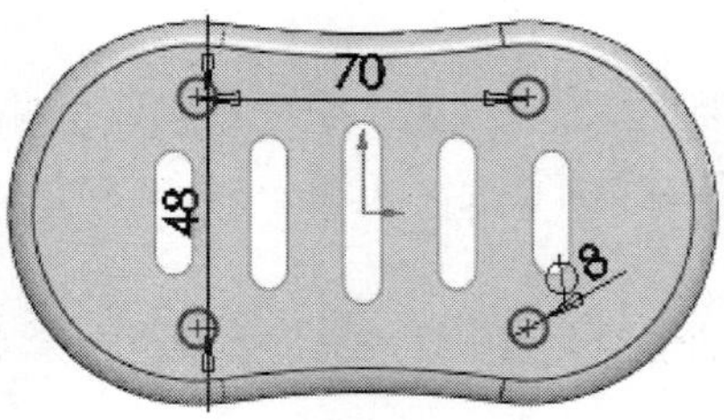

图 7-154　草图 3

图 7-155　【凸台-拉伸】属性管理器

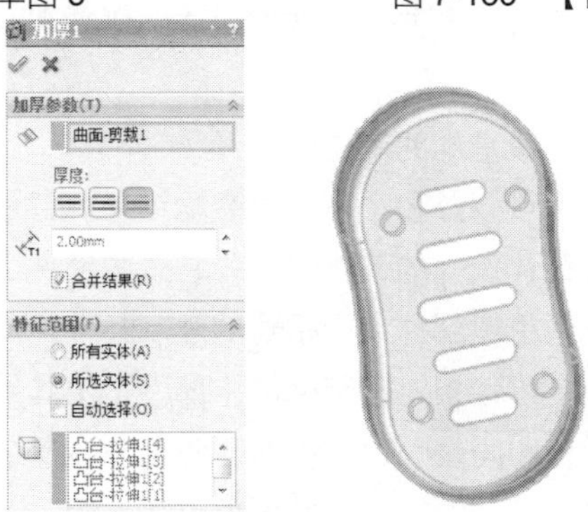

图 7-156　加厚

7.4　本章小结

本章通过生活中的一些具体实例介绍了 SolidWorks 2012 中曲线、曲面建模命令的使用方法。其中读者主要应学会生活中常见的花瓶、杯子、瓶子等物品的绘制方法；熟练掌握投影曲线、螺旋线/涡状线、通过参考点的曲线等曲线绘制命令的使用方法；熟练应用拉伸曲面、旋转曲面、扫描曲面、放样曲面、平面区域等曲面建模命令；并熟练掌握常用的等距曲面、延展曲面、缝合曲面、延伸曲面、剪裁曲面、圆角曲面以及填充曲面等曲面编辑命令。

第8章 装配体设计

零件设计完成之后，可根据要求进行零件装配。零件之间的装配关系实际上就是零件之间的位置约束关系。可以把一个大型的零件装配模型看做是由多个子装配体组成，因而在创建大型的零件装配模型时，可先创建各个子装配体，然后将各个子装配体按照它们之间的相互位置关系进行装配，最终得到一个大型的零件装配模型。

8.1 装配体设计的基本设置

一个产品往往由多个零件组合（装配）而成，在装配体模块中建立零件之间的相对位置关系，从而形成复制的装配体。零件间位置关系的确定主要通过添加配合来实现。

SolidWorks 2012 的装配模块具有下面一些特点。

- 提供了方便的部件定位方法，轻松设置部件间的位置关系。系统提供了 7 种配合方式，通过对部件添加多个配合，可以准确地把部件装配到位。
- 提供了强大的爆炸图工具，可以方便地生成装配体的爆炸图。

相关术语和概念如下。

- 零件：是组成部件与产品的最基本的单位。
- 部件：可以是一个零件，也可以是多个零件的装配结果。它是组成产品的重要单位。
- 装配体：也称产品，是装配体设计的最终结果，它是由部件之间的配合关系及部件组成的。
- 配合：在装配过程中，配合是指部件之间相对的限制条件，用于确定部件位置。

通过定义装配配合，可以指定零件相对于装配体（部件）中其他部件的放置方式和位置。装配配合的类型包括重合、平行、垂直和同轴心等。在 SolidWorks 2012 中，一个零件通过装配配合添加到装配体后，它的位置会随着与其有约束关系的部件改变而相应改变，而且配合设置值作为参数可以随时修改，并可与其他参数建立关系方程，因为这个装配体实际上是一个参数化的装配体。

关于装配配合，要注意以下几点：

- 一般说来，建立一个装配配合时，应该选取零件参照和部件参照。零件参照和部件参照是零件和装配体中用于配合定位和定向的点、线、面。例如，通过【重合】约束将一根轴放入装配体的一个孔中，轴的中心线就是元件参照，而孔的中心线就是部件参照。
- 系统一次添加一个配合。例如，不能用一个【重合】约束将一个零件上两个不同的孔与装配体中的另一个零件上的两个不同孔对齐，必须将第一个和第二个孔分别进行重合约束。
- 要想知道一个零件在装配体中完整的放置和定向（即完整约束），往往需要定义数个装配配合。

在 SolidWorks 2012 中装配零件时，可以将多于所需的配合添加到零件上，即使从数学的角度来说，零件的位置已完全约束，还可能需要指定附加配合，以确保配件达到设计意图。

8.1.1　设计装配体的两种方式

装配设计一般有两种基本方式：自底向上的装配和自顶向下的装配。如果首先设计好全部零件，然后将零件作为部件添加到装配体中，则称之为自底向上的装配；如果首先设计好装配体模型，然后在装配体中组建模型，最后生成零件模型，则称之为自顶向下的装配。

SolidWorks 2012 提供了自底向上和自顶向下装配功能，并且两种方法混合使用。自底向上装配是一种常用的装配模式，本书主要介绍自底向上装配。

8.1.2　插入零部件的属性设置

在装配体中，用户可以使用【插入零部件】命令添加其他零件或装配体文件。可以通过插入凹凸镜实现插入零部件命令。

- 新建装配体或使用【从零件/装配体制作工程图】工具，建立装配体后自动激活【插入零部件】命令。
- 选择下拉菜单中的【插入】→【零部件】→【现有零件/装配体】命令。
- 单击【插入零部件】按钮。

这里需要注意的是，与在装配体中插入第一个零件相反，用户在添加第一个零件以后，再次添加零件时，应注意避免不要使零件【固定】。如图 8-1 所示，最好的操作方式是选中要添加的零件后，直接在图形区域空白位置单击。应避免如下两个操作：

- 直接单击【确定】按钮。
- 在装配体的原点上单击。

在后续添加的零件中，只有避免零件处于【固定】状态，才能为零件添加正确的配合关系。如图 8-2 所示，插入的零件没有添加任何配合关系，可以进行任意移动和选装。

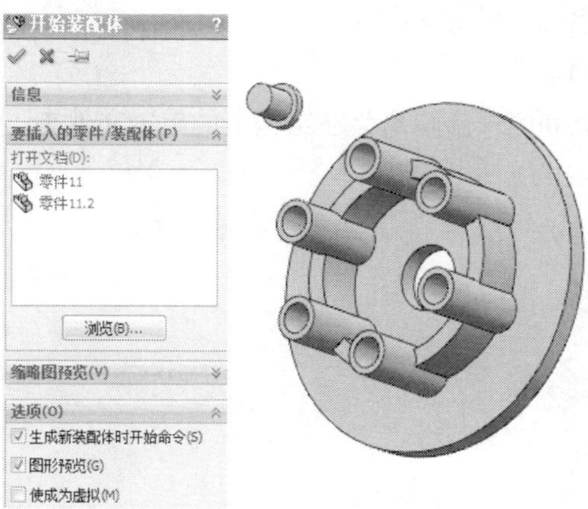

图 8-1　插入已有零部件

图 8-2 【自由】的零件

> **注意**
>
> 如果没插入的零件中包含多个配置，使用【插入零部件】工具插入到装配体时，默认使用零件上次保持时激活的配置。

8.2 装配体的干涉检查

在 SolidWorks 2012 装配体中，运用【干涉检查】命令可以检查零部件之间是否干涉，并且能够查看所检查到的干涉。

8.2.1 干涉检查的功能

干涉检查的功能有如下几个方面：

- 决定零部件之间的干涉。
- 显示干涉的真实体积为上色体积。
- 更改干涉和不干涉零件的显示设定以更好地看到干涉。
- 忽略想排除的干涉，如紧密配合、螺纹扣件的干涉等。
- 将实体之间的干涉包括在多实体内。
- 将子装配体看成单一零部件，这样子装配体零部件之间的干涉将不报出。
- 将重合干涉和标准干涉区分开来。

8.2.2 干涉检查的属性设置

1.【选项】栏

- 视重合为干涉：分析时系统将零部件重合的部分视为干涉。
- 显示忽略的干涉：分析时系统显示忽略的干涉。
- 视子装配体为零部件：分析时系统将子装配体视为单一零部件。
- 包括多体零件干涉：选择将实体之间的干涉包括在多实体零件内。
- 使干涉零件透明：以透明模式显示所选干涉的零件。
- 生成扣件文件夹：将扣件（如螺母和螺栓）之间的干涉隔离为在结构下的单独文件夹。

2.【非干涉零部件】栏

- 线架图：非干涉零部件以线架图模式显示。
- 隐藏：将非干涉零部件隐藏。
- 透明：非干涉零部件以透明模式显示。
- 使用当前项：非干涉零部件以当前模式显示。

8.2.3 干涉检查的操作步骤

要在装配体的零部件之间进行干涉检查，可如下操作。

01 选择【工具】→【干涉检查】命令，打开【干涉检查】窗口。

02 选取需要检查的零部件。在设计树中选取整个装配体，在弹出的【干涉检查】属性管理器中单击【所选零部件】栏。在装配体中选取两个或多个零部件，或在特征管理器设计树中选择零部件按钮，如图 8-3 所示。

> **注 意**
>
> 选择【干涉检查】命令后，系统默认选取整个装配体为需要检查的零件。如果只需要检查装配体中的几个列表，则可在【干涉检查】窗口的【所选零部件】栏的列表框中删除系统默认选取的装配体，然后选取需要检查的零部件。

03 设置参数。在图 8-4 所示的【选项】栏中勾选【使干涉零件透明】复选框，在图 8-5 所示的【非干涉零部件】栏中选择【使用当前项】单选按钮。

图 8-3 选择零部件

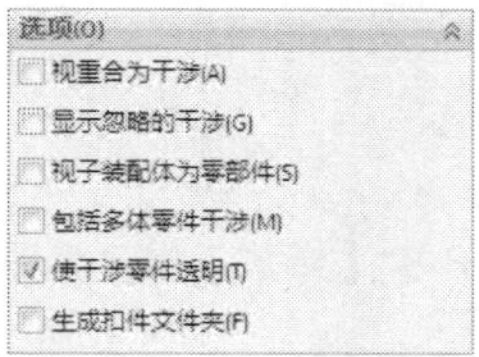

图 8-4 【选项】栏

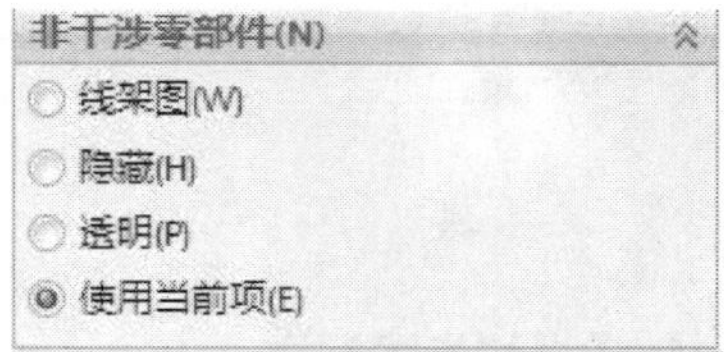

图 8-5 【非干涉零部件】栏

04 检查干涉结果。完成上步操作后，单击【干涉检查】窗口的【所选零部件】栏中的【计算】按钮，此时在【干涉检查】窗口的【结果】栏中显示检查的结果，如图 8-6 所示，同时图形区中发生干涉的面也会高亮显示，如图 8-7 所示。

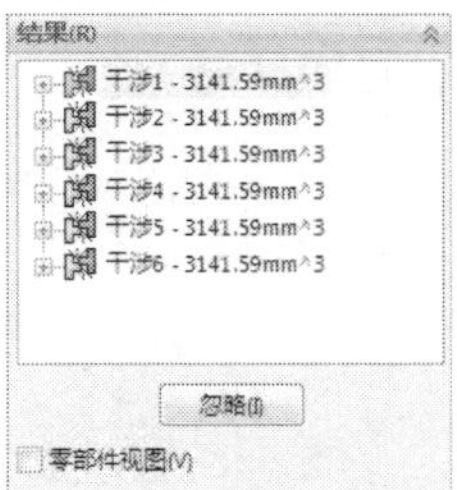

图 8-6 【结果】栏

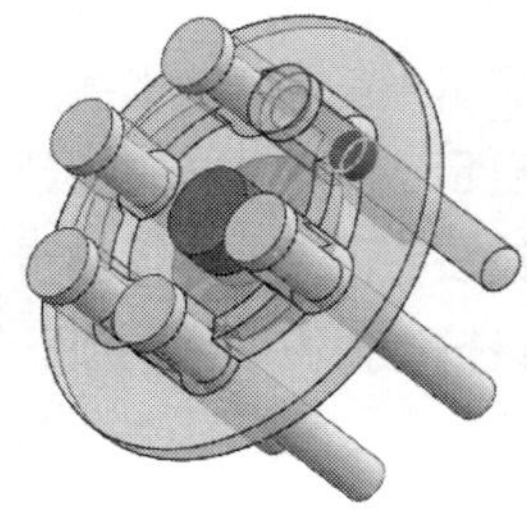

图 8-7 装配干涉分析

05 单击 ✖ 按钮，关闭属性管理器，同时图形区域中高亮显示的干涉也被解除。

8.3 爆炸视图

在 SolidWorks 2012 装配体中，使用爆炸视图工具和爆炸直线草图工具，可以将装配体中的零部件分离显示，便于形象地分析零部件之间的相互关系。装配体爆炸前，必须完全还原装配体中所包括的全部轻化零件；装配体爆炸后，不能再给装配体添加配合。

一个爆炸视图包括一个或多个爆炸步骤。每一个爆炸视图都保存在所生成的装配体配置中。每一个配置都可以有一个爆炸视图，并且可以解除或删除爆炸视图。

8.3.1 爆炸视图的属性设置

SolidWorks 2012 能够非常方便地生成装配体的爆炸视图。首先打开装配体文件，然后单击【装配体】工具栏中的【爆炸视图】按钮，或选择【插入】→【爆炸视图】命令，弹出【爆炸】属性管理器，生成爆炸步骤并设定选项，最后单击【确定】按钮，如图 8-8 所示。

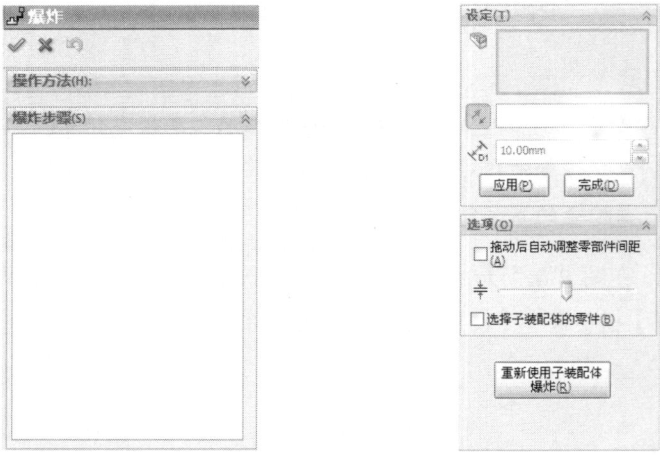

图 8-8 【爆炸】属性管理器

1.【爆炸步骤】栏

在【爆炸步骤】栏中，显示现有的爆炸步骤：爆炸步骤<n>。爆炸到单一位置的一个或多个所选零件，可以编辑步骤或删除步骤。

2.【设定】栏

- 爆炸步骤的零部件：显示当前爆炸步骤所选的零部件。
- 爆炸方向：显示当前爆炸步骤所选的方向（如有必要，可以反向）。
- 爆炸距离：显示当前爆炸步骤零部件移动的距离。
- 应用：单击该按钮以预览对爆炸步骤的更改。
- 完成：单击该按钮以完成新的或已经更改的爆炸步骤。

3.【选项】栏

- 拖动后自动调整零部件间距：沿轴心自动均匀地分布零部件组的距离。
- 调整零部件链之间的间距：调整【拖动后自动调整零部件间距】放置的零部件之间的距离。
- 选择子装配体的零件：勾选此复选框，可以选中子装配体的单个零部件。
- 重新使用子装配体爆炸：使用先前在所选子装配体中定义的爆炸步骤。

8.3.2 爆炸视图的操作步骤

下面以图 8-9 所示为例，说明生成爆炸视图的一般过程。

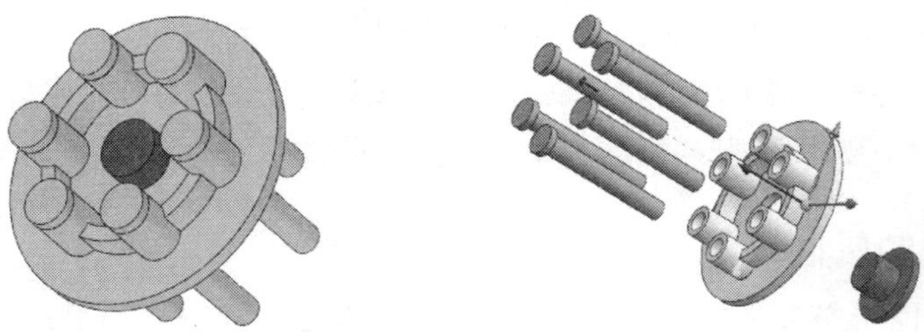

图 8-9 创建爆炸视图

01　打开“光盘\源文件\第 8 章\8.3\8.3.2\8.3.2 未完成.sldasm”文件，选择【爆炸视图】命令，弹出【爆炸】属性管理器。

02　创建爆炸步骤 1，如图 8-10 所示。

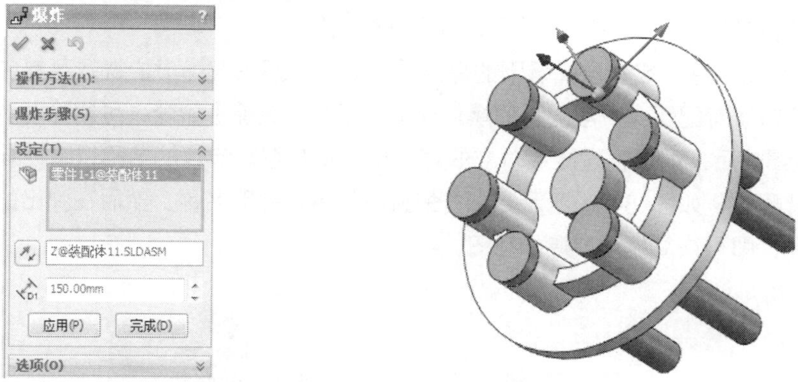

图 8-10　爆炸步骤 1

- 定义要爆炸零件，在图形区选择图 8-10 所示的零件。
- 确定爆炸方向。选取 Z 轴（蓝色箭头）为移动方向，在【爆炸】属性管理器的【设定】栏中单击【反向】按钮，使爆炸方向为 Z 轴的负方向。
- 定义移动距离，在【爆炸】属性管理器的【设定】栏的【爆炸距离】后输入 150。
- 存储爆炸步骤 1，在【爆炸】属性管理器的【设定】栏中单击【应用】按钮。
- 单击【完成】按钮，完成第一个零件的爆炸移动。

03　创建图 8-11 所示的爆炸步骤 2。操作方法参见步骤 2，爆炸零件如图 8-11 所示，爆炸方向为 Z 轴正向，爆炸距离为 230mm。

图 8-11　爆炸步骤 2

用户在建立爆炸视图的过程中，可以随时选择已完成的爆炸步骤进行修改。也可以在爆炸完成后，编辑【爆炸视图】特征或爆炸步骤重新修改或添加其他的爆炸步骤。

默认情况下，系统对子装配体作为一个独立的部件进行爆炸，但用户也可以在爆炸视图的属性管理器中勾选【选择子装配体的零件】复选框只爆炸某个单独的零件。

如果子装配体中已经建立了爆炸视图，则在装配体中可以使用子装配体中已经建立的爆炸位置。

8.3.3　爆炸视图的编辑

对于爆炸视图的编辑，在配置管理器中进行。

在配置管理器中，展开要编辑的爆炸视图的配置，右击爆炸视图，在弹出的快捷菜单中选择【编辑特征】命令，其操作步骤如下。

01 在含爆炸视图的装配体文件中，单击系统窗口上部的配置管理器标签，切换到配置管理器窗口，再单击各项目名称前的⊞符号，展开各个项目。

02 右击顶层名称，或右击配置下的爆炸视图名称，然后在弹出的快捷菜单中选择【解除爆炸】命令，可解除所有配置或对应配置的爆炸视图；选择【删除】命令，可删除对应的爆炸视图。

03 解除爆炸后，配置管理器中对应的爆炸视图及其爆炸步骤的名称以暗色显示，路形区域显示爆炸前的装配体，如图 8-12 所示。右击配置下的爆炸视图名称，然后在弹出的快捷菜单中选择【爆炸】命令，即可恢复显示该爆炸视图。

图 8-12　解除爆炸

04 动画解除爆炸和动画爆炸。若在步骤 2、3 中分别选择【动画解除爆炸】或【动画爆炸】命令，系统将以正常速度动画解除爆炸或动画爆炸装配体，同时系统弹出【动画播放器】工具栏，包含开始、倒回、播放、快进、结束、暂停、停止、保存为 AVI、正常、反复、往复、慢速播放、快速播放、停止动画并关闭工具栏等按钮。用户可以根据需要选择动画解除爆炸或动画爆炸装配体。

★ 课堂实训：创建直线爆炸草图

在 SolidWorks 2012 中，可以很方便地在爆炸视图中绘制零件的爆炸直线草图。当爆炸图用于工程图或说明书的图片时，可以很清楚地显示零件的爆炸方向或装配位置。

爆炸直线草图是爆炸状态下的 3D 草图，只有在装配体的爆炸状态下，用户才可以查看爆炸直线草图。

在 3D 草图打开时，用户可以利用【爆炸草图】工具栏中的【步路线】工具绘制连接零件实体之间的爆炸线。

现在以图 8-13 所示的模型为例，说明生成爆炸视图的一般过程。

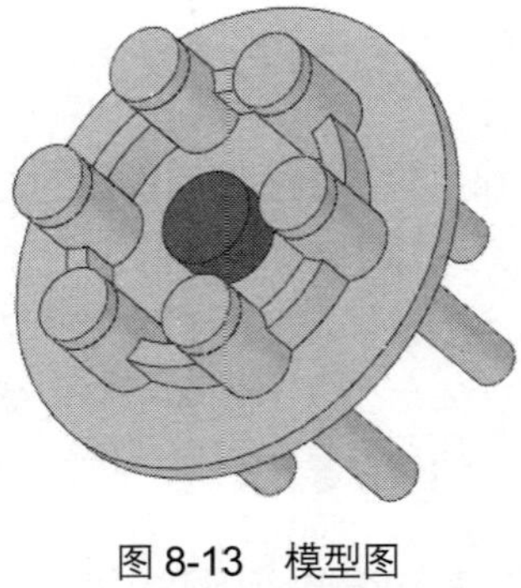

图 8-13　模型图

01 打开“光盘\源文件\第 8 章\8.3\8.3.4\7.8.3.4 未完成.sldasm”文件。单击【装配体】工具栏中的【爆炸直线草图】按钮，弹出【步路线】属性管理器。

02 设置以下选项。

（1）【要连接的项目】

在装配体的爆炸视图中选择要与管路线连接的面、圆形边线、直边线或平面，作为爆炸视图直线所要连接的项目，在【要连接的项目】栏中将列出其名称，如图 8-14 所示。

（2）【选项】栏

- 反转：勾选该复选框，将反转管路线的方向，在图形区域中可以预览箭头显示线的方向。
- 交替路径：勾选该复选框，将为管路显示另一个可能的路径，如图 8-15 所示。

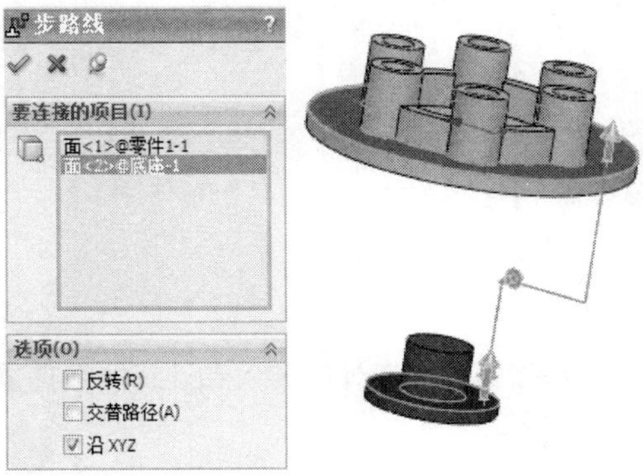

图 8-14　选择连接的项目并预览箭头显示线方向

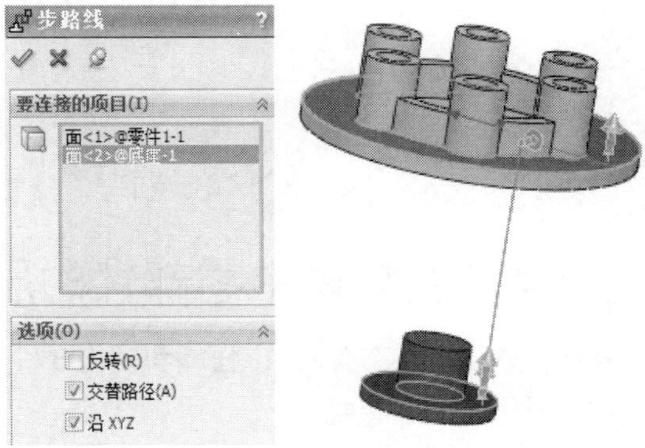

图 8-15　显示可能的另外路径

- 沿 XYZ：勾选此复选框，可选择与 X、Y 及 Z 轴平行的路径。取消勾选此复选框，将使用最短的路径。

03 在图形区域中，移动鼠标指针到步路线上，出现图 8-16 所示的箭头后，可以拖动管路线使之重新定位。

04 单击【确定】按钮，生成步路线。

05 根据需要，使用【爆炸草图】工具栏中的【步路线】按钮和【转折线】按钮添加爆炸直线。如果需要，可使用 3D 草图绘制工具添加额外的线条，所有线条以幻影线显示。

06 单击图形区域右上角的按钮关闭草图，草图出现在配置管理器的 ExplView<n>之下。添加爆炸草图直线后的爆炸视图如图 8-17 所示。

图 8-16　拖动步路线使之重新定位

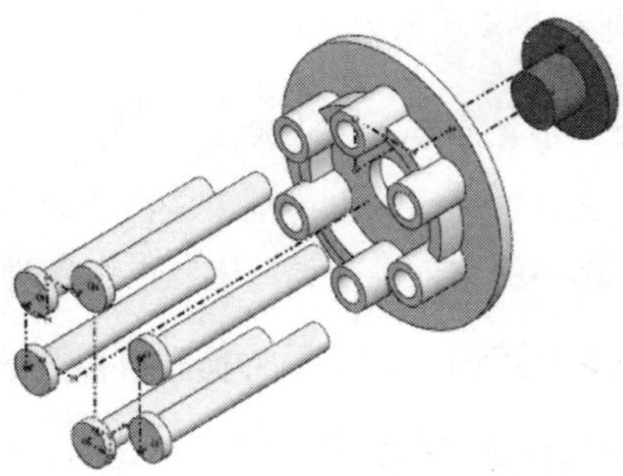
图 8-17　添加爆炸直线草图后的爆炸视图

07 单击配置管理器标签，切换到配置管理器窗口。可以看到在【爆炸视图 1】下直接添加了草图名称【3D 爆炸 1】，如图 8-18 所示。

08 右击草图名称【3D 爆炸 1】，在弹出的快捷菜单中选择【编辑草图】命令，可以编辑该草图，或添加更多的爆炸直线；选择【隐藏草图】命令，可以隐藏显示的爆炸直线。保存文件。

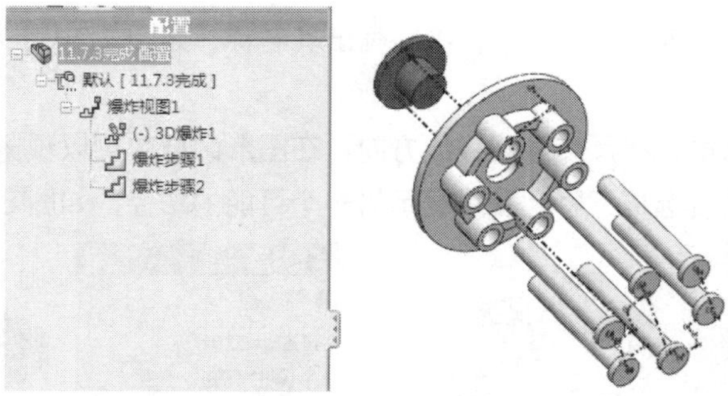

图 8-18　增加了直线草图【3D 爆炸 1】的装配体

8.4　复杂装配体中零部件的压缩状态

零部件的压缩状态有还原、压缩和轻化 3 种。零部件压缩可以减少工作时装入和计算的数据量，装配体的显示和重建会更快。

8.4.1　压缩状态的种类

1．还原

完全还原点的零部件会被完全装入内存，可以使用所有功能并可以完全访问。

2．轻化

轻化状态的零部件只有部分模型数据装入内存，其余的模型数据根据需要装入。轻化状态与还原状态相比，计算数据的效率更高，可以明显提高大型装配体的性能。

3．压缩

压缩状态在图形区域将隐藏所压缩的零部件，也无法选取其实体，压缩的零部件不装入内存，不再是装配体中有功能的部分。这样可以更有效地使用系统资源，减少工作时装入和计算的数据量，装配体的显示和重建会更快。

8.4.2　生成压缩状态的操作步骤

01　在属性管理器设计树中右击所需的零部件，在弹出的快捷菜单中选择【压缩】命令。

02　选中的零部件变为压缩状态，属性管理器设计树中对应的图标变为灰色。

★　课堂实训：创建手柄轴组件装配

手柄轴组件在许多设备上都可以见到，根据功用不同，其结构特征及包含的零部件也各不相同。本节将以一个组成简单的手柄轴组件为例，介绍相关的零部件装配命令。

1．设计分析

手柄轴组件的装配体模型如图 8-19 所示。分析其构成及结构特点，在装配过程中用到的配合方法主要有【平行配合】、【重合配合】及【同轴心配合】。此外，为了使零件的配合操作过程易于进行，在进行配合操作前，要利用【移动零部件】和【旋转零部件】命令对零部件进行粗略定位。

2．操作步骤

（1）创建圆柱模型

利用 SolidWorks 2012 装配手柄轴组件之前，要创建相应的零部件模型，首先是圆柱模型的创建，具体的操作步骤如下。

01 圆柱模型如图 8-20 所示。单击【常用】工具栏中的【新建】按钮，弹出【新建 SolidWorks 文件】对话框，单击【零件】按钮，再单击【确定】按钮，新建一个零件文件，将其保存为【圆柱.sldprt】。单击【草图】工具栏中的【草图绘制】按钮，选择前视基准面，进入草图绘制状态。绘制一个半径为 50 的圆，并将其拉伸为长度为 250 的圆柱体，结果如图 8-21 所示。

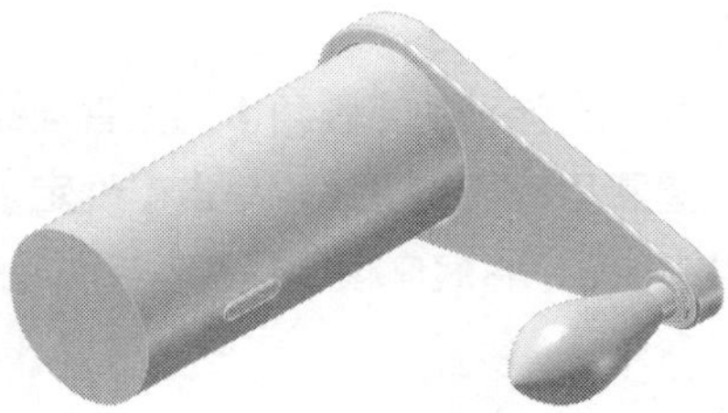

图 8-19　手柄轴组件

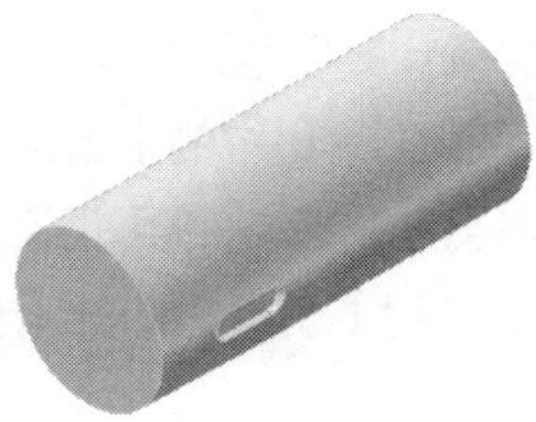

图 8-20　圆柱模型

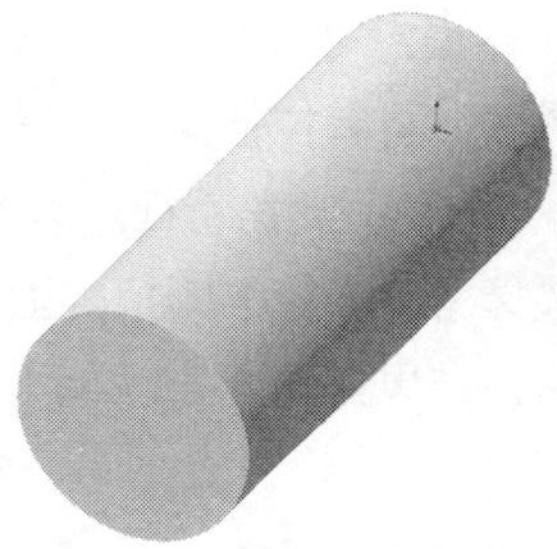

图 8-21　拉伸特征

02 设置基准面。选中右视基准面，选择【插入】→【参考几何体】→【基准面】命令，设置基准面 1，使其与右视基准面之间的距离为 45，如图 8-22 所示。

03 绘制键槽。选中基准面 1，单击【草图】工具栏中的【草图绘制】按钮，在基准面 1 上绘制草图并标注尺寸，结果如图 8-23 所示。

04 拉伸切除。单击【特征】工具栏中的【拉伸切除】按钮，对绘制的草图进行拉伸切除操作，在圆柱体上形成键槽。隐藏基准面 1 和原点后，得到圆柱体模型，如图 8-24 所示。单击【常用】工具栏中的【保存】按钮，将结果保存。

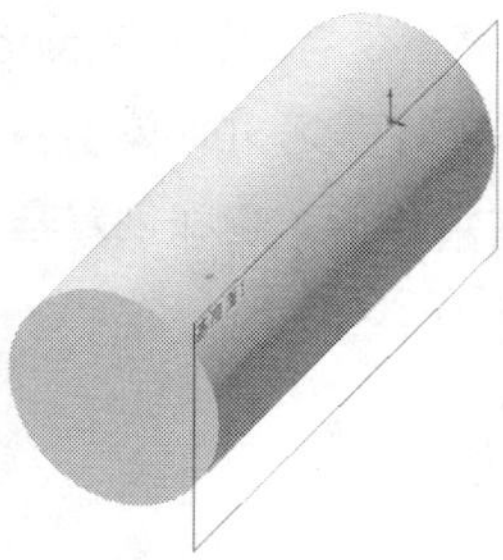

图 8-22　设置基准面 1

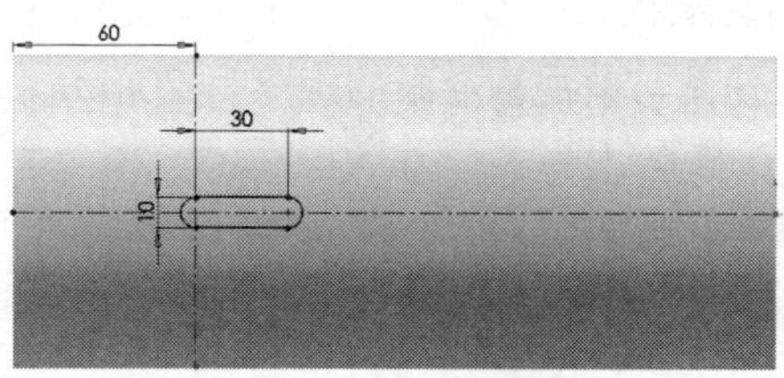

图 8-23　在基准面 1 上绘制草图并标注尺寸

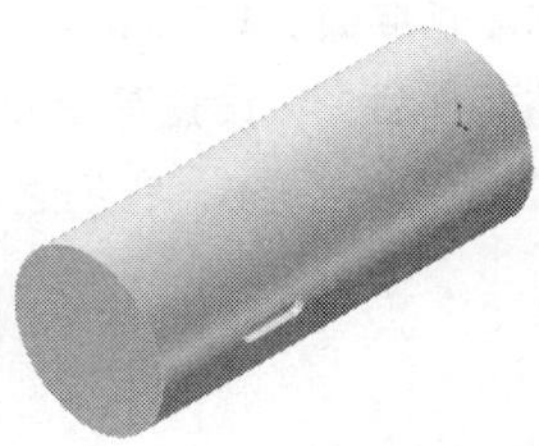

图 8-24　完成后的圆柱模型

（2）创建底座模型

下面创建装配体中的主要零件之一——底座模型，具体的操作步骤如下。

01 底座模型如图 8-25 所示。单击【常用】工具栏中的【新建】按钮，弹出【新建 SolidWorks 文件】对话框，单击【零件】按钮，再单击【确定】按钮，新建一个零件文件，将其保存为【底座.sldprt】。单击【草图】工具栏中的【草图绘制】按钮，选择前视基准面，进入草图绘制状态。利用相关草图绘制命令绘制草图，并标注尺寸，结果如图 8-26 所示。

图 8-25　底座模型

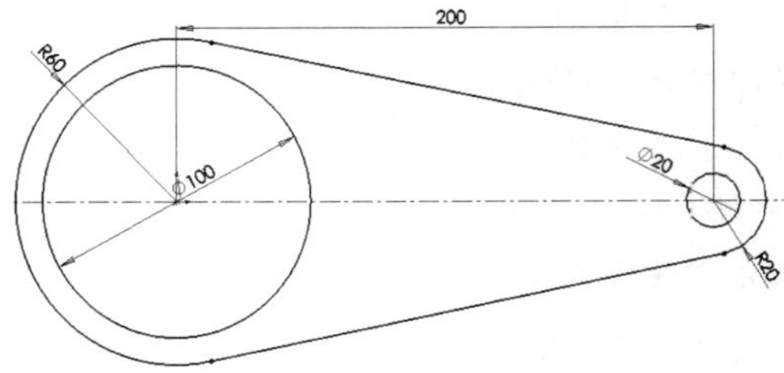

图 8-26　底座草图

02 拉伸特征。单击【特征】工具栏中的【拉伸凸台/基体】按钮，对绘制的草图进行拉伸操作，将其拉伸为一个深度为 20mm 的模型，如图 8-27 所示。

03 圆角特征。单击【特征】工具栏中的【圆角】按钮，在弹出的【圆角】属性管理器中选择【等半径】圆角类型，将半径设为 2，在绘图区选中要创建圆角特征的边线，单击【确定】按钮，结果如图 8-28 所示。单击【常用】工具栏中的【保存】按钮，将底座模型保存。

图 8-27　拉伸特征

图 8-28　完成后的底座模型

（3）创建把手模型

把手也是手柄轴组件的关键零件之一，其结构相对比较复杂，具体的操作步骤如下。

01 把手模型如图 8-29 所示。单击【常用】工具栏中的【新建】按钮，弹出【新建 SolidWorks 文件】对话框，单击【零件】按钮，再单击【确定】按钮，新建一个零件文件，将其保存为【把手.sldprt】。创建基准面。将视图调整为等轴测状态，选中前视基准面，选择【插入】→【参考几何体】→【基准面】命令，设置基准面 1，使其与前视基准面的距离为 20mm。重复上述操作，依次创建基准面 2、3、4、5、6，它们之间的间距依次为 5、10、30、40、30，结果如图 8-30 所示。

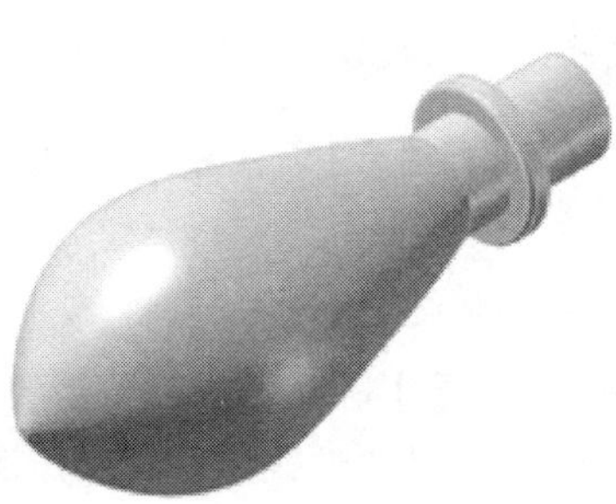

图 8-29　把手模型

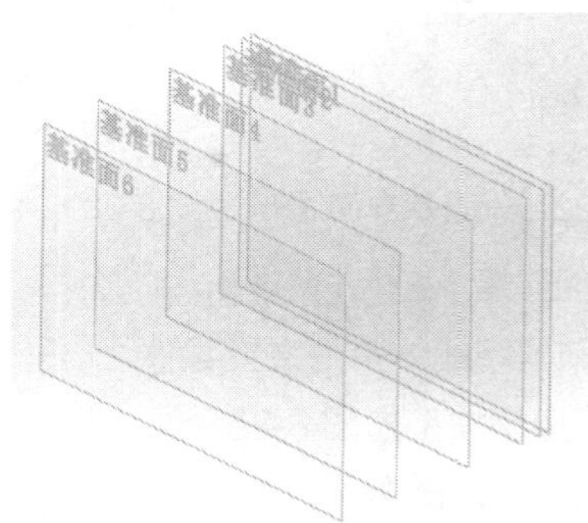

图 8-30　创建基准面

02　绘制草图。在前视基准面上以原点为圆心绘制一个半径为 10 的圆。单击【特征】工具栏中的【拉伸凸台/基体】按钮，将其拉伸为一个深度为 20 的圆柱体，如图 8-31 所示。

03　在基准面 1 上以原点为圆心绘制一个半径为 15 的圆。单击【特征】工具栏中的【拉伸凸台/基体】按钮，将其拉伸为一个深度 5 的圆柱体，结果如图 8-32 所示。

04　在基准面 2 上以原点为圆心绘制一个半径为 10 的圆。单击【特征】工具栏中的【拉伸凸台/基体】按钮，将其拉伸为一个深度为 10 的圆柱体，结果如图 8-33 所示。

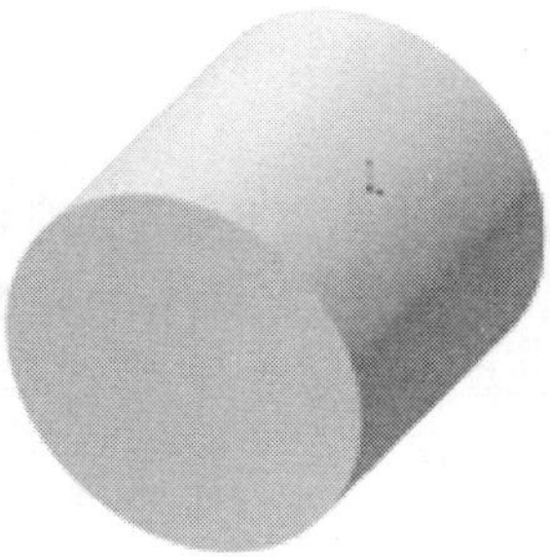

图 8-31　在前视基准面上拉伸圆柱体

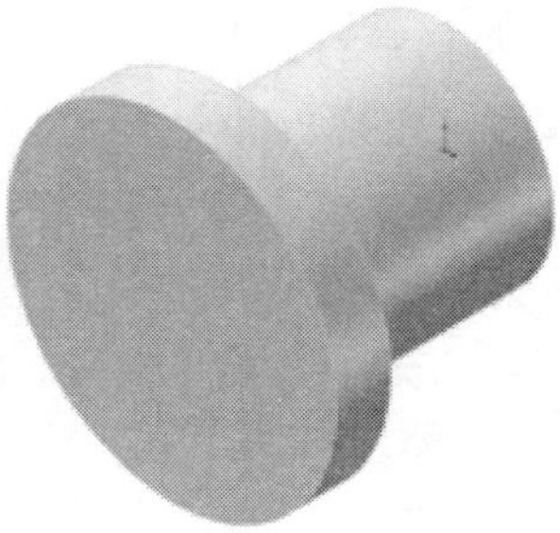

图 8-32　在基准面 1 上拉伸圆柱体

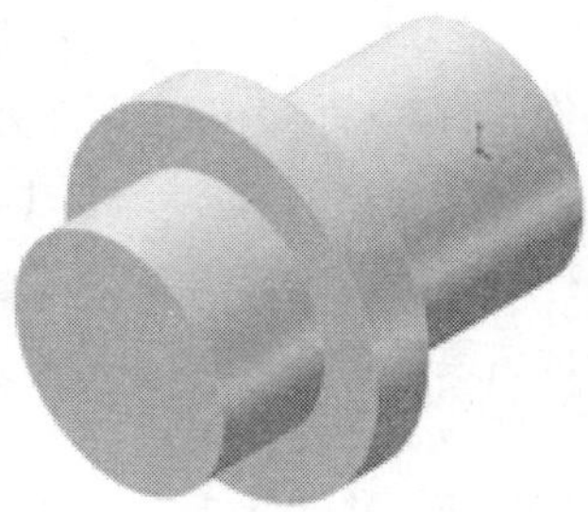

图 8-33　在基准面 2 上拉伸圆柱体

05　绘制系列圆。在基准面 3、4、5、6 上依次以原点为圆心绘制圆，半径分别为 10、20、25、1，结果如图 8-34 所示。

06　放样凸台/基体。单击【草图】工具栏中的【草图绘制】按钮，退出草图绘制状态。单击【特征】工具栏中的【放样凸台/基体】按钮，依次选择绘制的圆为放样轮廓，进行放样操作，结果如图 8-35 所示。

07　圆角特征。单击【特征】工具栏中的【圆角】按钮，在弹出的【圆角】属性管理器中选择【等半径】圆角类型，将半径设为 1，在绘图区选中要创建圆角特征的边线，单击【确定】按钮，结果如图 8-36 所示。单击【常用】工具栏中的【保存】按钮，将把手模型保存。

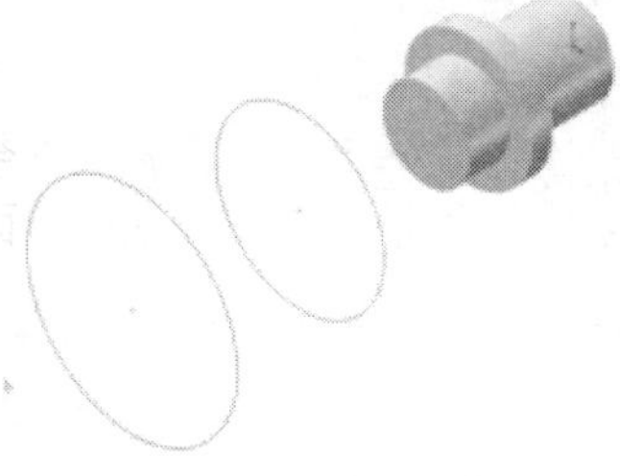

图 8-34　绘制系列圆

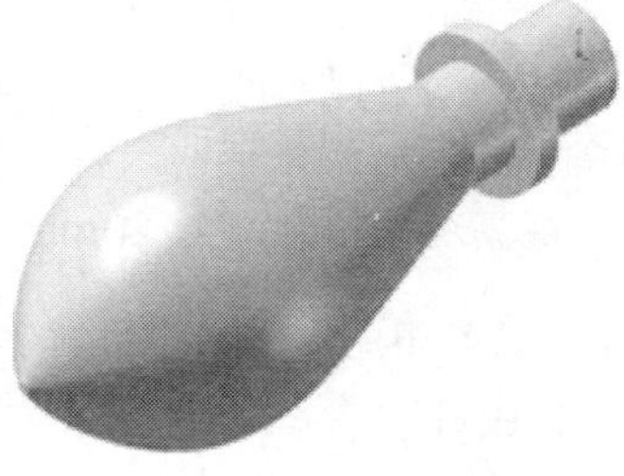

图 8-35　放样特征

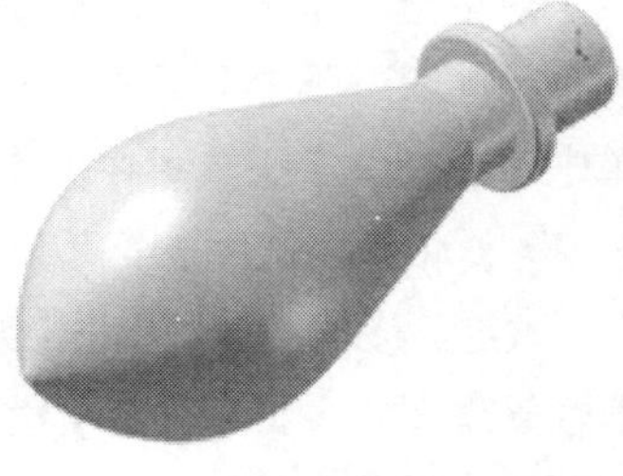

图 8-36　完成后的把手模型

（4）创建平键模型

平键是手柄轴组件中一个起到连接作用的小零件，结构相对简单，具体的操作步骤如下。

01　平键模型如图 8-37 所示。单击【常用】工具栏中的【新建】按钮，弹出【新建 SolidWorks 文件】对话框，单击【零件】按钮，再单击【确定】按钮，新建一个零件文件，将其保存为【平键.sldprt】。单击【草图】工具栏中的【草图绘制】按钮，选中前视基准面，进入草图绘制状态。利用相关草图绘制命令，绘制草图并标注尺寸，结果如图 8-38 所示。

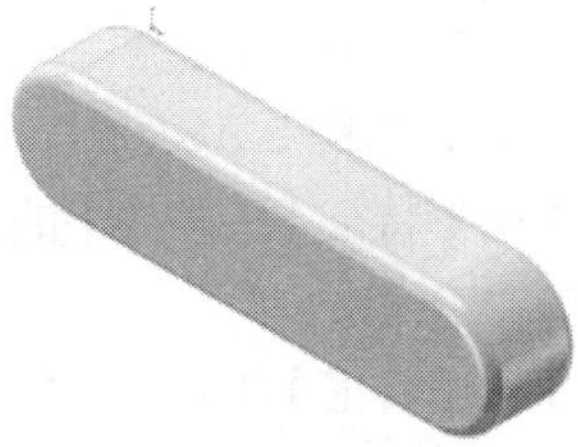

图 8-37 平键模型

图 8-38 绘制草图并标注尺寸

02 拉伸特征。单击【特征】工具栏中的【拉伸凸台/基体】按钮，对绘制的草图进行拉伸操作，将其拉伸为一个深度为 7 的模型，如图 8-39 所示。

03 圆角特征。单击【特征】工具栏中的【圆角】按钮，在弹出的【圆角】属性管理器中选择【等半径】圆角类型，将半径设为 1，在绘图区选中要创建圆角特征的边线，单击【确定】按钮，结果如图 8-40 所示。单击【常用】工具栏中的【保存】按钮，将平键模型保存。

图 8-39 拉伸特征

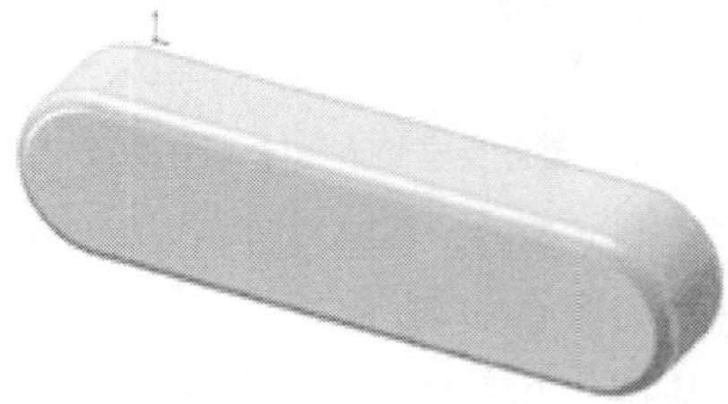

图 8-40 完成后的平键模型

（5）移动和转动零部件

进行手柄轴组件装配之前，先将零部件一一插入，然后调整浮动零件的位置，使装配过程容易进行。具体的操作步骤如下。

01 新建装配体文件。单击【常用】工具栏中的【新建】按钮，弹出【新建 SolidWorks 文件】对话框，单击【装配体】按钮，然后单击【确定】按钮，进入零件装配窗口。单击【开始装配体】属性管理器中【要插入的零件/装配体】栏的【浏览】按钮，弹出【打开】对话框，将底座插入。单击【装配体】工具栏中的【插入零部件】按钮下面的下移方向键，然后单击【插入零部件】按钮，依次将圆柱、把手及平键插入零件装配窗口，如图 8-41 所示。

02 移动平键。单击【装配体】工具栏中的【移动零部件】按钮，在弹出的【移动零部件】属性管理器中，将【移动】栏选择为【自由拖动】，其他选择系统默认设置。将鼠标指针放在零件装配窗口中要移动的零件上，单击并按住不放，拖动鼠标，零件也随之移动。将零件拖动到合适位置，释放鼠标左键，确定零件位置。重复以上步骤，将平键移动到图 8-42 所示的位置。

03 单击【装配体】工具栏中的【移动零部件】按钮下面的下移方向键，然后单击【旋转零部件】按钮，弹出【旋转零部件】属性管理器。在【旋转】栏中选择【自由拖动】，其他选择系统默认设置。在零件装配窗口的平键上单击并按住不放，拖动鼠标，零件随之转动。将零件转动到合适位置，释放鼠标左键，结果如图 8-43 所示。

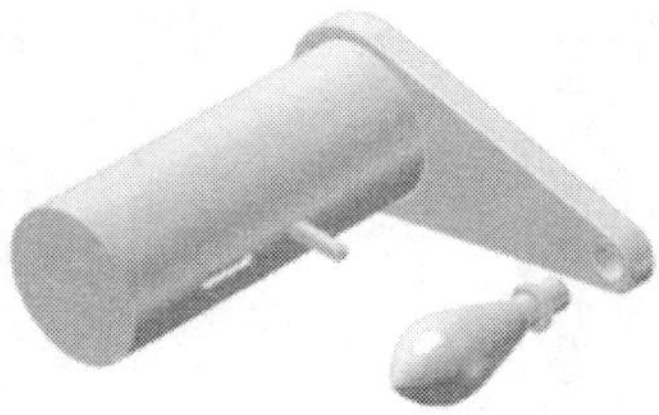

图 8-41　插入零件

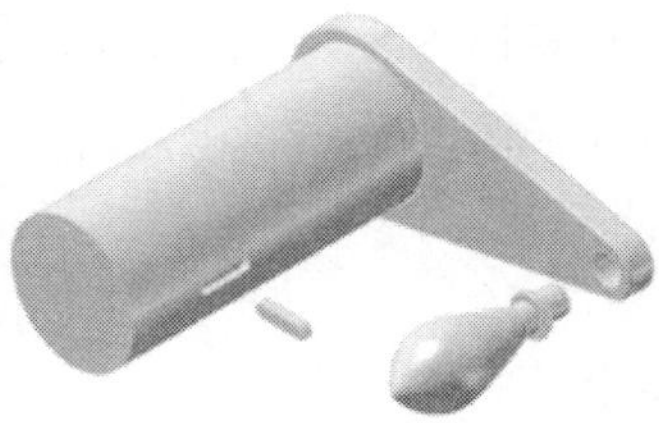

图 8-42　平移平键

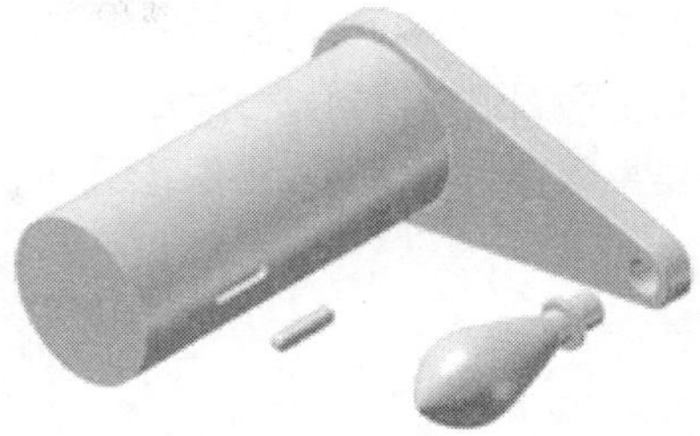

图 8-43　旋转平键

（6）使用【平行配合】命令装配平键和键槽

对平键和键槽之间进行平行配合，具体的操作步骤如下。

01 将零部件移动、旋转到合适位置后，单击【装配体】工具栏中的【配合】按钮，弹出【配合】属性管理器。将【标准配合】栏选择为【平行】类型。将【要配合的实体】栏激活，选择零件装配窗口中平键底面与圆柱上的键槽底面，此时【配合】属性管理器变为【平行】属性管理器。其他设置如图 8-44 所示。

02 此时，在零件装配窗口中显示平键底面与圆柱上的键槽底面平行配合后的预览。单击【平行】属性管理器中的【确定】按钮,完成平键底面与圆柱上的键槽底面平行配合关系的设置,【平行】属性管理器恢复为【配合】属性管理器，结果如图 8-45 所示。

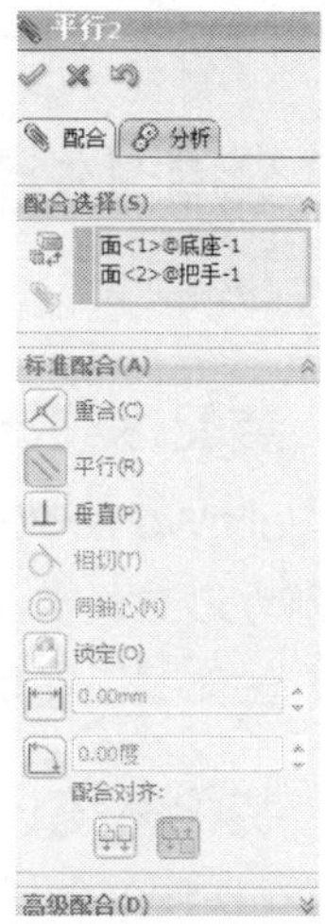

图 8-44 【平行】属性管理器

（7）使用【重合配合】和【同轴心配合】命令装配其他零部件

利用重合配合和同轴心配合，依次将圆柱、把手以及平键与底座之间进行配合。具体的操作步骤如下。

01 零部件的重合配合。在【配合】属性管理器的【标准配合】栏中选择【重合】类型。将【要配合的实体】栏激活，选择零件装配窗口中的平键侧面和与之相对的键槽侧面，此时【配合】属性管理器变为【重合配合】属性管理器。其他设置选择系统默认状态，单击【重合配合】属性管理器中的【确定】按钮，完成重合配合。重复以上步骤，完成圆柱底面与底座底面、把手凸缘端面与底座上表面的重合配合，结果如图 8-46 所示。

图 8-45　平键底面与键槽底面的平行配合

图 8-46　重合配合

02 零部件的同轴心配合。在【配合】属性管理器中选择【同轴心】类型，将【要配合的实体】栏激活，选择圆柱端面圆和与之相对的底座大孔轮廓圆，完成同轴心配合。重复以上操作，完成把手端面圆和与之相对的底座小孔轮廓圆的同轴心配合，结果如图 8-47 所示。

03 平键的重合配合和同轴心配合。在【配合】属性管理器中依次选择【重合】和【同轴心】

类型。对平键的端面和与之相对应的键槽端面进行重合配合，对平键的侧面圆弧和与之相对应的键槽侧面圆弧进行同轴心配合，结果如图 8-48 所示。单击【常用】工具栏中的【保存】按钮，将结果保存为【手柄轴组件装配.sldasm】文件。

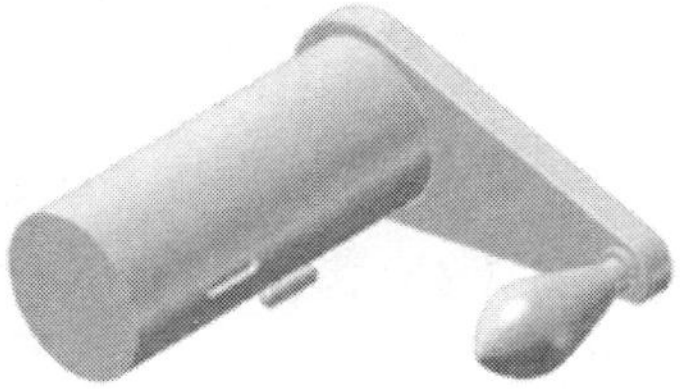

图 8-47　同轴心配合

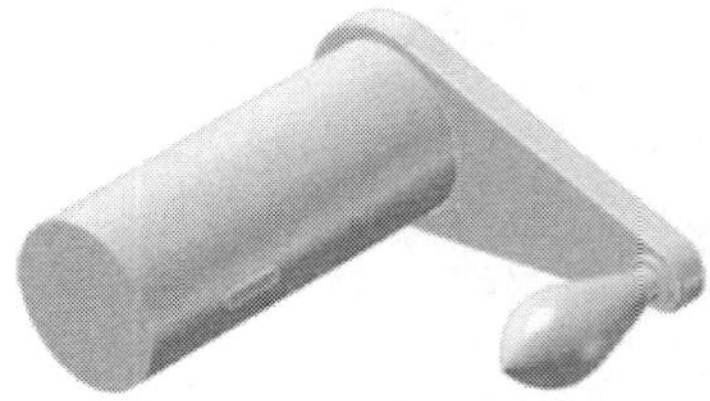

图 8-48　手柄轴组件

8.5　装配体统计

装配体统计可以在装配体中生成零部件和配合报告。

8.5.1　装配体统计的信息

在 SolidWorks 2012 装配体中，应用【装配报表】命令可以报出装配体文件的有关统计资料，包括零部件总数、零件数、不同零件数、子装配体数量、不同装配体数量、还原零部件数、压缩零部件数、轻化零部件数、顶层配合数量、顶层零部件数量、装配体层次关系的最大深度等。

8.5.2　装配体统计的操作步骤

01　选择【工具】→AssemblyXpert 命令，弹出图 8-49 所示的【装配报表】对话框。

02　单击【确定】按钮，关闭【装配报表】对话框。

★ 课堂实训：创建液压夹具

下面介绍如何创建液压夹具。

1. 设计分析

液压夹具的模型如图 8-50 所示，它由活塞、底座、缸体、连接杆、轴等零件组成，现在通过组装液压夹具来进一步熟练掌握装配的常用操作。

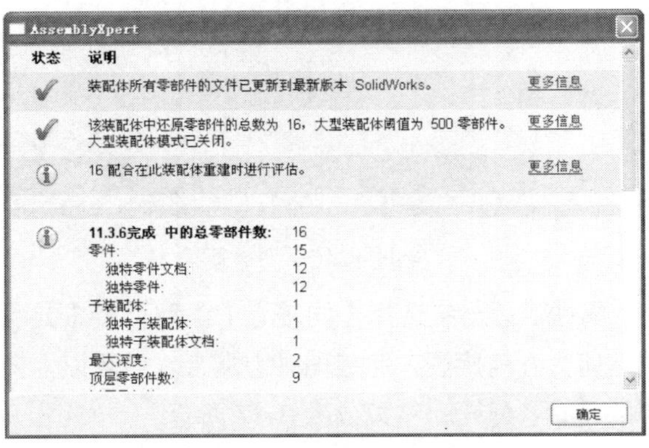

图 8-49 【装配报表】对话框

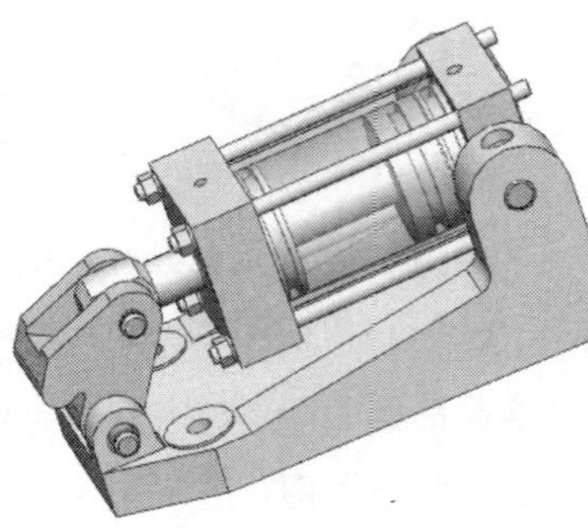

图 8-50　液压夹具

2. 操作步骤

（1）新建【缸体子装配体】

01　选择【新建】→【装配体】命令，在【插入零部件】属性管理器中单击【浏览】按钮，弹出【打开】对话框，浏览至【液压夹具】文件夹，然后依次选择零件【左缸体】、【右缸体】、【管壁】、【连接杆】。

02　添加配合关系。单击【装配体】工具栏中的【配合】按钮，或者选择【工具】→【零部件】→【配合】命令，将弹出【配合】属性管理器。

03　分别选择图 8-51 所示的同心和重合配合，即可完成管壁和右缸体的配合。

图 8-51　选择配合 1

04　按照步骤 3 的方法选择图 8-52（a）所示的管壁和左缸体的配合，以及图 8-52（b）所示的连接杆和左、右缸体的配合。

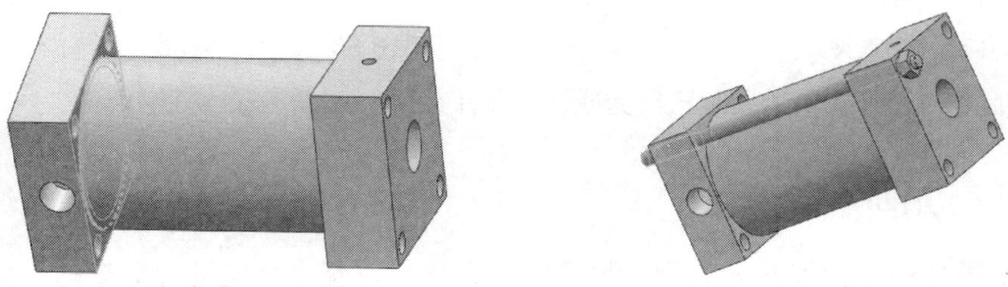

（a）管壁和左缸体的配合　　（b）连接杆和缸体的配合

图 8-52　选择配合 2

05　随配合复制连接杆零件，完成图 8-53 所示的配合，将其保存为【缸体子装配体】。

图 8-53　随配合复制连接杆

（2）新建【液压夹具】装配体

01　选择【新建】→【装配体】命令，在【插入零部件】属性管理器中单击【浏览】按钮，弹出【打开】对话框，浏览至【液压夹具】文件夹，选择零件【底座】，然后再次插入零部件，选择【文件类型】为【装配体】，并选择子装配体【缸体子装配体】。

02 添加配合。为底座和缸体子配体添加图 8-54 所示的同心和重合配合。

图 8-54 选择配合 3

03 插入零件【夹具头】和【轴 1】，添加图 8-55 所示的配合。

04 插入零件【主轴】、【轴 2】、【活塞】、【螺母】、【垫片】，添加图 8-56 所示的配合。

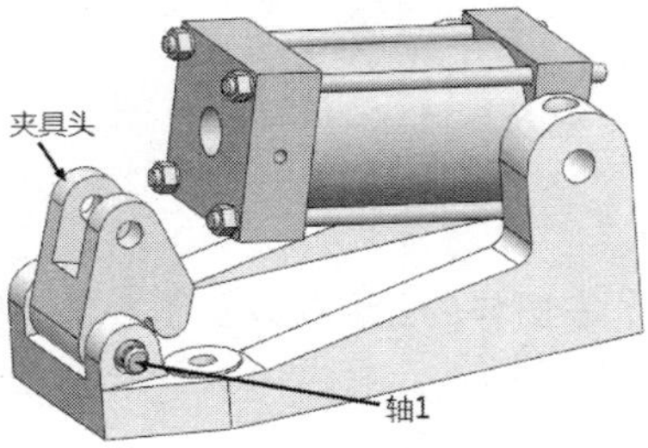

图 8-55 插入夹具头和轴 1

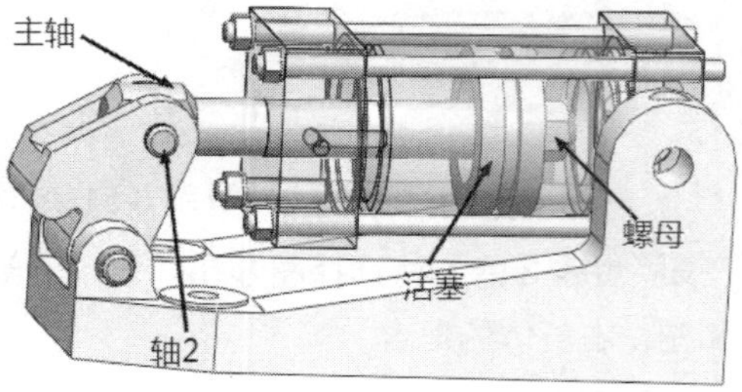

图 8-56 插入主轴和活塞

05 至此整个液压夹具的装配已经完成，将其保存。

8.6 制作动画

在完成了零件的设计和装配之后，很多时候还需要对整个结构进行动态的模拟和仿真。SolidWorks 2012 利用运动算例来制作产品的演示动画，方便用户更好地交流设计思想和展示产品功能。通过录制产品设计的模拟装配过程、拆卸过程和运行过程，将设计者的意图更好地传递给客户。

8.6.1 运动算例基础介绍

SolidWorks 运动算例使用基于键码画面的界面，应用程序先决定装配体在各个时间点的外观，然后计算从一个位置移动到下一个位置的顺序。基于键码画面的动画使用以下基本的用户界面元素。

- 键码画面：与装配体零部件运动对应的实体。
- 键码点：与装配体零部件对应的实体。
- 时间线：显示时间和动画时间类型的区域。
- 时间栏：沿时间线定位的实体，指示在动画中查看或编辑的时间。
- 更改栏：连接键码点的水平实体，在生成动画时添加。

SolidWorks 运动算例基于时间栏的位置定位相应的键码点，并解出所需动画，从而使零部件到达指定位置。

8.6.2　旋转动画

旋转动画无须额外准备，只要通过动画向导就可以生成。

01　打开“光盘\源文件\第 8 章\8.6\8.6.2\8.6.2 未完成.sldasm”文件。单击绘图区左下方的【运动算例】选项卡，出现【运动算例】的时间栏和工具栏，如图 8-57 所示。

图 8-57　运动算例的时间栏和工具栏

02　单击【动画向导】按钮，弹出【选择动画类型】对话框，如图 8-58 所示。

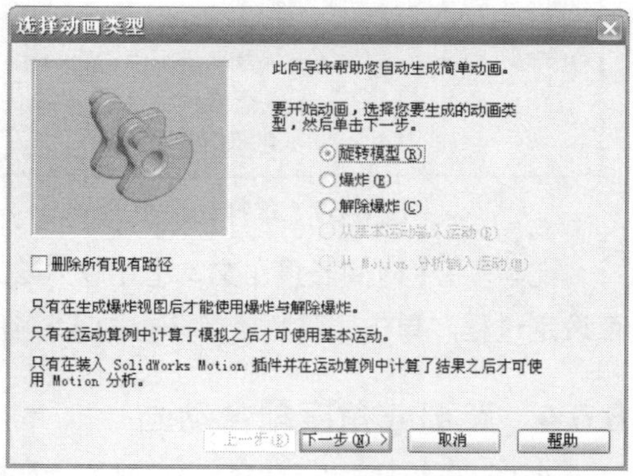

图 8-58　选择动画类型

03　选择【旋转模型】单选按钮，单击【下一步】按钮，弹出【选择一旋转轴】对话框，如图 8-59 所示。

04　选择【X-轴】单选按钮，旋转次数设置为 2，选择【顺时针】单选按钮，如图 8-59 所示，单击【下一步】按钮，弹出【动画控制选项】对话框，如图 8-60 所示。

05　在【时间长度】文本框中输入 20，【开始时间】文本框中输入 0，单击【完成】按钮，结束设定过程。单击工具栏上的【播放】按钮▶，观看旋转动画效果。

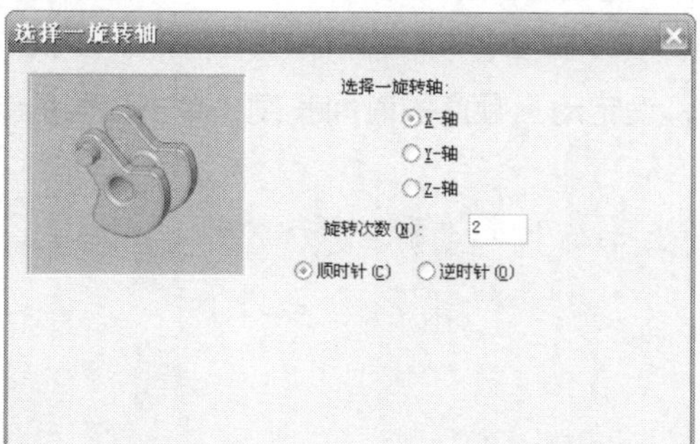

图 8-59　选择旋转轴

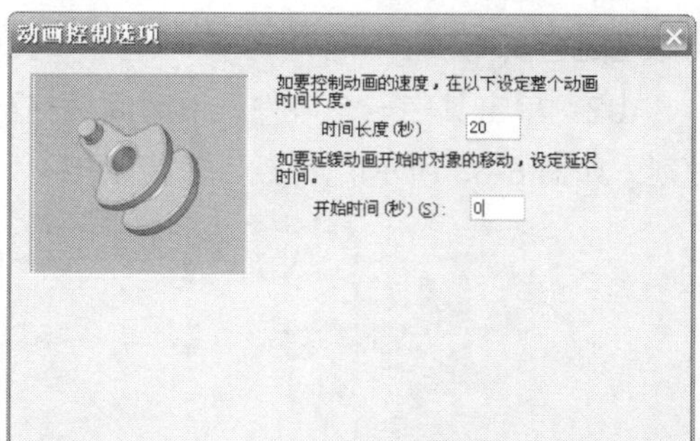

图 8-60　动画控制选项

8.6.3　装配体爆炸动画

装配体爆炸动画是将装配体的爆炸视图步骤按照时间先后次序转换成动画形式。

01 打开“光盘\源文件\第 8 章\8.6\8.6.2\8.6.2 未完成.sldasm”文件。单击工具栏上的【新建运动算例】按钮，出现【运动算例】的时间栏和工具栏，同时标签栏中显示【运动算例 2】，切换到【运动算例 2】选项卡。

02 单击【动画向导】按钮，弹出【选择动画类型】对话框，如图 8-61 所示。

03 选择【爆炸】单选按钮，单击【下一步】按钮，弹出【动画控制选项】对话框，如图 8-62 所示。

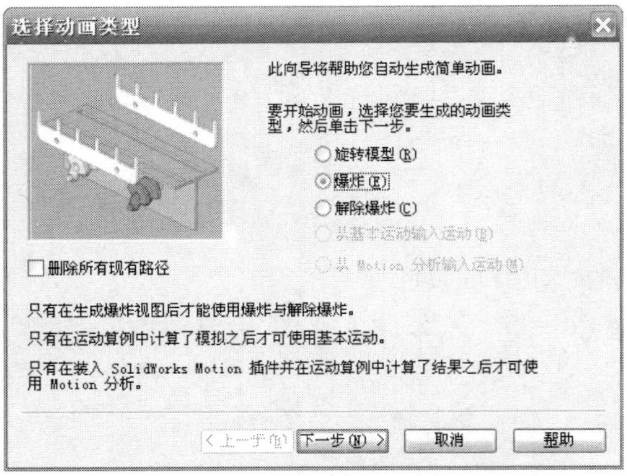

图 8-61 选择动画类型

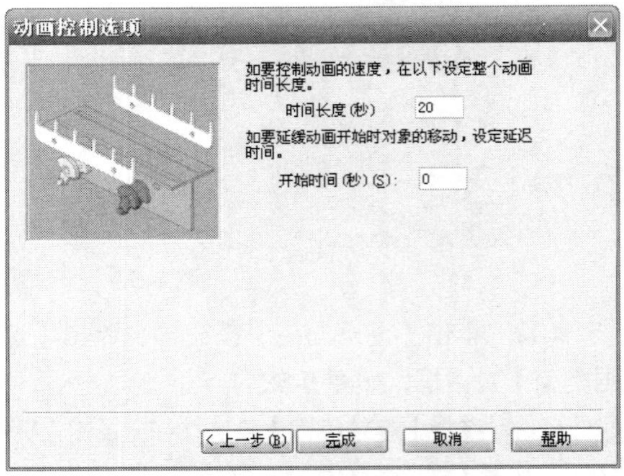

图 8-62 动画控制选项

04 在【时间长度】文本框中输入 20，【开始时间】文本框中输入 0，单击【完成】按钮，结束设定过程。单击工具栏上的【播放】按钮，观看装配体爆炸动画效果。

8.6.4 距离或角度配合动画

在 SolidWorks 中可以添加限制运动的配合，这些配合也影响到 SolidWorks 中运动算例的移动。距离和角度这两个配合的值可以在动画中更改，从而影响动画方式。

01 打开“光盘\源文件\第 8 章\8.6\8.6.4\8.6.4 未完成.sldasm”文件，该文件中应该有距离或角度配合。

02 单击其中一个零件，沿时间线拖至时间栏，设定动画顺序的时间长度，单击动画的最后时刻，如图 8-63 所示。

图 8-63 动画控制选项

03 改变图中两个球之间的距离，单击【动画播放】按钮。当动画刚开始时，两个球的距离为 20mm，动画结束时变为 40mm，如图 8-64 所示。

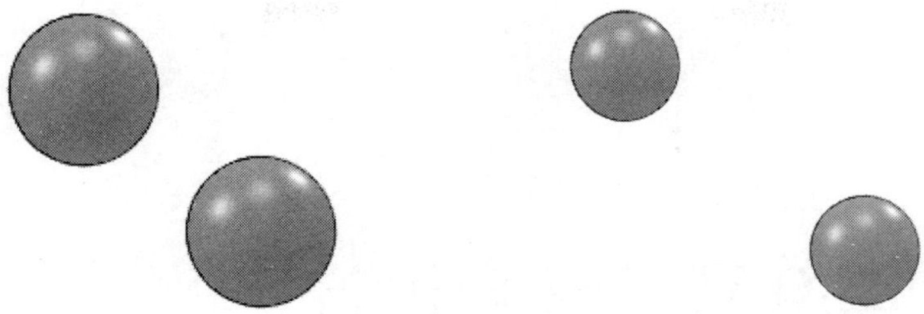

图 8-64　动画效果

04　在【时间长度】文本框中输入 20,【开始时间】文本框中输入 0，单击【完成】按钮，结束设定过程。单击工具栏上的【播放】按钮 ▶，观看距离或角度配合动画效果。

8.7　本章小结

装配体设计是 SolidWorks 软件一项非常重要的功能。本章介绍了装配体设计的基本知识以及动画的制作方法，主要是一些基础的操作，并结合实例讲解了具体的使用方法，希望读者能够认真地领会和掌握。

SolidWorks 第 9 章　钣金设计

在模具成型中，除了常见的塑胶模具外，钣金模具也较为常用。由于钣金在很多场合有着塑胶无法取代的地位，因而在小型的电子产品中经常会用到钣金零件。掌握钣金零件的设计方法是设计工程师必须掌握的知识。

9.1　钣金知识概述

钣金是工业中常用的一种零件，如轿车主体都是由钣金零件构成的。创建钣金前需了解创建钣金的基本方法、流程与相应的钣金折弯系数等。

1. 创建钣金的形式

- 将实体转换到钣金：该形式的钣金需要先创建一个实体特征，并通过抽壳将其转换成薄壁的形式，然后在实体中切出所需的口，再利用钣金其他工具将其转换成钣金零件。
- 从实体设计钣金：该形式的钣金需要先创建【基体 – 法兰/薄片】，并通过【斜接法兰】命令添加从基体折弯的薄壁，然后将实体展开并完成其他特征的创建，如切除材料，再利用【折弯】命令完成钣金的创建。
- 从展开状态设计钣金：该形式的钣金需要先绘制草图，并通过【基体-法兰/薄片】命令将其转换成钣金特征，然后利用【绘制的折弯】命令将实体折弯。

2. 创建钣金的流程

创建钣金的操作步骤如下。

01　利用【基体-法兰/薄片】命令创建一个基体法兰特征。

02　利用【斜接法兰】命令添加从基体折弯的薄壁。

03　利用相关命令完善钣金特征，如【裙边】或【边角】等命令。

04　利用【绘制折叠】命令将实体折弯。

05　在钣金中创建切除材料孔特征。

9.1.1　折弯系数表

钣金折弯系数是创建钣金的一个非常重要的参数，折弯钣金时都需要参照这个数值。

在折弯系数表中可以指定折弯系数或折弯扣除数值。折弯系数表还包括折弯半径、折弯角度以及零件厚度等数值。

1. 两种折弯系数表

- 带有.btl 扩展名的文本文件。
- 嵌入的 Excel 电子表格。

2. 两种方法的优点与缺点

- 文本文件优点：文字表格可在一系列应用程序中编辑。
- 文本文件缺点：共享零件的同时共享折弯系数表。
- Excel 电子表格优点：共享零件的同时，折弯系数表自动包括在内。
- Excel 电子表格缺点：Excel 电子表格只可在 Microsoft Excel 中编辑。

9.1.2 K-因子

K-因子是指中立板相对于钣金零件厚度位置的比值。当选择 K-因子作为折弯系数时，可以指定 K-因子折弯系数表，也可以应用基于材料的默认 K-因子。

K-因子的折弯系数的计算公式为：BA=(R+KT)A/180。此公式不同字符代表的含义也是不尽相同的。

- BA：折弯系数。
- R：内侧折弯半径。
- K：K-因子，即 t/T。
- T：材料厚度。
- A：折弯角度（经过折弯材料的角度）。

9.1.3 折弯系数和折弯扣除

可以选择折弯系数或折弯扣除计算折弯后的结果，用来决定钣金原材料的平展长度，从而得出所需的折弯零件尺寸。

用来决定使用折弯系数数值时的总平展长度的公式为：L_t=A+B+BA。

用来决定使用折弯扣除数值时的总平展长度的公式为：L_t=A+B-BD。

不同字符代表的含义如下。

1. 折弯系数

- L_t：总的平展长度。
- BA：折弯系数值。

2. 折弯扣除

- L_t：总的平展长度。
- BD：折弯扣除值。

★ 课堂实训：利用基体法兰命令创建书支架模型

钣金零件通常用做零部件的外壳，或用于支撑其他零部件。使用 SolidWorks 可以独立地设计钣金零件，而不需要对其所容纳的零件做任何的参考；也可以在包含此内部零部件的关联装配体中设计钣金零件。

1．设计分析

本章将通过一些钣金零件的实例介绍 SolidWorks 2012 中相关的钣金设计命令。

作为开篇，本节引用的实例是一个造型简单的书支架。书支架常见于办公室、图书馆等地，通常体积小、结构简单、使用方便，有助于书籍的整理，使办公桌更加整洁。

书架的模型如图 9-1 所示。通过分析书支架的实体模型可知，在绘制过程中主要利用了钣金设计中的【基体法兰】命令。此外，为了绘制书支架上的圆孔及圆角，还利用了【拉伸切除】、【简单直孔】以及【圆角】等实体特征建模命令。

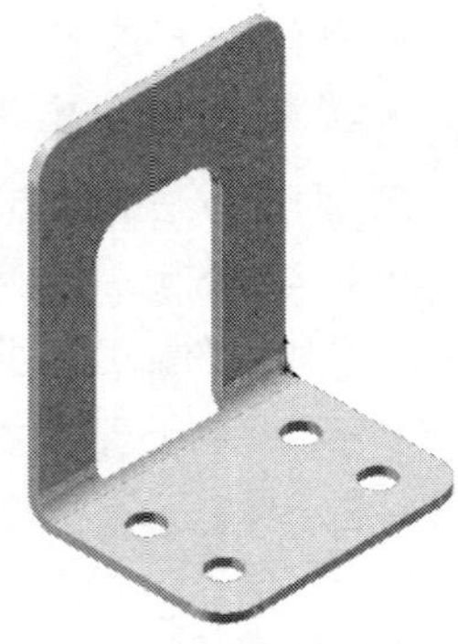

图 9-1　书架模型图

2．操作步骤

（1）创建基体法兰

利用 SolidWorks 2012 绘制书架之前，首先要创建一个新的零件文件，然后绘制用于创建基体法兰的草图，最后选择【基体法兰】命令创建基体法兰。具体的操作步骤如下。

01 单击【常用】工具栏中的【新建】按钮，弹出【新建 SolidWorks 文件】对话框，单击【零件】按钮，再单击【确定】按钮，新建一个零件文件，将其保存为【书架.sldprt】。单击 CommandManager 左侧下方的【草图】选项卡，更改工具栏上所显示的命令。单击【草图】工具栏中的【草图绘制】按钮，选择前视基准面，进入草图绘制状态。单击【草图】工具栏中的【直线】按钮，绘制两条相互垂直的直线，并标注尺寸，结果如图 9-2 所示。

02 草图绘制好后，选择【插入】→【钣金】→【基体法兰】命令，弹出【基体法兰】属性管理器。将【终止条件】栏选为【给定深度】;【深度】栏输入 80;【钣金参数】栏的【厚度】栏输入 3;【折弯半径】栏输入 5;【折弯系数类型】栏中选择【K 因子】; 在【K-因子】栏中输入 0.5; 在【自动切释放槽】栏中选择【矩形】; 勾选【使用释放槽比例】复选框; 在释放槽【比例】栏中输入 0.5; 其他设置如图 9-3 所示。

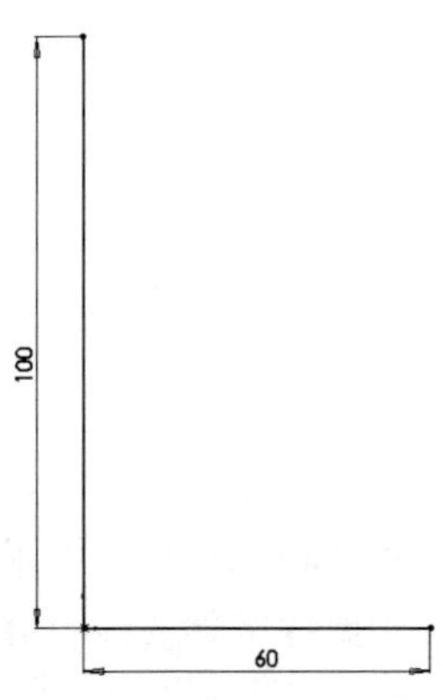

图 9-2　绘制草图并标注尺寸

图 9-3 【基体法兰】属性管理器

03 设置好后，绘图区出现基体法兰的预览，单击【确定】按钮，结果如图 9-4 所示。

（2）使用【拉伸切除】命令修饰书架

在右视基准面上绘制草图，单击【特征】工具栏中的【拉伸切除】按钮，对书支架进行修饰。具体的操作步骤如下。

01 绘制草图。选中右视基准面，单击【草图】工具栏中的【草图绘制】按钮，依次单击【视图定向】→【正视于】按钮，右视图进入草图绘制状态。绘制一条竖直中心线，并将其设置为【固定】状态；绘制一个矩形，在矩形的边角处绘制圆角，并标注尺寸，如图 9-5 所示。

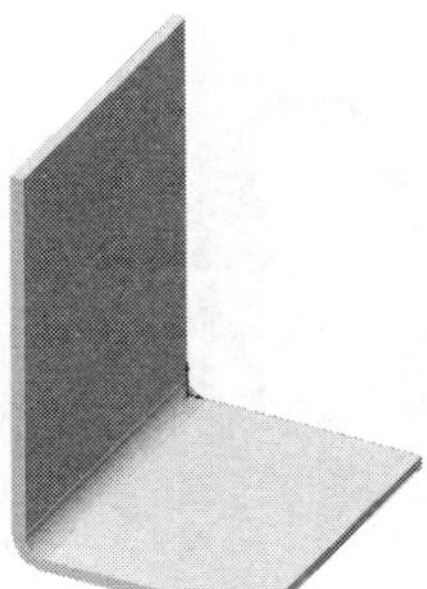

图 9-4　创建基体法兰

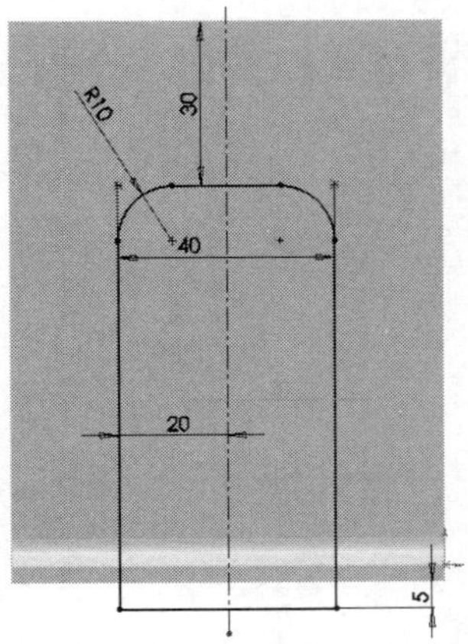

图 9-5　绘制矩形和圆角

02 拉伸切除。单击【特征】工具栏中的【拉伸切除】按钮，在【切除 – 拉伸】属性管理器中，将【终止条件】改为【完全贯穿】，其他设置选择系统默认状态。单击【确定】按钮，结果如图 9-6 所示。

（3）创建简单直孔

选择菜单栏中的【简单直孔】命令，在书支架底部创建一系列直孔。具体的操作步骤如下。

01 创建简单直孔特征。选择【插入】→【特征】→【孔】→【简单直孔】命令，弹出提示【为孔中心选择平面上的一个位置】对话框，在绘图区基体法兰下表面单击将其选中；弹出【孔】属性管理器，并且在绘图区出现简单直孔预览。将【终止条件】选为【完全贯穿】，其他选择系统默认设置，如图 9-7 所示。

图 9-6　拉伸切除

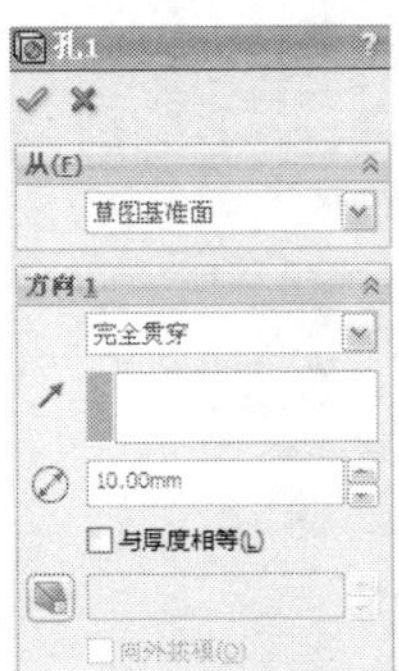

图 9-7 【孔】属性管理器

提示：在创建孔特征时，也可以在书架底面上绘制圆，然后利用【特征】工具栏中的【拉伸切除】按钮将圆切除，形成直孔。

02 确定孔位置。单击【孔】属性管理器中的【确定】按钮，在绘图区出现要创建的简单直孔特征。在 FeatureManager 设计树中刚添加的孔特征按钮上右击，在弹出的快捷菜单中选择【编辑草图】命令，进入孔草图编辑状态。标注尺寸，确定孔位置，结果如图 9-8 所示。

03 再次单击【草图】工具栏中的【草图绘制】按钮，退出孔编辑状态，确定孔位置。重复以上步骤，创建另外 3 个简单直孔特征，依次确定孔位置，结果如图 9-9 所示。最后单击【草图】工具栏中的【草图绘制】按钮，退出草图绘制状态，完成简单直孔特征的创建。

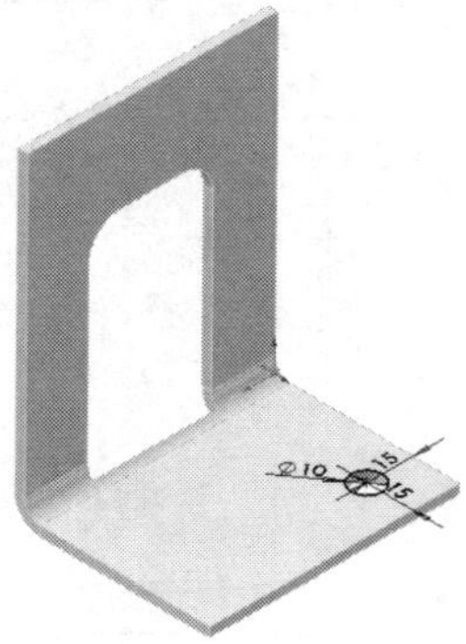

图 9-8 创建简单直孔

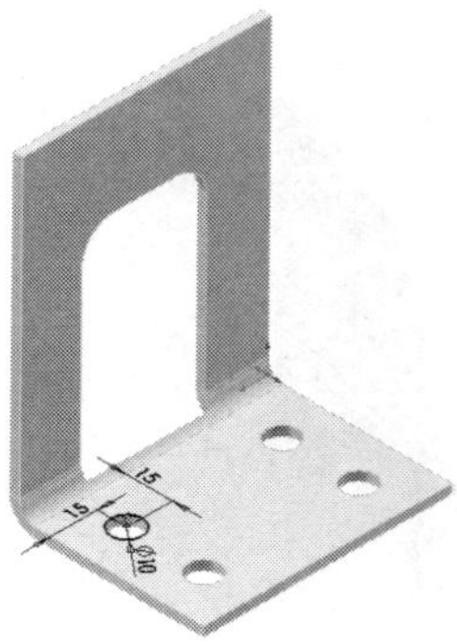

图 9-9 简单直孔创建完毕

（4）创建圆角特征

单击【特征】工具栏中的【圆角】按钮，为书架创建圆角特征。具体的操作步骤如下。

01 创建圆角特征。单击【特征】工具栏中的【圆角】按钮，或者选择【插入】→【特征】→【圆角】命令，弹出【圆角】属性管理器。将【圆角类型】选为【等半径】；将【边线、面、特征和环】栏激活，在绘图区选择要绘制圆角特征的边线；将【半径】栏改为 10；其他设置如图 9-10 所示。

02 设置好后，单击【确定】按钮，最终得到书架模型，如图 9-11 所示。单击【常用】工具栏中的【保存】按钮，或选择【文件】→【保存】命令，将绘制的书架模型保存。

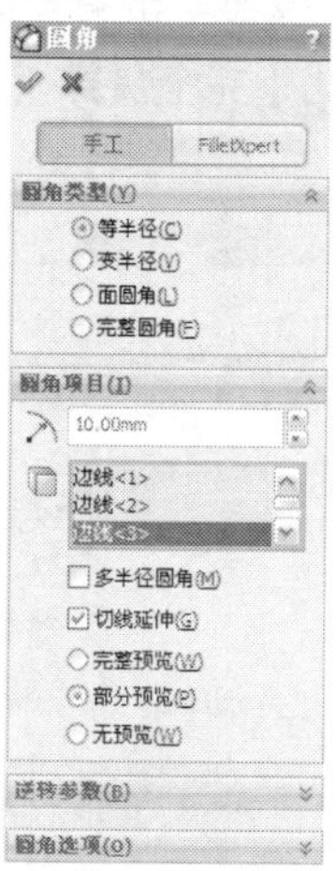

图 9-10 【圆角】属性管理器

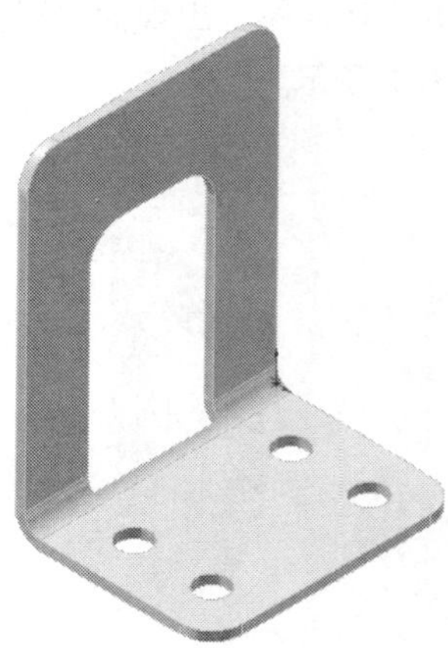

图 9-11 书架模型

▶ **提示：** 也可以选择【插入】→【钣金】→【断裂边角】命令，在基体法兰上创建边角特征。

9.2　钣金特征和零件设计

有两种方法可以产生钣金特征，一种是利用钣金工具直接生成钣金特征，另一种是将现有零件转换为钣金特征。

9.2.1　直接生成钣金零件

钣金主壁特征包括各种钣金特征的创建方法，如基体-法兰/薄片、边线法兰等。创建特征时需根据不同要求采用不同的设计方法。

1．基体-法兰/薄片

基体-法兰/薄片是新钣金零件的第一个特征，简言之，基体-法兰/薄片就相当于钣金零件的主体，其他特征都必须在这个基体上增加。

创建基体-法兰/薄片的操作步骤如下。

01　单击【钣金】工具栏中的【基体-法兰/薄片】按钮，弹出【信息】提示框。

02　选择基准面或平面进入草绘模式，完成截面的绘制后退出草绘模式。

03　在属性管理器中设置创建特征时的相关参数，如拉伸长度与厚度等。

04　单击【确定】按钮，完成基体-法兰/薄片的创建。

图 9-12 左图所示为【基体法兰】属性管理器，由【方向 1】栏、【方向 2】栏、【钣金规格】栏、【钣金参数】栏、【折弯系数】栏与【自动切释放槽】栏组成。将属性管理器中的【钣金参数】栏、【折弯系数】栏与【自动切释放槽】栏展开后的状态如图 9-12 右图所示。

图 9-12　【基体法兰】属性管理器

（1）【方向 1】与【方向 2】栏

用于定义方向 1 或方向 2 的终止条件，单击【方向】按钮可以改变拉伸方向，终止条件类型如图 9-13 所示。

（2）【钣金规格】栏

调用已有的钣金规格，勾选【使用规格表】复选框，该栏将变成如图 9-14 所示。

- 规格表：用于选择表格，如 SMPLE TABLE-ALUMINUM-METRICUNITS 或 ASPMLE-TABLE-STEEL-ENGLISHUNITS。
- 浏览：单击该按钮后将弹出【浏览文件夹】对话框，如图 9-15 所示，系统会自动搜索表格所在的文件夹。

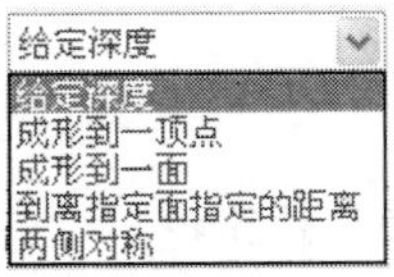

图 9-13　终止条件

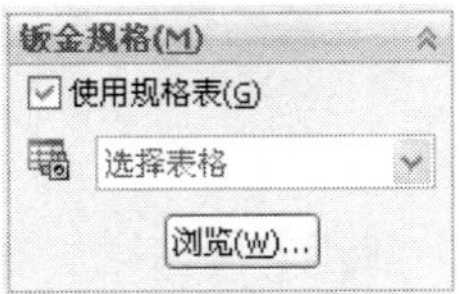

图 9-14　勾选设置

图 9-15　【浏览文件夹】对话框

（3）【钣金参数数】栏

该栏由厚度、反向与折弯半径 3 个选项组成，可根据特征的要求设置钣金的厚度、方向，也可设定相应的折弯半径，如图 9-16 所示。

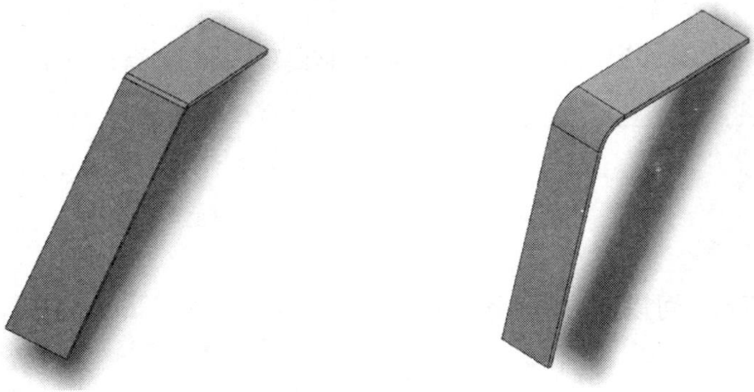

图 9-16　设置折弯半径后的状态

（4）【折弯系数】栏

用于指定钣金的折弯系数。折弯系数的类型包括折弯系数表、K-因子、折弯系数与折弯扣除 4 种。

（5）【自动切释放槽】栏

- 自动切释放槽：用于选择释放槽的类型，包括矩形、撕裂与矩圆形 3 种。
- 使用释放槽比例：通过定义比例因子释放槽的宽度与深度。若取消勾选，则可以分别定义【释放槽宽度】与【释放槽深度】。

2．边线法兰

边线法兰是利用草图平面上的边作为创建法兰的参照，并设置相关参数改变特征的形状。

创建边线法兰的操作步骤如下。

01 单击【钣金】工具栏中的【边线法兰】按钮，弹出【边线-法兰】属性管理器。

02 选择位于草图平面上的边线作为创建法兰的参照。

03 在属性管理器中设置创建特征时的相关参数，如法兰角度 、半径与位置等。

04 单击【确定】按钮，完成边线法兰的创建。

图 9-17 左图所示为【边线-法兰】属性管量理器，将属性管理器中的【法兰长度】、【法兰位置】、【自定义折弯系数】与【自定义释放槽类型】栏展开后的状态如图 9-17 右图所示。

图 9-17 【边线-法兰】属性管理器

(1)【法兰参数】栏

- 边线：选择位于草图平面上的边线作为创建法兰的参照。
- 编辑法兰轮廓：单击该按钮后进入编辑草图模式，同时弹出【轮廓草图】对话框，如图 9-18 所示。可以拖动草图改变形状，也可以添加尺寸定义草图，完成后单击【完成】按钮。

图 9-18 【轮廓草图】对话框

- 使用默认半径：使用系统默认定义的半径值，若取消该项的勾选，可以在【折弯半径】栏中定义所需的半径值。
- 缝隙距离：用于定义两个边线法兰侧壁之间的距离，如图 9-19 所示。

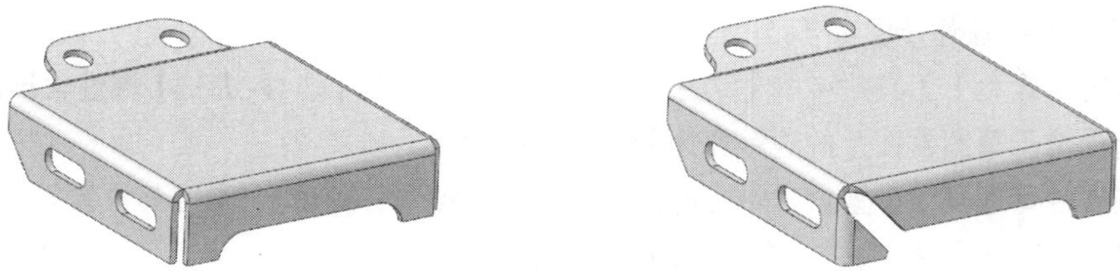

图 9-19　定义缝隙距离

（2）【角度】栏

定义法兰的【角度】，按逆时针计算，系统默认为 90°，最大角度为 179°，最小角度为 1°。创建单一边线法兰时，可以选择平面定义法兰与面垂直或平行。

（3）【法兰长度】栏

该栏用于控制法兰的长度终止条件、长度与方向。

（4）【法兰位置】栏

- 折弯位置：不同的折弯位置有不同的折弯参数。
- 剪裁侧边折弯：勾选该复选框后，系统会自动切除与折弯相交的圆角，如图 9-20 所示。

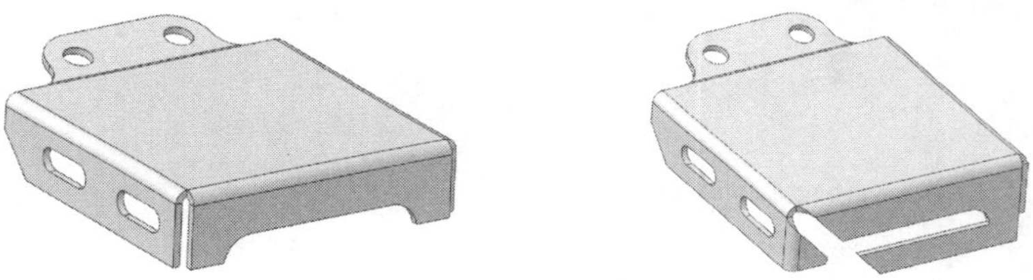

图 9-20　剪裁侧边折弯

- 等距：创建一个等距法兰，等距的距离从所选边线线性延伸创建。

（5）【自定义折弯系数】栏

手动选择折弯系数类型并定义参数。

（6）【自定义释放槽类型】栏

在选择圆弧形边线创建边线法兰特征时，可以选择释放槽切除的类型。

3．斜接法兰

斜接法兰特征可以将一系列法兰添加到钣金零件的一条或多条边线上。如果使用圆弧草图创建斜接法兰，则圆弧不能与厚度边线相切。

创建斜接法兰的操作步骤如下。

01　单击【钣金】工具栏中的【斜接法兰】按钮，弹出【信息】提示框。

02　选择平面进入草绘模式，并在完成草图的绘制后退出草绘模式。

03　在属性管理器中设置创建特征时的相关参数，如折弯半径与切口缝隙等。

04　单击【确定】按钮，完成斜接法兰的创建。

图 9-21 左图所示为【斜接法兰】属性管理器，由【斜接参数】栏、【启始/结束处等距】栏与【自定义折弯系数】栏组成。将【启始/结束处等距】栏与【自定义折弯系数】栏展开后的状态如图 9-21 右图所示。

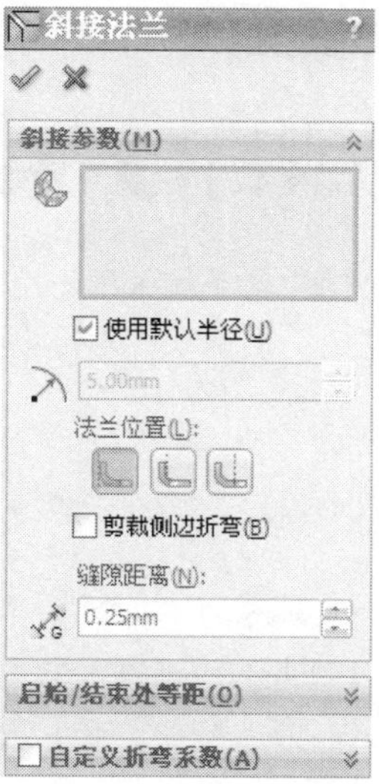

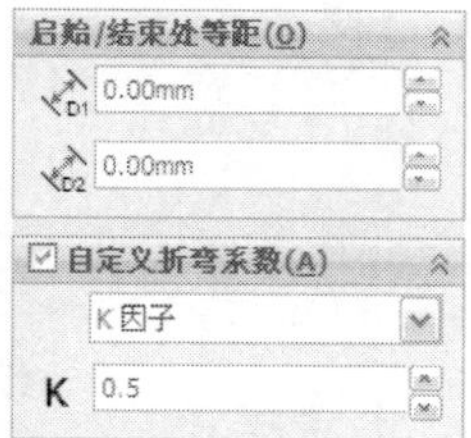

图 9-21 【斜接法兰】属性管理器

（1）【斜接参数】栏

- 沿边线：选择创建法兰时要参照的模型边线。
- 折弯半径：使用默认半径或取消勾选再定义所需半径。
- 法兰位置：用于指定法兰创建的位置，包括【折弯在内】、【材料在外】与【折弯在外】3 种。
- 切口缝隙：用于定义两个边线法兰侧壁之间的距离。

（2）【启始/结束处等距】栏

- 开始等距距离：用于指定开始处的等距距离，以草绘平面为基准。
- 结束等距距离：用于指定结束处的等距距离，以所选沿边线的终点为基准。

（3）【自定义折弯系数】栏

选择折弯系数类型并定义参数。

提示：若要选择与所选模型边线相切的所有边线，可以单击【相切】按钮，系统会自动选择所有与其相切的模型边线。

9.2.2　将现有零件转换为钣金零件

下面介绍另一种方法，即利用插入折弯将现有零件转换为钣金零件。插入折弯时需选择固定面或边线，其参数可按尖角折弯来设定。

1. 操作步骤

插入折弯创建特征的操作步骤如下。

01　单击【钣金】工具栏中的【插入折弯】按钮，弹出【折弯】属性管理器。

02　在工作窗口中选择固定面或边线。

03　在属性管理器中定义创建特征时的相关参数，如折弯半径与释放槽类型等。

04 单击【确定】按钮，完成插入折弯特征的创建。

2.【折弯】属性管理器

图 9-22 左图所示为【折弯】属性管理器，将【切口参数】栏展开后如图 9-22 右图所示。

图 9-22 【折弯】属性管理器

（1）【折弯参数】栏

- 固定的面或边线：在零件中选择平面或边线参照。
- 折弯半径：用于指定折弯处的半径大小。
- 厚度：定义折弯特征时的厚度。

（2）【折弯系数】栏

用于选择折弯系数类型并定义参照。

（3）【自动切释放槽】栏

用于选择释放槽的类型及定义相关参数。

（4）【切口参数】栏

- 要切除的边线：选择要切除的边线，所选择的边线会在右侧的方框中显示。
- 改变方向：改变切口的方向。单击此按钮，可以在方向 1、方向 2 与双向之间切换。
- 切口缝隙：定义切口侧壁之间的距离。

★ 课堂实训：利用基体法兰和边线法兰命令创建钣金片

本节将以一个带孔的简单钣金片为例，介绍相关的钣金设计方法。

1．设计分析

钣金片的模型如图 9-23 所示。其绘制过程主要包括：创建基体法兰；在此基础上，利用【边线法兰】特征创建一边的边线法兰；然后单击【镜像】按钮创建另一边的边线法兰；最后，通过【圆角】特征和【拉伸切除】命令对钣金片进行修饰。

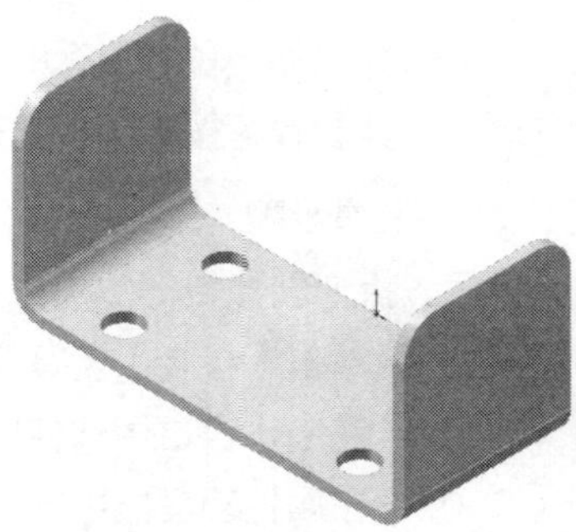

图 9-23 钣金片模型

2．操作步骤

（1）创建基体法兰

利用 SolidWorks 2012 绘制钣金片之前，首先要创建一个新的零件文件，然后绘制草图并创建基体法兰。具体的操作步骤如下。

01　单击【常用】工具栏中的【新建】按钮，弹出【新建 SolidWorks 文件】对话框，单击【零件】按钮，再单击【确定】按钮，新建一个零件文件，将其保存为【钣金片.sldprt】。单击【草图】工具栏中的【草图绘制】按钮，选择前视基准面，进入草图绘制状态。单击【草图】工具栏中的【直线】按钮，绘制直线；单击【草图】工具栏中的【智能尺寸】按钮，标注直线尺寸，如图 9-24 所示。

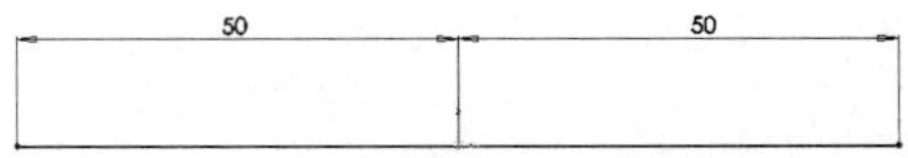

图 9-24　绘制直线并标注尺寸

02　选择【插入】→【钣金】→【基体法兰】命令，弹出【基体法兰】属性管理器。将【终止条件】选择为【给定深度】；将【深度】栏中改为 10；钣金参数的【厚度】栏中输入 3；【折弯半径】改为 5；【折弯系数类型】栏中选择【K 因子】；在【K-因子】栏中输入 0.5；在【自动释放槽类型】栏中选择【矩形】；勾选【使用释放槽比例】复选框；在【释放槽比例】栏中输入 0.5；其他设置如图 9-25 所示。

03　设置好后，绘图区出现预览，单击【确定】按钮，结果如图 9-26 所示。

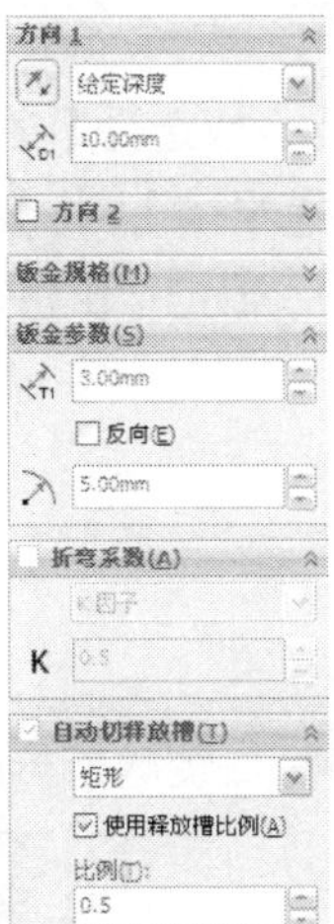

图 9-25　【基体法兰】属性管理器

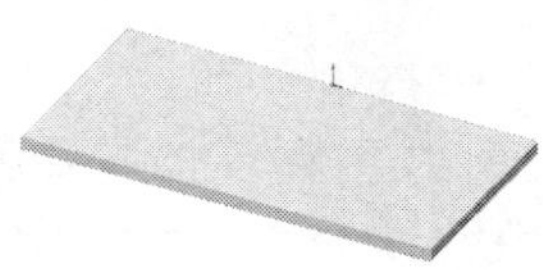

图 9-26　基体法兰

（2）创建边线法兰

单击【钣金】工具栏中的【边线法兰】按钮，为基体法兰创建边线法兰，然后为其添加圆角特征。具体的操作步骤如下。

01　创建边线法兰。选择【插入】→【钣金】→【边线法兰】命令，或者单击【钣金】工具栏中的【边线法兰】按钮，弹出【边线-法兰】属性管理器。将【边线】栏激活，在绘图区选择要创建边线法兰的边线；在【法兰角度】栏中输入 90°；单击【法兰长度】栏的【反向】按钮；将长度【终止条件】栏选为【给定深度】，将【长度】栏改为 50，单击【内部虚拟交点】按钮；将【法兰位置】栏选为【折弯在外】；其他设置如图 9-27 所示。

02 设置好后，绘图区出现预览，单击【确定】按钮，完成边线法兰的创建，结果如图 9-28 所示。

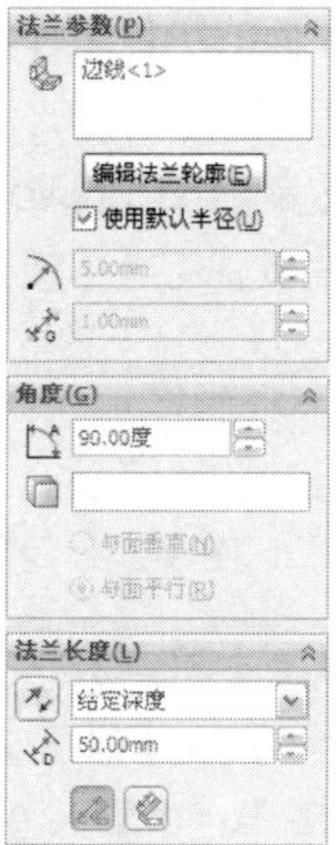

图 9-27 【边线-法兰】属性管理器

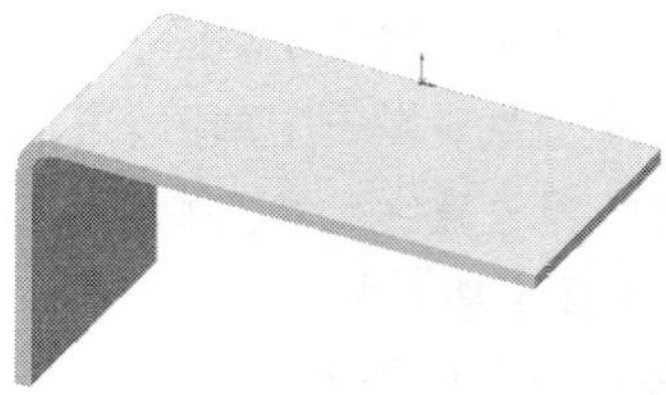

图 9-28 边线法兰

03 镜像特征。选中右视基准面，单击【特征】工具栏中的【线性阵列】按钮，然后单击【镜像】按钮，或者选择【插入】→【阵列/镜像】→【镜像】命令。以右视基准面为镜像面，对刚创建的边线法兰进行镜像操作，结果如图 9-29 所示。

04 圆角特征。单击【特征】工具栏中的【圆角】按钮，或选择【插入】→【特征】→【圆角】命令，弹出【圆角】属性管理器。将【圆角类型】选为【等半径】；将【边线、面、特征和环】栏激活，在绘图区选择要创建圆角特征的边线；将【半径】栏改为 10；单击【确定】按钮，结果如图 9-30 所示。

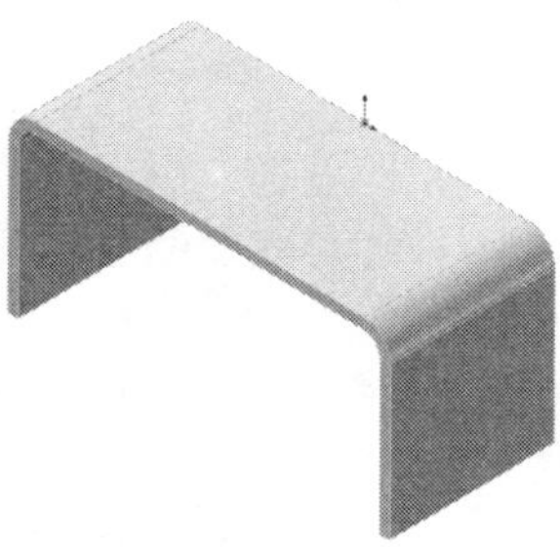

图 9-29 镜像特征

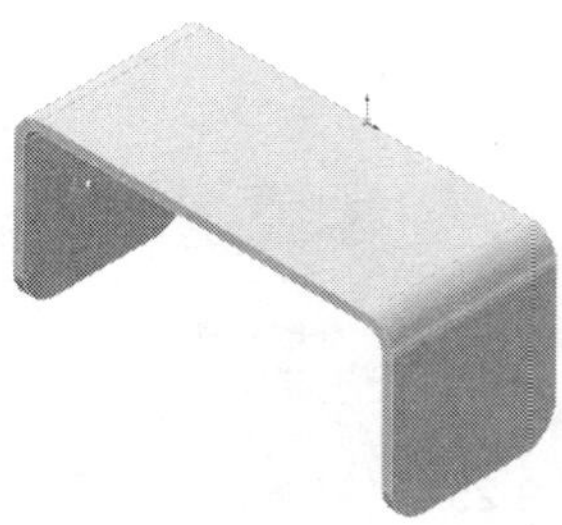

图 9-30 圆角特征

提示： *在创建该钣金片时，也可以直接绘出草图，然后利用【基体法兰】命令直接生成所要的模型结构。两个命令在外观上效果一致。*

（3）使用【拉伸切除】命令创建孔

单击【特征】工具栏中的【拉伸切除】按钮，在基体法兰上创建直孔。具体的操作步骤如下。

01 绘制草图。选中钣金底面，单击【草图】工具栏中的【草图绘制】按钮，进入草图绘制状态。依次单击【前导视图】工具栏中的【视图定向】→【正视于】按钮，在钣金底面绘制草图；

单击【草图】工具栏中的【智能尺寸】按钮，为草图标注尺寸，结果如图 9-31 所示。

02 单击【特征】工具栏中的【拉伸切除】按钮，或选择【插入】→【切除】→【拉伸】命令，弹出【切除－拉伸】属性管理器。将【终止条件】选为【完全贯穿】，其他选项保持系统默认状态，单击【确定】按钮，结果如图 9-32 所示。单击【常用】工具栏中的【保存】按钮，将结果保存。

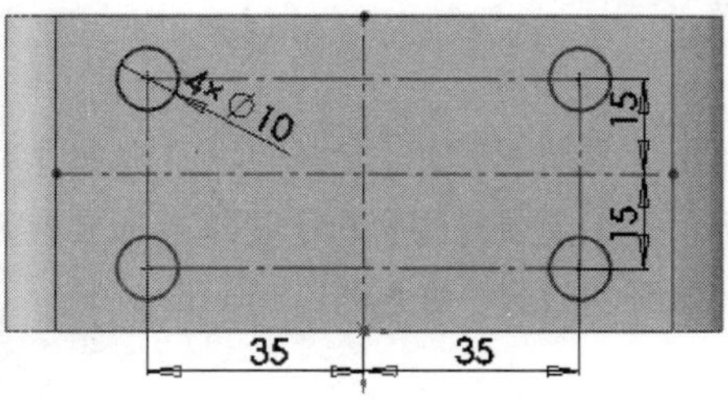

图 9-31 绘制草图并标注尺寸

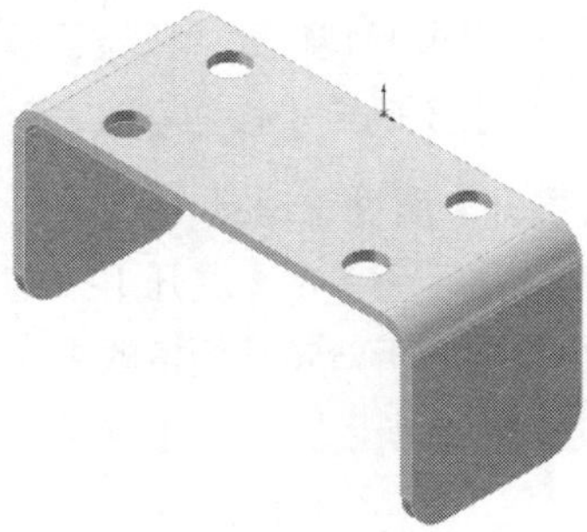
图 9-32 拉伸切除

9.3 编辑钣金特征

本节详细介绍编辑钣金特征的方法。

9.3.1 生成切口

切口是选取模型的边线，并在相应的边线处创建切口。选取的边线可以是内部边线，也可是外部边线。

1．操作步骤

创建切口特征的操作步骤如下。

01 单击【钣金】工具栏中的【切口】按钮，弹出【切口】属性管理器。

02 在工作窗口中选择需创建切口特征的模型边线。

03 在属性管理器中定义创建特征时的相关参数，如切口缝隙或方向。

04 单击【确定】按钮，完成切口特征的创建。

2．【切口】属性管理器

图 9-33 所示为单击【切口】按钮后弹出的【切口】属性管理器，它只包括【切口参数】栏。

（1）要切除的边线

选择要切除的边线，所选择的边线会在右侧的方框中显示。

（2）改变方向

改变切口的方向。单击该按钮，可以在方向 1、方向 2 与双向中进行切换。

（3）切口缝隙

定义切口侧壁之间的距离。

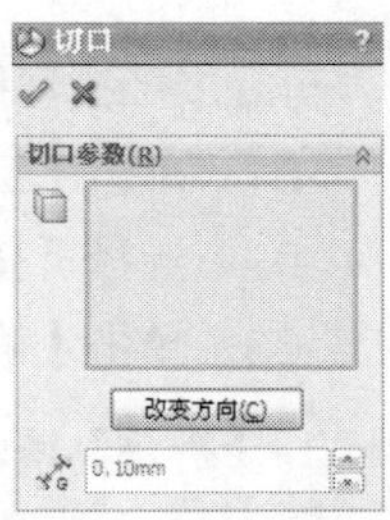

图 9-33 【切口】属性管理器

9.3.2 展开局部折弯

展开局部折弯是将钣金零件中一个、多个或所有折弯展开。

1．操作步骤

展开局部折弯的操作步骤如下。

01 单击【钣金】工具栏中的【展开】按钮，弹出【展开】属性管理器。

02 选择展开特征时的固定面参照，再选择要展开的折弯特征。

03 单击【确定】按钮，完成折弯特征的展开操作。

2．【展开】属性管理器

图 9-34 所示为单击【展开】按钮后弹出的【展开】属性管理器，也只包括【选择】栏。其中【固定面】是指与折弯特征相接的平面，如图 9-35 所示；【要展开的折弯】是指选择要展开的折弯特征，如图 9-36 所示；单击【确定】按钮，得到展开的效果，如图 9-37 所示。

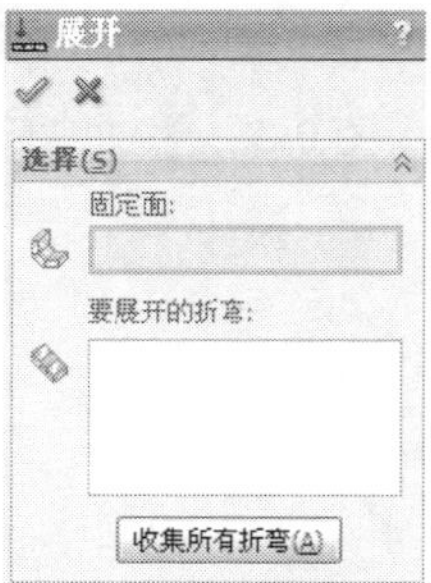

图 9-34 【展开】属性管理器

图 9-35 选择固定面参照

图 9-36 选择要展开的折弯特征

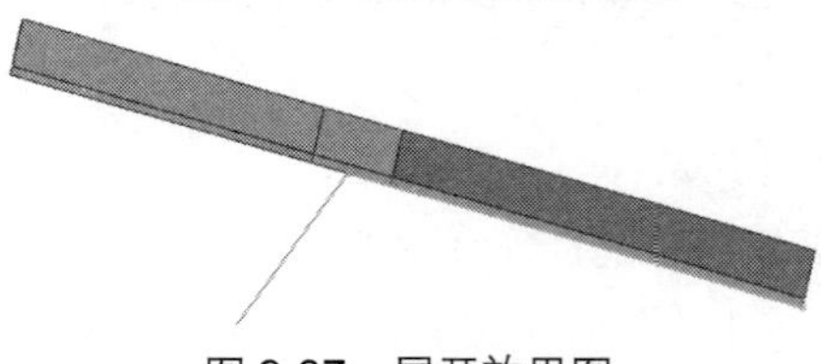

图 9-37 展开效果图

9.3.3 折叠局部折弯

折叠与展开功能相反，它是将展开后的钣金零件特征按照相关参数进行折叠。

1．操作步骤

折叠局部折弯的操作步骤如下。

01 单击【钣金】工具栏中的【折叠】按钮，弹出【折叠】属性管理器。

02 选择折叠特征时的固定面参照，再选择要折叠的折弯特征。

03 单击【确定】按钮，完成折弯特征的折叠操作。

2．【折叠】属性管理器

图 9-38 所示为单击【折叠】按钮后弹出的【折叠】属性管理器，它只包括【选择】栏。

（1）固定面

选择与折弯特征相接的平面作为固定面参照，如图 9-39 所示。

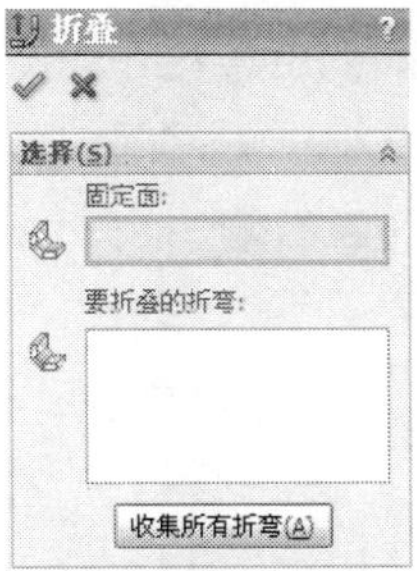

图 9-38 【折叠】属性管理器

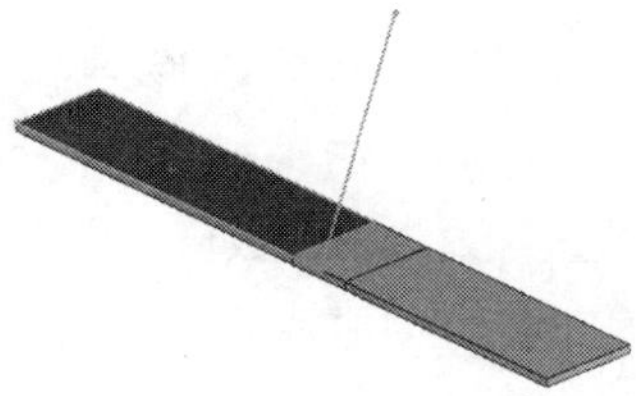

图 9-39　选择固定面参照

（2）要折叠的折弯

选择要折叠的折弯特征，如图 9-40 所示，选择名称会显示在右侧的方框中，单击【确定】按钮得到折弯的效果如图 9-41 所示。

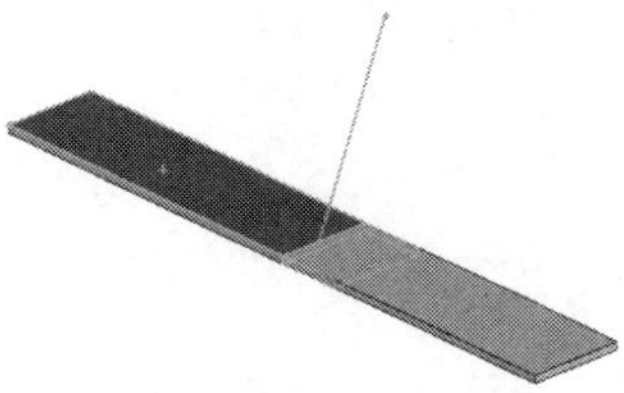

图 9-40　选择折弯特征

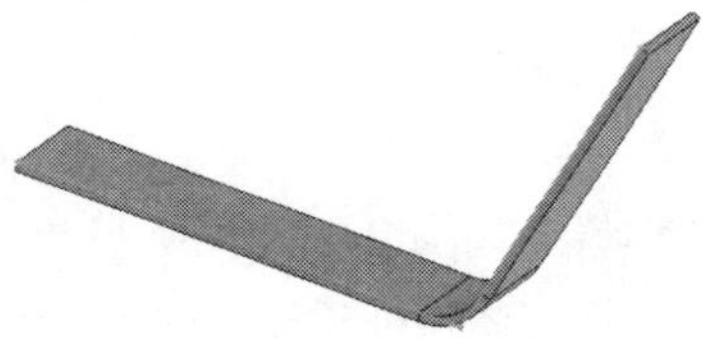

图 9-41　折弯效果图

（3）收集所有折弯

单击该按钮后系统会自动选择所有的折弯特征。

9.3.4　放样折弯

钣金零件中的放样折弯功能与创建实体零件的放样功能相似，在钣金零件中放样的折弯是通过使用放样命令将两个开环轮廓草图连接组成的。

1. 操作步骤

创建放样折弯特征的操作步骤如下。

01 在窗口中绘制两个平滑连接的开环草图。

02 单击【钣金】工具栏中的【放样折弯】按钮，弹出【放样折弯】属性管理器。

03 在窗口中依次选择草图，再设置创建特征时的相关参数，如薄壁厚度与折弯线数量等。

04 单击【确定】按钮，完成放样折弯特征的创建。

2.【放样折弯】属性管理器

图 9-42 所示为单击【放样折弯】按钮后弹出的【放样折弯】属性管理器，它由【轮廓】栏、【厚度】栏与【折弯线控制】栏组成。

图 9-42 【放样折弯】属性管理器

（1）【轮廓】栏

- 轮廓：选择绘制的开环草图参照，所选取的草图名称会在【轮廓】栏中显示。

- 上移⬆或下移⬇：调整轮廓的顺序或重新选择草图将不同的点连接在轮廓上。

（2）【厚度】栏

用于指定生成薄壁的厚度，可以单击【加厚】按钮改变加厚的侧。

（3）【折弯线控制】栏

- 折弯线数量：通过输入数值，用于指定控制平板形式折弯线的粗糙度。
- 最大误差：定义创建特征时的最大误差。

提示：适当地降低最大误差值可以增加折弯线的数量。所定义的折弯线数量只有将钣金零件【展开】后才可以看到。

★ 课堂实训：利用基体法兰和展开、折叠等命令创建钣金盒子

盒子在日常生活中随处可见，用途也颇为广泛，它可以用来当做化妆盒、糖果盒、工具盒等。本节引用的实例是一个造型简单的钣金盒子。

1. 设计分析

钣金盒子实体模型如图 9-43 所示。分析钣金盒子的外形，其创建过程如下：利用实体特征建模中的【拉伸凸台/基体】和【抽壳】命令创建盒身；然后通过【切口】、【插入折弯】及【边线法兰】等钣金设计命令对其进行修饰；最后利用【展开】和【折叠】命令观看盒子展开成平面板型与折叠成钣金模型后的实体特征。

图 9-43　钣金盒子实体模型

2. 操作步骤

（1）使用【拉伸】和【抽壳】命令创建盒子基体

利用 SolidWorks 2012 绘制钣金盒子之前，首先要创建一个新的零件文件，然后绘制草图，利用拉伸特征和抽壳特征创建盒子基体模型。最后选择【切口】命令，在盒子 4 条侧边处创建切口。具体的操作步骤如下。

01 单击【常用】工具栏中的【新建】按钮，弹出【新建 SolidWorks 文件】对话框，单击【零件】按钮，再单击【确定】按钮，新建一个零件文件，将其保存为【钣金盒子.sldprt】。单击【草图】工具栏中的【草图绘制】按钮，选择前视基准面，进入草图绘制状态。单击【草图】工具栏中的【矩形】按钮，在前视基准面上绘制一个边长分别为 80 和 60 的矩形，并为其标注尺寸，结果如图 9-44 所示。

02 拉伸特征。单击【特征】工具栏中的【拉伸凸台/基体】按钮，或者选择【插入】→【特征】→【拉伸】命令，在【凸台-拉伸】属性管理器中，将拉伸深度设为 60，单击【确定】按钮，结果如图 9-45 所示。

03 抽壳特征。单击【特征】工具栏中的【抽壳】按钮，或者选择【插入】→【特征】→【抽壳】命令，在【抽壳】属性管理器中，将【厚度】改为 1，激活【要移除的面】栏，在绘图区选择长方体上表面，单击【确定】按钮，结果如图 9-46 所示。

04 选择【插入】→【钣金】→【切口】命令，弹出【切口】属性管理器。将【要切口的边线】栏激活，在绘图区选择盒子 4 条侧边；将【切口缝隙】栏改为 0.2，如图 9-47 所示。

05 设置好后，单击【确定】按钮✔，结果如图 9-48 所示。

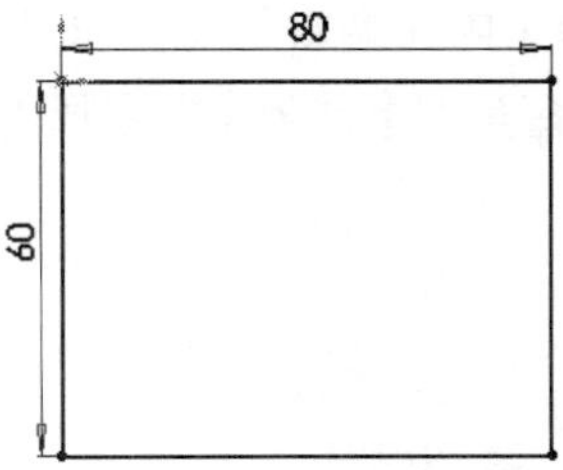

图 9-44 绘制草图并标注尺寸

图 9-45 拉伸特征

图 9-46 抽壳特征

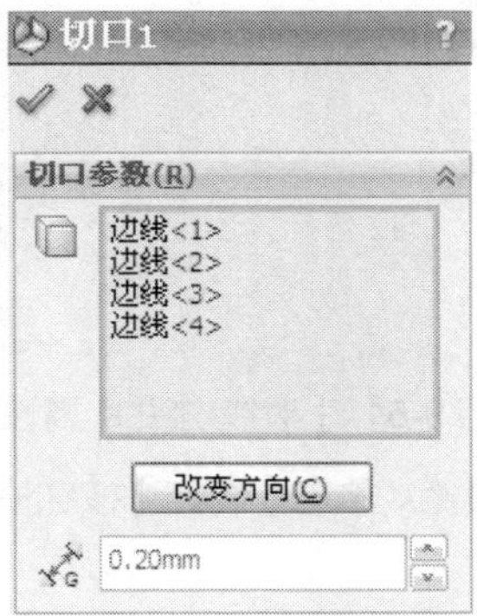

图 9-47 【切口】属性管理器

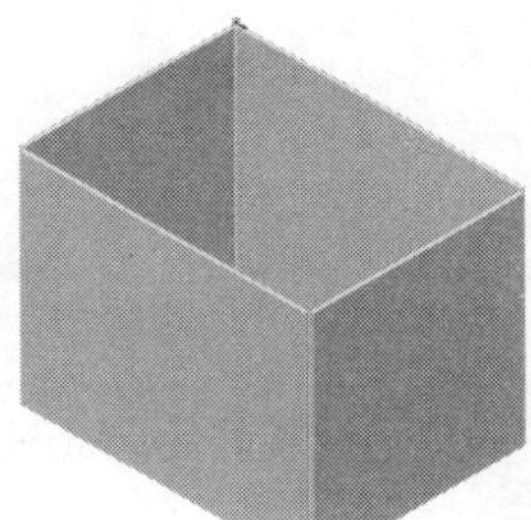

图 9-48 切口操作后

（2）创建折弯

选择【折弯】命令，在盒子基体生成的切口处插入折弯。具体的操作步骤如下。

01 选择【插入】→【钣金】→【折弯】命令，弹出【折弯】属性管理器。将【固定的面或边线】栏激活，在绘图区选择盒子底面；将【折弯半径】设为 2；其他设置如图 9-49 所示。

02 设置好后，单击【确定】按钮✔，完成插入折弯操作，结果如图 9-50 所示。

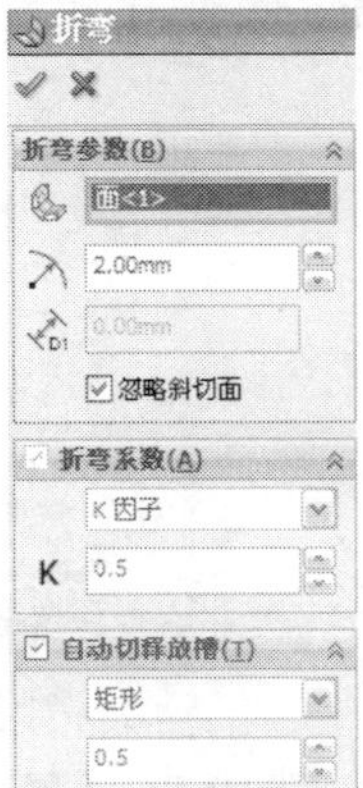

图 9-49 【折弯】属性管理器

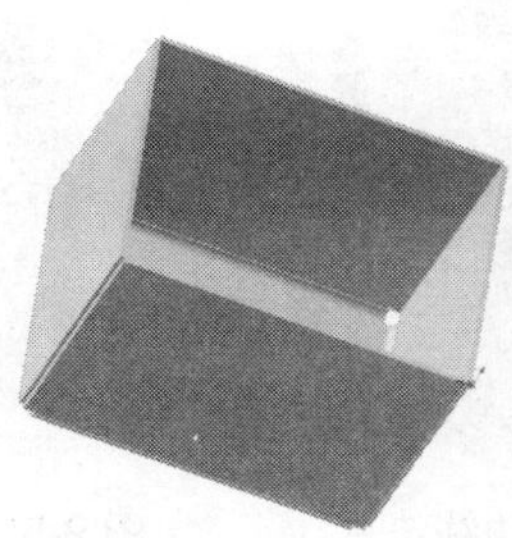

图 9-50 插入折弯

（3）创建边线法兰

选择【边线法兰】命令，在插入的折弯处生成边线法兰。具体的操作步骤如下。

01 选择【插入】→【钣金】→【边线法兰】命令，弹出【边线-法兰】属性管理器。将【边线】栏激活，在绘图区选择要创建边线法兰的边线；将【折弯半径】设为 1；【法兰角度】设为 90°；将长度【终止条件】栏选为【给定深度】；将长度设为 22；选择【内部虚拟交点】；将【法兰位置】栏选为【材料在内】；激活【自定义释放槽类型】栏，将【释放槽类型】选为【撕裂形】；单击下面的【切口】按钮，如图 9-51 所示。

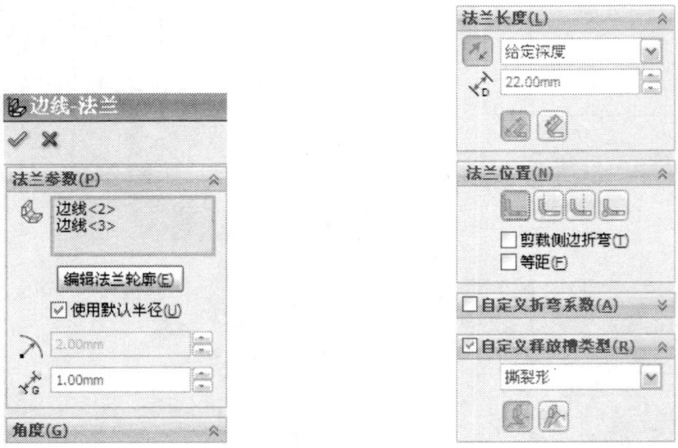

图 9-51 【边线-法兰】属性管理器

02 设置好后，绘图区出现预览。单击【确定】按钮✔，完成边线法兰的绘制，结果如图 9-52 所示。

03 重复以上步骤，选择【插入】→【钣金】→【边线法兰】命令，在与刚创建边线法兰的面相对的另一面的边线上创建边线法兰，结果如图 9-53 所示。

（4）使用【展开】与【折叠】命令对折弯进行操作

选择【展开】和【折叠】命令，将钣金盒子展开为平面板型后再折叠为钣金型式。具体的操作步骤如下。

01 展开。选择【插入】→【钣金】→【展开】命令，弹出【展开】属性管理器，将【固定面】栏激活，在绘图区选中盒子底面；单击【收集所有折弯】按钮，此时，【要展开的折弯】栏中自动填入模型中的所有折弯，如图 9-54 所示。

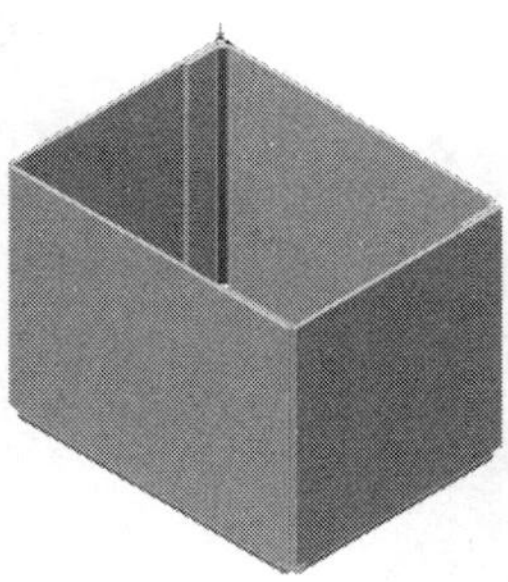

图 9-52 边线法兰

图 9-53 完成边线法兰的创建

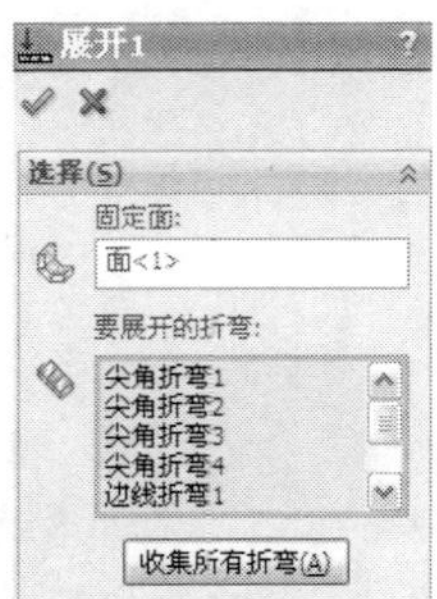

图 9-54 【展开】属性管理器

02 设置好后，单击【确定】按钮✔，完成展开操作。此时，绘图区的钣金盒子被展开成平面板型，如图 9-55 所示。

03 折叠。选择【插入】→【钣金】→【折叠】命令，弹出【折叠】属性管理器，将【固定面】栏激活，在绘图区选中盒子底面；单击【收集所有折弯】按钮，此时，【要折叠的折弯】栏中自动填入模型中的所有折弯，如图 9-56 所示。

04 设置好后，单击【确定】按钮，完成折叠操作。此时，绘图区的钣金盒子被恢复为钣金型式。单击【常用】工具栏中的【保存】按钮，将结果保存，如图 9-57 所示。

图 9-55 展开为平板形式

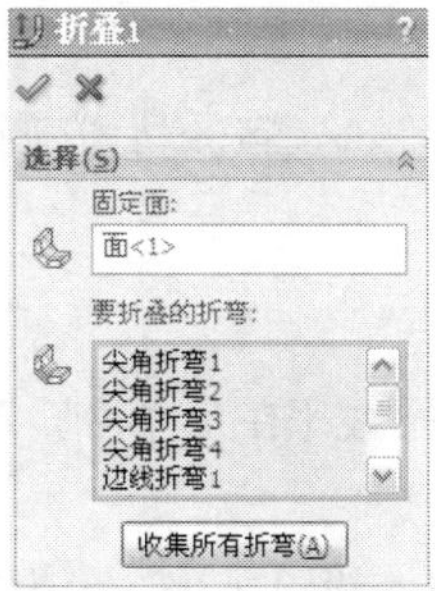

图 9-56 【折叠】属性管理器

图 9-57 完成后的钣金盒子模型

9.4 钣金成形工具

利用钣金成形工具可制作折弯、伸展或成形钣金的冲模，并根据相关参数生成一些成形特征。

9.4.1 钣金成形工具属性设置

图 9-58 所示为单击【成形工具】按钮后弹出的【成形工具】属性管理器，包括【停止面】栏与【要移除的面】栏。

1. 【停止面】面

用于指定停止面参照。

2. 【要移除的面】栏

用于指定要移除的面参照，如图 9-59 所示。

图 9-58 【成形工具】属性管理器

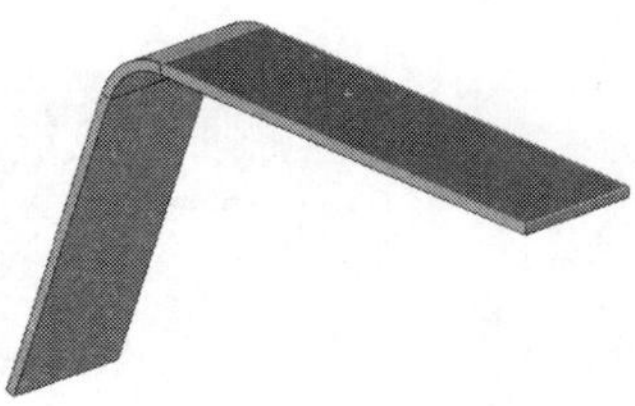

停止面

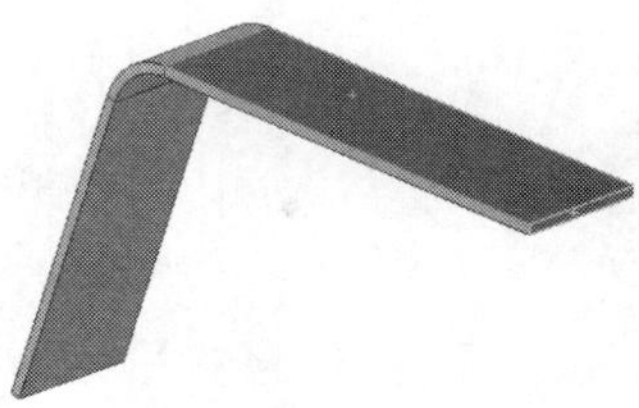

要移除的面（侧面）

图 9-59 指定停止面与要移除的面

9.4.2 钣金成形工具操作步骤

成形工具创建特征的操作步骤如下。

01 单击【钣金】工具栏中的【成形工具】按钮，弹出【成形工具】属性管理器。

02 依次在零件中定义停止面与要移除的面参照。

03 绘制定位成形特征的草图，如构造性直线。

04 从设计库中插入成形工具以创建成形特征。

9.4.3 钣金成形特征

钣金成形特征是将现有的钣金特征参照草绘线或现有的线来创建有一定形状的特征，常用的命令有转折与褶边等。

1．转折

转折命令是在草绘平面中创建草图线来生成两个折弯而将材料添加到钣金零件上的过程。

创建转折特征的操作步骤如下。

01 单击【钣金】工具栏中的【转折】按钮，弹出【信息】提示框。

02 选择平面进入草绘模式，并在完成草图的绘制后退出草绘模式。

03 在属性管理器中定义创建特征时的相关参数，如选择固定面与定义等距距离。

04 单击【确定】按钮，完成转折特征的创建。

图 9-60 左图所示为【转折】属性管理器，它由【选择】栏、【转折等距】栏、【转折位置】栏、【转折角度】栏与【自定义折弯系数】栏组成。将【转折位置】栏、【转折角度】栏与【自定义折弯系数】栏展开后的状态如图 9-60 右图所示。

图 9-60 【转折】属性管理器

（1）【选择】栏

- 固定面：选择固定转折特征的面参照，即绘制草图时的草绘平面。

- 折弯半径：定义转折处半径的大小。

（2）【转折等距】栏

- 终止条件：用于指定终止条件类型，包括【给定深度】、【成形到某一顶点】、【成形到某一面】与【到离指定面指定的距离】4 种。
- 等距距离：用于定义等距的距离。
- 尺寸位置：用于指定标注尺寸时的基准参照。
- 固定投影长度：转折后延伸特征的长度与原始特征长度相同。

（3）【转折位置】栏

用于指定转折位置，包括【折弯中心线】、【材料在内】、【材料在外】与【折弯在外】4 种。

（4）【转折角度】栏

用于定义转折的角度。

（5）【自定义折弯系数】栏

选择折弯系数类型并定义参数。

2．褶边

褶边是指在零件中选择所需褶边的边线，并根据一定的参数创建出相关形式的褶边。

创建褶边特征的操作步骤如下。

01 单击【钣金】工具栏中的【褶边】按钮，弹出【褶边】属性管理器。

02 在零件中选择要添加褶边的边线。

03 在属性管理器中定义创建特征时的相关参数，如长度与缝隙距离等。

04 单击【确定】按钮，完成褶边特征的创建。

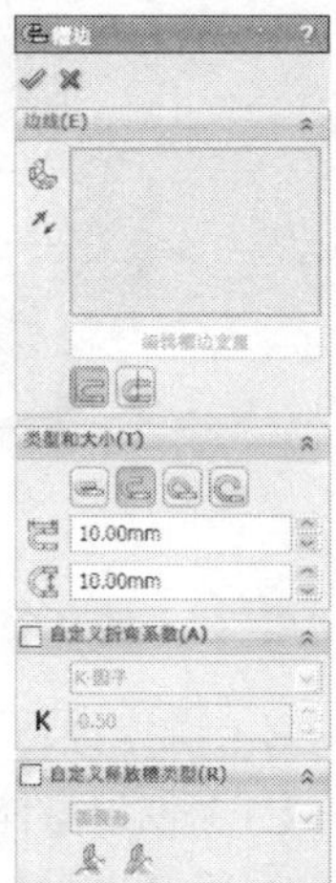

图 9-61 【褶边】属性管理器

图 9-61 所示为单击【褶边】按钮后弹出的【褶边】属性管理器，包括【边线】栏、【类型和大小】栏、【自定义折弯系数】栏和【自定义释放槽类型】栏，下面介绍前 3 栏。

（1）【边线】栏

该栏是创建褶边的基础步骤，其功能有边线的选择、褶边的方向控制及折弯位置设定等，其中折弯的位置有【材料在内】与【折弯在外】两种。

（2）【类型和大小】栏

不同的褶边类型有不同的折弯位置，如图 9-62 所示。

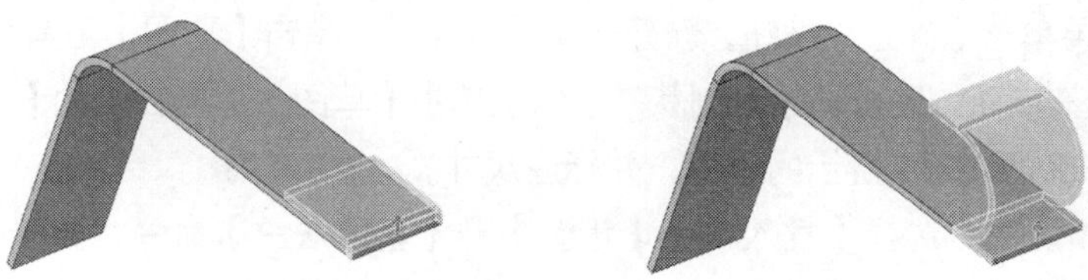

闭合　　开环

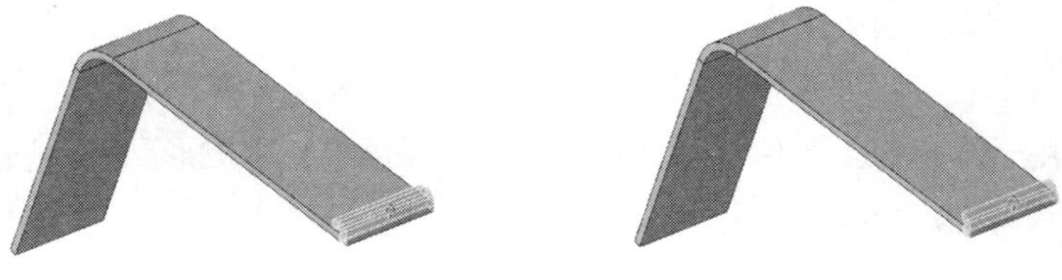

撕裂形　　滚动

图 9-62　不同的褶边类型图

（3）【自定义折弯系数】栏

选择折弯系数类型并定义参数。

★ 课堂实训：利用基体法兰和褶边命令创建合页

合页俗称铰链，常组成两折式，是连接家具两个部分并使之活动的金属件。通常，合页可以分为普通合页、烟斗合页（也称弹簧铰链）、大门合页和其他合页。

1. 设计分析

合页的组合模型如图 9-63 所示，合页 1 的模型如图 9-64 所示。从合页 1 的模型可以看出，它是典型的钣金零件，其建模过程主要用到了【基体法兰】、【褶边】和【断裂边角】等钣金设计命令；此外，还用到了【拉伸切除】特征建模命令。

图 9-63　合页组合模型

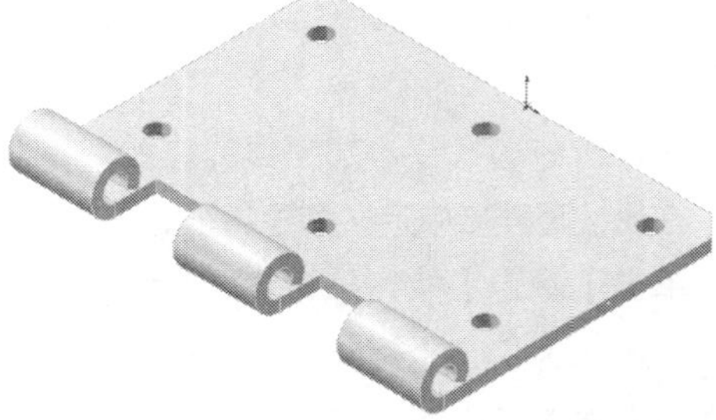

图 9-64　合页 1 模型

2. 操作步骤

（1）创建基体法兰

利用 SolidWorks 2012 绘制合页 1 之前，首先要创建一个新的零件文件，然后绘制草图并创建基体法兰。具体的操作步骤如下。

01 单击【常用】工具栏中的【新建】按钮，弹出【新建 SolidWorks 文件】对话框，单击【零件】按钮，再单击【确定】按钮，新建一个零件文件。单击【草图】工具栏中的【草图绘制】按钮，选择前视基准面，进入草图绘制状态。依次单击【草图】工具栏中的【中心线】按钮和【直线】按钮，绘制图 9-65 所示的草图，并标注尺寸。

02 创建基体法兰。选择【插入】→【钣金】→【基体法兰】命令，弹出【基体法兰】属性管理器。在【终止条件】栏中选择【给定深度】；将【深度】栏改为 70；其他设置保持系统默认状态，单击【确定】按钮，结果如图 9-66 所示。

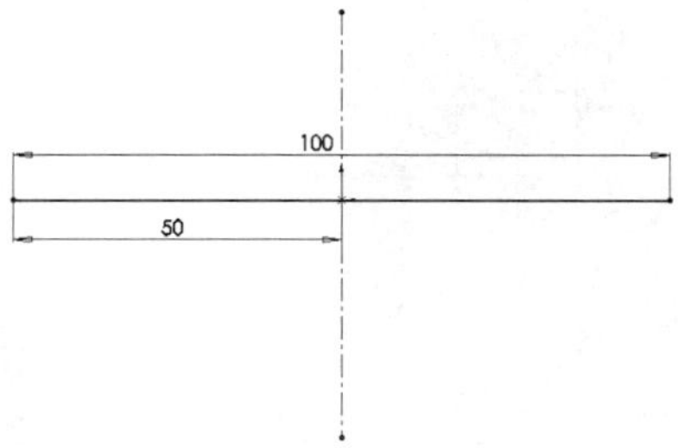

图 9-65　绘制草图并标注尺寸

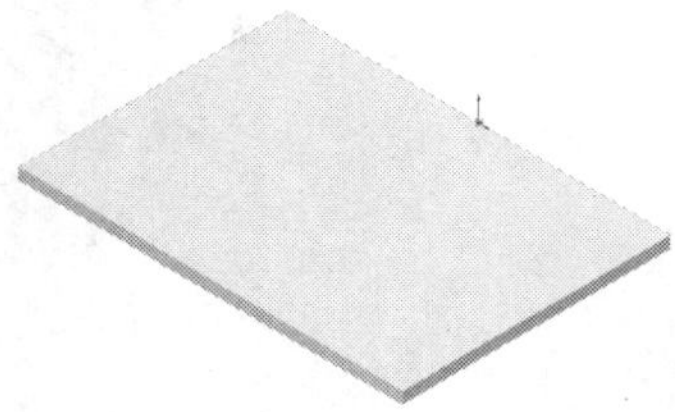

图 9-66　基体法兰

（2）使用【线性阵列】命令创建圆阵列

在基体法兰上绘制草图，然后选择【线性阵列】命令，线性阵列圆。具体的操作步骤如下。

01 绘制矩形和圆。选中基体法兰上表面，单击【草图】工具栏中的【草图绘制】按钮，依次单击【前导视图】工具栏中的【视图定向】→【正视于】按钮，将视图调整为正视状态。依次单击【草图】工具栏中的【中心线】、【圆】及【矩形】按钮，绘制草图并标注尺寸，结果如图 9-67 所示。

02 线性阵列圆。单击【草图】工具栏中的【线性阵列】按钮，或选择【插入】→【阵列/镜像】→【线性阵列】命令，弹出【线性阵列】属性管理器。将【方向 1】栏的间距改为 40，单击【反向】按钮，将【数量】栏改为 3，【角度】栏输入 180°；将【方向 2】栏的间距改为 40，单击【反向】按钮，将【数量】栏改为 2，【角度】栏输入 270°；将【要阵列的实体】栏激活，在绘图区选择绘制的圆；其他设置如图 9-68 所示。

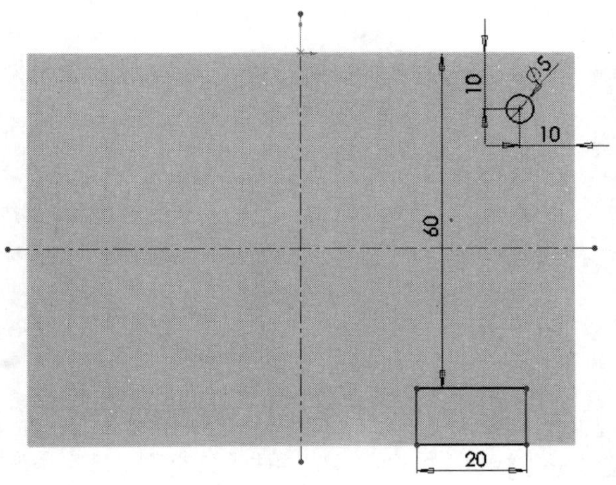

图 9-67　绘制草图并标注尺寸

图 9-68 【线性阵列】属性管理器

03 设置好后，绘图区出现线性阵列圆预览；单击【确定】按钮，结果如图 9-69 所示。

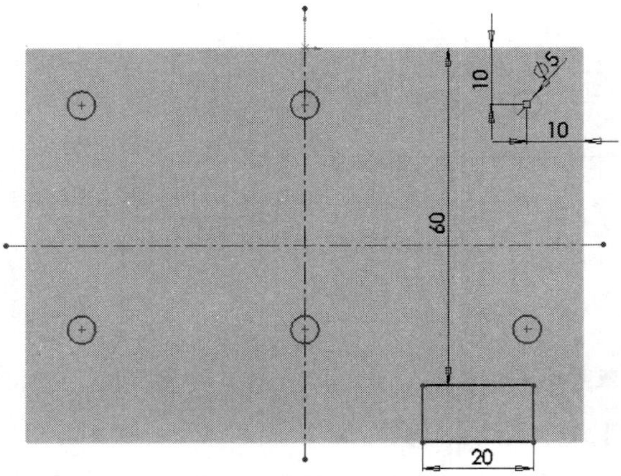

图 9-69　线性阵列圆

（3）使用【镜像】命令对称绘制矩形

选择【镜像】命令，对基体法兰上表面绘制的矩形进行镜像操作；单击【特征】工具栏中的【拉伸切除】按钮，在基体法兰上生成孔等特征；单击【钣金】工具栏中的【褶边】按钮，为基体法兰创建褶边特征。具体的操作步骤如下。

01 以草图中的竖直中心线为镜像点，以矩形 4 条边线为要镜像的实体，进行镜像操作。然后对镜像后的矩形进行尺寸标注，确定其位置，结果如图 9-70 所示。

02 选择【插入】→【切除】→【拉伸】命令，或者单击【特征】工具栏中的【拉伸切除】按钮，弹出【切除 – 拉伸】属性管理器。将【终止条件】改为【完全贯穿】，单击【确定】按钮，结果如图 9-71 所示。

提示： 动态镜像绘制矩形，也可以使用【动态镜像】命令绘制矩形草图。

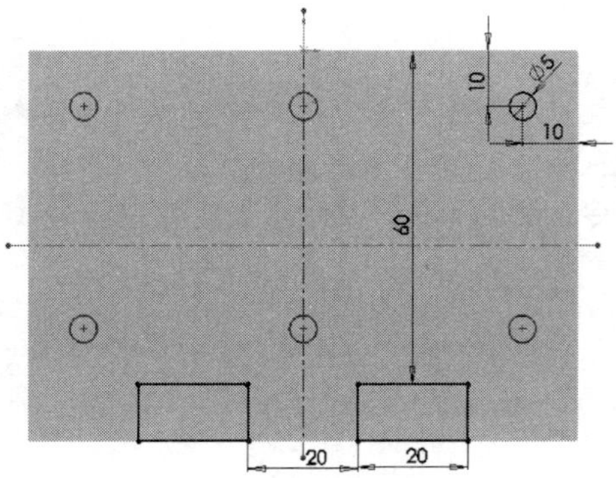

图 9-70　镜像矩形

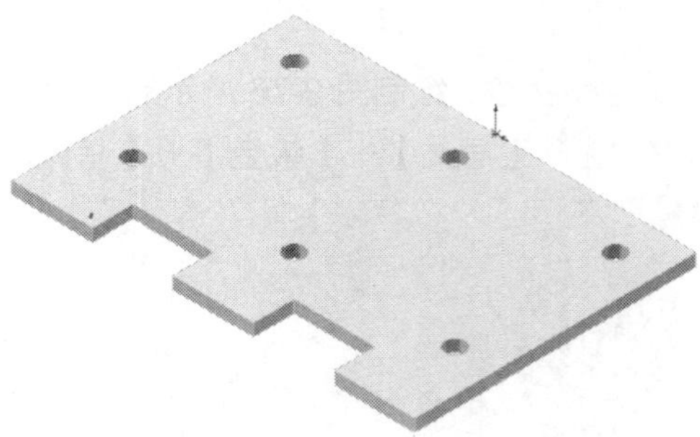

图 9-71　拉伸切除

03 创建褶边。选择【插入】→【钣金】→【褶边】命令，或者单击【钣金】工具栏中的【褶边】按钮，弹出【褶边】属性管理器。将【边线】栏激活，选择要创建褶边的边线，单击【折弯在外】按钮；在【类型和大小】栏中单击【滚扎】按钮；其他设置如图 9-72 所示。

04 此时，绘图区出现褶边预览，单击【确定】按钮，完成特征创建。在绘图区右击，在弹出的快捷菜单中选择【旋转视图】命令，调整视图到合适位置，结果如图 9-73 所示。

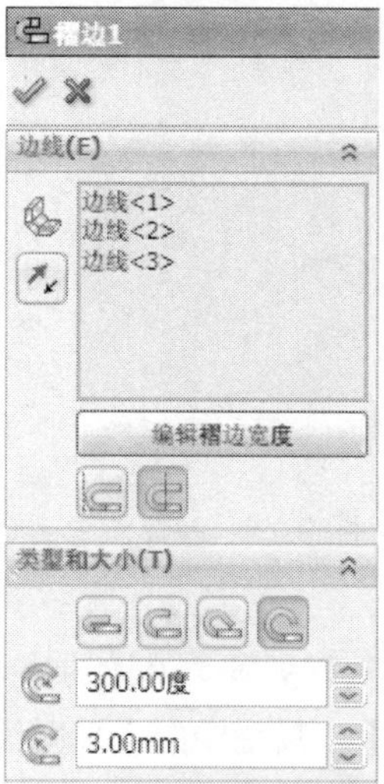

图 9-72 【褶边】属性管理器

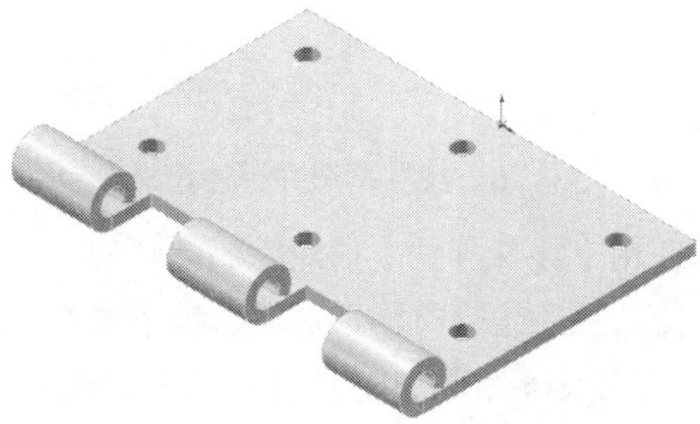

图 9-73　创建褶边后

（4）使用【断裂边角】命令创建倒角

选择【断裂边角】命令，在合页 1 的两边角处创建倒角。合页 2 的模型如图 9-74 所示。利用 SolidWorks 2012 绘制合页 2 之前，首先要创建一个新的零件文件，然后绘制草图并创建基体法兰。具体的操作步骤如下。

01　选择【插入】→【钣金】→【断裂边角】命令，弹出【断裂边角】属性管理器。将【边角边线和/或法兰面】栏激活，选择要断裂边角的面；【折断类型】选择【倒角】；将距离设为 5；单击【确定】按钮，得到合页 1 的模型，如图 9-75 所示。

02　单击【常用】工具栏中的【保存】按钮，将绘制好的合页 1 保存。单击【常用】工具栏中的【新建】按钮，弹出【新建 SolidWorks 文件】对话框，单击【零件】按钮，再单击【确定】按钮，新建一个零件文件。单击【草图】工具栏中的【草图绘制】按钮，选择前视基准面，进入草图绘制状态。绘制图 9-76 所示的草图，并标注尺寸。

03　选择【插入】→【钣金】→【基体法兰】命令，弹出【基体法兰】属性管理器。将【终止条件】选择为【给定深度】；将【深度】栏改为 70；其他设置保持系统默认状态，单击【确定】按钮，结果如图 9-77 所示。

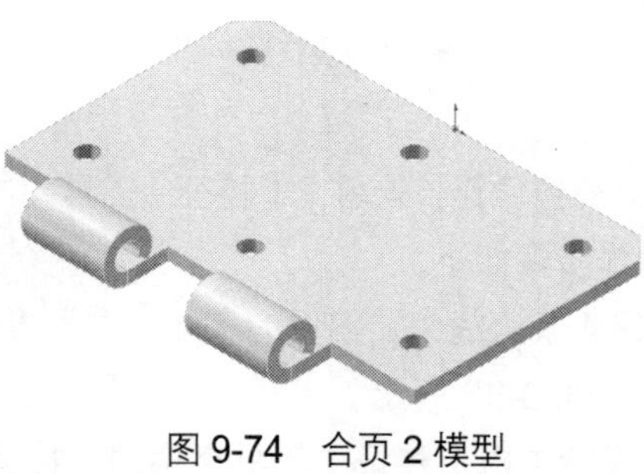

图 9-74　合页 2 模型

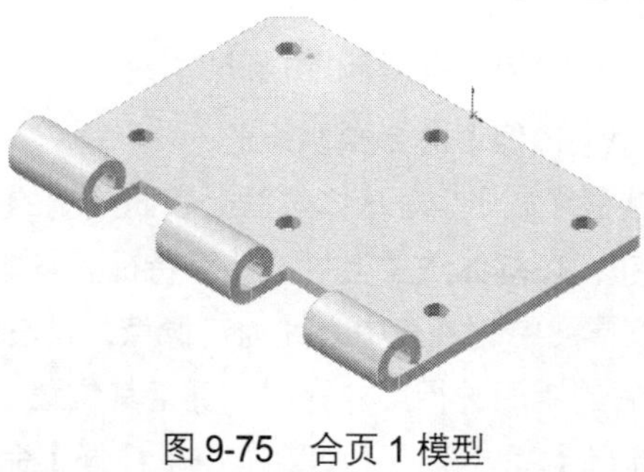

图 9-75　合页 1 模型

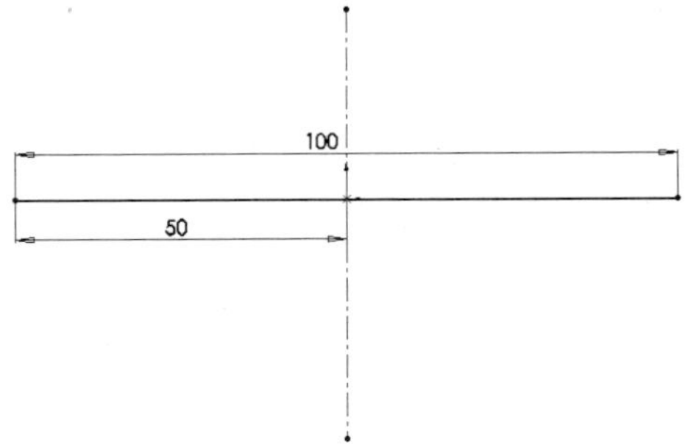

图 9-76　绘制草图并标注尺寸

图 9-77　基体法兰

（5）使用【线性阵列】命令绘制圆阵列

在基体法兰上绘制草图，然后选择【线性阵列】命令，线性阵列圆。具体的操作步骤如下。

01　绘制矩形和圆。选中基体法兰上表面，单击【草图】工具栏中的【草图绘制】按钮，依次单击【前导视图】工具栏中的【视图定向】→【正视于】按钮，将视图调整为正视状态。依次单击【草图】工具栏中的【中心线】、【圆】及【矩形】按钮，绘制草图并标注尺寸，结果如图 9-78 所示。

02　线性阵列圆。单击【草图】工具栏中的【线性阵列】按钮，或选择【插入】→【阵列/镜像】→【线性阵列】命令，弹出【线性阵列】属性管理器。将【方向 1】栏的间距改为 40，单击【反向】按钮，将【数量】栏改为 3，【角度】栏输入 180°；将【方向 2】栏的间距改为 40，单击【反向】按钮，将【数量】栏改为 2，【角度】栏输入 270°；将【要阵列的实体】栏激活，在绘图区选择绘制的圆；单击【确定】按钮，结果如图 9-79 所示。

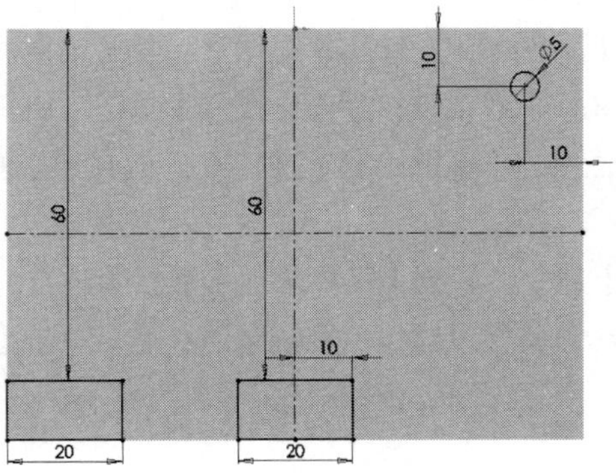

图 9-78　绘制草图并标尺寸

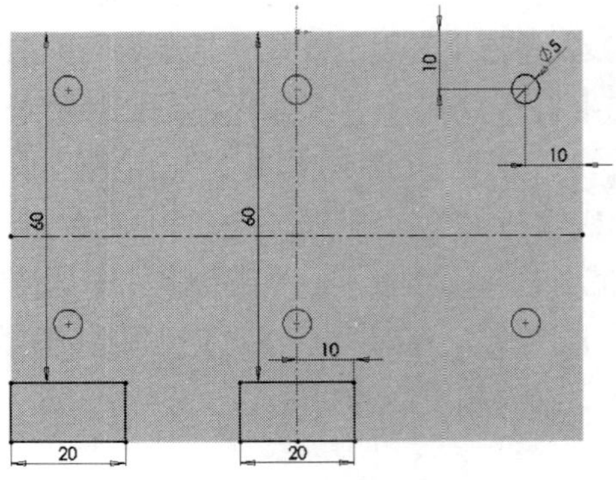

图 9-79　线性阵列圆

（6）使用【镜像】命令绘制矩形

选择【镜像】命令，对基体法兰上表面绘制的矩形进行镜像操作。单击【特征】工具栏中的【拉伸切除】按钮，在基体法兰上生成孔等特征。具体的操作步骤如下。

01　以草图中的竖直中心线为镜像点，以左侧矩形 4 条边线为要镜像的实体，进行镜像操作。然后对镜像后的矩形进行尺寸标注，确定其位置，结果如图 9-80 所示。

02　选择【插入】→【切除】→【拉伸】命令，或者单击【特征】工具栏中的【拉伸切除】

按钮，弹出【切除－拉伸】属性管理器。将【终止条件】栏改为【完全贯穿】，单击【确定】按钮，结果如图 9-81 所示。

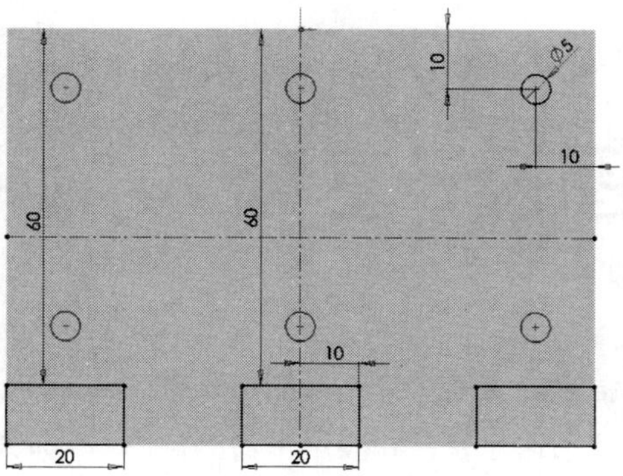

图 9-80　镜像矩形

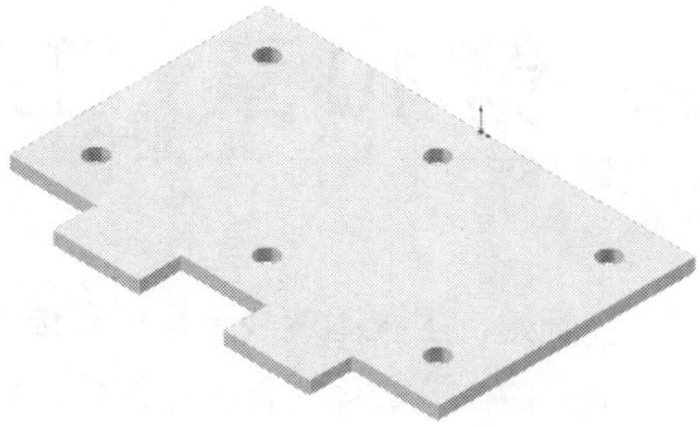

图 9-81　拉伸切除

（7）创建褶边和倒角

单击【钣金】工具栏中的【褶边】按钮，为基体法兰创建褶边特征；然后单击【特征】工具栏中的【倒角】按钮，在合页 2 的两边角处创建倒角。具体的操作步骤如下。

01 创建褶边。选择【插入】→【钣金】→【褶边】命令，或单击【钣金】工具栏中的【褶边】按钮，弹出【褶边】属性管理器。将【边线】栏激活，选择要创建褶边的边线，单击【折弯在外】按钮；在【类型和大小】栏中单击【滚扎】按钮；其他设置保持系统默认状态；单击【确定】按钮，结果如图 9-82 所示。

02 创建倒角。选择【插入】→【特征】→【倒角】命令，或单击【特征】工具栏中的【倒角】按钮，弹出【倒角】属性管理器。将【边线和面或点】栏激活，选择要创建倒角的边线；选择【角度距离】方式；将距离设为 5，角度设为 45°；单击【确定】按钮，得到合页 2 的模型，如图 9-83 所示。单击【常用】工具栏中的【保存】按钮，将其保存。

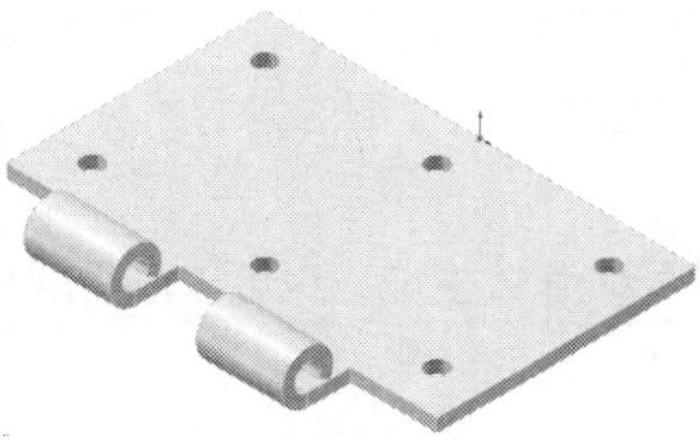

图 9-82　创建褶边

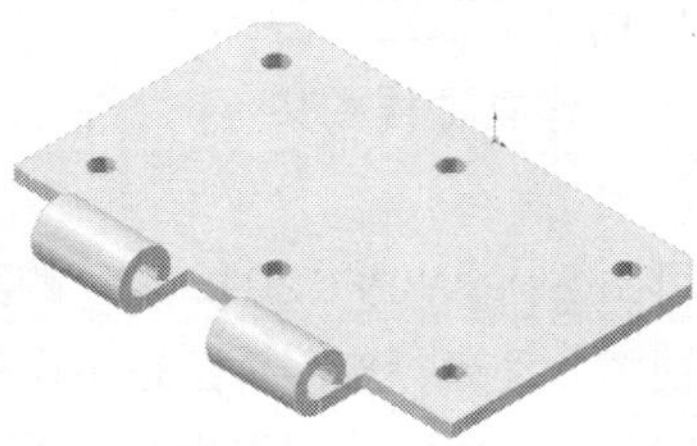

图 9-83　合页 2 模型

9.5　本章小结

本章介绍了有关钣金的基本术语、建立钣金和编辑钣金的方法，以及使用钣金成形工具的方法，并结合具体实例讲解了建立钣金零件的步骤。熟练使用钣金工具和钣金成形工具可以设计结构复杂的钣金零件。

第 10 章　工程图设计基础

自工业时代开始，工程图就成为描述和传递产品信息的主要媒介。虽然在三维 CAD 中，三维模型成为产品信息的主要载体，但工程图依然扮演着产品信息整合和展示平台的角色。SolidWorks 的工程图文件的扩展名为.slddrw。

工程图可以由实体零件或装配体直接生成，由 SolidWorks 2012 建立的工程图文件包括图纸格式和工程图内容两个相对独立的部分。

本章将详细介绍利用 SolidWorks 2012 的实体模型建立工程图文件以及创建工程视图的方法，目的是让用户掌握工程图的基本操作，从而快速地生成符合国家标准、能够用于指定加工和装配制作的工程图样。

10.1　工程图概述和基本设置

工程图是表达设计思想以及加工制造和装配零部件的依据，是工程界进行技术交流的重要文件。

一般说来，工程图应该由一组视图、完整（或必须）的尺寸、技术要求和标题栏及明细表 4 部分内容组成。

SolidWorks 2012 的工程图文件由相对独立的两部分组成，即图纸格式文件和工程图内容。图纸格式文件包括工程图的图幅大小、标题栏设置、零件明细表定位点等，这些内容在工程图中保持相对稳定。建立工程图文件时，首先要指定图纸的格式。工程图的内容可分别通过以下方法获取：

- 视图可由 SolidWorks 2012 设计的实体零件和装配体直接生成，也可以基于现有的视图建立新的视图。例如，剖面视图是由现有的工程视图所生成的。
- 工程图上的尺寸既可以在生成工程图时直接插入，也可以通过尺寸标注工具标注生成。
- 技术要求包括尺寸公差、形位公差、表面粗糙度和文本等，它们在 SolidWorks 2012 的工程图中属于注释内容，同样可以由模型给定，也可在工程图中生成。

在工程图文件中，可以建立链接模型的参数，如已经定义的零件名称、零件序号、零件的材料等内容。一旦将这些内容链接到格式文件中，建立工程图时模型中相应的内容将自动在工程图中更新，这样能大大提高建立工程图的效率。

零件、装配体和工程图是互相链接的文件，对零件或装配体所做的更改会导致工程图文件的相应变更，这种关联关系是安装软件时设定的，如更改，只要重新安装软件即可。

10.1.1　创建工程图文件

工程图文件（*.slddrw）是包括工程图的 SolidWorks 文件，相当于一种工程图纸，下面介绍创建工程图文件的操作步骤。

1. 新建工程图文件

新建工程图时，首先需要选择工程图模板文件。具体操作步骤是：单击【文件】工具栏中的【新建】按钮，或选择【文件】→【新建】命令，将弹出图 10-1 所示的对话框；单击【工程图】按钮，单击【确定】按钮，即可进入新建立的工程图文件，并弹出图 10-2 所示的【图纸格式/大小】对话框。

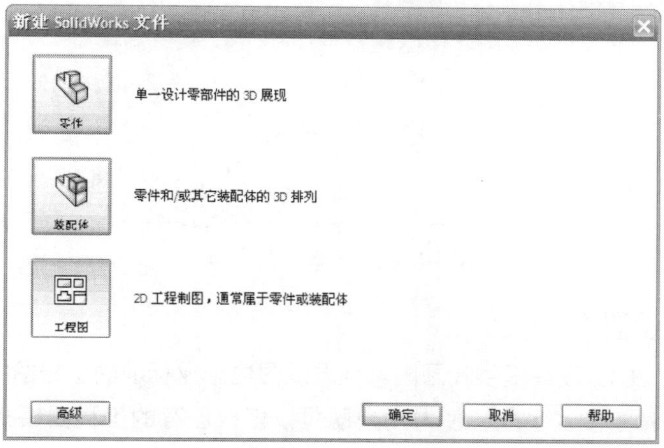

图 10-1 【新建 SolidWorks 文件】对话框

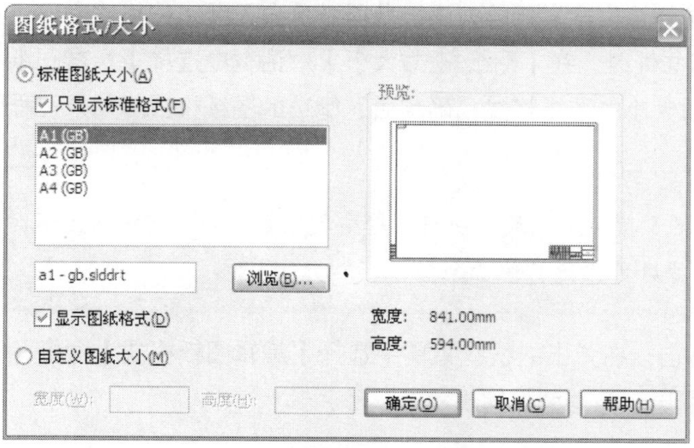

图 10-2 【图纸格式/大小】对话框

2. 选择图纸格式

利用新建工程图时弹出的【图纸格式/大小】对话框，可以选择标准或用户自定义好的图纸格式。下面分别进行介绍。

- 选择【标准图纸大小】单选按钮，从下拉列表框中可以选择系统默认的标准图纸格式文件。
- 单击【浏览】按钮，可以指定格式文件所在的位置，选择已经建立好的系统格式文件。
- 选择【自定义图纸大小】单选按钮，可以根据需要选择非标准大小的图纸。

- 勾选【显示图纸格式】复选框，可以在图纸中显示所选择的图纸格式，否则不显示图纸格式。

确定使用的图纸格式后，系统将其自动添加到新建的工程图文件中。例如，从【标准图纸/大小】下拉列表框中选择【A3-横向】图纸幅面后，以此格式生成的工程图文件窗口界面如图 10-3 所示。

图 10-3 工程图文件窗口

10.1.2 图纸格式设置

虽然 SolidWorks 2012 没有提供我国国家标准或国内企业标准的工程图纸格式，但提供了非常方便的图纸格式编辑和修改手段，使得用户既可以修改已有的工程图格式，也可以新建图纸格式。

可以利用修改系统标注格式文件的方法，获得满足自己要求的格式文件。具体操作步骤如下。

01 新建工程图文件时，在【图纸格式/大小】对话框中选择【标准图纸大小】单选按钮，从下拉列表框中选择合适大小的图纸格式；确定后，标准的图纸格式将加入工程图中。

注 意

系统进入【工程图】模块后，默认执行【模型视图】命令。需编辑图纸时，应先单击【取消】按钮，退出该命令，然后再执行其他命令。

02 在绘图区右击，在弹出的快捷菜单中选择【编辑图纸格式】命令，进入编辑图纸格式状态，图纸中标题和图框显示为蓝色可编辑状态。

注 意

工程图文件中有编辑图纸和编辑图纸格式两种状态，可通过右键快捷菜单进行切换。在编辑图纸状态中可切换图纸格式，但不能修改。

03 在编辑图纸格式状态下，可对不符合要求的设置进行修改。如需要修改线型，可先选择之，然后利用弹出的【直线】属性管理器或右键快捷菜单修改或删除直线；双击需要修改的文字，然后可在弹出的【注释】属性管理器中进行修改；如需修改文字内容，则右击文字，然后在弹出的快捷菜单中选择【编辑文字】命令，再进行修改。

04 完成图纸格式的修改后，在绘图区的空白处右击，然后选择快捷菜单中的【编辑图纸】命令，即可切换到编辑图纸状态。此时图纸格式的内容全部变为灰色显示，处于不被激活的状态。

05 保存图纸格式文件。选择【文件】→【保存图纸格式】命令，将弹出【保存图纸格式】对话框，如图 10-4 所示，指定保存零件并命名，单击【保存】按钮退出。图纸格式文件的扩展名为.slddrt，是一种只能在工程图文件中打开的格式文件。

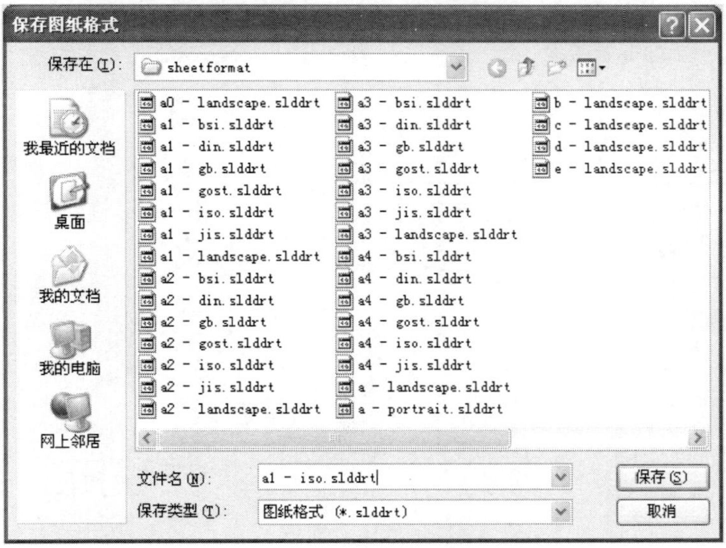

图 10-4　保存为图纸格式

10.1.3　图纸格式编辑

建立新的工程图格式文件的一般步骤是：选择图纸大小；确定图框的标题和标题栏；设定文本。具体操作步骤如下。

01 选择【文件】→【新建】命令，双击工程图按钮，在弹出的图 10-5 所示的【图纸格式/大小】对话框中，设置图幅大小和方向，取消勾选【显示图纸格式】复选框，保持其余默认项，单击【确定】按钮。

02 在绘图区右击，在弹出的快捷菜单中选择【编辑图纸格式】命令，如图 10-6 所示，进入图纸格式的编辑状态。

> **注意**
>
> 在编辑图纸格式状态下，可以随时进行图纸格式的编辑。进入编辑图纸格式状态后，将不显示图纸中的其他内容。

03 按 GB/T 14689.1—1993 规定的图纸幅面（如 A4 横放）绘制一个矩形边框，使矩形边框处于选中状态，单击【线型】工具栏中的【线粗】按钮，设定线粗。

04 在图框的右下角用绘制草图命令绘制标题栏框格，如图 10-7 所示。

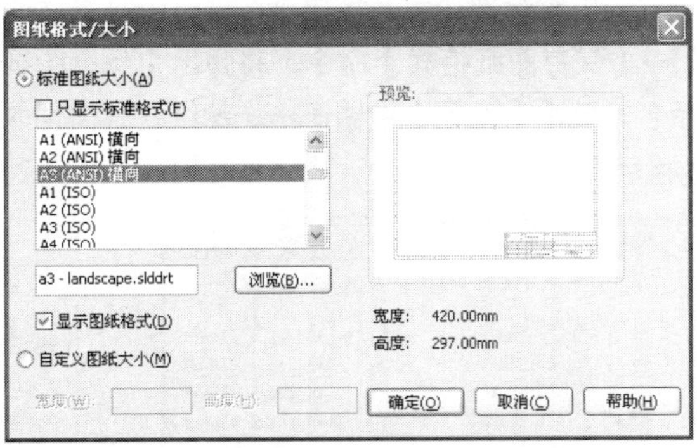

图 10-5　使用无图纸格式建立工程图文件格式

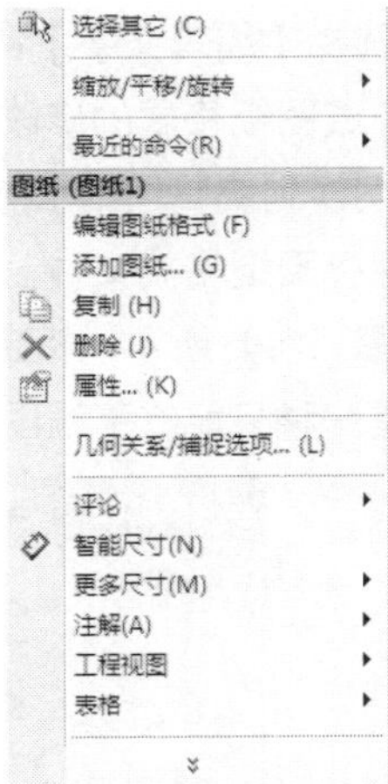

图 10-6　进入编辑图纸格式状态

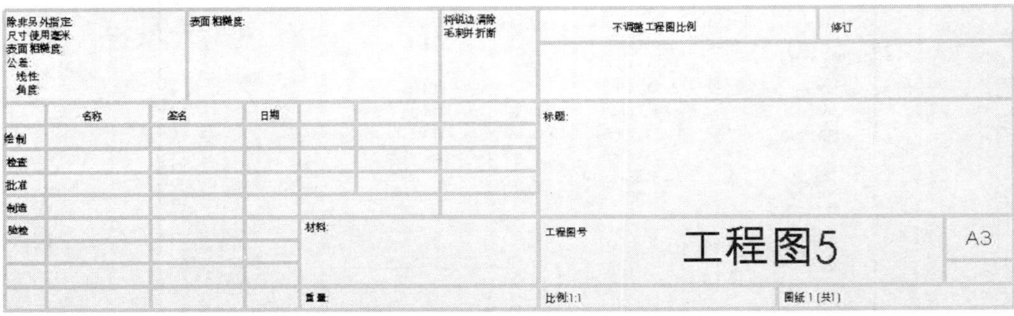

图 10-7　标题栏设置

05　添加注释内容。单击【注释】工具栏中的【注释】按钮，当鼠标指针移动到绘图区时，左上角将带有一个矩形文本框，在标题栏中需添加注释的位置单击，然后插入文本注释的位置，输入文本内容。

06　插入自动更新的项目。当模型或图纸的自动更新项目参数发生变化时，格式文件注释也发生相应变化，这种相关性可以提高工作效率。可设置成自动更新的项目有 18 处之多，在此，仅介绍几种常用的项目。

- 设置图纸比例。单击已经编辑好的文本注释，在控制区弹出【注释】属性管理器，单击【属性链接】按钮，弹出图 10-8 所示的对话框，在【链接到属性】下拉列表框中选择【SW-图纸比例（Sheet Scale）】选项，单击【确定】按钮。
- 设置图纸文件名称。操作方法与插入【图纸比例】的方法相同，在【链接到属性】下拉列表框中选择【SW-文件名称（File Name）】选项，调整好文字的属性和位置，单击【确定】按钮。
- 设置图纸中链接的材料名称和链接代号。单击【注释】按钮，插入文本注释，在【注释】文本框中输入$PRSHEET:“material”，将文本注释放置在需填写的材料一栏的表单元格中。用同样的方法将 material 改成 partID，可以在标题栏右上角的表格中插入零件序号。

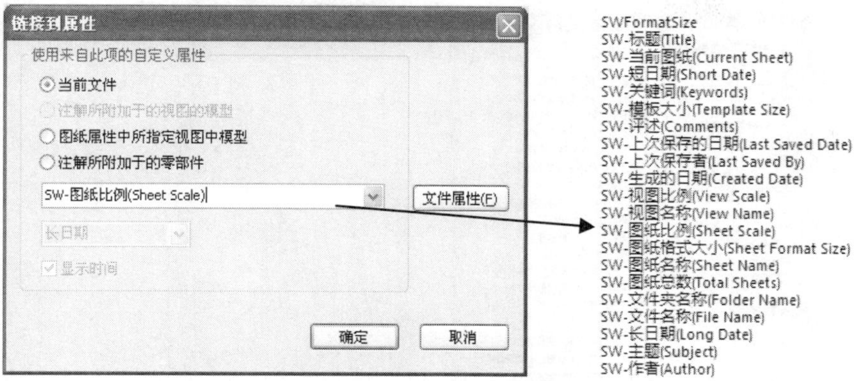

图 10-8　链接图纸比例

07　插入图纸中的其他项目，如【技术要求】、【其余】等文字，并按国标调整文字属性。

08　编辑完所有内容后，在图纸空白处右击，然后选择快捷菜单中的【编辑图纸】命令，退出图纸格式的编辑状态。

09　选择【文件】→【保存图纸格式】命令，指定路径及文件名，确定后保存。

注意

工程图格式文件不能单独编辑，只能通过信件工程图的方法指定需要编辑格式的文件，编辑后的格式文件只有保存后才能用于其他的工程图文件。

10.2　工程图环境设置

在建立工程图之前，通常需要对 SolidWorks 2012 的系统环境和系统选项做一些设置，以便用户更方便地使用其功能，下面详细介绍工程图的环境设置。

10.2.1　设定工程图选项

由于不同的系统设置将带来不同的工程图内容，所以在进行编辑工程图操作之前，应该设置系统和文档属性。

1．系统选项设置

01　选择【工具】→【选项】命令，将弹出【系统选项】对话框，并默认进入【系统选项】选项卡。

02　选择图 10-9 所示的【工程图】选项，主要进行以下项目的设置：

- 勾选【自动缩放新工程视图比例】复选框，可以在插入新工程视图时自动选择模型与工程图纸间合适的比例。
- 勾选【打开工程图时允许自动更新】复选框，可以在打开工程图文件时，随工具零件和装配体文件的变化而自动更新。
- 取消勾选【在插入时消除复制模型尺寸】复选框，可以将模型尺寸插入工程图。

图 10-9　系统选项窗口

03　单击【确定】按钮，保存系统设置。

2. 文档属性设置

01　按上述方法进入【系统选项】对话框，单击【文档属性】选项卡，如图 10-10 所示，进入默认的【出详图】界面。选择【绘图标准】选项，设置【尺寸标注标准】为 GB/T。

图 10-10　文档属性界面

02　选择【单位】选项，设置工程图的单位为 mm。

注 意

文档属性的设置只适用于当前正在使用的工程图文件。

10.2.2　设定图纸属性

在制作模型工程图之前需要设定一些工程图界面的参数，如工程图纸的颜色、工程图背景、工程图图纸边框（以及纸张边框）、工程图锁定焦点和工程图视图边框。如果指定的是渐变背景，在工程图图纸背景中则会使用渐变颜色。

选择【工具】→【选项】→【系统选项】→【颜色】命令，指定工程图图纸属性。在各选项中可以指定新的颜色，如图 10-11 所示。

图 10-11　更改图纸颜色

图样上采用尺寸来表示机件的大小，并确定各组成要素的方向和位置，因此尺寸是图样上一个重要的组成部分。国际上存在多种绘图标准，切换到文档属性，在尺寸标注标准中，可以选择 ISO（国际标准化组织）、GB（中国国家标准）、BSI（英国标准化协会）、GOST（独联体标准）、ANSI（美国国家标准协会）、JIS（日本工业标准）、DIN（德国标准化协会），这些标准影响到某些出详图样式，如焊接符号、表面粗糙度符号以及尺寸箭头等。

SolidWorks 2012 支持中国国家工程绘图标准，这对于中国用户来说提供了极大的方便。这里选择中国国家工程绘图标准—GB，如图 10-12 所示。

图 10-12　选择尺寸标注标准

10.2.3　设定工程图模板

零件模板、装配体模板和工程图模板是 SolidWorks 2012 的 3 种必要的文件模板，在 SolidWorks 2012 软件成功安装后，系统自动为用户提供这 3 种文件模板。

与零件模板、装配体模板类似，SolidWorks 2012 工程图模板是定义了工程图文档属性的文件。

工程图文件的模板包含工程图的绘图标准、尺寸单位、投影类型、尺寸标注的箭头类型、文字标准的字体等多方面的设置选项。因此，根据国家标准建立符合要求的工程图文件模板，不仅可以使建立的工程图符合国标或企业标准的要求，而且在操作过程中能够大大地提高效率。

实际上，无论零件或者装配体中采用的绘图标准如何设置，利用模型建立工程图时，系统均使用工程图的绘图标准。因此，相对来说，建立工程图文件的模板比建立模型文件的模板更为重要。

一般说来，工程图文件模板中可定义如下内容。

- 工程图的文档属性：包含绘图标准在内的所有文档属性的设置。
- 图纸属性设置：定义图纸的属性，如视图的投影标准和图纸格式。
- 图纸格式：工程图模板文件可以包含图纸格式，也可以不包含图纸格式。

工程图模板的设定较为复杂，大致思路为：建立一个空的工程图文件，然后选择【工程】→【选项】→【文档属性】命令，在每个选项里按照国家标准设置好即可，最后保存格式为【工程图模板】。

由于工程图模板是按国际标准设计的，所以具有通用性。读者也可以根据自己的需要，利用现有的模板建立空的工程图文件，修改属性后保存为新的工程图模板。

10.3　工程视图

工程图中一般包括一个或几个通过模型建立的标准视图，也可以在现有视图的基础上建立其他派生的视图，如剖面视图、局部放大图、斜视图等。本节重点介绍在 SolidWorks 2012 中建立各种标准视图和派生视图的方法。

10.3.1　标准三视图

【标准三视图】是最常用、最基本的视图，它能为显示的零件或装配体同时生成 3 个默认的正交视图。

1．第一视角和第三视角投影法

【标准三视图】有第一视角投影和第三视角投影。在第一视角投影视图中，主视图显示在左上方，其他两个视图显示在上视图和左视图中，如图 10-13 所示。

在第三视角投影视图中，零件或装配体的默认主视图显示在左下方，其他两个视图显示在上视图和右视图中，如图 10-14 所示。

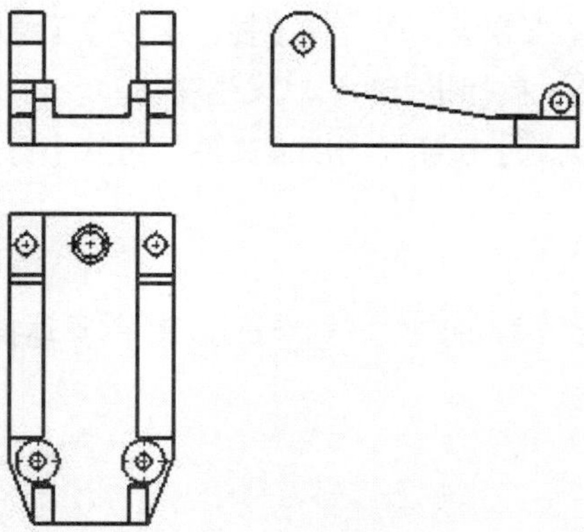

图 10-13　第一视角投影法

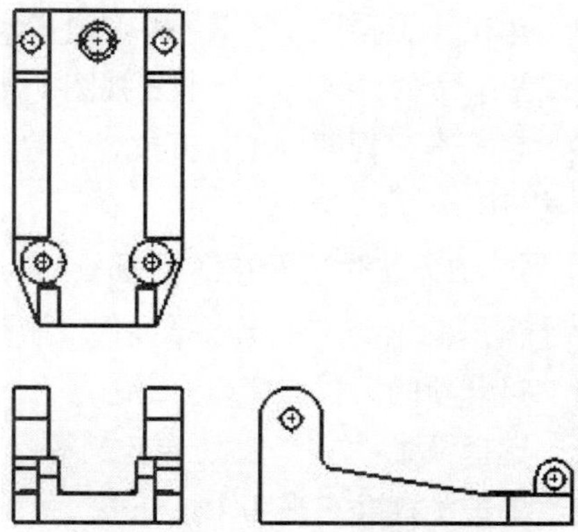

图 10-14　第三视角投影法

【主视图】与【俯视图】及【侧视图】有固定的对齐关系。俯视图可以竖直移动，侧视图可以水平移动。

【俯视图】、【侧视图】与【主视图】有对应关系。右击【俯视图】或【左视图】，然后在弹出的快捷菜单中选择【跳到俯视图】命令。跳转后的俯视图可以在本图纸中，也可以在另一张图纸上。

2．生成标准三视图

（1）使用标准方法生成标准三视图

01　打开零件或装配体文件，或打开包含所需模型视图的工程图文件。

02　打开一张新工程图。

03　单击【工程图】工具栏中的【标准三视图】按钮，或选择【插入】→【工程视图】→【标准三视图】命令，弹出【标准三视图】属性管理器，鼠标指针的形状发生变化。

04　单击【浏览】按钮，在弹出的对话框中选择目标文件，然后在标准三视图的【打开文档】栏中双击所需的零件或装配体文件，如图 10-15 所示。

05　单击【确定】按钮，生成标准三视图，如图 10-16 所示。可以拖动鼠标，将标准三视图拖放到合适的位置。

图 10-15　打开文件

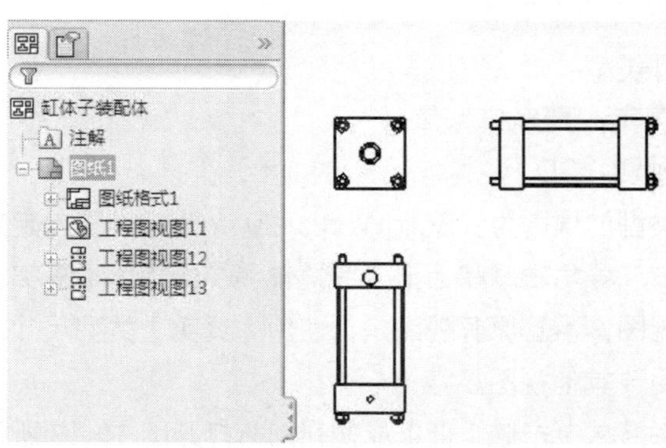

图 10-16　生成标准三视图

（2）从文件中生成标准三视图

可以在不打开模型文件时生成它的工程图，其操作如下。

01 单击【工程图】工具栏中的【标准三视图】按钮，或选择【插入】→【工程视图】→【标准三视图】命令，弹出【标准三视图】属性管理器，鼠标指针的形状发生变化。

02 在标准三视图的【打开文件】栏中单击【浏览】按钮找到所需文件，再从【打开文件】对话框中打开。

（3）用拖放方法生成标准三视图

将零件或装配体文件打开，把零件或装配体拖放到工程图中生成标准三视图，其具体操作如下。

01 打开新的工程图窗口。

02 选择纸张：A4、B3、自定义等。

03 单击【标准三视图】按钮。

04 选择【窗口】→【纵向平铺】（或【横向平铺】）命令。

05 将零件或装配体文件从资源管理器或自己的窗口拖放到工程图窗口中。也可以从【特征管理器设计树】顶部将打开的零件或装配体文件的名称拖放到工程图窗口中，视图将添加到工程图中。

06 单击该窗口右上角的【工程图放大到全屏】按钮，即可操作。

3. 更改视图属性

生成标准三视图后可以更改视图的各种属性。

（1）更改主视图属性

在图形区域单击主视图，打开图 10-17 所示的主【工程图视图】属性管理器，可更改以下属性。

- 显示样式：包括线架图、隐藏线可见、消除隐藏线、带边线上色和上色样式。
- 比例。
  - ➢ 使用图纸比例：使用工程图纸定义的比例。
  - ➢ 使用自定义比例：不使用工程图纸定义的比例，而指定一个不同的比例值。
- 尺寸类型。
  - ➢ 真实：精确模型值。
  - ➢ 预测：2D 尺寸。

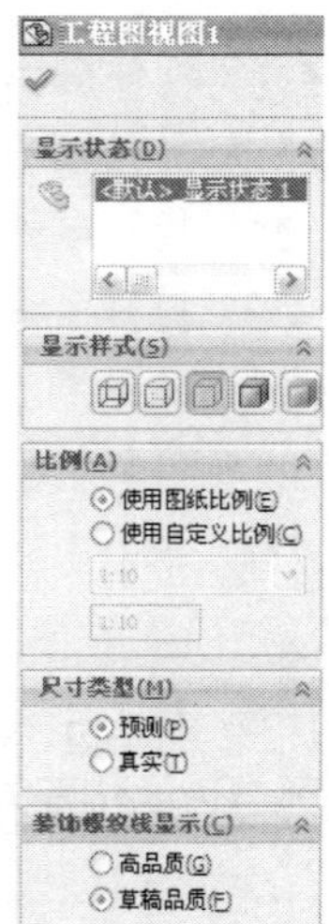

图 10-17 主【工程图视图】属性管理器

尺寸类型的规则为：SolidWorks 2012 为标准和自定义正交视图指定【预测】类型尺寸，为等轴测、左右二等角轴测和上下二等角轴测视图指定【真实】类型尺寸。如果从另一视图生成一个投影或辅助视图，不管原有视图是否使用【真实】类型尺寸，新视图将使用【预测】类型尺寸。

（2）更改其他视图属性

在图形区域单击俯（仰）或侧视图，打开图 10-18 所示的其他【工程图视图】属性管理器，可更改以下属性。

- 【箭头】选项组。
  - ➢ 箭头：表示投影的方向。
  - ➢ 标号：输入要随投影视图和其箭头显示的文字。
- 显示样式。
  - ➢ 勾选【使用父关系样式】复选框：使用与主视图相同的样式。
  - ➢ 不勾选【使用父关系样式】复选框：可使用与主视图不相同的样式。与主视图一样，可先选择显示的样式为【线架图】、【隐藏线可见】、【消除隐藏线】、【带边线上色】和【上色】。
- 比例缩放。
  - ➢【使用父关系比例】：使用主视图定义的比例。
  - ➢【使用图纸比例】：使用工程图纸定义的比例。
  - ➢【使用自定义比例】：不使用工程图纸定义的比例，而指定一个不同的比例值。
- 【尺寸类型】等其他属性与主视图定义方法相同。

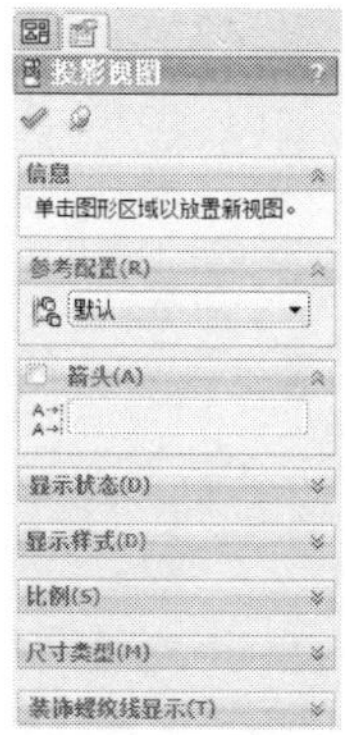

图 10-18　其他【工程图视图】属性管理器

10.3.2　投影视图

【投影视图】是【标准三视图】或【模型视图】通过正交投影生成的视图。在【标准三视图】中，【前视】视图为【模型视图】，其他两个视图是使用【第一角】或【第三角】投影法的【投影视图】。换言之，使用【模型视图】与【投影视图】可以组成【标准三视图】，可在图纸属性设定对话框中指定使用第一角或第三角投影法。还可以生成爆炸装配体视图的投影视图。

生成投影视图的操作步骤如下。

01　单击【工程图】工具栏中的【投影视图】按钮，或选择【插入】→【工程视图】→【投影视图】命令。

02　选择一个投影用的视图，打开【投影视图】属性管理器，如图 10-19 所示，鼠标指针的形状发生变化。

03　如要选择投影的方向，将鼠标指针移动到所选实体的相应一侧，可以投影到左边、右边、上面或下面。

04　当视图位于所需的位置时，单击放置视图。

05　【投影视图】与生成它的父视图对齐。根据系统默认，只能沿投影方向来移动投影视图。投影视图是从子视图到父视图链接的。

- 在【箭头】栏中选择箭头和标号（显示的文字）。
- 在【显示样式】栏中选择显示样式，可选择【使用父关系样式】或使用自定义的样式。与父视图一样，可选择显示的样式为【线架图】、【隐藏线可见】、【消除隐藏线】、【带边线上色】和【上色】。
- 【比例】、【尺寸类型】等其他属性与前面所述相同。

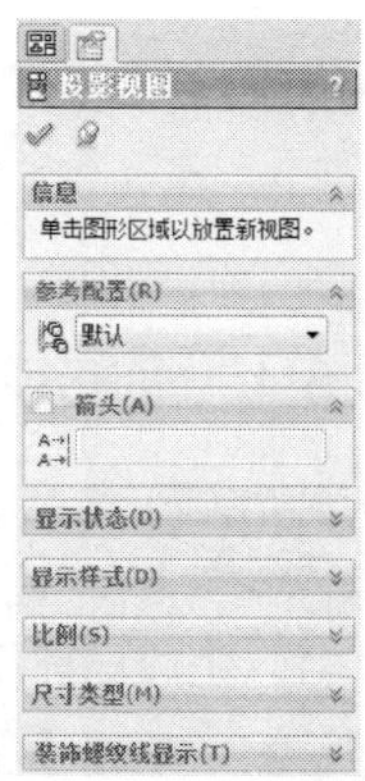

图 10-19【投影视图】属性管理器

06　单击【确定】按钮，生成投影视图，如图 10-20 所示。

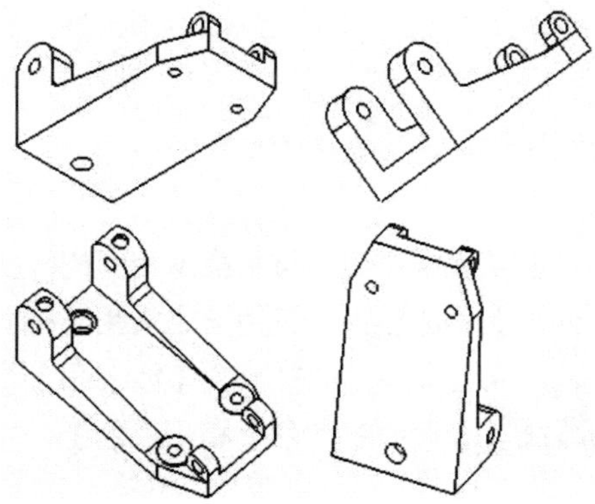

图 10-20　投影视图

10.3.3　剪裁视图

【剪裁视图】可以节省步骤。例如，可以直接剪裁剖面视图，而不必建立剖面视图，然后建立局部视图，再隐藏不需要的剖面视图，但是不能从剪裁视图生成局部视图。剪裁视图的操作步骤如下。

01　激活现有的视图。

02　使用【草图绘制】工具绘制闭环轮廓。

03　单击【工程图】工具栏中的【剪裁视图】按钮，或选择菜单命令【插入】→【工程视图】→【剪裁视图】，轮廓以外的视图将消失，如图 10-21 所示。

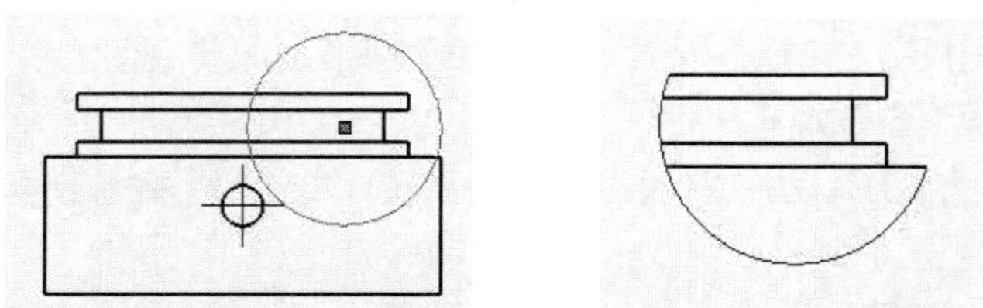

图 10-21　剪裁视图

10.3.4　局部视图

【局部视图】用来显示一个视图的某个局部部分（通常是以放大比例显示）。【局部视图】可以是【正交视图】、【3D 视图】或者【剖面视图】。还可以生成爆炸装配体视图的局部视图。

1．生成局部视图

01　单击【工程图】工具栏中的【局部视图】按钮，或选择菜单命令【插入】→【工程视图】→【局部视图】，打开【局部视图】属性管理器，如图 10-22 所示，【圆】工具被激活。

02　在模型视图上绘制一个圆作为轮廓，如图 10-23 所示。当移动鼠标指针时，视图的预览被显示。

注意

如果不用圆作为轮廓，则要在单击【局部视图】按钮之前绘制轮廓。在要放大的区域周围，用【草图绘制实体】工具绘制一个闭环轮廓。可以为草图实体添加尺寸或几何关系，以精确地相对于模型定位此轮廓。

03　当视图位于所需的位置时，单击放置视图，如图 10-24 所示。

图 10-22 【局部视图】属性管理器

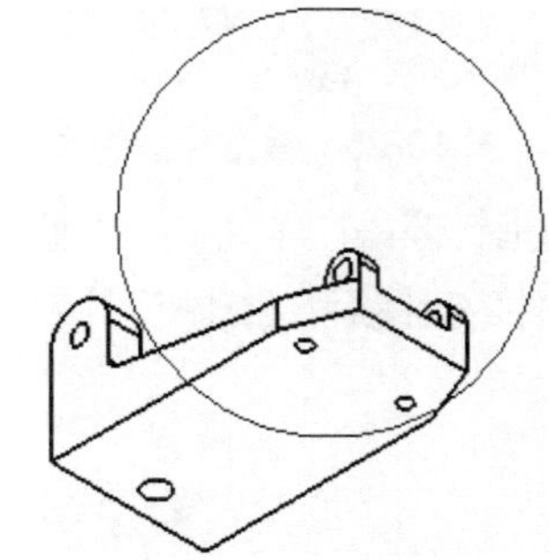

图 10-23　绘制圆作为轮廓

图 10-24　局部视图

局部视图上的注释包括字母标号和比例（如果比例与图纸比例不同）。

默认情况下，局部视图不与其他的视图对齐，可以随意在工程图纸上移动。

2．改变轮廓的位置和大小

01　选择轮廓。

02　拖动中心点改变位置，或拖动轮廓边线改变大小，局部视图随轮廓的更改而更改。

3．通过编辑草图来改变轮廓

01　在轮廓草图上右击，在弹出的快捷菜单中选择【编辑草图】命令。

02　根据需要编辑轮廓，改变它的形状或大小。

03　单击【重建模型】按钮，更新局部视图。

10.3.5　剖面视图

剖面视图是最常用的视图之一，可以用【剖切线】来分割父视图，在工程图中生成一个剖面视图。剖面视图可以是直切剖面或用阶梯剖切线定义的等距剖面，剖切线还可以包括图形圆弧。还可以生成剖面视图的剖面视图。新剖面是由原实体模型计算得来的，如果模型更改，此视图将随之更新。

1．生成剖面视图

01　单击【工程图】工具栏中的【剖面视图】按钮，或选择菜单命令【插入】→【工程视图】→【剖面视图】，【剖面视图】的信息提示属性管理器出现，鼠标指针形状发生改变，表示直线工具被激活。当鼠标指针位于视图上方时，激活现有的工程视图。激活实体的边框是一个阴影方框，如图 10-25 所示。

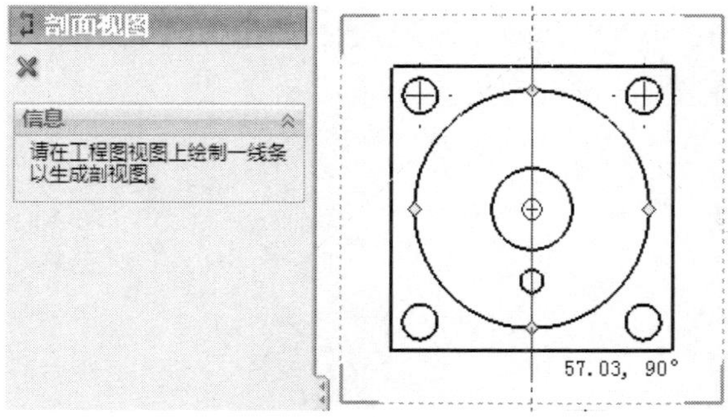

图 10-25 激活视图的边框

02 绘制一条剖切线。将鼠标指针停留在零件中心位置直到指针形状改变，表示指针已经精确地定位于临时轴上。绘制一条穿越零件的直线后，自动打开【剖面视图】属性管理器，如图 10-26 所示。

注 意

若要生成多线剖面视图或使用中心线作为剖切线，请在单击【剖面视图】工具之前绘制【剖切线】。多个剖切线可以使用相同的名称。

如果剖切线不完全切透视图中模型的边界框，将询问是否需要局部剖视。如果选择是，则剖面视图被生成局部剖视图。

03 移动指针时，会显示视图位置的预览。根据系统默认，视图与剖切线箭头的方向对齐，剖面视图只能沿剖面箭头的方向移动。

当指针拖动到剖切线时，剖面视图的视向将切换。

如果剖切线有多条线段，视图会与单击【剖面视图】工具时选择的草图线段对齐。

04 在图纸上单击放置视图，生成剖面视图，如图 10-27 所示。

剖面视图链接到其剖切线。右击剖切线并选择【跳到剖面视图】，该视图可以在相同的图纸或另一张图纸上。右击剖面视图，在弹出的快捷菜单中选择【跳到父视图】命令。

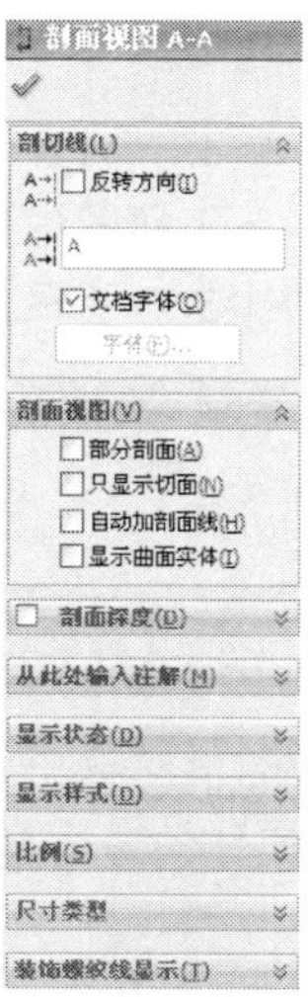

图 10-26 【剖面视图】属性管理器

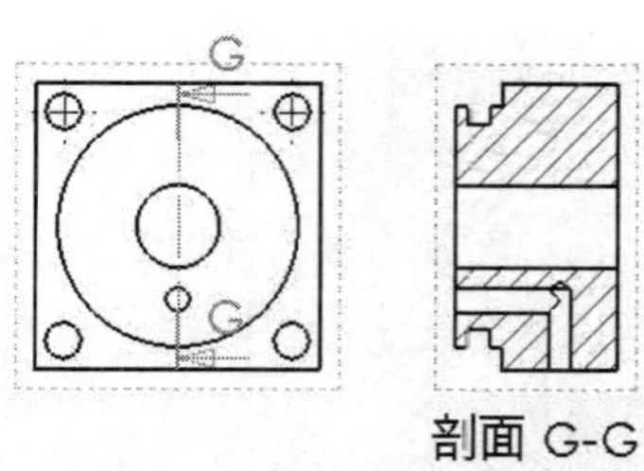

图 10-27 剖面视图

05　单击【确定】按钮，关闭【剖面视图】属性管理器。

2. 修改剖面视图

如果工程图中的【剖面视图】需要更新（例如，当剖面线位置和方向改变时），将会以剖面线对剖面视图进行标记。具体操作步骤如下。

01　改变【剖切线】的长度或位置、引线长度或标号位置：选择该线或标号并拖动它。

02　如要编辑【剖切线】上的字母标号：在字母标号上双击，编辑其中的文字，单击标号外边退出。或选择剖切线，然后在【剖面视图】属性管理器中编辑文字及其字体。

03　编辑【剖面视图】的注释文字：可以双击文字，编辑其中的文字，单击文字外边退出。如想编辑剖面视图注释文字的属性，选择注释后在【注释】属性管理器中编辑属性。

04　如要编辑用来生成剖切线的草图，右击一个草图实体并在弹出的快捷菜单中选择【编辑草图】命令，如图 10-28 所示，根据需要编辑草图。然后选择一个草图实体，单击【重建模型】按钮以更新剖面视图。

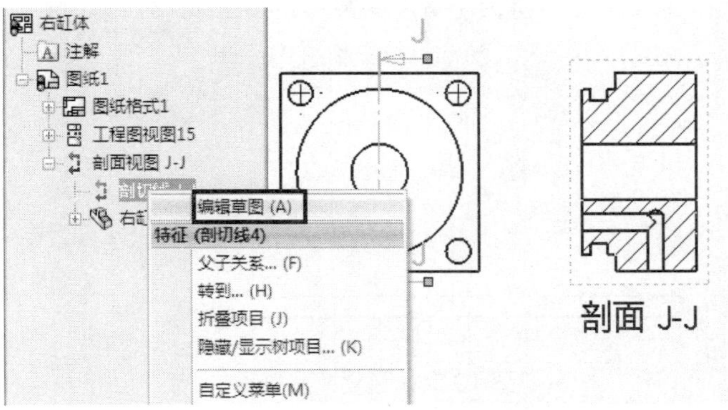

图 10-28　编辑草图

05　如要改变箭头所指示的剖切方向，在剖切线的任意位置双击，或选择剖切线，然后在【剖面视图】属性管理器中勾选【反转方向】复选框。

10.3.6　旋转剖视图

在工程图中可以生成贯穿模型或局部模型的【旋转剖视图】，它与所选择的【剖切线】线段对齐。【旋转剖视图】与【剖面视图】类似，但选择剖面的剖切线由连接到一个夹角的两条线组成。

旋转剖视图的生成方法、编辑修改方法与上述剖视图相同，具体操作步骤如下。

01　单击【工程图】工具栏中的【旋转剖视图】按钮，或选择菜单命令【插入】→【工程视图】→【旋转剖视图】。【剖面视图】信息提示属性管理器出现，鼠标指针形状发生变化，表示直线工具被激活。如果在装配体中，剖面视图的剖面范围对话框将出现。

02　绘制剖切线。剖切线至少应由两条连续线段组成，这两条线段具有一个夹角，如图 10-29 所示。

03　按照剖视图的生成方法设置各种选项，生成旋转剖视图，如图 10-30 所示。

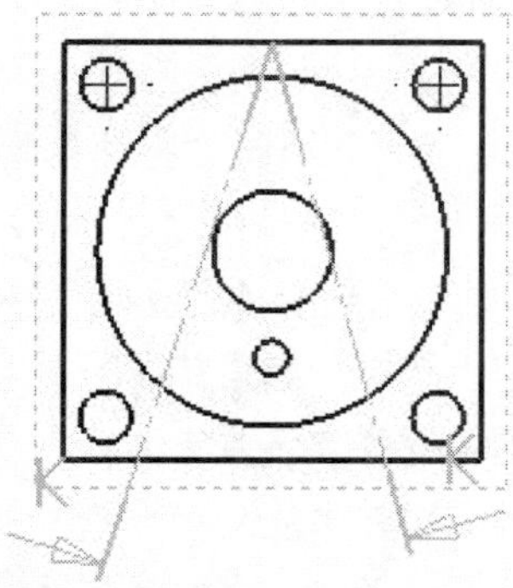

图 10-29　两条线段具有一个夹角

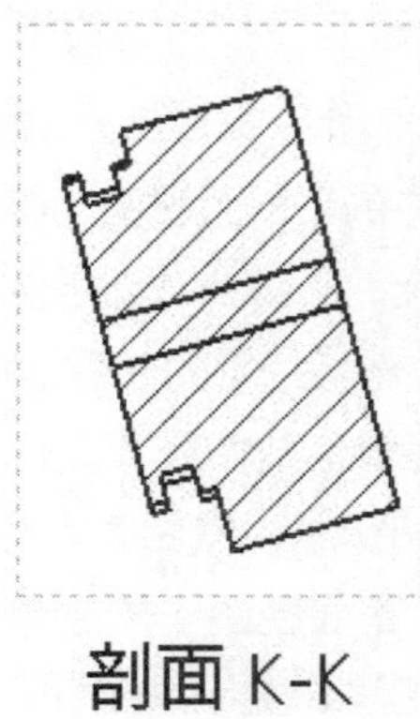

图 10-30　旋转剖视图

10.3.7　断裂视图

断裂视图适用于细长轴或长度远远大于宽度的视图，如图 10-31 所示。

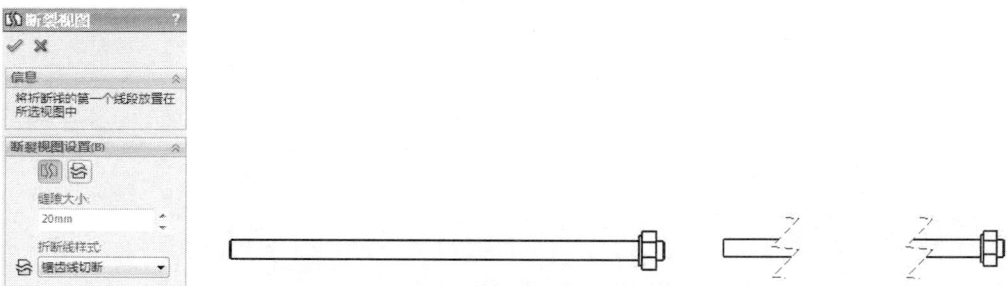

图 10-31　建立断裂视图

- 折断线布局：【添加竖直折断线】按钮，适用于水平放置的视图；【添加水平折断线】按钮，适用于竖直放置的视图。
- 缝隙大小：在【缝隙大小】文本框中编辑数值，可以设定折断线之间的距离。
- 折断线样式：单击【折断线样式】下拉按钮，在下拉列表框中包括 4 种样式，可根据需要选择不同的样式。

★ 课堂实训：绘制装配板的工程图

前面介绍了 2D 草图的绘制方法、三维实体的建模方法以及零部件的装配方法，但是在实际生产中，工程图在零部件加工过程中仍然是不可缺少的，是零部件加工的依据。

在 SolidWorks 2012 中，可以为绘制的三维实体或者装配体创建许多类型的工程图，例如，标准三视图、模型视图、投影视图、辅助视图、剖面视图、局部视图等。相对于其他三维建模软件来说，SolidWorks 的工程图功能十分强大，而且使用起来十分简单。本节将以机械装置中不可或缺的零件——装配板的工程图创建过程为例，介绍 SolidWorks 2012 中工程图的创建方法。

1. 设计分析

装配板不仅是组成机器的重要零件之一，而且在机械零件设计中，装配板的设计有一定的代表性，通过它可以学到典型的设计方法，掌握结构设计与强度计算的关系，将两者密切地结合起来。

装配板的工程图如图 10-32 所示。在本节中，将依次创建装配板的标准视图、模型视图、投影视图、剖面视图以及断裂视图；并且用到了工程图的移动、删除、对齐以及剪裁等操作方法；此外，还将介绍工程图中的尺寸插入及编辑方法，并学习几何公差、形位公差及表面粗糙度的标注方法。这些命令和方法都是在工程图的创建过程中应用较多的，读者需要熟练掌握。

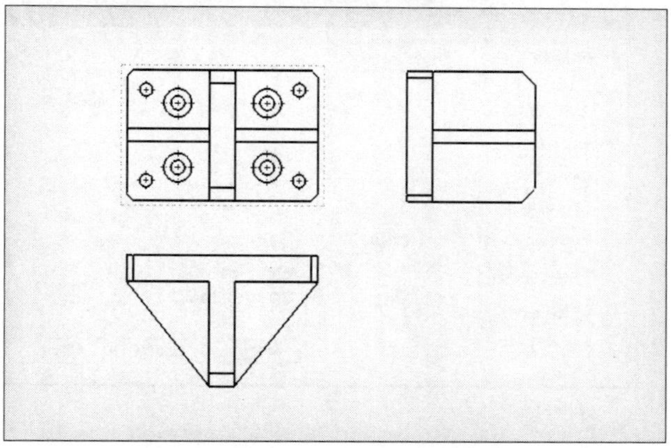

图 10-32　装配板的工程图

2．操作步骤

（1）新建工程图文件与图纸格式设置

利用 SolidWorks 2012 创建装配板的工程图之前，首先要创建一个新的工程图文件，并对图纸格式进行设置。具体的操作步骤如下。

01　新建工程图文件。单击【常用】工具栏中的【新建】按钮，弹出【新建 SolidWorks 文件】对话框，如图 10-33 所示。

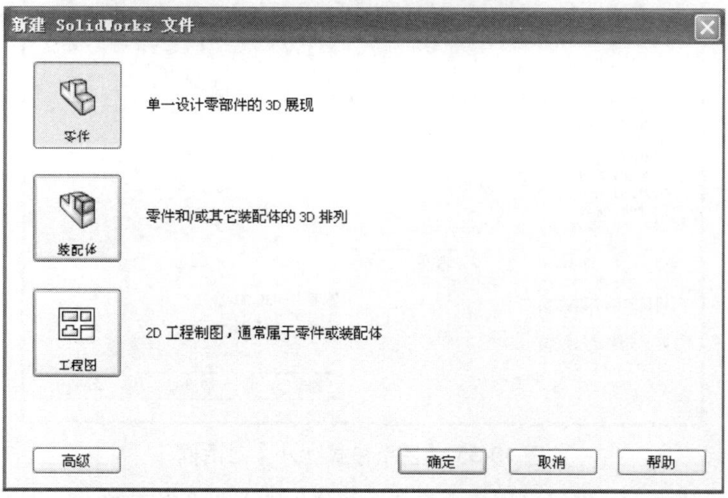

图 10-33 【新建 SolidWorks 文件】对话框

02　单击【工程图】按钮，然后单击【确定】按钮，即可新建一个工程图文件，如图 10-34 所示。

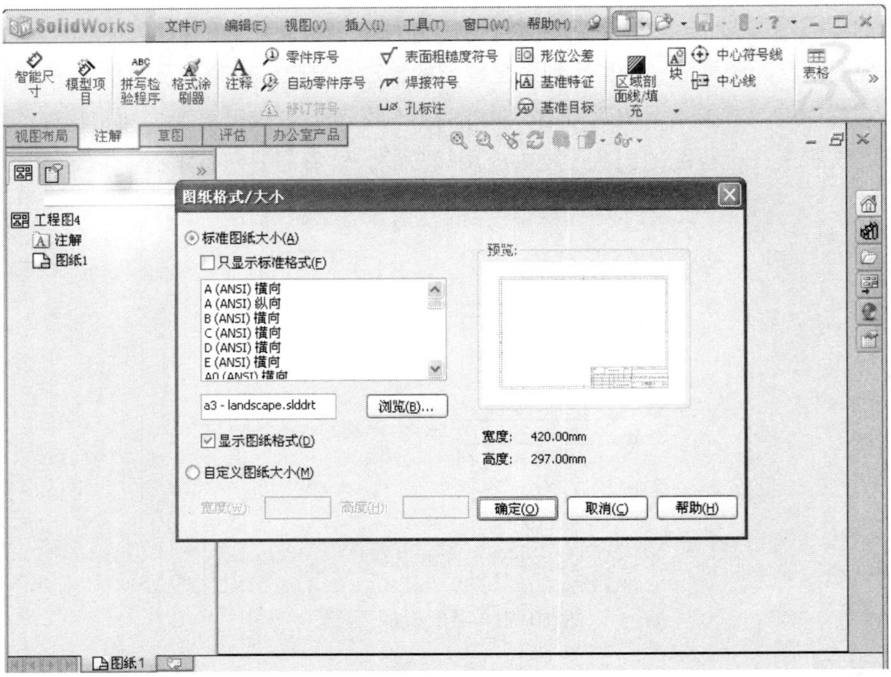

图 10-34　新建的工程图文件

03　图纸格式设置。在新建的工程图文件中，弹出【图纸格式/大小】对话框，如图 10-35 所示，在该对话框中可以设置图纸的格式和大小。本例中，选中【自定义图纸大小】单选按钮，此时，【宽度】和【长度】栏被激活，在其中输入图纸的宽度及长度值，单击【确定】按钮，完成图纸格式的设置，进入工程图的创建界面。

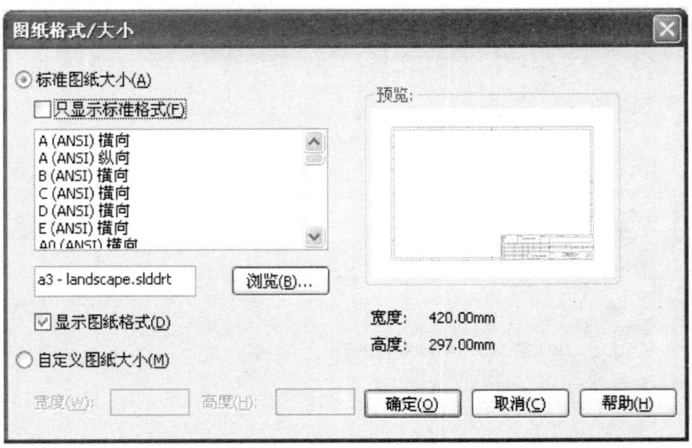

图 10-35 【图纸格式/大小】对话框

04　设置图纸格式时，也可采用如下方法：在弹出的【图纸格式/大小】对话框中单击【取消】按钮，直接进入工程图的创建界面。单击图 10-36 所示的【模型视图】属性管理器中的【取消】按钮，然后在工程图图纸中或工程图图纸的任意空白区域右击，在弹出的快捷菜单中选择【属性】命令，弹出【图纸属性】对话框，将【名称】栏改为【轴】，作为工程图的标题；选中【自定义图纸大小】单选按钮，在【宽度】和【长度】栏中输入宽度及长度值，其他设置选择系统默认状态，如图 10-37 所示。单击【确定】按钮，完成图纸属性设置，进入工程图创建界面，如图 10-38 所示。

图 10-36 【模型视图】属性管理器

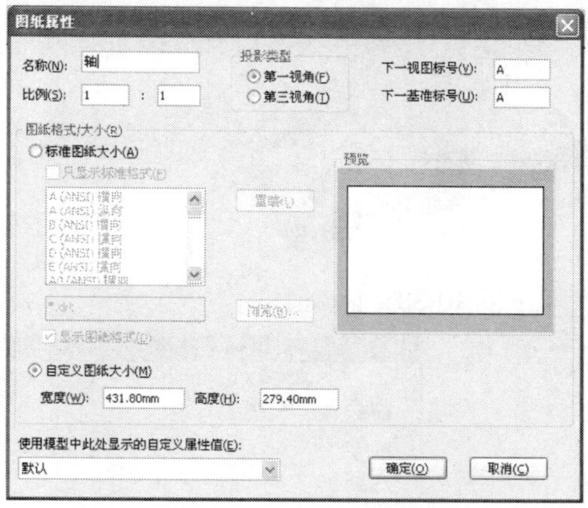

图 10-37 【图纸属性】对话框

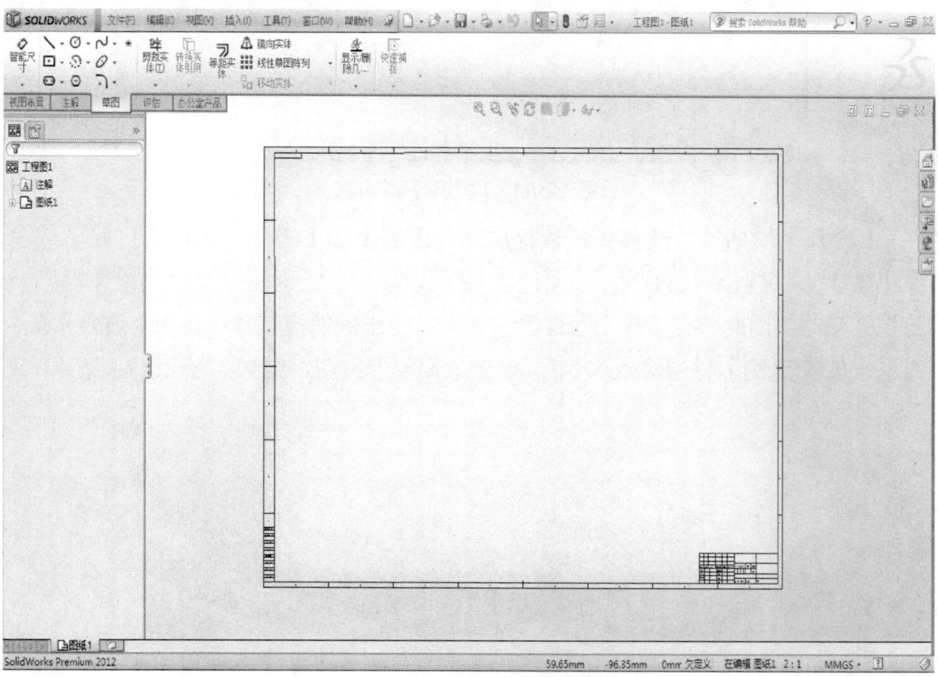

图 10-38　新建工程图文件

（2）创建标准三视图

轴模型如图 10-39 所示。标准三视图是实际生产中用途较为广泛的工程图。用 SolidWorks 生成标准三视图的方法比较简单，具体的操作步骤如下。

01　创建标准三视图。单击【视图布局】工具栏中的【标准三视图】按钮，弹出【标准三视图】属性管理器，如图 10-40 所示。单击【浏览】按钮，弹出【打开】对话框，如图 10-41 所示。

图 10-39　轴模型

图 10-40 【标准三视图】属性管理

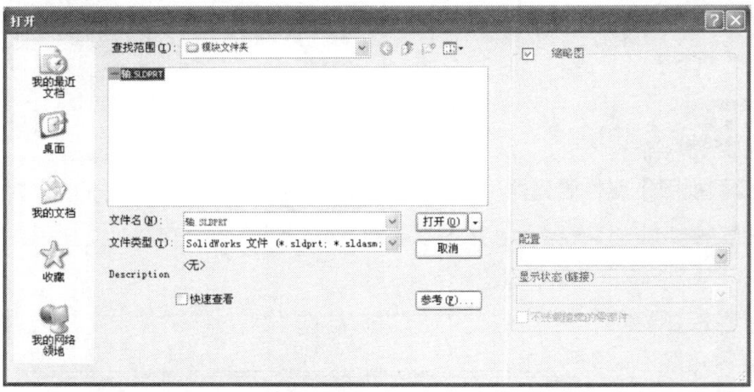

图 10-41 【打开】对话框

02 在【打开】对话框中选择要创建标准三视图的【轴】零件，单击【打开】按钮，工程图图形区出现【轴】零件的标准三视图，如图 10-42 所示。但是此时图纸的比例设置得不合理，图形区的标准三视图较小。因此，在工程图图形区右击，在弹出的快捷菜单中选择【属性】命令，在【图纸属性】对话框的【比例】栏中输入 1：2，单击【确定】按钮，结果如图 10-43 所示。

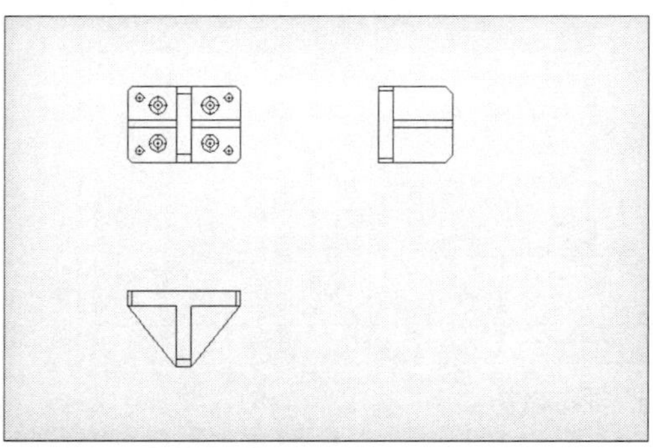

图 10-42　轴的标准三视图

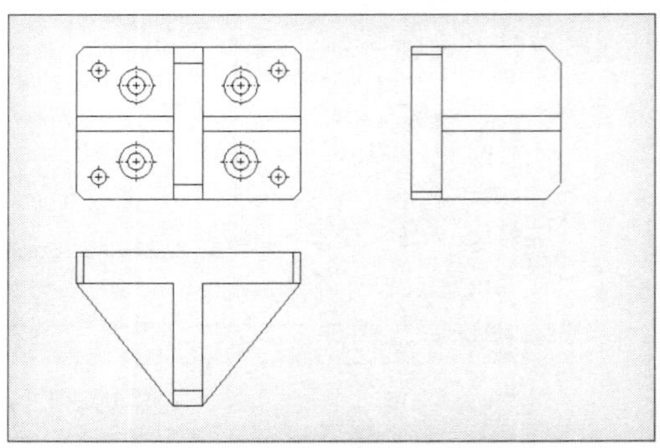

图 10-43　调整比例后轴的标准三视图

（3）创建模型视图

从图 10-43 中可以看出，装配板的标准三视图并不能充分反映其全部特征，这时需要采用其他种类的工程图，以全面反映零件特征，如模型视图。具体的操作步骤如下。

01 返回图 10-38 所示的工程图界面。单击【视图布局】工具栏中的【模型视图】按钮，弹出【模型视图】属性管理器，如图 10-44 所示。单击【浏览】按钮，弹出【打开】对话框，选中【装配板】零件，单击【下一步】按钮，则【模型视图】属性管理器变为如图 10-45 所示。在【方向】栏中单击【前视】按钮，将【比例】栏的【使用自定义比例】项激活，在下拉列表框中将比例选为 1∶2，其他选项的设置选择系统默认状态。

图 10-44 【模型视图】属性管理器 1

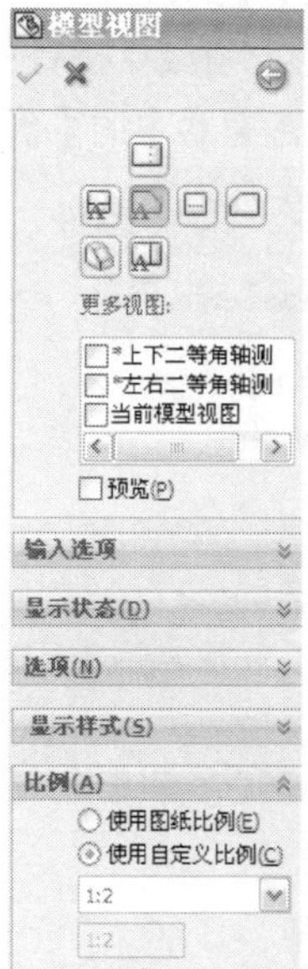

图 10-45 【模型视图】属性管理器 2

02 设置好后，在工程图图形区出现预览。随着鼠标指针的移动，装配板的模型视图也随之移动。将其移动到合适位置后单击，此时，【模型视图】属性管理器将变为【投影视图】属性管理器，如图 10-46 所示。单击【确定】按钮，完成装配板的模型视图的创建，如图 10-47 所示。

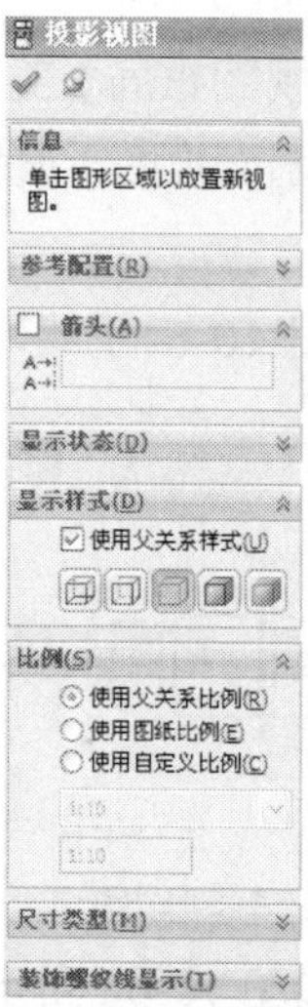

图 10-46 【投影视图】属性管理器

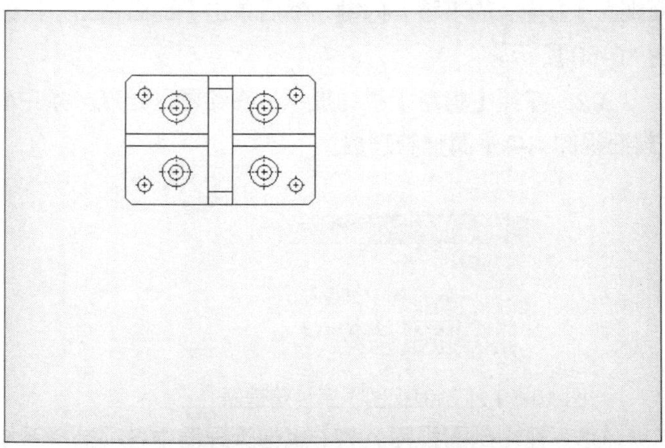

图 10-47　装配板的模型视图

（4）创建投影视图

投影视图适用于从任何正交视图插入投影的视图，它是一种派生的工程视图。创建投影视图的具体操作步骤如下。

01 单击【视图布局】工具栏中的【投影视图】按钮，弹出【投影视图】属性管理器。在【显示样式】栏中单击【隐藏线可见】按钮，其他设置选择系统默认状态，如图 10-48 所示。

02 设置好后，图形区出现装配板的投影视图预览，随着鼠标指针的移动，装配板的投影视图预览图随之移动。将鼠标指针移动到合适位置后单击，确定投影视图。重复以上操作，最后单击【投影视图】属性管理器中的【确定】按钮，完成装配板的投影视图的创建，如图 10-49 所示。

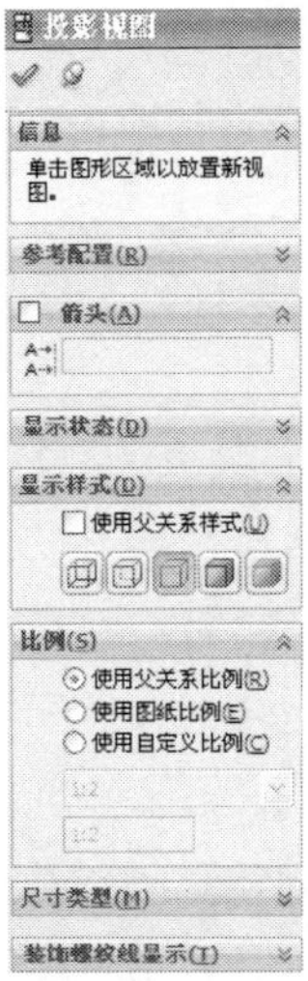

图 10-48 【投影视图】属性管理器

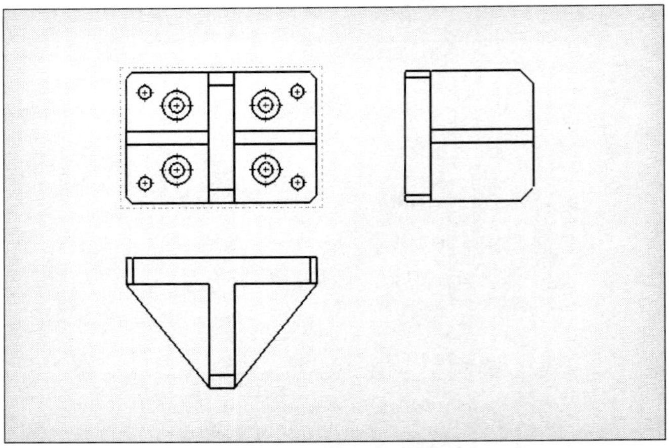

图 10-49 装配板的投影视图

（5）创建剖面视图

剖面视图是指用一条剖切线来分割父视图，在工程图中生成一个剖面视图，它也是一种派生的工程视图。创建剖面视图的具体操作步骤如下。

01 创建一个新的工程图文件，打开光盘中的“轴”零件，单击【视图布局】工具栏中的【剖面视图】按钮的下移方向键，然后单击【剖面视图】按钮，弹出【剖面视图】属性管理器，如图 10-50 所示。

02 按照【信息】栏的提示，在绘图区绘制一条中心线 A-A，如图 10-51 所示，此时会弹出【剖面视图 A-A】属性管理器。

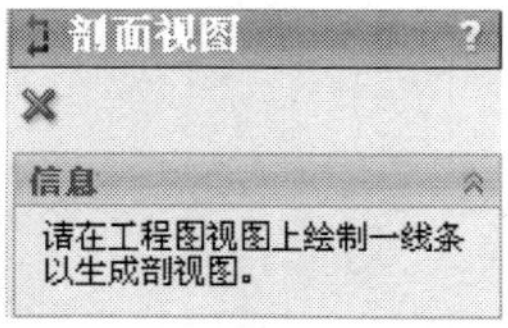

图 10-50 【剖面视图】属性管理器

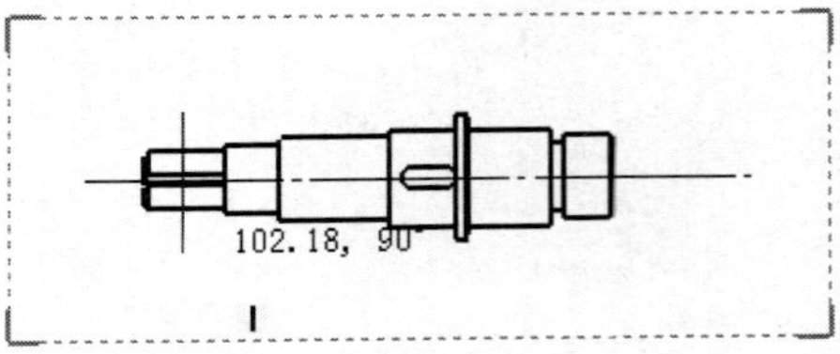

图 10-51 绘制剖切线

03 在【剖面视图 A-A】属性管理器中各项选择系统默认设置，如图 10-52 所示。

04 此时，图形区出现轴的剖面视图 A-A 的预览，并且随着鼠标指针的移动而移动。在图形区的适当位置单击，即可确定剖面视图。单击【剖面视图 A-A】属性管理器中的【确定】按钮，完成轴的剖面视图的创建，如图 10-53 所示。

图 10-52 【剖面视图 A-A】属性管理器

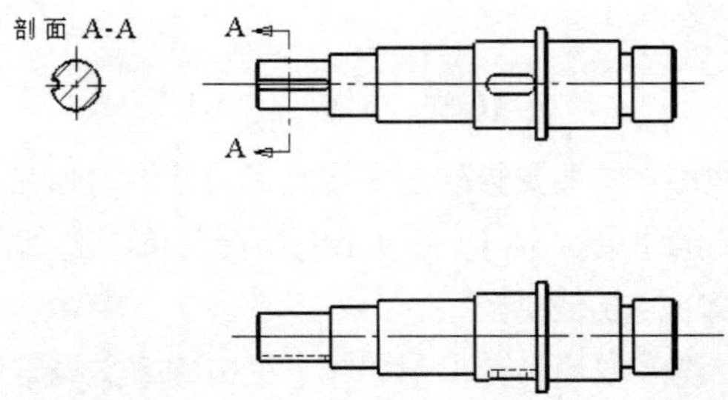

图 10-53 轴的剖面视图

05 此时，从图形区的剖面视图 A-A 可以看出，其注释不完全，因此要对其进行适当修改。在图形区单击剖面视图 A-A 的注释，弹出【注释】属性管理器，取消勾选【文字格式】栏中的【使用文档字体】复选框，如图 10-54 所示。

06 单击【文字格式】栏中的【字体】按钮，弹出【选择字体】对话框。在【字体】栏中选择【宋体】；在【字体样式】栏中选择【常规】；在【高度】栏中选中【点】单选按钮，选择【三号】，如图 10-55 所示。

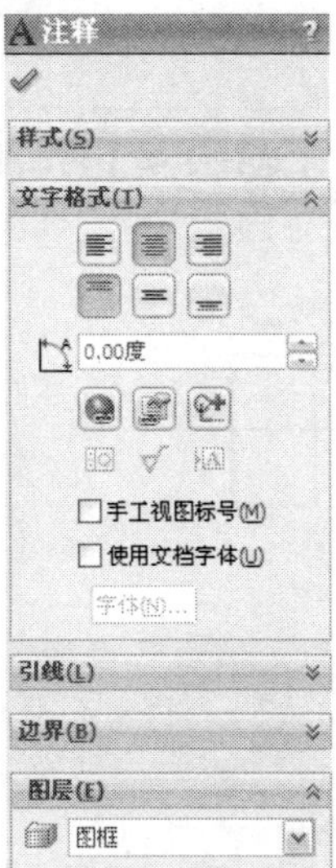

图 10-54 【注释】属性管理器

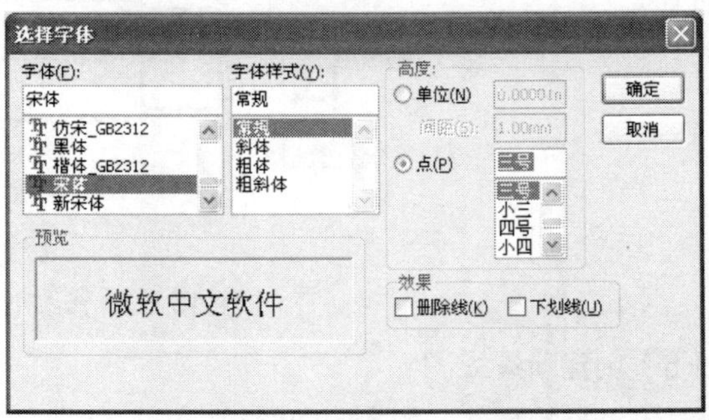

图 10-55 【选择字体】对话框

07 完成字体设置后，单击【确定】按钮，图形区出现剖面图的注释预览，单击【注释】属性管理器中的【确定】按钮，完成剖面视图注释的修改，结果如图 10-56 所示。

08 重复上述步骤，创建轴上另一个键槽处的剖面视图，结果如图 10-57 所示。

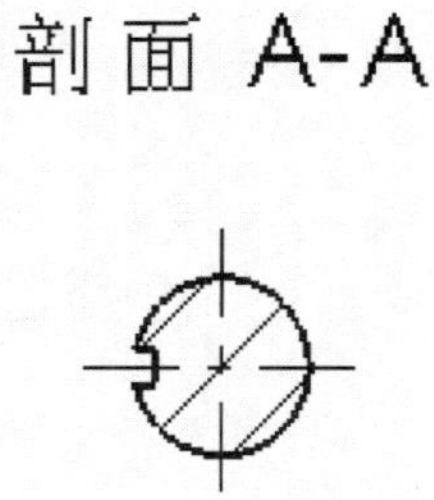

图 10-56　剖面视图 A-A

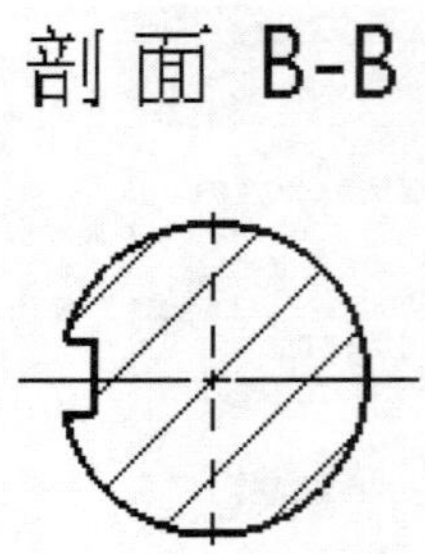

图 10-57　剖面视图 B-B

09　如果要修改剖切线的标号字体，则在 FeatureManager 设计树中右击相应的剖切线标号，如【剖面视图 A-A】，在弹出的快捷菜单中选择【编辑特征】命令，弹出【剖面视图 A-A】属性管理器，如图 10-58 所示。

10　取消勾选【剖切线】栏中的【文档字体】复选框，单击【字体】按钮，弹出【选择字体】对话框。按照图 10-59 所示进行设置，单击【确定】按钮，结果如图 10-60 所示。

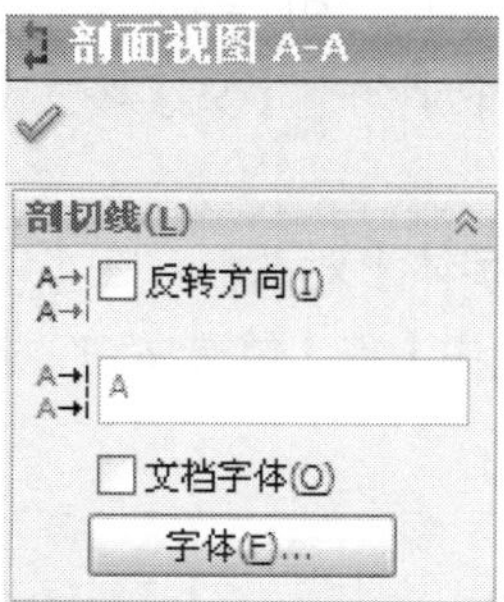

图 10-58 【剖面视图 A-A】属性管理器

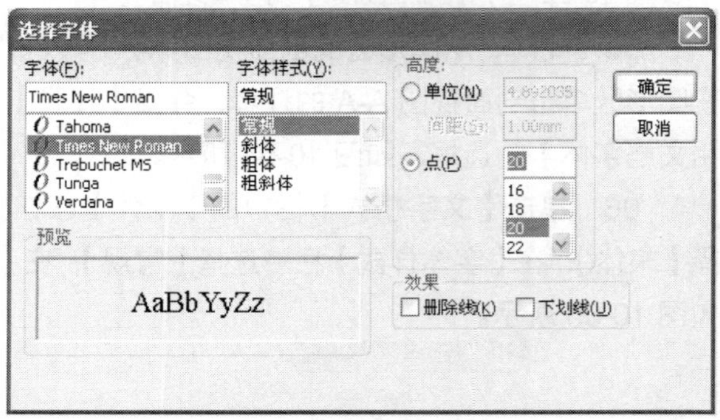

图 10-59 【选择字体】对话框

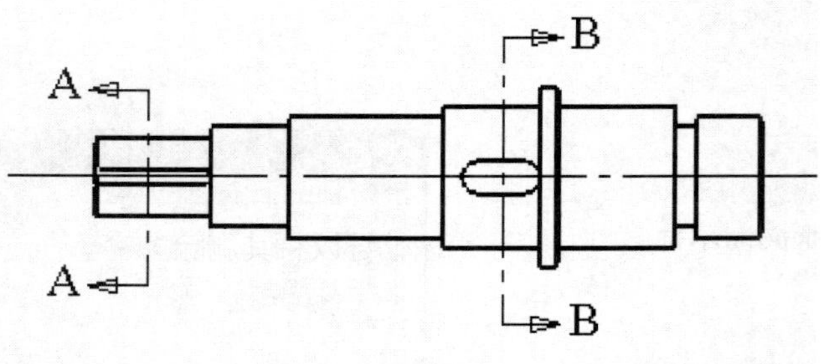

图 10-60　修改剖切线标号字体

(6) 创建断裂视图

对于较长的零件，如本例中的轴，沿长度方向上轴的部分形状一致，可以利用【断裂视图】命令将轴断开并缩短绘制。创建断裂视图的具体操作步骤如下。

01　单击【视图布局】工具栏中的【断裂视图】按钮，弹出【信息】提示栏，如图 10-61 所示。

02　按照【信息】栏的提示，在图形区选择轴的右视图，此时会弹出【断裂视图】属性管理器。在【折断线样式】栏中选择【曲线切断】，其他选择系统默认状态，如图 10-62 所示。

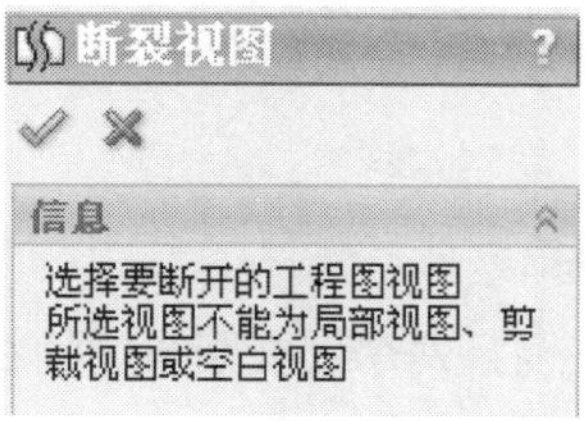

图 10-61　【信息】提示栏

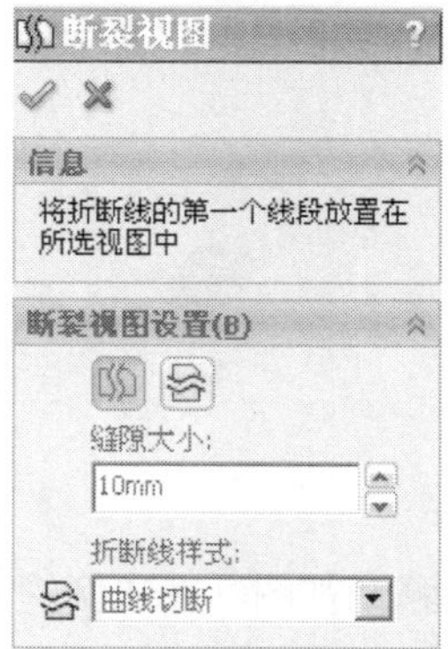

图 10-62　【断裂视图】属性管理器

03　按照【断裂视图】属性管理器中【信息】栏的提示，在轴上适当位置单击，确定第一条折断线的位置，然后移动鼠标指针到合适位置单击，确定第二条折断线的位置，如图 10-63 所示。

04　单击【断裂视图】属性管理器中的【确定】按钮，得到轴的断裂视图，如图 10-64 所示。

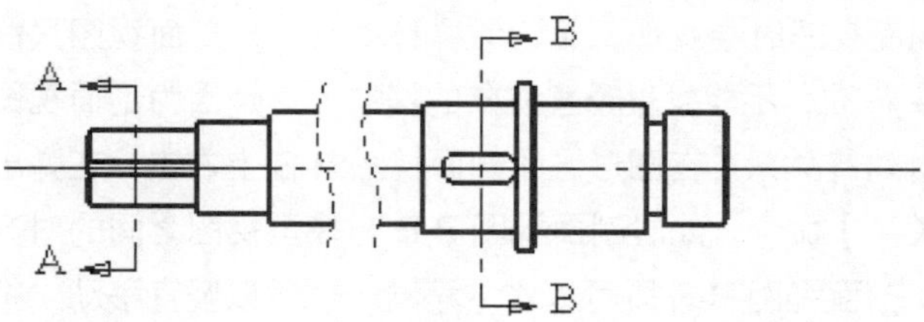

图 10-63　确定第二条折断线位置

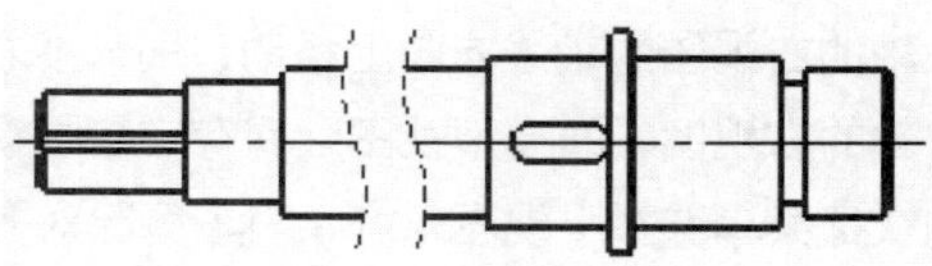

图 10-64　断裂视图

（7）删除视图和移动视图

对于一些没有实际用途的视图，可以将其删除；对于一些位置不合适、不美观的视图，则需要将其移动到合适的位置。具体操作步骤如下。

01　删除投影视图。在本例的工程图中，利用轴的右视图及其两个剖面图足以将轴的结构特点表示清楚，因此剩下的两个视图没有实际用途，可以将其删除。在工程图图形区内，单击右视图下方的投影视图，弹出【确认删除】对话框，如图 10-65 所示。单击【是】按钮，将投影视图删除，结果如图 10-66 所示。

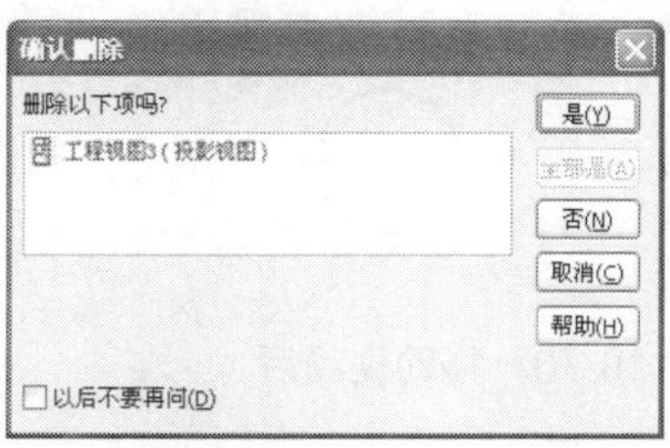

图 10-65　【确认删除】对话框

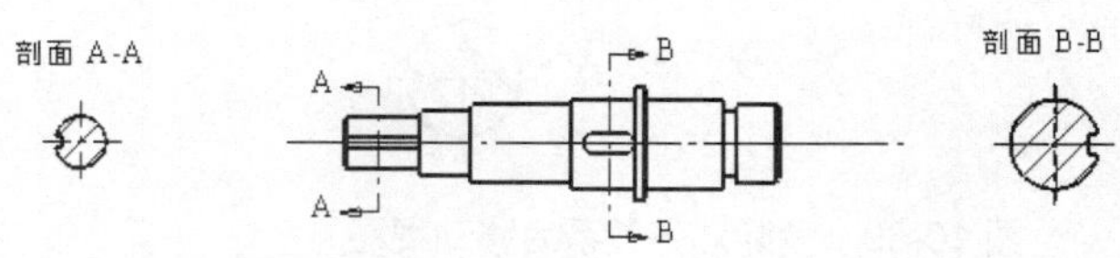

图 10-66　删除投影视图

02 删除剩余的投影视图。在工程图图形区右侧的投影视图上右击，在弹出快捷菜单中选择【删除】命令，也会弹出图 10-65 所示的【确认删除】对话框。单击【是】按钮，将剩余的投影视图删除，结果如图 10-67 所示。

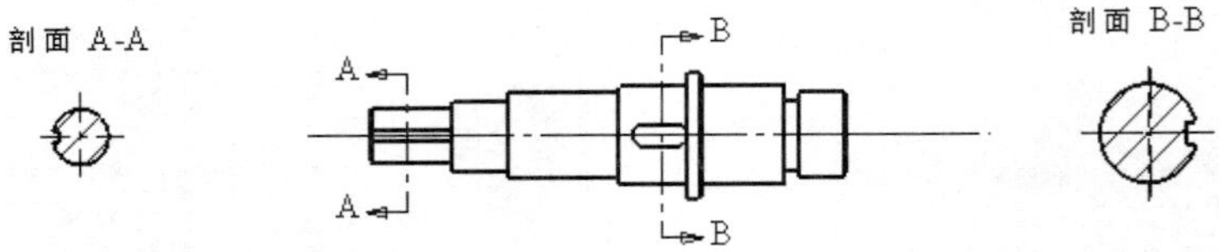

图 10-67 删除剩余的投影视图

03 移动视图。在本例的工程图中，视图的位置偏上，而且两个剖视图与轴的右视图之间的位置也不够美观，需要将它们移动到合适的位置。在图形区的轴的右视图上单击，当鼠标指针变为形状时，拖动鼠标，视图也会随之移动，将轴的右视图调整到图形区的中间位置。重复上述步骤，将两个剖面图移到图 10-68 所示的位置。

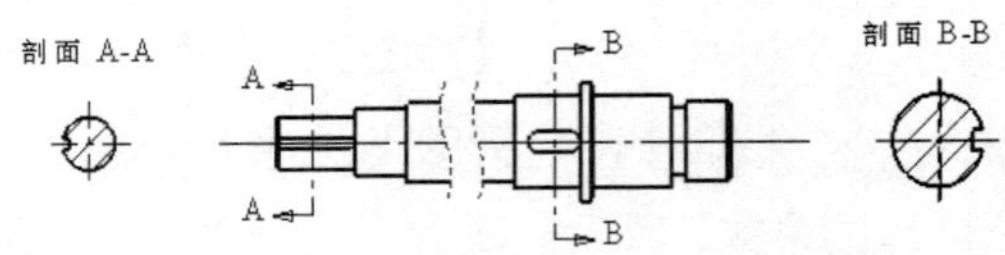

图 10-68 移动视图

04 解除对齐关系后移动视图。移动剖面视图时会发现，无论怎样移动鼠标，剖面视图只能在轴的右视图的轴线方向上移动，即只能水平移动，不能发生竖直方向的移动。这是因为剖面视图与轴的右视图，即模型视图之间存在着默认的对齐关系。在图形区的剖面视图 B-B 上右击，在弹出的快捷菜单选择【视图对齐】→【解除对齐关系】命令，此时剖面视图 B-B 与模型视图之间的对齐关系被解除。再次移动剖面视图 B-B，此时，剖面视图 B-B 既可以水平移动，也可以竖直移动。将其移动到图 10-69 所示的位置。

05 重复上述过程，将剖面视图 A-A 与模型视图之间的对齐关系解除，将【图纸属性】对话框中的【比例】栏调整为 1∶1，结果如图 10-70 所示。

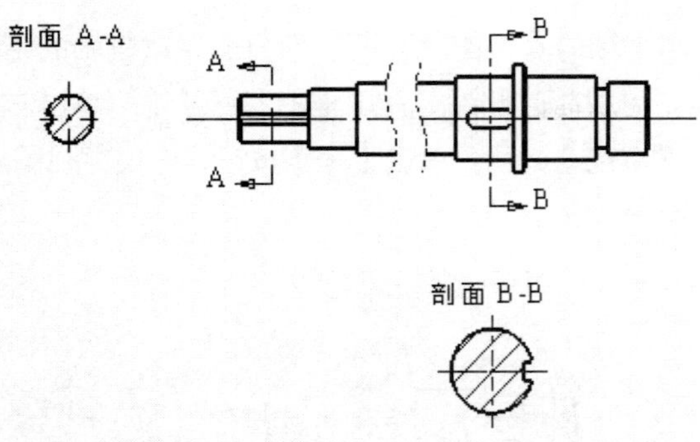

图 10-69 解除对齐关系后移动视图

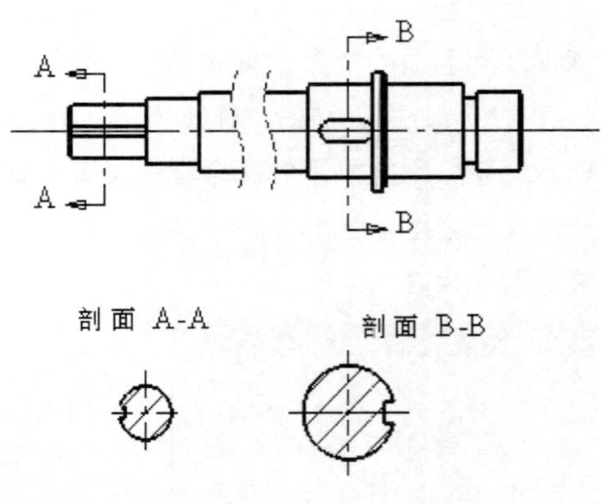

图 10-70 移动视图后

10.4　添加尺寸标注

标注尺寸可以将 3D 模型特征的位置尺寸及大小尺寸数值化，让每一位阅读图纸的工程师都能清楚零件的具体尺寸。

10.4.1　尺寸标注概述

工程图中标注的尺寸会与零件特征相关联，在修改零件时，工程图中的尺寸会自动更新。标注尺寸时的相关项目如下。

1．模型尺寸

可以将零件中的尺寸插入到每个工程视图中。

- 在模型中改变尺寸，系统会自动更新工程图。
- 在工程图中改变插入的尺寸也会改变模型的状态。

2．工程图尺寸插入

在创建尺寸时，可以指定是否在插入模型尺寸到工程图中时包括尺寸，也可以指定为工程图所标注的尺寸自动插入到创建的新工程视图中。

3．参考尺寸

在工程图文档中添加的尺寸通常为参考尺寸，并且属于从动的尺寸，不能通过修改尺寸的数值来更改模型。但当模型的标注尺寸改变时，参考尺寸值也会改变。

4．尺寸的颜色

- 在默认情况下模型尺寸为黑色，并且包括零件或装配体文件中以蓝色显示的尺寸，如拉伸深度。
- 参考尺寸以灰色显示，并默认带有括号。

提示：在【系统选项】对话框中选择【颜色】选项，在右侧弹出的面板中设置尺寸的颜色样式。

5．尺寸箭头的样式

被选中的尺寸箭头上出现圆形控标，单击箭头上的控标，可以向外或向内反转箭头方向。若右击标签，将会弹出箭头类型，可以通过选择箭头类型单独更改尺寸箭头的样式。

6．选择尺寸的方法

通过单击尺寸的任何地方（如尺寸、尺寸延伸线或箭头）来选择尺寸。

7．隐藏或显示尺寸

- 在工程图中右击尺寸，在弹出的快捷菜单中选择【隐藏】命令来隐藏尺寸。
- 单击【注解】工具栏中的【隐藏/显示注解】按钮（或选择【视图】→【隐藏/显示注解】命令），然后在图纸中选择尺寸将其隐藏。重复该项操作可以将隐藏的尺寸显示。

8．隐藏或显示直线

（1）隐藏尺寸线/延伸线

在视图中右击要隐藏的尺寸线（或延伸线），在弹出的快捷菜单中选择【隐藏尺寸线（或隐藏延伸线）】命令，可以将尺寸线或延伸线隐藏。

（2）显示尺寸线/延伸线

在视图中右击尺寸，在弹出的快捷菜单中选择【显示尺寸线（或显示延伸线）】命令，可以将隐藏的尺寸线或延伸线显示。

9．半径/直径显示

- 在视图中单击尺寸，在【尺寸】对话框的【引线】栏中将尺寸更改为直径、半径或线性显示。
- 右击尺寸并选择【显示选项】→【显示成直径（或显示成半径、显示成线性尺寸）】命令，也可以改变尺寸的显示样式。

提示：右击并更改选项的方法只能在视图中创建了半径或直径尺寸之后使用。

10．倾斜尺寸延伸线

单击线性尺寸后拖动尺寸上的方形点将延伸倾斜任意的角度。

11．显示选项

在图纸上右击尺寸，可以选择不同的显示选项。如果一个尺寸的延伸线已经倾斜，可以右击尺寸，在弹出的快捷菜单中选择【显示选项】→【删除倾斜】命令，将尺寸延伸恢复至原来的状态。

12．链接外部尺寸文字

- 插入文字到工程图中的尺寸，同时也会将文字插入到零件或装配体的尺寸。
- 右击设计树中的顶层按钮，在弹出的快捷菜单中选择【链接外部尺寸文字】命令，可设定允许尺寸文字扩展回到零件或装配体。
- 当在装配体和工程图之间链接文本时，工程图中的尺寸必须利用【模型项目】命令插入。

10.4.2 尺寸标注步骤

在实际工作中，应根据要求对工程图的相关设置进行调整。本节将详细介绍如何利用系统提供的相关选项对尺寸进行调整。

1．操作步骤

设定尺寸选项的操作步骤如下。

01 选择【工具】→【选项】命令，弹出【系统选项】对话框。

02 切换至【文档属性】选项卡，再选择【尺寸】选项。

03 在右侧的面板中设置尺寸的相关参数，如等距距离等，单击【确定】按钮完成操作。

2．【文档属性】对话框

图 10-71 所示为在【文档属性】对话框中选择【尺寸】选项后右侧弹出的面板，在其中可以设置尺寸的文字对齐样式。

图 10-71　设置【尺寸】选项

（1）添加默认括号

若勾选该复选框，当在工程图中标注的是参考尺寸时，系统会自动向尺寸添加括号。

（2）置中于延伸线之间

将尺寸放置在延伸线的中间。

（3）在基本公差框内包括前缀

将尺寸前的前缀包括在基本公差框中。

（4）在断裂视图中显示尺寸为断裂

勾选该复选框后，在标注断裂视图时，尺寸的延伸线会呈断裂状态（注：尺寸标注的标准为 ANSI）。

（5）等距距离

用于指定基准尺寸到模型以及基准尺寸到另一线性尺寸之间的距离。若取消勾选【注解视图布局】复选框，将激活数值框，可以修改等距值。

（6）箭头

用于指定箭头的样式以及定义箭头相对于延伸线的状态，包括向外、向内与智能 3 种。

（7）折断尺寸延伸线/引线

指定延伸线和引线被折断时的间隙。若勾选【只绕尺寸箭头折断】复选框，折断只会在线条通过箭头时发生。

（8）分数显示

用于指定显示分数尺寸时的样式，并且可以设定尺寸分数的层叠大小。

（9）折弯引线长度

定义折弯引线的长度。

（10）径向/尺寸引线捕捉角度

通过定义数值，用于控制在拖动直径、径向或倒角尺寸时的捕捉角度。

（11）公差

用于定义所选公差类型的相关参数，单击该按钮后将会弹出【尺寸公差】对话框。

10.5 添加注释

在 SolidWorks 文件中，注释与符号配合使用，其表达的意义与标注尺寸相似，用户可在零件或装配文档中添加注释与符号来完善尺寸表达的不足之处。

10.5.1 注释的属性设置

单击【注释】按钮A后弹出【注释】属性管理器，如图 10-72 左图所示，【引线】栏、【边界】栏与【图层】栏展开后的状态如图 10-72 右图所示。

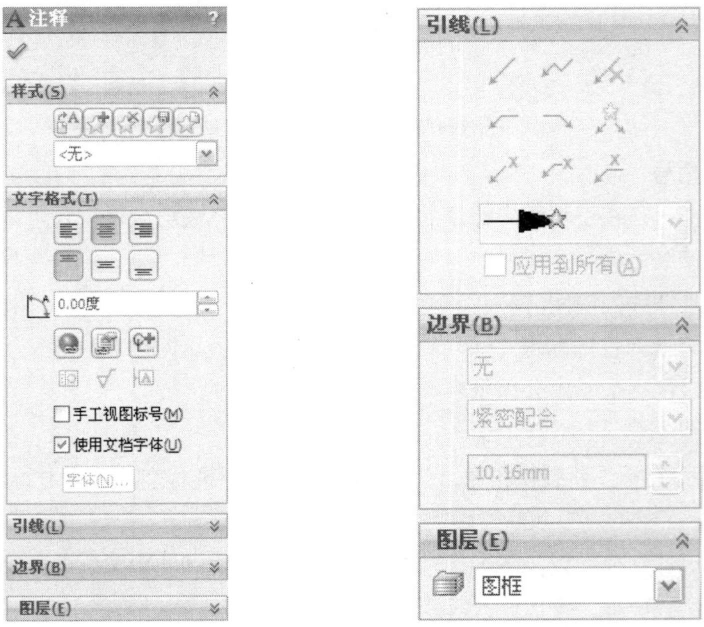

图 10-72 【注释】属性管理器

1. 【样式】栏

用于管理与编辑工程图中新建的或当前的注释类型，如新建常用类型、删除常用类型与保存常用类型等。

2. 【文字格式】栏

- 文字对齐方式：定义文字的对齐方式，有左对齐、居中与右对齐3 种。
- 套合文字：压缩或扩展选定的文本。
- 角度：输入数值以旋转尺寸。角度旋转的规则为正值逆时针、负值顺时针。
- 插入超文本链接：在文件中插入一个超文本链接到互联网、区域网格或硬盘驱动器上，当单击超文本链接时，相关文档或网址打开。单击该按钮后将会弹出【插入超文本链接】对话框，如图 10-73 所示。
- 链接到属性：链接文档属性、自定义属性的配置属性值到注释中。若属性值改变，链接文字也会自动改变。单击该按钮将会弹出【链接到属性】对话框，如图 10-74 所示。

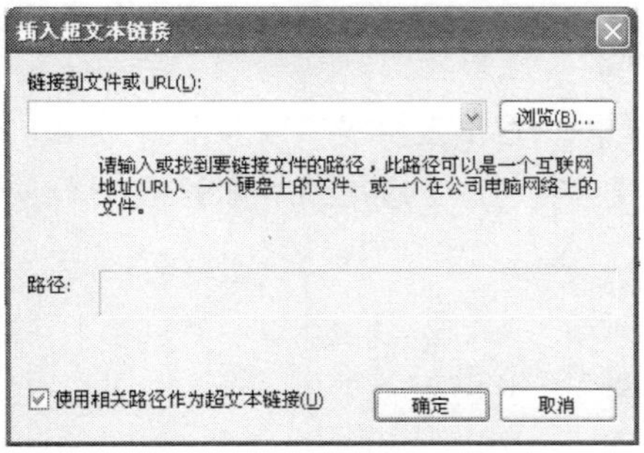

图 10-73 【插入超文本链接】对话框

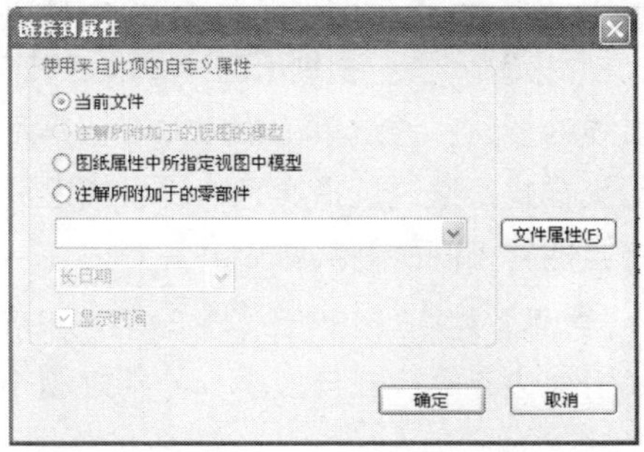

图 10-74 【链接到属性】对话框

- 添加符号：在文字中添加相关符号。单击该按钮后将会弹出【符号】对话框，如图 10-75 所示。在文字中可插入中心线、度数、直径与正负号等符号。
- 锁定/解除锁定注释：将注释固定在工程图中的当前位置，也可再次单击该按钮解除锁定。
- 插入形位公差：在注释中插入指定的形位公差符号。单击该按钮后将在弹出【形位公差】对话框的同时弹出【属性】对话框，如图 10-76 所示，可根据设置要求添加相应的形位公差。

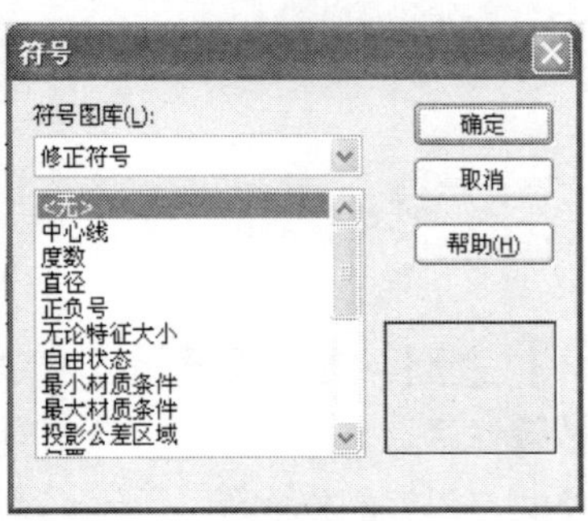

图 10-75 【符号】对话框

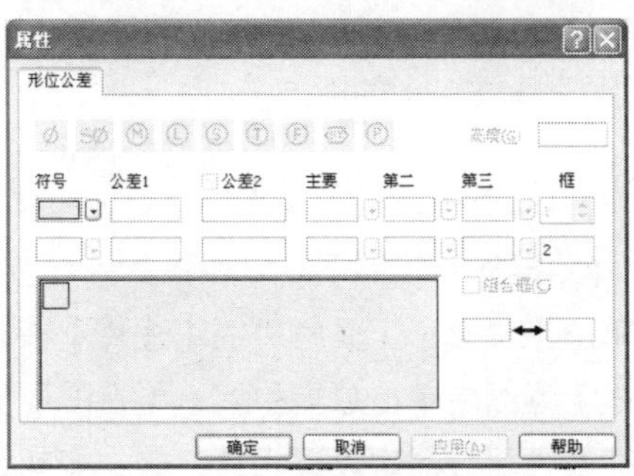

图 10-76 【属性】对话框

- 插入表面粗糙度符号：在注释中插入表面粗糙度符号。单击此按钮将会弹出【表面粗糙度】对话框，包括基本、要求切削加工与禁止切削加工等参数。
- 插入基准特征：在注释中插入基准特征符号。单击此按钮后将会弹出【基准特征】对话框。

- 使用文档字体：使用默认的文字大小。若取消勾选该复选框，可以指定字体样式、大小及其他文本效果。

3. 【引线】栏

- 注释引线分为引线、多转折引线和无引线。
  - ➢ 引线：创建简单引线。
  - ➢ 多转折引线：创建具有一个或多个折弯的引线。
  - ➢ 无引线：不添加引线到工程图。
- 引线的位置分为靠左、靠右和最近。
  - ➢ 引线靠左：引线在注释的左侧。
  - ➢ 引线靠右：引线在注释的右侧。
  - ➢ 引线最近：引线在注释最近的左侧或右侧。
- 引线的形状：通过单击相应的按钮指定引线的形状，包括直引线与折弯引线。
- 箭头样式：通过选择类型，用于指定箭头的样式。若勾选【应用到所有】复选框，所有注释将会拥有相同的箭头样式。

4. 【边界】栏

定义引线边界的样式与大小，分别如图 10-77 与图 10-78 所示。

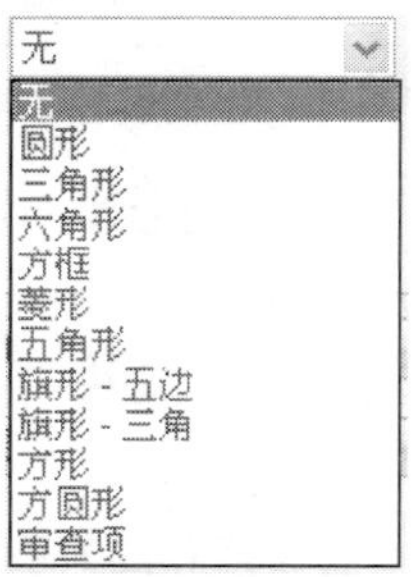

图 10-77 【边界样式】选项

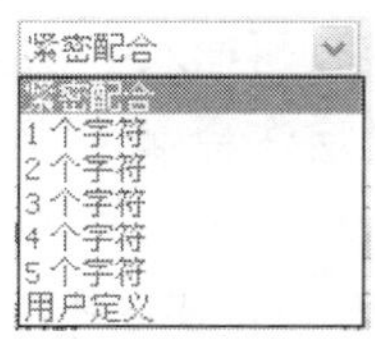

图 10-78 【边界大小】选项

5. 【图层】栏

用于指定注释被包含的图层。

10.5.2 添加注释的操作步骤

添加注释的操作步骤如下。

01 单击【注解】工具栏中的【注释】按钮A，弹出【注释】属性管理器。

02 在工程图中单击放置引线，再在适当位置单击放置注释。

03 在属性管理器中设置相关参数，如指定文字的格式与引线的样式等。

04 单击【确定】按钮，完成注释的添加。

★课堂实训：为轴的工程图添加尺寸和注释

尺寸是工程图中不可或缺的一部分，零件的加工过程要完全依靠工程图的指导才能进行，因此要给工程图添加一些关键尺寸。具体操作步骤如下。

1．标注尺寸

01　插入尺寸。在工程图 10-70 的基础上，单击【注解】工具栏中的【模型项目】按钮，或选择【插入】→【模型项目】命令，弹出【模型项目】属性管理器。在【来源/目标】栏中选中【整个模型】；在【尺寸】栏中单击【为工程图标注】按钮；其他设置选择系统默认状态，如图 10-79 所示。

02　设置好后，单击【确定】按钮，结果如图 10-80 所示。

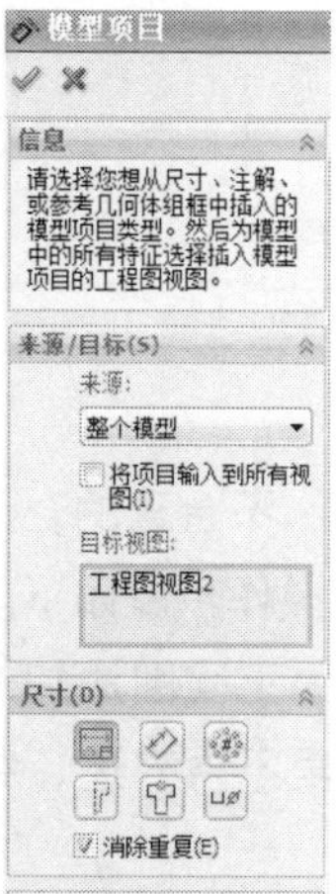

图 10-79 【模型项目】属性管理器

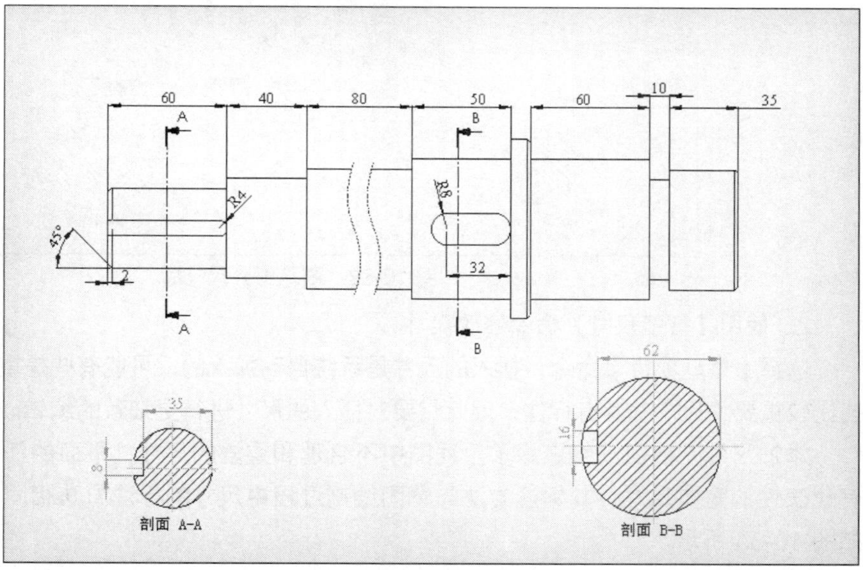

图 10-80　插入尺寸后

03　编辑尺寸。插入的尺寸一般都不符合要求，需要对其进行进一步的编辑。首先，在工程图中单击插入的尺寸线，将其拖动到合适位置；然后单击选中一些重复的或不合理的尺寸，按【Delete】键将其删除；选择【工具】→【选项】命令，弹出【系统选项（s）-常规】对话框，单击【文档属性】选项卡，依次选择【出详图】→【注解字体】→【尺寸】选项，弹出【选择字体】对话框，字体设置如图 10-81 所示。

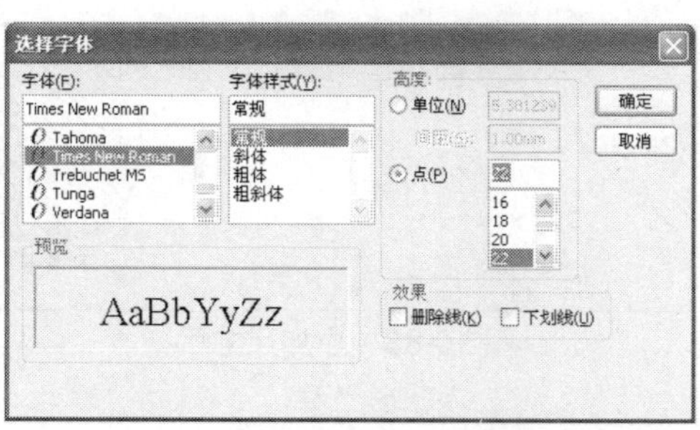

图 10-81 【选择字体】对话框

04　依次单击【选择字体】对话框中的【确定】按钮，【文档属性-出详图-注解字体】对话框中的【确定】按钮，得到的工程图如图 10-82 所示。

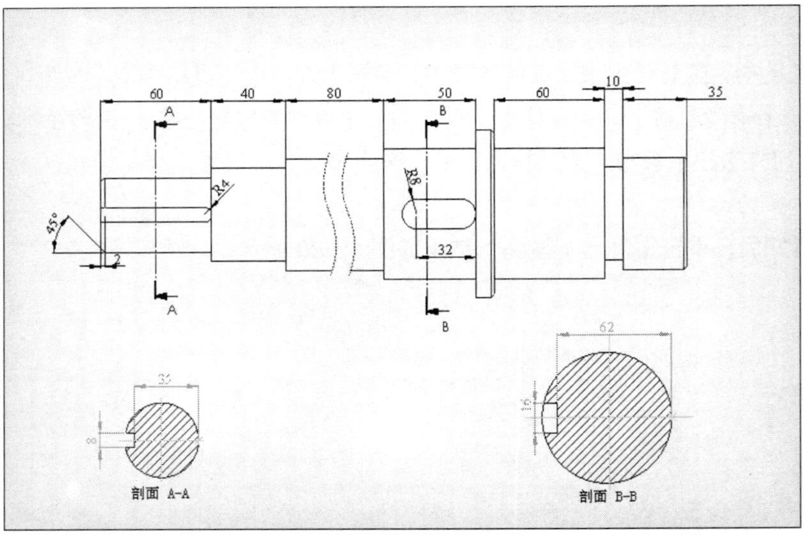

图 10-82　删除部分尺寸后

2．使用【智能尺寸】命令修改尺寸

选择【模型项目】命令，插入的尺寸是系统自动加入的，可能有些是重复的、不合理的，而有些比较重要的尺寸却没有标注，因此需要对插入的尺寸进行更细致的编辑。具体操作步骤如下。

添加尺寸。前面已经删除了工程图中不合理和重复的尺寸，下面的任务是为工程图添加一些有代表性的重要尺寸，其标注方法与草图绘制过程中尺寸的标注方法相同，这里不再赘述，结果如图 10-83 所示。

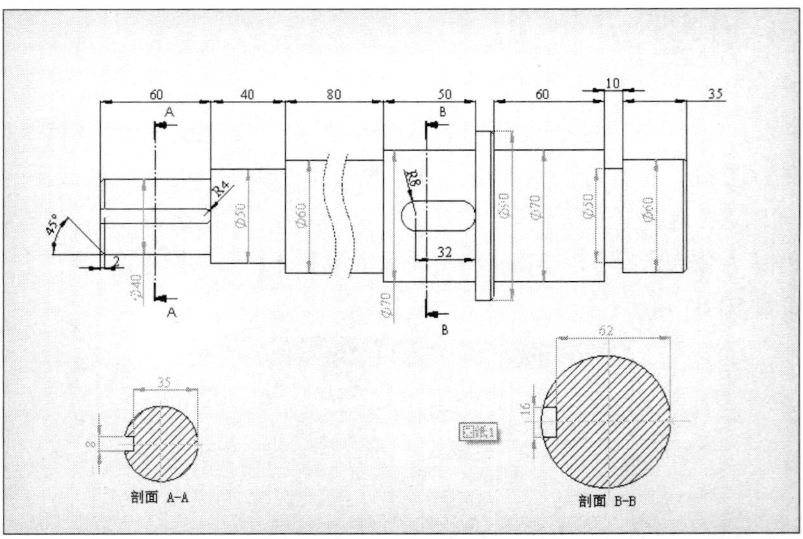

图 10-83　添加尺寸后

3．插入几何公差

几何公差标注的具体操作步骤如下。

01　在工程图中单击或者右击要添加几何公差的尺寸，弹出【尺寸】属性管理器。单击【数值】选项卡，在其中的【公差/精度】栏中进行设置，在【公差类型】栏中选择【对称】，在【最大变量】

栏中输入 0.3,【主要单位精度】栏中选择【.12（文件）】，其他选项设置如图 10-84 所示。

02　设置好后，单击【确定】按钮，结果如图 10-85 所示。

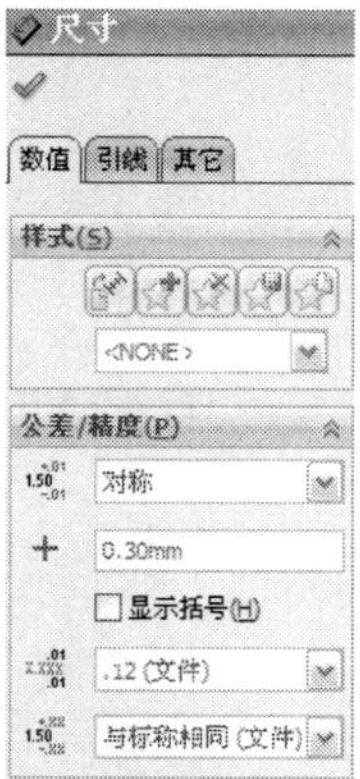

图 10-84 【尺寸】属性管理器

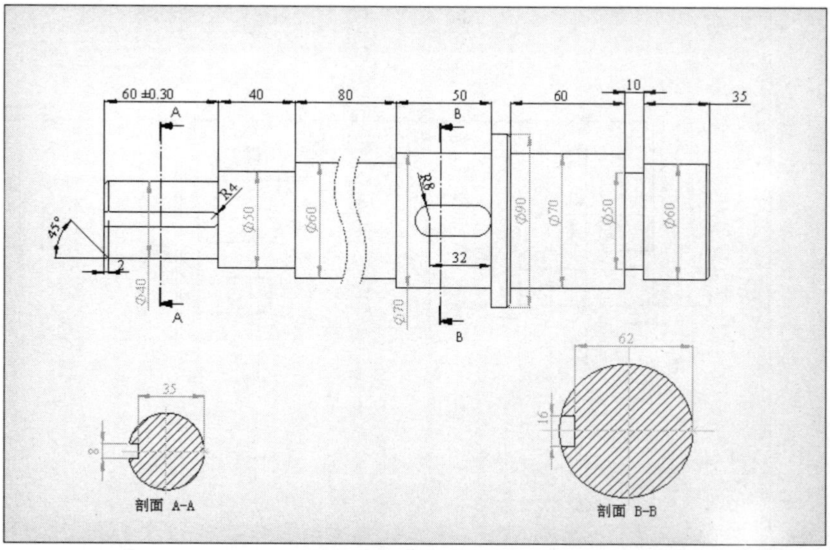

图 10-85　插入几何公差

4．插入形位公差

形位公差标注的具体操作步骤如下。

01　单击【注解】工具栏中的【形位公差】按钮 形位公差 ，弹出【形位公差】属性管理器和【属性】对话框。在【形位公差】属性管理器的【引线】栏中，单击【引线】按钮，在【箭头样式】栏中选择 样式，其他设置如图 10-86 所示。

02　在【属性】对话框中单击【符号】栏旁边的下移方向键，选择【同心】；然后在激活的【公差 1】栏中输入 0.14；在【主要】、【第二】、【第三】栏中依次输入 A、B、C；其他设置如图 10-87 所示。

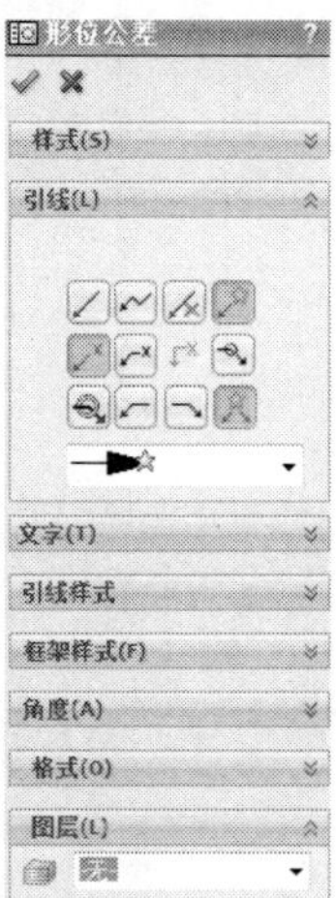

图 10-86 【形位公差】属性管理器

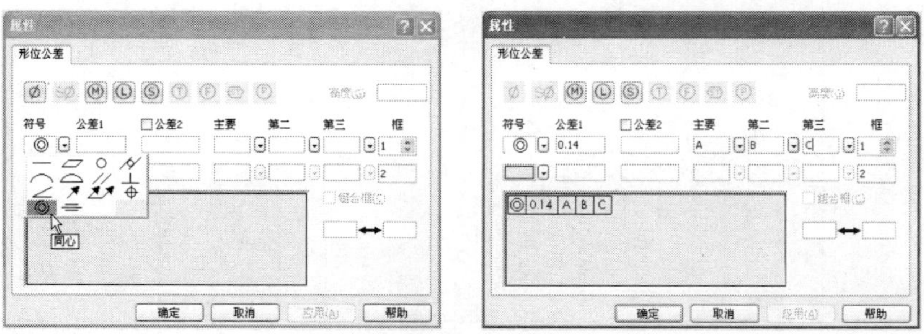

图 10-87 【属性】对话框

03 设置好【属性】对话框后，单击【确定】按钮，此时图形区出现创建的形位公差，如图 10-88 所示。

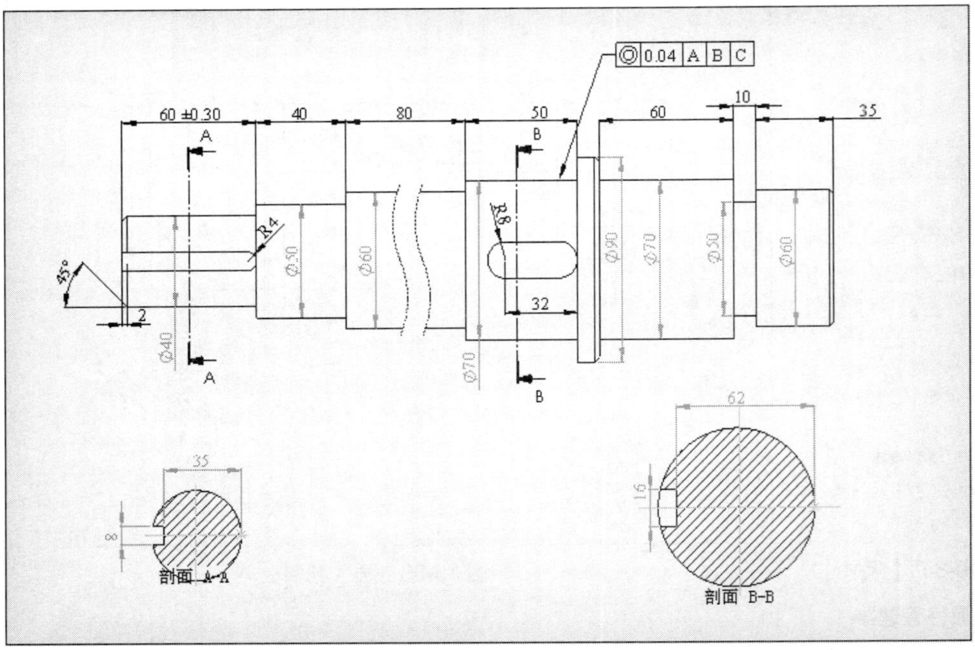

图 10-88 插入形位公差

04 调节形位公差位置。在形位公差上单击，此时形位公差变为绿色高亮显示，按住鼠标左键不放并拖动，形位公差随之移动，将其移动到合适位置，结果如图 10-89 所示。

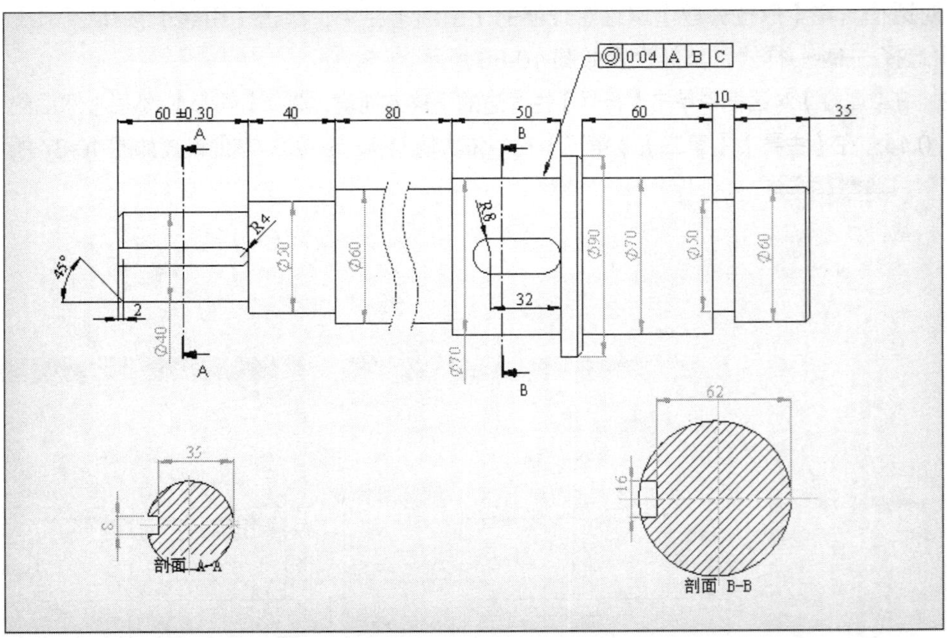

图 10-89 形位公差位置调整

5．插入基准符号

在标注形位公差时，可以看到形位公差框格的第三个小格之后输入一系列大写字母，它们就是基准字母代号。基准是用来确定被测要素方向和位置的，其插入的具体操作步骤如下。

01 单击【注解】工具栏中的【基准特征】按钮，弹出【基准特征】属性管理器。在【标号】栏中输入 A；单击【实三角形】按钮，其他设置采用系统默认状态，如图 10-90 所示。

02 此时，图形区出现基准标号的预览。在图形区，移动鼠标指针，基准标号也随之移动，将其移动到合适位置，单击即可插入基准特征符号。重复上述操作，插入 B、C 两个基准符号。插入完毕后，单击【确定】按钮，结果如图 10-91 所示。

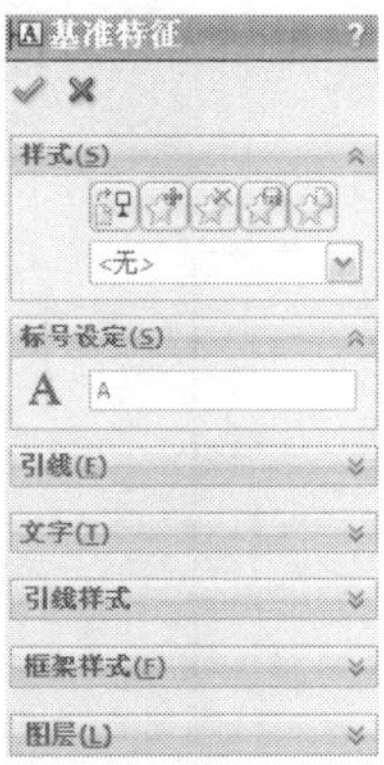

图 10-90 【基准特征】属性管理器

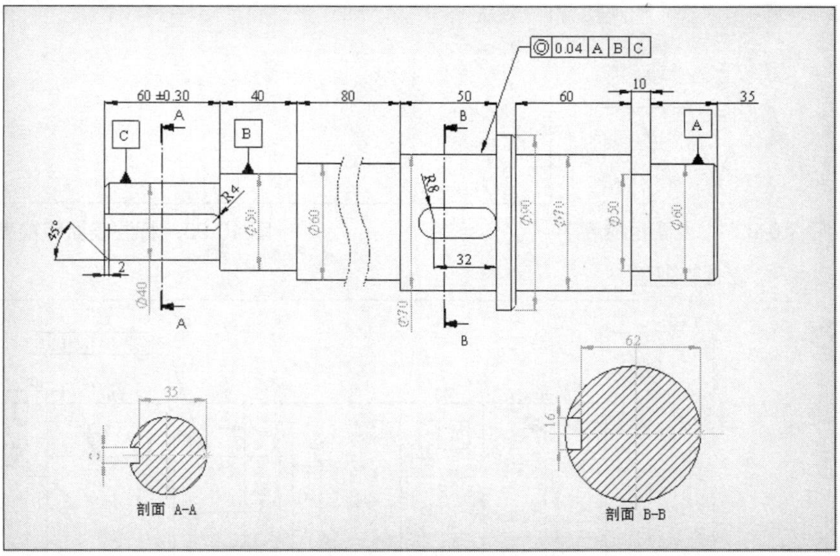

图 10-91 插入基准特征符号

6．插入表面粗糙度

标注表面粗糙度的具体操作步骤如下。

01 单击【注解】工具栏中的【表面粗糙度符号】按钮，弹出【表面粗糙度】属性管理器。在【符号】栏中单击【要求切削加工】按钮，在【最大粗糙度】栏中输入 6.3，其他选项设置如图 10-92 所示。

02 此时，工程图中出现表面粗糙度符号，并且随着鼠标指针的移动而移动，将其移动到适当的位置单击，则在该位置插入表面粗糙度符号。重复上述操作，移动鼠标指针，将所有表面粗糙度要求相同的地方加以标注。最后单击【确定】按钮，结果如图 10-93 所示。

03 重复上述步骤，将其他需要标注表面粗糙度的位置加以标注，最终得到的工程图如图 10-94 所示。

图 10-92 【表面粗糙度】属性管理器

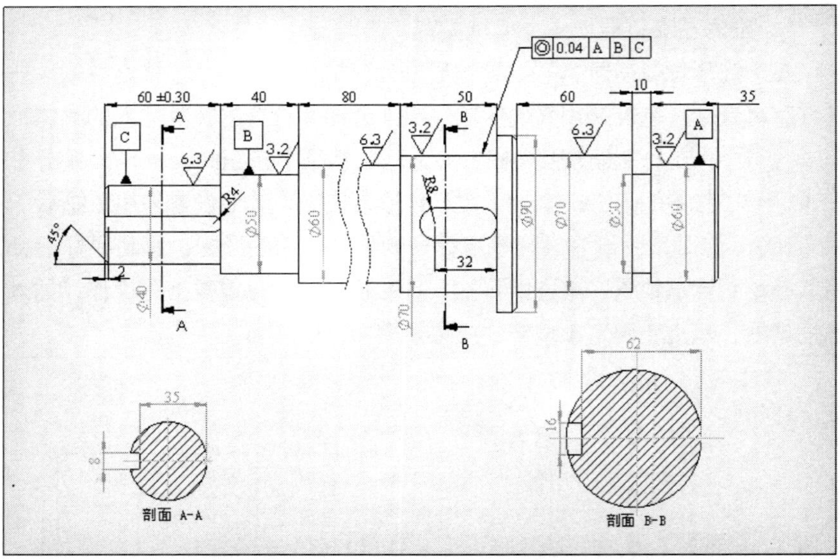

图 10-93 标注表面粗糙度

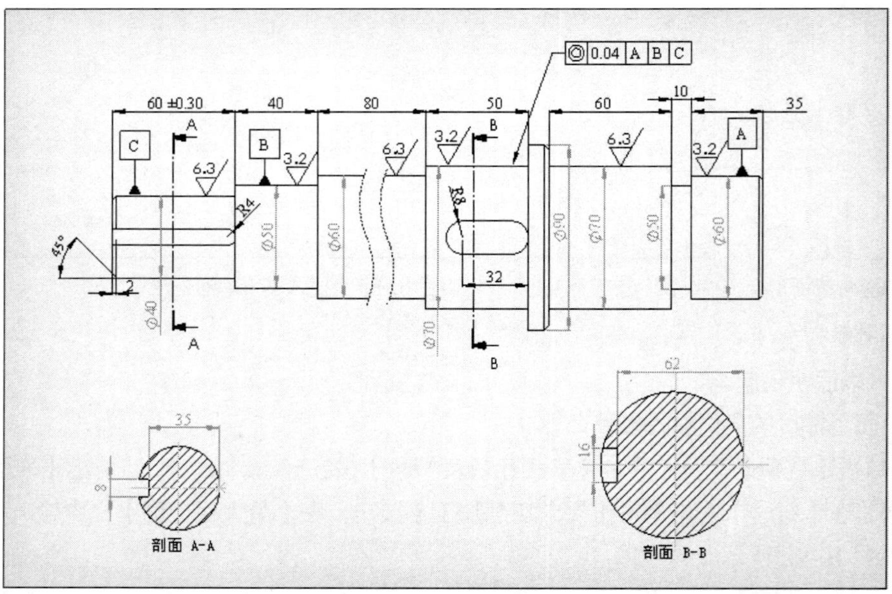

图 10-94 工程图

★课堂实训：绘制异形板的工程图

1．设计分析

异形板的实体模型如图 10-95 所示。上一节中，以轴的工程图的创建过程为例，介绍了相关的工程图创建命令。本节将以异形板的工程图为例，补充介绍旋转剖视图、局部视图、相对视图等工程视图的创建方法，并介绍旋转视图的方法。

图 10-95 异形板实体模型

2．操作步骤

（1）创建旋转剖视图

由于异形板的形状特别，单纯依靠标准视图或者投影视图不足以反映其结构特点，因此需要利用旋转剖视图。具体的操作步骤如下。

01 新建工程图文件。单击【常用】工具栏中的【新建】按钮，弹出【新建 SolidWorks 文件】对话框，单击【工程图】按钮，然后单击【确定】按钮，即可新建一个工程图文件。在新建的工程图文件中关闭【图纸格式/大小】对话框，在【模型视图】属性管理器中单击【浏览】按钮，弹出【打开】对话框，选中【异形板.SLDPRT】文件，如图 10-96 所示。

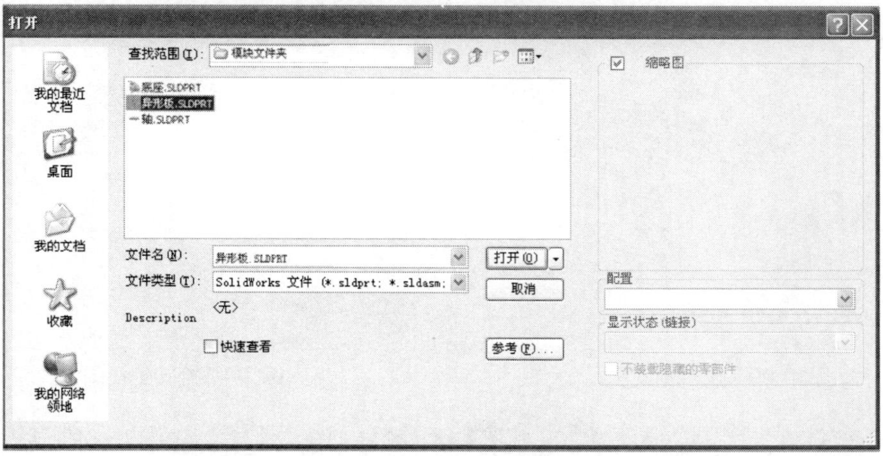

图 10-96 【打开】对话框

02 单击【打开】按钮，弹出【模型视图】属性管理器。单击【方向】栏中的【前视】按钮，此时，绘图区出现异形板前视图的预览图，并且在图形区中随着鼠标指针的移动而移动。在图形区的合适位置单击确定视图位置，然后在弹出的【投影视图】属性管理器中单击【确定】按钮，完成视图创建。单击创建的视图，在弹出的【工程视图】属性管理器中将比例改为 1∶2，结果如图 10-97 所示。

03 创建旋转剖视图。单击【视图布局】工具栏中的【剖面视图】按钮的下移方向键，然后单击【旋转剖视图】按钮，弹出【信息】提示框，如图 10-98 所示。

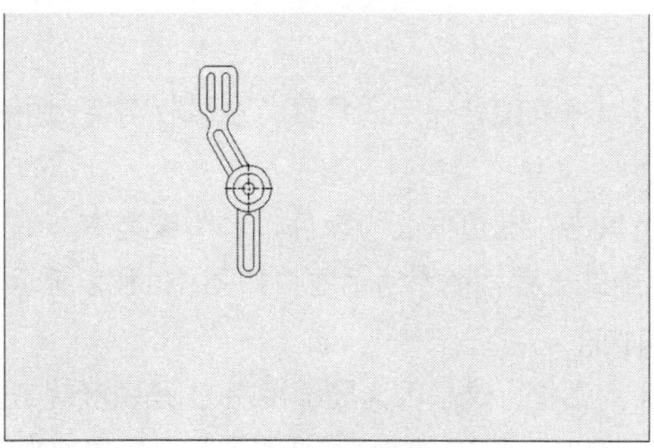

图 10-97 异形板的模型视图

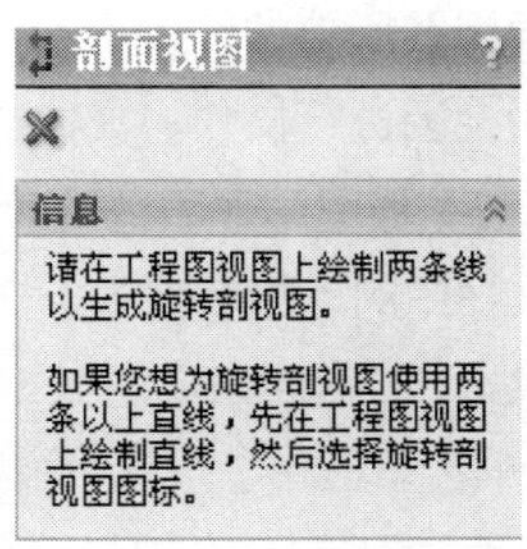

图 10-98 【信息】提示框

04 根据信息提示框的提示，在工程图中绘制两条直线作为割线，如图 10-99 所示的 A-A 线。绘制好后，自动弹出【剖面视图 A-A】属性管理器，同时在图形区出现旋转剖视图的预览，预览图随鼠标指针的移动而移动。在图形区的合适位置单击，确定旋转剖视图的位置，结果如图 10-99 所示。

05 从图 10-99 中可以看出，旋转剖视图 A-A 的注释不符合要求。在图形区中单击剖视图的注释，弹出【注释】属性管理器。在【文字格式】栏中取消勾选【使用文档字体】复选框，单击【字体】按钮，弹出【选择字体】对话框，将字体设置为【宋体】，字号设置为【二号】，其他选择系统默认状态。设置好后单击【确定】按钮，结果如图 10-100 所示。

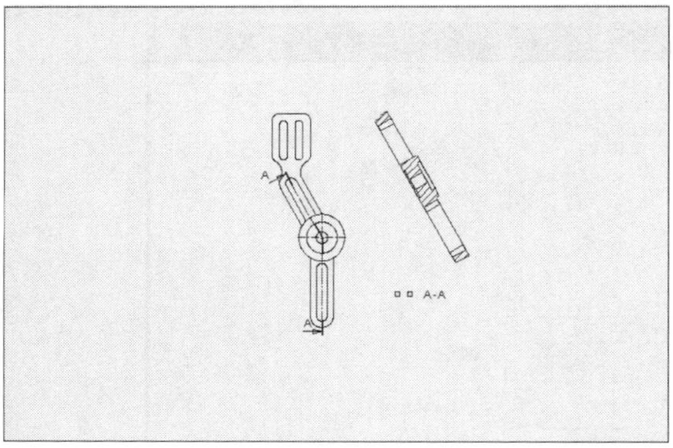

图 10-99　旋转剖视图

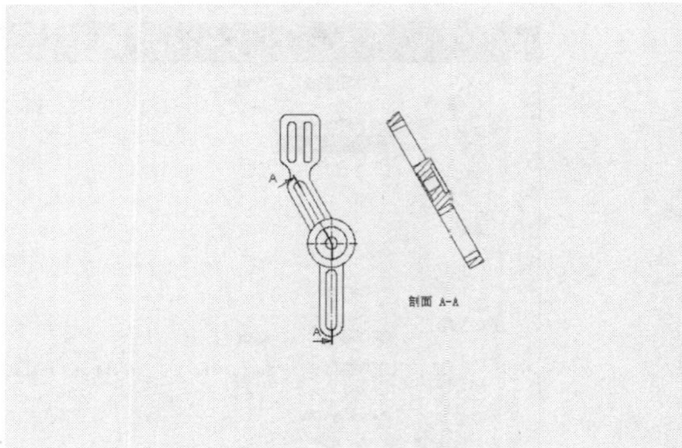

图 10-100　旋转剖视图创建完毕

提示：也可以选择【插入】→【工程视图】→【旋转剖视图】命令，弹出图 10-98 所示的【信息】提示框。

(2) 创建局部视图

局部视图通常用于显示零部件视图的某一部分，其显示比例较大，目的是可以更好地显示出模型中的细节。局部视图创建的具体操作步骤如下。

单击【视图布局】工具栏中的【局部视图】按钮，弹出【信息】提示框，根据提示在图形区要创建局部视图的区域绘制一个圆。绘制完成后，弹出【局部视图】属性管理器，并且图形区出现局部视图预览，预览图随着鼠标指针移动，在图形区合适位置单击确定局部视图的位置。按照前述步骤，将局部视图注释字体改为【宋体】，字号改为【二号】，结果如图 10-101 所示。

(3) 创建旋转视图

有时候视图所处的位置不利于观察，希望可以将其旋转一定的角度，这时就需要利用【旋转视图】命令对视图进行操作。具体操作步骤如下。

01 在工程图图形区的旋转剖视图 A-A 上单击，其边框变为绿色，表明被选中。单击【视图布局】工具栏中的【旋转视图】按钮，弹出【旋转工程视图】对话框，如图 10-102 所示。在【工程视图角度】栏中输入 30°，其他选择系统默认状态。

02 单击【应用】按钮，弹出 SolidWorks 对话框，这是因为局部视图 B 是由旋转剖视图 A-A 生成的，两者之间是从属关系。单击【是】按钮，局部视图被旋转，其从属视图——局部视图 B 也同时发生旋转，结果如图 10-103 所示。

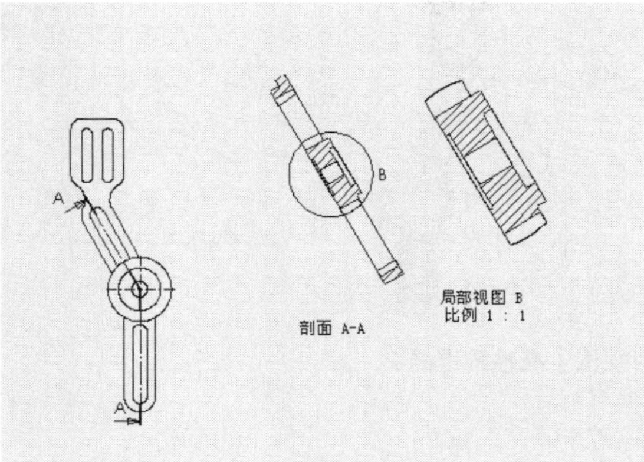

图 10-101　创建局部视图

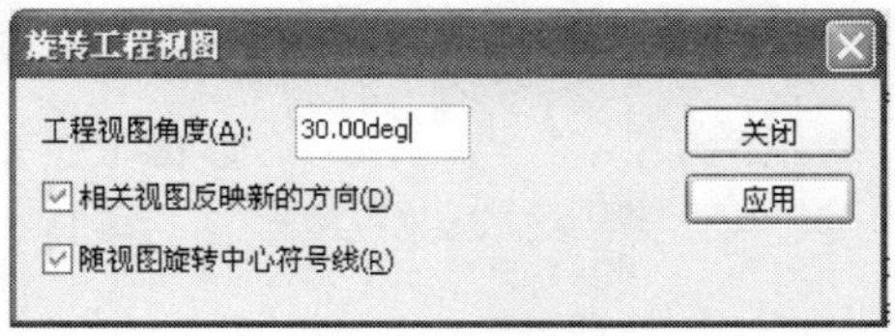

图 10-102 【旋转工程视图】对话框

（4）创建相对视图

由于在创建零件实体模型时可能没有考虑将其转换为工程图时的投射方向，这时直接用标准三视图转换的三视图不符合实际需要，因此需要使用相对视图。创建相对视图的具体操作步骤如下。

01 将前面创建的视图关闭，新建一个工程图文件。选择【插入】→【工程视图】→【相对于模型】命令，弹出【相对视图】属性管理器，如图 10-104 所示。

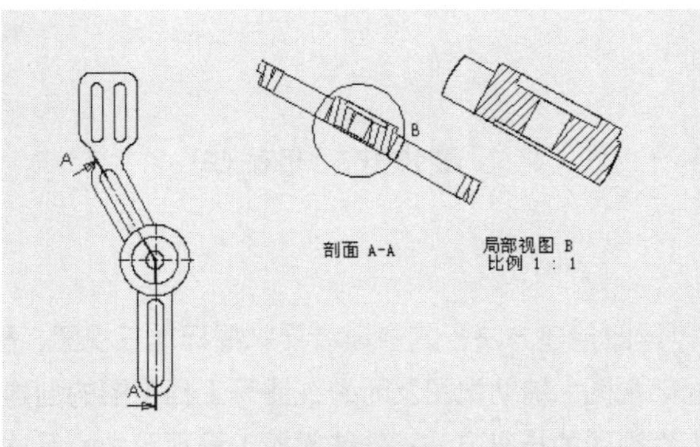

图 10-103　旋转视图后

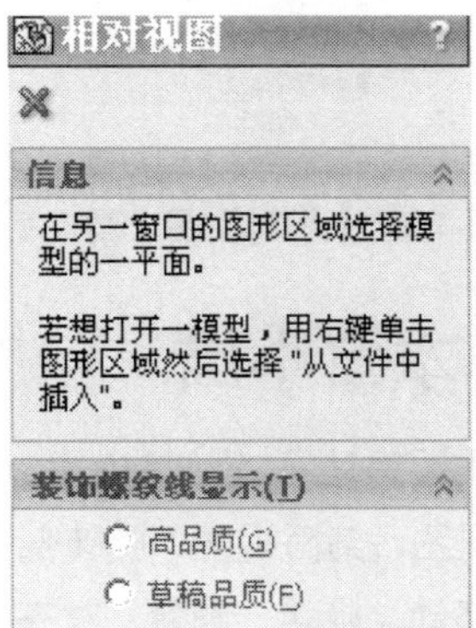

图 10-104 【相对视图】属性管理器 1

02 按照【信息】栏的提示，在图形区右击，在弹出的快捷菜单中选择【从文件插入】命令，弹出【打开】对话框，选择【异形板】文件，单击【打开】按钮，打开异形板零件窗口，此时【相对视图】属性管理器也发生相应变化。在【第一方向】栏中选择【前视】选项，将【第一方向的面】栏激活，选择圆端面部分，即绿色面积；在【第二方向】栏中选择【右】选项，将【第二方向的面】栏激活，选择图 10-105 所示的绿色面积部分。

03 单击【确定】按钮，这时将再次切换到工程图窗口，【相对视图】属性管理器发生变化。将【显示样式】栏选择为【隐藏线可见】；选中【比例】栏中的【使用自定义比例】单选按钮，将比例选为 1∶2，如图 10-106 所示。

04 此时，在图形区中出现预览，并且随鼠标指针移动。在图形区的合适位置单击，确定相对视图位置。单击【确定】按钮，最终结果如图 10-107 所示。

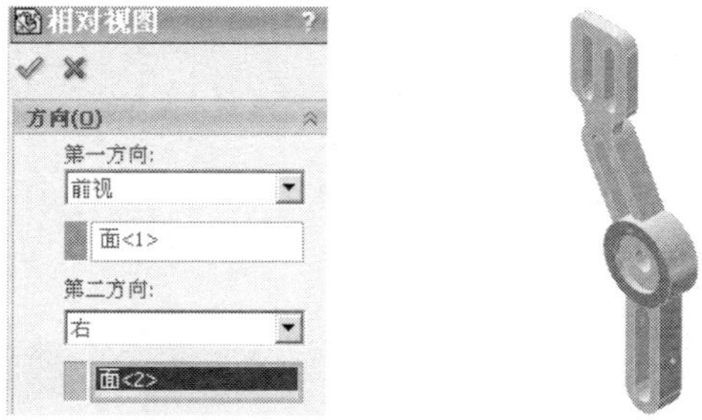

图 10-105 【相对视图】属性管理器 2

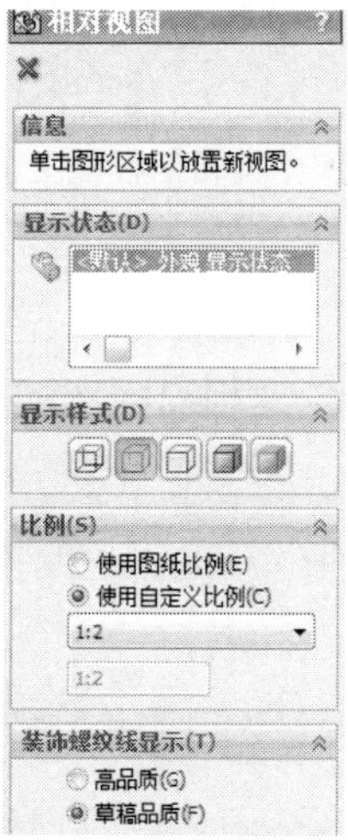

图 10-106 【相对视图】属性管理器 1

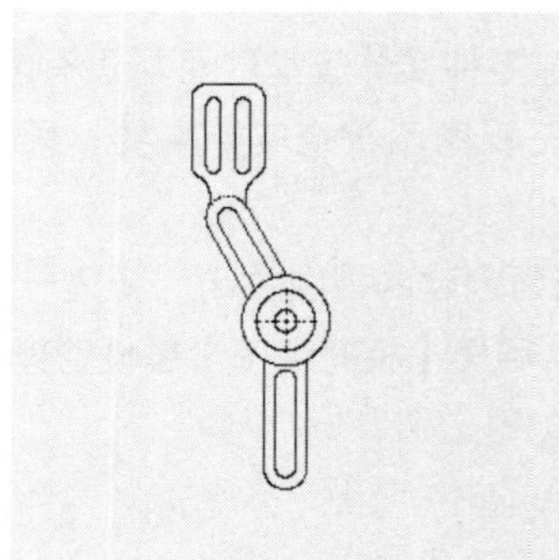

图 10-107 相对视图

10.6 本章小结

本章主要讲述了 SolidWorks 中相关的工程图创建方法，其中读者要掌握标准三视图、模型视图、投影视图、剖面视图、旋转剖面视图、局部视图、辅助视图及断裂视图等工程视图的创建方法；熟练应用移动、旋转、删除、对齐、剪裁等工程视图的操纵方法；熟练掌握工程视图中的尺寸插入、编辑，几何公差、形位公差及表面粗糙度的标注方法。通过本章的练习，达到熟练应用 SolidWorks 创建工程图的目的。

第 11 章　焊件设计

在 SolidWorks 2012 中，可以将多种焊接类型的焊缝添加到装配体中，生成的焊缝属于装配体特征，是关联装配体中生成的新的装配体零部件。

11.1　焊件结构

焊件功能可以设计一个焊件结构为单一多体零件。具体方法是：先用 2D 和 3D 草图来定义基本框架，然后沿草图线段添加结构构件，最后用【焊接】工具栏上的工具添加角支撑板、顶端盖等。

11.1.1　焊件轮廓

所有的结构构件都包括以下属性：

- 结构构件都使用轮廓，如角铁。
- 轮廓有标准、类型以及大小识别。
- 焊件轮廓位于安装目录\data\weldment profiles。可以在工具、选项和文件位置中为焊件轮廓添加或更改位置。
- 一个结构构件可以包括多条线段，但是每条线段必须使用相同的轮廓。
- 分别具有不同轮廓的多个结构构件可以属于同一焊接零件。
- 结构构件在特征管理器设计树中以结构构件 1、结构构件 2 等形式出现，结构构件所生成的实体出现在特征管理器设计树的切割清单中。

11.1.2　结构构件

在零件中生成第一个结构构件时，生成一个焊件特征图标并自动添加到属性管理器设计树中。生成结构构件的操作步骤如下。

01　在绘图区绘制图 11-1 所示的草图。

02　选择【插入】→【焊件】→【结构构件】命令，弹出图 11-2 所示的【结构构件】属性管理器。

- 标准：可以选择 ISO、ANSI 或者用户自定义标准。
- 类型：可以选择角铁、方形管等轮廓类型。
- 大小：定义轮廓的尺寸。

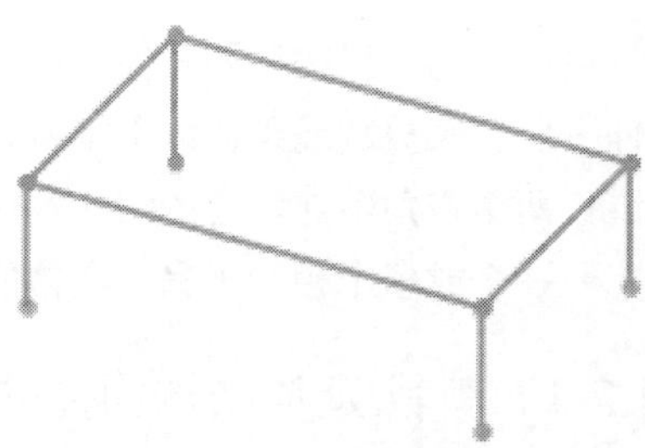

图 11-1　绘制草图

03　在属性管理器中设置标准为 ISO，类型为【方形管】，大小为 20×20×2，在【组】栏中选择图 11-1 所示的矩形的 4 条边，结果如图 11-3 所示。

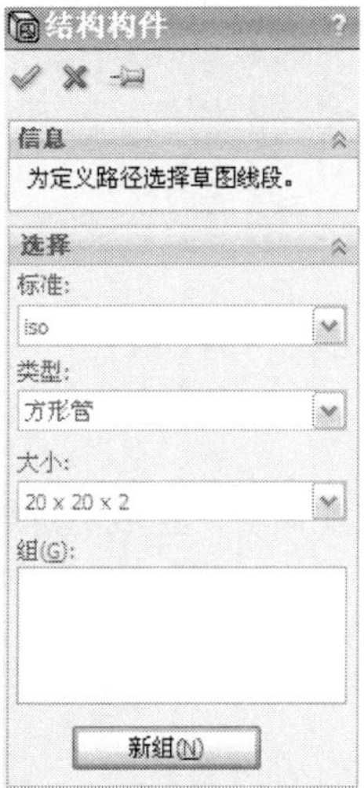

图 11-2 【结构构件】属性管理器

图 11-3 结构构件 1

在生成结构构件后，用户可以设置结构构件的边角处理，如图 11-4 所示。可以选择【终端斜接】、【终端对接 1】和【终端对接 2】，这里选择的类型是【终端斜接】。

04 生成第二组结构构件。选择图 11-1 所示的另外 4 条边，设置标准为 ISO，类型为【角铁】，大小为 20×20×3，结果如图 11-5 所示。

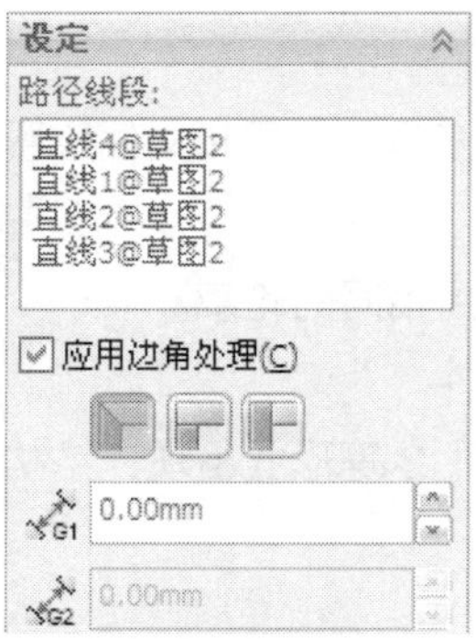

图 11-4 边角处理

图 11-5 结构构件 2

11.2 剪裁结构构件

可以使用结构构件和其他实体来剪裁结构构件，使其在焊件零件中正确对接。可以使用【剪裁/延伸】命令来剪裁或延伸以下结构构件：

- 两个在角落处汇合的结构构件。
- 一个或多个相对于另一实体的结构构件。

11.2.1 剪裁/延伸结构构件的属性设置

选择【插入】→【焊件】→【剪裁/延伸】命令，弹出图 11-6 所示的【剪裁/延伸】属性管理器，下面分别介绍各个选项的意义。

1. 边角类型

- 终端剪裁。
- 终端斜接。
- 终端对接 1。
- 终端对接 2。

2. 要剪裁的实体

- 对于终端斜接、终端对接 1 和终端对接 2 边角类型，选择要剪裁的一个实体。
- 对于终端剪裁边角类型，选择要剪裁的一个或多个实体。

3. 剪裁边界

- 面/平面：使用平面作为剪裁边界。
- 实体：使用实体作为剪裁边界。

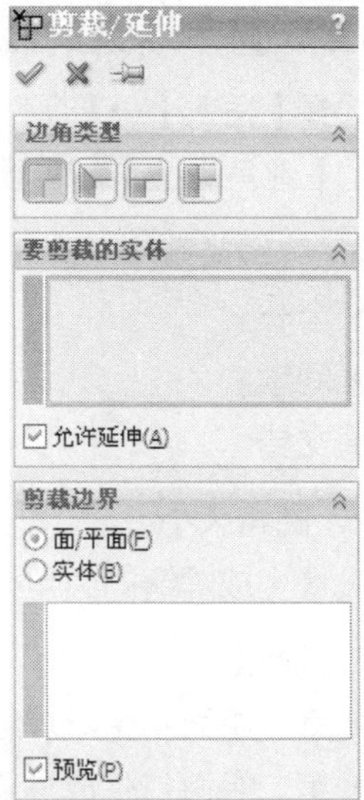

图 11-6 【剪裁/延伸】属性管理器

11.2.2　剪裁/延伸结构构件的操作步骤

01 打开“光盘\源文件\第 11 章\11.2\11.2.2\11.2.2 未完成.sldprt”文件，如图 11-7 所示。

02 选择【插入】→【焊件】→【剪裁/延伸】命令，在弹出的【剪裁/延伸】属性管理器中按图 11-8 所示进行设置。

03 单击【确定】按钮，结果如图 11-9 所示。

图 11-7　11.2.2 未完成

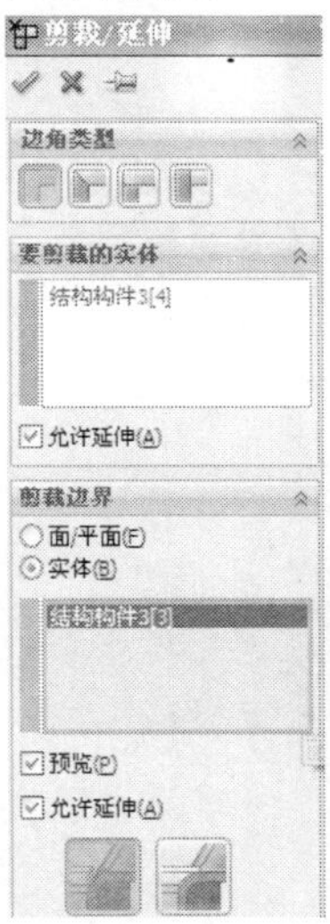

图 11-8 【剪裁/延伸】属性管理器

图 11-9　剪裁结果

11.3　圆角焊缝

SolidWorks 可以在任何交叉的焊件实体（如结构构件、平板焊件或角撑板）之间添加全长、间断或者交错的圆角焊缝。

11.3.1 圆角焊缝的属性设置

选择【插入】→【焊件】→【圆角焊缝】命令，弹出图 11-10 所示的【圆角焊缝】属性管理器，下面分别介绍各个选项的意义。

1. 焊缝类型

- 全长。
- 间歇。
- 交错。

2. 圆角大小

设置生成焊缝的圆角大小。

3. 面组

- 第一组面：生成焊缝的第一组面。
- 第二组面：生成焊缝的第二组面。

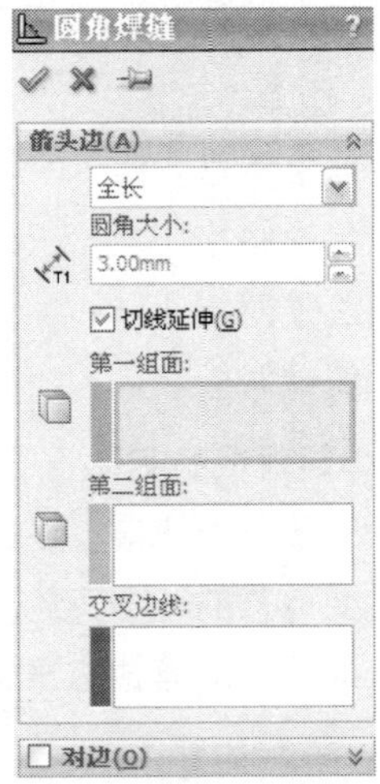

图 11-10 【圆角焊缝】属性管理器

11.3.2 生成圆角焊缝的操作步骤

01 打开“光盘\源文件\第 11 章\11.3\11.3.2\11.3.2 未完成.sldprt”文件，如图 11-11 所示。

02 选择【插入】→【焊件】→【圆角焊缝】命令，在弹出的【圆角焊缝】属性管理器中按图 11-12 所示进行设置。在第一组面中选择角撑板的前面和侧面，在第二组面中选择结构构件的顶面，如图 11-13 和图 11-14 所示。

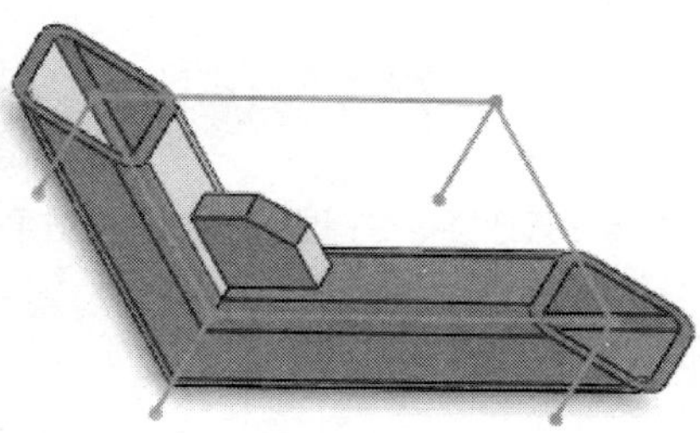

图 11-11　11.3.2 未完成

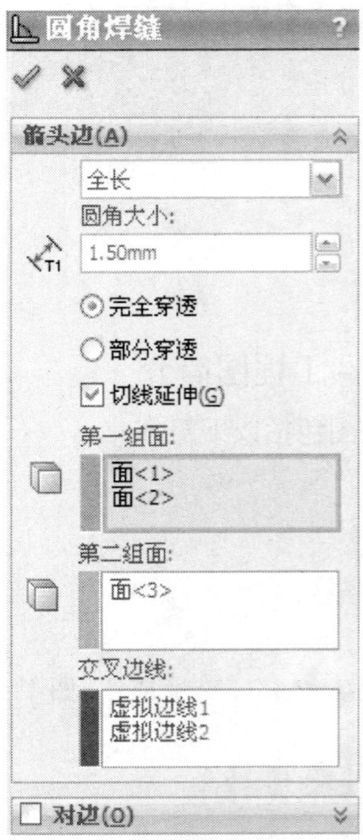

图 11-12 【圆角焊缝】属性管理器

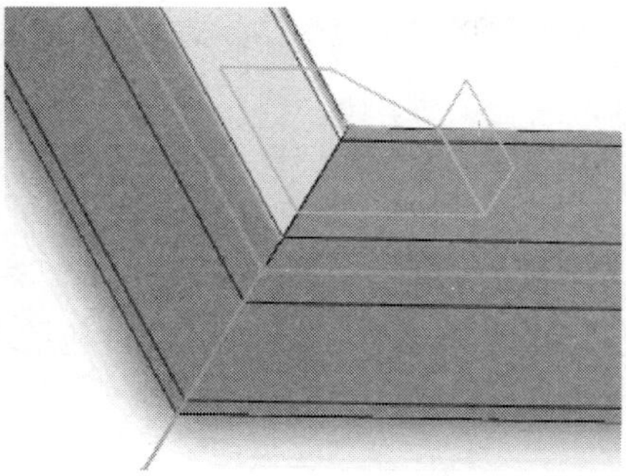

图 11-13　第一组面

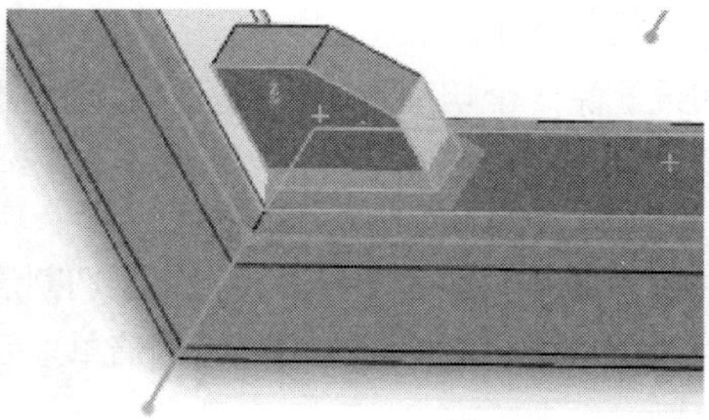

图 11-14　第二组面

03 设置焊缝类型为【全长】，圆角大小为 1.5，结果如图 11-15 所示。

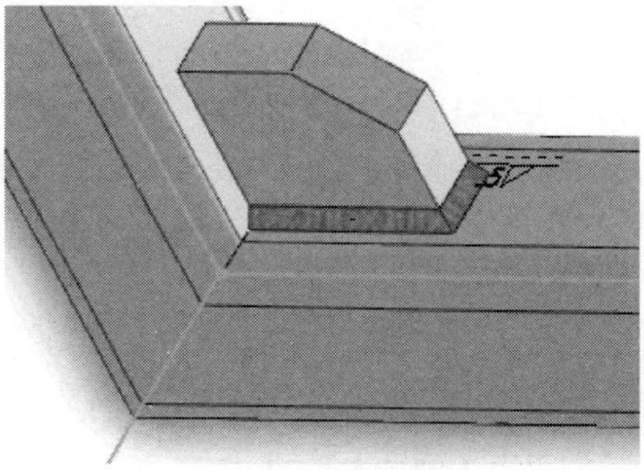

图 11-15　圆角焊缝

11.4　焊件切割清单

当第一个焊件特征插入到零件中时，特征设计树中的【实体】文件夹重命名为【切割清单】，以表示包括在切割清单中的项目。

切割清单可以自动生成，也可以手动指定何时在焊件零件文档中更新，还可以一次性做众多更改，然后更新切割清单。然而，切割清单会在打开参考切割清单的工程图时自动更新。

11.4.1　焊件工程图简介

焊件工程图包括以下部分：

- 整个焊件零件的视图。
- 焊件零件单个实体的视图。
- 焊件切割清单。
- 零件序号。
- 自动零件序号。
- 剖面视图的备选剖面线。

焊件工程图的零件序号的设置规则如下：

- 所有配置在生成零件序号时均参考同一切割清单，即使零件是在另一视图生成的，也会与切割清单保持关联。

- 如果将自动零件序号插入到焊件的工程视图中，而该工程图不包含切割清单，则会提示是否生成切割清单。
- 如果删除一个切割清单，则所有与该切割清单相关的零件序号的项目号都会变成 1。

11.4.2 焊件切割清单介绍

焊件切割清单包括项目号、数量以及切割清单自定义属性。在焊件零件中，属性包括在使用库特征零件轮廓从结构构件所生成的结构清单项目中，主要包括：

- 说明。
- 长度。
- 角度 1。
- 角度 2。

可以将这些属性添加到切割清单项目中，操作步骤如下。

01 在零件文件中右击【切割清单项目】选项，在弹出的快捷菜单中选择【属性】命令。

02 在切割清单项目的【自定义属性】对话框中，执行如下操作：

- 输入或选择属性名称。
- 选择日期类型。
- 在数值/文字表达中输入数值或文字。

根据需要重复以上步骤，最后单击【确定】按钮。

★ 课堂实训：创建角铁架焊件模型

下面通过一个角铁架具体实例来熟悉焊件功能，基本步骤是：先建立结构构件，再生成焊缝，最后生成切割清单和焊件工程图。

01 在绘图区绘制图 11-16 所示的草图。

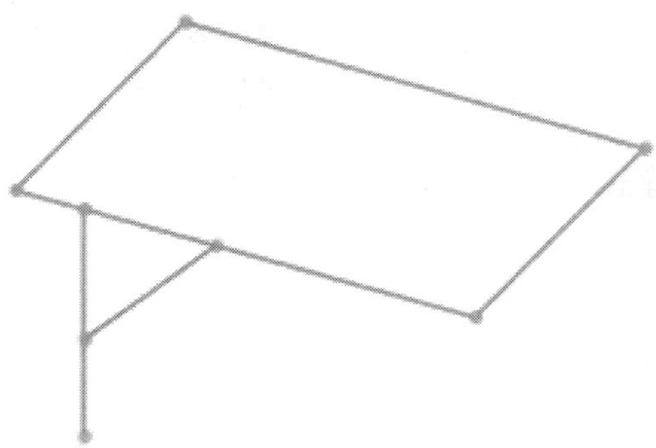

图 11-16 绘制草图

02 选择【插入】→【焊件】→【结构构件】命令，弹出图 11-17 所示的【结构构件】属性管理器。

03 设置标准为 ISO，类型为【方形管】，大小为 20×20×2，在【组】栏中选择图 11-16 所示的矩形的 4 条边，结果如图 11-18 所示。

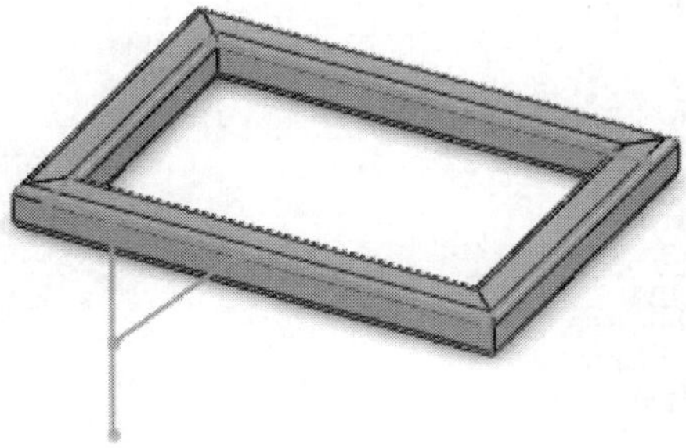

图 11-17　【结构构件】属性管理器　　　　图 11-18　结构构件 1

04 在【应用边角处理】栏中选择【终端剪裁 2】，如图 11-19 所示。单击【确定】按钮，结果如图 11-20 所示。

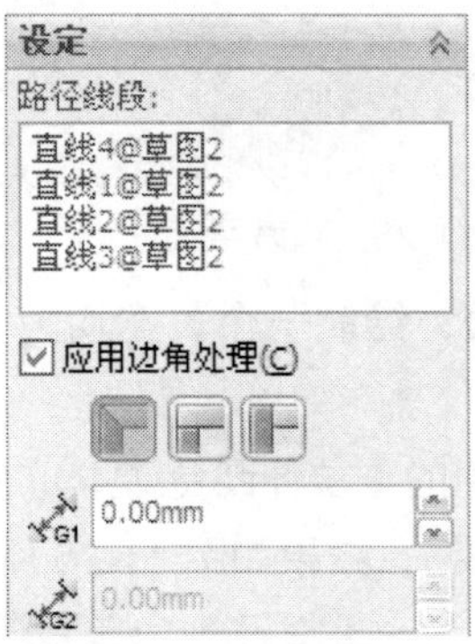

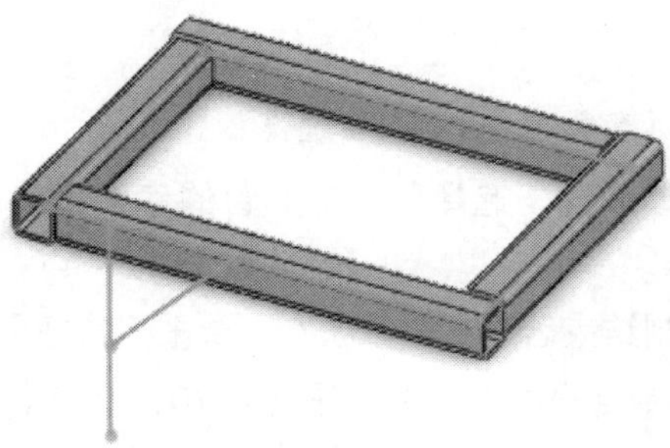

图 11-19　结构构件　　　　图 11-20　边角处理

05 选择草图中的垂直线段和倾斜线段，选择【插入】→【焊件】→【结构构件】命令，在弹出的【结构构件】属性管理器中设置标准为 ISO，类型为【方形管】，大小为 20×20×3，结果如图 11-21 所示。

图 11-21　结构构件 2

06 剪裁构件。选择【插入】→【焊件】→【剪裁/延伸】命令，在弹出的【剪裁/延伸】属性管理器中选择倾斜的方形管作为要剪裁的实体，选择【面/平面】作为剪裁边界，如图 11-22 所示，选择图 11-23 所示的平面作为剪裁平面。

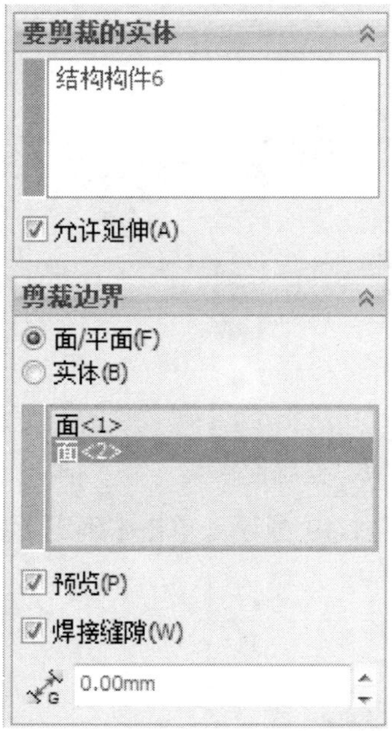

图 11-22 【剪裁/延伸】属性管理器

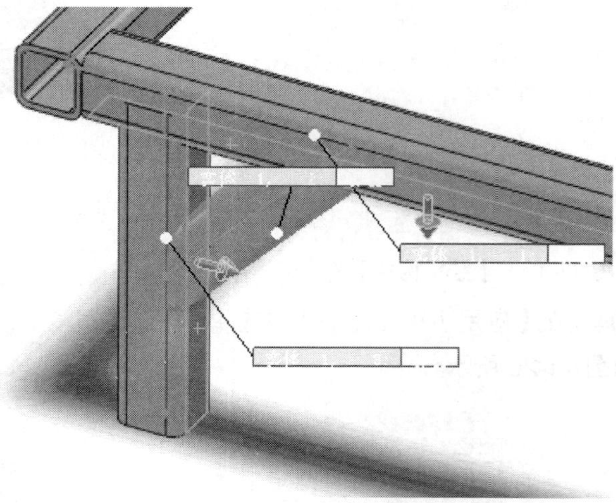

图 11-23 剪裁平面

07 生成焊缝。选择竖直方形管的底面作为草绘平面，绘制一个长宽均为 40 的矩形，如图 11-24 所示。

08 绘制结束后退出草绘状态。单击【特征】工具栏中的【拉伸凸台/基体】按钮，选择【终止条件】为【给定深度】，输入深度为 10，单击【确定】按钮，结果如图 11-25 所示。

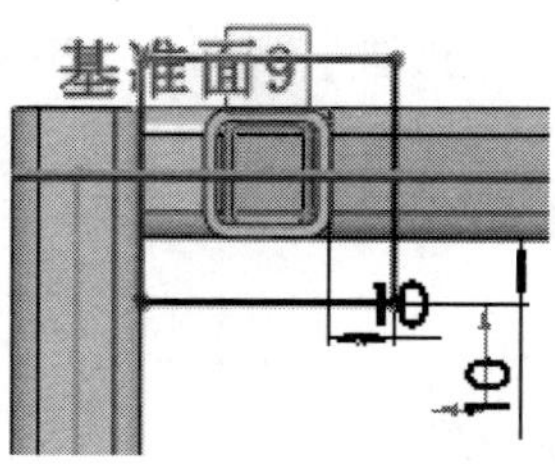

图 11-24 绘制矩形

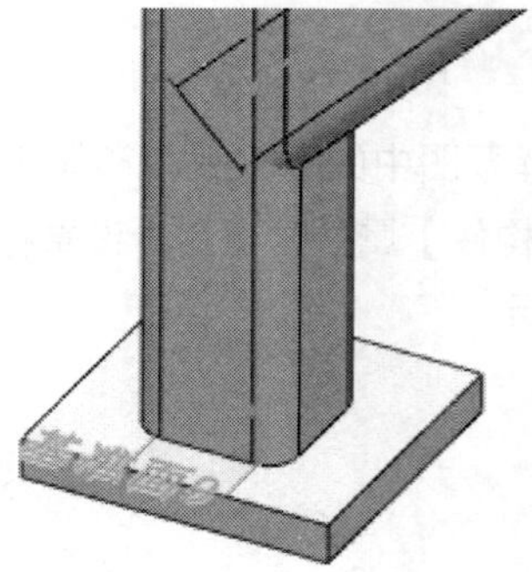

图 11-25 拉伸凸台

09 选择【插入】→【焊件】→【圆角焊缝】命令，在图 11-26 所示的属性管理器中设置焊缝类型为【全长】，圆角大小为 3mm，勾选【切线延伸】复选框。

10 选择直立支架的侧面作为第一组面，上一步建立的拉伸凸台的上表面作为第二面组，如图 11-27 所示。

11 单击【确定】按钮，结果如图 11-28 所示。

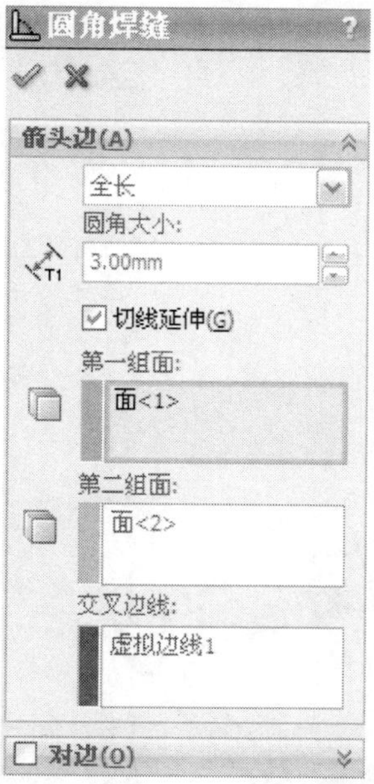

图 11-26 【圆角焊缝】属性管理器

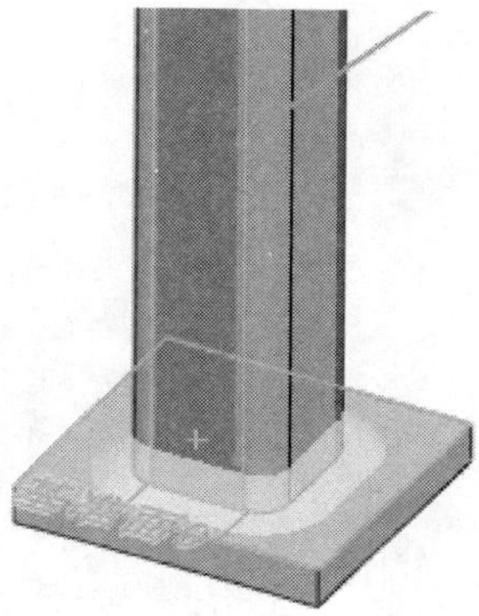

图 11-27 焊缝预览

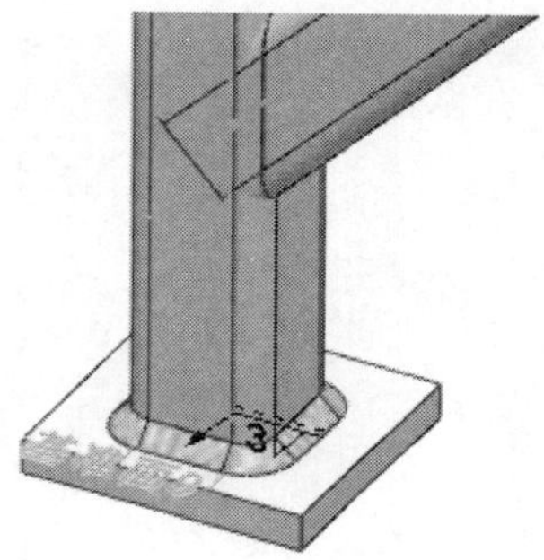

图 11-28 圆角焊缝

12 选择【插入】→【焊件】→【顶端盖】命令，在图 11-29 所示的【顶端盖】属性管理器中选择方形管的端面，设置厚度为 5mm，设置厚度比率为 0.5，勾选【倒角边角】复选框，输入 3mm，结果如图 11-30 所示。

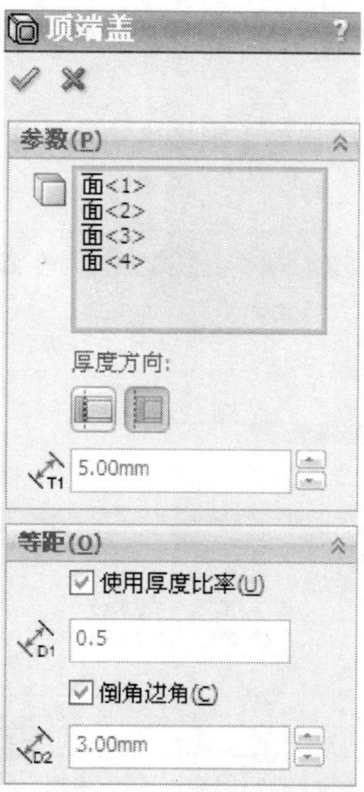

图 11-29 【顶端盖】属性管理器

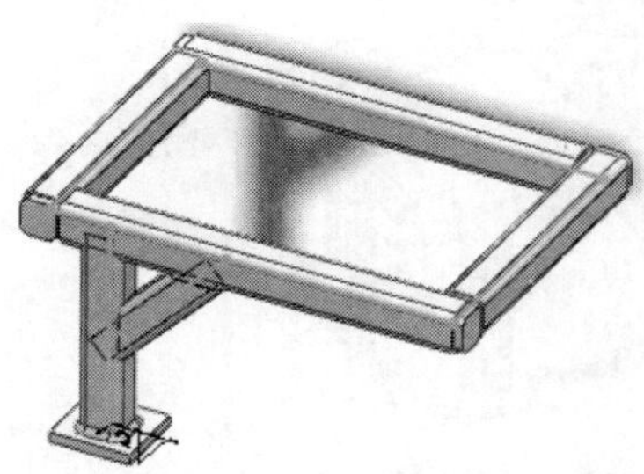

图 11-30 顶端盖

13 选择【插入】→【焊件】→【角撑板】命令，弹出图 11-31 所示的【角撑板】属性管理器。

14 选择三角形轮廓，设置 d1 和 d2 分别为 40mm 和 40mm，单击【确定】按钮，结果如图 11-32 所示。

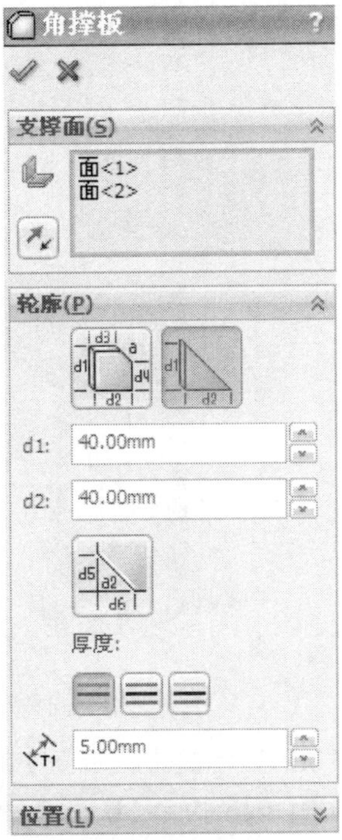

图 11-31 【角撑板】属性管理器

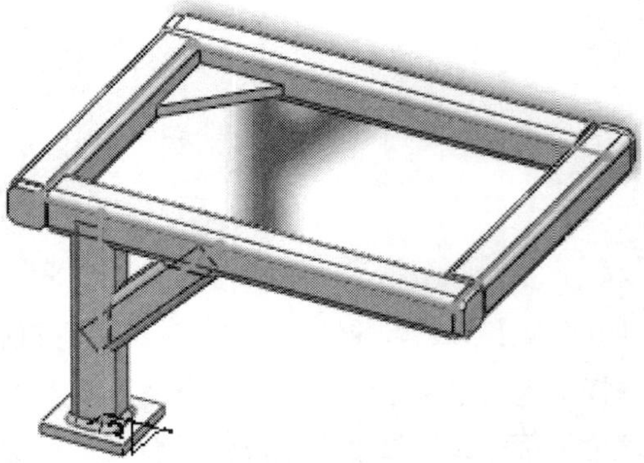

图 11-32 角撑板

15 单击【镜像】按钮，选择通过水平框架中点的基准面作为镜像面，建立直立支架、倾斜支架、角撑板和焊缝的镜像，如图 11-33 所示。

16 选择【文件】→【从零件制作工程图】命令，在弹出的【图纸格式/大小】对话框中选择 A3 图纸，如图 11-34 所示。

图 11-33 镜像实体

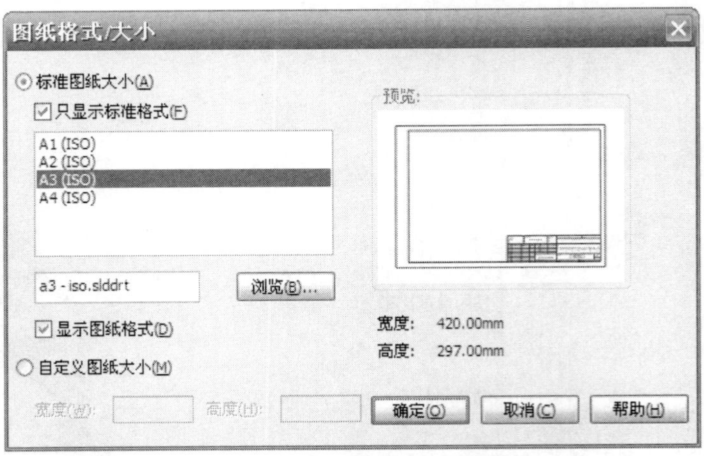

图 11-34 【图纸格式/大小】对话框

17 单击【确定】按钮，然后将零件的等轴测视图拖到图纸左上侧，如图 11-35 所示。

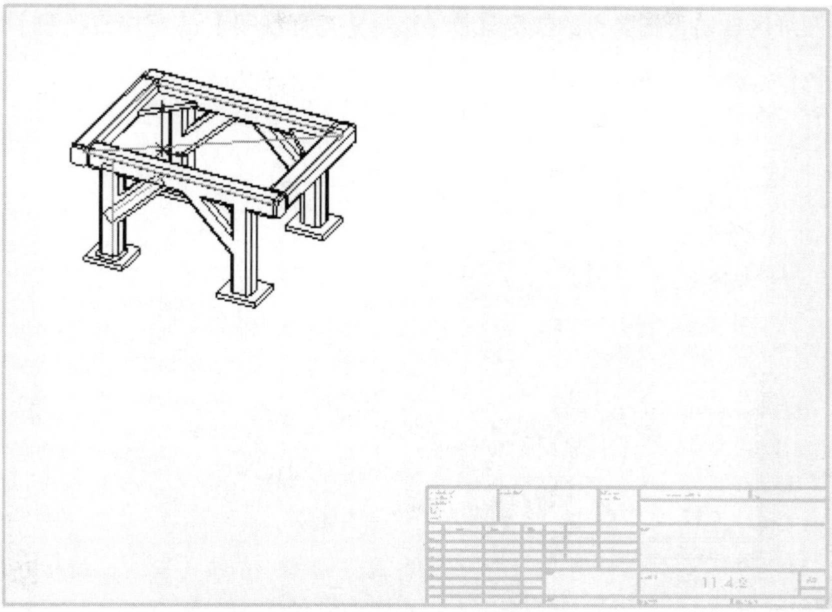

图 11-35　零件的工程图

18 在图纸区右击，在弹出的快捷菜单中选择【属性】命令，在弹出的【图纸属性】对话框中将比例改为 1:3，如图 11-36 所示。

图 11-36 【图纸属性】对话框

19 在图纸区右击，在弹出的快捷菜单中选择【工程视图】|【标准三视图】命令，结果如图 11-37 所示。

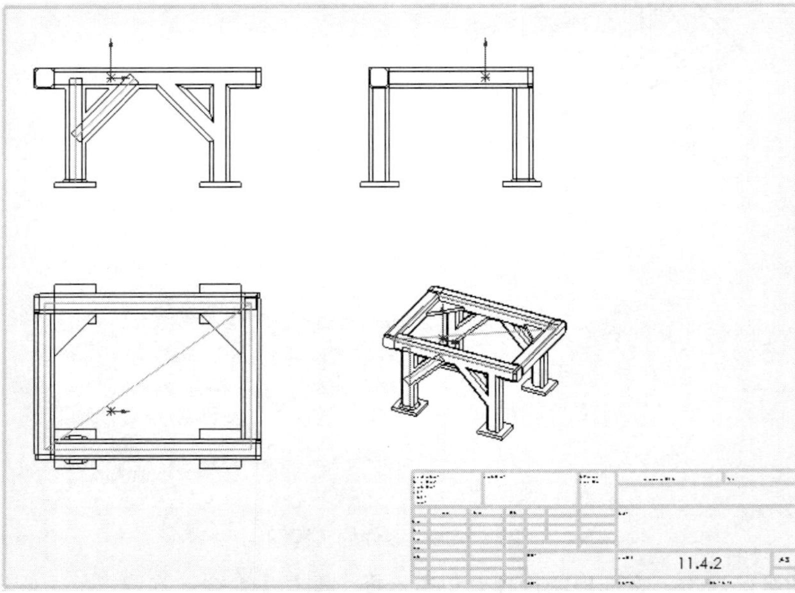

图 11-37　生成的焊件工程图

11.5　本章小结

本章主要介绍了 SolidWorks 焊件设计的基础方法，生成的焊缝属于装配体特征，是关联装配体中生成的新的装配体零部件，因此，学习它是对装配体设计的一个有益补充。

第 12 章　渲染输出

SolidWorks 中内嵌的渲染插件 PhotoView 360 用于产品的渲染，方便制作出真实质感和视觉效果的图片。设计者通过 PhotoView 360 可以向用户展现自己的设计成果，充分表达自己的设计意图。PhotoView 360 的效果渲染包括设置光源、外观、贴图、库和渲染输出图像等。

12.1　渲染输出——光源

SolidWorks 提供了 3 种光源类型：线光源、点光源和聚光源。下面分别介绍这 3 种光源的使用方法。

12.1.1　【线光源】属性管理器

在属性管理器设计树的 DisplayManager 中单击【布景、光源与相机】文件夹，如图 12-1 所示，在弹出的下拉列表中右击【光源】，在弹出的快捷菜单中选择【添加线光源】命令，如图 12-2 所示。

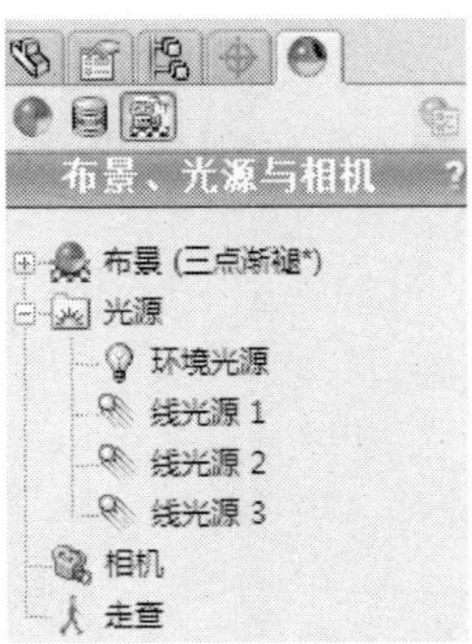

图 12-1　选择光源

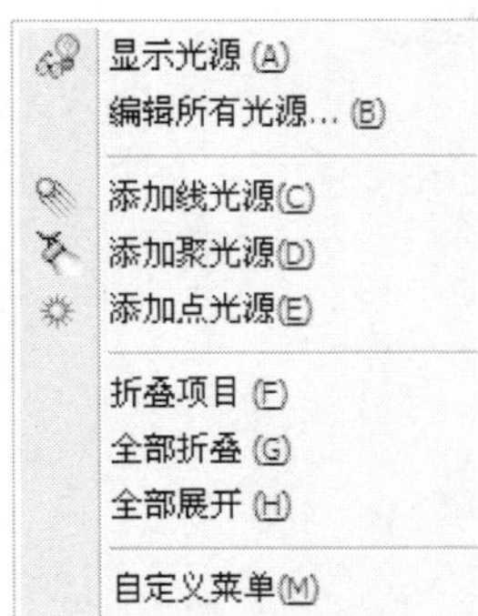

图 12-2　添加线光源

系统弹出图 12-3 所示的【线光源】属性管理器，下面介绍其各参数的设置。

1.【基本】栏

- 环境光源：控制光源的强度。
- 明暗度：控制光源的明暗程度。
- 光泽度：控制光滑表面在光线照射处反射强光的能力。

2.【光源位置】栏

- 锁定到模型：相对于模型的光源位置将保留。
- 经度：光源的经度坐标。
- 纬度：光源的纬度坐标。

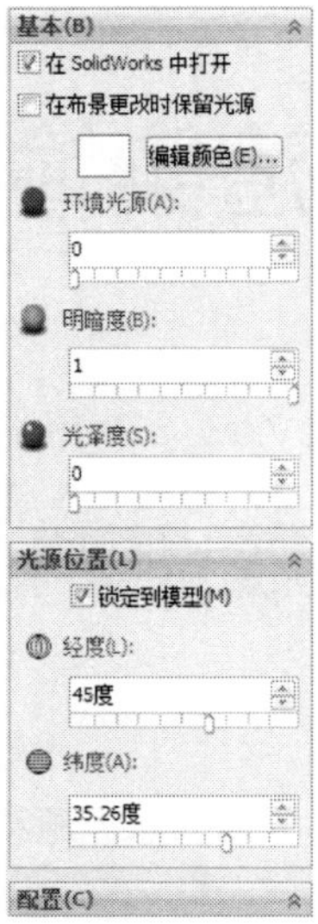

图 12-3 【线光源】属性管理器

12.1.2 【点光源】属性管理器

在属性管理器的设计树中单击【布景、光源与相机】文件夹，在弹出的下拉列表中右击【光源】，在弹出的快捷菜单中选择【添加点光源】命令，弹出图 12-4 所示的【点光源】属性管理器，下面介绍其各参数的设置。

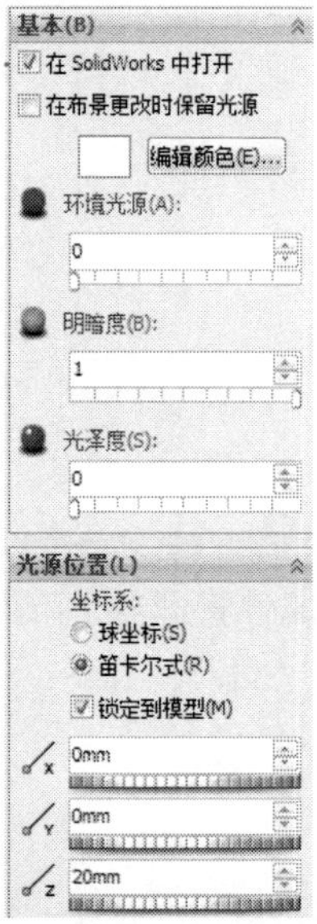

图 12-4 【点光源】属性管理器

1.【基本】栏

与线光源的设置相同。

2.【光源位置】栏

- 锁定到模型：相对于模型的光源位置将保留。
- 球坐标：使用球坐标系来指定光源的位置。
- 笛卡儿式：使用笛卡儿坐标系来指定光源的位置。

12.1.3　【聚光源】属性管理器

在属性管理器的设计树中单击【布景、光源与相机】文件夹，在弹出的下拉列表中右击【光源】，在弹出的快捷菜单中选择【添加聚光源】命令，弹出图 12-5 所示的【聚光源】属性管理器，下面介绍其各参数的设置。

图 12-5 【聚光源】属性管理器

1.【基本】栏

与线光源的设置相同。

2.【光源位置】栏

- 锁定到模型：相对于模型的光源位置将保留。
- 球坐标：使用球坐标系来指定光源的位置。
- 经度：光源的经度坐标。
- 纬度：光源的纬度坐标。
- 距离：光源的距离。
- 笛卡儿式：使用笛卡儿坐标系来指定光源的位置。

12.2 渲染输出——外观

外观是模型表面的材料属性，添加外观是使模型表面具有某种材料的表面感官属性。

在安装了 PhotoView 360 插件后，单击 PhotoView 360 工具栏中的【外观】按钮，或者选择 PhotoView 360 菜单下的【编辑外观】命令，弹出【颜色】属性管理器，如图 12-6 所示。

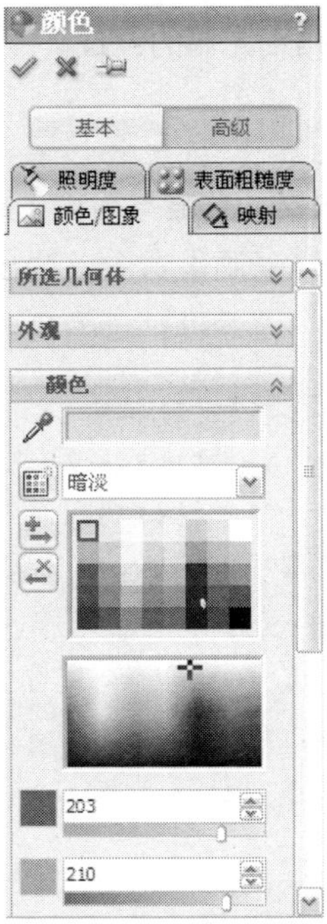

图 12-6 【颜色】属性管理器

【颜色】属性管理器包括 4 个选项卡，下面分别对其进行介绍。

12.2.1 【颜色/图像】选项卡

【颜色/图像】选项卡如图 12-7 所示，其参数介绍如下。

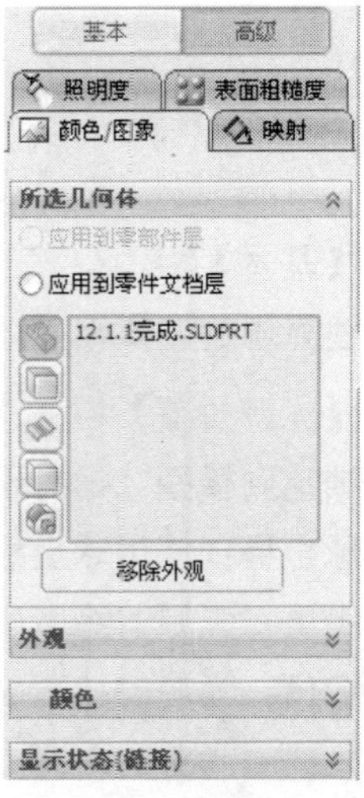

图 12-7 【颜色/图像】选项卡

1.【所选几何体】栏

- 应用到零部件层：对于所选择的实体，将指定的显示状态应用到零部件。
- 应用到零件文档层：将指定的配置应用到零件文档。
- 所选实体：选择想应用更改的实体。
- 选择过滤器：帮助选择模型中的几何实体。

2.【外观】栏

- 外观文件路径：标识外观名称和位置。
- 浏览：选择并查找外观。
- 保存外观路径：用文档保存外观。

- 链接外观：选择以链接外观实例到外观文件。

3.【颜色】栏

- 当前颜色：单击颜色区域以应用颜色。
- 选择 RGB：以红、绿和蓝色数值定义某一颜色。
- 选择 HSV：以色调、饱和度和数值条目定义某一颜色。

12.2.2　【映射】选项卡

【映射】选项卡参数介绍如下。

1.【映射】栏

- 为映射类型选择值。
- 为轴方向或者投影方向选择值。
- 拖动指针设定值，或者根据选择的映射类型使用滑杆。

2.【大小/方向】栏

- 宽度：按照宽度边界调整纹理大小。
- 高度：按照高度边界调整纹理大小。
- 轴方向 1：相对水平轴旋转纹理。
- 轴方向 2：相对垂直轴旋转纹理。
- 水平镜像：绕所选方向水平旋转纹理。
- 竖直镜像：绕所选方向竖直旋转纹理。
- 重设至图像：重设主要纹理或贴图的高宽比例。

3.【颜色图案】栏

图案比例：渲染外观时，设定值或对程序外观使用滑杆以修改图案比例。

12.2.3　【照明度】选项卡

【照明度】选项卡如图 12-8 所示，其参数介绍如下。

1. 控制照明度

移动滑杆或者输入一个介于 0～1 之间的数值。

2. 焦散线

- 选择或清除投射：光亮外观将反射焦散光子。
- 选择或清除接收：漫射外观将吸收焦散光子。

3. 整体照明度

- 选择或清除投射：光亮外观将反射光子。
- 选择或清除接收：漫射外观将吸收光子。

4. 出样率

控制计算光亮零部件基值的样本数。

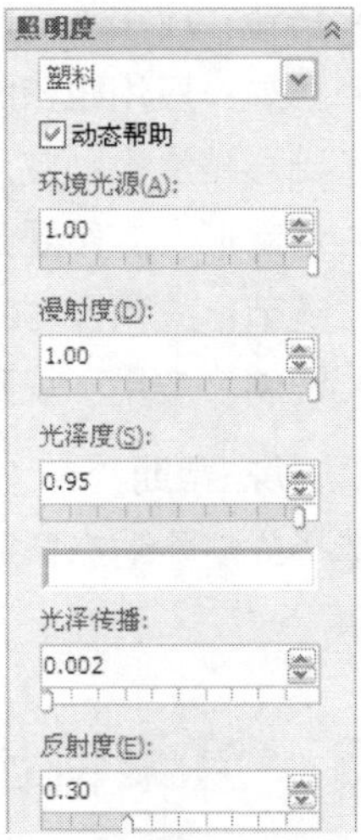

图 12-8 【照明度】选项卡

5．环境光源

控制光源的强度。

6．散射度

控制表面上的光源强度。

7．光亮

控制外观反射光线的光泽度因子。

8．光泽度

控制表面上的光源强度。

9．光泽传播

控制表面上任何高亮显示的大小。

10．反射度

控制外观的反射度。

11．折射指数

控制光源在通过透明物体时的折弯。

12．透明度

控制外观允许光源通过的密度。

12.2.4 【表面粗糙度】选项卡

【表面粗糙度】选项卡如图 12-9 所示，其参数介绍如下。

1．表面粗糙度类型

- 无：外观上未应用粗糙度。
- 从文件：根据图像文件应用图案。
- 铸造：应用不规则的铸造图案。
- 粗质：应用粗糙的图案。
- 菱形防滑板：应用规则的防滑菱形平板图案。
- 酒窝形：应用规则的酒窝形图案。
- 链节：应用重复的圆形图案。
- 锻制：应用不规则的锻制图案。

2．动态帮助

选择或清除动态帮助以显示弹出提示，包括表面粗糙度相互关系。

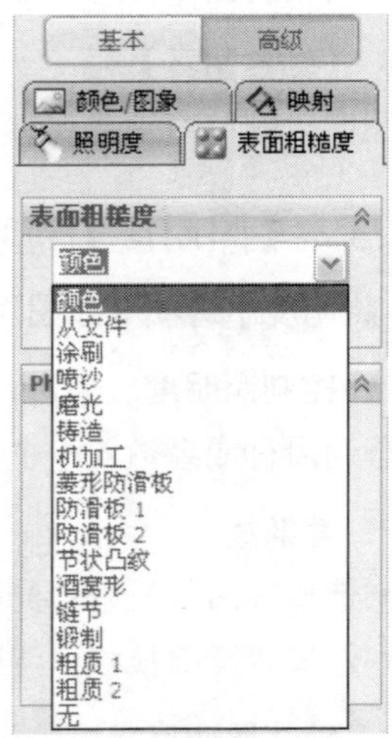

图 12-9 【表面粗糙度】选项卡

12.3 渲染输出——贴图

贴图是在模型表面附加另外的平面图形，多用于商标和标志的制作。

在安装了 PhotoView 360 插件后，单击 PhotoView 360 工具栏中的【贴图】按钮，或者选择 PhotoView 360 菜单下的【编辑贴图】命令，弹出【贴图】属性管理器，如图 12-10 所示。

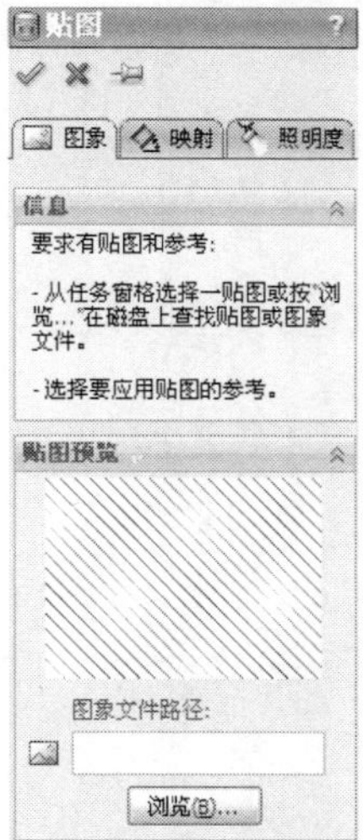

图 12-10 【贴图】属性管理器

贴图工具包含【图像】、【映射】和【照明度】3 个选项卡，下面分别进行介绍。

12.3.1 【图像】选项卡

【图像】选项卡的各参数介绍如下。

- 贴图预览：在窗口中显示贴图。
- 图像文件路径：显示图像文件路径。
- 保存贴图：将当前贴图和属性保存到文件。

12.3.2 【映射】选项卡

【映射】选项卡的各参数介绍如下。

1. 映射类型

- 标号：以类似于在实际零件上粘合标签的方式将贴图映射到模型面。此方式不会产生伸展或者紧缩现象。
- 投影：将所有点映射到指定的基准面。
- 球形：将所有点映射到球面。
- 圆柱形：将所有点映射到圆柱面。

2. 如果【大小/方向】选项被清除，则可以指定下个图的大小。

- 宽度：按照贴图宽度。
- 高度：按照贴图高度。
- 旋转：指定贴图旋转角度。
- 水平镜像：水平反转贴图图像。

- 竖直镜像：竖直反转贴图图像。
- 重设至图像：将高宽比例恢复为贴图图像的原始高宽比例。

12.3.3 【照明度】选项卡

【照明度】选项卡的各参数介绍如下。

1．选择贴图外观

选择使用下面的外观，也可以选择其他的贴图外观。

- 恒定。
- 镜子。
- 各向异性。
- 无光泽。
- 导体。
- 塑料。
- 半透明。
- 编制各向异性。
- 金属。
- 半透明塑料。
- 多层漆。

2．精确反射

用于金属外观的选择。

3．选择外观滑块选项

将为其显示适用于所选外观类型的滑块和选项，包括：

- 环境光源。
- 光亮。
- 折射指数。
- 散射度。
- 粗糙度。
- 出样率。
- 光泽度。
- 反射度。
- 透明度。
- 半透明度。

4．选择各向异性外观属性

- 楼板高度。
- 圆柱距离。

- 经纬度比例。

5．选择金属外观属性

- 混合。
- 比例。
- 金属片外观。
- 粗糙度。
- 高低幅度。

★ 课堂实训：水晶球的渲染

01 打开“光盘\源文件\第 12 章\12.1\12.1.1\12.2.1 未完成.sldprt”文件，如图 12-11 所示。

图 12-11　12.2.1 未完成.sldprt

02 选择 PhotoView 360→【编辑外观】命令，或者单击工具栏中的【外观】按钮，弹出【颜色观】属性管理器，选择玻璃材质中的绿玻璃，如图 12-12 所示。

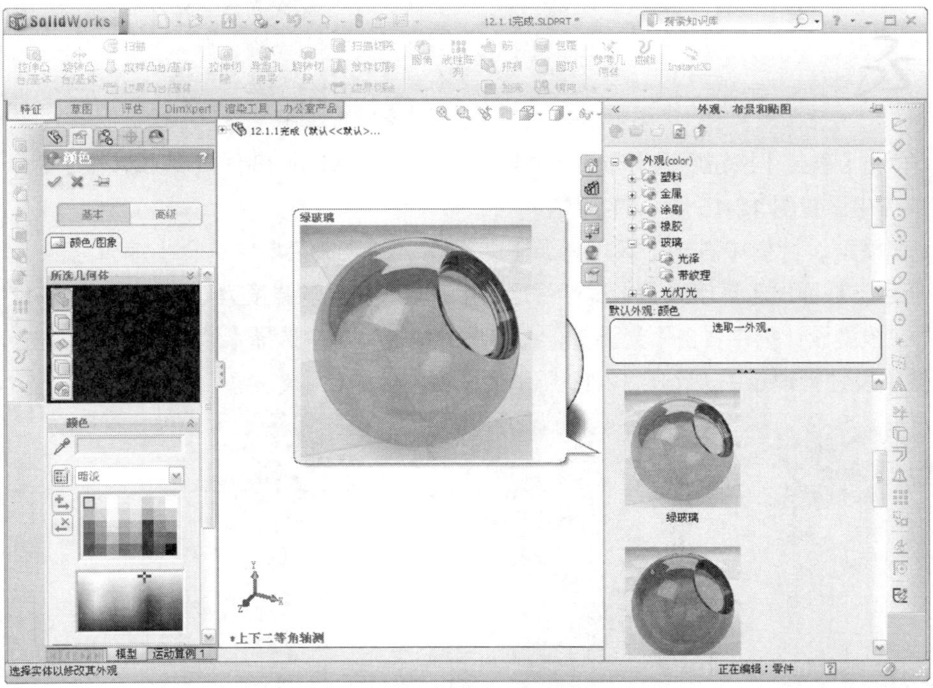

图 12-12　选择绿色玻璃外观

03 单击左上角的【确定】按钮✓，此时外观被应用到绘图区中的球体，如图 12-13 所示。

04 选择 PhotoView 360→【编辑布景】命令，弹出【编辑布景】属性管理器，选择【基本背景】中的【背景-工作间】，如图 12-14 所示。

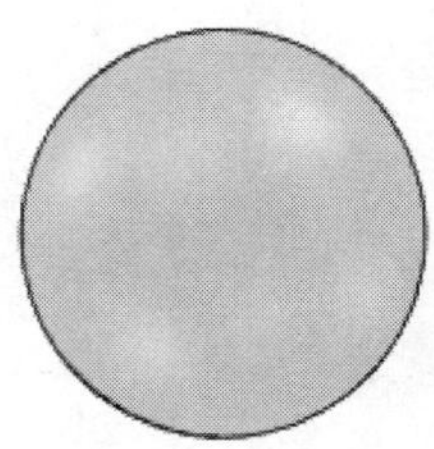

图 12-13　应用绿色玻璃外观

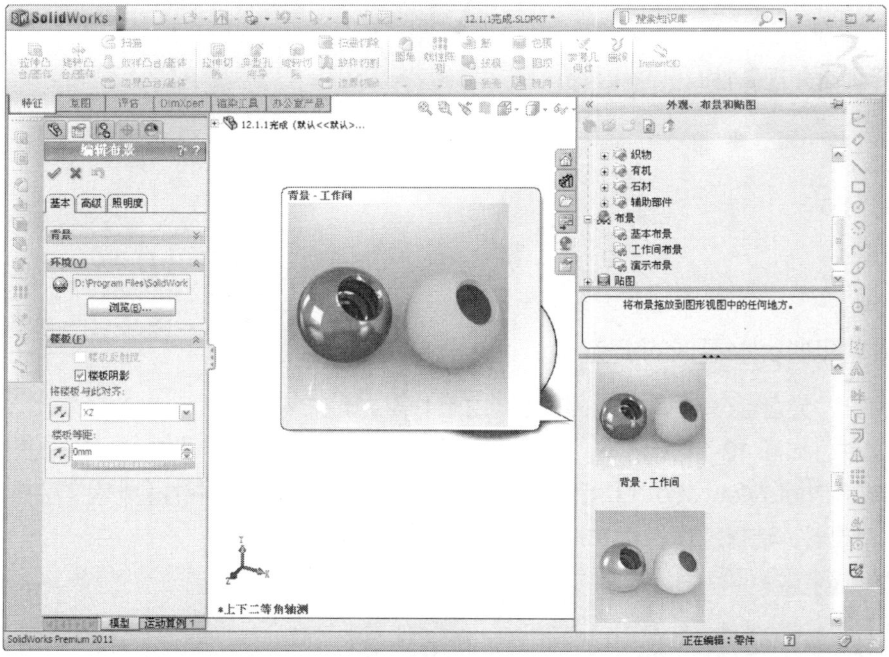

图 12-14 【编辑布景】属性管理器

05 单击【确定】按钮后退出布景编辑器。选择 PhotoView 360→【编辑外观】命令，在【照明度】选项卡中设置图 12-15 所示的参数。

06 在模型设计树中右击【环境光源】，在弹出的快捷菜单中选择【编辑光源】命令，如图 12-16 所示，在弹出【环境光源】属性管理器中设置环境光源强度为 0.15，如图 12-17 所示。

07 在模型设计树中右击【光源】，在弹出的快捷菜单中选择【添加聚光源】命令，在弹出的【聚光源】属性管理器中进行图 12-18 所示的设置。

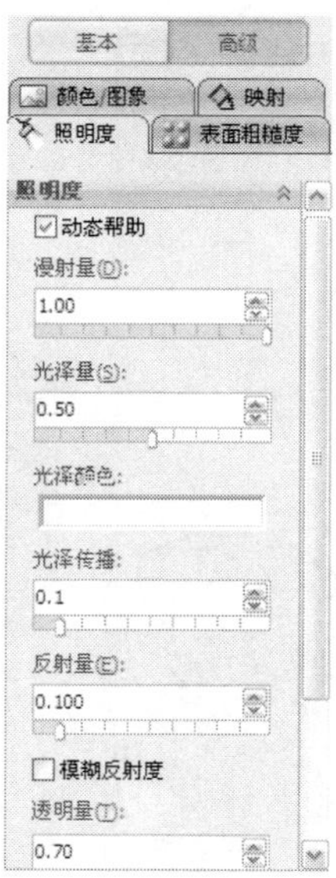

图 12-15 选择照明度

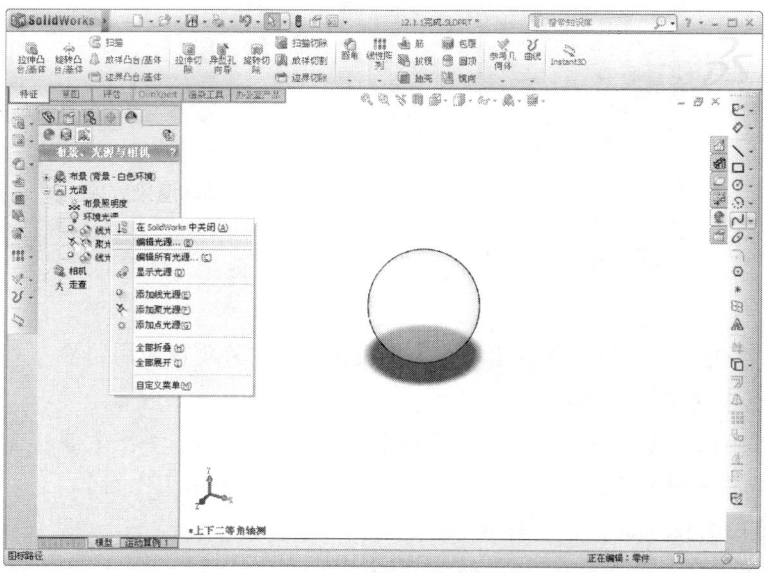

图 12-16 设置环境光源

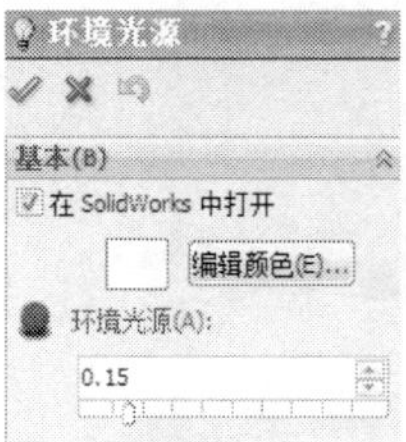

图 12-17 【环境光源】属性管理器

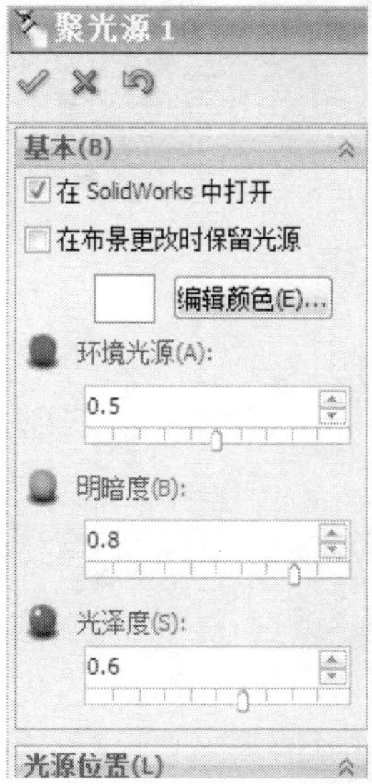

图 12-18 【聚光源】属性管理器

08 选择 PhotoView 360→【最终渲染】命令，结果如图 12-19 所示。

图 12-149　水晶球渲染效果

12.4　本章小结

本章介绍了利用 SolidWorks 的 PhotoView 插件可以获得逼真的效果图，主要包括设置光源、外观、贴图、渲染等。本章还讲解了生成效果图的具体步骤，熟练使用 PhotoView 可以生动表达出设计者对结构体的最终形式要求。

PS
Photoshop CS5
从入门到精通
AI
Illustrator CS5
从入门到精通
Illustrator
平面设计完整方案详解
Photoshop
平面设计完整方案详解
Illustrator CS5
入门与实用技巧大全
INTRODUCTION AND PRACTICAL SKILLS REFERENCE
Photoshop CS5
入门与实用技巧大全
INTRODUCTION AND PRACTICAL SKILLS REFERENCE
中文版
Premiere Pro CS5
标准教程
中文版
Illustrator CS5
标准教程
设计师快速表现技法
——手绘、数位板、电脑的完美结合
中文版
Photoshop CS5
入门与提高
中文版
Photoshop CS5
完全自学教程
Illustrator CS5
平面广告创意
108招
Photoshop CS5
平面广告特效创意
108
PHOTOSHOP CS4
平面设计师
职业技能实训教程
Photoshop CS5
中文版
从新手到高手
中文版
PHOTOSHOP CS5
完全学习手册
PSCS4
PHOTOSHOP CS4
平面设计案例圣典
CDRX5
CORELDRAW X5
平面设计案例圣典

神話
Maya
材质与渲染实战技法

神話
Maya 2009
完全自学教程

神話
Maya
动画制作实战技法

神話
3ds Max
材质与渲染实战技法

3ds Max/VRay
室内设计效果图
表现技法精讲

3ds Max 2010/VRay
室内设计实例解析

3ds Max/VRay/Photoshop
室内设计完全学习手册
2DVD

After Effects/3ds Max
电视包装完全学习手册
3DVD

3ds Max
从入门到精通
2009

1DVD
3ds Max 2010
完全自学教程

3ds Max/VRay
展览展示设计应用

2DVD
3ds Max 2010
学习宝典

详解3ds Max
ShiNeiSheJiBiaoXian
室内设计表现

2010
3ds Max
中文版
从新手到高手
1DVD

ZBRUSH 4
从入门到精通
2DVD

虚拟现实
案例教程
—基于Quest3D/VR-Platform/Virtools项目

读者意见反馈表

亲爱的读者：

感谢您对中国铁道出版社的支持，您的建议是我们不断改进工作的信息来源，您的需求是我们不断开拓创新的基础。为了更好地服务读者，出版更多的精品图书，希望您能在百忙之中抽出时间填写这份意见反馈表发给我们。随书纸制表格请在填好后剪下寄到：**北京市西城区右安门西街8号中国铁道出版社综合编辑部 于先军 收（邮编：100054）**。或者采用**传真（010-63549458）**方式发送。此外，读者也可以直接通过电子邮件把意见反馈给我们，E-mail地址是：**46768089@qq.com**。我们将选出意见中肯的热心读者，赠送本社的其他图书作为奖励。同时，我们将充分考虑您的意见和建议，并尽可能地给您满意的答复。谢谢！

所购书名：______________________

个人资料：

姓名：____________性别：__________年龄：__________文化程度：______________

职业：______________电话：______________E-mail：______________

通信地址：________________________________邮编：______________

您是如何得知本书的：

□书店宣传 □网络宣传 □展会促销 □出版社图书目录 □老师指定 □杂志、报纸等的介绍 □别人推荐

□其他（请指明）______________________________

您从何处得到本书的：

□书店 □邮购 □商场、超市等卖场 □图书销售的网站 □培训学校 □其他

影响您购买本书的因素（可多选）：

□内容实用 □价格合理 □装帧设计精美 □带多媒体教学光盘 □优惠促销 □书评广告 □出版社知名度

□作者名气 □工作、生活和学习的需要 □其他

您对本书封面设计的满意程度：

□很满意 □比较满意 □一般 □不满意 □改进建议

您对本书的总体满意程度：

从文字的角度 □很满意 □比较满意 □一般 □不满意

从技术的角度 □很满意 □比较满意 □一般 □不满意

您希望书中图的比例是多少：

□少量的图片辅以大量的文字 □图文比例相当 □大量的图片辅以少量的文字

您希望本书的定价是多少：

本书最令您满意的是：

1.

2.

您在使用本书时遇到哪些困难：

1.

2.

您希望本书在哪些方面进行改进：

1.

2.

您需要购买哪些方面的图书？对我社现有图书有什么好的建议？

您更喜欢阅读哪些类型和层次的计算机书籍（可多选）？

□入门类 □精通类 □综合类 □问答类 □图解类 □查询手册类 □实例教程类

您在学习计算机的过程中有什么困难？

您的其他要求：